火电机组作业过程

风险数据样本

下册

国家电投集团科学技术研究院有限公司
江苏常熟发电有限公司
编

中国电力出版社
CHINA ELECTRIC POWER PRESS

内 容 提 要

根据国家电投《作业过程危害辨识与风险评估技术标准》的要求，国家电投集团科学技术研究院有限公司、江苏常熟发电有限公司联合编写了《火电机组作业过程风险数据样本》。

本书以江苏常熟发电有限公司的 1000MW 机组为例，编制了基于火力发电企业运行和检修作业任务的危险源辨识和风险评估，并制订了相应的防护措施。本书分为运行篇和检修篇两部分，内容范围涵盖汽轮机运行、锅炉运行、电气运行、化学运行、脱硫运行、除灰运行、燃料运行、热工检修、电气检修、化学检修、汽轮机检修、脱硫检修、锅炉检修、燃料与除灰检修等主要专业，共计 500 余项作业任务。

本书对火力发电企业现场作业过程控制管理具有很强的实用性，也可为其他行业现场作业过程控制管理提供借鉴作用。

图书在版编目（CIP）数据

火电机组作业过程风险数据样本/国家电投集团科学技术研究院有限公司，江苏常熟发电有限公司编. —北京：中国电力出版社，2022.7

ISBN 978-7-5198-6617-4

Ⅰ. ①火… Ⅱ. ①国… Ⅲ. ①火力发电－发电机组－安全管理－手册 Ⅳ. ①TM621.3-62

中国版本图书馆 CIP 数据核字（2022）第 045395 号

出版发行：中国电力出版社
地　　址：北京市东城区北京站西街 19 号（邮政编码 100005）
网　　址：http://www.cepp.sgcc.com.cn
责任编辑：赵鸣志（010-63412385）
责任校对：黄　蓓　常燕昆
装帧设计：王红柳
责任印制：吴　迪

印　　刷：三河市百盛印装有限公司
版　　次：2022 年 7 月第一版
印　　次：2022 年 7 月北京第一次印刷
开　　本：880 毫米×1230 毫米　16 开本
印　　张：71.5
字　　数：2381 千字
印　　数：0001—2500 册
定　　价：380.00 元（上、下册）

编 委 会

序

2014年8月31日，《全国人民代表大会常务委员会关于修改〈中华人民共和国安全生产法〉的决定》（中华人民共和国主席令第十三号）提出安全生产工作应当以人为本，坚持安全发展，建立完善安全生产方针和工作机制，进一步明确生产经营单位的安全生产主体责任，同时要求建立预防安全生产事故的制度，不断提高安全生产管理水平，加大对安全生产违法行为责任追究力度。

2016年10月9日，国务院安委会办公室印发了《实施遏制重特大事故工作指南构建双重预防机制的意见》，意见要求各地区、各有关部门要紧紧围绕遏制重特大事故，突出重点地区、重点企业、重点环节和重要岗位，抓住辨识管控重大风险、排查治理重大隐患两个关键，不断完善工作机制，深化安全专项整治，推动各项标准、制度和措施落实到位。

2019年，国务院颁布《生产安全事故应急条例》《生产安全事故应急预案管理办法》，这是《中华人民共和国安全生产法》和《中华人民共和国突发事件应对法》的配套行政法规，旨在提高生产安全事故应急工作的科学化、规范化和法治化水平，对生产安全事故应急工作体制、应急准备、应急救援等作出的相关规定。

2019年8月12日，中华人民共和国应急管理部批准发布19项安全生产行业标准，进一步推动安全生产主体责任、建立安全生产长效机制及创新安全生产监管机制的全面落实。

2020年5月，国家电力投资集团有限公司（以下简称“集团公司”）依据《全国安全生产专项整治三年行动计划》并结合公司实际情况，发布了《国家电投安全生产三年行动专项实施方案》，进一步推动集团公司安全生产从严格监督向自主管理跨越，为实现杜绝事故、保障健康、追求幸福的安全管理国际一流企业目标奠定坚实基础。

2021年12月，集团公司发布了《作业过程危害辨识与风险评估技术标准》《设备危害辨识与风险评估技术标准》《职业健康危害辨识与风险评估技术标准》和《环境危害辨识与风险评估技术标准》，规范了危害辨识与风险评估方法及应用要求。在此基础上，国家电投集团电站运营技术（北京）有限公司与江苏常熟发电有限公司借鉴国内火电安全管理良好实践，以江苏常熟发电有限公司百万机组为例，编写了《火电机组作业过程风险数据样本》。

《火电机组作业过程风险数据样本》涵盖了运行和检修两大类作业，具有针对性强、实用价值高的特点，全面地规范了火电现场作业过程管控，也为非火电行业现场作业管控提供了有益的借鉴。

2022 年 5 月 18 日

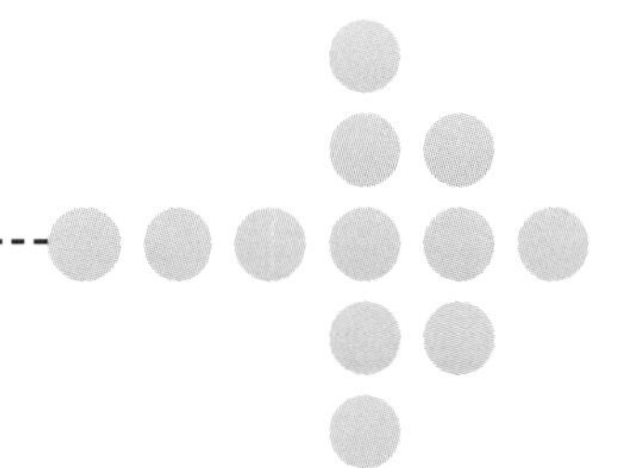

前　言

国家电力投资集团有限公司（以下简称“集团公司”）主要业务板块覆盖火电，水电，核电，新能源（风电、太阳能），煤炭（露天矿、井工矿），铝业，化工和非煤矿山（露天矿、井工矿）等。随着各业务板块的蓬勃发展，集团公司积极贯彻落实国家安全生产政策、法律、法规要求，集团公司党组多次强调要把思想和行动统一到党中央、国务院重大决策部署上来，要站在讲政治的高度，以强烈的责任心和事业心抓好安全工作。

集团公司制定了“2035 一流战略”，将“零死亡”列为奋斗目标，提出要以“零死亡”坚守“一条红线”，以“零死亡”落实“安全第一”，以“零死亡”引领其他一切工作。在此背景下，集团公司发布了《作业过程危害辨识与风险评估技术标准》《设备危害辨识与风险评估技术标准》《职业健康危害辨识与风险评估技术标准》和《环境危害辨识与风险评估技术标准》，旨在规范和指导集团、各级单位及各业务板块的安全风险管理工作，降低突发安全事件风险，促进集团公司持续、健康、稳步发展。

根据《作业过程危害辨识与风险评估技术标准》内容要求，国家电投集团电站运营技术（北京）有限公司、江苏常熟发电有限公司联合编写了《火电机组作业过程风险数据样本》。

本书以江苏常熟发电有限公司百万机组为例，编制了基于火力发电企业运行和检修作业任务的危害辨识与风险评估，并制定了防护措施。本书分为运行篇和检修篇两部分，内容包括汽轮机运行、锅炉运行、电气运行、化学运行、脱硫运行、除灰运行、燃料运行、热工检修、电气检修、化学检修、汽轮机检修、脱硫检修、锅炉检修、燃料与除灰检修等主要专业，共计 500 余项作业任务。

本书对火力发电企业现场作业过程控制管理具有很强的实用性，也可为其他行业现场作业过程控制管理提供借鉴作用。由于编写人员水平有限，难免存在不当之处，恳请广大读者批评指正。

编　者

2022 年 5 月 18 日

前 言

编 者

目　　录

检　修　篇

下 册

12 脱硫检修

12.1 吸收塔高位水箱检修

作业步骤	危害辨识	危害描述	产生后果	风险等级	防范措施
1. 作业环境评估	高温	气温超过35℃	中暑	较小	（1）在高温场所工作时，应为工作人员提供足够的饮水、清凉饮料及防暑药品； （2）对温度较高的作业场所必须增加通风设备； （3）缩短工作时间，做好工作人员的轮休安排
	有毒有害气体	有毒有害介质置换、隔绝不彻底	中毒窒息	较小	打开所有通风口进行通风置换有害有毒介质，并采取可靠地隔离措施
2. 确认安全措施正确执行	气动、电动阀门	工作前所采取隔离措施不完善、不到位	其他伤害	中等	与运行人员共同确认现场安全措施、隔离措施正确完备
3. 准备工作及现场布置	人孔门	无人监护	误入跌落、中毒窒息	中等	（1）人孔打开后须设有明显的警告标志； （2）设专人监护，进出吸收塔，做好人员、工器具出入登记
	行灯	行灯电源线、电源插头破损	触电	较小	（1）检查行灯电源线、电源插头完好无破损； （2）行灯的电源线应采用橡胶套软电缆
		外壳未接地	触电	较小	金属外壳应做好保护接地或接零措施
		使用行灯电压等级不符	触电	较小	在潮湿的金属容器内、有爆炸危险的脱硫烟道系统等处工作时行灯电压不应超过12V
		行灯防护罩缺失	火灾爆炸	较小	行灯应有保护罩
		行灯的手柄破损	触电	较小	行灯的手柄应绝缘良好且耐热、防潮
	脚手架搭（拆）设	脚手架搭设后未验收	高处坠落、物体打击	重大	（1）搭设结束后，必须履行脚手架验收手续，填写脚手架验收单，并在脚手架验收单上分级签字； （2）验收合格后应在脚手架上悬挂合格证，方可使用
	临时电源及电源线	电源线悬挂高度不够	触电	较小	临时电源线架设高度室内不低于2.5m；室外不低于4m
		电源线、插头、插座破损	触电	较小	（1）检查电源线外绝缘良好，无破损； （2）检查电源盘合格证在有效期内； （3）检查电源插头插座，确保完好
		未安装漏电保护器	触电	较小	分级配置漏电保护器，工作前试漏电保护器，确保正确动作
		超负荷用电	触电	较小	（1）检查电源盘合格证在有效期； （2）工作前核算用电负荷在电源最高负荷内
4. 高位水箱内部清理	高处的零部件	作业区域未隔离	物体打击	较小	作业区必须设有明显的围栏，防止无关人员入内，悬挂“当心落物”的标识，并设置专人监护
	水箱内的气体	有限空间内有毒有害气体超标、氧气浓度低	中毒窒息	中等	（1）严格执行一级有限空间制度，安排专人监护，进出有限空间要有人员和物件登记记录； （2）坚持“先通风、再检测、后作业”的原则，在作业开始前，对危险有害气体浓度、氧气浓度进行检测，检测合格后方可进入； （3）随身携带气体检测仪，实时或定时检测，发生报警时立刻从水箱内撤出

续表

作业步骤	危害辨识	危害描述	产生后果	风险等级	防范措施
4．高位水箱内部清理	看不清的物件	现场照明不足	碰撞滑跌	较小	在有限空间内作业时，需使用24V的行灯或电筒
5．各管道、阀门检修	撬杠	撬杠强度不够	物体打击	较小	必须保证撬杠强度满足要求
	扳手	使用扳手不当或用力过猛致伤	其他伤害	较小	（1）用合适扳手，平稳用力； （2）安全防护装置齐全有效，佩戴手套
	搬运物	搬运过程中滑落	物体打击	较小	（1）佩戴防护手套； （2）穿戴劳保鞋； （3）开展搬运方法培训和技术标准宣贯
6．现场清理	施工废料	施工废料未清理	环境污染	较小	废料及时清理，做到工完、料尽、场地清

12.2　浆液循环泵检修

作业步骤	危害辨识	危害描述	产生后果	风险等级	防范措施
1．作业环境评估	噪声	进入噪声区域时，未正确使用防护用品	噪声聋	较小	进入噪声区域时正确佩戴耳塞
	高温	气温超过35℃	中暑	较小	（1）在高温场所工作时，应为工作人员提供足够的饮水、清凉饮料及防暑药品； （2）对温度较高的作业场所必须增加通风设备； （3）缩短工作时间，做好工作人员的轮休安排
	烟气	有毒有害介质置换、隔绝不彻底	中毒窒息	较小	打开所有通风口进行通风置换有害有毒介质，并采取可靠地隔离措施
2．确认安全措施正确执行	转动的电机、阀门	工作前所采取隔离措施不完善	其他伤害	中等	与运行人员共同确认现场安全措施、隔离措施正确完备
		未采取防转动措施	机械伤害	中等	转动设备检修时应采取防转动措施
	浆液	进出口浆液管道浆液未排空	挤压	中等	（1）看进出口管道压力表检查内部压力是否释放； （2）通过敲击管壁听空音来确认管道内却无浆液
3．准备工作及现场布置	临时电源及电源线	电源线悬挂高度不够	触电	较小	临时电源线架设高度室内不低于2.5m
		电源线、插头、插座破损	触电	较小	（1）检查电源线外绝缘良好，无破损； （2）检查电源盘合格证在有效期内； （3）检查电源插头插座，确保完好
		未安装漏电保护器	触电	较小	分级配置漏电保护器，工作前试漏电保护器，确保正确动作
	吊具	吊索具损坏或选择不当	起重伤害	中等	（1）作业前，应对吊索具及其配件进行检查，确认完好，方可使用； （2）所选用的吊索具应与被吊工件的外形特点及具体要求相适应，在不具备使用条件的情况下，绝不能对付使用； （3）作业中应防止损坏吊索具及配件，必要时在棱角处应加护角防护； （4）吊具及配件不能超过其额定起重量，起重吊具、吊索不得超过其相应吊挂状态下的最大工作载荷
	撬杠	撬杠强度不够	物体打击	较小	必须保证撬杠强度满足要求

续表

作业步骤	危害辨识	危害描述	产生后果	风险等级	防 范 措 施
3．准备工作及现场布置	脚手架搭（拆）设	脚手架搭设后未验收	高处坠落、物体打击	重大	（1）搭设结束后，必须履行脚手架验收手续，填写脚手架验收单，并在脚手架验收单上分级签字； （2）验收合格后应在脚手架上悬挂合格证，方可使用
4．修前联轴器中心校验	泵联轴器	用手指直接检查校正联轴器销孔	机械伤害	较小	不准用手指直接检查校正联轴器销孔
5．各部分拆卸（电机、减速机、泵头）	手拉葫芦	滑链	起重伤害	中等	使用前应作无负荷起落试验一次，检查刹车及传动装置应良好无缺陷
		手拉葫芦超载荷使用	起重伤害	中等	使用手拉葫芦时工作负荷不准超过铭牌规定
	吊具和起吊物	吊具不合格	起重伤害	中等	（1）吊具按照规定定期检查试验，及时淘汰不合格吊具； （2）吊具上应有检验合格标签和出厂合格标签
		吊点位置不正确	起重伤害	中等	（1）起吊人员持证上岗，专人指挥； （2）吊钩要挂在物品的重心上，当被吊物件起吊后有可能摆动或转动时，应采用绳牵引方法，防止物件摆动伤人或碰坏设备
		斜拉	起重伤害	中等	不准使吊钩斜着拖吊重物
	重物	捆绑不牢	物体打击	较小	（1）起重前必须先将物件很牢固和稳妥地绑住； （2）滚动物件必须加设垫块并捆绑牢固
		物品混放	物体打击	较小	（1）零散物件应放入箱中摆放； （2）圆形、不规则物件分类摆放，并做好防滚动滑落措施
		阻塞通道	物体打击	较小	不准在门口、人行通道、消防通道、楼梯等处放置杂物
	行车	行车不合格	起重伤害	较小	（1）由特种设备作业人员检查行车完好； （2）检查行车检验合格证在有效期内
			起重伤害	较小	使用前应作无负荷起落试验一次，检查刹车及传动装置应良好无缺陷
	电动扳手	手提电动工具的导线或转动部分	触电	较小	不准手提电动工具的导线或转动部分
		单手使用电动扳手	机械伤害	较小	要双手把稳电动扳手然后再打开电源开关
		工作间断未切断电动工器具电源	机械伤害	较小	工作中离开工作现场、暂停作业或遇临时停电，必须立即切断电动工器具电源
6．浆液循环泵检查修理	热辐射	气焊气割火焰高温	烧伤烫伤	较小	（1）动火人员穿帆布工作服，戴工作帽，上衣不准扎在裤子里，裤脚不得挽起，脚面有鞋罩； （2）气割火炬不准对着周围工作人员
	电动扳手	手提电动工具的导线或转动部分	触电	较小	不准手提电动工具的导线或转动部分
		单手使用电动扳手	机械伤害	较小	要双手把稳电动扳手然后再打开电源开关
		工作间断未切断电动工器具电源	机械伤害	较小	工作中离开工作现场、暂停作业或遇临时停电，必须立即切断电动工器具电源
	扳手	使用扳手不当或用力过猛致伤	其他伤害	较小	（1）用合适扳手，平稳用力； （2）安全防护装置齐全有效，佩戴手套
	清洁剂	作业时未正确使用防护用品	中毒窒息	较小	使用时打开门窗通风，避免过多吸入化学微粒，戴防护口罩、橡胶手套

续表

作业步骤	危害辨识	危害描述	产生后果	风险等级	防范措施
7．减速机及附件检查修理	热辐射	气焊气割火焰高温	烧伤烫伤	较小	（1）动火人员穿帆布工作服，戴工作帽，上衣不准扎在裤子里，裤脚不得挽起，脚面有鞋罩； （2）气割火炬不准对着周围工作人员
	电动扳手	作业时未正确使用防护用品	机械伤害	较小	正确佩戴防护面罩、防护眼镜、耳塞
		手提电动工具的导线或转动部分	触电	较小	不准手提电动工具的导线或转动部分
		单手使用电动扳手	机械伤害	较小	要双手把稳电动扳手然后再打开电源开关
		工作间断未切断电动工器具电源	机械伤害	较小	工作中离开工作现场、暂停作业或遇临时停电，必须立即切断电动工器具电源
	扳手	使用扳手不当或用力过猛致伤	其他伤害	较小	（1）用合适扳手，平稳用力； （2）安全防护装置齐全有效，佩戴手套
8．钢架基座焊缝及其紧固件检查、修理	扳手	使用扳手不当或用力过猛致伤	其他伤害	较小	（1）用合适扳手，平稳用力； （2）安全防护装置齐全有效，佩戴手套
9．浆液管道、阀门、冷却水系统检查修理	高处作业人员	未佩戴使用安全带	高处坠落	重大	（1）脚手架检验合格、并签名； （2）安全带使用前进行外观检查合格，检验合格证应在有效期内； （3）安全带的挂钩应挂在结实、牢固的构件上，或专挂安全带的钢丝绳上，不准低挂高用
	高处的工器具、零部件	高处作业未使用工具袋	物体打击	较小	（1）高处作业应一律使用工具袋； （2）较大的工具应用绳拴在牢固的构件上
		工器具未系防坠绳及零部件未固定	物体打击	较小	（1）工器具必须使用防坠绳； （2）工器具和零部件应用绳拴在牢固的构件上，不准随便乱放
		工器具和零部件上下抛掷	物体打击	较小	工器具和零部件不准上下抛掷，应使用绳系牢后往下或往上吊
		下方未做警示隔离	物体打击	中等	高处作业下方设可靠的隔离围栏并派专人监护
	电动扳手	作业时未正确使用防护用品	机械伤害	较小	正确佩戴防护面罩、防护眼镜、耳塞
		手提电动工具的导线或转动部分	触电	较小	不准手提电动工具的导线或转动部分
		单手使用电动扳手	机械伤害	较小	要双手把稳电动扳手然后再打开电源开关
		工作间断未切断电动工器具电源	机械伤害	较小	工作中离开工作现场、暂停作业或遇临时停电，必须立即切断电动工器具电源
10．浆液循环泵组装	热辐射	气焊气割火焰高温	烧伤烫伤	较小	（1）动火人员穿帆布工作服，戴工作帽，上衣不准扎在裤子里，裤脚不得挽起，脚面有鞋罩； （2）气割火炬不准对着周围工作人员
	电动扳手	作业时未正确使用防护用品	机械伤害	较小	正确佩戴防护面罩、防护眼镜、耳塞
		手提电动工具的导线或转动部分	触电	较小	不准手提电动工具的导线或转动部分
		单手使用电动扳手	机械伤害	较小	要双手把稳电动扳手然后再打开电源开关
		工作间断未切断电动工器具电源	机械伤害	较小	工作中离开工作现场、暂停作业或遇临时停电，必须立即切断电动工器具电源

续表

作业步骤	危害辨识	危害描述	产生后果	风险等级	防 范 措 施
10．浆液循环泵组装	扳手	使用扳手不当或用力过猛致伤	其他伤害	较小	（1）用合适扳手，平稳用力； （2）安全防护装置齐全有效，佩戴手套
	吊具和起吊物	吊点位置不正确	起重伤害	中等	吊钩要挂在物品的重心上，当被吊物件起吊后有可能摆动或转动时，应采用绳牵引方法，防止物件摆动伤人或碰坏设备
		斜拉	起重伤害	中等	不准使吊钩斜着拖吊重物
	大锤、手锤	戴手套抡大锤	物体打击	较小	打锤人不得戴手套
		单手抡大锤	物体打击	较小	抡大锤时，周围不得有人，不得单手抡大锤
	行车	行车不合格	起重伤害	较小	（1）由特种设备作业人员检查行车完好； （2）检查行车检验合格证在有效期内
			起重伤害	较小	使用前应作无负荷起落试验一次，检查刹车及传动装置应良好无缺陷
11．减速机组装	热辐射	气焊气割火焰高温	烧伤烫伤	较小	（1）动火人员穿帆布工作服，戴工作帽，上衣不准扎在裤子里，裤脚不得挽起，脚面有鞋罩； （2）气割火炬不准对着周围工作人员
	电动扳手	作业时未正确使用防护用品	机械伤害	较小	正确佩戴防护面罩、防护眼镜、耳塞
		手提电动工具的导线或转动部分	触电	较小	不准手提电动工具的导线或转动部分
		单手使用电动扳手	机械伤害	较小	要双手把稳电动扳手然后再打开电源开关
		工作间断未切断电动工器具电源	机械伤害	较小	工作中离开工作现场、暂停作业或遇临时停电，必须立即切断电动工器具电源
	扳手	使用扳手不当或用力过猛致伤	其他伤害	较小	（1）用合适扳手，平稳用力； （2）安全防护装置齐全有效，佩戴手套
	吊具和起吊物	吊点位置不正确	起重伤害	中等	吊钩要挂在物品的重心上，当被吊物件起吊后有可能摆动或转动时，应采用绳牵引方法，防止物件摆动伤人或碰坏设备
		斜拉	起重伤害	中等	不准使吊钩斜着拖吊重物
	大锤、手锤	戴手套抡大锤	物体打击	较小	打锤人不得戴手套
		单手抡大锤	物体打击	较小	抡大锤时，周围不得有人，不得单手抡大锤
12．浆液循环泵现场回装	扳手	使用扳手不当或用力过猛致伤	其他伤害	较小	（1）用合适扳手，平稳用力； （2）安全防护装置齐全有效，佩戴手套
	手拉葫芦	滑链	起重伤害	中等	使用前应作无负荷起落试验一次，检查刹车及传动装置应良好无缺陷
		手拉葫芦超载荷使用	起重伤害	中等	使用手拉葫芦时工作负荷不准超过铭牌规定
	吊具和起吊物	吊点位置不正确	起重伤害	中等	吊钩要挂在物品的重心上，当被吊物件起吊后有可能摆动或转动时，应采用绳牵引方法，防止物件摆动伤人或碰坏设备
		斜拉	起重伤害	中等	不准使吊钩斜着拖吊重物
	重物	捆绑不牢	物体打击	较小	（1）起重前必须先将物件很牢固和稳妥地绑住； （2）滚动物件必须加设垫块并捆绑牢固
		物品混放	物体打击	较小	（1）零散物件应放入箱中摆放； （2）圆形、不规则物件分类摆放，并做好防滚动滑落措施
		阻塞通道	物体打击	较小	不准在门口、人行通道、消防通道、楼梯等处放置杂物

续表

作业步骤	危害辨识	危害描述	产生后果	风险等级	防　范　措　施
12．浆液循环泵现场回装	行车	行车不合格	起重伤害	较小	（1）由特种设备作业人员检查行车完好； （2）检查行车检验合格证在有效期内
			起重伤害	较小	使用前应作无负荷起落试验一次，检查刹车及传动装置应良好无缺陷
	电动扳手	手提电动工具的导线或转动部分	触电	较小	不准手提电动工具的导线或转动部分
		单手使用电动扳手	机械伤害	较小	要双手把稳电动扳手然后再打开电源开关
		工作间断未切断电动工器具电源	机械伤害	较小	工作中离开工作现场、暂停作业或遇临时停电，必须立即切断电动工器具电源
13．泵与减速机中心找正	泵联轴器	用手指直接检查校正联轴器销孔	机械伤害	较小	不准用手指直接检查校正联轴器销孔
14．减速机与电机中心找正	泵联轴器	用手指直接检查校正联轴器销孔	机械伤害	较小	不准用手指直接检查校正联轴器销孔
15．现场清理	施工废料	施工废料未清理	环境污染	较小	废料及时清理，做到工完、料尽、场地清
16．品质再鉴定	浆液循环泵	标识不全	机械伤害	较小	（1）工作前核对设备名称及编号； （2）完善补齐缺损的设备标识和警告牌
		试运行起动时人员站在转动机械径向位置	机械伤害	较小	转动设备试运行时所有人员应先远离，站在转动机械的轴向位置，并有一人站在事故按钮位置
		检修人员单独进行试运行操作	机械伤害	较小	转动机械试运行操作应由运行值班人员根据检修工作负责人的要求进行，检修人员不准自己进行试运行的操作

12.3　湿除浆液泵检修

作业步骤	危害辨识	危害描述	产生后果	风险等级	防　范　措　施
1．作业环境评估	噪声	进入噪声区域时，未正确使用防护用品	噪声聋	较小	进入噪声区域时正确佩戴耳塞
	高温	气温超过35℃	中暑	较小	（1）在高温场所工作时，应为工作人员提供足够的饮水、清凉饮料及防暑药品； （2）对温度较高的作业场所必须增加通风设备； （3）缩短工作时间，做好工作人员的轮休安排
2．确认安全措施正确执行	转动的电机、阀门	工作前所采取隔离措施不完善	其他伤害	中等	与运行人员共同确认现场安全措施、隔离措施正确完备
		未采取防转动措施	机械伤害	中等	转动设备检修时应采取防转动措施
3．准备工作及现场布置	临时电源及电源线	电源线悬挂高度不够	触电	较小	临时电源线架设高度室内不低于2.5m
		电源线、插头、插座破损	触电	较小	（1）检查电源线外绝缘良好，无破损； （2）检查电源盘合格证在有效期内； （3）检查电源插头插座，确保完好
		未安装漏电保护器	触电	较小	分级配置漏电保护器，工作前试漏电保护器，确保正确动作
	吊具	吊索具损坏或选择不当	起重伤害	中等	（1）作业前，应对吊索具及其配件进行检查，确认完好，方可使用； （2）所选用的吊索具应与被吊工件的外形特点

续表

作业步骤	危害辨识	危害描述	产生后果	风险等级	防 范 措 施
3. 准备工作及现场布置	吊具	吊索具损坏或选择不当	起重伤害	中等	及具体要求相适应，在不具备使用条件的情况下，决不能对付使用； （3）作业中应防止损坏吊索具及配件，必要时在棱角处应加护角防护； （4）吊具及配件不能超过其额定起重量，起重吊具、吊索不得超过其相应吊挂状态下的最大工作载荷
	撬杠	撬杠强度不够	物体打击	较小	必须保证撬杠强度满足要求
4. 湿除浆液泵检修	热辐射	气焊气割火焰高温	烧伤烫伤	较小	（1）动火人员穿帆布工作服，戴工作帽，上衣不准扎在裤子里，裤脚不得挽起，脚面有鞋罩； （2）气割火炬不准对着周围工作人员
	电动扳手	手提电动工具的导线或转动部分	触电	较小	不准手提电动工具的导线或转动部分
		单手使用电动扳手	机械伤害	较小	要双手把稳电动扳手然后再打开电源开关
		工作间断未切断电动工器具电源	机械伤害	较小	工作中离开工作现场、暂停作业或遇临时停电，必须立即切断电动工器具电源
	扳手	使用扳手不当或用力过猛致伤	其他伤害	较小	（1）用合适扳手，平稳用力； （2）安全防护装置齐全有效，佩戴手套
	清洁剂	作业时未正确使用防护用品	中毒窒息	较小	使用时打开门窗通风，避免过多吸入化学微粒，戴防护口罩、橡胶手套
	泵联轴器	用手指直接检查校正联轴器销孔	机械伤害	较小	不准用手指直接检查校正联轴器销孔
5. 湿除浆液泵进出口管件、阀门检查修理	异物	管理堵塞	设备伤害	较小	及时封堵拆开的管口，朝上的管口应采取硬板封堵
	扳手	使用扳手不当或用力过猛致伤	磕碰扭伤	较小	（1）用合适扳手，平稳用力； （2）安全防护装置齐全有效，佩戴手套
	高处作业	未佩戴使用合格的安全带	高处坠落	重大	（1）脚手架检验合格并签字； （2）安全带使用前进行外观检查合格，检验合格证应在有效期内； （3）安全带的挂钩应挂在结实、牢固的构件上，或专挂安全带的钢丝绳上，不准低挂高用
6. 现场清理	施工废料	施工废料未清理	环境污染	较小	废料及时清理，做到工完、料尽、场地清
7. 品质再鉴定	湿除浆液泵	标识不全	机械伤害	较小	（1）工作前核对设备名称及编号； （2）完善补齐缺损的设备标识和警告牌
		试运行起动时人员站在转动机械径向位置	机械伤害	较小	转动设备试运行时所有人员应先远离，站在转动机械的轴向位置，并有一人站在事故按钮位置
		检修人员单独进行试运行操作	机械伤害	较小	转动机械试运行操作应由运行值班人员根据检修工作负责人的要求进行，检修人员不准自己进行试运行的操作

12.4 机组湿除浆液箱检修

作业步骤	危害辨识	危害描述	产生后果	风险等级	防 范 措 施
1. 作业环境评估	噪声	进入噪声区域时，未正确使用防护用品	噪声聋	较小	进入噪声区域时正确佩戴耳塞

续表

作业步骤	危害辨识	危害描述	产生后果	风险等级	防 范 措 施
1. 作业环境评估	高温	气温超过35℃	中暑	较小	（1）在高温场所工作时，应为工作人员提供足够的饮水、清凉饮料及防暑药品； （2）对温度较高的作业场所必须增加通风设备； （3）缩短工作时间，做好工作人员的轮休安排
	内部气体	有毒有害介质置换、隔绝不彻底，氧气浓度低	中毒窒息	较小	打开所有通风口进行通风置换有害有毒介质，并采取可靠的隔离措施
2. 确认安全措施正确执行	阀门	工作前所采取隔离措施不完善	其他伤害	中等	与运行人员共同确认现场安全措施、隔离措施正确完备
3. 准备工作及现场布置	临时电源及电源线	电源线悬挂高度不够	触电	较小	临时电源线架设高度室内不低于2.5m
		电源线、插头、插座破损	触电	较小	（1）检查电源线外绝缘良好，无破损； （2）检查电源盘合格证在有效期内； （3）检查电源插头插座，确保完好
		未安装漏电保护器	触电	较小	分级配置漏电保护器，工作前试漏电保护器，确保正确动作
	撬杠	撬杠强度不够	物体打击	较小	必须保证撬杠强度满足要求
	脚手架搭（拆）设	脚手架搭设后未验收	高处坠落、物体打击	重大	（1）搭设结束后，必须履行脚手架验收手续，填写脚手架验收单，并在脚手架验收单上分级签字； （2）验收合格后应在脚手架上悬挂合格证，方可使用
4. 湿除浆液槽检查清理	人孔门	无人监护	中毒窒息	中等	（1）人孔打开后须设有明显的警告标志； （2）设专人监护，进出吸收塔，做好人员、工器具出入登记
	内部气体	有限空间有毒有害气体超标，氧气浓度低	中毒窒息	中等	（1）严格执行有限空间制度，安排专人监护，进出入有限空间要有人员和物件登记记录； （2）坚持“先通风、再检测、后作业”的原则，在作业开始前，对危险有害因素浓度进行检测
	扳手	使用扳手不当或用力过猛致伤	其他伤害	较小	（1）用合适扳手，平稳用力； （2）安全防护装置齐全有效，佩戴手套
5. 现场清理	施工废料	施工废料未清理	环境污染	较小	废料及时清理，做到工完、料尽、场地清

12.5　湿除清扫风机检修

作业步骤	危害辨识	危害描述	产生后果	风险等级	防 范 措 施
1. 作业环境评估	噪声	进入噪声区域时，未正确使用防护用品	噪声聋	较小	进入噪声区域时正确佩戴耳塞
	高温	气温超过35℃	中暑	较小	（1）在高温场所工作时，应为工作人员提供足够的饮水、清凉饮料及防暑药品； （2）对温度较高的作业场所必须增加通风设备； （3）缩短工作时间，做好工作人员的轮休安排
2. 确认安全措施正确执行	转动的电机、阀门	工作前所采取隔离措施不完善	其他伤害	中等	与运行人员共同确认现场安全措施、隔离措施正确完备
		未采取防转动措施	机械伤害	中等	转动设备检修时应采取防转动措施
3. 准备工作及现场布置	临时电源及电源线	电源线悬挂高度不够	触电	较小	临时电源线架设高度室内不低于2.5m
		电源线、插头、插座破损	触电	较小	（1）检查电源线外绝缘良好，无破损； （2）检查电源盘合格证在有效期内； （3）检查电源插头插座，确保完好

续表

作业步骤	危害辨识	危害描述	产生后果	风险等级	防 范 措 施
3. 准备工作及现场布置	临时电源及电源线	未安装漏电保护器	触电	较小	分级配置漏电保护器，工作前试漏电保护器，确保正确动作
	撬杠	撬杠强度不够	物体打击	较小	必须保证撬杠强度满足要求
	大锤、手锤	锤头与木柄的连接不牢固、锤头破损、木柄未使用整根硬质木料	物体打击	较小	锤头与木柄的连接应用金属楔栓固定，楔子长度不得大于安装孔深的2/3，锤头完好无损光滑微凸，木柄使用整根硬质木料
		锤把上有油污	物体打击	较小	锤把上不可有油污，如有油污必须擦拭干净后方可使用
	角磨机、切割机	角磨机电源线、电源插头破损，防护罩、砂轮片破损	机械伤害	较小	（1）检查角磨机电源线、电源插头完好无缺损，接地线完好，防护罩、砂轮片完好无缺损； （2）检查合格证在有效期内
	吊具	吊索具损坏或选择不当	起重伤害	中等	（1）作业前，应对吊索具及其配件进行检查，确认完好，方可使用； （2）所选用的吊索具应与被吊工件的外形特点及具体要求相适应，在不具备使用条件的情况下，决不能对付使用； （3）作业中应防止损坏吊索具及配件，必要时在棱角处应加护角防护； （4）吊具及配件不能超过其额定起重量，起重吊具、吊索不得超过其相应吊挂状态下的最大工作载荷
4. 本体检修及组装	热辐射	气焊气割火焰高温	烧伤烫伤	较小	（1）动火人员穿帆布工作服，戴工作帽，上衣不准扎在裤子里，裤脚不得挽起，脚面有鞋罩； （2）气割火炬不准对着周围工作人员
	扳手	使用扳手不当或用力过猛致伤	其他伤害	较小	（1）用合适扳手，平稳用力； （2）安全防护装置齐全有效，佩戴手套
	吊具和起吊物	吊点位置不正确	起重伤害	中等	吊钩要挂在物品的重心上，当被吊物件起吊后有可能摆动或转动时，应采用绳牵引方法，防止物件摆动伤人或碰坏设备
		斜拉	起重伤害	中等	不准使吊钩斜着拖吊重物
	重物	捆绑不牢	物体打击	较小	（1）起重前必须先将物件很牢固和稳妥地绑住； （2）滚动物件必须加设垫块并捆绑牢固
		物品混放	物体打击	较小	（1）零散物件应放入箱中摆放； （2）圆形、不规则物件分类摆放，并做好防滚动滑落措施
		阻塞通道	物体打击	较小	不准在门口、人行通道、消防通道、楼梯等处放置杂物
	清洁剂	作业时未正确使用防护用品	中毒窒息	较小	使用时打开门窗通风，避免过多吸入化学微粒，戴防护口罩、橡胶手套
	泵联轴器	用手指直接检查校正联轴器销孔	机械伤害	较小	不准用手指直接检查校正联轴器销孔
5. 管道及阀门检修	阀门螺栓	拆卸门架时挤伤手指	机械伤害	较小	拆卸时戴手套
	扳手	使用扳手不当或用力过猛致伤	其他伤害	较小	（1）用合适扳手，平稳用力； （2）安全防护装置齐全有效，佩戴手套
6. 蒸汽加热器及蒸汽管道阀门检修	阀门螺栓	拆卸门架时挤伤手指	机械伤害	较小	拆卸时戴手套

续表

作业步骤	危害辨识	危害描述	产生后果	风险等级	防范措施
7．现场清理	施工废料	施工废料未清理	环境污染	较小	废料及时清理，做到工完、料尽、场地清
8．品质再鉴定	湿除清扫风机	标识不全	机械伤害	较小	（1）工作前核对设备名称及编号； （2）完善补齐缺损的设备标识和警告牌
		试运行起动时人员站在转动机械径向位置	机械伤害	较小	转动设备试运行时所有人员应先远离，站在转动机械的轴向位置，并有一人站在事故按钮位置
		检修人员单独进行试运行操作	机械伤害	较小	转动机械试运行操作应由运行值班人员根据检修工作负责人的要求进行，检修人员不准自己进行试运行的操作

12.6 湿式电除尘检修

作业步骤	危害辨识	危害描述	产生后果	风险等级	防范措施
1．作业环境评估	高温	气温超过35℃	中暑	较小	（1）在高温场所工作时，应为工作人员提供足够的饮水、清凉饮料及防暑药品； （2）对温度较高的作业场所必须增加通风设备； （3）缩短工作时间，做好工作人员的轮休安排
	烟气	有毒有害介质置换、隔绝不彻底	中毒窒息	较小	打开所有通风口进行通风置换有害有毒介质，并采取可靠地隔离措施
2．确认安全措施正确执行	阀门	工作前所采取隔离措施不完善	其他伤害	中等	与运行人员共同确认现场安全措施、隔离措施正确完备
3．准备工作及现场布置	人孔门	无人监护	中毒窒息	中等	（1）人孔打开后须设有明显的警告标志； （2）设专人监护，进出吸收塔，做好人员、工器具出入登记
	行灯	行灯电源线、电源插头破损	触电	较小	（1）检查行灯电源线、电源插头完好无破损； （2）行灯的电源线应采用橡胶套软电缆
		外壳未接地	触电	较小	金属外壳应做好保护接地或接零措施
		使用行灯电压等级不符	触电	较小	在潮湿的金属容器内、有爆炸危险的脱硫烟道系统等处工作时不应超过12V
		行灯防护罩缺失	火灾、爆炸	较小	行灯应有保护罩
		行灯的手柄破损	触电	较小	行灯的手柄应绝缘良好且耐热、防潮
	脚手架搭（拆）设	脚手架搭设后未验收	高处坠落、物体打击	重大	（1）脚手架搭设人员挂好安全带、必要时挂好防坠器，做好可靠的隔离，防止交叉作业，搭设过程使用工具袋等做好防落物措施； （2）搭设结束后，必须履行脚手架验收手续，填写脚手架验收单，并在脚手架验收单上分级签字； （3）验收合格后应在脚手架上悬挂合格证，方可使用
	临时电源及电源线	电源线悬挂高度不够	触电	较小	临时电源线架设高度室内不低于2.5m；室外不低于4m
		电源线、插头、插座破损	触电	较小	（1）检查电源线外绝缘良好，无破损； （2）检查电源盘合格证在有效期内； （3）检查电源插头插座，确保完好
		未安装漏电保护器	触电	较小	分级配置漏电保护器，工作前试漏电保护器，确保正确动作
		超负荷用电	触电	较小	（1）检查电源盘合格证在有效期； （2）工作前核算用电负荷在电源最高负荷内

续表

作业步骤	危害辨识	危害描述	产生后果	风险等级	防 范 措 施
4. 湿除内部检查修理	行灯	将行灯变压器带入金属容器内	火灾	较小	禁止将行灯变压器带入金属容器内
	看不清的物件	现场照明不足	碰撞滑跌	较小	在有限空间内作业时，需使用24V的行灯或电筒
	内部气体	有限空间内有毒有害气体超标、氧气浓度低	中毒窒息	中等	（1）严格执行有限空间作业制度，安排专人监护，进出入有限空间要有人员和物件登记记录； （2）坚持“先通风、再检测、后作业”的原则，在作业开始前，对危险有害气体浓度、氧气浓度进行检测，检测合格后方可进入； （3）随身携带气体检测仪，实时或定时检测，发生报警时立刻从水箱内撤出
	易燃物体	动火作业	火灾	较大	（1）动火前，执行一级动火工作程序； （2）对动火部位进行不定期的可燃气体含量测量； （3）动火周围铺设防火毯，现场设专人监护，做好防火星飞溅措施
5. 现场清理	施工废料	施工废料未清理	环境污染	较小	废料及时清理，做到工完、料尽、场地清

12.7 吸收塔搅拌器检修

作业步骤	危害辨识	危害描述	产生后果	风险等级	防 范 措 施
1. 作业环境评估	噪声	进入噪声区域时，未正确使用防护用品	噪声聋	较小	进入噪声区域时正确佩戴耳塞
	高温	气温超过35℃	中暑	较小	（1）在高温场所工作时，应为工作人员提供足够的饮水、清凉饮料及防暑药品； （2）对温度较高的作业场所必须增加通风设备； （3）缩短工作时间，做好工作人员的轮休安排
	烟气	有毒有害介质置换、隔绝不彻底	中毒窒息	较小	打开所有通风口进行通风置换有害有毒介质，并采取可靠地隔离措施
2. 确认安全措施正确执行	转动的电机、阀门	工作前所采取隔离措施不完善	其他伤害	中等	与运行人员共同确认现场安全措施、隔离措施正确完备
		未采取防转动措施	机械伤害	中等	转动设备检修时应采取防转动措施
3. 准备工作及现场布置	临时电源及电源线	电源线悬挂高度不够	触电	较小	临时电源线架设高度室内不低于2.5m
		电源线、插头、插座破损	触电	较小	（1）检查电源线外绝缘良好，无破损； （2）检查电源盘合格证在有效期内； （3）检查电源插头插座，确保完好
		未安装漏电保护器	触电	较小	分级配置漏电保护器，工作前试漏电保护器，确保正确动作
	吊具	吊索具损坏或选择不当	起重伤害	中等	（1）作业前，应对吊索具及其配件进行检查，确认完好，方可使用； （2）所选用的吊索具应与被吊工件的外形特点及具体要求相适应，在不具备使用条件的情况下，绝不能对付使用； （3）作业中应防止损坏吊索具及配件，必要时在棱角处应加护角防护； （4）吊具及配件不能超过其额定起重量，起重吊具、吊索不得超过其相应吊挂状态下的最大工作载荷

续表

作业步骤	危害辨识	危害描述	产生后果	风险等级	防范措施
3．准备工作及现场布置	撬杠	撬杠强度不够	物体打击	较小	必须保证撬杠强度满足要求
	脚手架搭（拆）设	脚手架搭设后未验收	高处坠落、物体打击	重大	（1）搭设结束后，必须履行脚手架验收手续，填写脚手架验收单，并在脚手架验收单上分级签字； （2）验收合格后应在脚手架上悬挂合格证，方可使用
	人孔门	无人监护	中毒窒息	中等	（1）人孔打开后须设有明显的警告标志； （2）设专人监护，进出吸收塔，做好人员、工器具出入登记
	行灯	行灯电源线、电源插头破损	触电	较小	（1）检查行灯电源线、电源插头完好无破损； （2）行灯的电源线应采用橡胶套软电缆
		未使用防爆灯具	火灾、爆炸	中等	使用防爆行灯
		外壳未接地	触电	较小	金属外壳应做好保护接地或接零措施
		使用行灯电压等级不符	触电	较小	在潮湿的金属容器内、有爆炸危险的脱硫烟道系统等处工作时不应超过12V
		行灯防护罩缺失	火灾、爆炸	中等	行灯应有保护罩
		行灯的手柄破损	触电	较小	行灯的手柄应绝缘良好且耐热、防潮
	脚手架搭（拆）设	脚手架搭设后未验收	高处坠落、物体打击	重大	（1）脚手架搭设人员挂好安全带、必要时挂好防坠器，做好可靠的隔离，防止交叉作业，搭设过程使用工具袋等做好防落物措施； （2）搭设结束后，必须履行脚手架验收手续，填写脚手架验收单，并在脚手架验收单上分级签字； （3）验收合格后应在脚手架上悬挂合格证，方可使用
4．机封及减速箱拆卸	扳手	使用扳手不当或用力过猛致伤	其他伤害	较小	（1）用合适扳手，平稳用力； （2）安全防护装置齐全有效，佩戴手套
	吊具和起吊物	吊点位置不正确	起重伤害	中等	吊钩要挂在物品的重心上，当被吊物件起吊后有可能摆动或转动时，应采用绳牵引方法，防止物件摆动伤人或碰坏设备
		斜拉	起重伤害	中等	不准使吊钩斜着拖吊重物
	手拉葫芦	滑链	起重伤害	中等	使用前应作无负荷起落试验一次，检查刹车及传动装置应良好无缺陷
		手拉葫芦超载荷使用	起重伤害	中等	使用手拉葫芦时工作负荷不准超过铭牌规定
	撬杠	撬杠强度不够	物体打击	较小	必须保证撬杠强度满足要求
5．叶片、主轴检查修理	缺氧	通风不足	窒息	中等	（1）使用通风机或自然通风方式进行通风； （2）在作业开始前，对危险有害气体浓度、氧气浓度进行检测，检测合格后方可进入； （3）随身携带气体检测仪，实时或定时检测，发生报警时立刻撤离
	搬运物	搬运过程中滑落	物体打击	较小	（1）佩戴防护手套； （2）穿戴劳保鞋； （3）开展搬运方法培训和技术标准宣贯
6．减速机解体修理	大锤、手锤	戴手套抡大锤	物体打击	较小	打锤人不得戴手套
		单手抡大锤	物体打击	较小	抡大锤时，周围不得有人，不得单手抡大锤
	热辐射	气焊气割火焰高温	烧伤烫伤	较小	（1）动火人员穿帆布工作服，戴工作帽，上衣不准扎在裤子里，裤脚不得挽起，脚面有鞋罩； （2）气割火炬不准对着周围工作人员

续表

作业步骤	危害辨识	危害描述	产生后果	风险等级	防 范 措 施
6. 减速机解体修理	电动扳手	作业时未正确使用防护用品	机械伤害	较小	正确佩戴防护面罩、防护眼镜、耳塞
		手提电动工具的导线或转动部分	触电	较小	不准手提电动工具的导线或转动部分
		单手使用电动扳手	机械伤害	较小	要双手把稳电动扳手然后再打开电源开关
		工作间断未切断电动工器具电源	机械伤害	较小	工作中离开工作现场、暂停作业或遇临时停电，必须立即切断电动工器具电源
	扳手	使用扳手不当或用力过猛致伤	其他伤害	较小	（1）用合适扳手，平稳用力； （2）安全防护装置齐全有效，佩戴手套
7. 减速机组装	电动葫芦	制动装置失灵	起重伤害	中等	使用前应作无负荷起落试验一次，检查刹车及传动装置应良好无缺陷
	大锤、手锤	戴手套抡大锤	物体打击	较小	打锤人不得戴手套
		单手抡大锤	物体打击	较小	抡大锤时，周围不得有人，不得单手抡大锤
	热辐射	气焊气割火焰高温	烧伤烫伤	较小	（1）动火人员穿帆布工作服，戴工作帽，上衣不准扎在裤子里，裤脚不得挽起，脚面有鞋罩； （2）气割火炬不准对着周围工作人员
	电动扳手	作业时未正确使用防护用品	机械伤害	较小	正确佩戴防护面罩、防护眼镜、耳塞
		手提电动工具的导线或转动部分	触电	较小	不准手提电动工具的导线或转动部分
		单手使用电动扳手	机械伤害	较小	要双手把稳电动扳手然后再打开电源开关
		工作间断未切断电动工器具电源	机械伤害	较小	工作中离开工作现场、暂停作业或遇临时停电，必须立即切断电动工器具电源
	扳手	使用扳手不当或用力过猛致伤	其他伤害	较小	（1）用合适扳手，平稳用力； （2）安全防护装置齐全有效，佩戴手套
	轴承加热器	加热后的轴承烫伤手	烧伤烫伤	较小	正确佩戴隔热手套
8. 机轴回装	脚手架搭（拆）设	脚手架搭设后未验收	高处坠落、物体打击	重大	（1）搭设结束后，必须履行脚手架验收手续，填写脚手架验收单，并在脚手架验收单上分级签字； （2）验收合格后应在脚手架上悬挂合格证，方可使用
	手拉葫芦	滑链	起重伤害	中等	使用前应作无负荷起落试验一次，检查刹车及传动装置应良好无缺陷
		手拉葫芦超载荷使用	起重伤害	中等	使用手拉葫芦时工作负荷不准超过铭牌规定
9. 机封及减速箱回装	电动葫芦	制动装置失灵	起重伤害	中等	使用前应作无负荷起落试验一次，检查刹车及传动装置应良好无缺陷
	吊具和起吊物	吊点位置不正确	起重伤害	中等	吊钩要挂在物品的重心上，当被吊物件起吊后有可能摆动或转动时，应采用绳牵引方法，防止物件摆动伤人或碰坏设备
		斜拉	起重伤害	中等	不准使吊钩斜着拖吊重物
	大锤、手锤	戴手套抡大锤	物体打击	较小	打锤人不得戴手套
		单手抡大锤	物体打击	较小	抡大锤时，周围不得有人，不得单手抡大锤
10. 叶片回装	手拉葫芦	滑链	起重伤害	中等	使用前应作无负荷起落试验一次，检查刹车及传动装置应良好无缺陷
		手拉葫芦超载荷使用	起重伤害	中等	使用手拉葫芦时工作负荷不准超过铭牌规定

续表

作业步骤	危害辨识	危害描述	产生后果	风险等级	防 范 措 施
10．叶片回装	吊具和起吊物	吊点位置不正确	起重伤害	中等	吊钩要挂在物品的重心上，当被吊物件起吊后有可能摆动或转动时，应采用绳牵引方法，防止物件摆动伤人或碰坏设备
		斜拉	起重伤害	中等	不准使吊钩斜着拖吊重物
	脚手架搭（拆）设	脚手架搭设后未验收	高处坠落、物体打击	重大	（1）搭设结束后，必须履行脚手架验收手续，填写脚手架验收单，并在脚手架验收单上分级签字； （2）验收合格后应在脚手架上悬挂合格证，方可使用
11．皮带轮中心找正及换皮带	泵联轴器	在皮带张紧状态下拆装皮带	机械伤害	较小	不准在皮带张紧状态下拆装皮带
12．现场清理	施工废料	施工废料未清理	环境污染	较小	废料及时清理，做到工完、料尽、场地清
13．品质再鉴定	吸收塔搅拌器	标识不全	机械伤害	较小	（1）工作前核对设备名称及编号； （2）完善补齐缺损的设备标识和警告牌
		护罩未恢复	机械伤害	较小	防护罩不装好不能试转
		试运行起动时人员站在转动机械径向位置	机械伤害	较小	转动设备试运行时所有人员应先远离，站在转动机械的轴向位置，并有一人站在事故按钮位置
		检修人员单独进行试运行操作	机械伤害	较小	转动机械试运行操作应由运行值班人员根据检修工作负责人的要求进行，检修人员不准自己进行试运行的操作

12.8　氧化风机检修

作业步骤	危害辨识	危害描述	产生后果	风险等级	防 范 措 施
1．作业环境评估	噪声	进入噪声区域时，未正确使用防护用品	噪声聋	较小	进入噪声区域时正确佩戴耳塞
	高温	气温超过35℃	中暑	较小	（1）在高温场所工作时，应为工作人员提供足够的饮水、清凉饮料及防暑药品； （2）对温度较高的作业场所必须增加通风设备
2．确认安全措施正确执行	转动的电机	工作前所采取隔离措施不完善	其他伤害	中等	与运行人员共同确认现场安全措施、隔离措施正确完备
		未采取防转动措施	机械伤害	中等	转动设备检修时应采取防转动措施
3．准备工作及现场布置	临时电源及电源线	电源线悬挂高度不够	触电	较小	临时电源线架设高度室内不低于2.5m
		电源线、插头、插座破损	触电	较小	（1）检查电源线外绝缘良好，无破损； （2）检查电源盘合格证在有效期内； （3）检查电源插头插座，确保完好
		未安装漏电保护器	触电	较小	分级配置漏电保护器，工作前试漏电保护器，确保正确动作
	吊具	钢丝绳磨损严重、吊钩无防脱保险装置、卸扣横销转动卡涩、制动器失灵、限位器失效、控制手柄破损	起重伤害	较小	（1）作业前，应对吊索具及其配件进行检查，确认完好，方可使用； （2）所选用的吊索具应与被吊工件的外形特点及具体要求相适应，在不具备使用条件的情况下，绝不能对付使用； （3）作业中应防止损坏吊索具及配件，必要时在棱角处应加护角防护； （4）吊具及配件不能超过其额定起重量，起重吊具、吊索不得超过其相应吊挂状态下的最大工作载荷

续表

作业步骤	危害辨识	危害描述	产生后果	风险等级	防 范 措 施
3. 准备工作及现场布置	撬杠	撬杠强度不够	其他伤害	较小	必须保证撬杠强度满足要求
	脚手架搭拆	脚手架搭设后未验收	高处坠落、物体打击	重大	（1）脚手架搭设人员挂好安全带、必要时挂好防坠器，做好可靠的隔离，防止交叉作业，搭设过程使用工具袋等做好防落物措施； （2）搭设结束后，必须履行脚手架验收手续，填写脚手架验收单，并在脚手架验收单上分级签字； （3）验收合格后应在脚手架上悬挂合格证，方可使用
4. 修前联轴器中心校验及检查	泵联轴器	用手指直接检查校正联轴器销孔	机械伤害	较小	不准用手指直接检查校正联轴器销孔
5. 氧化风机检修	电动葫芦	制动装置失灵	起重伤害	较小	使用前应作无负荷起落试验一次，检查刹车及传动装置应良好无缺陷
	扳手	使用扳手不当或用力过猛致伤	其他伤害	较小	（1）用合适扳手，平稳用力； （2）安全防护装置齐全有效，佩戴手套
	重物	捆绑不牢	起重伤害	较小	（1）起重前必须先将物件很牢固和稳妥地绑住； （2）滚动物件必须加设垫块并捆绑牢固
		物品混放	起重伤害	较小	（1）零散物件应放入箱中摆放； （2）圆形、不规则物件分类摆放，并做好防滚动滑落措施
		阻塞通道	起重伤害	较小	不准在门口、人行通道、消防通道、楼梯等处放置杂物
	吊具和起吊物	吊点位置不正确	起重伤害	较小	吊钩要挂在物品的重心上，当被吊物件起吊后有可能摆动或转动时，应采用绳牵引方法，防止物件摆动伤人或碰坏设备
		斜拉	起重伤害	较小	不准使吊钩斜着拖吊重物
6. 管道及其附件检查修理	高处作业人员	未佩戴使用安全带	高处坠落	重大	（1）安全带使用前进行外观检查合格，检验合格证应在有效期内； （2）安全带的挂钩应挂在结实、牢固的构件上，或专挂安全带的钢丝绳上，不准低挂高用； （3）脚手架验收合格后并签名
		使用不合格脚手架			
	高处的工器具、零部件	高处作业未使用工具袋	物体打击	较小	（1）高处作业应一律使用工具袋； （2）较大的工具应用绳拴在牢固的构件上
		工器具未系防坠绳及零部件未固定	物体打击	较小	（1）工器具必须使用防坠绳； （2）工器具和零部件应用绳拴在牢固的构件上，不准随便乱放
		工器具和零部件上下抛掷	物体打击	较小	工器具和零部件不准上下抛掷，应使用绳系牢后往下或往上吊
	电动扳手	作业时未正确使用防护用品	机械伤害	较小	正确佩戴防护面罩、防护眼镜、耳塞
		手提电动工具的导线或转动部分	触电	较小	不准手提电动工具的导线或转动部分
		单手使用电动扳手	机械伤害	较小	要双手把稳电动扳手然后再打开电源开关
		工作间断未切断电动工器具电源	机械伤害	较小	工作中离开工作现场、暂停作业或遇临时停电，必须立即切断电动工器具电源

续表

作业步骤	危害辨识	危害描述	产生后果	风险等级	防 范 措 施
7. 钢架基座焊缝及其紧固件检查、修理	电焊机	焊接时未正确使用防护用品	灼烫伤、触电、眼睛受损	较小	（1）焊工应戴防尘（电焊尘）口罩，穿帆布工作服、橡胶绝缘鞋，戴工作帽、电焊手套，上衣不应扎在裤子里；口袋应有遮盖，脚面应有鞋罩；正确使用面罩、戴白光眼镜，以免焊接时被烧伤； （2）电焊工在合上或拉开电源刀闸时，应戴干燥的手套，另一只手不得按在电焊机的外壳上； （3）电焊工更换焊条时，必须戴电焊手套，以防触电； （4）清理焊渣时必须戴上白光眼镜，并避免对着人的方向敲打焊渣
	扳手	使用扳手不当或用力过猛致伤	其他伤害	较小	（1）用合适扳手，平稳用力； （2）安全防护装置齐全有效，佩戴手套
8. 系统装复	电动葫芦	制动装置失灵	起重伤害	较小	使用前应作无负荷起落试验一次，检查刹车及传动装置应良好无缺陷
	重物	捆绑不牢	起重伤害	较小	（1）起重前必须先将物件很牢固和稳妥地绑住； （2）滚动物件必须加设垫块并捆绑牢固
		物品混放	起重伤害	较小	（1）零散物件应放入箱中摆放； （2）圆形、不规则物件分类摆放，并做好防滚动滑落措施
		阻塞通道	起重伤害	较小	不准在门口、人行通道、消防通道、楼梯等处放置杂物
	吊具和起吊物	吊点位置不正确	起重伤害	较小	吊钩要挂在物品的重心上，当被吊物件起吊后有可能摆动或转动时，应采用绳牵引方法，防止物件摆动伤人或碰坏设备
		斜拉	起重伤害	较小	不准使吊钩斜着拖吊重物
	扳手	使用扳手不当或用力过猛致伤	其他伤害	较小	（1）用合适扳手，平稳用力； （2）安全防护装置齐全有效，佩戴手套
9. 风机与电机中心找正	泵联轴器	用手指直接检查校正联轴器销孔	机械伤害	较小	不准用手指直接检查校正联轴器销孔
10. 现场清理	施工废料	施工废料未清理	环境污染	较小	废料及时清理，做到工完、料尽、场地清
11. 品质再鉴定	氧化风机	标识不全	机械伤害	较小	（1）工作前核对设备名称及编号； （2）完善补齐缺损的设备标识和警告牌
		试运行起动时人员站在转动机械径向位置	机械伤害	较小	转动设备试运行时所有人员应先远离，站在转动机械的轴向位置，并有一人站在事故按钮位置
		检修人员单独进行试运行操作	机械伤害	较小	转动机械试运行操作应由运行值班人员根据检修工作负责人的要求进行，检修人员不准自己进行试运行的操作

12.9 脱硫工艺冲洗水管道及其阀门检修

作业步骤	危害辨识	危害描述	产生后果	风险等级	防 范 措 施
1. 作业环境评估	噪声	进入噪声区域时，未正确使用防护用品	耳聋	较小	进入噪声区域时正确佩戴耳塞
	高温	气温超过40℃	中暑	较小	（1）在高温场所工作时，应为工作人员提供足够的饮水、清凉饮料及防暑药品； （2）对温度较高的作业场所必须增加通风设备

续表

作业步骤	危害辨识	危害描述	产生后果	风险等级	防 范 措 施
2. 确认安全措施正确执行	阀门的内漏	工作前所采取隔离措施不完善或阀门的内漏	环境污染、其他伤害	较小	(1) 工作前核对设备名称及编号； (2) 检修工作开工前工作负责人与工作票许可人共同确认所检修设备阀门及系统的隔离措施
3. 准备工作及现场布置	临时电源及电源线	电源线悬挂高度不够	触电	较小	临时电源线架设高度室内不低于2.5m
		电源线、插头、插座破损	触电	较小	(1) 检查电源线外绝缘良好，无破损； (2) 检查电源盘合格证在有效期内； (3) 检查电源插头插座，确保完好
		未安装漏电保护器	触电	较小	分级配置漏电保护器，工作前试漏电保护器，确保正确动作
	脚手架	脚手架未检验合格	高处坠落	重大	(1) 脚手架人员的资质确认； (2) 脚手搭建负责人对脚手架检验合格并签字； (3) 工作负责人再次检验脚手架是否符合使用要求并签字； (4) 严格遵守脚手架搭设相关制度
	撬杠	撬杠强度不够	其他伤害	较小	必须保证撬杠强度满足要求
	吊具	现场钢丝绳破损，未绑扎牢固	起重伤害	较小	(1) 工作人员持证上岗； (2) 工作前认真检查钢丝绳、吊带有无断股破损及变形严重的现象，如有应禁止使用并销毁
	螺丝刀、扳手、手锤等	手柄等缺损；锤头与木柄的连接不牢固，锤头破损，木柄未使用整根硬质木料；扳手不合适	物体打击	较小	(1) 锉刀、手锯、螺丝刀等手柄应安装牢固，没有手柄的不准使用； (2) 检查手锤的锤头应完整，其表面应光滑微凸，不应有歪斜、缺口及裂纹等缺陷；大锤及手锤的柄应用整根的硬木制成，且头部用楔栓固定；楔栓宜采用金属楔，楔子长度不应大于安装孔的三分之二；锤把上不应有油污
4. 石灰石浆液输浆管道及阀门检查及回装	脚手架	(1) 脚手架未检验合格； (2) 未正确佩戴安全带； (3) 安全带未检验	高处坠落	重大	(1) 工作负责人对工作成员做好安全交底，并签字认可； (2) 工作负责人再次检验脚手架是否符合使用要求并签字； (3) 严格遵守脚手架搭设相关制度； (4) 使用合格的安全带，并正确操作使用； (5) 安全带的合格证在有效期内
	扳手	使用扳手不当或用力过猛致伤	其他伤害	较小	(1) 用合适扳手，平稳用力； (2) 安全防护装置齐全有效，佩戴手套
	吊具、重物	现场钢丝绳破损，未绑扎牢固	起重伤害	较小	(1) 工作人员持证上岗； (2) 工作前认真检查钢丝绳、吊带有无断股破损及变形严重的现象，如有应禁止使用并销毁
	电动工具	工作间断未切断电动工器具电源	触电	较小	工作中离开工作现场、暂停作业或遇临时停电，必须立即切断电动工器具电源
	拆开的管路及阀门	人员设备伤害，拆开的管路孔洞未封堵	挤伤、杂物落入管道内	较小	(1) 作业时有专人统一指挥，做好相互间配合； (2) 及时封堵拆开的管口，朝上的管口应采取硬板封堵
5. 设备试运行	工艺冲洗水管道及阀门	标识不全	其他伤害	较小	(1) 工作前核对设备名称及编号； (2) 完善补齐缺损的设备标识和警告牌
		管道泄漏修复	高处坠落	重大	(1) 工作负责人对工作成员做好安全交底，并签字认可； (2) 工作负责人再次检验脚手架是否符合使用要求并签字； (3) 严格遵守脚手架搭设相关制度；

续表

作业步骤	危害辨识	危害描述	产生后果	风险等级	防 范 措 施
5．设备试运行	工艺冲洗水管道及阀门	管道泄漏修复	高处坠落	重大	（4）使用合格的安全带，并正确操作使用； （5）安全带的合格证在有效期内
		检修人员单独进行试运行操作	机械伤害	较小	转动机械试运行操作应由运行值班人员根据检修工作负责人的要求进行，检修人员不准自己进行试运行的操作
6．检修工作结束	施工废料	施工废料未清理	环境污染	较小	废料及时清理，做到工完、料尽、场地清

12.10 升压风机检修

作业步骤	危害辨识	危害描述	产生后果	风险等级	防 范 措 施
1．作业环境评估	高温	气温超过35℃	中暑	较小	（1）在高温场所工作时，应为工作人员提供足够的饮水、清凉饮料及防暑药品； （2）对温度较高的作业场所必须增加通风设备； （3）缩短工作时间，做好工作人员的轮休安排
	噪声	进入噪声区域时，未正确使用防护用品	噪声聋	较小	进入噪声区域时正确佩戴耳塞
	烟气	有毒有害介质置换、隔绝不彻底	中毒窒息	较小	打开所有通风口进行通风置换有害有毒介质，并采取可靠的隔离措施
2．办理工作票，验证隔离措施	转动的电机、阀门	工作前所采取隔离措施不完善	其他伤害	中等	与运行人员共同确认现场安全措施、隔离措施正确完备
		未采取防转动措施	机械伤害	中等	转动设备检修时应采取防转动措施
3．机壳上盖拆卸	大锤、手锤	锤头与木柄的连接不牢固、锤头破损、木柄未使用整根硬质木料	砸伤	较小	检查大锤和手锤的锤头应完整，其表面应光滑微凸，不应有歪斜、缺口、凹入及裂纹等缺陷；大锤及手锤的柄应用整根的硬木制成，且头部用楔栓固定；楔栓宜采用金属楔，楔子长度不应大于安装孔的三分之二。锤把上不应有油污
		戴手套抡大锤	物体打击	较小	（1）禁止戴手套抡大锤； （2）抡大锤时周围不准有人靠近，防止误伤
		单手抡大锤	物体打击	较小	严禁戴手套或用单手抡大锤，使用大锤时，周围不准有人靠近
	电动葫芦	制动装置失灵	起重伤害	较小	使用前应作无负荷起落试验一次，检查刹车及传动装置应良好无缺陷
		在起吊大的或不规则的构件时，未在构件上系以牢固的拉绳	起重伤害	较小	起吊大的或不规则的构件时，应在构件上系以牢固的拉绳，使其不摇摆不旋转
		起重机超载	起重伤害	中等	起重机械和起重工具的工作负荷，不准超过铭牌规定
		工作结束后未采取安全防护措施	起重伤害	较小	工作完毕或休息时，应将电动葫芦的开关拉开
	重物	斜拉	起重伤害	较小	起重物品必须绑牢，吊钩应挂在物品的重心上，吊钩钢丝绳应保持垂直，不准使吊钩斜着拖吊重物
		地面不平	物体打击	较小	重物应稳妥放置在地上，防止倾倒和滚动，必要时应用绳绑住

续表

作业步骤	危害辨识	危害描述	产生后果	风险等级	防 范 措 施
3. 机壳上盖拆卸	脚手架搭（拆）设	脚手架搭设后未验收	高处坠落、物体打击	重大	（1）搭设结束后，必须履行脚手架验收手续，填写脚手架验收单，并在脚手架验收单上分级签字； （2）验收合格后应在脚手架上悬挂合格证，方可使用
	高处作业人员	未佩戴使用安全带	高处坠落	重大	（1）安全带使用前进行外观检查合格，检验合格证应在有效期内； （2）安全带的挂钩应挂在结实、牢固的构件上，或专挂安全带的钢丝绳上，不准低挂高用
4. 原始数据测量	转动部件	转动转子时把手伸入导致挤伤	挤伤	较小	（1）正确佩戴劳动保护用品； （2）盘动叶轮时正确在位，防止叶片挤伤手脚
5. 转子拆卸	电动葫芦	制动装置失灵	起重伤害	较小	使用前应作无负荷起落试验一次，检查刹车及传动装置应良好无缺陷
		在起吊大的或不规则的构件时，未在构件上系以牢固的拉绳	起重伤害	较小	起吊大的或不规则的构件时，应在构件上系以牢固的拉绳，使其不摇摆不旋转
		起重机超载	起重伤害	中等	起重机械和起重工具的工作负荷，不准超过铭牌规定
		工作结束后未采取安全防护措施	起重伤害	较小	工作完毕或休息时，应将电动葫芦的开关拉开
	重物	斜拉	起重伤害	较小	起重物品必须绑牢，吊钩应挂在物品的重心上，吊钩钢丝绳应保持垂直，不准使吊钩斜着拖吊重物
		地面不平	物体打击	较小	重物应稳妥放置在地上，防止倾倒和滚动，必要时应用绳绑住
	手拉葫芦	手拉葫芦刹车以及传动装置有缺陷、链条有裂纹、链轮转动卡涩、吊钩无防脱保险装置	起重伤害	中等	（1）检查手拉葫芦检验合格证在有效期内； （2）由专业人员修理手拉葫芦或更换合格的手拉葫芦； （3）使用前应作无负荷起落试验一次，检查链条是否有裂纹、链轮转动是否卡涩、吊钩是否无防脱保险装置，以确保完好
		超过铭牌规定使用手拉葫芦	起重伤害	中等	使用手拉葫芦时工作负荷不准超过铭牌规定
	扳手	使用扳手不当或用力过猛致伤	其他伤害	较小	（1）用合适扳手，平稳用力； （2）安全防护装置齐全有效，佩戴手套
	大锤、手锤	戴手套抡大锤	物体打击	较小	打锤人不得戴手套
		单手抡大锤	物体打击	较小	抡大锤时，周围不得有人，不得单手抡大锤
	电动扳手	作业时未正确使用防护用品	机械伤害	较小	正确佩戴防护面罩、防护眼镜、耳塞
		手提电动工具的导线或转动部分	触电	较小	不准手提电动工具的导线或转动部分
		单手使用电动扳手	机械伤害	较小	要双手把稳电动扳手然后再打开电源开关
		工作间断未切断电动工器具电源	机械伤害	较小	工作中离开工作现场、暂停作业或遇临时停电，必须立即切断电动工器具电源
6. 电机轴承箱解体	重物	斜拉	起重伤害	较小	起重物品必须绑牢，吊钩应挂在物品的重心上，吊钩钢丝绳应保持垂直，不准使吊钩斜着拖吊重物
		地面不平	物体打击	较小	重物应稳妥放置在地上，防止倾倒和滚动，必要时应用绳绑住

续表

作业步骤	危害辨识	危害描述	产生后果	风险等级	防 范 措 施
6. 电机轴承箱解体	扳手	使用扳手不当或用力过猛致伤	其他伤害	较小	（1）用合适扳手，平稳用力； （2）安全防护装置齐全有效，佩戴手套
	大锤、手锤	戴手套抡大锤	物体打击	较小	打锤人不得戴手套
		单手抡大锤	物体打击	较小	抡大锤时，周围不得有人，不得单手抡大锤
	手拉葫芦	手拉葫芦刹车以及传动装置有缺陷、链条有裂纹、链轮转动卡涩、吊钩无防脱保险装置	起重伤害	中等	（1）检查手拉葫芦检验合格证在有效期内； （2）由专业人员修理手拉葫芦或更换合格的手拉葫芦； （3）使用前应作无负荷起落试验一次，检查链条是否有裂纹、链轮转动是否卡涩、吊钩是否无防脱保险装置，以确保完好
		超过铭牌规定使用手拉葫芦	起重伤害	中等	使用手拉葫芦时工作负荷不准超过铭牌规定
7. 电机轴承箱检查修理	扳手	使用扳手不当或用力过猛致伤	其他伤害	较小	（1）用合适扳手，平稳用力； （2）安全防护装置齐全有效，佩戴手套
	重物	搬运无统一协调	物体打击	较小	多人共同搬运、抬运或装卸较大的重物时，必须统一指挥、相互配合、同起同落、同时行进
		作业时未正确使用防护用品	物体打击	较小	作业人员应根据搬运物件的需要，穿戴披肩、垫肩、手套、口罩、眼镜等防护用品
	废油	工作结束后，废品乱扔	火灾及环境污染	较小	禁止将油污、油泥、废油等（包括沾油的棉纱、布、手套、纸等）倒入下水道排放或随地倾倒，应收集放于指定的废油箱，妥善处理，以防污染环境
	清洁剂	作业时未正确使用防护用品	中毒和窒息	较小	使用时打开门窗通风，避免过多吸入化学微粒，戴防护口罩、乳胶手套
8. 联轴器检查	转动部件	转动转子时把手伸入导致挤伤	挤伤	较小	（1）正确佩戴劳动保护用品； （2）盘动叶轮时正确在位，防止叶片挤伤手脚
9. 风机各部件检查修理	转动部件	转动转子时把手伸入导致挤伤	挤伤	较小	（1）正确佩戴劳动保护用品； （2）盘动叶轮时正确在位，防止叶片挤伤手脚
	重物	斜拉	起重伤害	较小	起重物品必须绑牢，吊钩应挂在物品的重心上，吊钩钢丝绳应保持垂直，不准使吊钩斜着拖吊重物
		地面不平	物体打击	较小	重物应稳妥放置在地上，防止倾倒和滚动，必要时应用绳绑住
	扳手	使用扳手不当或用力过猛致伤	其他伤害	较小	（1）用合适扳手，平稳用力； （2）安全防护装置齐全有效，佩戴手套
	手拉葫芦	手拉葫芦刹车以及传动装置有缺陷、链条有裂纹、链轮转动卡涩、吊钩无防脱保险装置	起重伤害	中等	（1）检查手拉葫芦检验合格证在有效期内； （2）由专业人员修理手拉葫芦或更换合格的手拉葫芦； （3）使用前应作无负荷起落试验一次，检查链条是否有裂纹、链轮转动是否卡涩、吊钩是否无防脱保险装置，以确保完好
		超过铭牌规定使用手拉葫芦	起重伤害	中等	使用手拉葫芦时工作负荷不准超过铭牌规定
10. 风机轴承箱解体	转动部件	转动转子时把手伸入导致挤伤	挤伤	较小	（1）正确佩戴劳动保护用品； （2）盘动叶轮时正确在位，防止叶片挤伤手脚
	重物	斜拉	起重伤害	较小	起重物品必须绑牢，吊钩应挂在物品的重心上，吊钩钢丝绳应保持垂直，不准使吊钩斜着拖吊重物
		地面不平	物体打击	较小	重物应稳妥放置在地上，防止倾倒和滚动，必要时应用绳绑住

续表

作业步骤	危害辨识	危害描述	产生后果	风险等级	防 范 措 施
10．风机轴承箱解体	扳手	使用扳手不当或用力过猛致伤	其他伤害	较小	（1）用合适扳手，平稳用力； （2）安全防护装置齐全有效，佩戴手套
	起吊物	吊物坠落	物体打击	较小	（1）起重物必须绑牢，吊钩应挂在物品的重心上，手拉葫芦的链条应垂直悬挂重物； （2）吊索与吊物棱角或光滑的接触处，必须加以包垫，防止吊索受伤或打滑； （3）捆扎后吊挂绳之间的夹角不大于90℃，避免挂绳受力过大
	手拉葫芦	手拉葫芦刹车以及传动装置有缺陷、链条有裂纹、链轮转动卡涩、吊钩无防脱保险装置	起重伤害	中等	（1）检查手拉葫芦检验合格证在有效期内； （2）由专业人员修理手拉葫芦或更换合格的手拉葫芦； （3）使用前应作无负荷起落试验一次，检查链条是否有裂纹、链轮转动是否卡涩、吊钩是否无防脱保险装置，以确保完好
		超过铭牌规定使用手拉葫芦	起重伤害	中等	使用手拉葫芦时工作负荷不准超过铭牌规定
11．风机轴承箱各部件检查	转动部件	转动转子时把手伸入导致挤伤	挤伤	较小	（1）正确佩戴劳动保护用品； （2）盘动叶轮时正确在位，防止叶片挤伤手脚
12．风机轴承箱装配	重物	斜拉	起重伤害	较小	起重物品必须绑牢，吊钩应挂在物品的重心上，吊钩钢丝绳应保持垂直，不准使吊钩斜着拖吊重物
		地面不平	物体打击	较小	重物应稳妥放置在地上，防止倾倒和滚动，必要时应用绳绑住
	扳手	使用扳手不当或用力过猛致伤	其他伤害	较小	（1）用合适扳手，平稳用力； （2）安全防护装置齐全有效，佩戴手套
	手拉葫芦	手拉葫芦刹车以及传动装置有缺陷、链条有裂纹、链轮转动卡涩、吊钩无防脱保险装置	起重伤害	中等	（1）检查手拉葫芦检验合格证在有效期内； （2）由专业人员修理手拉葫芦或更换合格的手拉葫芦； （3）使用前应作无负荷起落试验一次，检查链条是否有裂纹、链轮转动是否卡涩、吊钩是否无防脱保险装置，以确保完好
		超过铭牌规定使用手拉葫芦	起重伤害	中等	使用手拉葫芦时工作负荷不准超过铭牌规定
13．风机轴承箱安装	重物	斜拉	起重伤害	较小	起重物品必须绑牢，吊钩应挂在物品的重心上，吊钩钢丝绳应保持垂直，不准使吊钩斜着拖吊重物
		地面不平	物体打击	较小	重物应稳妥放置在地上，防止倾倒和滚动，必要时应用绳绑住
	扳手	使用扳手不当或用力过猛致伤	其他伤害	较小	（1）用合适扳手，平稳用力； （2）安全防护装置齐全有效，佩戴手套
	起吊物	吊物坠落	物体打击	较小	（1）起重物必须绑牢，吊钩应挂在物品的重心上，手拉葫芦的链条应垂直悬挂重物； （2）吊索与吊物棱角或光滑的接触处，必须加以包垫，防止吊索受伤或打滑； （3）捆扎后吊挂绳之间的夹角不大于90℃，避免挂绳受力过大
	手拉葫芦	手拉葫芦刹车以及传动装置有缺陷、链条有裂纹、链轮转动卡涩、吊钩无防脱保险装置	起重伤害	中等	（1）检查手拉葫芦检验合格证在有效期内； （2）由专业人员修理手拉葫芦或更换合格的手拉葫芦；

续表

作业步骤	危害辨识	危害描述	产生后果	风险等级	防 范 措 施
13．风机轴承箱安装	手拉葫芦	手拉葫芦刹车以及传动装置有缺陷、链条有裂纹、链轮转动卡涩、吊钩无防脱保险装置	起重伤害	中等	（3）使用前应作无负荷起落试验一次，检查链条是否有裂纹、链轮转动是否卡涩、吊钩是否无防脱保险装置，以确保完好
		超过铭牌规定使用手拉葫芦	起重伤害	中等	使用手拉葫芦时工作负荷不准超过铭牌规定
14．电机轴瓦接触角、接触点检查	转动部件	转动转子时把手伸入导致挤伤	挤伤	较小	（1）正确佩戴劳动保护用品； （2）盘动叶轮时正确在位，防止叶片挤伤手脚
15．电机轴瓦各部间隙调整	转动部件	转动转子时把手伸入导致挤伤	挤伤	较小	（1）正确佩戴劳动保护用品； （2）盘动叶轮时正确在位，防止叶片挤伤手脚
16．电机就位、联轴器轴向距离	电动葫芦	制动装置失灵	起重伤害	较小	使用前应作无负荷起落试验一次，检查刹车及传动装置应良好无缺陷
		在起吊大的或不规则的构件时，未在构件上系以牢固的拉绳	起重伤害	较小	起吊大的或不规则的构件时，应在构件上系以牢固的拉绳，使其不摇摆不旋转
		起重机超载	起重伤害	中等	起重机械和起重工具的工作负荷，不准超过铭牌规定
		工作结束后未采取安全防护措施	起重伤害	较小	工作完毕或休息时，应将电动葫芦的开关拉开
	重物	斜拉	起重伤害	较小	起重物品必须绑牢，吊钩应挂在物品的重心上，吊钩钢丝绳应保持垂直，不准使吊钩斜着拖吊重物
		地面不平	物体打击	较小	重物应稳妥放置在地上，防止倾倒和滚动，必要时应用绳绑住
17．中心找正	转动部件	转动转子时把手伸入导致挤伤	挤伤	较小	（1）正确佩戴劳动保护用品； （2）盘动叶轮时正确在位，防止叶片挤伤手脚
18．关门前内部检查及清理现场	施工废料	施工废料未清理	环境污染	较小	废料及时清理，做到工完、料尽、场地清
19．品质再鉴定	升压风机	标识不全	机械伤害	较小	（1）工作前核对设备名称及编号； （2）完善补齐缺损的设备标识和警告牌
		试运行起动时人员站在转动机械径向位置	机械伤害	较小	转动设备试运行时所有人员应先远离，站在转动机械的轴向位置，并有一人站在事故按钮位置
		检修人员单独进行试运行操作	机械伤害	较小	转动机械试运行操作应由运行值班人员根据检修工作负责人的要求进行，检修人员不准自己进行试运行的操作

12.11 升压风机油站检修

作业步骤	危害辨识	危害描述	产生后果	风险等级	防 范 措 施
1．作业环境评估	噪声	进入噪声区域时，未正确使用防护用品	噪声聋	较小	进入噪声区域时正确佩戴耳塞
	高温	气温超过35℃	中暑	较小	（1）在高温场所工作时，应为工作人员提供足够的饮水、清凉饮料及防暑药品； （2）对温度较高的作业场所必须增加通风设备
	润滑油	检修操作中发生滴、漏及溢油	滑倒	较小	检修操作中发生滴、漏及溢油，要及时清除处理

续表

作业步骤	危害辨识	危害描述	产生后果	风险等级	防 范 措 施
2. 办理工作票、验证隔离	转动的电机、阀门	工作前所采取隔离措施不完善	其他伤害	中等	与运行人员共同确认现场安全措施、隔离措施正确完备
		未采取防转动措施	机械伤害	中等	转动设备检修时应采取防转动措施
3. 油站解体	扳手	使用扳手不当或用力过猛致伤	磕碰扭伤	较小	(1) 用合适扳手，平稳用力； (2) 安全防护装置齐全有效，佩戴手套
	重物	搬运无统一协调	物体打击	较小	多人共同搬运、抬运或装卸较大的重物时，必须统一指挥、相互配合、同起同落、同时行进
4. 油泵检查清理	扳手	使用扳手不当或用力过猛致伤	磕碰扭伤	较小	(1) 用合适扳手，平稳用力； (2) 安全防护装置齐全有效，佩戴手套
	手锤	锤把上有油污	物体打击	较小	锤把上不可有油污
	润滑油	检修操作中发生滴、漏及溢油	滑倒	较小	检修操作中发生滴、漏及溢油，要及时清除处理
5. 过滤器、单向阀、压力调节阀检查清理	扳手	使用扳手不当或用力过猛致伤	磕碰扭伤	较小	(1) 用合适扳手，平稳用力； (2) 安全防护装置齐全有效，佩戴手套
	手锤	锤把上有油污	物体打击	较小	锤把上不可有油污
	润滑油	检修操作中发生滴、漏及溢油	滑倒	较小	检修操作中发生滴、漏及溢油，要及时清除处理
6. 油箱及管道检查清理	扳手	使用扳手不当或用力过猛致伤	磕碰扭伤	较小	(1) 用合适扳手，平稳用力； (2) 安全防护装置齐全有效，佩戴手套
	手锤	锤把上有油污	物体打击	较小	锤把上不可有油污
	润滑油	动火作业	火灾、爆炸	较大	(1) 动火前，执行一级动火工作程序； (2) 对动火部位进行可燃气体含量测量； (3) 动火前清理油箱及管道并留有敞口，动火部件尽可能拆离系统； (4) 动火周围设置合格的灭火器、防火毯，现场设专人监护，做好防火星飞溅措施
		检修操作中发生滴、漏及溢油	滑倒	较小	检修操作中发生滴、漏及溢油，要及时清除处理
7. 冷油器检查清理	扳手	使用扳手不当或用力过猛致伤	磕碰扭伤	较小	(1) 用合适扳手，平稳用力； (2) 安全防护装置齐全有效，佩戴手套
	润滑油	检修操作中发生滴、漏及溢油	滑倒	较小	检修操作中发生滴、漏及溢油，要及时清除处理
	手锤	锤把上有油污	物体打击	较小	锤把上不可有油污
8. 冷油器组装、泵压	扳手	使用扳手不当或用力过猛致伤	磕碰扭伤	较小	(1) 用合适扳手，平稳用力； (2) 安全防护装置齐全有效，佩戴手套
	手锤	锤把上有油污	物体打击	较小	锤把上不可有油污
9. 油站各部件组装	扳手	使用扳手不当或用力过猛致伤	磕碰扭伤	较小	(1) 用合适扳手，平稳用力； (2) 安全防护装置齐全有效，佩戴手套
	润滑油	动火作业	火灾、爆炸	较大	(1) 动火前，执行一级动火工作程序； (2) 对动火部位进行可燃气体含量测量； (3) 动火前清理油箱及管道并留有敞口，动火部件尽可能拆离系统； (4) 动火周围设置合格的灭火器、防火毯，现场设专人监护，做好防火星飞溅措施
		检修操作中发生滴、漏及溢油	滑倒	较小	检修操作中发生滴、漏及溢油，要及时清除处理

续表

作业步骤	危害辨识	危害描述	产生后果	风险等级	防范措施
10．现场清理及其他	润滑油	使用明火	火灾、爆炸	中等	（1）控制火种； （2）使用铜质工器具，穿绝缘靴； （3）禁止使用无线电设备； （4）使用防爆电器
		加油及操作中发生的跑、冒、滴、漏及溢油	滑倒	较小	杜绝储油器溢油，对在加油及操作中发生的跑、冒、滴、漏及溢油，要及时清除处理
11．品质再鉴定	油站	标识不全	机械伤害	较小	（1）工作前核对设备名称及编号； （2）完善补齐缺损的设备标识和警告牌
		试运行起动时人员站在转动机械径向位置	机械伤害	较小	转动设备试运行时所有人员应先远离，站在转动机械的轴向位置，并有一人站在事故按钮位置
		检修人员单独进行试运行操作	机械伤害	较小	转动机械试运行操作应由运行值班人员根据检修工作负责人的要求进行，检修人员不准自己进行试运行的操作

12.12 脱硫集水坑泵及其管道检修

作业步骤	危害辨识	危害描述	产生后果	风险等级	防范措施
1．作业环境评估	噪声	进入噪声区域时，未正确使用防护用品	耳聋	较小	进入噪声区域时正确佩戴耳塞
	高温	气温超过40℃	中暑	较小	（1）在高温场所工作时，应为工作人员提供足够的饮水、清凉饮料及防暑药品； （2）对温度较高的作业场所必须增加通风设备
2．确认安全措施正确执行	转动的电机	工作前所采取隔离措施不完善	机械伤害	较小	（1）工作前核对设备名称及编号； （2）检修工作开工前工作负责人与工作票许可人共同确认所检修设备已断电及系统的隔离措施
3．准备工作及现场布置	临时电源及电源线	电源线悬挂高度不够	触电	较小	临时电源线架设高度室内不低于2.5m
		电源线、插头、插座破损	触电	较小	（1）检查电源线外绝缘良好，无破损； （2）检查电源盘合格证在有效期内； （3）检查电源插头插座，确保完好
		未安装漏电保护器	触电	较小	分级配置漏电保护器，工作前试漏电保护器，确保正确动作
	葫芦	钢丝绳磨损严重、吊钩无防脱保险装置、手拉链条变形	起重伤害	较小	（1）由特种设备作业人员或操作人员检查葫芦无变形缺损保险扣； （2）检查电动葫芦检验合格证在有效期内
	有害气体缺氧	有毒有害介质置换、隔绝不彻底	中毒窒息	较小	检查现场所有阀门挡板，防止有害有毒介质流出，并采取可靠的隔离措施
	龙门架	龙门架不牢固，焊点脱焊	机械伤害	较小	使用前检查焊点无虚焊，无晃动
	撬杠	撬杠强度不够	其他伤害	较小	必须保证撬杠强度满足要求
	螺丝刀、扳手、大锤及手锤	手柄等缺损、锤头与木柄的连接不牢固、锤头破损、木柄未使用整根硬质木料	物体打击	较小	（1）锉刀、手锯、螺丝刀、钢丝钳等手柄应安装牢固、没有手柄的不准使用； （2）检查大锤及手锤的锤头应完整，其表面应光滑微凸，不应有歪斜、缺口、凹入及裂纹等缺陷；大锤及手锤的柄应用整根的硬木制成，且头部用楔栓固定；楔栓宜采用金属楔，楔子长度不应大于安装孔的三分之二；锤把上不应有油污

续表

作业步骤	危害辨识	危害描述	产生后果	风险等级	防 范 措 施
4. 修前联轴器中心校验	配合失误	盘动时配合失误	机械伤害	较小	作业前做好安全交底，相互之间提醒
5. 石膏排出泵解体检修	螺丝刀、扳手、大锤及手锤	（1）扳手不匹配，手柄缺损；（2）锤头与木柄的连接不牢固、锤头破损、木柄未使用整根硬质木料	物体打击	较小	（1）锉刀、手锯、螺丝刀、钢丝钳等手柄应安装牢固、没有手柄的不准使用；（2）检查大锤及手锤的锤头应完整，其表面应光滑微凸，不应有歪斜、缺口、凹入及裂纹等缺陷；大锤及手锤的柄应用整根的硬木制成，且头部用楔栓固定；楔栓宜采用金属楔，楔子长度不应大于安装孔的三分之二；锤把上不应有油污
	手拉葫芦及龙门架	钢丝绳磨损严重、吊钩无防脱保险装置、手拉链条变形，龙门架不牢固、焊点脱焊	起重伤害、物体打击	较小	（1）由特种设备作业人员或操作人员检查葫芦无变形缺损保险扣；（2）检查电动葫芦检验合格证在有效期内；（3）使用前检查焊点无虚焊，无晃动
	泵体检修	人员设备伤害	挤伤	较小	作业时有专人统一指挥，做好相互间配合
	叶轮转子	调整转子间隙	机械伤害	中等	转子间隙调整时禁止将手伸入叶轮内，防止绞伤
6. 集水泵进出口管件、阀门检查修理	拆开的管路及阀门	人员设备伤害，拆开的管路孔洞未封堵	挤伤、杂物落入管道内	较小	（1）作业时有专人统一指挥，做好相互间配合；（2）及时封堵拆开的管口，朝上的管口应采取硬板封堵
	不锈钢虹吸罐	未正确使用防护用品	有害气体吸入	较小	作业时正确佩戴合格防护口罩
7. 转子中心找正	联轴器	用手指直接检查校正联轴器	机械伤害	较小	不准用手指直接检查校正联轴器
8. 设备试运行	集水坑泵	标识不全，防护罩不全	机械伤害	较小	（1）工作前核对设备名称及编号；（2）完善补齐缺损的设备标识和警告牌；（3）设备试转前，应将皮带轮罩盖好
		试运行起动时人员站在转动机械径向位置	机械伤害	较小	转动设备试运行时所有人员应先远离，站在转动机械的轴向位置，并有一人站在事故按钮位置
		检修人员单独进行试运行操作	机械伤害	较小	转动机械试运行操作应由运行值班人员根据检修工作负责人的要求进行，检修人员不准自己进行试运行的操作
9. 检修工作结束	施工废料	施工废料未清理	环境污染	较小	废料及时清理，做到工完、料尽、场地清

12.13 净烟道挡板门检修

作业步骤	危害辨识	危害描述	产生后果	风险等级	防 范 措 施
1. 作业环境评估	高温	气温超过 35℃	中暑	较小	（1）在高温场所工作时，应为工作人员提供足够的饮水、清凉饮料及防暑药品；（2）对温度较高的作业场所必须增加通风设备；（3）缩短工作时间，做好工作人员的轮休安排
	烟气	有毒有害介质置换、隔绝不彻底	中毒窒息	中等	打开所有通风口进行通风置换有害有毒介质，并采取可靠的隔离措施
	孔、洞	盖板缺损及平台防护栏杆不全	高处坠落	重大	及时检查及补全缺失防护栏
	转动的电机、阀门	工作前所采取隔离措施不完善	其他伤害	中等	与运行人员共同确认现场安全措施、隔离措施正确完备
		未采取防转动措施	机械伤害	中等	转动设备检修时应采取防转动措施

续表

作业步骤	危害辨识	危害描述	产生后果	风险等级	防 范 措 施
2. 确认安全措施正确执行	转动的电机、阀门	工作前所采取隔离措施不完善	其他伤害	中等	与运行人员共同确认现场安全措施、隔离措施正确完备
		未采取防转动措施	机械伤害	中等	转动设备检修时应采取防转动措施
3. 净烟气挡板门内衬、密封片、门板部件磨损腐蚀情况检查	看不清的物件	现场照明不足	碰撞滑跌	较小	在有限空间内作业时，需使用 24V 的行灯或电筒
	内部气体	有限空间内有毒有害气体超标、氧气浓度低	中毒窒息	中等	（1）严格执行三级有限空间制度，安排专人监护，进出入有限空间要有人员和物件登记记录； （2）坚持“先通风、再检测、后作业”的原则，在作业开始前，对危险有害因素浓度进行检测
	人孔门	无人监护	中毒窒息	中等	（1）人孔打开后须设有明显的警告标志； （2）设专人监护，进出吸收塔，做好人员、工器具出入登记
	高处作业人员	未佩戴使用合格的安全带	高处坠落	重大	（1）安全带使用前进行外观检查合格，检验合格证应在有效期内； （2）安全带的挂钩应挂在结实、牢固的构件上，或专挂安全带的钢丝绳上，不准低挂高用
	脚手架搭（拆）设	脚手架搭设后未验收	高处坠落、物体打击	重大	（1）脚手架搭设人员挂好安全带、必要时挂好防坠器，做好可靠的隔离，防止交叉作业，搭设过程使用工具袋等做好防落物措施； （2）搭设结束后，必须履行脚手架验收手续，填写脚手架验收单，并在脚手架验收单上分级签字； （3）验收合格后应在脚手架上悬挂合格证，方可使用
4. 净烟气挡板门轴承、轴密封检查更换	高处作业人员	未正确佩戴使用合格的安全带	高处坠落	重大	（1）安全带使用前进行外观检查合格，检验合格证应在有效期内； （2）安全带的挂钩应挂在结实、牢固的构件上，或专挂安全带的钢丝绳上，不准低挂高用
	脚手架搭（拆）设	脚手架搭设后未验收	高处坠落、物体打击	重大	（1）搭设结束后，必须履行脚手架验收手续，填写脚手架验收单，并在脚手架验收单上分级签字； （2）验收合格后应在脚手架上悬挂合格证，方可使用
5. 净烟气挡板门手操装置注加润滑油、手操试验、修理	高处作业人员	未正确佩戴使用合格的安全带	高处坠落	重大	（1）安全带使用前进行外观检查合格，检验合格证应在有效期内； （2）安全带的挂钩应挂在结实、牢固的构件上，或专挂安全带的钢丝绳上，不准低挂高用
6. 净烟气挡板门启闭灵活性、密封性检查	净烟气挡板门	标识不全	机械伤害	较小	（1）工作前核对设备名称及编号； （2）完善补齐缺损的设备标识和警告牌
		检修人员单独进行试运行操作	机械伤害	较小	转动机械试运行操作应由运行值班人员根据检修工作负责人的要求进行，检修人员不准自己进行试运行的操作
7. 清理现场及其他	施工废料	施工废料未清理	环境污染	较小	废料及时清理，做到工完、料尽、场地清

12.14 脱硫净烟道检修

作业步骤	危害辨识	危害描述	产生后果	风险等级	防 范 措 施
1. 作业环境评估	高温	气温超过35℃	中暑	较小	(1) 在高温场所工作时，应为工作人员提供足够的饮水、清凉饮料及防暑药品； (2) 对温度较高的作业场所必须增加通风设备； (3) 缩短工作时间，做好工作人员的轮休安排
	烟气	有毒有害介质置换、隔绝不彻底	中毒窒息	中等	打开所有通风口进行通风置换有害有毒介质，并采取可靠的隔离措施
	孔、洞	盖板缺损及平台防护栏杆不全	高处坠落	重大	及时检查及补全缺失防护栏
	转动的电机、阀门	工作前所采取隔离措施不完善	其他伤害	中等	与运行人员共同确认现场安全措施、隔离措施正确完备
		未采取防转动措施	机械伤害	中等	转动设备检修时应采取防转动措施
2. 办理工作票，确认安全措施正确执行	转动的电机、阀门	工作前所采取隔离措施不完善	其他伤害	中等	与运行人员共同确认现场安全措施、隔离措施正确完备
		未采取防转动措施	机械伤害	中等	转动设备检修时应采取防转动措施
3. 净烟道内石膏积垢清理	看不清的物件	现场照明不足	碰撞滑跌	较小	在有限空间内作业时，需使用24V的行灯或电筒
	内部气体	有限空间内有毒有害气体超标、氧气浓度低	中毒窒息	中等	(1) 严格执行有限空间制度，安排专人监护，进出入有限空间要有人员和物件登记记录； (2) 坚持“先通风、再检测、后作业”的原则，在作业开始前，对危险有害气体浓度、氧气浓度进行检测，检测合格后方可进入； (3) 随身携带气体检测仪，实时或定时检测，发生报警时立刻从水箱内撤出
4. 净烟道内壁、支撑杆及其附件磨损腐蚀检查、防腐层修补	电动工具	未实施防触电措施	触电	较小	(1) 使用电动工具前工作人员检查电缆线有无破损，有破损的不准使用。 (2) 使用的拖线盘上应有触电保护。 (3) 在动力柜中接出电源时，要使用专用插头；如需直接接线，应有电工接线，并且不准从上桩头处取电。 (4) 电源线应架空布置，如在地面布置时，应铺设防踏板，以免造成电缆表皮破损
	内部气体	有限空间内有毒有害气体超标、氧气浓度低	中毒窒息	中等	(1) 严格执行有限空间制度，安排专人监护，进出入有限空间要有人员和物件登记记录； (2) 坚持“先通风、再检测、后作业”的原则，在作业开始前，对危险有害气体浓度、氧气浓度进行检测，检测合格后方可进入； (3) 随身携带气体检测仪，实时或定时检测，发生报警时立刻从水箱内撤出
	看不清的物件	现场照明不足	碰撞滑跌	较小	在有限空间内作业时，需使用24V的行灯或电筒
	防腐施工	防腐施工时动火作业	火灾	较大	防腐期间严禁动火
		个人防护	中毒、职业病	中等	正确佩戴合格的防护用品，如口罩、耳塞等
		防腐材料存放使用不当	火灾	较大	防腐材料定置存放，专人看管，配备灭火设备

续表

作业步骤	危害辨识	危害描述	产生后果	风险等级	防 范 措 施
4．净烟道内壁、支撑杆及其附件磨损腐蚀检查、防腐层修补	脚手架搭（拆）设	脚手架搭设后未验收	高处坠落、物体打击	重大	（1）脚手架搭设人员挂好安全带、必要时挂好防坠器，做好可靠的隔离，防止交叉作业，搭设过程使用工具袋等做好防落物措施； （2）搭设结束后，必须履行脚手架验收手续，填写脚手架验收单，并在脚手架验收单上分级签字； （3）验收合格后应在脚手架上悬挂合格证，方可使用
	高处作业人员	未佩戴使用安全带	高处坠落	重大	（1）安全带使用前进行外观检查合格，检验合格证应在有效期内； （2）安全带的挂钩应挂在结实、牢固的构件上，或专挂安全带的钢丝绳上，不准低挂高用
	电焊机	电焊机电源线、电源插头、电焊钳破损	触电	较小	检查电焊机电源线、电源插头、电焊钳完好无损
		焊机外壳不接地	触电	较小	电焊机金属外壳应有明显的可靠接地
		焊机、焊钳与电缆线连接不牢固	触电	较小	焊机、焊钳与电缆线连接牢固，接地端头不外露
5．净烟道非金属补偿器检查、修理	重物	捆绑不牢	物体打击	较小	（1）起重前必须先将物件很牢固和稳妥地绑住； （2）滚动物件必须加设垫块并捆绑牢固
		物品混放	物体打击	较小	（1）零散物件应放入箱中摆放； （2）圆形、不规则物件分类摆放，并做好防滚动滑落措施
		阻塞通道	物体打击	较小	不准在门口、人行通道、消防通道、楼梯等处放置杂物
	高处作业人员	未佩戴使用安全带	高处坠落	重大	（1）安全带使用前进行外观检查合格，检验合格证应在有效期内； （2）安全带的挂钩应挂在结实、牢固的构件上，或专挂安全带的钢丝绳上，不准低挂高用
	高处的工器具、零部件	高处作业未使用工具袋	物体打击	较小	（1）高处作业应一律使用工具袋； （2）较大的工具应用绳拴在牢固的构件上
		工器具未系防坠绳及零部件未固定	物体打击	较小	（1）工器具必须使用防坠绳； （2）工器具和零部件应用绳拴在牢固的构件上，不准随便乱放
		工器具和零部件上下抛掷	物体打击	较小	工器具和零部件不准上下抛掷，应使用绳系牢后往下或往上吊
	脚手架搭（拆）设	脚手架搭设后未验收	高处坠落、物体打击	重大	（1）严格遵守脚手架搭设相关制度； （2）脚手搭建负责人对脚手架检验合格并签字； （3）工作负责人再次检验脚手架是否符合使用要求并签字
6．热控测量点管座腐蚀检查、修补	高处作业人员	未佩戴使用合格的安全带	高处坠落	重大	（1）安全带使用前进行外观检查合格，检验合格证应在有效期内； （2）安全带的挂钩应挂在结实、牢固的构件上，或专挂安全带的钢丝绳上，不准低挂高用
	脚手架搭（拆）设	脚手架搭设后未验收	高处坠落、物体打击	重大	（1）严格遵守脚手架搭设相关制度； （2）脚手搭建负责人对脚手架检验合格并签字； （3）工作负责人再次检验脚手架是否符合使用要求并签字

续表

作业步骤	危害辨识	危害描述	产生后果	风险等级	防 范 措 施
6．热控测量点管座腐蚀检查、修补	电焊、气割	违规动火	火灾	较大	严格履行一级动火审批作业手续
	电焊机	电焊机电源线、电源插头、电焊钳等设备和工具破损	触电	较小	（1）电焊机电源线、电源插头、电焊钳等焊接设备和工具完好无损； （2）电焊机的裸露导电部分和转动部分以及冷却用的风扇，均应装有保护罩
		电焊机放置不当	触电	较小	电焊机应放置在通风、干燥处，露天放置应加防雨罩
	电焊机	多台焊机接地、接零线串接接入接地体	触电	较小	多台焊机接地、接零线不得串接接入接地体，每台焊机应该设有独立的接地，接零线，其接点应用螺丝压紧
		一闸接多台电焊机	触电火灾	较小	电焊机必须装有独立的专用电源开关，其容量应符合要求。焊机超负荷时，应能自动切断电源，禁止多台焊机共用一个电源开关
7．净烟道冷凝液排放管清理检查、修补	高处作业人员	未佩戴使用合格的安全带	高处坠落	重大	（1）安全带使用前进行外观检查合格，检验合格证应在有效期内； （2）安全带的挂钩应挂在结实、牢固的构件上，或专挂安全带的钢丝绳上，不准低挂高用
	脚手架搭（拆）设	脚手架搭设后未验收	高处坠落、物体打击	重大	（1）严格遵守脚手架搭设相关制度； （2）脚手搭建负责人对脚手架检验合格并签字； （3）工作负责人再次检验脚手架是否符合使用要求并签字
8．净烟道外部壁板宏观检查，净烟道外部固定、滑动支架检查、修理调整	高处作业人员	未佩戴使用合格的安全带	高处坠落	重大	（1）安全带使用前进行外观检查合格，检验合格证应在有效期内； （2）安全带的挂钩应挂在结实、牢固的构件上，或专挂安全带的钢丝绳上，不准低挂高用
	脚手架搭（拆）设	脚手架搭设后未验收	高处坠落、物体打击	重大	（1）严格遵守脚手架搭设相关制度； （2）脚手搭建负责人对脚手架检验合格并签字； （3）工作负责人再次检验脚手架是否符合使用要求并签字
9．钢架、平台、楼梯、栏杆检查、修补、油漆	高处作业人员	未佩戴使用合格的安全带	高处坠落	重大	（1）安全带使用前进行外观检查合格，检验合格证应在有效期内； （2）安全带的挂钩应挂在结实、牢固的构件上，或专挂安全带的钢丝绳上，不准低挂高用
	脚手架搭（拆）设	脚手架搭设人员违章作业，脚手架搭设后未验收	高处坠落、物体打击	重大	（1）严格遵守脚手架搭设相关制度，脚手架搭设人员挂好安全带、必要时挂好防坠器，做好可靠的隔离，防止交叉作业，搭设过程使用工具袋等做好防落物措施； （2）脚手搭建负责人对脚手架检验合格并签字； （3）工作负责人再次检验脚手架是否符合使用要求并签字
10．清理现场及其他	施工废料	施工废料未清理	环境污染	较小	废料及时清理，做到工完、料尽、场地清

12.15　脱硫排水坑及搅拌机检修

作业步骤	危害辨识	危害描述	产生后果	风险等级	防　范　措　施
1. 作业环境评估	噪声	进入噪声区域时，未正确使用防护用品	噪声聋	较小	进入噪声区域时正确佩戴耳塞
	高温	气温超过40℃	中暑	较小	（1）在高温场所工作时，应为工作人员提供足够的饮水、清凉饮料及防暑药品； （2）对温度较高的作业场所必须增加通风设备
	有毒有害气体	有毒有害介质置换、隔绝不彻底	中毒窒息	较小	打开所有通风口进行通风置换有害有毒介质，并采取可靠的隔离措施
2. 确认安全措施正确执行	转动的电机	工作前所采取隔离措施不完善	其他伤害	较小	（1）工作前核对设备名称及编号； （2）检修工作开工前工作负责人与工作票许可人共同确认所检修设备已断电及系统的隔离措施
		未采取防转动措施	机械伤害	较小	转动设备检修时应采取防转动措施
	缺氧，一氧化碳、二氧化碳及其他有毒有害气体	空气不流通，缺氧	窒息	中等	（1）先打开人孔门进行通风，然后使用合格的测氧仪和粉尘浓度测量仪进行测量，合格后方可进入； （2）现场安排专人进行监护，每2h进行一次测量并记录； （3）按规定进行有限空间的等级办理
3. 准备工作及现场布置	临时电源及电源线	电源线悬挂高度不够	触电	较小	临时电源线架设高度室内不低于2.5m
		电源线、插头、插座破损	触电	较小	（1）检查电源线外绝缘良好，无破损； （2）检查电源盘合格证在有效期内； （3）检查电源插头插座，确保完好
		未安装漏电保护器	触电	较小	分级配置漏电保护器，工作前试漏电保护器，确保正确动作
	起吊工具	起吊设备未经许可进入现场，工作人员无证上岗	起重伤害	较小	（1）起吊设备有专职人员进行操作，持证上岗； （2）现场做好起吊范围的隔离； （3）现场专职人员进行指挥
	撬杠	撬杠强度不够	物体打击	较小	必须保证撬杠强度满足要求
4. 集水坑内部清理	一氧化碳、二氧化碳及其他有毒有害气体	作业时未正确使用防护用品；空气不流通，缺氧	窒息	中等	（1）正确佩戴防护用品； （2）打开集水坑井盖进行通风； （3）使用已签发的有限空间审批表，做好测量记录
	照明、电动工具	电源盘、污泥潜水泵未检验，未使用合格的照明	触电	较小	（1）电源盘合格证在有效期内； （2）污泥潜水泵合格证在有效期内； （3）现场至少2人以上参与工作； （4）进入集水坑内使用24V照明
	空洞	打开集水坑井盖	人员坠落	较小	现场安排人员监护，并做好硬性隔离
	电动工具	工作间断未切断电动工器具电源	触电	较小	工作中离开工作现场、暂停作业或遇临时停电，必须立即切断电动工器具电源
5. 集水坑泵的解体检修	扳手	使用扳手不当或用力过猛致伤	其他伤害	较小	（1）用合适扳手，平稳用力； （2）安全防护装置齐全有效，佩戴手套
	一氧化碳、二氧化碳及其他有毒有害气体	作业时未正确使用防护用品；空气不流通，缺氧	窒息	中等	（1）正确佩戴防护用品； （2）打开集水坑井盖进行通风； （3）使用已签发的有限空间审批表，做好测量记录； （4）进入集水坑内叶片拆除，需3人参与工作

续表

作业步骤	危害辨识	危害描述	产生后果	风险等级	防 范 措 施
5. 集水坑泵的解体检修	起吊工具	现场钢丝绳破损，未绑扎牢固	起重伤害	较小	（1）工作人员持证上岗； （2）工作前认真检查钢丝绳、吊带有无断股破损及变形严重的现象，如有应禁止使用并销毁
	螺丝刀、扳手、大锤及手锤	（1）扳手不匹配，手柄缺损； （2）锤头与木柄的连接不牢固、锤头破损、木柄未使用整根硬质木料	物体打击	较小	（1）锉刀、手锯、螺丝刀、钢丝钳等手柄应安装牢固，没有手柄的不准使用； （2）检查大锤及手锤的锤头应完整，其表面应光滑微凸，不应有歪斜、缺口、凹入及裂纹等缺陷；大锤及手锤的柄应用整根的硬木制成，且头部用楔栓固定；楔栓宜采用金属楔，楔子长度不应大于安装孔的三分之二；锤把上不应有油污
		戴手套抡大锤及单手抡大锤	物体打击	较小	（1）打锤人不得戴手套； （2）抡大锤时，周围不得有人，不得单手抡大锤
	轴承座检修	设备过重	挤伤	较小	作业时有专人统一指挥，做好相互间配合
6. 泵体回装	起吊工具	现场钢丝绳破损，未绑扎牢固	起重伤害	较小	（1）工作人员持证上岗； （2）工作前认真检查钢丝绳、吊带有无断股破损及变形严重的现象，如有应禁止使用并销毁
	搅拌器	起吊的重物坠落	物体打击	较小	（1）起吊时要有专业的起重人员操作； （2）起吊的重物不可在人员头顶上经过； （3）使用检验合格的起吊用具； （4）设置隔离检修区域； （5）避免交叉作业
7. 设备试运行	搅拌器	标识不全	机械伤害	较小	（1）工作前核对设备名称及编号； （2）完善补齐缺损的设备标识和警告牌
		检修人员单独进行试运行操作	机械伤害	较小	转动机械试运行操作应由运行值班人员根据检修工作负责人的要求进行，检修人员不准自己进行试运行的操作
8. 检修工作结束	施工废料	施工废料未清理	环境污染	较小	废料及时清理，做到工完、料尽、场地清

12.16 脱硫石膏排出泵及其管道检修

作业步骤	危害辨识	危害描述	产生后果	风险等级	防 范 措 施
1. 作业环境评估	噪声	进入噪声区域时，未正确使用防护用品	耳聋	较小	进入噪声区域时正确佩戴耳塞
	烟气	有毒有害介质置换、隔绝不彻底	中毒窒息	较小	检查现场所有阀门挡板防止有害有毒介质流出，并采取可靠的隔离措施
	高温	气温超过40℃	中暑	较小	（1）在高温场所工作时，应为工作人员提供足够的饮水、清凉饮料及防暑药品； （2）对温度较高的作业场所必须增加通风设备
2. 确认安全措施正确执行	转动的电机	工作前所采取隔离措施不完善	机械伤害	较小	（1）工作前核对设备名称及编号； （2）检修工作开工前工作负责人与工作票许可人共同确认所检修设备已断电及系统的隔离措施
3. 准备工作及现场布置	临时电源及电源线	电源线悬挂高度不够	触电	较小	临时电源线架设高度室内不低于2.5m
		电源线、插头、插座破损	触电	较小	（1）检查电源线外绝缘良好，无破损； （2）检查电源盘合格证在有效期内； （3）检查电源插头插座，确保完好
		未安装漏电保护器	触电	较小	分级配置漏电保护器，工作前试漏电保护器，确保正确动作

续表

作业步骤	危害辨识	危害描述	产生后果	风险等级	防范措施
3．准备工作及现场布置	葫芦	钢丝绳磨损严重、吊钩无防脱保险装置、手拉链条变形	起重伤害	较小	（1）由特种设备作业人员或操作人员检查葫芦无变形缺损保险扣； （2）检查电动葫芦检验合格证在有效期内
	龙门架	龙门架不牢固，焊点脱焊	机械伤害	较小	使用前检查焊点无虚焊、无晃动
	撬杠	撬杠强度不够	其他伤害	较小	必须保证撬杠强度满足要求
	螺丝刀、扳手、大锤及手锤	手柄等缺损、锤头与木柄的连接不牢固、锤头破损、木柄未使用整根硬质木料	物体打击	较小	（1）锉刀、手锯、螺丝刀、钢丝钳等手柄应安装牢固、没有手柄的不准使用； （2）检查大锤及手锤的锤头应完整，其表面应光滑微凸，不应有歪斜、缺口、凹入及裂纹等缺陷；大锤及手锤的柄应用整根的硬木制成，且头部用楔栓固定；楔栓宜采用金属楔，楔子长度不应大于安装孔的三分之二；锤把上不应有油污
4．修前联轴器中心校验	配合失误	盘动时配合失误	机械伤害	较小	作业前做好安全交底，相互之间提醒
5．石膏排出泵解体检修	螺丝刀、扳手、大锤及手锤	（1）扳手不匹配，手柄缺损； （2）锤头与木柄的连接不牢固、锤头破损、木柄未使用整根硬质木料	物体打击	较小	（1）锉刀、手锯、螺丝刀、钢丝钳等手柄应安装牢固，没有手柄的不准使用； （2）检查大锤及手锤的锤头应完整，其表面应光滑微凸，不应有歪斜、缺口、凹入及裂纹等缺陷；大锤及手锤的柄应用整根的硬木制成，且头部用楔栓固定；楔栓宜采用金属楔，楔子长度不应大于安装孔的三分之二；锤把上不应有油污
	手拉葫芦及龙门架	钢丝绳磨损严重，吊钩无防脱保险装置，手拉链条变形，龙门架不牢固、焊点脱焊	起重伤害、物体打击	较小	（1）由特种设备作业人员或操作人员检查葫芦无变形缺损保险扣； （2）检查电动葫芦检验合格证在有效期内； （3）使用前检查焊点无虚焊、无晃动
	泵体检修	设备过重	挤伤	较小	作业时有专人统一指挥，做好相互间配合
	叶轮转子	调整转子间隙	机械伤害	中等	转子间隙调整时禁止将手伸入叶轮内，防止绞伤
6．石膏排出泵进出口管件、阀门检查修理	拆开的管路及阀门	人员设备伤害，拆开的管路孔洞未封堵	挤伤、杂物落入管道内	较小	（1）作业时有专人统一指挥，做好相互间配合； （2）及时封堵拆开的管口，朝上的管口应采取硬板封堵
7．转子中心找正	联轴器	用手指直接检查校正联轴器	机械伤害	较小	不准用手指直接检查校正联轴器
8．设备试运行	石膏排出泵	标识不全	机械伤害	较小	（1）工作前核对设备名称及编号； （2）完善补齐缺损的设备标识和警告牌
		试运行起动时人员站在转动机械径向位置	机械伤害	较小	转动设备试运行时所有人员应先远离，站在转动机械的轴向位置，并有一人站在事故按钮位置
		检修人员单独进行试运行操作	机械伤害	较小	转动机械试运行操作应由运行值班人员根据检修工作负责人的要求进行，检修人员不准自己进行试运行的操作
9．检修工作结束	施工废料	施工废料未清理	环境污染	较小	废料及时清理，做到工完、料尽、场地清

12.17　脱硫石灰石浆液输送管道及其阀门检修

作业步骤	危害辨识	危害描述	产生后果	风险等级	防 范 措 施
1. 作业环境评估	噪声	进入噪声区域时，未正确使用防护用品	耳聋	较小	进入噪声区域时正确佩戴耳塞
	管道管架	管架脱焊虚焊	高处坠落	重大	检查现场所有管架无晃动缺损
2. 确认安全措施正确执行	阀门的内漏	工作前所采取隔离措施不完善	环境污染	较小	（1）工作前核对设备名称及编号； （2）检修工作开工前工作负责人与工作票许可人共同确认所检修设备阀门及系统的隔离措施
3. 准备工作及现场布置	临时电源及电源线	电源线悬挂高度不够	触电	较小	临时电源线架设高度室内不低于 2.5m
		电源线、插头、插座破损	触电	较小	（1）检查电源线外绝缘良好，无破损； （2）检查电源盘合格证在有效期内； （3）检查电源插头插座，确保完好
		未安装漏电保护器	触电	较小	分级配置漏电保护器，工作前试漏电保护器，确保正确动作
	脚手架	脚手架未检验合格	高处坠落	重大	（1）脚手架人员的资质确认； （2）脚手搭建负责人对脚手架检验合格并签字； （3）工作负责人再次检验脚手架是否符合使用要求并签字； （4）严格遵守脚手架搭设相关制度
	撬杠	撬杠强度不够	其他伤害	较小	必须保证撬杠强度满足要求
	吊具	现场钢丝绳破损，未绑扎牢固	起重伤害	较小	（1）工作人员持证上岗； （2）工作前认真检查钢丝绳、吊带有无断股破损及变形严重的现象，如有应禁止使用并销毁
	螺丝刀、扳手、手锤等	手柄等缺损，锤头与木柄的连接不牢固、锤头破损、木柄未使用整根硬质木料，扳手不合适	物体打击	较小	（1）锉刀、手锯、螺丝刀、等手柄应安装牢固，没有手柄的不准使用； （2）检查手锤的锤头应完整，其表面应光滑微凸，不应有歪斜、缺口、凹入及裂纹等缺陷；大锤及手锤的柄应用整根的硬木制成，且头部用楔栓固定；楔栓宜采用金属楔，楔子长度不应大于安装孔的三分之二；锤把上不应有油污
4. 石灰石浆液输浆管道及阀门检查及回装	脚手架、高处作业人员	（1）脚手架未检验合格； （2）未正确佩戴安全带； （3）安全带未检验	高处坠落	重大	（1）工作负责人对工作成员做好安全交底，并签字认可； （2）工作负责人再次检验脚手架是否符合使用要求并签字； （3）严格遵守脚手架搭设相关制度； （4）使用合格的安全带，并正确操作使用； （5）安全带的合格证在有效期内
	扳手	使用扳手不当或用力过猛致伤	其他伤害	较小	（1）用合适扳手，平稳用力； （2）安全防护装置齐全有效，佩戴手套
	拆开的管路及阀门	人员设备伤害，拆开的管路孔洞未封堵	挤伤、杂物落入管道内	较小	（1）作业时有专人统一指挥，做好相互间配合； （2）及时封堵拆开的管口，朝上的管口应采取硬板封堵
5. 设备试运行	石灰石浆液输浆管道及阀门	标识不全	其他伤害	较小	（1）工作前核对设备名称及编号； （2）完善补齐缺损的设备标识和警告牌
		管道泄漏修复	高处坠落	重大	（1）工作负责人对工作成员做好安全交底，并签字认可； （2）工作负责人再次检验脚手架是否符合使用要求并签字； （3）严格遵守脚手架搭设相关制度； （4）使用合格的安全带，并正确操作使用； （5）安全带的合格证在有效期内

续表

作业步骤	危害辨识	危害描述	产生后果	风险等级	防范措施
5．设备试运行	石灰石浆液输浆管道及阀门	检修人员单独进行试运行操作	机械伤害	较小	转动机械试运行操作应由运行值班人员根据检修工作负责人的要求进行，检修人员不准自己进行试运行的操作
6．检修工作结束	施工废料	施工废料未清理	环境污染	较小	废料及时清理，做到工完、料尽、场地清

12.18　脱硫原烟道检修

作业步骤	危害辨识	危害描述	产生后果	风险等级	防范措施
1．作业环境评估	高温	气温超过35℃	中暑	较小	（1）在高温场所工作时，应为工作人员提供足够的饮水、清凉饮料及防暑药品； （2）对温度较高的作业场所必须增加通风设备； （3）缩短工作时间，做好工作人员的轮休安排
	烟气	有毒有害介质置换、隔绝不彻底	中毒窒息	中等	打开所有通风口进行通风置换有害有毒介质，并采取可靠的隔离措施
	孔、洞	盖板缺损及平台防护栏杆不全	高处坠落	重大	及时检查及补全缺失防护栏
	转动的电机、阀门	工作前所采取隔离措施不完善	其他伤害	中等	与运行人员共同确认现场安全措施、隔离措施正确完备
		未采取防转动措施	机械伤害	中等	转动设备检修时应采取防转动措施
2．办理工作票，确认安全措施正确执行	转动的电机、阀门	工作前所采取隔离措施不完善	其他伤害	中等	与运行人员共同确认现场安全措施、隔离措施正确完备
		未采取防转动措施	机械伤害	中等	转动设备检修时应采取防转动措施
3．原烟道内石膏积垢清理	看不清的物件	现场照明不足	碰撞滑跌	较小	在有限空间内作业时，需使用24V的行灯或电筒
	内部气体	有限空间内有毒有害气体超标、氧气浓度低	中毒窒息	中等	（1）严格执行有限空间制度，安排专人监护，进出入有限空间要有人员和物件登记记录； （2）坚持“先通风、再检测、后作业”的原则，在作业开始前，对危险有害气体浓度、氧气浓度进行检测，检测合格后方可进入； （3）随身携带气体检测仪，实时或定时检测，发生报警时立刻撤离现场
4．原烟道内壁、支撑杆及其附件磨损腐蚀检查、修补	电动工具	未实施防触电措施	触电	较小	（1）使用电动工具前工作人员检查电缆线有无破损，有破损的不准使用。 （2）使用的拖线盘上应有触电保护。 （3）在动力柜中接出电源时，要使用专用插头；如需直接接线，应有电工接线，并且不准从上桩头处取电。 （4）电源线应架空布置，如在地面布置时，应铺设防踏板，以免造成电缆表皮破损
	内部气体	有限空间内有毒有害气体超标、氧气浓度低	中毒窒息	中等	（1）严格执行有限空间制度，安排专人监护，进出入有限空间要有人员和物件登记记录； （2）坚持“先通风、再检测、后作业”的原则，在作业开始前，对危险有害气体浓度、氧气浓度进行检测，检测合格后方可进入； （3）随身携带气体检测仪，实时或定时检测，发生报警时立刻撤离现场

续表

作业步骤	危害辨识	危害描述	产生后果	风险等级	防 范 措 施
4. 原烟道内壁、支撑杆及其附件磨损腐蚀检查、修补	高处作业人员	未佩戴使用安全带	高处坠落	重大	(1) 安全带使用前进行外观检查合格，检验合格证应在有效期内； (2) 安全带的挂钩应挂在结实、牢固的构件上，或专挂安全带的钢丝绳上，不准低挂高用
	角磨机、切割机	角磨机、切割机电源线、电源插头破损，防护罩、砂轮片破损	机械伤害	较小	(1) 检查角磨机电源线、电源插头完好无缺损，接地线完好，防护罩、砂轮片完好无缺损； (2) 检查合格证在有效期内
	电焊机	电焊机电源线、电源插头、电焊钳破损	触电	较小	检查电焊机电源线、电源插头、电焊钳完好无损
		焊机外壳不接地	触电	较小	电焊机金属外壳应有明显的可靠接地
		焊机、焊钳与电缆线连接不牢固	触电	较小	焊机、焊钳与电缆线连接牢固，接地端头不外露
5. 原烟道非金属补偿器检查、修理	重物	捆绑不牢	物体打击	较小	(1) 起重前必须先将物件牢固和稳妥地绑住； (2) 滚动物件必须加设垫块并捆绑牢固
		物品混放	物体打击	较小	(1) 零散物件应放入箱中摆放； (2) 圆形、不规则物件分类摆放，并做好防滚动滑落措施
		阻塞通道	物体打击	较小	不准在门口、人行通道、消防通道、楼梯等处放置杂物
	高处作业人员	未佩戴使用安全带	高处坠落	重大	(1) 安全带使用前进行外观检查合格，检验合格证应在有效期内； (2) 安全带的挂钩应挂在结实、牢固的构件上，或专挂安全带的钢丝绳上，不准低挂高用
	高处的工器具、零部件	高处作业未使用工具袋	物体打击	较小	(1) 高处作业应一律使用工具袋； (2) 较大的工具应用绳拴在牢固的构件上
		工器具未系防坠绳及零部件未固定	物体打击	较小	(1) 工器具必须使用防坠绳； (2) 工器具和零部件应用绳拴在牢固的构件上，不准随便乱放
		工器具和零部件上下抛掷	物体打击	较小	工器具和零部件不准上下抛掷，应使用绳系牢后往下或往上吊
	脚手架搭（拆）设	脚手架搭设后未验收	高处坠落、物体打击	重大	(1) 严格遵守脚手架搭设相关制度； (2) 脚手搭建负责人对脚手架检验合格并签字； (3) 工作负责人再次检验脚手架是否符合使用要求并签字
6. 原烟道内支撑杆、事故喷淋支管及其喷嘴检查、修理	脚手架搭（拆）设	脚手架搭设后未验收	高处坠落、物体打击	重大	(1) 搭设结束后，必须履行脚手架验收手续，填写脚手架验收单，并在脚手架验收单上分级签字； (2) 验收合格后应在脚手架上悬挂合格证，方可使用
	高处作业人员	未佩戴使用安全带	高处坠落	重大	(1) 安全带使用前进行外观检查合格，检验合格证应在有效期内； (2) 安全带的挂钩应挂在结实、牢固的构件上，或专挂安全带的钢丝绳上，不准低挂高用

续表

作业步骤	危害辨识	危害描述	产生后果	风险等级	防 范 措 施
6. 原烟道内支撑杆、事故喷淋支管及其喷嘴检查、修理	内部气体	有限空间内有毒有害气体超标、氧气浓度低	中毒窒息	中等	（1）严格执行有限空间制度，安排专人监护，进出入有限空间要有人员和物件登记记录； （2）坚持“先通风、再检测、后作业”的原则，在作业开始前，对危险有害气体浓度、氧气浓度进行检测，检测合格后方可进入； （3）随身携带气体检测仪，实时或定时检测，发生报警时立刻撤离现场
	电动工具	未实施防触电措施	触电	较小	（1）使用电动工具前工作人员检查电缆线有无破损，有破损的不准使用。 （2）使用的拖线盘上应有触电保护。 （3）在动力柜中接出电源时，要使用专用插头。如需直接接线，应有电工接线，并且不准从上桩头处取电。 （4）电源线应架空布置，如在地面布置时，应铺设防踏板，以免造成电缆表皮破损
7. 原烟道外部壁板宏观检查，原烟道外部固定、滑动支架检查、修理调整	脚手架搭（拆）设	脚手架搭设后未验收	高处坠落、物体打击	重大	（1）搭设结束后，必须履行脚手架验收手续，填写脚手架验收单，并在脚手架验收单上分级签字； （2）验收合格后应在脚手架上悬挂合格证，方可使用
	高处作业人员	未佩戴使用安全带	高处坠落	重大	（1）安全带使用前进行外观检查合格，检验合格证应在有效期内； （2）安全带的挂钩应挂在结实、牢固的构件上，或专挂安全带的钢丝绳上，不准低挂高用
8. 钢架、平台、楼梯、栏杆检查、修补、油漆	脚手架搭（拆）设	脚手架搭设后未验收	高处坠落、物体打击	重大	（1）搭设结束后，必须履行脚手架验收手续，填写脚手架验收单，并在脚手架验收单上分级签字； （2）验收合格后应在脚手架上悬挂合格证，方可使用
	高处作业人员	未佩戴使用安全带	高处坠落	重大	（1）安全带使用前进行外观检查合格，检验合格证应在有效期内； （2）安全带的挂钩应挂在结实、牢固的构件上，或专挂安全带的钢丝绳上，不准低挂高用
9. 原烟道外部油漆修补、保温层修补	脚手架搭（拆）设	脚手架搭设后未验收	高处坠落、物体打击	重大	（1）搭设结束后，必须履行脚手架验收手续，填写脚手架验收单，并在脚手架验收单上分级签字； （2）验收合格后应在脚手架上悬挂合格证，方可使用
	高处作业人员	未佩戴使用安全带	高处坠落	重大	（1）安全带使用前进行外观检查合格，检验合格证应在有效期内； （2）安全带的挂钩应挂在结实、牢固的构件上，或专挂安全带的钢丝绳上，不准低挂高用
10. 热控测量点管座、管道堵塞腐蚀检查、修补	脚手架搭（拆）设	脚手架搭设后未验收	高处坠落、物体打击	重大	（1）搭设结束后，必须履行脚手架验收手续，填写脚手架验收单，并在脚手架验收单上分级签字； （2）验收合格后应在脚手架上悬挂合格证，方可使用
	内部气体	有限空间内有毒有害气体超标、氧气浓度低	中毒窒息	中等	（1）严格执行有限空间制度，安排专人监护，进出入有限空间要有人员和物件登记记录； （2）坚持“先通风、再检测、后作业”的原则，在作业开始前，对危险有害气体浓度、氧气浓度进行检测，检测合格后方可进入； （3）随身携带气体检测仪，实时或定时检测，发生报警时立刻撤离现场

续表

作业步骤	危害辨识	危害描述	产生后果	风险等级	防 范 措 施
10. 热控测量点管座、管道堵塞腐蚀检查、修补	高处作业人员	未佩戴使用安全带	高处坠落	重大	（1）安全带使用前进行外观检查合格，检验合格证应在有效期内； （2）安全带的挂钩应挂在结实、牢固的构件上，或专挂安全带的钢丝绳上，不准低挂高用
	电焊机	电焊机电源线、电源插头、电焊钳破损	触电	较小	检查电焊机电源线、电源插头、电焊钳完好无损
		焊机外壳不接地	触电	较小	电焊机金属外壳应有明显的可靠接地
		焊机、焊钳与电缆线连接不牢固	触电	较小	焊机、焊钳与电缆线连接牢固，接地端头不外露
11. 清理现场及其他	施工废料	施工废料未清理	环境污染	较小	废料及时清理，做到工完、料尽、场地清

12.19 脱硫吸收塔检修

作业步骤	危害辨识	危害描述	产生后果	风险等级	防 范 措 施
1. 作业环境评估并办理工作票、确认安措正确执行	高温	气温超过35℃	中暑	较小	（1）在高温场所工作时，应为工作人员提供足够的饮水、清凉饮料及防暑药品； （2）对温度较高的作业场所必须增加通风设备； （3）缩短工作时间，做好工作人员的轮休安排
	烟气	有毒有害介质置换、隔绝不彻底	中毒窒息	较大	打开所有通风口进行通风置换有害有毒介质，并采取可靠的隔离措施
	孔、洞	盖板缺损及平台防护栏杆不全	高处坠落	重大	及时检查及补全缺失防护栏
	转动的电机、阀门	工作前所采取隔离措施不完善	其他伤害	中等	与运行人员共同确认现场安全措施、隔离措施正确完备
		未采取防转动措施	机械伤害	中等	转动设备检修时应采取防转动措施
2. 吸收塔内部石膏清理	内部气体	有限空间内有毒有害气体超标、氧气浓度低	中毒窒息	中等	（1）严格执行有限空间制度，安排专人监护，进出入有限空间要有人员和物件登记记录； （2）坚持“先通风、再检测、后作业”的原则，在作业开始前，对危险有害气体浓度、氧气浓度进行检测，检测合格后方可进入； （3）随身携带气体检测仪，实时或定时检测，发生报警时立刻撤离现场
	看不清的物件	现场照明不足	碰撞滑跌	较小	在有限空间内作业时，需使用24V的行灯或电筒
	脚手架搭（拆）设	脚手架搭设后未验收	高处坠落、物体打击	重大	（1）搭设结束后，必须履行脚手架验收手续，填写脚手架验收单，并在脚手架验收单上分级签字； （2）验收合格后应在脚手架上悬挂合格证，方可使用
	高处作业人员	未佩戴使用安全带	高处坠落	重大	（1）安全带使用前进行外观检查合格，检验合格证应在有效期内； （2）安全带的挂钩应挂在结实、牢固的构件上，或专挂安全带的钢丝绳上，不准低挂高用

续表

作业步骤	危害辨识	危害描述	产生后果	风险等级	防　范　措　施
3．各级除雾器检查	除雾器	在除雾器层动火	火灾	较大	（1）吸收塔内部动火时，需办理一级动火工作票； （2）一级动火工作必须设有监护人，动火工作进行时，消防人员必须始终在场； （3）动火期间，作业区域、吸收塔底部各设置一名专职监护人
	粉尘	作业时未正确使用防护用品	尘肺病	较小	作业人员佩戴防护口罩
	看不清的物件	现场照明不足	碰撞滑跌	较小	在有限空间内作业时，需使用24V的行灯或电筒
	内部气体	有限空间内有毒有害气体超标、氧气浓度低	中毒窒息	中等	（1）严格执行有限空间制度，安排专人监护，进出入有限空间要有人员和物件登记记录； （2）坚持“先通风、再检测、后作业”的原则，在作业开始前，对危险有害气体浓度、氧气浓度进行检测，检测合格后方可进入； （3）随身携带气体检测仪，实时或定时检测，发生报警时立刻撤离现场
4．吸收塔内部防腐检查	脚手架搭（拆）设	脚手架搭设后未验收	高处坠落、物体打击	重大	（1）搭设结束后，必须履行脚手架验收手续，填写脚手架验收单，并在脚手架验收单上分级签字； （2）验收合格后应在脚手架上悬挂合格证，方可使用
	高处作业人员	未佩戴使用安全带	高处坠落	重大	（1）安全带使用前进行外观检查合格，检验合格证应在有效期内； （2）安全带的挂钩应挂在结实、牢固的构件上，或专挂安全带的钢丝绳上，不准低挂高用
	粉尘	作业时未正确使用防护用品	尘肺病	较小	作业人员佩戴防护口罩
	看不清的物件	现场照明不足	碰撞滑跌	较小	在有限空间内作业时，需使用24V的行灯或电筒
	有毒有害气体	有限空间	窒息	中等	（1）严格执行一级有限空间制度，安排专人监护，进出入有限空间要有人员和物件登记记录； （2）坚持“先通风、再检测、后作业”的原则，在作业开始前，对危险有害因素浓度进行检测
5．吸收塔内部金属构件检查	看不清的物件	现场照明不足	碰撞滑跌	较小	在有限空间内作业时，需使用24V的行灯或电筒
	电动工具	未实施防触电措施	触电	较小	（1）使用电动工具前工作人员检查电缆线有无破损，有破损的不准使用。 （2）使用的拖线盘上应有触电保护。 （3）在动力柜中接出电源时，要使用专用插头；如需直接接线，应有电工接线，并且不准从上桩头处取电。 （4）电源线应架空布置，如在地面布置时，应铺设防踏板，以免造成电缆表皮破损
	角磨机、切割机	角磨机、切割机电源线、电源插头破损，防护罩、砂轮片破损	机械伤害	较小	（1）检查角磨机电源线、电源插头完好无缺损，接地线完好，防护罩、砂轮片完好无缺损； （2）检查合格证在有效期内

续表

作业步骤	危害辨识	危害描述	产生后果	风险等级	防范措施
6. 吸收塔外部检查修理	脚手架搭（拆）设	脚手架搭设后未验收	高处坠落、物体打击	重大	（1）搭设结束后，必须履行脚手架验收手续，填写脚手架验收单，并在脚手架验收单上分级签字； （2）验收合格后应在脚手架上悬挂合格证，方可使用
	高处作业人员	未佩戴使用安全带	高处坠落	重大	（1）安全带使用前进行外观检查合格，检验合格证应在有效期内； （2）安全带的挂钩应挂在结实、牢固的构件上，或专挂安全带的钢丝绳上，不准低挂高用
	重物	斜拉	起重伤害	较小	起重物品必须绑牢，吊钩应挂在物品的重心上，吊钩钢丝绳应保持垂直，不准使吊钩斜着拖吊重物
	高处的工器具	高处作业未使用工具袋	物体打击	中等	（1）高处作业应一律使用工具袋； （2）较大的工具应用绳拴在牢固的构件上
		工器具上下投掷	物体打击	中等	工器具和零部件不准上下抛掷，应使用绳系牢后往下或往上吊
7. 吸收塔内部钢构件焊接修补	吸收塔内部金属构件防腐层	动火作业	火灾	较大	（1）吸收塔内部动火时，需办理一级动火工作票； （2）一级动火工作必须设有监护人，动火工作进行时，消防人员必须始终在场； （3）动火期间，作业区域、吸收塔底部各设置一名专职监护人
	热辐射	气焊气割火焰高温	烧伤烫伤	较小	（1）动火人员穿帆布工作服，戴工作帽，上衣不准扎在裤子里，裤脚不得挽起，脚面有鞋罩； （2）气割火炬不准对着周围工作人员
	强光	切割时火焰产生强光	其他伤害	中等	操作工需佩戴合格的护目镜，避免切割的火焰放出的强光灼伤眼睛或皮肤
	高处作业人员	未佩戴使用安全带	高处坠落	重大	（1）安全带使用前进行外观检查合格，检验合格证应在有效期内； （2）安全带的挂钩应挂在结实、牢固的构件上，或专挂安全带的钢丝绳上，不准低挂高用
	电动工具	未实施防触电措施	触电	较小	（1）使用电动工具前工作人员检查电缆线有无破损，有破损的不准使用。 （2）使用的拖线盘上应有触电保护。 （3）在动力柜中接出电源时，要使用专用插头；如需直接接线，应有电工接线，并且不准从上桩头处取电。 （4）电源线应架空布置，如在地面布置时，应铺设防踏板，以免造成电缆表皮破损
	角磨机、切割机	角磨机、切割机电源线、电源插头破损，防护罩、砂轮片破损	机械伤害	较小	（1）检查角磨机电源线、电源插头完好无缺损，接地线完好，防护罩、砂轮片完好无缺损； （2）检查合格证在有效期内
	电焊机	电焊机电源线、电源插头、电焊钳破损	触电	较小	检查电焊机电源线、电源插头、电焊钳完好无损
		焊机外壳不接地	触电	较小	电焊机金属外壳应有明显的可靠接地
		焊机、焊钳与电缆线连接不牢固	触电	较小	焊机、焊钳与电缆线连接牢固，接地端头不外露

续表

作业步骤	危害辨识	危害描述	产生后果	风险等级	防范措施
8．吸收塔内防腐	防腐施工	未严格执行防腐工作安全管理制度	防腐作业引起火灾、中毒	较大	（1）照明、物料存放、拌料等，严格执行防腐工作安全管理制度。 （2）坚持“先通风、再检测、后作业”的原则，工作人员施工前，需用专用仪器检查工作区域有毒品的含量；未达标不准进入该区域进行工作。 （3）防腐期间严禁动火。 （4）安排专人监护。 （5）防腐作业面配置充足消防器材，消防水枪拉至作业面，消防队员全程监护
9．冲洗试验	浆液流出	泄漏的浆液	环境污染	较小	及时清理浆液至浆液专用地坑
10．清理现场及其他	检修废料	检修后，检修废料没有及时清除干净	环境污染	较小	工作结束后，及时清理工作现场

13 锅炉检修

13.1 给煤机检修

作业步骤	危害辨识	危害描述	产生后果	风险等级	防范措施
1. 作业环境评估	煤粉	制粉系统停运前未进行有效吹扫	尘肺病	较小	作业人员佩戴防护口罩
	转动电机	防护罩缺损	机械伤害	中等	做好临时防护措施
	孔洞	落煤管孔未设置硬质隔离措施	高处坠落	重大	防止落物及防止火花落入下阀
2. 确认安全措施正确执行	转动的电机	工作前未核实工作票的隔离措施	机械伤害	较小	（1）工作前核对设备名称及编号； （2）检修工作开工前，工作负责人与工作票许可人共同确认所检修设备已断电及系统的隔离措施
	一氧化碳、二氧化碳、粉尘	空气不流通，缺氧，粉尘浓度超标	窒息	中等	（1）先打开人孔门进行通风，然后使用合格的测氧仪和粉尘浓度测量仪进行测量，合格后方可进入； （2）现场安排专人进行监护，每2h进行一次测量并记录； （3）按规定进行有限空间的等级办理
3. 准备工作及现场布置	角磨机	（1）角磨机未经检验合格； （2）角磨机电源线、电源插头破损，防护罩破损缺失，磨片破损	机械伤害	较小	（1）检查角磨机必须经有资质单位检验合格，并张贴检验合格标志； （2）检查角磨机的电源线、电源插头完好无缺损，防护罩、角磨片完好无缺损； （3）检查合格证在有效期内
	电焊机	电焊机未经检验合格	触电	中等	（1）检查电焊机必须经有资质单位检验合格，并张贴检验合格标志； （2）检查合格证在有效期内
		电焊机电源线、电源插头、电焊钳破损	触电	较小	检查电焊机电源线、电源插头、电焊钳完好无损
		焊机外壳不接地	触电	较小	电焊机金属外壳应有明显的可靠接地
		电焊机、电焊钳与电缆线连接不牢固	触电 火灾	较小	电焊机、电焊钳与电缆线连接牢固，接地端头不外露
		多台电焊机接地、接零线串接接入接地体	触电	较小	多台电焊机接地、接零线不得串接接入接地体，每台电焊机应该设有独立的接地、接零线，其接点应用螺丝压紧
	锉刀、手锯、螺丝刀、钢丝钳	手柄等缺损	刺伤	较小	锉刀、手锯、螺丝刀、钢丝钳等手柄应安装牢固，没有手柄的不准使用
	钢丝绳、吊带	起重工器具存在破损	砸伤	中等	工作前认真检查钢丝绳、吊带有无断股破损及变形严重的现象，如有应禁止使用并销毁

续表

作业步骤	危害辨识	危害描述	产生后果	风险等级	防 范 措 施
3. 准备工作及现场布置	临时电源及电源线	电源线悬挂高度不够且电源线绝缘破损	触电	较小	（1）临时电源线架设高度室内不低于2.5m； （2）更换绝缘破损的电源线
		电源线、插头、插座破损	触电	较小	（1）检查电源线外绝缘良好，无破损； （2）检查电源盘经有资质单位检验合格，合格证在有效期； （3）检查电源插头插座，确保完好； （4）严禁将电源线缠绕在护栏、管道和脚手架上
		未安装漏电保护器	触电	较小	（1）检查电源盘经有资质单位检验合格，合格证在有效期； （2）分级配置漏电保护器，工作前检验漏电保护器，确保正确动作
		检修电源箱外壳未接地	触电	较小	（1）检查电源盘经有资质单位检验合格，合格证在有效期； （2）检查电源箱外壳接地良好
	乙炔	乙炔表失效	爆炸	较小	（1）乙炔表应经检验合格，并在有效期内； （2）使用前应进行检查，确保其完好、有效
		橡胶软管破损	火灾爆炸	较小	（1）乙炔橡胶软管发生脱落、破裂时，停止供气，需更换合格的橡胶软管后再用； （2）使用的橡胶软管不准有鼓包、裂缝或漏气现象。如发现有漏气现象，不准用贴补或包缠的方法修理，应将其损坏部分切掉，用双面接头管将软管连接起来并用夹子或金属绑线扎紧
		使用没有回火阀的溶解乙炔瓶	爆炸	中等	严禁使用没有回火阀的溶解乙炔瓶
		使用没有防震胶圈和保险帽的气瓶	爆炸	较小	禁止使用没有防震胶圈和保险帽的气瓶
		（1）使用中氧气瓶与乙炔气瓶的安全距离不足； （2）使用中的气瓶与明火的安全距离不足	爆炸	较小	（1）使用中氧气瓶和乙炔气瓶的距离不得小于5m； （2）使用中的气瓶与明火的距离必须大于10m
	割炬	割炬连接处泄漏	火灾 灼伤	较小	使用前检查割炬的连接处严密性及其嘴子有无堵塞现象
	手拉葫芦	手拉葫芦刹车以及传动装置有缺陷、链条有裂纹、链轮转动卡涩、吊钩无防脱保险装置	起重伤害	中等	（1）检查手拉葫芦检验合格证在有效期内； （2）由专业人员修理手拉葫芦或更换合格的手拉葫芦； （3）使用前应作无负荷起落试验一次，检查链条是否有裂纹、链轮转动是否卡涩、吊钩是否无防脱保险装置，以确保完好
		超过铭牌规定使用手拉葫芦	起重伤害	中等	使用手拉葫芦时工作负荷不准超过铭牌规定
	撬杠	撬杠支垫物不可靠、加力杆强度不够	其他伤害	较小	使用撬杠作业时，支垫物应可靠，并采取措施防止被撬物倾倒或滚落。使用加力杆时，必须保证其强度和嵌套深度满足要求，以防折断或滑脱
	行灯	行灯绝缘部分有缺陷或防护罩缺失	触电	较小	（1）更换绝缘部分良好的行灯； （2）行灯必须保证防护罩良好
		行灯电源线、电源插头破损	触电	较小	（1）检查行灯电源线、电源插头完好无破损； （2）行灯的电源线应采用橡胶套软电缆

续表

作业步骤	危害辨识	危害描述	产生后果	风险等级	防 范 措 施
3. 准备工作及现场布置	行灯	使用行灯电压等级不符	触电	较小	（1）行灯电压不应超过36V； （2）在周围均是金属导体的场所和容器内工作时，不应超过24V； （3）在潮湿的金属容器内、有爆炸危险的场所（如煤粉仓、沟道内）、脱硫烟道系统等处工作时，不应超过12V
		携带式行灯变压器插头不符合要求或外壳未接地	触电	较小	（1）携带式行灯变压器的高压侧应带插头，低压侧带插座，并采用两种不能互相插入的插头； （2）行灯变压器金属外壳必须有良好的接地线，高压侧应使用三相插头
	大锤、手锤、气动扳手	锤头与木柄的连接不牢固、锤头破损、木柄未使用整根硬质木料	砸伤	较小	检查大锤和手锤的锤头应完整，其表面应光滑微凸，不应有歪斜、缺口、凹入及裂纹等缺陷。大锤及手锤的柄应用整根的硬木制成，且头部用楔栓固定。楔栓宜采用金属楔，楔子长度不应大于安装孔的三分之二。锤把上不应有油污
		气动扳手头子松脱掉落	物体打击	较小	（1）使用前检查头子是否连接牢固，手提装置是否松脱。 （2）使用的橡胶软管不准有鼓包、裂缝或漏气现象。如发现有漏气现象，不准用贴补或包缠的方法修理，应将其损坏部分切掉，用双面接头管将软管连接起来并用夹子或金属绑线扎紧
4. 给煤机皮带部解体	大锤、手锤、气动扳手	气动扳手头子松脱掉落	物体打击	较小	（1）使用时做好防止松脱的措施； （2）现在做好隔离，安排监护人员，防止其他人员进入
		戴手套抡大锤	物体打击	较小	（1）禁止戴手套抡大锤； （2）抡大锤时周围不准有人靠近，防止误伤
		单手抡大锤	物体打击	较小	严禁戴手套或用单手抡大锤，使用大锤时，周围不准有人靠近
	重物	斜拉	起重伤害	较小	起重物品必须绑牢，吊钩应挂在物品的重心上，吊钩钢丝绳应保持垂直。不准使吊钩斜着拖吊重物
		地面不平	物体打击	较小	重物应稳妥放置在地上，防止倾倒和滚动，必要时应用绳绑住
	手拉葫芦	手拉葫芦刹车以及传动装置有缺陷、链条有裂纹、链轮转动卡涩、吊钩无防脱保险装置	起重伤害	较小	（1）检查手拉葫芦检验合格证在有效期内； （2）由专业人员修理手拉葫芦或更换合格的手拉葫芦； （3）使用前应作无负荷起落试验一次，检查链条是否有裂纹、链轮转动是否卡涩、吊钩是否无防脱保险装置，以确保完好
5. 清扫链系统解体，组装	大锤、手锤、气动扳手	锤头与木柄的连接不牢固、锤头破损、木柄未使用整根硬质木料	砸伤	较小	检查大锤和手锤的锤头应完整，其表面应光滑微凸，不应有歪斜、缺口、凹入及裂纹等缺陷。大锤及手锤的柄应用整根的硬木制成，且头部用楔栓固定。楔栓宜采用金属楔，楔子长度不应大于安装孔的三分之二。锤把上不应有油污
	手拉葫芦	手拉葫芦刹车以及传动装置有缺陷、链条有裂纹、链轮转动卡涩、吊钩无防脱保险装置	起重伤害	中等	（1）检查手拉葫芦检验合格证在有效期内； （2）由专业人员修理手拉葫芦或更换合格的手拉葫芦； （3）使用前应作无负荷起落试验一次，检查链条是否有裂纹、链轮转动是否卡涩、吊钩是否无防脱保险装置，以确保完好
		超过铭牌规定使用手拉葫芦	起重伤害	中等	使用手拉葫芦时工作负荷不准超过铭牌规定

续表

作业步骤	危害辨识	危害描述	产生后果	风险等级	防　范　措　施
6. 清扫链减速机解体	大锤、手锤	气动扳手头子松脱掉落	物体打击	较小	（1）使用时在做好防止松脱的措施； （2）现在做好隔离，安排监护人员，防止其他人员进入
		戴手套抡大锤	物体打击	较小	（1）禁止戴手套抡大锤； （2）抡大锤时周围不准有人靠近，防止误伤
		单手抡大锤	物体打击	较小	严禁戴手套或用单手抡大锤，使用大锤时，周围不准有人靠近
	润滑油	加油及操作中发生的跑、冒、滴、漏及溢油	滑倒摔伤	较小	在加油及操作中发生的跑、冒、滴、漏及溢油，要及时清除处理
		工作结束后，废品乱扔	火灾和环境污染	较小	不准将油污、油泥、废油等（包括沾油棉纱、布、手套、纸等）倒入下水道排放或随地倾倒，应收集放于指定的废油箱，妥善处理，以防污染环境
	清洁剂	作业时未正确使用防护用品	中毒和窒息	较小	使用时打开门窗通风，避免过多吸入化学微粒，戴防护口罩、乳胶手套
7. 皮带减速机解体，组装	大锤、手锤	气动扳手头子松脱掉落	物体打击	较小	（1）使用时在做好防止松脱的措施； （2）现在做好隔离，安排监护人员，防止其他人员进入
		戴手套抡大锤	物体打击	较小	（1）禁止戴手套抡大锤； （2）抡大锤时周围不准有人靠近，防止误伤
		单手抡大锤	物体打击	较小	严禁戴手套或用单手抡大锤，使用大锤时，周围不准有人靠近
	润滑油	加油及操作中发生的跑、冒、滴、漏及溢油	滑倒摔伤	较小	在加油及操作中发生的跑、冒、滴、漏及溢油，要及时清除处理
		工作结束后，废品乱扔	火灾和环境污染	较小	不准将油污、油泥、废油等（包括沾油棉纱、布、手套、纸等）倒入下水道排放或随地倾倒，应收集放于指定的废油箱，妥善处理，以防污染环境
	清洁剂	作业时未正确使用防护用品	中毒和窒息	较小	使用时打开门窗通风，避免过多吸入化学微粒，戴防护口罩、乳胶手套
8. 各部件的清理、检查、修复或更换	大锤、手锤、气动扳手	锤头与木柄的连接不牢固、锤头破损、木柄未使用整根硬质木料	砸伤	较小	检查大锤和手锤的锤头应完整，其表面应光滑微凸，不应有歪斜、缺口、凹入及裂纹等缺陷。大锤及手锤的柄应用整根的硬木制成，且头部用楔栓固定。楔栓宜采用金属楔，楔子长度不应大于安装孔的三分之二。锤把上不应有油污
		戴手套抡大锤	物体打击	较小	（1）禁止戴手套抡大锤； （2）抡大锤时周围不准有人靠近，防止误伤
		单手抡大锤	物体打击	较小	严禁戴手套或用单手抡大锤，使用大锤时，周围不准有人靠近
	起吊物	吊物坠落	物体打击	较小	（1）起重物必须绑牢，吊钩应挂在物品的重心上，手拉葫芦的链条应垂直悬挂重物； （2）吊索与吊物棱角或光滑的接触处，必须加以包垫，防止吊索受伤或打滑； （3）捆扎后吊挂绳之间的夹角不大于 90℃，避免挂绳受力过大
	重物	斜拉	起重伤害	较小	起重物品必须绑牢，吊钩应挂在物品的重心上，吊钩钢丝绳应保持垂直。不准使吊钩斜着拖吊重物

续表

作业步骤	危害辨识	危害描述	产生后果	风险等级	防 范 措 施
8．各部件的清理、检查、修复或更换	大锤、手锤	锤头与木柄的连接不牢固、锤头破损、木柄未使用整根硬质木料	砸伤	较小	检查大锤和手锤的锤头应完整，其表面应光滑微凸，不应有歪斜、缺口、凹入及裂纹等缺陷。大锤及手锤的柄应用整根的硬木制成，且头部用楔栓固定。楔栓宜采用金属楔，楔子长度不应大于安装孔的三分之二。锤把上不应有油污
		戴手套抡大锤	物体打击	较小	（1）禁止戴手套抡大锤； （2）抡大锤时周围不准有人靠近，防止误伤
		单手抡大锤	物体打击	较小	严禁戴手套或用单手抡大锤，使用大锤时，周围不准有人靠近
	转动的链条皮带	设备转动中装卸和校正皮带，以及修理转机转动部位附近的其他零部件	机械伤害	较小	不准在转动中的机器上装卸和校正皮带
9．人孔门封闭	一氧化碳、二氧化碳	人员遗留在容器内	窒息	较小	封闭人孔前工作负责人应认真清点工作人员，确认无人员留在磨煤机内方可封闭人孔
10．给煤机各风门检查	高处作业的工器具	高处作业未使用工具袋	物体打击	较小	（1）高处作业应一律使用工具袋； （2）较大的工具应用绳拴在牢固的构件上
		工器具上下投掷	物体打击	较小	工器具和零部件不准上下抛掷，应使用绳系牢后往下或往上吊
	高处作业人员	高处作业未正确使用防护用品	高处坠落	重大	（1）高处作业人员必须戴好安全帽、防滑鞋，正确佩戴安全带，必要时应使用防坠器； （2）安全带的挂钩应挂在结实、牢固的构件上，或专挂安全带的钢丝绳上，不准低挂高用
11．清理现场及其他	检修废料	检修后，检修废料没有及时清除干净	环境污染	较小	工作结束后，及时清理工作现场

13.2 捞渣机检修

作业步骤	危害辨识	危害描述	产生后果	风险等级	防 范 措 施
1．环境评估	粉尘	未正确佩戴防护口罩	尘肺病	较小	作业人员佩戴防护口罩
	高温渣水	高温介质疏放口防护装置缺损	灼烫伤	中等	确认疏放口处有明显防护标示及隔离
	转动电机	防护罩缺损	机械伤害	中等	做好临时防护措施
	孔	盖板打开后未设置临时防护措施	高处坠落	重大	及时检查及补全缺失防护栏
2．措施确认	转动的电机	工作前所采取隔离措施不完善	其他伤害	中等	与运行人员共同确认现场安全措施、隔离措施正确完备
		未采取防转动措施	机械伤害	中等	转动设备检修时应采取防转动措施
	检修隔离	隔离措施失效，非工作人员进入	机械伤害	较小	对现场检修区域设置围栏、铺设胶皮，进行有效的隔离，有人监护
3．链条与刮板解体	粉尘	未正确佩戴防护口罩	尘肺病	较小	作业人员佩戴防护口罩
	手拉葫芦	手拉葫芦刹车以及传动装置有缺陷、链条有裂纹、链轮转动卡涩、吊钩无防脱保险装置	起重伤害	中等	（1）检查手拉葫芦检验合格证在有效期内； （2）由专业人员修理手拉葫芦或更换合格的手拉葫芦； （3）使用前应作无负荷起落试验一次，检查链条是否有裂纹、链轮转动是否卡涩、吊钩是否无防脱保险装置，以确保完好
		超过铭牌规定使用手拉葫芦	起重伤害	中等	使用手拉葫芦时工作负荷不准超过铭牌规定

续表

作业步骤	危害辨识	危害描述	产生后果	风险等级	防范措施
3．链条与刮板解体	割炬	割炬回火装置失灵	火灾	较小	使用检验合格的割炬
	起吊物	起重工具	起重伤害	中等	（1）起吊前检查起重工具是否合格可用； （2）检查工器具是否完好，禁止野蛮操作
		指挥	起重伤害	较小	起重作业由专业的起重人员进行操作指挥
4．各轮组解体	粉尘	未正确佩戴防护口罩	尘肺病	较小	作业人员佩戴防护口罩
	临时电源及电源线	电源线悬挂高度不够	触电	较小	临时电源线架设高度室内不低于2.5m
		电源线、插头、插座破损	触电	较小	（1）检查电源线外绝缘良好，无破损； （2）检查电源盘合格证在有效期； （3）检查电源插头插座，确保完好； （4）不准将电源线缠绕在护栏、管道和脚手架上
		未安装漏电保护器	触电	较小	（1）检查电源盘合格证在有效期； （2）分级配置漏电保护器，工作前试漏电保护器，确保正确动作
		检修电源箱外壳未接地	触电	较小	（1）检查电源盘合格证在有效期； （2）检查电源箱外壳接地良好
	撬杠	撬杠支垫物不可靠、加力杆强度不够	其他伤害	较小	使用撬杠作业时，支垫物应可靠，并采取措施防止被撬物倾倒或滚落。使用加力杆时，必须保证其强度和嵌套深度满足要求，以防折断或滑脱
	误用不合格电动工器具	（1）电动工器具未经检验合格； （2）电动工器具电源线和电源插头破损，防护罩破损缺失，磨片破损	机械伤害	较小	（1）检查角磨机必须经有资质单位检验合格，并张贴检验合格标志； （2）检查角磨机的电源线、电源插头完好无缺损，防护罩、角磨片完好无缺损； （3）使用合格的手锤
5．驱动液压油站解体	润滑油	加油及操作中发生的跑、冒、滴、漏及溢油	其他伤害（滑倒）	较小	杜绝储油器溢油，对在加油及操作中发生的跑、冒、滴、漏及溢油，要及时清除处理
6．张紧液压油站解体	润滑油	加油及操作中发生的跑、冒、滴、漏及溢油	其他伤害（滑倒）	较小	杜绝储油器溢油，对在加油及操作中发生的跑、冒、滴、漏及溢油，要及时清除处理
7．部件检查与修理	清洁剂	作业时未正确使用防护用品	中毒和窒息	较小	使用时打开门窗通风，避免过多吸入化学微粒，戴防护口罩、乳胶手套
8．油站检修修理	清洁剂	作业时未正确使用防护用品	中毒和窒息	较小	使用时打开门窗通风，避免过多吸入化学微粒，戴防护口罩、乳胶手套
9．各轮组件安装	撬杠	撬杠支垫物不可靠、加力杆强度不够	其他伤害	较小	使用撬杠作业时，支垫物应可靠，并采取措施防止被撬物倾倒或滚落。使用加力杆时，必须保证其强度和嵌套深度满足要求，以防折断或滑脱
	大锤、手锤	锤头与木柄的连接不牢固、锤头破损、木柄未使用整根硬质木料	砸伤	较小	检查大锤和手锤的锤头应完整，其表面应光滑微凸，不应有歪斜、缺口、凹入及裂纹等缺陷。大锤及手锤的柄应用整根的硬木制成，且头部用楔栓固定。楔栓宜采用金属楔，楔子长度不应大于安装孔的三分之二。锤把上不应有油污
		戴手套抡大锤	物体打击	较小	（1）禁止戴手套抡大锤； （2）抡大锤时周围不准有人靠近，防止误伤
		单手抡大锤	物体打击	较小	严禁戴手套或用单手抡大锤，使用大锤时，周围不准有人靠近
10．油站安装	润滑油	加油及操作中发生的跑、冒、滴、漏及溢油	其他伤害（滑倒）	较小	杜绝储油器溢油，对在加油及操作中发生的跑、冒、滴、漏及溢油，要及时清除处理

续表

作业步骤	危害辨识	危害描述	产生后果	风险等级	防 范 措 施
11．链条、刮板安装	撬杠	撬杠支垫物不可靠、加力杆强度不够	其他伤害	较小	使用撬杠作业时，支垫物应可靠，并采取措施防止被撬物倾倒或滚落。使用加力杆时，必须保证其强度和嵌套深度满足要求，以防折断或滑脱
	重物	作业时未正确使用防护用品	物体打击	中等	作业人员应根据搬运物件的需要，穿戴披肩、垫肩、手套、口罩、眼镜等防护用品
		超荷搬运	物体打击	中等	（1）肩扛物件重量不超过本人体重为宜； （2）手搬物件时应量力而行，不得搬运超过自己能力的物件
		搬运无统一协调	物体打击	中等	（1）多人共同搬运、抬运或装卸较大的重物时，必须统一指挥、相互配合、同起同落、同时行进； （2）前后扛应同肩，必要时还应有专人在旁监护
		捆绑不牢	物体打击	中等	（1）起重前必须先将物件很牢固和稳妥地绑住； （2）滚动物件必须加设垫块并捆绑牢固
12．清理现场及其他	检修废料	检修后，检修废料没有及时清除干净	环境污染	较小	工作结束后，及时清理工作现场

13.3 原煤仓及落煤管检修

作业步骤	危害辨识	危害描述	产生后果	风险等级	防 范 措 施
1．作业环境评估	煤粉	粉煤灰系统设备动、静密封点密封失效，设备、管道破损，锅炉本体密封不严	尘肺病	较小	作业时正确佩戴合格防尘口罩
	一氧化碳	未进行通风	中毒和窒息	中等	进入前仪器探测容器内一氧化碳浓度，并通风
	有限空间	通风不良	中毒和窒息	中等	办理有限空间审批许可，做好氧气、有害气体通风及检测
2．确认安全措施正确执行	带电的煤闸门	工作前所采取隔离措施不完善	其他伤害	中等	与运行人员共同确认现场安全措施、隔离措施正确完备
		未采取防转动措施	机械伤害	中等	转动设备检修时应采取防转动措施
	一氧化碳	未检测可燃物或有毒有害物	中毒和窒息、火灾	中等	每隔 2h 用气体检测仪检测可燃物或有毒有害物浓度
3．准备工作及现场布置	电焊机	电焊机电源线、电源插头、电焊钳破损	触电	较小	检查电焊机电源线、电源插头、电焊钳完好无损
		焊机外壳未接地	触电	较小	电焊机金属外壳应有明显的可靠接地
		焊机、焊钳与电缆线连接不牢固	触电	较小	焊机、焊钳与电缆线连接牢固，接地端头不外露
		多台焊机接地、接零线串接接入接地体	触电	较小	多台焊机接地、接零线不得串接接入接地体，每台焊机应该设有独立的接地、接零线，其接点应用螺丝压紧
	乙炔	乙炔表失效	爆炸	较小	（1）乙炔表应经检验合格，并在有效期内； （2）使用前应进行检查，确保其完好、有效

续表

作业步骤	危害辨识	危害描述	产生后果	风险等级	防 范 措 施
3. 准备工作及现场布置	乙炔	橡胶软管破损	火灾爆炸	较小	(1) 乙炔橡胶软管发生脱落、破裂时，停止供气，需更换合格的橡胶软管后再用； (2) 使用的橡胶软管不准有鼓包、裂缝或漏气现象。如发现有漏气现象，不准用贴补或包缠的方法修理，应将其损坏部分切掉，用双面接头管将软管连接起来并用夹子或金属绑线扎紧
		使用没有回火阀的溶解乙炔瓶	爆炸	中等	严禁使用没有回火阀的溶解乙炔瓶
		使用没有防震胶圈和保险帽的气瓶	爆炸	较小	禁止使用没有防震胶圈和保险帽的气瓶
		(1) 使用中氧气瓶与乙炔气瓶的安全距离不足； (2) 使用中的气瓶与明火的安全距离不足	爆炸	较小	(1) 使用中氧气瓶和乙炔气瓶的距离不得小于5m； (2) 使用中的气瓶与明火的距离必须大于10m
	割炬	割炬回火装置失灵	火灾	较小	使用检验合格的割炬
	吊具	软梯不合格	高处坠落	重大	(1) 使用前严格检查； (2) 软梯固定在牢靠位置
4. 进入原煤仓顶部	井	坐靠在洞口处作业	高处坠落	重大	不准人员坐靠在洞口处作业
5. 煤仓、落煤管检查修理	煤	使用明火	火灾 爆炸	中等	(1) 工作前将动火区域内煤粉清扫干净； (2) 动火时搭设防火隔离层或铺设防火毯； (3) 消防专职监护
	热辐射	气焊气割火焰高温	烧伤、烫伤	较小	(1) 动火人员穿帆布工作服，戴工作帽，上衣不准扎在裤子里，裤脚不得挽起，脚面有鞋罩； (2) 气割火炬不准对着周围工作人员
	强光	切割时火焰产生强光	视力受损	中等	操作工需佩戴合格的护目镜，保护眼睛免受切割的火焰放出的强光伤害
	疏松装置	未停电、拉电	机械伤害	中等	进入后原煤仓顶部人站在安全位置
	犁煤器	原煤进入煤仓	埋入	中等	进入前检查犁煤器位置，是否停电；入煤口盖板完好
	电焊机	焊接时未正确使用防护用品	灼烫伤	较小	(1) 正确使用面罩； (2) 戴电焊手套； (3) 戴白光眼镜； (4) 穿电焊服
		未准备移动消防器材或消防水未投备用	火灾	较小	电焊作业时，须准备灭火器等移动消防器材
	电	停止、间断焊接作业未停电源	触电	较小	停止、间断焊接作业时必须及时切断焊机电源
	高温焊渣	焊渣掉落	火灾	较小	(1) 动火工作区域周围设置防护屏，防止其他人员被飞溅的焊渣烫伤，地面铺设防火布； (2) 火焊人员必须穿戴好工作服戴好手套和带鞋盖劳保鞋等； (3) 通气的橡胶软管上方禁止进行动火作业，以防火灾
	焊接尘	通风不良	尘肺病	较小	焊接工作场所应有良好的通风
		未正确使用防尘口罩	尘肺病	较小	作业时正确佩戴合格防尘口罩
6. 工作结束	检修废料	检修后，检修废料没有及时清除干净	环境污染	较小	工作结束后，及时清理工作现场

13.4 煤粉管检修

作业步骤	危害辨识	危害描述	产生后果	风险等级	防 范 措 施
1. 作业环境评估	高处设备设施	防护栏缺损	高处坠落	重大	检查防护栏完好无损，如因工作需要拆除的栏杆，要做好临时护栏及悬挂警示标识
2. 确认安全措施正确执行	煤粉	煤粉管内积粉自燃	灼烫伤	中等	工作负责人检查工作票安全措施已正确执行，磨煤机已停运并已进行吹扫
		检修的系统隔离不彻底	高处坠落	重大	（1）现场设置隔离区域； （2）运行或检修设备进行明显标识； （3）工作前确认设备编号
3. 准备工作及现场布置	脚手架搭（拆）设	脚手架搭设后未验收	高处坠落、物体打击	重大	（1）搭设结束后，必须履行脚手架验收手续，填写脚手架验收单，并在脚手架验收单上分级签字； （2）验收合格后应在脚手架上悬挂合格证，方可使用
	工器具	使用不合格的工具	机械伤害	中等	必须正确使用经检验合格的工器具
	照明	照度不足	高处坠落	重大	必须保证燃烧器区域照明充足
4. 拆保温	高处作业人员	高处作业未正确使用防护用品	高处坠落	重大	（1）高处作业人员必须戴好安全帽、防滑鞋、正确佩戴安全带，必要时应使用防坠器； （2）安全带的挂钩应挂在结实、牢固的构件上，或专挂安全带的钢丝绳上，不准低挂高用
	石棉	未正确佩戴防护口罩	尘肺病	较小	工作人员戴好防护口罩
5. 煤粉管管道检修、可调缩孔、分配器、支吊架检修动火	电焊机	电焊机绝缘不良	触电	较小	（1）必须使用经检验合格的工器具； （2）使用前检查电源线和外壳是否损坏； （3）使用带漏电保护器的电源
		接地线未接或脱落	触电	较小	使用前检查电源线和外壳是否损坏，接地良好
	焊接尘	未正确使用防尘口罩	尘肺病	较小	作业时正确佩戴合格防尘口罩
	乙炔	乙炔表失效	爆炸	较小	（1）乙炔表应经检验合格，并在有效期内； （2）使用前应进行检查，确保其完好、有效
		橡胶软管破损	火灾爆炸	较小	（1）乙炔橡胶软管发生脱落、破裂时，停止供气，需更换合格的橡胶软管后再用。 （2）使用的橡胶软管不准有鼓包、裂缝或漏气现象。如发现有漏气现象，不准用贴补或包缠的方法修理，应将其损坏部分切掉，用双面接头管将软管连接起来并用夹子或金属绑线扎紧
		使用没有回火阀的溶解乙炔瓶	爆炸	中等	严禁使用没有回火阀的溶解乙炔瓶
		使用没有防震胶圈和保险帽的气瓶	爆炸	较小	禁止使用没有防震胶圈和保险帽的气瓶
		（1）使用中氧气瓶与乙炔气瓶的安全距离不足； （2）使用中的气瓶与明火的安全距离不足	爆炸	较小	（1）使用中氧气瓶和乙炔气瓶的距离不得小于5m； （2）使用中的气瓶与明火的距离必须大于10m
	高处作业人员	高处作业未正确使用防护用品	高处坠落	重大	（1）高处作业人员必须戴好安全帽、防滑鞋、正确佩戴安全带，必要时应使用防坠器； （2）安全带的挂钩应挂在结实、牢固的构件上，或专挂安全带的钢丝绳上，不准低挂高用
	220V电	检验设备绝缘损坏	触电	较小	（1）使用前检查电源线和外壳是否损坏； （2）使用带漏电保护器的电源
	焊接尘	未正确使用防尘口罩	尘肺病	较小	作业时正确佩戴合格防尘口罩

续表

作业步骤	危害辨识	危害描述	产生后果	风险等级	防 范 措 施
6．工作结束	检修废料	检修后，检修废料没有及时清除干净	环境污染	较小	工作结束后，及时清理工作现场

13.5 密封风机检修

作业步骤	危害辨识	危害描述	产生后果	风险等级	防 范 措 施
1．作业环境评估	粉尘	未正确使用防护用品	粉尘吸入	较小	进入现场正确佩戴防护用品
2．确认安全措施正确执行	转动的电机	工作前所采取隔离措施不完善	机械伤害	较小	（1）工作前核对设备名称及编号； （2）检修工作开工前工作负责人与工作票许可人共同确认所检修设备已断电及系统的隔离措施
3．准备工作及现场布置	临时电源及电源线	电源线悬挂高度不够	触电	较小	临时电源线架设高度室内不低于2.5m
		电源线、插头、插座破损	触电	较小	（1）检查电源线外绝缘良好，无破损； （2）检查电源盘合格证在有效期内； （3）检查电源插头插座，确保完好
		未安装漏电保护器	触电	较小	分级配置漏电保护器，工作前测试漏电保护器，确保正确动作
	葫芦	钢丝绳磨损严重、吊钩无防脱保险装置、手拉链条变形	起重伤害	较小	（1）由特种设备作业人员或操作人员检查葫芦无变形缺损保险扣； （2）检查电动葫芦检验合格证在有效期内
	龙门架	龙门架不牢固，焊点脱焊	机械伤害	较小	使用前检查焊点无虚焊、无晃动
	撬杠	撬杠强度不够	其他伤害	较小	必须保证撬杠强度满足要求
	螺丝刀、扳手、大锤及手锤	手柄等缺损，锤头与木柄的连接不牢固，锤头破损，木柄未使用整根硬质木料	物体打击	较小	（1）锉刀、手锯、螺丝刀、钢丝钳等手柄应安装牢固，没有手柄的不准使用。 （2）检查大锤及手锤的锤头应完整，其表面应光滑微凸，不应有歪斜、缺口、凹入及裂纹等缺陷。大锤及手锤的柄应用整根的硬木制成，且头部用楔栓固定。楔栓宜采用金属楔，楔子长度不应大于安装孔的三分之二。锤把上不应有油污
4．修前联轴器中心校验	配合失误	盘动时配合失误	机械伤害	较小	作业前做好安全交底，相互之间提醒
5．密封风机的解体	螺丝刀、扳手、大锤及手锤	（1）扳手不匹配，手柄缺损； （2）锤头与木柄的连接不牢固、锤头破损、木柄未使用整根硬质木料； （3）戴手套抡大锤	物体打击	较小	（1）锉刀、手锯、螺丝刀、钢丝钳等手柄应安装牢固，没有手柄的不准使用； （2）检查大锤及手锤的锤头应完整，其表面应光滑微凸，不应有歪斜、缺口、凹入及裂纹等缺陷。大锤及手锤的柄应用整根的硬木制成，且头部用楔栓固定。楔栓宜采用金属楔，楔子长度不应大于安装孔的三分之二。锤把上不应有油污。 （3）严禁戴手套抡大锤
	手拉葫芦及龙门架	钢丝绳磨损严重、吊钩无防脱保险装置、手拉链条变形，龙门架不牢固，焊点脱焊	起重伤害、物体打击	较小	（1）由特种设备作业人员或操作人员检查葫芦无变形缺损保险扣； （2）检查电动葫芦检验合格证在有效期内； （3）使用前检查焊点无虚焊、无晃动
	轴承箱上盖	设备过重	挤伤	较小	作业时有专人统一指挥，做好相互间配合

续表

作业步骤	危害辨识	危害描述	产生后果	风险等级	防 范 措 施
5. 密封风机的解体	现场废油	滑跌，二次污染	摔伤	较小	现场做好铺垫，使用专用的容器存放废油
	叶轮拆除	调整转子间隙	机械伤害	中等	转子间隙调整时禁止将手伸入叶轮内，防止绞伤
		转动的叶轮	机械伤害	较小	做好防止叶轮突然转动的措施
		拆除叶轮的专业工具不合格，使用的拉码缺损	机械伤害	中等	（1）检查叶轮专业丝杠无变形拉伸； （2）拉码在检验合格有效期内
6. 轴承箱组装	叶轮主轴	破损的钢丝绳或柔性吊装带	挤伤、压伤	较小	（1）作业时有专人统一指挥，做好相互间配合； （2）使用合格的钢丝绳及吊带
7. 叶轮的安装	叶轮安装	破损的钢丝绳或柔性吊装带	挤伤、扎伤	较小	（1）作业时有专人统一指挥，做好相互间配合； （2）使用合格的钢丝绳及吊带
		戴手套抡大锤	扎伤	较小	严禁戴手套抡大锤
		钢丝绳磨损严重、吊钩无防脱保险装置、手拉链条变形	起重伤害	较小	（1）由特种设备作业人员或操作人员检查葫芦无变形缺损保险扣； （2）检查电动葫芦检验合格证在有效期内
8. 转子中心找正	联轴器	用手指直接检查校正联轴器	机械伤害	较小	不准用手指直接检查校正联轴器
9. 设备试运行	密封风机	标识不全	机械伤害	较小	（1）工作前核对设备名称及编号； （2）完善补齐缺损的设备标识和警告牌
		试运行起动时人员站在转机径向位置	机械伤害	较小	转动设备试运行时所有人员应先远离，站在转动机械的轴向位置，并有一人站在事故按钮位置
		检修人员单独进行试运行操作	机械伤害	较小	转动机械试运行操作应由运行值班人员根据检修工作负责人的要求进行，检修人员不准自己进行试运行的操作
10. 检修工作结束	施工废料	施工废料未清理	环境污染	较小	废料及时清理，做到工完、料尽、场地清

13.6 磨煤机检修

作业步骤	危害辨识	危害描述	产生后果	风险等级	防 范 措 施
1. 作业环境评估	煤粉	制粉系统停运前未进行有效吹扫	尘肺病	较小	（1）作业人员佩戴防护口罩； （2）制粉系统停运前进行吹扫不少于5min
	高温消防蒸汽	系统未有效隔离	灼烫伤	较小	（1）对高温蒸汽管道填补保温，确保环境温度为25℃时，保温外温度不高于50℃。如室外温度大于25℃，使用风扇进行通风降温； （2）按照工作票要求将系统有效隔离，检查阀门是否存在内漏
	孔洞	（1）盖板缺损及平台防护栏杆不全； （2）临时打开盖板形成的孔洞未设置硬质隔离措施	高处坠落	重大	（1）及时检查及补全缺失防护栏； （2）临时打开盖板后必须马上铺设专用盖板或脚手板，并悬挂明显的标志
2. 确认安全措施正确执行	转动的电机	工作前未核实工作票的隔离措施	机械伤害	较小	（1）工作前核对设备名称及编号； （2）检修工作开工前工作负责人与工作票许可人共同确认所检修设备已断电及系统的隔离措施

续表

作业步骤	危害辨识	危害描述	产生后果	风险等级	防 范 措 施
2. 确认安全措施正确执行	一氧化碳、二氧化碳、粉尘	空气不流通，缺氧，粉尘浓度超标	窒息	中等	（1）先打开人孔门进行通风，然后使用合格的测氧仪和粉尘浓度测量仪进行测量，合格后方可进入； （2）现场安排专人进行监护，每2h进行一次测量并记录； （3）按规定进行有限空间的等级办理
	高温蒸汽	检修的系统未有效隔离	灼烫伤	中等	（1）在许可开始检修前，运行值班人员必须按照工作票所列安全措施，做好一切必要的切换工作。各有关阀门应上锁，并挂警告牌，对电动阀门还应切断电源，并将这些操作以及发出许可工作的通知，详细地记录在值班日志中。 （2）开始工作前，检修工作负责人必须会同值班人员共同检查，确认措施到位后，需检修的一段管道已可靠地与运行中的管道隔断，没有汽、烟流入的可能，并做好相关的自锁措施
3. 准备工作及现场布置	角磨机	（1）角磨机未经检验合格； （2）角磨机电源线、电源插头破损，防护罩破损缺失，磨片破损	机械伤害	较小	（1）检查角磨机必须经有资质单位检验合格，并张贴检验合格标志； （2）检查角磨机的电源线、电源插头完好无缺损，防护罩、角磨片完好无缺损； （3）检查合格证在有效期内
	电焊机	电焊机未经检验合格	触电	中等	（1）检查电焊机必须经有资质单位检验合格，并张贴检验合格标志； （2）检查合格证在有效期内
		电焊机电源线、电源插头、电焊钳破损	触电	较小	检查电焊机电源线、电源插头、电焊钳完好无损
		电焊机外壳不接地	触电	较小	电焊机金属外壳应有明显的可靠接地
		电焊机、电焊钳与电缆线连接不牢固	触电、火灾	较小	电焊机、电焊钳与电缆线连接牢固，接地端头不外露
		多台电焊机接地、接零线串接接入接地体	触电	较小	多台焊机接地、接零线不得串接接入接地体，每台焊机应该设有独立的接地、接零线，其接点应用螺丝压紧
	锉刀、手锯、螺丝刀、钢丝钳	手柄等缺损	刺伤	较小	锉刀、手锯、螺丝刀、钢丝钳等手柄应安装牢固，没有手柄的不准使用
	钢丝绳、吊带	起重工器具存在破损	砸伤	中等	工作前认真检查钢丝绳、吊带有无断股破损及变形严重的现象，如有应禁止使用并销毁
	临时电源及电源线	电源线悬挂高度不够且电源线绝缘破损	触电	较小	（1）临时电源线架设高度室内不低于2.5m； （2）更换绝缘破损的电源线
		电源线、插头、插座破损	触电	较小	（1）检查电源线外绝缘良好，无破损； （2）检查电源盘经有资质单位检验合格，合格证在有效期； （3）检查电源插头插座，确保完好； （4）严禁将电源线缠绕在护栏、管道和脚手架上
		未安装漏电保护器	触电	较小	（1）检查电源盘经有资质单位检验合格，合格证在有效期； （2）分级配置漏电保护器，工作前检验漏电保护器，确保正确动作
		检修电源箱外壳未接地	触电	较小	（1）检查电源盘经有资质单位检验合格，合格证在有效期； （2）检查电源箱外壳接地良好

续表

作业步骤	危害辨识	危害描述	产生后果	风险等级	防 范 措 施
3. 准备工作及现场布置	乙炔	乙炔表失效	爆炸	较小	（1）乙炔表应经检验合格，并在有效期内； （2）使用前应进行检查，确保其完好、有效
		橡胶软管破损	火灾爆炸	较小	（1）乙炔橡胶软管发生脱落、破裂时，停止供气，需更换合格的橡胶软管后再用。 （2）使用的橡胶软管不准有鼓包、裂缝或漏气现象。如发现有漏气现象，不准用贴补或包缠的方法修理，应将其损坏部分切掉，用双面接头管将软管连接起来并用夹子或金属绑线扎紧
		使用没有回火阀的溶解乙炔瓶	爆炸	中等	严禁使用没有回火阀的溶解乙炔瓶
		使用没有防震胶圈和保险帽的气瓶	爆炸	较小	禁止使用没有防震胶圈和保险帽的气瓶
		（1）使用中氧气瓶与乙炔气瓶的安全距离不足； （2）使用中的气瓶与明火的安全距离不足	爆炸	较小	（1）使用中氧气瓶和乙炔气瓶的距离不得小于5m； （2）使用中的气瓶与明火的距离必须大于10m
	割炬	割炬连接处泄漏	火灾、灼伤	较小	使用前检查割炬的连接处严密性及其嘴子有无堵塞现象
	行车	行车未经检验合格或带缺陷运行	起重伤害	中等	（1）由特种设备作业人员检查行车完好； （2）检查行车检验合格证在有效期内
	手拉葫芦	手拉葫芦刹车以及传动装置有缺陷、链条有裂纹、链轮转动卡涩、吊钩无防脱保险装置	起重伤害	中等	（1）检查手拉葫芦检验合格证在有效期内； （2）由专业人员修理手拉葫芦或更换合格的手拉葫芦； （3）使用前应作无负荷起落试验一次，检查链条是否有裂纹、链轮转动是否卡涩、吊钩是否无防脱保险装置，以确保完好
		超过铭牌规定使用手拉葫芦	起重伤害	中等	使用手拉葫芦时工作负荷不准超过铭牌规定
	撬杠	撬杠支垫物不可靠、加力杆强度不够	其他伤害	较小	（1）使用撬杠作业时，支垫物应可靠，并采取措施防止被撬物倾倒或滚落； （2）使用加力杆时，必须保证其强度和嵌套深度满足要求，以防折断或滑脱
	行灯	行灯绝缘部分有缺陷或防护罩缺失	触电	较小	（1）更换绝缘部分良好的行灯； （2）行灯必须保证防护罩良好
		行灯电源线、电源插头破损	触电	较小	（1）检查行灯电源线、电源插头完好无破损； （2）行灯的电源线应采用橡套软电缆
		使用行灯电压等级不符	触电	较小	（1）行灯电压不应超过36V； （2）在周围均是金属导体的场所和容器内工作时，不应超过24V； （3）在潮湿的金属容器内、有爆炸危险的场所（如煤粉仓、沟道内）、脱硫烟道系统等处工作时，不应超过12V
		携带式行灯变压器插头不符合要求或外壳未接地	触电	较小	（1）携带式行灯变压器的高压侧应带插头，低压侧带插座，并采用两种不能互相插入的插头； （2）行灯变压器金属外壳必须有良好的接地线，高压侧应使用三相插头

续表

作业步骤	危害辨识	危害描述	产生后果	风险等级	防 范 措 施
3. 准备工作及现场布置	大锤、手锤、气动扳手	锤头与木柄的连接不牢固、锤头破损、木柄未使用整根硬质木料	砸伤	较小	检查大锤和手锤的锤头应完整，其表面应光滑微凸，不应有歪斜、缺口、凹入及裂纹等缺陷。大锤及手锤的柄应用整根的硬木制成，且头部用楔栓固定。楔栓宜采用金属楔，楔子长度不应大于安装孔的三分之二。锤把上不应有油污
		气动扳手头子松脱掉落	物体打击	较小	（1）使用前检查头子是否连接牢固，手提装置是否松脱。 （2）使用的橡胶软管不准有鼓包、裂缝或漏气现象。如发现有漏气现象，不准用贴补或包缠的方法修理，应将其损坏部分切掉，用双面接头管将软管连接起来并用夹子或金属绑线扎紧
4. 磨煤机门板拆卸吊至地面	大锤、手锤、气动扳手	气动扳手头子松脱掉落	物体打击	较小	（1）使用时在做好防止松脱的措施； （2）现场做好隔离，安排监护人员，防止其他人员进入
		戴手套抡大锤	物体打击	较小	（1）禁止戴手套抡大锤； （2）抡大锤时周围不准有人靠近，防止误伤
		单手抡大锤	物体打击	较小	严禁戴手套或用单手抡大锤，使用大锤时，周围不准有人靠近
	行车	行车司机不按照指挥人员信号操作系统	起重伤害	中等	（1）工作人员持证上岗； （2）行车操作人员应根据指挥人员的信号（旗语、哨音、手势）来进行操作，操作人员未接到指挥信号时，不准操作
		制动器失灵	起重伤害	中等	使用行车前应由专业人员对行车进行全面检查，并按规定做相应的起吊试验，检查或试验不合格的行车严禁使用
		在起吊大的或不规则的构件时，未在构件上系以牢固的拉绳	起重伤害	较小	起重机在起吊大的或不规则的构件时，应在构件上系以牢固的拉绳，使其不摇摆不旋转
		工作中停电	起重伤害	较小	在工作中一旦停电，应将起动器恢复至原来静止的位置，再将电源开关拉开；设有制动装置的应将其闸紧
		起重机超载	起重伤害	中等	起重机械和起重工具的工作负荷，不准超过铭牌规定
	重物	斜拉	起重伤害	较小	起重物品必须绑牢，吊钩应挂在物品的重心上，吊钩钢丝绳应保持垂直。不准使吊钩斜着拖吊重物
		地面不平	物体打击	较小	重物应稳妥放置在地上，防止倾倒和滚动，必要时应用绳绑住
5. 将磨辊翻出并吊至地面	起吊物	吊物坠落	物体打击	较小	（1）起重物必须绑牢，吊钩应挂在物品的重心上，手拉葫芦的链条应垂直悬挂重物； （2）吊索与吊物棱角或光滑的接触处，必须加以包垫，防止吊索受伤或打滑； （3）捆扎后吊挂绳之间的夹角不大于 90℃，避免挂绳受力过大
	重物	斜拉	起重伤害	较小	起重物品必须绑牢，吊钩应挂在物品的重心上，吊钩钢丝绳应保持垂直。不准使吊钩斜着拖吊重物

续表

作业步骤	危害辨识	危害描述	产生后果	风险等级	防 范 措 施
5. 将磨辊翻出并吊至地面	手拉葫芦	手拉葫芦刹车以及传动装置有缺陷、链条有裂纹、链轮转动卡涩、吊钩无防脱保险装置	起重伤害	中等	(1)检查手拉葫芦检验合格证在有效期内; (2)由专业人员修理手拉葫芦或更换合格的手拉葫芦; (3)使用前应作无负荷起落试验一次,检查链条是否有裂纹、链轮转动是否卡涩、吊钩是否无防脱保险装置,以确保完好
		超过铭牌规定使用手拉葫芦	起重伤害	中等	使用手拉葫芦时工作负荷不准超过铭牌规定
	行车	行车司机不按照指挥人员信号操作系统	起重伤害	中等	行车操作人员应根据指挥人员的信号(旗语、哨音、手势)来进行操作;操作人员未接到指挥信号时,不准操作
		制动器失灵	起重伤害	中等	使用行车前应由专业人员对行车进行全面检查,并按规定做相应的起吊试验,检查或试验不合格的行车严禁使用
		在起吊大的或不规则的构件时,未在构件上系以牢固的拉绳	起重伤害	较小	起重机在起吊大的或不规则的构件时,应在构件上系以牢固的拉绳,使其不摇摆不旋转
		工作中停电	起重伤害	较小	在工作中一旦停电,应将起动器恢复至原来静止的位置,再将电源开关拉开;设有制动装置的应将其闸紧
		起重机超载	起重伤害	中等	起重机械和起重工具的工作负荷,不准超过铭牌规定
6. 解体、检修、回装磨辊轴承	易燃易爆物质	焊接作业前未进行清理易燃易爆物质	火灾	中等	(1)作业前清理作业区域内及周围的易燃易爆物质; (2)按规定办理动火票; (3)安排具有消防处理能力的专人进行监护
	热辐射	气焊气割火焰高温	烧伤烫伤	较小	(1)动火人员穿帆布工作服,戴工作帽,上衣不准扎在裤子里,裤脚不得挽起,脚面有鞋罩; (2)气割火炬不准对着周围工作人员
	强光	切割时火焰产生强光	其他伤害	中等	操作工需佩戴合格的护目镜,保护眼睛免受切割的火焰放出的强光灼伤眼睛或皮肤
	润滑油	加油及操作中发生的跑、冒、滴、漏及溢油	滑倒摔伤	较小	在加油及操作中发生的跑、冒、滴、漏及溢油,要及时清除处理
		工作结束后,废品乱扔	火灾和环境污染	较小	不准将油污、油泥、废油等(包括沾油棉纱、布、手套、纸等)倒入下水道排放或随地倾倒,应收集放于指定的废油箱,妥善处理,以防污染环境
	清洁剂	作业时未正确使用防护用品	中毒和窒息	较小	使用时打开门窗通风,避免过多吸入化学微粒,戴防护口罩、乳胶手套
7. 磨煤机内部刮板或衬板及节流环焊接、折向门更换、异形管件更换	行灯	将行灯变压器带入金属容器内	触电	中等	行灯变压器不应放在金属容器内
	原煤或煤粉	使用明火或煤粉自燃	火灾爆炸	中等	(1)工作前将动火区域内煤粉清扫干净; (2)动火时搭设防火隔离层或铺设防火毯; (3)消防专职监护,动火现场备有足够的灭火器或消防器材
	电焊机	焊接时未正确使用防护用品	灼烫伤	较小	(1)正确使用面罩; (2)戴电焊手套; (3)戴白光眼镜; (4)穿电焊服; (5)脚面有鞋罩
		未准备移动消防器材或消防水未投备用	火灾	较小	电焊作业时,须准备灭火器等移动消防器材

续表

作业步骤	危害辨识	危害描述	产生后果	风险等级	防范措施
7. 磨煤机内部刮板或衬板及节流环焊接、折向门更换、异形管件更换	电源	停止、间断焊接作业未停电源	触电	较小	（1）停止、间断焊接作业时必须及时切断焊机电源； （2）在磨煤机内部不准同时进行电焊及气焊工作
	高温焊渣	焊渣掉落	火灾	较小	（1）动火工作区域周围设置防护屏，防止其他人员被飞溅的焊渣烫伤，地面铺设防火布； （2）火焊人员必须穿戴好工作服、手套和带鞋盖劳保鞋等； （3）通气的橡胶软管上方禁止进行动火作业，以防火灾
	焊接尘	通风不良	尘肺病	较小	在磨煤机内部进行焊接作业前，应在相应的人孔等位置加装通风机以保证焊接工作场所有良好的通风
		未正确使用防尘口罩	尘肺病	较小	作业时正确佩戴合格防尘口罩
8. 回装磨煤机磨辊及门板	大锤、手锤、气动扳手	锤头与木柄的连接不牢固、锤头破损、木柄未使用整根硬质木料	砸伤	较小	检查大锤和手锤的锤头应完整，其表面应光滑微凸，不应有歪斜、缺口、凹入及裂纹等缺陷。大锤及手锤的柄应用整根的硬木制成，且头部用楔栓固定。楔栓宜采用金属楔，楔子长度不应大于安装孔的三分之二。锤把上不应有油污
		戴手套抡大锤	物体打击	较小	（1）禁止戴手套抡大锤； （2）抡大锤时周围不准有人靠近，防止误伤
		单手抡大锤	物体打击	较小	严禁戴手套或用单手抡大锤，使用大锤时，周围不准有人靠近
		气动扳手头子松脱掉落	物体打击	较小	（1）使用前检查气动板手头子是否连接牢固，手提装置是否松脱； （2）使用的橡胶软管不准有鼓包、裂缝或漏气现象。如发现有漏气现象，不准用贴补或包缠的方法修理，应将其损坏部分切掉，用双面接头管将软管连接起来并用夹子或金属绑线扎紧
	起吊物	吊物坠落	物体打击	较小	（1）起重物必须绑牢，吊钩应挂在物品的重心上，手拉葫芦的链条应垂直悬挂重物； （2）吊索与吊物棱角或光滑的接触处，必须加以包垫，防止吊索受伤或打滑； （3）捆扎后吊挂绳之间的夹角不大于 90℃，避免挂绳受力过大
	重物	斜拉	起重伤害	较小	起重物品必须绑牢，吊钩应挂在物品的重心上，吊钩钢丝绳应保持垂直；不准使吊钩斜着拖吊重物
	手拉葫芦	手拉葫芦刹车以及传动装置有缺陷、链条有裂纹、链轮转动卡涩、吊钩无防脱保险装置	起重伤害	中等	（1）检查手拉葫芦检验合格证在有效期内； （2）由专业人员修理手拉葫芦或更换合格的手拉葫芦； （3）使用前应作无负荷起落试验一次，检查链条是否有裂纹、链轮转动是否卡涩、吊钩是否无防脱保险装置，以确保完好
		超过铭牌规定使用手拉葫芦	起重伤害	中等	使用手拉葫芦时工作负荷不准超过铭牌规定
	行车	行车司机不按照指挥人员信号操作系统	起重伤害	中等	行车操作人员应根据指挥人员的信号（旗语、哨音、手势）来进行操作；操作人员未接到指挥信号时，不准操作
		制动器失灵	起重伤害	中等	使用行车前应由专业人员对行车进行全面检查，并按规定做相应的起吊试验，检查或试验不合格的行车严禁使用

续表

作业步骤	危害辨识	危害描述	产生后果	风险等级	防 范 措 施
8. 回装磨煤机磨辊及门板	行车	在起吊大的或不规则的构件时，未在构件上系以牢固的拉绳	起重伤害	较小	起重机在起吊大的或不规则的构件时，应在构件上系以牢固的拉绳，使其不摇摆不旋转
		工作中停电	起重伤害	较小	在工作中一旦停电，应将起动器恢复至原来静止的位置，再将电源开关拉开；设有制动装置的应将其闸紧
		起重机超载	起重伤害	中等	起重机械和起重工具的工作负荷，不准超过铭牌规定
9. 磨煤机内部间隙调整	转动的墨辊、磨碗	盘动转子时指挥混乱、磨煤机内部人员未及时撤离	机械伤害	较小	盘动转子工作必须由一个负责人指挥，盘动转子前通知磨煤机内外部工作人员，将转子周围人员及磨煤机内部工作人员全部撤离
	大锤、手锤	锤头与木柄的连接不牢固、锤头破损、木柄未使用整根硬质木料	砸伤	较小	检查大锤和手锤的锤头应完整，其表面应光滑微凸，不应有歪斜、缺口、凹入及裂纹等缺陷。大锤及手锤的柄应用整根的硬木制成，且头部用楔栓固定。楔栓宜采用金属楔，楔子长度不应大于安装孔的三分之二。锤把上不应有油污
		戴手套抡大锤	物体打击	较小	（1）禁止戴手套抡大锤； （2）抡大锤时周围不准有人靠近，防止误伤
		单手抡大锤	物体打击	较小	严禁戴手套或用单手抡大锤，使用大锤时，周围不准有人靠近
	一氧化碳、二氧化碳	空气不流通，缺氧，粉尘浓度超标	窒息	较小	（1）先打开人孔门进行通风，然后使用合格的测氧仪和粉尘浓度测量仪进行测量，合格后方可进入； （2）现场安排专人进行监护，每2h进行一次测量并记录； （3）按规定进行有限空间的等级办理
10. 人孔门封闭	一氧化碳、二氧化碳	人员遗留在容器内	窒息	较小	封闭人孔前工作负责人应认真清点工作人员，确认无人员留在磨煤机内方可封闭人孔
11. 磨煤机各风门检查	高处作业的工器具	高处作业未使用工具袋	物体打击	中等	（1）高处作业应一律使用工具袋； （2）较大的工具应用绳拴在牢固的构件上
		工器具上下投掷	物体打击	中等	工器具和零部件不准上下抛掷，应使用绳系牢后往下或往上吊
	高处作业人员	高处作业未正确使用防护用品	高处坠落	重大	（1）高处作业人员必须戴好安全帽、穿好防滑鞋、正确佩戴安全带，必要时应使用防坠器； （2）安全带的挂钩应挂在结实、牢固的构件上，或专挂安全带的钢丝绳上，不准低挂高用
12. 磨煤机联轴器找正	起吊物	吊物坠落	物体打击	较小	（1）起重物必须绑牢，吊钩应挂在物品的重心上，手拉葫芦的链条应垂直悬挂重物； （2）吊索与吊物棱角或光滑的接触处，必须加以包垫，防止吊索受伤或打滑； （3）捆扎后吊挂绳之间的夹角不大于90℃，避免挂绳受力过大
	重物	斜拉	起重伤害	较小	起重物品必须绑牢，吊钩应挂在物品的重心上，吊钩钢丝绳应保持垂直。不准使吊钩斜着拖吊重物

续表

作业步骤	危害辨识	危害描述	产生后果	风险等级	防 范 措 施
12. 磨煤机联轴器找正	手拉葫芦	手拉葫芦刹车以及传动装置有缺陷、链条有裂纹、链轮转动卡涩、吊钩无防脱保险装置	起重伤害	中等	（1）检查手拉葫芦检验合格证在有效期内； （2）由专业人员修理手拉葫芦或更换合格的手拉葫芦； （3）使用前应作无负荷起落试验一次，检查链条是否有裂纹、链轮转动是否卡涩、吊钩是否无防脱保险装置，以确保完好
		超过铭牌规定使用手拉葫芦	起重伤害	中等	使用手拉葫芦时工作负荷不准超过铭牌规定
	大锤、手锤	锤头与木柄的连接不牢固、锤头破损、木柄未使用整根硬质木料	砸伤	较小	检查大锤和手锤的锤头应完整，其表面应光滑微凸，不应有歪斜、缺口、凹入及裂纹等缺陷。大锤及手锤的柄应用整根的硬木制成，且头部用楔栓固定。楔栓宜采用金属楔，楔子长度不应大于安装孔的三分之二。锤把上不应有油污
		戴手套抡大锤	物体打击	较小	（1）禁止戴手套抡大锤； （2）抡大锤时周围不准有人靠近，防止误伤
		单手抡大锤	物体打击	较小	严禁戴手套或用单手抡大锤，使用大锤时，周围不准有人靠近
	重物	搬运无统一协调	物体打击	较小	多人共同搬运、抬运或装卸较大的重物时，必须统一指挥、相互配合、同起同落、同时行进
		作业时未正确使用防护用品	物体打击	较小	作业人员应根据搬运物件的需要，穿戴披肩、垫肩、手套、口罩、眼镜等防护用品
	转动的电机	盘动转子时指挥混乱、磨煤机内部人员未及时撤离	机械伤害	较小	盘动转子工作必须由一个负责人指挥，盘动转子前通知磨煤机内外部工作人员，将转子周围人员及磨煤机内部工作人员全部撤离
	手锤	锤把上有油污	物体打击	较小	使用前仔细检查，锤把上有油污时必须清理干净后方可使用
	撬杠	撬杠支垫物不可靠、加力杆强度不够	其他伤害	较小	使用撬杠作业时，支垫物应可靠，并采取措施防止被撬物倾倒或滚落。使用加力杆时，必须保证其强度和嵌套深度满足要求，以防折断或滑脱
	角磨机	未正确使用防护罩、防护眼镜	物体打击	较小	使用角磨机前必须检查防护罩完好，严禁使用无防护罩的角磨机。使用者佩戴有护沿的防护眼镜
		手提电动工具的导线或转动部分	触电	较小	禁止手提电动工具的导线或转动部分
		更换磨片未切断电源	触电	较小	更换磨片前必须切断电源
	电焊机	焊接时未正确使用防护用品	灼烫伤	较小	（1）正确使用面罩； （2）戴电焊手套； （3）戴白光眼镜； （4）穿电焊服； （5）脚面有鞋罩
		未准备移动消防器材或消防水未投备用	火灾	较小	电焊作业时，须准备灭火器等移动消防器材
	电源	停止、间断焊接作业未停电源	触电	较小	（1）停止、间断焊接作业时必须及时切断焊机电源； （2）在磨煤机内部不准同时进行电焊及气焊工作
	高温焊渣	焊渣掉落	火灾	较小	（1）动火工作区域周围设置防护屏，防止其他人员被飞溅的焊渣烫伤，地面铺设防火布； （2）火焊人员必须穿戴好工作服戴好手套和带鞋盖劳保鞋等； （3）通气的橡胶软管上方禁止进行动火作业，以防火灾

续表

作业步骤	危害辨识	危害描述	产生后果	风险等级	防 范 措 施
12．磨煤机联轴器找正	焊接尘	通风不良	尘肺病	较小	在磨煤机内部进行焊接作业前，应在相应的人孔等位置加装通风机以保证焊接工作场所有良好的通风
		未正确使用防尘口罩	尘肺病	较小	作业时正确佩戴合格防尘口罩
	润滑油	加油及操作中发生的跑、冒、滴、漏及溢油	滑倒	较小	在加油及操作中发生的跑、冒、滴、漏及溢油，要及时清除处理
		工作结束后，废品乱扔	火灾、环境污染	较小	禁止将油污、油泥、废油等（包括沾油棉纱、布、手套、纸等）倒入下水道排放或随地倾倒，应收集放于指定的废油箱，妥善处理，以防污染环境
13．工作结束	检修废料	检修后，检修废料没有及时清除干净	环境污染	较小	工作结束后，及时清理工作现场

13.7 暖风器检修

作业步骤	危害辨识	危害描述	产生后果	风险等级	防 范 措 施
1．作业环境评估	粉尘	未正确佩戴防护口罩	尘肺病	中等	进入风道内部工作要戴好防尘口罩
	高温环境	风道内部高于60℃	中暑	中等	（1）环境温度低于60℃时方可进入风道工作； （2）提前服用防暑药品防止中暑； （3）工作中保证人员休息，并及时补充水分或生理盐水
	高处设备设施	防护栏缺损	高处坠落	重大	检查防护栏完好无损；如因工作需要拆除的栏杆，要做好临时护栏及悬挂警示标识
2．确认安全措施正确执行	高温高压汽水	检修隔离措施不到位	物体打击	中等	对现场检修区域设置围栏、铺设胶皮，进行有效的隔离，有人监护
		运行隔离措施不到位	灼烫伤	中等	检修前工作负责人、工作许可人现场共同确认隔离措施安全可靠执行，无介质串入炉内、转动机械运转的可能
3．准备工作及现场布置	脚手架搭（拆）设	脚手架搭设后未验收	高处坠落、物体打击	重大	（1）搭设结束后，必须履行脚手架验收手续，填写脚手架验收单，并在脚手架验收单上分级签字； （2）验收合格后应在脚手架上悬挂合格证，方可使用
	工器具	使用不合格的工具	机械伤害	中等	必须正确使用经检验合格的工器具
	照明	照度不足	高处坠落	重大	必须保证炉内照明充足
	高温烟气	高温烟气突然喷出	灼烫伤	中等	（1）保持风道风压稳定； （2）必须做好防止烫伤的措施，隔热服符合要求； （3）确定逃生路线
	高温环境	气温超过40℃或风道内部高于60℃	中暑	中等	环境温度低于60℃时方可进入风道；因工作需要必须在高温环境下进入时，必须做好防止高温中暑的措施，如穿戴隔热服、服用防暑药品等，且两人协同进入，时间不得超过15min
4．暖风器清灰	高处作业人员	高处作业未正确使用防护用品	高处坠落	重大	（1）高处作业人员必须戴好安全帽、防滑鞋、正确佩戴安全带，必要时应使用防坠器； （2）安全带的挂钩应挂在结实、牢固的构件上，或专挂安全带的钢丝绳上，不准低挂高用

续表

作业步骤	危害辨识	危害描述	产生后果	风险等级	防 范 措 施
4．暖风器清灰	粉尘	未正确佩戴防护口罩	尘肺病	较小	作业人员工作时戴防尘口罩
	转动的风机	一次风机误动，大量粉尘进入风道造成工作人员窒息	窒息	中等	确认一次风机已停运停电
	高温环境	风道内部高于60℃	灼烫伤	中等	（1）检查确认该风道已通风良好； （2）风道内温度降至60℃以下方可进行清灰作业，并开启送、引风机出入口挡板进行自然通风降温
	工器具	清灰时工具掉落砸坏受热面管	物体打击	中等	使用的工器具材料保管好，工具要用工具包传递，在脚手架上工作时要用绳索上下传递，不得上下抛掷
		工器具或材料落入渣斗内损坏捞渣机	物体打击	中等	（1）清灰完毕工作负责人逐一清点工器具； （2）拆脚手架时，废铁丝要从人孔门递出，掉落在渣斗内的铁丝要及时全部取出
5．割除管段、制作坡口、配置新管段	电动工器具	易碎的砂轮片和锯片	机械伤害	中等	（1）使用电动工器具时，戴好防护面罩； （2）工器具防护罩完好； （3）对所用砂轮片进行检查无缺陷后使用
		电动工器具绝缘损坏	触电	中等	（1）必须使用经检验合格的工器具； （2）使用前检查电源线和外壳是否损坏； （3）使用带漏电保护器的电源和Ⅱ、Ⅲ类电动工器具； （4）使用的照明电源必须由专业电工接设，电源线应完好无损并架空布置，与人孔门接触部位要用软套管或用绝缘胶布包好
		违规使用电动工器具	触电	较小	（1）不用或更换配件时及时切断电源； （2）风道外应设专人监护，行灯变压器、漏电保护器、电源连接器和控制箱等应放在风道外面
	高处作业人员	高处作业不规范	高处坠落	重大	（1）执行工作许可程序，现场专人监护，严格执行高处作业脚手架使用规定； （2）四周的围栏必须安装牢固可靠； （3）围栏临空一侧的下部应设安全保护网； （4）高处作业需系好安全带，安全带需经检验合格，使用时注意高挂低用
		工作人员精神状态差	高处坠落	重大	禁止工作人员酒后、精神不振时进行高处作业
	高处设备设施	部件松动	高处坠落	重大	每次使用前检查脚手架完好性和安全措施的有效性
6．焊接管段	电焊机	焊接时未正确使用防护用品	灼烫伤	较小	（1）正确使用面罩； （2）戴电焊手套； （3）戴白光眼镜； （4）穿电焊服
		电焊机电源线、电源插头、电焊钳破损	触电	中等	检查电焊机电源线、电源插头、电焊钳完好无损
		二次线地线松动	触电	较小	（1）工作人员工作服保持干燥； （2）工作前检查二次线接地牢固；焊接工件焊接前要与地线进行良好接地

续表

作业步骤	危害辨识	危害描述	产生后果	风险等级	防 范 措 施
6. 焊接管段	高温焊渣	焊渣掉落	火灾	较小	（1）动火工作区域周围设置防护屏，防止其他人员被飞溅的焊渣烫伤，地面铺设防火布； （2）火焊人员必须穿戴好工作服、手套和带鞋盖劳保鞋等； （3）通气的橡胶软管上方禁止进行动火作业，以防火灾
	焊接尘	通风不良	尘肺病	较小	焊接工作场所应有良好的通风
		未正确使用防尘口罩	尘肺病	较小	作业时正确佩戴合格防尘口罩
	高处的工器具	脚手架架杆、架板、卡具损坏	坍塌	中等	（1）竹质、木质脚手架必须使用完整无缺陷的材料搭设，金属脚手架不准使用脆性的铸铁材料并按照规定搭设和使用； （2）不准在脚手架和脚手板上起吊重物、聚集人员或放置超过计算荷重的材料
		脚手架稳定性及防护措施不全	高处坠落	重大	（1）脚手架进行验收合格后方可使用； （2）每次使用前检查脚手架的牢固性
		工器具未系防坠绳及零部件未固定	物体打击	中等	（1）工器具必须使用防坠绳； （2）工器具和零部件应用绳拴在牢固的构件上，不准随便乱放
	高处作业人员	高处作业未正确使用防护用品	高处坠落	重大	（1）高处作业人员必须戴好安全帽、防滑鞋，正确佩戴安全带，必要时应使用防坠器； （2）安全带的挂钩应挂在结实、牢固的构件上，或专挂安全带的钢丝绳上，不准低挂高用
7. 金属检验	高处作业人员	高处作业未正确使用防护用品	高处坠落	重大	（1）高处作业人员必须戴好安全帽、防滑鞋，正确佩戴安全带，必要时应使用防坠器； （2）安全带的挂钩应挂在结实、牢固的构件上，或专挂安全带的钢丝绳上，不准低挂高用
	220V 电	检验设备绝缘损坏	触电	较小	（1）使用前检查电源线和外壳是否损坏； （2）使用带漏电保护器的电源
	放射线	隔离措施不到位	放射性损伤	较小	（1）设置警戒线和警示牌； （2）禁止进入检测区域
8. 封闭人孔	二氧化碳	人员遗留在容器内	窒息	中等	核对容器进出人登记，确认无人员和工器具遗落，并喊话确认无人
9. 工作结束	检修废料	检修后，检修废料没有及时清除干净	环境污染	较小	工作结束后，及时清理工作现场

13.8 烟风道检修

作业步骤	危害辨识	危害描述	产生后果	风险等级	防 范 措 施
1. 作业环境评估	高温环境	工作环境温度超过 40℃	中暑	较小	工作中保证人员休息，并及时补充水分或生理盐水
	高处设备设施	防护栏缺损	高处坠落	重大	检查防护栏完好无损；如因工作需要拆除的栏杆，要做好临时护栏及悬挂警示标识
2. 确认安全措施正确执行	煤粉	煤粉管内积粉	灼烫伤	中等	工作负责人检查工作票安全措施已正确执行
		检修系统的隔离不彻底	高处坠落	重大	（1）现场设置隔离区域； （2）运行或检修设备进行明显标识

续表

作业步骤	危害辨识	危害描述	产生后果	风险等级	防 范 措 施
3. 准备工作及现场布置	脚手架搭（拆）设	脚手架搭设后未验收	高处坠落、物体打击	重大	（1）搭设结束后，必须履行脚手架验收手续，填写脚手架验收单，并在脚手架验收单上分级签字； （2）验收合格后应在脚手架上悬挂合格证，方可使用
	工器具	使用不合格的工具	机械伤害	中等	必须正确使用经检验合格的工器具
	照明	照度不足	高处坠落	重大	必须保证烟道内照明充足
4. 拆保温	高处作业人员	不系安全带	高处坠落	重大	作业人员系好安全带
	石棉	未正确佩戴防护口罩	尘肺病	较小	工作人员戴好防护口罩
5. 烟道清灰	高处作业人员	高处作业未正确使用防护用品	高处坠落	重大	（1）高处作业人员必须戴好安全帽、防滑鞋、正确佩戴安全带，必要时应使用防坠器； （2）安全带的挂钩应挂在结实、牢固的构件上，或专挂安全带的钢丝绳上，不准低挂高用
	粉尘	未正确佩戴防护口罩	尘肺病	较小	作业人员工作时戴防尘口罩
	转动的风机	送风机、一次风机误动，大量粉尘进入炉膛和尾部烟道造成工作人员窒息	窒息	中等	确认引、送风机、一次风机停运停电，并开启送、引风机出入口挡板进行自然通风
	高温烟气	炉膛内温度过高造成人员烫伤	灼烫伤	中等	（1）检查确认该锅炉已全面放水； （2）尾部烟道内温度降至 60℃以下方可进行清灰作业，并开启送、引风机出入口挡板进行自然通风降温
6. 烟道支撑切割、打磨	电动工器具	未使用Ⅱ类手持式电动工具	触电	较小	（1）电源联接器和控制箱等应放在烟道外面宽敞、干燥场所； （2）使用Ⅱ类手持式电动工具，并安装漏电开关，漏电动作电流小于 15mA，动作时间小于等于 0.1s
		角磨机易碎的砂轮片和切割片	机械伤害	较小	（1）使用电动工器具时，戴好防护面罩； （2）工器具防护罩完好； （3）对所用砂轮片进行检查无缺陷后使用
		电动工器具绝缘损坏	触电	较小	（1）必须使用经检验合格的工器具； （2）使用前检查电源线和外壳是否损坏； （3）使用带漏电保护器的电源
7. 烟道支撑焊接、动火	电焊机	电焊机绝缘不良	触电	较小	（1）必须使用经检验合格的工器具； （2）使用前检查电源线和外壳是否损坏； （3）使用带漏电保护器的电源
		接地线未接或脱落	触电	较小	使用前检查电源线和外壳是否损坏，接地良好
	焊接尘	未正确使用防尘口罩	尘肺病	较小	作业时正确佩戴合格防尘口罩
	乙炔	乙炔表失效	爆炸	较小	（1）乙炔表应经检验合格，并在有效期内； （2）使用前应进行检查，确保其完好、有效
		橡胶软管破损	火灾爆炸	较小	（1）乙炔橡胶软管发生脱落、破裂时，停止供气，需更换合格的橡胶软管后再用。 （2）使用的橡胶软管不准有鼓包、裂缝或漏气现象。如发现有漏气现象，不准用贴补或包缠的方法修理，应将其损坏部分切掉，用双面接头管将软管连接起来并用夹子或金属绑线扎紧
		使用没有回火阀的溶解乙炔瓶	爆炸	中等	严禁使用没有回火阀的溶解乙炔瓶

续表

作业步骤	危害辨识	危害描述	产生后果	风险等级	防 范 措 施
7. 烟道支撑焊接、动火	乙炔	使用没有防震胶圈和保险帽的气瓶	爆炸	较小	禁止使用没有防震胶圈和保险帽的气瓶
		（1）使用中氧气瓶与乙炔气瓶的安全距离不足； （2）使用中的气瓶与明火的安全距离不足	爆炸	较小	（1）使用中氧气瓶和乙炔气瓶的距离不得小于5m； （2）使用中的气瓶与明火的距离必须大于10m
8. 封闭人孔	大锤	回装人孔螺栓时碰伤、大锤脱手伤人	砸伤	较小	（1）禁止戴手套使用大锤； （2）使用合格的敲击扳手和大锤
	二氧化碳	人员遗留在容器内	窒息	中等	核对容器进出人登记，确认无人员和工器具遗落，并喊话确认无人
9. 工作结束	检修废料	检修后，检修废料没有及时清除干净	环境污染	较小	工作结束后，及时清理工作现场

13.9 烟风道挡板检修

作业步骤	危害辨识	危害描述	产生后果	风险等级	防 范 措 施
1. 作业环境评估	高温环境	工作环境温度超过40℃	中暑	较小	工作中保证人员休息，并及时补充水分或生理盐水
	高处设备设施	防护栏缺损	高处坠落	重大	检查防护栏完好无损，如因工作需要拆除的栏杆，要做好临时护栏及悬挂警示标识
2. 确认安全措施正确执行	煤粉	煤粉管内积粉	灼烫伤	中等	工作负责人检查工作票安全措施已正确执行
		检修的系统隔离不彻底	高处坠落	重大	（1）现场设置隔离区域； （2）运行或检修设备进行明显标识
3. 准备工作及现场布置	脚手架搭（拆）设	脚手架搭设后未验收	高处坠落、物体打击	重大	（1）搭设结束后，必须履行脚手架验收手续，填写脚手架验收单，并在脚手架验收单上分级签字； （2）验收合格后应在脚手架上悬挂合格证，方可使用
	工器具	使用不合格的工具	机械伤害	中等	必须正确使用经检验合格的工器具
	照明	照度不足	高处坠落	重大	必须保证烟道内照明充足
4. 烟风道挡板解体	角磨机、切割机	角磨机、切割机电源线、电源插头破损、防护罩破损缺失、砂轮片破损	机械伤害	中等	（1）检查角磨机、切割机电源线、电源插头完好无破损、防护罩完好无破损、砂轮片完好无破损； （2）检查合格证在有效期内
		未正确使用防护罩、防护眼镜	机械伤害	中等	正确佩戴防护罩、防护眼镜
		手提电动工具的导线或转动部分	触电	中等	禁止手提电动工具的导线或转动部分
	高处的工器具	高处作业未使用工具袋	物体打击	中等	（1）高处作业应一律使用工具袋； （2）较大的工具应用绳拴在牢固的构件上
		工器具上下投掷	物体打击	中等	工器具和零部件不准上下抛掷，应使用绳系牢后往下或往上吊
	高处作业人员	高处作业未正确使用防护用品	高处坠落	中等	（1）高处作业人员必须戴好安全帽、防滑鞋、正确佩戴安全带，必要时应使用防坠器； （2）安全带的挂钩应挂在结实、牢固的构件上，或专挂安全带的钢丝绳上，不准低挂高用

续表

作业步骤	危害辨识	危害描述	产生后果	风险等级	防　范　措　施
4. 烟风道挡板解体	热辐射	气焊气割火焰高温	烧伤烫伤	较小	（1）动火人员穿帆布工作服，戴工作帽，上衣不准扎在裤子里，裤脚不得挽起，脚面有鞋罩； （2）气割火炬不准对着周围工作人员
	强光	切割时火焰产生强光	视力受损	中等	操作工需佩戴合格的护目镜，保护眼睛免受切割的火焰放出的强光伤害
	电焊机	焊接时未正确使用防护用品	灼烫伤	较小	（1）正确使用面罩； （2）戴电焊手套； （3）戴白光眼镜； （4）穿电焊服
		未准备移动消防器材或消防水未投备用	火灾	较小	电焊作业时，须准备灭火器等移动消防器材
	电	停止、间断焊接作业未停电源	触电	较小	（1）停止、间断焊接作业时必须及时切断焊机电源； （2）在风机内部不准同时进行电焊及气焊工作
	高温焊渣	焊渣掉落	火灾	较小	（1）动火工作区域周围设置防护屏，防止其他人员被飞溅的焊渣烫伤，地面铺设防火布； （2）火焊人员必须穿戴好工作服，戴好手套和带鞋盖劳保鞋等； （3）通气的橡胶软管上方禁止进行动火作业，以防火灾
	焊接尘	通风不良	尘肺病	较小	焊接工作场所应有良好的通风
		未正确使用防尘口罩	尘肺病	较小	作业时正确佩戴合格防尘口罩
5. 烟风道挡板修理	电动工器具	未使用Ⅱ类手持式电动工具	触电	较小	（1）电源联接器和控制箱等应放在烟道外面宽敞、干燥场所； （2）使用Ⅱ类手持式电动工具，并安装漏电开关，漏电动作电流小于15mA，动作时间小于等于0.1s
		角磨机易碎的砂轮片和切割片	机械伤害	较小	（1）使用电动工器具时，戴好防护面罩； （2）工器具防护罩完好； （3）对所用砂轮片进行检查无缺陷后使用
		电动工器具绝缘损坏	触电	较小	（1）必须使用经检验合格的工器具； （2）使用前检查电源线和外壳是否损坏； （3）使用带漏电保护器的电源
	电焊机	电焊机绝缘不良	触电	较小	（1）必须使用经检验合格的工器具； （2）使用前检查电源线和外壳是否损坏； （3）使用带漏电保护器的电源
		接地线未接或脱落	触电	较小	使用前检查电源线和外壳是否损坏，接地良好
	焊接尘	未正确使用防尘口罩	尘肺病	较小	作业时正确佩戴合格防尘口罩
	乙炔	乙炔表失效	爆炸	较小	（1）乙炔表应经检验合格，并在有效期内； （2）使用前应进行检查，确保其完好、有效
		橡胶软管破损	火灾爆炸	较小	（1）乙炔橡胶软管发生脱落、破裂时，停止供气，需更换合格的橡胶软管后再用。 （2）使用的橡胶软管不准有鼓包、裂缝或漏气现象。如发现有漏气现象，不准用贴补或包缠的方法修理，应将其损坏部分切掉，用双面接头管将软管连接起来并用夹子或金属绑线扎紧

续表

作业步骤	危害辨识	危害描述	产生后果	风险等级	防 范 措 施
5. 烟风道挡板修理	乙炔	使用没有回火阀的溶解乙炔瓶	爆炸	中等	严禁使用没有回火阀的溶解乙炔瓶
		使用没有防震胶圈和保险帽的气瓶	爆炸	较小	禁止使用没有防震胶圈和保险帽的气瓶
		（1）使用中氧气瓶与乙炔气瓶的安全距离不足； （2）使用中的气瓶与明火的安全距离不足	爆炸	较小	（1）使用中氧气瓶和乙炔气瓶的距离不得小于5m； （2）使用中的气瓶与明火的距离必须大于10m
6. 工作结束	检修废料	检修后，检修废料没有及时清除干净	环境污染	较小	工作结束后，及时清理工作现场

13.10 SCR反应器检修

作业步骤	危害辨识	危害描述	产生后果	风险等级	防 范 措 施
1. 环境评估	粉尘	未正确佩戴防护口罩	尘肺病	较小	作业人员佩戴防护口罩
	高温环境	SCR反应器进出口烟道内温度高于50℃	灼烫伤	较小	SCR反应器进出口烟道内温度低于50℃，才能进入工作
	有限空间	氧量不足、金属容器内工作	窒息、触电	中等	（1）有限空间作业必须办理有限空间进入许可证，检查有害气体合格后方可进入，人员进出必须登记，并及时记录进出时间； （2）人孔处必须设专人在人孔门处监护并保持通信畅通，不得中途离开； （3）必须使用12V及以下的安全电压，保证现场充足的照明
2. 措施确认	转动的风机	送风机、一次风机误动，大量粉尘进入炉膛和尾部烟道	窒息	中等	检修工作开工前工作负责人与工作票许可人共同确认所检修设备已断电
	点火的油枪	油枪误动	灼烫伤、窒息	中等	各有关阀门应上锁，并挂警告牌，对电动阀门应切断电源。对气缸应隔离气源
	声波吹灰器	声波吹灰器误动	听力伤害	中等	检修工作开工前工作负责人与工作票许可人共同确认程控柜已断电，隔离气源
	照明	照明不足	高处坠落	重大	保证SCR内部照明充足
	误用不合格电动工器具	（1）电动工器具未经检验合格； （2）电动工器具电源线、电源插头破损，防护罩破损缺失，磨片破损	机械伤害	较小	（1）检查角磨机必须经有资质单位检验合格，并张贴检验合格标志； （2）检查角磨机的电源线、电源插头完好无缺损，防护罩、角磨片完好无缺损
3. SCR反应器进出口烟道全面检查	粉尘	未正确佩戴防护口罩	尘肺病	较小	作业人员佩戴防护口罩
	高温环境	SCR反应器进出口烟道内温度高于50℃	灼烫伤	较小	SCR反应器进出口烟道内温度低于50℃，才能进入工作
	有害气体	含氧量低	窒息	较小	定期测氧
4. 缺陷处理	粉尘	未正确佩戴防护口罩	尘肺病	较小	作业人员佩戴防护口罩
	高温环境	SCR反应器进出口烟道内温度高于50℃	灼烫伤	较小	SCR反应器进出口烟道内温度低于50℃，才能进入工作
	有害气体	含氧量低	窒息	较小	定期测氧

续表

作业步骤	危害辨识	危害描述	产生后果	风险等级	防范措施
4. 缺陷处理	有限空间作业	氧量不足	窒息	较小	有限空间作业办理有限空间进入许可证，检查有害气体合格后方可进入，人员进出必须登记，并及时记录进出时间；人孔处必须设专人在人孔门处监护并保持通信畅通，不得中途离开
		金属容器	触电	中等	必须使用 12V 及以下的安全电压，保证现场充足的照明
5. 关闭人孔门	粉尘	未正确佩戴防护口罩	尘肺病	较小	作业人员佩戴防护口罩
	有限空间作业	氧量不足	窒息	较小	有限空间作业办理有限空间进入许可证，检查有害气体合格后方可进入，人员进出必须登记，并及时记录进出时间；人孔处必须设专人在人孔门处监护并保持通信畅通，不得中途离开
		金属容器	触电	中等	必须使用 12V 及以下的安全电压，保证现场充足的照明
6. 清理现场及其他	检修废料	检修后，检修废料没有及时清除干净	环境污染	较小	工作结束后，及时清理工作现场

13.11 二级过热器出口疏水门检修

作业步骤	危害辨识	危害描述	产生后果	风险等级	防范措施
1. 环境评估	粉尘	未正确佩戴防护口罩	尘肺病	较小	作业人员佩戴防护口罩
2. 措施确认	高温蒸汽	检修的系统未有效隔离	灼烫伤	中等	保证检修的一段管道可靠地与其他部分隔断，放尽管道、容器内部的汽、水、烟或可燃气
	电动执行机构	带电	电动执行机构	中等	切断电源，挂禁止操作牌
	脚手架	缺损	高处坠落	重大	搭设的脚手架验收合格后方可使用
	不合格电动工器具	（1）电动工器具未经检验合格； （2）电动工器具电源线、电源插头破损	机械伤害	较小	（1）检查研磨机必须经有资质单位检验合格，并张贴检验合格标志； （2）检查研磨机的电源线、电源插头完好无缺损
	检修隔离	隔离措施失效，非工作人员进入	机械伤害	较小	对现场检修区域设置围栏、铺设胶皮，进行有效的隔离，有人监护
3. 阀门拆卸及解体	粉尘	未正确佩戴防护口罩	尘肺病	较小	作业人员佩戴防护口罩
	脚手架	缺损	高处坠落	重大	及时检查及补全缺失防护栏并验收合格。每日工作前工作负责人必须对脚手架进行检查，如果发现缺陷，应立即修整
	高处作业人员	高处作业未正确使用防护用品	高处坠落	重大	（1）高处作业人员必须戴好安全帽、防滑鞋、正确佩戴安全带，必要时应使用防坠器； （2）安全带的挂钩应挂在结实、牢固的构件上，或专挂安全带的钢丝绳上，不准低挂高用
	高处落物	工器具或材料掉落	撞击	较小	采取防止工具、材料、物品掉落的措施，禁止交叉作业
	高温物体	身体直接接触到阀门阀体高温金属部件被烫伤。阀门内存在余汽水或隔离门不严，拆阀门解体时汽水喷出造成人身伤害	灼烫伤	较小	被解体的阀门能有效隔离且隔离严密，阀门前后疏水门打开，放尽余汽水；监测阀体温度低于 50℃时方可拆除保温及阀门部件

续表

作业步骤	危害辨识	危害描述	产生后果	风险等级	防 范 措 施
4．零部件清理、检查、测量	粉尘	未正确佩戴防护口罩	尘肺病	较小	作业人员佩戴防护口罩
	脚手架	缺损	高处坠落	重大	及时检查及补全缺失防护栏并验收合格。每日工作前，工作负责人必须对脚手架进行检查，如果发现缺陷，应立即修整
	高处作业人员	高处作业未正确使用防护用品	高处坠落	重大	（1）高处作业人员必须戴好安全帽、防滑鞋、正确佩戴安全带，必要时应使用防坠器； （2）安全带的挂钩应挂在结实、牢固的构件上，或专挂安全带的钢丝绳上，不准低挂高用
	高处落物	工器具或材料掉落	撞击	较小	采取防止工具、材料、物品 掉落的措施，禁止交叉作业
	误用不合格电动工器具	（1）电动工器具未经检验合格； （2）电动工器具电源线、电源插头破损，防护罩破损缺失，磨片破损	机械伤害	较小	（1）检查角磨机必须经有资质单位检验合格，并张贴检验合格标志； （2）检查角磨机的电源线、电源插头完好无缺损，防护罩、角磨片完好无缺损； （3）使用合格的手锤
5．部件修复	粉尘	未正确佩戴防护口罩	尘肺病	较小	作业人员佩戴防护口罩
	脚手架	缺损	高处坠落	重大	及时检查及补全缺失防护栏并验收合格。每日工作前工作负责人必须对脚手架进行检查，如果发现缺陷，应立即修整
	高处作业人员	高处作业未正确使用防护用品	高处坠落	重大	（1）高处作业人员必须戴好安全帽、防滑鞋、正确佩戴安全带，必要时应使用防坠器； （2）安全带的挂钩应挂在结实、牢固的构件上，或专挂安全带的钢丝绳上，不准低挂高用
	高处落物	工器具或材料掉落	撞击	较小	采取防止工具、材料、物品 掉落的措施，禁止交叉作业
	电动研磨机	电源盘没有漏电保护器	触电	较小	电动工具必须配置可靠的漏电保护器
		电源盘及研磨机绝缘损坏	触电	较小	检查研磨机、电源盘的电缆线绝缘合格，绝缘材料应无破损，导线无裸露方可使用
		违规使用电源盘	触电	较小	工作前认真检查电源盘应完好、无缺陷、无安全隐患，电源盘及研磨机检查应合格，不合格的电源盘及研磨机禁止带入检修现场
		研磨机转动部件飞出	机械伤害	较小	阀门研磨时，无关人员远离，工作人员站在侧面
	不合格工器具	手锤锤头与木柄的连接不牢固、锤头破损、木柄未使用整根硬质木料	机械伤害	较小	（1）检查大锤和手锤的锤头应完整，其表面应光滑微凸，不应有歪斜、缺口、凹入及裂纹等缺陷。大锤及手锤的柄应用整根的硬木制成，且头部用楔栓固定。楔栓宜采用金属楔，楔子长度不应大于安装孔的三分之二。锤把上不应有油污。 （2）禁止戴手套抡大锤。 （3）抡大锤时周围不准有人靠近，防止误伤
6．阀门组装	大锤	锤头与木柄的连接不牢固、锤头破损、木柄未使用整根硬质木料	砸伤	较小	检查大锤和手锤的锤头应完整，其表面应光滑微凸，不应有歪斜、缺口、凹入及裂纹等缺陷。大锤及手锤的柄应用整根的硬木制成，且头部用楔栓固定。楔栓宜采用金属楔，楔子长度不应大于安装孔的三分之二。锤把上不应有油污
		戴手套抡大锤	物体打击	较小	（1）禁止戴手套抡大锤； （2）抡大锤时周围不准有人靠近，防止误伤
		拆卸部件伤手	机械伤害	较小	佩戴防护手套

续表

作业步骤	危害辨识	危害描述	产生后果	风险等级	防 范 措 施
6．阀门组装	高处作业人员	高处作业未正确使用防护用品	高处坠落	重大	（1）高处作业人员必须戴好安全帽、防滑鞋、正确佩戴安全带，必要时应使用防坠器； （2）安全带的挂钩应挂在结实、牢固的构件上，或专挂安全带的钢丝绳上，不准低挂高用
	高处的工器具	工器具未系防坠绳及零部件未固定	物体打击	中等	（1）工器具必须使用防坠绳； （2）工器具和零部件应用绳拴在牢固的构件上，不准随便乱放
7．清理现场及其他	检修废料	检修后，检修废料没有及时清除干净	环境污染	较小	工作结束后，及时清理工作现场

13.12 二级过热器检修

作业步骤	危害辨识	危害描述	产生后果	风险等级	防 范 措 施
1．环境评估	粉尘	未正确佩戴防护口罩	尘肺病	较小	作业人员佩戴防护口罩
	高温环境	锅炉内部高于60℃	灼烫伤	较小	测温低于60℃，方可进入炉内
	有限空间	氧量不足、金属容器内工作	窒息、触电	中等	（1）有限空间作业办理有限空间进入许可证，检查有害气体合格后方可进入，人员进出必须登记，并及时记录进出时间；人孔处必须设专人在人孔门处监护并保持通信畅通，不得中途离开； （2）必须使用12V及以下的安全电压，保证现场充足的照明
2．措施确认	高温蒸汽	检修系统未有效隔离	灼烫伤	中等	保证检修的一段管道可靠地与其他部分隔断，放尽管道、容器内部的汽、水、烟或可燃气
	点火的油枪	油枪误动	灼烫伤、窒息	中等	各有关阀门应上锁，并挂警告牌，对电动阀门应切断电源。对气缸应隔离气源
	转动的风机	送风机、一次风机误动，大量粉尘进入炉膛和尾部烟道	窒息	中等	检修工作开工前工作负责人与工作票许可人共同确认所检修设备已断电
	声波吹灰器	声波吹灰器误动	听力伤害	中等	检修工作开工前工作负责人与工作票许可人共同确认吹灰程控柜已断电，隔离气源
	蒸汽吹灰器	蒸汽吹灰器误动	撞击	中等	检修工作开工前工作负责人与工作票许可人共同确认吹灰程控柜已断电
	照明	照明不足	高处坠落	重大	保证炉内照明充足
	脚手架	缺损	高处坠落	重大	及时检查及补全缺失防护栏并验收合格。每日工作前工作负责人必须对脚手架进行检查，如果发现缺陷，应立即修整
	误用不合格电动工器具	（1）电动工器具未经检验合格； （2）电动工器具电源线、电源插头破损，防护罩破损缺失，磨片破损	机械伤害	较小	（1）检查角磨机必须经有资质单位检验合格，并张贴检验合格标志； （2）检查角磨机的电源线、电源插头完好无缺损，防护罩、角磨片完好无缺损
3．二级过热器清灰前检查	粉尘	未正确佩戴防护口罩	尘肺病	较小	作业人员佩戴防护口罩
	高温环境	锅炉内部高于60℃	灼烫伤	中等	测温低于60℃，方可进入炉内
	有害气体	含氧量低	窒息	较小	定期测氧
	高处设备设施	防护栏缺损	高处坠落	重大	及时检查及补全缺失防护栏

续表

作业步骤	危害辨识	危害描述	产生后果	风险等级	防 范 措 施
3．二级过热器清灰前检查	高处作业人员	高处作业未正确使用防护用品	高处坠落	重大	（1）高处作业人员必须戴好安全帽、防滑鞋、正确佩戴安全带，必要时应使用防坠器； （2）安全带的挂钩应挂在结实、牢固的构件上，或专挂安全带的钢丝绳上，不准低挂高用
	高处落物	工器具或材料掉落	撞击	较小	采取防止工具、材料、物品掉落的措施，禁止交叉作业
4．二级过热器管排清灰	粉尘	未正确佩戴防护口罩	尘肺病	较小	作业人员佩戴防护口罩
	高温环境	锅炉内部高于60℃	灼烫伤	中等	测温低于60℃，方可进入炉内
	有害气体	含氧量低	窒息	较小	定期测氧
	脚手架	缺损	高处坠落	重大	及时检查及补全缺失防护栏并验收合格。每日工作前工作负责人必须对脚手架进行检查，如果发现缺陷，应立即修整
	高处作业人员	高处作业未正确使用防护用品	高处坠落	重大	（1）高处作业人员必须戴好安全帽、防滑鞋、正确佩戴安全带，必要时应使用防坠器； （2）安全带的挂钩应挂在结实、牢固的构件上，或专挂安全带的钢丝绳上，不准低挂高用
	有限空间作业	氧量不足	窒息	较小	有限空间作业办理有限空间进入许可证，检查有害气体合格后方可进入，人员进出必须登记，并及时记录进出时间；人孔处必须设专人在人孔门处监护并保持通信畅通，不得中途离开
		金属容器	触电	中等	必须使用12V及以下的安全电压，保证现场充足的照明
	高处落物	工器具或材料掉落	撞击	较小	采取防止工具、材料、物品掉落的措施，禁止交叉作业
	水冲洗清灰	跌倒	机械伤害	较小	（1）铺设脚手通道； （2）水冲洗跟内部检修严禁交叉作业
5．二级过热器受热面检查	粉尘	未正确佩戴防护口罩	尘肺病	较小	作业人员佩戴防护口罩
	高温环境	锅炉内部高于60℃	灼烫伤	中等	测温低于60℃，方可进入炉内
	有害气体	含氧量低	窒息	较小	定期测氧
	脚手架	缺损	高处坠落	重大	及时检查及补全缺失防护栏并验收合格。每日工作前工作负责人必须对脚手架进行检查，如果发现缺陷，应立即修整
	高处作业人员	高处作业未正确使用防护用品	高处坠落	重大	（1）高处作业人员必须戴好安全帽、防滑鞋、正确佩戴安全带，必要时应使用防坠器； （2）安全带的挂钩应挂在结实、牢固的构件上，或专挂安全带的钢丝绳上，不准低挂高用
	有限空间作业	氧量不足	窒息	较小	有限空间作业办理有限空间进入许可证，检查有害气体合格后方可进入，人员进出必须登记，并及时记录进出时间；人孔处必须设专人在人孔门处监护并保持通信畅通，不得中途离开
		金属容器	触电	中等	必须使用12V及以下的安全电压，保证现场充足的照明
	高处落物	工器具或材料掉落	撞击	较小	采取防止工具、材料、物品掉落的措施，禁止交叉作业

续表

作业步骤	危害辨识	危害描述	产生后果	风险等级	防 范 措 施
6. 割管取样	粉尘	未正确佩戴防护口罩	尘肺病	较小	作业人员佩戴防护口罩
	高温环境	锅炉内部高于60℃	灼烫伤	中等	测温低于60℃，方可进入炉内
	有害气体	含氧量低	窒息	较小	定期测氧
	脚手架	缺损	高处坠落	重大	及时检查及补全缺失防护栏并验收合格。每日工作前工作负责人必须对脚手架进行检查，如果发现缺陷，应立即修整
	高处作业人员	高处作业未正确使用防护用品	高处坠落	重大	（1）高处作业人员必须戴好安全帽、防滑鞋、正确佩戴安全带，必要时应使用防坠器； （2）安全带的挂钩应挂在结实、牢固的构件上，或专挂安全带的钢丝绳上，不准低挂高用
	高处落物	工器具或材料掉落	撞击	较小	采取防止工具、材料、物品掉落的措施
	有限空间	氧量不足	窒息	较小	有限空间作业办理有限空间进入许可证，检查有害气体合格后方可进入，人员进出必须登记，并及时记录进出时间；人孔处必须设专人在人孔门处监护并保持通信畅通，不得中途离开
		金属容器	触电	中等	必须使用12V及以下的安全电压，保证现场充足的照明
	电动工器具	（1）电动工器具未经检验合格； （2）电动工器具电源线、电源插头破损，防护罩破损缺失，磨片破损	机械伤害	较小	（1）检查角磨机必须经有资质单位检验合格，并张贴检验合格标志； （2）检查角磨机的电源线、电源插头完好无缺损，防护罩、角磨片完好无缺损； （3）作业人员佩戴防护面罩，戴绝缘手套
	高处落物	工器具或材料掉落	撞击	较小	采取防止工具、材料、物品掉落的措施，禁止交叉作业
7. 二级过热器缺陷处理	粉尘	未正确佩戴防护口罩	尘肺病	较小	作业人员佩戴防护口罩
	高温环境	锅炉内部高于60℃	灼烫伤	中等	测温低于60℃，方可进入炉内
	有害气体	含氧量低	窒息	较小	定期测氧
	脚手架	缺损	高处坠落	重大	及时检查及补全缺失防护栏并验收合格。每日工作前工作负责人必须对脚手架进行检查，如果发现缺陷，应立即修整
	高处作业人员	高处作业未正确使用防护用品	高处坠落	重大	（1）高处作业人员必须戴好安全帽、防滑鞋、正确佩戴安全带，必要时应使用防坠器； （2）安全带的挂钩应挂在结实、牢固的构件上，或专挂安全带的钢丝绳上，不准低挂高用
	高处落物	工器具或材料掉落	撞击	较小	采取防止工具、材料、物品掉落的措施，禁止交叉作业
	有限空间	氧量不足	窒息	较小	有限空间作业办理有限空间进入许可证，检查有害气体合格后方可进入，人员进出必须登记，并及时记录进出时间；人孔处必须设专人在人孔门处监护并保持通信畅通，不得中途离开
		金属容器	触电	中等	必须使用12V及以下的安全电压，保证现场充足的照明
	电动工器具	（1）电动工器具未经检验合格； （2）电动工器具电源线、电源插头破损，防护罩破损缺失，磨片破损	机械伤害	较小	（1）检查角磨机必须经有资质单位检验合格，并张贴检验合格标志； （2）检查角磨机的电源线、电源插头完好无缺损，防护罩、角磨片完好无缺损

续表

作业步骤	危害辨识	危害描述	产生后果	风险等级	防范措施
7. 二级过热器缺陷处理	电焊机	焊接时未正确使用防护用品	灼烫伤	较小	（1）正确使用面罩； （2）戴电焊手套； （3）戴白光眼镜； （4）穿电焊服
		电焊机电源线、电源插头、电焊钳破损	触电	中等	检查电焊机电源线、电源插头、电焊钳完好无损
		二次线地线松动	触电	较小	（1）工作人员工作服保持干燥； （2）工作前检查二次线接地牢固，焊接工件焊接前要与地线进行良好接地
8. 二级过热器管更换	粉尘	未正确佩戴防护口罩	尘肺病	较小	作业人员佩戴防护口罩
	高温环境	锅炉内部高于60℃	灼烫伤	中等	测温低于60℃，方可进入炉内
	有害气体	含氧量低	窒息	较小	定期测氧
	脚手架	缺损	高处坠落	重大	及时检查及补全缺失防护栏并验收合格，工作负责人每日工作前必须对脚手架进行检查，如果发现缺陷，应立即修整
	高处作业人员	高处作业未正确使用防护用品	高处坠落	重大	（1）高处作业人员必须戴好安全帽、防滑鞋、正确佩戴安全带，必要时应使用防坠器； （2）安全带的挂钩应挂在结实、牢固的构件上，或专挂安全带的钢丝绳上，不准低挂高用
	高处落物	工器具或材料掉落	撞击	较小	采取防止工具、材料、物品掉落的措施，禁止交叉作业
	有限空间	氧量不足	窒息	较小	有限空间作业办理有限空间进入许可证，检查有害气体合格后方可进入，人员进出必须登记，并及时记录进出时间；人孔处必须设专人在人孔门处监护并保持通信畅通，不得中途离开
		金属容器	触电	中等	必须使用12V及以下的安全电压，保证现场充足的照明
	电动工器具	（1）电动工器具未经检验合格； （2）电动工器具电源线、电源插头破损，防护罩破损缺失，磨片破损	机械伤害	较小	（1）检查角磨机必须经有资质单位检验合格，并张贴检验合格标志； （2）检查角磨机的电源线、电源插头完好无缺损，防护罩、角磨片完好无缺损
	电焊机	焊接时未正确使用防护用品	灼烫伤	较小	（1）正确使用面罩； （2）戴电焊手套； （3）戴白光眼镜； （4）穿电焊服
		电焊机电源线、电源插头、电焊钳破损	触电	中等	检查电焊机电源线、电源插头、电焊钳完好无损
		二次线地线松动	触电	较小	（1）工作人员工作服保持干燥； （2）工作前检查二次线接地牢固，焊接工件焊接前要与地线进行良好接地
9. 二级过热器管焊接	粉尘	未正确佩戴防护口罩	尘肺病	较小	作业人员佩戴防护口罩
	高温环境	锅炉内部高于60℃	灼烫伤	中等	测温低于60℃，方可进入炉内
	有害气体	含氧量低	窒息	较小	定期测氧
	脚手架	缺损	高处坠落	重大	及时检查及补全缺失防护栏并验收合格；工作负责人每日工作前必须对脚手架进行检查，如果发现缺陷，应立即修整

续表

作业步骤	危害辨识	危害描述	产生后果	风险等级	防 范 措 施
9．二级过热器管焊接	高处作业人员	高处作业未正确使用防护用品	高处坠落	重大	（1）高处作业人员必须戴好安全帽、防滑鞋、正确佩戴安全带，必要时应使用防坠器； （2）安全带的挂钩应挂在结实、牢固的构件上，或专挂安全带的钢丝绳上，不准低挂高用
	高处落物	工器具或材料掉落	撞击	较小	采取防止工具、材料、物品掉落的措施，禁止交叉作业
	有限空间	氧量不足	窒息	较小	有限空间作业办理有限空间进入许可证，检查有害气体合格后方可进入，人员进出必须登记，并及时记录进出时间；人孔处必须设专人在人孔门处监护并保持通信畅通，不得中途离开；
		金属容器	触电	中等	必须使用 12V 及以下的安全电压，保证现场充足的照明
	电动工器具	（1）电动工器具未经检验合格； （2）电动工器具电源线、电源插头破损，防护罩破损缺失，磨片破损	机械伤害	较小	（1）检查角磨机必须经有资质单位检验合格，并张贴检验合格标志； （2）检查角磨机的电源线、电源插头完好无缺损，防护罩、角磨片完好无缺损
	电焊机	焊接时未正确使用防护用品	灼烫伤	较小	（1）正确使用面罩； （2）戴电焊手套； （3）戴白光眼镜； （4）穿电焊服
		电焊机电源线、电源插头、电焊钳破损	触电	中等	检查电焊机电源线、电源插头、电焊钳完好无损
		二次线地线松动	触电	较小	（1）工作人员工作服保持干燥； （2）工作前检查二次线接地牢固，焊接工件焊接前要与地线进行良好接地
	高温焊渣	焊渣掉落	火灾	较小	（1）动火工作区域周围设置防护屏，防止其他人员被飞溅的焊渣烫伤，地面铺设防火布； （2）火焊人员必须穿戴好工作服，戴好手套和带鞋盖劳保鞋等； （3）通气的橡胶软管上方禁止进行动火作业，以防火灾
	金属检验	放射线	放射性损伤	中等	（1）设置警戒线和警示牌； （2）禁止进入检测区域
10．水压试验	粉尘	未正确佩戴防护口罩	尘肺病	较小	作业人员佩戴防护口罩
	高温环境	锅炉内部高于 60℃	灼烫伤	中等	测温低于 60℃，方可进入炉内
	有害气体	含氧量低	窒息	较小	定期测氧
	脚手架	缺损	高处坠落	重大	及时检查及补全缺失防护栏并验收合格，工作负责人每日工作前，必须对脚手架进行检查，如果发现缺陷，应立即修整
	高处作业人员	高处作业未正确使用防护用品	高处坠落	重大	（1）高处作业人员必须穿戴好安全帽、防滑鞋、正确佩戴安全带，必要时应使用防坠器； （2）安全带的挂钩应挂在结实、牢固的构件上，或专挂安全带的钢丝绳上，不准低挂高用
	高处落物	工器具或材料掉落	撞击	较小	采取防止工具、材料、物品掉落的措施，禁止交叉作业

续表

作业步骤	危害辨识	危害描述	产生后果	风险等级	防 范 措 施
10．水压试验	有限空间	氧量不足	窒息	较小	有限空间作业办理有限空间进入许可证，检查有害气体合格后方可进入，人员进出必须登记，并及时记录进出时间；人孔处必须设专人在人孔门处监护并保持通信畅通，不得中途离开。
		金属容器	触电	中等	必须使用 12V 及以下的安全电压，保证现场充足的照明
	水压泄漏	高温较大压水	灼烫伤	中等	水压进水前，工作负责人必须通知现场工作人员离开，并交回工作票；超压试验时，在保持试验压力的时间内不准进行任何检查，应待压力降到工作压力后，方可进行检查
11．清理现场及其他	检修废料	检修后，检修废料没有及时清除干净	环境污染	较小	工作结束后，及时清理工作现场

13.13 二级减温后疏水门检修

作业步骤	危害辨识	危害描述	产生后果	风险等级	防 范 措 施
1．环境评估	粉尘	未正确佩戴防护口罩	尘肺病	较小	作业人员佩戴防护口罩
2．措施确认	高温蒸汽	检修的系统未有效隔离	灼烫伤	中等	保证检修的一段管道可靠地与其他部分隔断，放尽管道、容器内部的汽、水、烟或可燃气
	电动执行机构	带电	电动执行机构	中等	切断电源，挂禁止操作牌
	不合格电动工器具	（1）电动工器具未经检验合格； （2）电动工器具电源线、电源插头破损	机械伤害	较小	（1）检查研磨机必须经有资质单位检验合格，并张贴检验合格标志； （2）检查研磨机的电源线、电源插头完好无缺损
	检修隔离	隔离措施失效，非工作人员进入	机械伤害	较小	对现场检修区域设置围栏、铺设胶皮，进行有效的隔离，有人监护
3．阀门拆卸及解体	粉尘	未正确佩戴防护口罩	尘肺病	较小	作业人员佩戴防护口罩
	脚手架	缺损	高处坠落	重大	及时检查及补全缺失防护栏并验收合格；工作负责人每日工作前必须对脚手架进行检查，如果发现缺陷，应立即修整
	高处作业人员	高处作业未正确使用防护用品	高处坠落	重大	（1）高处作业人员必须戴好安全帽、防滑鞋、正确佩戴安全带，必要时应使用防坠器； （2）安全带的挂钩应挂在结实、牢固的构件上，或专挂安全带的钢丝绳上，不准低挂高用
	高处落物	工器具或材料掉落	撞击	较小	采取防止工具、材料、物品掉落的措施，禁止交叉作业
	高温物体	身体直接接触阀门阀体高温金属部件被烫伤；阀门内存在余汽水或隔离门不严，阀门解体时汽水喷出造成人身伤害	灼烫伤	较小	被解体的阀门能有效隔离且隔离严密，阀门前后疏水门打开，放尽余汽水；监测阀体温度低于 50℃时方可拆除保温及阀门部件
4．零部件清理、检查、测量	粉尘	未正确佩戴防护口罩	尘肺病	较小	作业人员佩戴防护口罩
	脚手架	缺损	高处坠落	重大	及时检查及补全缺失防护栏并验收合格。工作负责人每日工作前必须对脚手架进行检查，如果发现缺陷，应立即修整

续表

作业步骤	危害辨识	危害描述	产生后果	风险等级	防 范 措 施
4．零部件清理、检查、测量	高处作业人员	高处作业未正确使用防护用品	高处坠落	重大	（1）高处作业人员必须戴好安全帽、防滑鞋、正确佩戴安全带，必要时应使用防坠器； （2）安全带的挂钩应挂在结实、牢固的构件上，或专挂安全带的钢丝绳上，不准低挂高用
	高处落物	工器具或材料掉落	撞击	较小	采取防止工具、材料、物品掉落的措施，禁止交叉作业
	误用不合格电动工器具	（1）电动工器具未经检验合格； （2）电动工器具电源线、电源插头破损，防护罩破损缺失，磨片破损	机械伤害	较小	（1）检查角磨机必须经有资质单位检验合格，并张贴检验合格标志； （2）检查角磨机的电源线、电源插头完好无缺损，防护罩、角磨片完好无缺损； （3）使用合格的手锤
5．部件修复	粉尘	未正确佩戴防护口罩	尘肺病	较小	作业人员佩戴防护口罩
	脚手架	缺损	高处坠落	重大	及时检查及补全缺失防护栏并验收合格。工作负责人每日工作前必须对脚手架进行检查，如果发现缺陷，应立即修整
	高处作业人员	高处作业未正确使用防护用品	高处坠落	重大	（1）高处作业人员必须戴好安全帽、防滑鞋、正确佩戴安全带，必要时应使用防坠器； （2）安全带的挂钩应挂在结实、牢固的构件上，或专挂安全带的钢丝绳上，不准低挂高用
	高处落物	工器具或材料掉落	撞击	较小	采取防止工具、材料、物品掉落的措施，禁止交叉作业
	电动研磨机	电源盘没有漏电保护器	触电	较小	电动工具必须配置可靠的漏电保护器
		电源盘及研磨机绝缘损坏	触电	较小	检查研磨机、电源盘的电缆线绝缘合格，绝缘材料应无破损，导线无裸露方可使用
		违规使用电源盘	触电	较小	工作前认真检查电源盘应完好、无缺陷、无安全隐患，电源盘及研磨机检查应合格，不合格的电源盘及研磨机禁止带入检修现场
		研磨机转动部件飞出	机械伤害	较小	阀门研磨时，无关人员远离，工作人员站在侧面
	不合格工器具	手锤锤头与木柄的连接不牢固、锤头破损、木柄未使用整根硬质木料	机械伤害	较小	（1）检查大锤和手锤的锤头应完整，其表面应光滑微凸，不应有歪斜、缺口、凹入及裂纹等缺陷。大锤及手锤的柄应用整根的硬木制成，且头部用楔栓固定。楔栓宜采用金属楔，楔子长度不应大于安装孔的三分之二。锤把上不应有油污。 （2）禁止戴手套抡大锤。 （3）抡大锤时周围不准有人靠近，防止误伤
6．阀门组装	大锤	锤头与木柄的连接不牢固、锤头破损、木柄未使用整根硬质木料	砸伤	较小	检查大锤和手锤的锤头应完整，其表面应光滑微凸，不应有歪斜、缺口、凹入及裂纹等缺陷。大锤及手锤的柄应用整根的硬木制成，且头部用楔栓固定。楔栓宜采用金属楔，楔子长度不应大于安装孔的三分之二。锤把上不应有油污
		戴手套抡大锤	物体打击	较小	（1）禁止戴手套抡大锤； （2）抡大锤时周围不准有人靠近，防止误伤
		拆卸部件伤手	机械伤害	较小	佩戴防护手套
	高处作业人员	高处作业未正确使用防护用品	高处坠落	重大	（1）高处作业人员必须戴好安全帽、防滑鞋、正确佩戴安全带，必要时应使用防坠器； （2）安全带的挂钩应挂在结实、牢固的构件上，或专挂安全带的钢丝绳上，不准低挂高用

续表

作业步骤	危害辨识	危害描述	产生后果	风险等级	防 范 措 施
6. 阀门组装	高处的工器具	工器具未系防坠绳及零部件未固定	物体打击	中等	（1）工器具必须使用防坠绳； （2）工器具和零部件应用绳拴在牢固的构件上，不准随便乱放
7. 清理现场及其他	检修废料	检修后，检修废料没有及时清除干净	环境污染	较小	工作结束后，及时清理工作现场

13.14 二级减温前疏水门检修

作业步骤	危害辨识	危害描述	产生后果	风险等级	防 范 措 施
1. 环境评估	粉尘	未正确佩戴防护口罩	尘肺病	较小	作业人员佩戴防护口罩
2. 措施确认	高温蒸汽	检修的系统未有效隔离	灼烫伤	中等	保证检修的一段管道可靠地与其他部分隔断，放尽管道、容器内部的汽、水、烟或可燃气
	电动执行机构	带电	电动执行机构	中等	切断电源，挂禁止操作牌
	不合格电动工器具	（1）电动工器具未经检验合格； （2）电动工器具电源线、电源插头破损	机械伤害	较小	（1）检查研磨机必须经有资质单位检验合格，并张贴检验合格标志； （2）检查研磨机的电源线、电源插头完好无缺损
	检修隔离	隔离措施失效，非工作人员进入	机械伤害	较小	对现场检修区域设置围栏、铺设胶皮，进行有效的隔离，有人监护
3. 阀门拆卸及解体	粉尘	未正确佩戴防护口罩	尘肺病	较小	作业人员佩戴防护口罩
	脚手架	缺损	高处坠落	重大	及时检查及补全缺失防护栏并验收合格，工作负责人每日工作前必须对脚手架进行检查，如果发现缺陷，应立即修整
	高处作业人员	高处作业未正确使用防护用品	高处坠落	重大	（1）高处作业人员必须戴好安全帽、防滑鞋、正确佩戴安全带，必要时应使用防坠器； （2）安全带的挂钩应挂在结实、牢固的构件上，或专挂安全带的钢丝绳上，不准低挂高用
	高处落物	工器具或材料掉落	撞击	较小	采取防止工具、材料、物品掉落的措施，禁止交叉作业
	高温物体	身体直接接触阀门阀体高温金属部件被烫伤；阀门内存在余汽水或隔离门不严，拆阀门解体时汽水喷出造成人身伤害	灼烫伤	较小	被解体的阀门能有效隔离且隔离严密，阀门前后疏水门打开，放尽余汽水；监测阀体温度低于 50℃时方可拆除保温及阀门部件
4. 零部件清理、检查、测量	粉尘	未正确佩戴防护口罩	尘肺病	较小	作业人员佩戴防护口罩
	脚手架	缺损	高处坠落	重大	及时检查及补全缺失防护栏并验收合格。工作负责人每日工作前必须对脚手架进行检查，如果发现缺陷，应立即修整
	高处作业人员	高处作业未正确使用防护用品	高处坠落	重大	（1）高处作业人员必须戴好安全帽、防滑鞋、正确佩戴安全带，必要时应使用防坠器； （2）安全带的挂钩应挂在结实、牢固的构件上，或专挂安全带的钢丝绳上，不准低挂高用
	高处落物	工器具或材料掉落	撞击	较小	采取防止工具、材料、物品掉落的措施，禁止交叉作业

续表

作业步骤	危害辨识	危害描述	产生后果	风险等级	防范措施
4. 零部件清理、检查、测量	误用不合格电动工器具	（1）电动工器具未经检验合格； （2）电动工器具电源线、电源插头破损，防护罩破损缺失，磨片破损	机械伤害	较小	（1）检查角磨机必须经有资质单位检验合格，并张贴检验合格标志； （2）检查角磨机的电源线、电源插头完好无缺损，防护罩、角磨片完好无缺损； （3）使用合格的手锤
5. 部件修复	粉尘	未正确佩戴防护口罩	尘肺病	较小	作业人员佩戴防护口罩
	脚手架	缺损	高处坠落	重大	及时检查及补全缺失防护栏并验收合格。工作负责人每日工作前必须对脚手架进行检查，如果发现缺陷，应立即修整
	高处作业人员	高处作业未正确使用防护用品	高处坠落	重大	（1）高处作业人员必须戴好安全帽、防滑鞋、正确佩戴安全带，必要时应使用防坠器； （2）安全带的挂钩应挂在结实、牢固的构件上，或专挂安全带的钢丝绳上，不准低挂高用
	高处落物	工器具或材料掉落	撞击	较小	采取防止工具、材料、物品掉落的措施。禁止交叉作业
	电动研磨机	电源盘没有漏电保护器	触电	较小	电动工具必须配置可靠的漏电保护器
		电源盘及研磨机绝缘损坏	触电	较小	检查研磨机、电源盘的电缆线绝缘合格，绝缘材料应无破损，导线无裸露方可使用
		违规使用电源盘	触电	较小	工作前认真检查电源盘应完好、无缺陷、无安全隐患，电源盘及研磨机检查应合格，不合格的电源盘及研磨机禁止带入检修现场
		研磨机转动部件飞出	机械伤害	较小	阀门研磨时，无关人员远离，工作人员站在侧面
	不合格工器具	手锤锤头与木柄的连接不牢固、锤头破损、木柄未使用整根硬质木料	机械伤害	较小	（1）检查大锤和手锤的锤头应完整，其表面应光滑微凸，不应有歪斜、缺口、凹入及裂纹等缺陷。大锤及手锤的柄应用整根的硬木制成，且头部用楔栓固定。楔栓宜采用金属楔，楔子长度不应大于安装孔的三分之二。锤把上不应有油污。 （2）禁止戴手套抡大锤。 （3）抡大锤时周围不准有人靠近，防止误伤
6. 阀门组装	大锤	锤头与木柄的连接不牢固、锤头破损、木柄未使用整根硬质木料	砸伤	较小	检查大锤和手锤的锤头应完整，其表面应光滑微凸，不应有歪斜、缺口、凹入及裂纹等缺陷。大锤及手锤的柄应用整根的硬木制成，且头部用楔栓固定。楔栓宜采用金属楔，楔子长度不应大于安装孔的三分之二。锤把上不应有油污
		戴手套抡大锤	物体打击	较小	（1）禁止戴手套抡大锤； （2）抡大锤时周围不准有人靠近，防止误伤
		拆卸部件伤手	机械伤害	较小	佩戴防护手套
	高处作业人员	高处作业未正确使用防护用品	高处坠落	重大	（1）高处作业人员必须戴好安全帽、防滑鞋、正确佩戴安全带，必要时应使用防坠器； （2）安全带的挂钩应挂在结实、牢固的构件上，或专挂安全带的钢丝绳上，不准低挂高用
	高处的工器具	工器具未系防坠绳及零部件未固定	物体打击	中等	（1）工器具必须使用防坠绳； （2）工器具和零部件应用绳拴在牢固的构件上，不准随便乱放
7. 清理现场及其他	检修废料	检修后，检修废料没有及时清除干净	环境污染	较小	工作结束后，及时清理工作现场

13.15 二级减温疏水总门检修

作业步骤	危害辨识	危害描述	产生后果	风险等级	防 范 措 施
1. 环境评估	粉尘	未正确佩戴防护口罩	尘肺病	较小	作业人员佩戴防护口罩
2. 措施确认	高温蒸汽	检修的系统未有效隔离	灼烫伤	中等	保证检修的一段管道可靠地与其他部分隔断，放尽管道、容器内部的汽、水、烟或可燃气
	电动执行机构	带电	电动执行机构	中等	切断电源，挂禁止操作牌
	不合格电动工器具	（1）电动工器具未经检验合格； （2）电动工器具电源线、电源插头破损	机械伤害	较小	（1）检查研磨机必须经有资质单位检验合格，并张贴检验合格标志； （2）检查研磨机的电源线、电源插头完好无缺损
	检修隔离	隔离措施失效，非工作人员进入	机械伤害	较小	对现场检修区域设置围栏、铺设胶皮，进行有效的隔离，有人监护
3. 阀门拆卸及解体	粉尘	未正确佩戴防护口罩	尘肺病	较小	作业人员佩戴防护口罩
	脚手架	缺损	高处坠落	重大	及时检查及补全缺失防护栏并验收合格。工作负责人每日工作前必须对脚手架进行检查，如果发现缺陷，应立即修整
	高处作业人员	高处作业未正确使用防护用品	高处坠落	重大	（1）高处作业人员必须戴好安全帽、防滑鞋、正确佩戴安全带，必要时应使用防坠器； （2）安全带的挂钩应挂在结实、牢固的构件上，或专挂安全带的钢丝绳上，不准低挂高用
	高处落物	工器具或材料掉落	撞击	较小	采取防止工具、材料、物品掉落的措施。禁止交叉作业
	高温物体	身体直接接触阀门阀体高温金属部件被烫伤。阀门内存在余汽水或隔离门不严，拆阀门解体时汽水喷出造成人身伤害	灼烫伤	较小	被解体的阀门能有效隔离且隔离严密，阀门前后疏水门打开，放尽余汽水；监测阀体温度低于 50℃时方可拆除保温及阀门部件
4. 零部件清理、检查、测量	粉尘	未正确佩戴防护口罩	尘肺病	较小	作业人员佩戴防护口罩
	脚手架	缺损	高处坠落	重大	及时检查及补全缺失防护栏并验收合格。工作负责人每日工作前必须对脚手架进行检查，如果发现缺陷，应立即修整
	高处作业人员	高处作业未正确使用防护用品	高处坠落	重大	（1）高处作业人员必须戴好安全帽、防滑鞋、正确佩戴安全带，必要时应使用防坠器； （2）安全带的挂钩应挂在结实、牢固的构件上，或专挂安全带的钢丝绳上，不准低挂高用
	高处落物	工器具或材料掉落	撞击	较小	采取防止工具、材料、物品掉落的措施。禁止交叉作业
	误用不合格电动工器具	（1）电动工器具未经检验合格； （2）电动工器具电源线、电源插头破损，防护罩破损缺失，磨片破损	机械伤害	较小	（1）检查角磨机必须经有资质单位检验合格，并张贴检验合格标志； （2）检查角磨机的电源线、电源插头完好无缺损，防护罩、角磨片完好无缺损； （3）使用合格的手锤
5. 部件修复	粉尘	未正确佩戴防护口罩	尘肺病	较小	作业人员佩戴防护口罩
	脚手架	缺损	高处坠落	重大	及时检查及补全缺失防护栏并验收合格，工作负责人每日工作前必须对脚手架进行检查，如果发现缺陷，应立即修整

续表

作业步骤	危害辨识	危害描述	产生后果	风险等级	防范措施
5．部件修复	高处作业人员	高处作业未正确使用防护用品	高处坠落	重大	（1）高处作业人员必须戴好安全帽、防滑鞋、正确佩戴安全带，必要时应使用防坠器； （2）安全带的挂钩应挂在结实、牢固的构件上，或专挂安全带的钢丝绳上，不准低挂高用
	高处落物	工器具或材料掉落	撞击	较小	采取防止工具、材料、物品掉落的措施。禁止交叉作业
	电动研磨机	电源盘没有漏电保护器	触电	较小	电动工具必须配置可靠的漏电保护器
		电源盘及研磨机绝缘损坏	触电	较小	检查研磨机、电源盘的电缆线绝缘合格，绝缘材料应无破损，导线无裸露方可使用
		违规使用电源盘	触电	较小	工作前认真检查电源盘应完好、无缺陷、无安全隐患，电源盘及研磨机检查应合格，不合格的电源盘及研磨机禁止带入检修现场
		研磨机转动部件飞出	机械伤害	较小	阀门研磨时，无关人员远离，工作人员站在侧面
	不合格工器具	手锤锤头与木柄的连接不牢固、锤头破损、木柄未使用整根硬质木料	机械伤害	较小	（1）检查大锤和手锤的锤头应完整，其表面应光滑微凸，不应有歪斜、缺口、凹入及裂纹等缺陷。大锤及手锤的柄应用整根的硬木制成，且头部用楔栓固定。楔栓宜采用金属楔，楔子长度不应大于安装孔的三分之二。锤把上不应有油污。 （2）禁止戴手套抡大锤。 （3）抡大锤时周围不准有人靠近，防止误伤
6．阀门组装	大锤	锤头与木柄的连接不牢固、锤头破损、木柄未使用整根硬质木料	砸伤	较小	检查大锤和手锤的锤头应完整，其表面应光滑微凸，不应有歪斜、缺口、凹入及裂纹等缺陷。大锤及手锤的柄应用整根的硬木制成，且头部用楔栓固定。楔栓宜采用金属楔，楔子长度不应大于安装孔的三分之二。锤把上不应有油污
		戴手套抡大锤	物体打击	较小	（1）禁止戴手套抡大锤； （2）抡大锤时周围不准有人靠近，防止误伤
		拆卸部件伤手	机械伤害	较小	佩戴防护手套
	高处作业人员	高处作业未正确使用防护用品	高处坠落	重大	（1）高处作业人员必须戴好安全帽、防滑鞋、正确佩戴安全带，必要时应使用防坠器； （2）安全带的挂钩应挂在结实、牢固的构件上，或专挂安全带的钢丝绳上，不准低挂高用
	高处的工器具	工器具未系防坠绳及零部件未固定	物体打击	中等	（1）工器具必须使用防坠绳； （2）工器具和零部件应用绳拴在牢固的构件上，不准随便乱放
7．清理现场及其他	检修废料	检修后，检修废料没有及时清除干净	环境污染	较小	工作结束后，及时清理工作现场

13.16　二级再热器检修

作业步骤	危害辨识	危害描述	产生后果	风险等级	防范措施
1．环境评估	粉尘	未正确佩戴防护口罩	尘肺病	较小	作业人员佩戴防护口罩
	高温环境	锅炉内部高于60℃	灼烫伤	较小	测温低于60℃，方可进入炉内
	有限空间	氧量不足、金属容器内工作	窒息、触电	中等	（1）有限空间作业办理有限空间进入许可证，检查有害气体合格后方可进入，人员进出必须登记，并及时记录进出时间；人孔处必须设专人在人孔门处监护并保持通信畅通，不得中途离开； （2）必须使用12V及以下的安全电压，保证现场充足的照明

续表

作业步骤	危害辨识	危害描述	产生后果	风险等级	防 范 措 施
2. 措施确认	高温蒸汽	检修的系统未有效隔离	灼烫伤	中等	保证检修的一段管道可靠地与其他部分隔断，放尽管道、容器内部的汽、水、烟或可燃气
	点火的油枪	油枪误动	灼烫伤、窒息	中等	各有关阀门应上锁，并挂警告牌，对电动阀门应切断电源，对汽缸应隔离汽源
	转动的风机	送风机、一次风机误动，大量粉尘进入炉膛和尾部烟道	窒息	中等	检修工作开工前工作负责人与工作票许可人共同确认所检修设备已断电
	声波吹灰器	声波吹灰器误动	听力伤害	中等	检修工作开工前工作负责人与工作票许可人共同确认吹灰程控柜已断电，隔离汽源
	蒸汽吹灰器	蒸汽吹灰器误动	撞击	中等	检修工作开工前工作负责人与工作票许可人共同确认吹灰程控柜已断电
	照明	照明不足	高处坠落	重大	保证炉内照明充足
	脚手架	缺损	高处坠落	重大	及时检查及补全缺失防护栏并验收合格。工作负责人每日工作前必须对脚手架进行检查，如果发现缺陷，应立即修整
	误用不合格电动工器具	（1）电动工器具未经检验合格； （2）电动工器具电源线、电源插头破损，防护罩破损缺失，磨片破损	机械伤害	较小	（1）检查角磨机必须经有资质单位检验合格，并张贴检验合格标志； （2）检查角磨机的电源线、电源插头完好无缺损，防护罩、角磨片完好无缺损
3. 二级再热器清灰前检查	粉尘	未正确佩戴防护口罩	尘肺病	较小	作业人员佩戴防护口罩
	高温环境	锅炉内部高于60℃	灼烫伤	中等	测温低于60℃，方可进入炉内
	有害气体	含氧量低	窒息	较小	定期测氧
	高处设备设施	防护栏缺损	高处坠落	重大	及时检查及补全缺失防护栏
	高处作业人员	高处作业未正确使用防护用品	高处坠落	重大	（1）高处作业人员必须戴好安全帽、防滑鞋、正确佩戴安全带，必要时应使用防坠器； （2）安全带的挂钩应挂在结实、牢固的构件上，或专挂安全带的钢丝绳上，不准低挂高用
	高处落物	工器具或材料掉落	撞击	较小	采取防止工具、材料、物品掉落的措施。禁止交叉作业
4. 二级再热器管排清灰	粉尘	未正确佩戴防护口罩	尘肺病	较小	作业人员佩戴防护口罩
	高温环境	锅炉内部高于60℃	灼烫伤	中等	测温低于60℃，方可进入炉内
	有害气体	含氧量低	窒息	较小	定期测氧
	脚手架	缺损	高处坠落	重大	及时检查及补全缺失防护栏并验收合格。工作负责人每日工作前必须对脚手架进行检查，如果发现缺陷，应立即修整
	高处作业人员	高处作业未正确使用防护用品	高处坠落	重大	（1）高处作业人员必须戴好安全帽、防滑鞋、正确佩戴安全带，必要时应使用防坠器； （2）安全带的挂钩应挂在结实、牢固的构件上，或专挂安全带的钢丝绳上，不准低挂高用
	有限空间作业	氧量不足	窒息	较小	有限空间作业办理有限空间进入许可证，检查有害气体合格后方可进入，人员进出必须登记，并及时记录进出时间；人孔处必须设专人在人孔门处监护并保持通信畅通，不得中途离开
		金属容器	触电	中等	必须使用12V及以下的安全电压，保证现场充足的照明

续表

作业步骤	危害辨识	危害描述	产生后果	风险等级	防 范 措 施
4. 二级再热器管排清灰	高处落物	工器具或材料掉落	撞击	较小	采取防止工具、材料、物品掉落的措施。禁止交叉作业
	水冲洗清灰	跌倒	机械伤害	较小	(1) 铺设脚手通道; (2) 水冲洗跟内部检修严禁交叉作业
5. 二级再热器受热面检查	粉尘	未正确佩戴防护口罩	尘肺病	较小	作业人员佩戴防护口罩
	高温环境	锅炉内部高于60℃	灼烫伤	中等	测温低于60℃,方可进入炉内
	有害气体	含氧量低	窒息	较小	定期测氧
	脚手架	缺损	高处坠落	重大	及时检查及补全缺失防护栏并验收合格。工作负责人每日工作前必须对脚手架进行检查,如果发现缺陷,应立即修整
	高处作业人员	高处作业未正确使用防护用品	高处坠落	重大	(1) 高处作业人员必须戴好安全帽、防滑鞋、正确佩戴安全带,必要时应使用防坠器; (2) 安全带的挂钩应挂在结实、牢固的构件上,或专挂安全带的钢丝绳上,不准低挂高用
	有限空间作业	氧量不足	窒息	较小	有限空间作业办理有限空间进入许可证,检查有害气体合格后方可进入,人员进出必须登记,并及时记录进出时间;人孔处必须设专人在人孔门处监护并保持通信畅通,不得中途离开
		金属容器	触电	中等	必须使用12V及以下的安全电压,保证现场充足的照明
	高处落物	工器具或材料掉落	撞击	较小	采取防止工具、材料、物品掉落的措施。禁止交叉作业
6. 割管取样	粉尘	未正确佩戴防护口罩	尘肺病	较小	作业人员佩戴防护口罩
	高温环境	锅炉内部高于60℃	灼烫伤	中等	测温低于60℃,方可进入炉内
	有害气体	含氧量低	窒息	较小	定期测氧
	脚手架	缺损	高处坠落	重大	及时检查及补全缺失防护栏并验收合格。工作负责人每日工作前必须对脚手架进行检查,如果发现缺陷,应立即修整
	高处作业人员	高处作业未正确使用防护用品	高处坠落	重大	(1) 高处作业人员必须戴好安全帽、防滑鞋、正确佩戴安全带,必要时应使用防坠器; (2) 安全带的挂钩应挂在结实、牢固的构件上,或专挂安全带的钢丝绳上,不准低挂高用
	高处落物	工器具或材料掉落	撞击	较小	采取防止工具、材料、物品掉落的措施
	有限空间	氧量不足	窒息	较小	有限空间作业办理有限空间进入许可证,检查有害气体合格后方可进入,人员进出必须登记,并及时记录进出时间;人孔处必须设专人在人孔门处监护并保持通信畅通,不得中途离开
		金属容器	触电	中等	必须使用12V及以下的安全电压,保证现场充足的照明
	电动工器具	(1) 电动工器具未经检验合格; (2) 电动工器具电源线、电源插头破损,防护罩破损缺失,磨片破损	机械伤害	较小	(1) 检查角磨机必须经有资质单位检验合格,并张贴检验合格标志; (2) 检查角磨机的电源线、电源插头完好无缺损,防护罩、角磨片完好无缺损; (3) 作业人员佩戴防护面罩、绝缘手套
	高处落物	工器具或材料掉落	撞击	较小	采取防止工具、材料、物品掉落的措施。禁止交叉作业

续表

作业步骤	危害辨识	危害描述	产生后果	风险等级	防 范 措 施
7. 二级再热器缺陷处理	粉尘	未正确佩戴防护口罩	尘肺病	较小	作业人员佩戴防护口罩
	高温环境	锅炉内部高于60℃	灼烫伤	中等	测温低于60℃，方可进入炉内
	有害气体	含氧量低	窒息	较小	定期测氧
	脚手架	缺损	高处坠落	重大	及时检查及补全缺失防护栏并验收合格。工作负责人每日工作前必须对脚手架进行检查，如果发现缺陷，应立即修整
	高处作业人员	高处作业未正确使用防护用品	高处坠落	重大	（1）高处作业人员必须戴好安全帽、防滑鞋、正确佩戴安全带，必要时应使用防坠器； （2）安全带的挂钩应挂在结实、牢固的构件上，或专挂安全带的钢丝绳上，不准低挂高用
	高处落物	工器具或材料掉落	撞击	较小	采取防止工具、材料、物品掉落的措施。禁止交叉作业
	有限空间	氧量不足	窒息	较小	有限空间作业办理有限空间进入许可证，检查有害气体合格后方可进入，人员进出必须登记，并及时记录进出时间；人孔处必须设专人在人孔门处监护并保持通信畅通，不得中途离开
		金属容器	触电	中等	必须使用12V及以下的安全电压，保证现场充足的照明
	电动工器具	（1）电动工器具未经检验合格； （2）电动工器具电源线、电源插头破损，防护罩破损缺失，磨片破损	机械伤害	较小	（1）检查角磨机必须经有资质单位检验合格，并张贴检验合格标志； （2）检查角磨机的电源线、电源插头完好无缺损，防护罩、角磨片完好无缺损
	电焊机	焊接时未正确使用防护用品	灼烫伤	较小	（1）正确使用面罩； （2）戴电焊手套； （3）戴白光眼镜； （4）穿电焊服
		电焊机电源线、电源插头、电焊钳破损	触电	中等	检查电焊机电源线、电源插头、电焊钳完好无损
		二次线地线松动	触电	较小	（1）工作人员工作服保持干燥； （2）工作前检查二次线接地牢固，焊接工件焊接前要与地线进行良好接地
8. 二级再热器管更换	粉尘	未正确佩戴防护口罩	尘肺病	较小	作业人员佩戴防护口罩
	高温环境	锅炉内部高于60℃	灼烫伤	中等	测温低于60℃，方可进入炉内
	有害气体	含氧量低	窒息	较小	定期测氧
	脚手架	缺损	高处坠落	重大	及时检查及补全缺失防护栏并验收合格。工作负责人每日工作前必须对脚手架进行检查，如果发现缺陷，应立即修整
	高处作业人员	高处作业未正确使用防护用品	高处坠落	重大	（1）高处作业人员必须戴好安全帽、防滑鞋、正确佩戴安全带，必要时应使用防坠器； （2）安全带的挂钩应挂在结实、牢固的构件上，或专挂安全带的钢丝绳上，不准低挂高用
	高处落物	工器具或材料掉落	撞击	较小	采取防止工具、材料、物品掉落的措施。禁止交叉作业

续表

作业步骤	危害辨识	危害描述	产生后果	风险等级	防范措施
8. 二级再热器管更换	有限空间	氧量不足	窒息	较小	有限空间作业办理有限空间进入许可证，检查有害气体合格后方可进入，人员进出必须登记，并及时记录进出时间；人孔处必须设专人在人孔门处监护并保持通信畅通，不得中途离开
		金属容器	触电	中等	必须使用 12V 及以下的安全电压，保证现场充足的照明
	电动工器具	（1）电动工器具未经检验合格； （2）电动工器具电源线、电源插头破损，防护罩破损缺失，磨片破损	机械伤害	较小	（1）检查角磨机必须经有资质单位检验合格，并张贴检验合格标志； （2）检查角磨机的电源线、电源插头完好无缺损，防护罩、角磨片完好无缺损
	电焊机	焊接时未正确使用防护用品	灼烫伤	较小	（1）正确使用面罩； （2）戴电焊手套； （3）戴白光眼镜； （4）穿电焊服
		电焊机电源线、电源插头、电焊钳破损	触电	中等	检查电焊机电源线、电源插头、电焊钳完好无损
		二次线地线松动	触电	较小	（1）工作人员工作服保持干燥； （2）工作前检查二次线接地牢固，焊接工件焊接前要与地线进行良好接地
9. 二级再热器管焊接	粉尘	未正确佩戴防护口罩	尘肺病	较小	作业人员佩戴防护口罩
	高温环境	锅炉内部高于 60℃	灼烫伤	中等	测温低于 60℃，方可进入炉内
	有害气体	含氧量低	窒息	较小	定期测氧
	脚手架	缺损	高处坠落	重大	及时检查及补全缺失防护栏并验收合格。工作负责人每日工作前必须对脚手架进行检查，如果发现缺陷，应立即修整
	高处作业人员	高处作业未正确使用防护用品	高处坠落	重大	（1）高处作业人员必须戴好安全帽、防滑鞋、正确佩戴安全带，必要时应使用防坠器； （2）安全带的挂钩应挂在结实、牢固的构件上，或专挂安全带的钢丝绳上，不准低挂高用
	高处落物	工器具或材料掉落	撞击	较小	采取防止工具、材料、物品掉落的措施。禁止交叉作业
	有限空间	氧量不足	窒息	较小	有限空间作业办理有限空间进入许可证，检查有害气体合格后方可进入，人员进出必须登记，并及时记录进出时间；人孔处必须设专人在人孔门处监护并保持通信畅通，不得中途离开
		金属容器	触电	中等	必须使用 12V 及以下的安全电压，保证现场充足的照明
	电动工器具	（1）电动工器具未经检验合格； （2）电动工器具电源线、电源插头破损，防护罩破损缺失，磨片破损	机械伤害	较小	（1）检查角磨机必须经有资质单位检验合格，并张贴检验合格标志； （2）检查角磨机的电源线、电源插头完好无缺损，防护罩、角磨片完好无缺损
	电焊机	焊接时未正确使用防护用品	灼烫伤	较小	（1）正确使用面罩； （2）戴电焊手套； （3）戴白光眼镜； （4）穿电焊服

续表

作业步骤	危害辨识	危害描述	产生后果	风险等级	防 范 措 施
9．二级再热器管焊接	电焊机	电焊机电源线、电源插头、电焊钳破损	触电	中等	检查电焊机电源线、电源插头、电焊钳完好无损
		二次线地线松动	触电	较小	（1）工作人员工作服保持干燥； （2）工作前检查二次线接地牢固，焊接工件焊接前要与地线进行良好接地
	高温焊渣	焊渣掉落	火灾	较小	（1）动火工作区域周围设置防护屏，防止其他人员被飞溅的焊渣烫伤，地面铺设防火布； （2）火焊人员必须穿戴好工作服，戴好手套和带鞋盖劳保鞋等； （3）通气的橡胶软管上方禁止进行动火作业，以防火灾
	金属检验	放射线	放射性损伤	中等	（1）设置警戒线和警示牌； （2）禁止进入检测区域
10．水压试验	粉尘	未正确佩戴防护口罩	尘肺病	较小	作业人员佩戴防护口罩
	高温环境	锅炉内部高于60℃	灼烫伤	中等	测温低于60℃，方可进入炉内
	有害气体	含氧量低	窒息	较小	定期测氧
	脚手架	缺损	高处坠落	重大	及时检查及补全缺失防护栏并验收合格。工作负责人每日工作前必须对脚手架进行检查，如果发现缺陷，应立即修整
	高处作业人员	高处作业未正确使用防护用品	高处坠落	重大	（1）高处作业人员必须戴好安全帽、防滑鞋、正确佩戴安全带，必要时应使用防坠器； （2）安全带的挂钩应挂在结实、牢固的构件上，或专挂安全带的钢丝绳上，不准低挂高用
	高处落物	工器具或材料掉落	撞击	较小	采取防止工具、材料、物品掉落的措施。禁止交叉作业
	有限空间	氧量不足	窒息	较小	有限空间作业办理有限空间进入许可证，检查有害气体合格后方可进入，人员进出必须登记，并及时记录进出时间；人孔处必须设专人在人孔门处监护并保持通信畅通，不得中途离开
		金属容器	触电	中等	必须使用12V及以下的安全电压，保证现场充足的照明
	水压泄漏	高温较大压水	灼烫伤	中等	水压进水前，工作负责人必须通知现场工作人员离开，并交回工作票，超压试验时，在保持试验压力的时间内不准进行任何检查，应待压力降到工作压力后，方可进行检查
11．清理现场及其他	检修废料	检修后，检修废料没有及时清除干净	环境污染	较小	工作结束后，及时清理工作现场

13.17 二级再热器出口堵阀检修

作业步骤	危害辨识	危害描述	产生后果	风险等级	防 范 措 施
1．环境评估	粉尘	未正确佩戴防护口罩	尘肺病	较小	作业人员佩戴防护口罩
2．措施确认	高温蒸汽	检修的系统未有效隔离	灼烫伤	中等	保证检修的一段管道可靠地与其他部分隔断，放尽管道、容器内部的汽、水、烟或可燃气
	脚手架	缺损	高处坠落	重大	搭设的脚手架验收合格后方可使用
	检修隔离	隔离措施失效，非工作人员进入	机械伤害	较小	对现场检修区域设置围栏、铺设胶皮，进行有效的隔离，有人监护

续表

作业步骤	危害辨识	危害描述	产生后果	风险等级	防 范 措 施
3．阀门拆卸及解体	粉尘	未正确佩戴防护口罩	尘肺病	较小	作业人员佩戴防护口罩
	脚手架	缺损	高处坠落	重大	及时检查及补全缺失防护栏并验收合格。工作负责人每日工作前必须对脚手架进行检查，如果发现缺陷，应立即修整
	高处作业人员	高处作业未正确使用防护用品	高处坠落	重大	（1）高处作业人员必须戴好安全帽、防滑鞋、正确佩戴安全带，必要时应使用防坠器； （2）安全带的挂钩应挂在结实、牢固的构件上，或专挂安全带的钢丝绳上，不准低挂高用
	高处落物	工器具或材料掉落	撞击	较小	采取防止工具、材料、物品掉落的措施。禁止交叉作业
	高温物体	身体直接接触阀门阀体高温金属部件被烫伤。阀门内存在余汽水或隔离门不严，拆阀门解体时汽水喷出造成人身伤害	灼烫伤	较小	被解体的阀门能有效隔离且隔离严密，阀门前后疏水门打开，放尽余汽水；监测阀体温度低于50℃时方可拆除保温及阀门部件
	拆卸螺栓	拆卸门架时挤伤手指	机械伤害	较小	（1）拆卸时戴手套； （2）使用合格的手锤
	起吊物	起重工具	起重伤害	中等	（1）起吊前检查起重工具是否合格可用； （2）检查工器具是否完好，禁止野蛮操作
		指挥	起重伤害	较小	起重作业由专业的起重人员进行操作指挥
	大锤	锤头与木柄的连接不牢固、锤头破损、木柄未使用整根硬质木料	砸伤	较小	检查大锤和手锤的锤头应完整，其表面应光滑微凸，不应有歪斜、缺口、凹入及裂纹等缺陷。大锤及手锤的柄应用整根的硬木制成，且头部用楔栓固定。楔栓宜采用金属楔，楔子长度不应大于安装孔的三分之二。锤把上不应有油污
		戴手套抡大锤	物体打击	较小	（1）禁止戴手套抡大锤； （2）抡大锤时周围不准有人靠近，防止误伤
		拆卸部件伤手	机械伤害	较小	佩戴防护手套
4．零部件清理、检查、测量	粉尘	未正确佩戴防护口罩	尘肺病	较小	作业人员佩戴防护口罩
	脚手架	缺损	高处坠落	重大	及时检查及补全缺失防护栏并验收合格。工作负责人每日工作前必须对脚手架进行检查，如果发现缺陷，应立即修整
	高处作业人员	高处作业未正确使用防护用品	高处坠落	重大	（1）高处作业人员必须戴好安全帽、防滑鞋、正确佩戴安全带，必要时应使用防坠器； （2）安全带的挂钩应挂在结实、牢固的构件上，或专挂安全带的钢丝绳上，不准低挂高用
	高处落物	工器具或材料掉落	撞击	较小	采取防止工具、材料、物品掉落的措施。禁止交叉作业
	误用不合格电动工器具	（1）电动工器具未经检验合格； （2）电动工器具电源线、电源插头破损，防护罩破损缺失，磨片破损	机械伤害	较小	（1）检查角磨机必须经有资质单位检验合格，并张贴检验合格标志； （2）检查角磨机的电源线、电源插头完好无缺损，防护罩、角磨片完好无缺损； （3）使用合格的手锤
5．阀门组装	粉尘	未正确佩戴防护口罩	尘肺病	较小	作业人员佩戴防护口罩
	脚手架	缺损	高处坠落	重大	及时检查及补全缺失防护栏并验收合格。工作负责人每日工作前必须对脚手架进行检查，如果发现缺陷，应立即修整

续表

作业步骤	危害辨识	危害描述	产生后果	风险等级	防 范 措 施
5. 阀门组装	高处作业人员	高处作业未正确使用防护用品	高处坠落	重大	（1）高处作业人员必须戴好安全帽、防滑鞋、正确佩戴安全带，必要时应使用防坠器； （2）安全带的挂钩应挂在结实、牢固的构件上，或专挂安全带的钢丝绳上，不准低挂高用
	高处落物	工器具或材料掉落	撞击	较小	采取防止工具、材料、物品掉落的措施。禁止交叉作业
	不合格工器具	手锤锤头与木柄的连接不牢固、锤头破损、木柄未使用整根硬质木料	机械伤害	较小	（1）检查大锤和手锤的锤头应完整，其表面应光滑微凸，不应有歪斜、缺口、凹入及裂纹等缺陷。大锤及手锤的柄应用整根的硬木制成，且头部用楔栓固定。楔栓宜采用金属楔，楔子长度不应大于安装孔的三分之二。锤把上不应有油污。 （2）禁止戴手套抡大锤。 （3）抡大锤时周围不准有人靠近，防止误伤
6. 清理现场及其他	检修废料	检修后，检修废料没有及时清除干净	环境污染	较小	工作结束后，及时清理工作现场

13.18 二级再热器进口疏水门检修

作业步骤	危害辨识	危害描述	产生后果	风险等级	防 范 措 施
1. 环境评估	粉尘	未正确佩戴防护口罩	尘肺病	较小	作业人员佩戴防护口罩
2. 措施确认	高温蒸汽	检修的系统未有效隔离	灼烫伤	中等	保证检修的一段管道可靠地与其他部分隔断，放尽管道、容器内部的汽、水、烟或可燃气
	电动执行机构	带电	触电	中等	切断电源，挂禁止操作牌
	脚手架	缺损	高处坠落	重大	搭设的脚手架验收合格后方可使用
	不合格电动工器具	（1）电动工器具未经检验合格； （2）电动工器具电源线、电源插头破损	机械伤害	较小	（1）检查研磨机必须经有资质单位检验合格，并张贴检验合格标志； （2）检查研磨机的电源线、电源插头完好无缺损
	检修隔离	隔离措施失效，非工作人员进入	机械伤害	较小	对现场检修区域设置围栏、铺设胶皮，进行有效的隔离，有人监护
3. 阀门拆卸及解体	粉尘	未正确佩戴防护口罩	尘肺病	较小	作业人员佩戴防护口罩
	脚手架	缺损	高处坠落	重大	及时检查及补全缺失防护栏并验收合格。工作负责人每日工作前必须对脚手架进行检查，如果发现缺陷，应立即修整
	高处作业人员	高处作业未正确使用防护用品	高处坠落	重大	（1）高处作业人员必须戴好安全帽、防滑鞋、正确佩戴安全带，必要时应使用防坠器； （2）安全带的挂钩应挂在结实、牢固的构件上，或专挂安全带的钢丝绳上，不准低挂高用
	高处落物	工器具或材料掉落	撞击	较小	采取防止工具、材料、物品掉落的措施。禁止交叉作业
	高温物体	身体直接接触阀门阀体高温金属部件被烫伤。阀门内存在余汽水或隔离门不严，拆阀门解体时汽水喷出造成人身伤害	灼烫伤	较小	被解体的阀门能有效隔离且隔离严密，阀门前后疏水门打开，放尽余汽水；监测阀体温度低于50℃时方可拆除保温及阀门部件

续表

作业步骤	危害辨识	危害描述	产生后果	风险等级	防 范 措 施
4. 零部件清理、检查、测量	粉尘	未正确佩戴防护口罩	尘肺病	较小	作业人员佩戴防护口罩
	脚手架	缺损	高处坠落	重大	及时检查及补全缺失防护栏并验收合格。工作负责人每日工作前必须对脚手架进行检查，如果发现缺陷，应立即修整
	高处作业人员	高处作业未正确使用防护用品	高处坠落	重大	（1）高处作业人员必须戴好安全帽、防滑鞋、正确佩戴安全带，必要时应使用防坠器； （2）安全带的挂钩应挂在结实、牢固的构件上，或专挂安全带的钢丝绳上，不准低挂高用
	高处落物	工器具或材料掉落	撞击	较小	采取防止工具、材料、物品掉落的措施。禁止交叉作业
	误用不合格电动工器具	（1）电动工器具未经检验合格； （2）电动工器具电源线、电源插头破损，防护罩破损缺失，磨片破损	机械伤害	较小	（1）检查角磨机必须经有资质单位检验合格，并张贴检验合格标志； （2）检查角磨机的电源线、电源插头完好无缺损，防护罩、角磨片完好无缺损； （3）使用合格的手锤
5. 部件修复	粉尘	未正确佩戴防护口罩	尘肺病	较小	作业人员佩戴防护口罩
	脚手架	缺损	高处坠落	重大	及时检查及补全缺失防护栏并验收合格。工作负责人每日工作前必须对脚手架进行检查，如果发现缺陷，应立即修整
	高处作业人员	高处作业未正确使用防护用品	高处坠落	重大	（1）高处作业人员必须戴好安全帽、防滑鞋、正确佩戴安全带，必要时应使用防坠器； （2）安全带的挂钩应挂在结实、牢固的构件上，或专挂安全带的钢丝绳上，不准低挂高用
	高处落物	工器具或材料掉落	撞击	较小	采取防止工具、材料、物品掉落的措施。禁止交叉作业
	电动研磨机	电源盘没有漏电保护器	触电	较小	电动工具必须配置可靠的漏电保护器
		电源盘及研磨机绝缘损坏	触电	较小	检查研磨机、电源盘的电缆线绝缘合格，绝缘材料应无破损，导线无裸露方可使用
		违规使用电源盘	触电	较小	工作前认真检查电源盘应完好、无缺陷、无安全隐患，电源盘及研磨机检查应合格，不合格的电源盘及研磨机禁止带入检修现场
		研磨机转动部件飞出	机械伤害	较小	阀门研磨时，无关人员远离，工作人员站在侧面
	不合格工器具	手锤锤头与木柄的连接不牢固、锤头破损、木柄未使用整根硬质木料	机械伤害	较小	（1）检查大锤和手锤的锤头应完整，其表面应光滑微凸，不应有歪斜、缺口、凹入及裂纹等缺陷。大锤及手锤的柄应用整根的硬木制成，且头部用楔栓固定。楔栓宜采用金属楔，楔子长度不应大于安装孔的三分之二。锤把上不应有油污。 （2）禁止戴手套抡大锤。 （3）抡大锤时周围不准有人靠近，防止误伤
6. 阀门组装	大锤	锤头与木柄的连接不牢固、锤头破损、木柄未使用整根硬质木料	砸伤	较小	检查大锤和手锤的锤头应完整，其表面应光滑微凸，不应有歪斜、缺口、凹入及裂纹等缺陷。大锤及手锤的柄应用整根的硬木制成，且头部用楔栓固定。楔栓宜采用金属楔，楔子长度不应大于安装孔的三分之二。锤把上不应有油污
		戴手套抡大锤	物体打击	较小	（1）禁止戴手套抡大锤； （2）抡大锤时周围不准有人靠近，防止误伤
		拆卸部件伤手	机械伤害	较小	佩戴防护手套

续表

作业步骤	危害辨识	危害描述	产生后果	风险等级	防 范 措 施
6. 阀门组装	高处作业人员	高处作业未正确使用防护用品	高处坠落	重大	（1）高处作业人员必须戴好安全帽、防滑鞋、正确佩戴安全带，必要时应使用防坠器； （2）安全带的挂钩应挂在结实、牢固的构件上，或专挂安全带的钢丝绳上，不准低挂高用
	高处的工器具	工器具未系防坠绳及零部件未固定	物体打击	中等	（1）工器具必须使用防坠绳； （2）工器具和零部件应用绳拴在牢固的构件上，不准随便乱放
7. 清理现场及其他	检修废料	检修后，检修废料没有及时清除干净	环境污染	较小	工作结束后，及时清理工作现场

13.19 辅汽阀门检修

作业步骤	危害辨识	危害描述	产生后果	风险等级	防 范 措 施
1. 环境评估	粉尘	未正确佩戴防护口罩	尘肺病	较小	作业人员佩戴防护口罩
2. 措施确认	高温蒸汽	检修的系统未有效隔离	灼烫伤	中等	保证检修的一段管道可靠地与其他部分隔断，放尽管道、容器内部的汽、水、烟或可燃气
	不合格电动工器具	（1）电动工器具未经检验合格； （2）电动工器具电源线、电源插头破损	机械伤害	较小	（1）检查研磨机必须经有资质单位检验合格，并张贴检验合格标志； （2）检查研磨机的电源线、电源插头完好无缺损
	检修隔离	隔离措施失效，非工作人员进入	机械伤害	较小	对现场检修区域设置围栏、铺设胶皮，进行有效的隔离，有人监护
3. 辅汽阀门解体	粉尘	未正确佩戴防护口罩	尘肺病	较小	作业人员佩戴防护口罩
	高处落物	工器具或材料掉落	撞击	较小	采取防止工具、材料、物品掉落的措施。禁止交叉作业
	高温物体	身体直接接触阀门阀体高温金属部件被烫伤。阀门内存在余汽水或隔离门不严，拆阀门解体时汽水喷出造成人身伤害	灼烫伤	较小	被解体的阀门能有效隔离且隔离严密，阀门前后疏水门打开，放尽余汽水；监测阀体温度低于50℃时方可拆除保温及阀门部件
	拆卸螺栓	拆卸门架时挤伤手指	机械伤害	较小	（1）拆卸时戴手套； （2）使用合格的手锤
	起吊物	起重工具	起重伤害	中等	（1）起吊前检查起重工具是否合格可用； （2）检查工器具是否完好，禁止野蛮操作
		指挥	起重伤害	较小	起重作业由专业的起重人员进行操作指挥
4. 辅汽阀门清理检查	粉尘	未正确佩戴防护口罩	尘肺病	较小	作业人员佩戴防护口罩
	高处落物	工器具或材料掉落	撞击	较小	采取防止工具、材料、物品掉落的措施。禁止交叉作业
	误用不合格电动工器具	（1）电动工器具未经检验合格； （2）电动工器具电源线、电源插头破损，防护罩破损缺失，磨片破损	机械伤害	较小	（1）检查角磨机必须经有资质单位检验合格，并张贴检验合格标志； （2）检查角磨机的电源线、电源插头完好无缺损，防护罩、角磨片完好无缺损； （3）使用合格的手锤

续表

作业步骤	危害辨识	危害描述	产生后果	风险等级	防 范 措 施
4．辅汽阀门清理检查	电动研磨机	电源盘没有漏电保护器	触电	较小	电动工具必须配置可靠的漏电保护器
		电源盘及研磨机绝缘损坏	触电	较小	检查研磨机、电源盘的电缆线绝缘合格，绝缘材料应无破损，导线无裸露方可使用
		违规使用电源盘	触电	较小	工作前认真检查电源盘应完好、无缺陷、无安全隐患，电源盘及研磨机检查应合格，不合格的电源盘及研磨机禁止带入检修现场
		研磨机转动部件飞出	机械伤害	较小	阀门研磨时，无关人员远离，工作人员站在侧面
	不合格工器具	手锤锤头与木柄的连接不牢固、锤头破损、木柄未使用整根硬质木料	机械伤害	较小	（1）检查大锤和手锤的锤头应完整，其表面应光滑微凸，不应有歪斜、缺口、凹入及裂纹等缺陷。大锤及手锤的柄应用整根的硬木制成，且头部用楔栓固定。楔栓宜采用金属楔，楔子长度不应大于安装孔的三分之二。锤把上不应有油污。 （2）禁止戴手套抡大锤。 （3）抡大锤时周围不准有人靠近，防止误伤
5．阀门组装	大锤	锤头与木柄的连接不牢固、锤头破损、木柄未使用整根硬质木料	砸伤	较小	检查大锤和手锤的锤头应完整，其表面应光滑微凸，不应有歪斜、缺口、凹入及裂纹等缺陷。大锤及手锤的柄应用整根的硬木制成，且头部用楔栓固定。楔栓宜采用金属楔，楔子长度不应大于安装孔的三分之二。锤把上不应有油污
		戴手套抡大锤	物体打击	较小	（1）禁止戴手套抡大锤； （2）抡大锤时周围不准有人靠近，防止误伤
		拆卸部件伤手	机械伤害	较小	佩戴防护手套
6．清理现场及其他	检修废料	检修后，检修废料没有及时清除干净	环境污染	较小	工作结束后，及时清理工作现场

13.20 钢结构及附件检修

作业步骤	危害辨识	危害描述	产生后果	风险等级	防 范 措 施
1．环境评估	粉尘	未正确佩戴防护口罩	尘肺病	较小	作业人员佩戴防护口罩
	高处设备设施	防护栏缺损	高处坠落	重大	检查防护栏完好无损，如因工作需要拆除的栏杆，要做好临时护栏及悬挂警示标识
2．场地布置，落实风险预控措施	脚手架搭（拆）设	脚手架搭设后未验收	高处坠落、物体打击	重大	（1）搭设结束后，必须履行脚手架验收手续，填写脚手架验收单，并在脚手架验收单上分级签字； （2）验收合格后应在脚手架上悬挂合格证，方可使用
	误用不合格电动工器具	（1）电动工器具未经检验合格； （2）电动工器具电源线、电源插头破损，防护罩破损缺失，磨片破损	机械伤害	较小	（1）检查角磨机必须经有资质单位检验合格，并张贴检验合格标志； （2）检查角磨机的电源线、电源插头完好无缺损，防护罩、角磨片完好无缺损
3．钢架全面检查	粉尘	未正确佩戴防护口罩	尘肺病	较小	作业人员佩戴防护口罩
	高处设备设施	防护栏缺损	高处坠落	重大	及时检查及补全缺失防护栏

续表

作业步骤	危害辨识	危害描述	产生后果	风险等级	防 范 措 施
3. 钢架全面检查	高处作业人员	高处作业未正确使用防护用品	高处坠落	重大	（1）高处作业人员必须戴好安全帽、防滑鞋、正确佩戴安全带，必要时应使用防坠器； （2）安全带的挂钩应挂在结实、牢固的构件上，或专挂安全带的钢丝绳上，不准低挂高用
	高处落物	工器具或材料掉落	撞击	较小	采取防止工具、材料、物品掉落的措施。禁止交叉作业
4. 平台、扶梯检查	粉尘	未正确佩戴防护口罩	尘肺病	较小	作业人员佩戴防护口罩
	脚手架	缺损	高处坠落	重大	及时检查及补全缺失防护栏并验收合格，工作负责人每日工作前必须对脚手架进行检查，如果发现缺陷，应立即修整
	高处作业人员	高处作业未正确使用防护用品	高处坠落	重大	（1）高处作业人员必须戴好安全帽、防滑鞋、正确佩戴安全带，必要时应使用防坠器； （2）安全带的挂钩应挂在结实、牢固的构件上，或专挂安全带的钢丝绳上，不准低挂高用
	高处落物	工器具或材料掉落	撞击	较小	采取防止工具、材料、物品掉落的措施。禁止交叉作业
5. 钢架、平台、扶梯缺陷处理	粉尘	未正确佩戴防护口罩	尘肺病	较小	作业人员佩戴防护口罩
	脚手架	缺损	高处坠落	重大	及时检查及补全缺失防护栏并验收合格，工作负责人每日工作前必须对脚手架进行检查，如果发现缺陷，应立即修整
	高处作业人员	高处作业未正确使用防护用品	高处坠落	重大	（1）高处作业人员必须戴好安全帽、防滑鞋、正确佩戴安全带，必要时应使用防坠器； （2）安全带的挂钩应挂在结实、牢固的构件上，或专挂安全带的钢丝绳上，不准低挂高用
	临时电源及电源线	电源线悬挂高度不够	触电	较小	临时电源线架设高度室内不低于 2.5m
		电源线、插头、插座破损	触电	较小	（1）检查电源线外绝缘良好，无破损； （2）检查电源盘合格证在有效期； （3）检查电源插头插座，确保完好； （4）不准将电源线缠绕在护栏、管道和脚手架上
		未安装漏电保护器	触电	较小	（1）检查电源盘合格证在有效期； （2）分级配置漏电保护器，工作前试漏电保护器，确保正确动作
		检修电源箱外壳未接地	触电	较小	（1）检查电源盘合格证在有效期； （2）检查电源箱外壳接地良好
	高处落物	工器具或材料掉落	撞击	较小	采取防止工具、材料、物品掉落的措施。禁止交叉作业
	电动工器具	（1）电动工器具未经检验合格； （2）电动工器具电源线、电源插头破损，防护罩破损缺失，磨片破损	机械伤害	较小	（1）检查角磨机必须经有资质单位检验合格，并张贴检验合格标志； （2）检查角磨机的电源线、电源插头完好无缺损，防护罩、角磨片完好无缺损
	电焊机	焊接时未正确使用防护用品	灼烫伤	较小	（1）正确使用面罩； （2）戴电焊手套； （3）戴白光眼镜； （4）穿电焊服
		电焊机电源线、电源插头、电焊钳破损	触电	中等	检查电焊机电源线、电源插头、电焊钳完好无损

续表

作业步骤	危害辨识	危害描述	产生后果	风险等级	防 范 措 施
5. 钢架、平台、扶梯缺陷处理	电焊机	二次线地线松动	触电	较小	（1）工作人员工作服保持干燥； （2）工作前检查二次线接地牢固，焊接工件焊接前要与地线进行良好接地
	高温焊渣	焊渣掉落	火灾	较小	（1）动火工作区域周围设置防护屏，防止其他人员被飞溅的焊渣烫伤，地面铺设防火布； （2）火焊人员必须穿戴好工作服，戴好手套和带鞋盖劳保鞋等； （3）通气的橡胶软管上方禁止进行动火作业，以防火灾
6. 清理现场	检修废料	检修后，检修废料没有及时清除干净	环境污染	较小	工作结束后，及时清理工作现场

13.21 高压旁路减温隔绝门前空气门检修

作业步骤	危害辨识	危害描述	产生后果	风险等级	防 范 措 施
1. 环境评估	粉尘	未正确佩戴防护口罩	尘肺病	较小	作业人员佩戴防护口罩
2. 措施确认	高温蒸汽	检修的系统未有效隔离	灼烫伤	中等	保证检修的一段管道可靠地与其他部分隔断，放尽管道、容器内部的汽、水、烟或可燃气
	不合格电动工器具	（1）电动工器具未经检验合格； （2）电动工器具电源线、电源插头破损	机械伤害	较小	（1）检查研磨磨机必须经有资质单位检验合格，并张贴检验合格标志； （2）检查研磨机的电源线、电源插头完好无缺损
	检修隔离	隔离措施失效，非工作人员进入	机械伤害	较小	对现场检修区域设置围栏、铺设胶皮，进行有效的隔离，有人监护
3. 阀门拆卸及解体	粉尘	未正确佩戴防护口罩	尘肺病	较小	作业人员佩戴防护口罩
	高处落物	工器具或材料掉落	撞击	较小	采取防止工具、材料、物品掉落的措施。禁止交叉作业
	高温物体	身体直接接触阀门阀体高温金属部件被烫伤。阀门内存在余汽水或隔离门不严，拆阀门解体时汽水喷出造成人身伤害	灼烫伤	较小	被解体的阀门能有效隔离且隔离严密，阀门前后疏水门打开，放尽余汽水；监测阀体温度低于50℃时方可拆除保温及阀门部件
4. 零部件清理、检查、测量	粉尘	未正确佩戴防护口罩	尘肺病	较小	作业人员佩戴防护口罩
	高处落物	工器具或材料掉落	撞击	较小	采取防止工具、材料、物品掉落的措施。禁止交叉作业
	误用不合格电动工器具	（1）电动工器具未经检验合格； （2）电动工器具电源线、电源插头破损，防护罩破损缺失，磨片破损	机械伤害	较小	（1）检查角磨机必须经有资质单位检验合格，并张贴检验合格标志； （2）检查角磨机的电源线、电源插头完好无缺损，防护罩、角磨片完好无缺损； （3）使用合格的手锤
5. 部件修复	粉尘	未正确佩戴防护口罩	尘肺病	较小	作业人员佩戴防护口罩
	高处落物	工器具或材料掉落	撞击	较小	采取防止工具、材料、物品掉落的措施。禁止交叉作业
	电动研磨机	电源盘没有漏电保护器	触电	较小	电动工具必须配置可靠的漏电保护器
		电源盘及研磨机绝缘损坏	触电	较小	检查研磨机、电源盘的电缆线绝缘合格，绝缘材料应无破损，导线无裸露方可使用

续表

作业步骤	危害辨识	危害描述	产生后果	风险等级	防范措施
5. 部件修复	电动研磨机	违规使用电源盘	触电	较小	工作前认真检查电源盘应完好、无缺陷、无安全隐患，电源盘及研磨机检查应合格，不合格的电源盘及研磨机禁止带入检修现场
		研磨机转动部件飞出	机械伤害	较小	阀门研磨时，无关人员远离，工作人员站在侧面
	不合格工器具	手锤锤头与木柄的连接不牢固、锤头破损、木柄未使用整根硬质木料	机械伤害	较小	（1）检查大锤和手锤的锤头应完整，其表面应光滑微凸，不应有歪斜、缺口、凹入及裂纹等缺陷。大锤及手锤的柄应用整根的硬木制成，且头部用楔栓固定。楔栓宜采用金属楔，楔子长度不应大于安装孔的三分之二。锤把上不应有油污。 （2）禁止戴手套抡大锤。 （3）抡大锤时周围不准有人靠近，防止误伤
6. 阀门组装	大锤	锤头与木柄的连接不牢固、锤头破损、木柄未使用整根硬质木料	砸伤	较小	检查大锤和手锤的锤头应完整，其表面应光滑微凸，不应有歪斜、缺口、凹入及裂纹等缺陷。大锤及手锤的柄应用整根的硬木制成，且头部用楔栓固定。楔栓宜采用金属楔，楔子长度不应大于安装孔的三分之二。锤把上不应有油污
		戴手套抡大锤	物体打击	较小	（1）禁止戴手套抡大锤； （2）抡大锤时周围不准有人靠近，防止误伤
		拆卸部件伤手	机械伤害	较小	佩戴防护手套
	高处的工器具	工器具未系防坠绳及零部件未固定	物体打击	中等	（1）工器具必须使用防坠绳； （2）工器具和零部件应用绳拴在牢固的构件上，不准随便乱放
7. 清理现场及其他	检修废料	检修后，检修废料没有及时清除干净	环境污染	较小	工作结束后，及时清理工作现场

13.22 高压旁路减温水隔绝门检修

作业步骤	危害辨识	危害描述	产生后果	风险等级	防范措施
1. 环境评估	粉尘	未正确佩戴防护口罩	尘肺病	较小	作业人员佩戴防护口罩
2. 措施确认	高温蒸汽	检修的系统未有效隔离	灼烫伤	中等	保证检修的一段管道可靠地与其他部分隔断，放尽管道、容器内部的汽、水、烟或可燃气
	液压执行机构	带压	机械伤害	中等	停用高旁液压油站，挂禁止操作牌
	不合格电动工器具	（1）电动工器具未经检验合格； （2）电动工器具电源线、电源插头破损	机械伤害	较小	（1）检查研磨机必须经有资质单位检验合格，并张贴检验合格标志； （2）检查研磨机的电源线、电源插头完好无缺损
	检修隔离	隔离措施失效，非工作人员进入	机械伤害	较小	对现场检修区域设置围栏、铺设胶皮，进行有效的隔离，有人监护
3. 阀门拆卸及解体	粉尘	未正确佩戴防护口罩	尘肺病	较小	作业人员佩戴防护口罩
	脚手架	缺损	高处坠落	重大	及时检查及补全缺失防护栏并验收合格，工作负责人每日工作前必须对脚手架进行检查，如果发现缺陷，应立即修整
	高处作业人员	高处作业未正确使用防护用品	高处坠落	重大	（1）高处作业人员必须戴好安全帽、防滑鞋、正确佩戴安全带，必要时应使用防坠器； （2）安全带的挂钩应挂在结实、牢固的构件上，或专挂安全带的钢丝绳上，不准低挂高用

续表

作业步骤	危害辨识	危害描述	产生后果	风险等级	防 范 措 施
3．阀门拆卸及解体	高处落物	工器具或材料掉落	撞击	较小	采取防止工具、材料、物品掉落的措施。禁止交叉作业
	高温物体	身体直接接触阀门阀体高温金属部件被烫伤。阀门内存在余汽水或隔离门不严，拆阀门解体时汽水喷出造成人身伤害	灼烫伤	较小	被解体的阀门能有效隔离且隔离严密，阀门前后疏水门打开，放尽余汽水；监测阀体温度低于50℃时方可拆除保温及阀门部件
	拆卸螺栓	拆卸门架时挤伤手指	机械伤害	较小	（1）拆卸时戴手套； （2）使用合格的手锤
	起吊物	起重工具	起重伤害	中等	（1）起吊前检查起重工具是否合格可用； （2）检查工器具是否完好，禁止野蛮操作
		指挥	起重伤害	较小	起重作业由专业的起重人员进行操作指挥
4．零部件清理、检查、测量	粉尘	未正确佩戴防护口罩	尘肺病	较小	作业人员佩戴防护口罩
	脚手架	缺损	高处坠落	重大	及时检查及补全缺失防护栏并验收合格，工作负责人每日工作前必须对脚手架进行检查，如果发现缺陷，应立即修整
	高处作业人员	高处作业未正确使用防护用品	高处坠落	重大	（1）高处作业人员必须戴好安全帽、防滑鞋、正确佩戴安全带，必要时应使用防坠器； （2）安全带的挂钩应挂在结实、牢固的构件上，或专挂安全带的钢丝绳上，不准低挂高用
	高处落物	工器具或材料掉落	撞击	较小	采取防止工具、材料、物品掉落的措施。禁止交叉作业
	误用不合格电动工器具	（1）电动工器具未经检验合格； （2）电动工器具电源线、电源插头破损，防护罩破损缺失，磨片破损	机械伤害	较小	（1）检查角磨机必须经有资质单位检验合格，并张贴检验合格标志； （2）检查角磨机的电源线、电源插头完好无缺损，防护罩、角磨片完好无缺损； （3）使用合格的手锤
5．部件修复	粉尘	未正确佩戴防护口罩	尘肺病	较小	作业人员佩戴防护口罩
	脚手架	缺损	高处坠落	重大	及时检查及补全缺失防护栏并验收合格，工作负责人每日工作前必须对脚手架进行检查，如果发现缺陷，应立即修整
	高处作业人员	高处作业未正确使用防护用品	高处坠落	重大	（1）高处作业人员必须戴好安全帽、防滑鞋、正确佩戴安全带，必要时应使用防坠器； （2）安全带的挂钩应挂在结实、牢固的构件上，或专挂安全带的钢丝绳上，不准低挂高用
	高处落物	工器具或材料掉落	撞击	较小	采取防止工具、材料、物品掉落的措施。禁止交叉作业
	电动研磨机	电源盘没有漏电保护器	触电	较小	电动工具必须配置可靠的漏电保护器
		电源盘及研磨机绝缘损坏	触电	较小	检查研磨机、电源盘的电缆线绝缘合格，绝缘材料应无破损，导线无裸露方可使用
		违规使用电源盘	触电	较小	工作前认真检查电源盘应完好、无缺陷、无安全隐患，电源盘及研磨机检查应合格，不合格的电源盘及研磨机禁止带入检修现场
		研磨机转动部件飞出	机械伤害	较小	阀门研磨时，无关人员远离，工作人员站在侧面

续表

作业步骤	危害辨识	危害描述	产生后果	风险等级	防 范 措 施
5. 部件修复	不合格工器具	手锤锤头与木柄的连接不牢固、锤头破损、木柄未使用整根硬质木料	机械伤害	较小	（1）检查大锤和手锤的锤头应完整，其表面应光滑微凸，不应有歪斜、缺口、凹入及裂纹等缺陷。大锤及手锤的柄应用整根的硬木制成，且头部用楔栓固定。楔栓宜采用金属楔，楔子长度不应大于安装孔的三分之二。锤把上不应有油污。 （2）禁止戴手套抡大锤。 （3）抡大锤时周围不准有人靠近，防止误伤
6. 阀门组装	大锤	锤头与木柄的连接不牢固、锤头破损、木柄未使用整根硬质木料	砸伤	较小	检查大锤和手锤的锤头应完整，其表面应光滑微凸，不应有歪斜、缺口、凹入及裂纹等缺陷。大锤及手锤的柄应用整根的硬木制成，且头部用楔栓固定。楔栓宜采用金属楔，楔子长度不应大于安装孔的三分之二。锤把上不应有油污
		戴手套抡大锤	物体打击	较小	（1）禁止戴手套抡大锤； （2）抡大锤时周围不准有人靠近，防止误伤
		拆卸部件伤手	机械伤害	较小	佩戴防护手套
	高处作业人员	高处作业未正确使用防护用品	高处坠落	重大	（1）高处作业人员必须戴好安全帽、防滑鞋、正确佩戴安全带，必要时应使用防坠器； （2）安全带的挂钩应挂在结实、牢固的构件上，或专挂安全带的钢丝绳上，不准低挂高用
	高处的工器具	工器具未系防坠绳及零部件未固定	物体打击	中等	（1）工器具必须使用防坠绳； （2）工器具和零部件应用绳拴在牢固的构件上，不准随便乱放
7. 清理现场及其他	检修废料	检修后，检修废料没有及时清除干净	环境污染	较小	工作结束后，及时清理工作现场

13.23 高压旁路减温水调门检修

作业步骤	危害辨识	危害描述	产生后果	风险等级	防 范 措 施
1. 环境评估	粉尘	未正确佩戴防护口罩	尘肺病	较小	作业人员佩戴防护口罩
2. 措施确认	高温蒸汽	检修的系统未有效隔离	灼烫伤	中等	保证检修的一段管道可靠地与其他部分隔断，放尽管道、容器内部的汽、水、烟或可燃气
	电动执行机构	带电	触电	中等	切断电源，挂禁止操作牌
	不合格电动工器具	（1）电动工器具未经检验合格； （2）电动工器具电源线、电源插头破损	机械伤害	较小	（1）检查研磨机必须经有资质单位检验合格，并张贴检验合格标志； （2）检查研磨机的电源线、电源插头完好无缺损
	检修隔离	隔离措施失效，非工作人员进入	机械伤害	较小	对现场检修区域设置围栏、铺设胶皮，进行有效的隔离，有人监护
3. 阀门拆卸及解体	粉尘	未正确佩戴防护口罩	尘肺病	较小	作业人员佩戴防护口罩
	脚手架	缺损	高处坠落	重大	及时检查及补全缺失防护栏并验收合格，工作负责人每日工作前必须对脚手架进行检查，如果发现缺陷，应立即修整
	高处作业人员	高处作业未正确使用防护用品	高处坠落	重大	（1）高处作业人员必须戴好安全帽、防滑鞋、正确佩戴安全带，必要时应使用防坠器； （2）安全带的挂钩应挂在结实、牢固的构件上，或专挂安全带的钢丝绳上，不准低挂高用

续表

作业步骤	危害辨识	危害描述	产生后果	风险等级	防范措施
3．阀门拆卸及解体	高处落物	工器具或材料掉落	撞击	较小	采取防止工具、材料、物品掉落的措施。禁止交叉作业
	高温物体	身体直接接触阀门阀体高温金属部件被烫伤。阀门内存在余汽水或隔离门不严，拆阀门解体时汽水喷出造成人身伤害	灼烫伤	较小	被解体的阀门能有效隔离且隔离严密，阀门前后疏水门打开，放尽余汽水；监测阀体温度低于50℃时方可拆除保温及阀门部件
	拆卸螺栓	拆卸门架时挤伤手指	机械伤害	较小	（1）拆卸时戴手套； （2）使用合格的手锤
	起吊物	起重工具	起重伤害	中等	（1）起吊前检查起重工具是否合格可用； （2）检查工器具是否完好，禁止野蛮操作
		指挥	起重伤害	较小	起重作业由专业的起重人员进行操作指挥
4．零部件清理、检查、测量	粉尘	未正确佩戴防护口罩	尘肺病	较小	作业人员佩戴防护口罩
	脚手架	缺损	高处坠落	重大	及时检查及补全缺失防护栏并验收合格，工作负责人每日工作前必须对脚手架进行检查，如果发现缺陷，应立即修整
	高处作业人员	高处作业未正确使用防护用品	高处坠落	重大	（1）高处作业人员必须戴好安全帽、防滑鞋、正确佩戴安全带，必要时应使用防坠器； （2）安全带的挂钩应挂在结实、牢固的构件上，或专挂安全带的钢丝绳上，不准低挂高用
	高处落物	工器具或材料掉落	撞击	较小	采取防止工具、材料、物品掉落的措施。禁止交叉作业
	误用不合格电动工器具	（1）电动工器具未经检验合格； （2）电动工器具电源线、电源插头破损，防护罩破损缺失，磨片破损	机械伤害	较小	（1）检查角磨机必须经有资质单位检验合格，并张贴检验合格标志； （2）检查角磨机的电源线、电源插头完好无缺损，防护罩、角磨片完好无缺损； （3）使用合格的手锤
5．部件修复	粉尘	未正确佩戴防护口罩	尘肺病	较小	作业人员佩戴防护口罩
	脚手架	缺损	高处坠落	重大	及时检查及补全缺失防护栏并验收合格，工作负责人每日工作前必须对脚手架进行检查，如果发现缺陷，应立即修整
	高处作业人员	高处作业未正确使用防护用品	高处坠落	重大	（1）高处作业人员必须戴好安全帽、防滑鞋、正确佩戴安全带，必要时应使用防坠器； （2）安全带的挂钩应挂在结实、牢固的构件上，或专挂安全带的钢丝绳上，不准低挂高用
	高处落物	工器具或材料掉落	撞击	较小	采取防止工具、材料、物品掉落的措施。禁止交叉作业
	电动研磨机	电源盘没有漏电保护器	触电	较小	电动工具必须配置可靠的漏电保护器
		电源盘及研磨机绝缘损坏	触电	较小	检查研磨机、电源盘的电缆线绝缘合格，绝缘材料应无破损，导线无裸露方可使用
		违规使用电源盘	触电	较小	工作前认真检查电源盘应完好、无缺陷、无安全隐患，电源盘及研磨机检查应合格，不合格的电源盘及研磨机禁止带入检修现场
		研磨机转动部件飞出	机械伤害	较小	阀门研磨时，无关人员远离，工作人员站在侧面

续表

作业步骤	危害辨识	危害描述	产生后果	风险等级	防 范 措 施
5. 部件修复	不合格工器具	手锤锤头与木柄的连接不牢固、锤头破损、木柄未使用整根硬质木料	机械伤害	较小	(1) 检查大锤和手锤的锤头应完整，其表面应光滑微凸，不应有歪斜、缺口、凹入及裂纹等缺陷。大锤及手锤的柄应用整根的硬木制成，且头部用楔栓固定。楔栓宜采用金属楔，楔子长度不应大于安装孔的三分之二。锤把上不应有油污。 (2) 禁止戴手套抡大锤。 (3) 抡大锤时周围不准有人靠近，防止误伤
6. 阀门组装	大锤	锤头与木柄的连接不牢固、锤头破损、木柄未使用整根硬质木料	砸伤	较小	检查大锤和手锤的锤头应完整，其表面应光滑微凸，不应有歪斜、缺口、凹入及裂纹等缺陷。大锤及手锤的柄应用整根的硬木制成，且头部用楔栓固定。楔栓宜采用金属楔，楔子长度不应大于安装孔的三分之二。锤把上不应有油污
		戴手套抡大锤	物体打击	较小	(1) 禁止戴手套抡大锤； (2) 抡大锤时周围不准有人靠近，防止误伤
		拆卸部件伤手	机械伤害	较小	佩戴防护手套
	高处作业人员	高处作业未正确使用防护用品	高处坠落	重大	(1) 高处作业人员必须戴好安全帽、防滑鞋、正确佩戴安全带，必要时应使用防坠器； (2) 安全带的挂钩应挂在结实、牢固的构件上，或专挂安全带的钢丝绳上，不准低挂高用
	高处的工器具	工器具未系防坠绳及零部件未固定	物体打击	中等	(1) 工器具必须使用防坠绳； (2) 工器具和零部件应用绳拴在牢固的构件上，不准随便乱放
7. 清理现场及其他	检修废料	检修后，检修废料没有及时清除干净	环境污染	较小	工作结束后，及时清理工作现场

13.24 高压旁路减温调门后放水门检修

作业步骤	危害辨识	危害描述	产生后果	风险等级	防 范 措 施
1. 环境评估	粉尘	未正确佩戴防护口罩	尘肺病	较小	作业人员佩戴防护口罩
2. 措施确认	高温蒸汽	检修的系统未有效隔离	灼烫伤	中等	保证检修的一段管道可靠地与其他部分隔断，放尽管道、容器内部的汽、水、烟或可燃气
	不合格电动工器具	(1) 电动工器具未经检验合格； (2) 电动工器具电源线、电源插头破损	机械伤害	较小	(1) 检查研磨机必须经有资质单位检验合格，并张贴检验合格标志； (2) 检查研磨机的电源线、电源插头完好无缺损
	检修隔离	隔离措施失效，非工作人员进入	机械伤害	较小	对现场检修区域设置围栏、铺设胶皮，进行有效的隔离，有人监护
3. 阀门拆卸及解体	粉尘	未正确佩戴防护口罩	尘肺病	较小	作业人员佩戴防护口罩
	高处落物	工器具或材料掉落	撞击	较小	采取防止工具、材料、物品掉落的措施。禁止交叉作业
	高温物体	身体直接接触阀门阀体高温金属部件被烫伤。阀门内存在余汽水或隔离门不严，拆阀门解体时汽水喷出造成人身伤害	灼烫伤	较小	被解体的阀门能有效隔离且隔离严密，阀门前后疏水门打开，放尽余汽水；监测阀体温度低于50℃时方可拆除保温及阀门部件

续表

作业步骤	危害辨识	危害描述	产生后果	风险等级	防　范　措　施
4. 零部件清理、检查、测量	粉尘	未正确佩戴防护口罩	尘肺病	较小	作业人员佩戴防护口罩
	高处落物	工器具或材料掉落	撞击	较小	采取防止工具、材料、物品掉落的措施。禁止交叉作业
	误用不合格电动工器具	（1）电动工器具未经检验合格； （2）电动工器具电源线、电源插头破损，防护罩破损缺失，磨片破损	机械伤害	较小	（1）检查角磨机必须经有资质单位检验合格，并张贴检验合格标志； （2）检查角磨机的电源线、电源插头完好无缺损，防护罩、角磨片完好无缺损； （3）使用合格的手锤
5. 部件修复	粉尘	未正确佩戴防护口罩	尘肺病	较小	作业人员佩戴防护口罩
	高处落物	工器具或材料掉落	撞击	较小	采取防止工具、材料、物品掉落的措施。禁止交叉作业
	电动研磨机	电源盘没有漏电保护器	触电	较小	电动工具必须配置可靠的漏电保护器。
		电源盘及研磨机绝缘损坏	触电	较小	检查研磨机、电源盘的电缆线绝缘合格，绝缘材料应无破损，导线无裸露方可使用
		违规使用电源盘	触电	较小	工作前认真检查电源盘应完好、无缺陷、无安全隐患，电源盘及研磨机检查应合格，不合格的电源盘及研磨机禁止带入检修现场
		研磨机转动部件飞出	机械伤害	较小	阀门研磨时，无关人员远离，工作人员站在侧面
	不合格工器具	手锤锤头与木柄的连接不牢固、锤头破损、木柄未使用整根硬质木料	机械伤害	较小	（1）检查大锤和手锤的锤头应完整，其表面应光滑微凸，不应有歪斜、缺口、凹入及裂纹等缺陷。大锤及手锤的柄应用整根的硬木制成，且头部用楔栓固定。楔栓宜采用金属楔，楔子长度不应大于安装孔的三分之二。锤把上不应有油污。 （2）禁止戴手套抡大锤。 （3）抡大锤时周围不准有人靠近，防止误伤
6. 阀门组装	大锤	锤头与木柄的连接不牢固、锤头破损、木柄未使用整根硬质木料	砸伤	较小	检查大锤和手锤的锤头应完整，其表面应光滑微凸，不应有歪斜、缺口、凹入及裂纹等缺陷。大锤及手锤的柄应用整根的硬木制成，且头部用楔栓固定。楔栓宜采用金属楔，楔子长度不应大于安装孔的三分之二。锤把上不应有油污
		戴手套抡大锤	物体打击	较小	（1）禁止戴手套抡大锤； （2）抡大锤时周围不准有人靠近，防止误伤
		拆卸部件伤手	机械伤害	较小	佩戴防护手套
	高处的工器具	工器具未系防坠绳及零部件未固定	物体打击	中等	（1）工器具必须使用防坠绳； （2）工器具和零部件应用绳拴在牢固的构件上，不准随便乱放
7. 清理现场及其他	检修废料	检修后，检修废料没有及时清除干净	环境污染	较小	工作结束后，及时清理工作现场

13.25　高压旁路减压阀检修

作业步骤	危害辨识	危害描述	产生后果	风险等级	防　范　措　施
1. 环境评估	粉尘	未正确佩戴防护口罩	尘肺病	较小	作业人员佩戴防护口罩

续表

作业步骤	危害辨识	危害描述	产生后果	风险等级	防 范 措 施
2．措施确认	高温蒸汽	检修的系统未有效隔离	灼烫伤	中等	保证检修的一段管道可靠地与其他部分隔断，放尽管道、容器内部的汽、水、烟或可燃气
	液压执行机构	带压	机械伤害	中等	停用高旁液压油站，挂禁止操作牌
	不合格电动工器具	（1）电动工器具未经检验合格； （2）电动工器具电源线、电源插头破损	机械伤害	较小	（1）检查研磨机必须经有资质单位检验合格，并张贴检验合格标志； （2）检查研磨机的电源线、电源插头完好无缺损
	检修隔离	隔离措施失效，非工作人员进入	机械伤害	较小	对现场检修区域设置围栏、铺设胶皮，进行有效的隔离，有人监护
3．阀门拆卸及解体	粉尘	未正确佩戴防护口罩	尘肺病	较小	作业人员佩戴防护口罩
	脚手架	缺损	高处坠落	重大	及时检查及补全缺失防护栏并验收合格，工作负责人每日工作前必须对脚手架进行检查，如果发现缺陷，应立即修整
	高处作业人员	高处作业未正确使用防护用品	高处坠落	重大	（1）高处作业人员必须戴好安全帽、防滑鞋、正确佩戴安全带，必要时应使用防坠器； （2）安全带的挂钩应挂在结实、牢固的构件上，或专挂安全带的钢丝绳上，不准低挂高用
	高处落物	工器具或材料掉落	撞击	较小	采取防止工具、材料、物品掉落的措施。禁止交叉作业
	高温物体	身体直接接触阀门阀体高温金属部件被烫伤。阀门内存在余汽水或隔离门不严，拆阀门解体时汽水喷出造成人身伤害	灼烫伤	较小	被解体的阀门能有效隔离且隔离严密，阀门前后疏水门打开，放尽余汽水；监测阀体温度低于50℃时方可拆除保温及阀门部件
	拆卸螺栓	拆卸门架时挤伤手指	机械伤害	较小	（1）拆卸时戴手套； （2）使用合格的手锤
	起吊物	起重工具	起重伤害	中等	（1）起吊前检查起重工具是否合格可用； （2）检查工器具是否完好，禁止野蛮操作
		指挥	起重伤害	较小	起重作业由专业的起重人员进行操作指挥
4．零部件清理、检查、测量	粉尘	未正确佩戴防护口罩	尘肺病	较小	作业人员佩戴防护口罩
	脚手架	缺损	高处坠落	重大	及时检查及补全缺失防护栏并验收合格，工作负责人每日工作前必须对脚手架进行检查，如果发现缺陷，应立即修整
	高处作业人员	高处作业未正确使用防护用品	高处坠落	重大	（1）高处作业人员必须戴好安全帽、防滑鞋、正确佩戴安全带，必要时应使用防坠器； （2）安全带的挂钩应挂在结实、牢固的构件上，或专挂安全带的钢丝绳上，不准低挂高用
	高处落物	工器具或材料掉落	撞击	较小	采取防止工具、材料、物品掉落的措施。禁止交叉作业
	误用不合格电动工器具	（1）电动工器具未经检验合格； （2）电动工器具电源线、电源插头破损，防护罩破损缺失，磨片破损	机械伤害	较小	（1）检查角磨机必须经有资质单位检验合格，并张贴检验合格标志； （2）检查角磨机的电源线、电源插头完好无缺损，防护罩、角磨片完好无缺损； （3）使用合格的手锤

续表

作业步骤	危害辨识	危害描述	产生后果	风险等级	防范措施
5. 部件修复	粉尘	未正确佩戴防护口罩	尘肺病	较小	作业人员佩戴防护口罩
	脚手架	缺损	高处坠落	重大	及时检查及补全缺失防护栏并验收合格，工作负责人每日工作前必须对脚手架进行检查，如果发现缺陷，应立即修整
	高处作业人员	高处作业未正确使用防护用品	高处坠落	重大	（1）高处作业人员必须戴好安全帽、防滑鞋、正确佩戴安全带，必要时应使用防坠器； （2）安全带的挂钩应挂在结实、牢固的构件上，或专挂安全带的钢丝绳上，不准低挂高用
	高处落物	工器具或材料掉落	撞击	较小	采取防止工具、材料、物品掉落的措施。禁止交叉作业
	电动研磨机	电源盘没有漏电保护器	触电	较小	电动工具必须配置可靠的漏电保护器
		电源盘及研磨机绝缘损坏	触电	较小	检查研磨机、电源盘的电缆线绝缘合格，绝缘材料应无破损，导线无裸露方可使用
		违规使用电源盘	触电	较小	工作前认真检查电源盘应完好、无缺陷、无安全隐患，电源盘及研磨机检查应合格，不合格的电源盘及研磨机禁止带入检修现场
		研磨机转动部件飞出	机械伤害	较小	阀门研磨时，无关人员远离，工作人员站在侧面
	不合格工器具	手锤锤头与木柄的连接不牢固、锤头破损、木柄未使用整根硬质木料	机械伤害	较小	（1）检查大锤和手锤的锤头应完整，其表面应光滑微凸，不应有歪斜、缺口、凹入及裂纹等缺陷。大锤及手锤的柄应用整根的硬木制成，且头部用楔栓固定。楔栓宜采用金属楔，楔子长度不应大于安装孔的三分之二。锤把上不应有油污。 （2）禁止戴手套抡大锤。 （3）抡大锤时周围不准有人靠近，防止误伤
6. 阀门组装	大锤	锤头与木柄的连接不牢固、锤头破损、木柄未使用整根硬质木料	砸伤	较小	检查大锤和手锤的锤头应完整，其表面应光滑微凸，不应有歪斜、缺口、凹入及裂纹等缺陷。大锤及手锤的柄应用整根的硬木制成，且头部用楔栓固定。楔栓宜采用金属楔，楔子长度不应大于安装孔的三分之二。锤把上不应有油污
		戴手套抡大锤	物体打击	较小	（1）禁止戴手套抡大锤； （2）抡大锤时周围不准有人靠近，防止误伤
		拆卸部件伤手	机械伤害	较小	佩戴防护手套
	高处作业人员	高处作业未正确使用防护用品	高处坠落	重大	（1）高处作业人员必须戴好安全帽、防滑鞋、正确佩戴安全带，必要时应使用防坠器； （2）安全带的挂钩应挂在结实、牢固的构件上，或专挂安全带的钢丝绳上，不准低挂高用
	高处的工器具	工器具未系防坠绳及零部件未固定	物体打击	中等	（1）工器具必须使用防坠绳； （2）工器具和零部件应用绳拴在牢固的构件上，不准随便乱放
7. 清理现场及其他	检修废料	检修后，检修废料没有及时清除干净	环境污染	较小	工作结束后，及时清理工作现场

13.26 高压旁路油站检修

作业步骤	危害辨识	危害描述	产生后果	风险等级	防范措施
1. 环境评估	粉尘	未正确佩戴防护口罩	尘肺病	较小	作业人员佩戴防护口罩

续表

作业步骤	危害辨识	危害描述	产生后果	风险等级	防 范 措 施
2. 措施确认	油泵电机	带电	触电	中等	切断电源，挂禁止操作牌
	检修隔离	隔离措施失效，非工作人员进入	机械伤害	较小	对现场检修区域设置围栏、铺设胶皮，进行有效的隔离，有人监护
3. 解体	粉尘	未正确佩戴防护口罩	尘肺病	较小	作业人员佩戴防护口罩
	高处落物	工器具或材料掉落	撞击	较小	采取防止工具、材料、物品掉落的措施。禁止交叉作业
	拆卸螺栓	拆卸门架时挤伤手指	机械伤害	较小	（1）拆卸时戴手套； （2）使用合格的手锤
	起吊物	起重工具	起重伤害	中等	（1）起吊前检查起重工具是否合格可用； （2）检查工器具是否完好，禁止野蛮操作
		指挥	起重伤害	较小	起重作业由专业的起重人员进行操作指挥
4. 检查清理	粉尘	未正确佩戴防护口罩	尘肺病	较小	作业人员佩戴防护口罩
	高处落物	工器具或材料掉落	撞击	较小	采取防止工具、材料、物品掉落的措施。禁止交叉作业
	清洁剂	作业时未正确使用防护用品	中毒和窒息	较小	使用时打开门窗通风，避免过多吸入化学微粒，戴防护口罩、乳胶手套
	误用不合格电动工器具	（1）电动工器具未经检验合格； （2）电动工器具电源线、电源插头破损，防护罩破损缺失，磨片破损	机械伤害	较小	（1）检查角磨机必须经有资质单位检验合格，并张贴检验合格标志； （2）检查角磨机的电源线、电源插头完好无缺损，防护罩、角磨片完好无缺损； （3）使用合格的手锤
5. 组装	粉尘	未正确佩戴防护口罩	尘肺病	较小	作业人员佩戴防护口罩
	润滑油	加油及操作中发生的跑、冒、滴、漏及溢油	滑倒摔伤	较小	在加油及操作中发生的跑、冒、滴、漏及溢油，要及时清除处理
		工作结束后，废品乱扔	火灾和环境污染	较小	不准将油污、油泥、废油等（包括沾油棉纱、布、手套、纸等）倒入下水道排放或随地倾倒，应收集放于指定的废油箱，妥善处理，以防污染环境
	高处落物	工器具或材料掉落	撞击	较小	采取防止工具、材料、物品掉落的措施。禁止交叉作业
6. 清理现场及其他	检修废料	检修后，检修废料没有及时清除干净	环境污染	较小	工作结束后，及时清理工作现场

13.27 给水母管逆止门

作业步骤	危害辨识	危害描述	产生后果	风险等级	防 范 措 施
1. 环境评估	粉尘	未正确佩戴防护口罩	尘肺病	较小	作业人员佩戴防护口罩
2. 措施确认	高温蒸汽	检修的系统未有效隔离	灼烫伤	中等	保证检修的一段管道可靠地与其他部分隔断，放尽管道、容器内部的汽、水、烟或可燃气
	脚手架	缺损	高处坠落	重大	搭设的脚手架验收合格后方可使用
	不合格电动工器具	（1）电动工器具未经检验合格； （2）电动工器具电源线、电源插头破损	机械伤害	较小	（1）检查研磨机必须经有资质单位检验合格，并张贴检验合格标志； （2）检查研磨机的电源线、电源插头完好无缺损

续表

作业步骤	危害辨识	危害描述	产生后果	风险等级	防范措施
2．措施确认	检修隔离	隔离措施失效，非工作人员进入	机械伤害	较小	对现场检修区域设置围栏、铺设胶皮，进行有效的隔离，有人监护
	保温石棉	未正确佩戴防护口罩	尘肺病	较小	工作人员戴好防护口罩
3．阀门拆卸及解体	粉尘	未正确佩戴防护口罩	尘肺病	较小	作业人员佩戴防护口罩
	脚手架	缺损	高处坠落	重大	及时检查及补全缺失防护栏并验收合格，工作负责人每日工作前必须对脚手架进行检查，如果发现缺陷，应立即修整
	高处作业人员	高处作业未正确使用防护用品	高处坠落	重大	（1）高处作业人员必须戴好安全帽、防滑鞋、正确佩戴安全带，必要时应使用防坠器； （2）安全带的挂钩应挂在结实、牢固的构件上，或专挂安全带的钢丝绳上，不准低挂高用
	高处落物	工器具或材料掉落	撞击	较小	采取防止工具、材料、物品掉落的措施。禁止交叉作业
	高温物体	身体直接接触阀门阀体高温金属部件被烫伤。阀门内存在余汽水或隔离门不严，拆阀门解体时汽水喷出造成人身伤害	灼烫伤	较小	被解体的阀门能有效隔离且隔离严密，阀门前后疏水门打开，放尽余汽水；监测阀体温度低于50℃时方可拆除保温及阀门部件
	拆卸螺栓	拆卸门架时挤伤手指	机械伤害	较小	（1）拆卸时戴手套； （2）使用合格的手锤
	起吊物	起重工具	起重伤害	中等	（1）起吊前检查起重工具是否合格可用； （2）检查工器具是否完好，禁止野蛮操作
		指挥	起重伤害	较小	起重作业由专业的起重人员进行操作指挥
4．零部件清理、检查、测量	粉尘	未正确佩戴防护口罩	尘肺病	较小	作业人员佩戴防护口罩
	脚手架	缺损	高处坠落	重大	及时检查及补全缺失防护栏并验收合格，工作负责人每日工作前必须对脚手架进行检查，如果发现缺陷，应立即修整
	高处作业人员	高处作业未正确使用防护用品	高处坠落	重大	（1）高处作业人员必须戴好安全帽、防滑鞋、正确佩戴安全带，必要时应使用防坠器； （2）安全带的挂钩应挂在结实、牢固的构件上，或专挂安全带的钢丝绳上，不准低挂高用
	高处落物	工器具或材料掉落	撞击	较小	采取防止工具、材料、物品掉落的措施。禁止交叉作业
	误用不合格电动工器具	（1）电动工器具未经检验合格； （2）电动工器具电源线、电源插头破损，防护罩破损缺失，磨片破损	机械伤害	较小	（1）检查角磨机必须经有资质单位检验合格，并张贴检验合格标志； （2）检查角磨机的电源线、电源插头完好无缺损，防护罩、角磨片完好无缺损； （3）使用合格的手锤
5．阀瓣、阀座密封面修研	粉尘	未正确佩戴防护口罩	尘肺病	较小	作业人员佩戴防护口罩
	脚手架	缺损	高处坠落	重大	及时检查及补全缺失防护栏并验收合格，工作负责人每日工作前必须对脚手架进行检查，如果发现缺陷，应立即修整
	高处作业人员	高处作业未正确使用防护用品	高处坠落	重大	（1）高处作业人员必须戴好安全帽、防滑鞋、正确佩戴安全带，必要时应使用防坠器； （2）安全带的挂钩应挂在结实、牢固的构件上，或专挂安全带的钢丝绳上，不准低挂高用
	高处落物	工器具或材料掉落	撞击	较小	采取防止工具、材料、物品掉落的措施。禁止交叉作业

续表

作业步骤	危害辨识	危害描述	产生后果	风险等级	防 范 措 施
5. 阀瓣、阀座密封面修研	电动研磨机	电源盘没有漏电保护器	触电	较小	电动工具必须配置可靠的漏电保护器
		电源盘及研磨机绝缘损坏	触电	较小	检查研磨机、电源盘的电缆线绝缘合格，绝缘材料应无破损，导线无裸露方可使用
		违规使用电源盘	触电	较小	工作前认真检查电源盘应完好、无缺陷、无安全隐患，电源盘及研磨机检查应合格，不合格的电源盘及研磨机禁止带入检修现场
		研磨机转动部件飞出	机械伤害	较小	阀门研磨时，无关人员远离，工作人员站在侧面
	不合格工器具	手锤锤头与木柄的连接不牢固、锤头破损、木柄未使用整根硬质木料	机械伤害	较小	（1）检查大锤和手锤的锤头应完整，其表面应光滑微凸，不应有歪斜、缺口、凹入及裂纹等缺陷。大锤及手锤的柄应用整根的硬木制成，且头部用楔栓固定。楔栓宜采用金属楔，楔子长度不应大于安装孔的三分之二。锤把上不应有油污。 （2）禁止戴手套抡大锤。 （3）抡大锤时周围不准有人靠近，防止误伤
6. 阀瓣、阀座密封面验证	高处作业人员	高处作业未正确使用防护用品	高处坠落	重大	（1）高处作业人员必须戴好安全帽、防滑鞋、正确佩戴安全带，必要时应使用防坠器； （2）安全带的挂钩应挂在结实、牢固的构件上，或专挂安全带的钢丝绳上，不准低挂高用
7. 阀门组装	大锤	锤头与木柄的连接不牢固、锤头破损、木柄未使用整根硬质木料	砸伤	较小	检查大锤和手锤的锤头应完整，其表面应光滑微凸，不应有歪斜、缺口、凹入及裂纹等缺陷。大锤及手锤的柄应用整根的硬木制成，且头部用楔栓固定。楔栓宜采用金属楔，楔子长度不应大于安装孔的三分之二。锤把上不应有油污
		戴手套抡大锤	物体打击	较小	（1）禁止戴手套抡大锤； （2）抡大锤时周围不准有人靠近，防止误伤
		拆卸部件伤手	机械伤害	较小	佩戴防护手套
	高处作业人员	高处作业未正确使用防护用品	高处坠落	重大	（1）高处作业人员必须戴好安全帽、防滑鞋、正确佩戴安全带，必要时应使用防坠器； （2）安全带的挂钩应挂在结实、牢固的构件上，或专挂安全带的钢丝绳上，不准低挂高用
	高处的工器具	工器具未系防坠绳及零部件未固定	物体打击	中等	（1）工器具必须使用防坠绳； （2）工器具和零部件应用绳拴在牢固的构件上，不准随便乱放
8. 清理现场及其他	检修废料	检修后，检修废料没有及时清除干净	环境污染	较小	工作结束后，及时清理工作现场

13.28 给水旁路进口隔绝门检修

作业步骤	危害辨识	危害描述	产生后果	风险等级	防 范 措 施
1. 环境评估	粉尘	未正确佩戴防护口罩	尘肺病	较小	作业人员佩戴防护口罩
2. 措施确认	高温蒸汽	检修的系统未有效隔离	灼烫伤	中等	保证检修的一段管道可靠地与其他部分隔断，放尽管道、容器内部的汽、水、烟或可燃气
	电动执行机构	带电	电动执行机构	中等	切断电源，挂禁止操作牌
	脚手架	缺损	高处坠落	重大	搭设的脚手架验收合格后方可使用

续表

作业步骤	危害辨识	危害描述	产生后果	风险等级	防　范　措　施
2．措施确认	不合格电动工器具	（1）电动工器具未经检验合格； （2）电动工器具电源线、电源插头破损	机械伤害	较小	（1）检查研磨机必须经有资质单位检验合格，并张贴检验合格标志； （2）检查研磨机的电源线、电源插头完好无缺损
	检修隔离	隔离措施失效，非工作人员进入	机械伤害	较小	对现场检修区域设置围栏、铺设胶皮，进行有效的隔离，有人监护
3．阀门拆卸及解体	粉尘	未正确佩戴防护口罩	尘肺病	较小	作业人员佩戴防护口罩
	脚手架	缺损	高处坠落	重大	及时检查及补全缺失防护栏并验收合格，工作负责人每日工作前必须对脚手架进行检查，如果发现缺陷，应立即修整
	高处作业人员	高处作业未正确使用防护用品	高处坠落	重大	（1）高处作业人员必须戴好安全帽、防滑鞋、正确佩戴安全带，必要时应使用防坠器； （2）安全带的挂钩应挂在结实、牢固的构件上，或专挂安全带的钢丝绳上，不准低挂高用
	高处落物	工器具或材料掉落	撞击	较小	采取防止工具、材料、物品掉落的措施。禁止交叉作业
	高温物体	身体直接接触阀门阀体高温金属部件被烫伤。阀门内存在余汽水或隔离门不严，拆阀门解体时汽水喷出造成人身伤害	灼烫伤	较小	被解体的阀门能有效隔离且隔离严密，阀门前后疏水门打开，放尽余汽水；监测阀体温度低于50℃时方可拆除保温及阀门部件
	拆卸螺栓	拆卸门架时挤伤手指	机械伤害	较小	（1）拆卸时戴手套； （2）使用合格的手锤
	起吊物	起重工具	起重伤害	中等	（1）起吊前检查起重工具是否合格可用； （2）检查工器具是否完好，禁止野蛮操作
		指挥	起重伤害	较小	起重作业由专业的起重人员进行操作指挥
4．零部件清理、检查、测量	粉尘	未正确佩戴防护口罩	尘肺病	较小	作业人员佩戴防护口罩
	脚手架	缺损	高处坠落	重大	及时检查及补全缺失防护栏并验收合格，工作负责人每日工作前必须对脚手架进行检查，如果发现缺陷，应立即修整
	高处作业人员	高处作业未正确使用防护用品	高处坠落	重大	（1）高处作业人员必须戴好安全帽、防滑鞋、正确佩戴安全带，必要时应使用防坠器； （2）安全带的挂钩应挂在结实、牢固的构件上，或专挂安全带的钢丝绳上，不准低挂高用
	高处落物	工器具或材料掉落	撞击	较小	采取防止工具、材料、物品掉落的措施。禁止交叉作业
	误用不合格电动工器具	（1）电动工器具未经检验合格； （2）电动工器具电源线、电源插头破损，防护罩破损缺失，磨片破损	机械伤害	较小	（1）检查角磨机必须经有资质单位检验合格，并张贴检验合格标志； （2）检查角磨机的电源线、电源插头完好无缺损，防护罩、角磨片完好无缺损； （3）使用合格的手锤
5．部件修复	粉尘	未正确佩戴防护口罩	尘肺病	较小	作业人员佩戴防护口罩
	脚手架	缺损	高处坠落	重大	及时检查及补全缺失防护栏并验收合格，工作负责人每日工作前必须对脚手架进行检查，如果发现缺陷，应立即修整
	高处作业人员	高处作业未正确使用防护用品	高处坠落	重大	（1）高处作业人员必须戴好安全帽、防滑鞋、正确佩戴安全带，必要时应使用防坠器； （2）安全带的挂钩应挂在结实、牢固的构件上，或专挂安全带的钢丝绳上，不准低挂高用

续表

作业步骤	危害辨识	危害描述	产生后果	风险等级	防 范 措 施
5. 部件修复	高处落物	工器具或材料掉落	撞击	较小	采取防止工具、材料、物品掉落的措施。禁止交叉作业
	电动研磨机	电源盘没有漏电保护器	触电	较小	电动工具必须配置可靠的漏电保护器
		电源盘及研磨机绝缘损坏	触电	较小	检查研磨机、电源盘的电缆线绝缘合格，绝缘材料应无破损，导线无裸露方可使用
		违规使用电源盘	触电	较小	工作前认真检查电源盘应完好、无缺陷、无安全隐患，电源盘及研磨机检查应合格，不合格的电源盘及研磨机禁止带入检修现场
		研磨机转动部件飞出	机械伤害	较小	阀门研磨时，无关人员远离，工作人员站在侧面
	不合格工器具	手锤锤头与木柄的连接不牢固、锤头破损、木柄未使用整根硬质木料	机械伤害	较小	(1) 检查大锤和手锤的锤头应完整，其表面应光滑微凸，不应有歪斜、缺口、凹入及裂纹等缺陷。大锤及手锤的柄应用整根的硬木制成，且头部用楔栓固定。楔栓宜采用金属楔，楔子长度不应大于安装孔的三分之二。锤把上不应有油污。 (2) 禁止戴手套抡大锤。 (3) 抡大锤时周围不准有人靠近，防止误伤
6. 阀门组装	大锤	锤头与木柄的连接不牢固、锤头破损、木柄未使用整根硬质木料	砸伤	较小	检查大锤和手锤的锤头应完整，其表面应光滑微凸，不应有歪斜、缺口、凹入及裂纹等缺陷。大锤及手锤的柄应用整根的硬木制成，且头部用楔栓固定。楔栓宜采用金属楔，楔子长度不应大于安装孔的三分之二。锤把上不应有油污
		戴手套抡大锤	物体打击	较小	(1) 禁止戴手套抡大锤； (2) 抡大锤时周围不准有人靠近，防止误伤
		拆卸部件伤手	机械伤害	较小	佩戴防护手套
	高处作业人员	高处作业未正确使用防护用品	高处坠落	重大	(1) 高处作业人员必须戴好安全帽、防滑鞋、正确佩戴安全带，必要时应使用防坠器； (2) 安全带的挂钩应挂在结实、牢固的构件上，或专挂安全带的钢丝绳上，不准低挂高用
	高处的工器具	工器具未系防坠绳及零部件未固定	物体打击	中等	(1) 工器具必须使用防坠绳； (2) 工器具和零部件应用绳拴在牢固的构件上，不准随便乱放
7. 清理现场及其他	检修废料	检修后，检修废料没有及时清除干净	环境污染	较小	工作结束后，及时清理工作现场

13.29 给水旁路调门检修

作业步骤	危害辨识	危害描述	产生后果	风险等级	防 范 措 施
1. 环境评估	粉尘	未正确佩戴防护口罩	尘肺病	较小	作业人员佩戴防护口罩
2. 措施确认	高温蒸汽	检修的系统未有效隔离	灼烫伤	中等	保证检修的一段管道可靠地与其他部分隔断，放尽管道、容器内部的汽、水、烟或可燃气
	电动执行机构	带电	触电	中等	切断电源，挂禁止操作牌
	脚手架	缺损	高处坠落	重大	搭设的脚手架验收合格后方可使用

续表

作业步骤	危害辨识	危害描述	产生后果	风险等级	防范措施
2. 措施确认	不合格电动工器具	（1）电动工器具未经检验合格； （2）电动工器具电源线、电源插头破损	机械伤害	较小	（1）检查研磨机必须经有资质单位检验合格，并张贴检验合格标志； （2）检查研磨机的电源线、电源插头完好无缺损
	检修隔离	隔离措施失效，非工作人员进入	机械伤害	较小	对现场检修区域设置围栏、铺设胶皮，进行有效的隔离，有人监护
3. 阀门拆卸及解体	粉尘	未正确佩戴防护口罩	尘肺病	较小	作业人员佩戴防护口罩
	脚手架	缺损	高处坠落	重大	及时检查及补全缺失防护栏并验收合格，工作负责人每日工作前必须对脚手架进行检查，如果发现缺陷，应立即修整
	高处作业人员	高处作业未正确使用防护用品	高处坠落	重大	（1）高处作业人员必须戴好安全帽、防滑鞋、正确佩戴安全带，必要时应使用防坠器； （2）安全带的挂钩应挂在结实、牢固的构件上，或专挂安全带的钢丝绳上，不准低挂高用
	高处落物	工器具或材料掉落	撞击	较小	采取防止工具、材料、物品掉落的措施。禁止交叉作业
	高温物体	身体直接接触阀门阀体高温金属部件被烫伤。阀门内存在余汽水或隔离门不严，拆阀门解体时汽水喷出造成人身伤害	灼烫伤	较小	被解体的阀门能有效隔离且隔离严密，阀门前后疏水门打开，放尽余汽水；监测阀体温度低于 50℃时方可拆除保温及阀门部件
	拆卸螺栓	拆卸门架时挤伤手指	机械伤害	较小	（1）拆卸时戴手套； （2）使用合格的手锤
	起吊物	起重工具	起重伤害	中等	（1）起吊前检查起重工具是否合格可用； （2）检查工器具是否完好，禁止野蛮操作
		指挥	起重伤害	较小	起重作业由专业的起重人员进行操作指挥
4. 零部件清理、检查、测量	粉尘	未正确佩戴防护口罩	尘肺病	较小	作业人员佩戴防护口罩
	脚手架	缺损	高处坠落	重大	及时检查及补全缺失防护栏并验收合格，工作负责人每日工作前必须对脚手架进行检查，如果发现缺陷，应立即修整
	高处作业人员	高处作业未正确使用防护用品	高处坠落	重大	（1）高处作业人员必须戴好安全帽、防滑鞋、正确佩戴安全带，必要时应使用防坠器； （2）安全带的挂钩应挂在结实、牢固的构件上，或专挂安全带的钢丝绳上，不准低挂高用
	高处落物	工器具或材料掉落	撞击	较小	采取防止工具、材料、物品掉落的措施。禁止交叉作业
	误用不合格电动工器具	（1）电动工器具未经检验合格； （2）电动工器具电源线、电源插头破损，防护罩破损缺失，磨片破损	机械伤害	较小	（1）检查角磨机必须经有资质单位检验合格，并张贴检验合格标志； （2）检查角磨机的电源线、电源插头完好无缺损，防护罩、角磨片完好无缺损； （3）使用合格的手锤
5. 部件修复	粉尘	未正确佩戴防护口罩	尘肺病	较小	作业人员佩戴防护口罩
	脚手架	缺损	高处坠落	重大	及时检查及补全缺失防护栏并验收合格，工作负责人每日工作前必须对脚手架进行检查，如果发现缺陷，应立即修整
	高处作业人员	高处作业未正确使用防护用品	高处坠落	重大	（1）高处作业人员必须戴好安全帽、防滑鞋、正确佩戴安全带，必要时应使用防坠器； （2）安全带的挂钩应挂在结实、牢固的构件上，或专挂安全带的钢丝绳上，不准低挂高用

续表

作业步骤	危害辨识	危害描述	产生后果	风险等级	防 范 措 施
5. 部件修复	高处落物	工器具或材料掉落	撞击	较小	采取防止工具、材料、物品掉落的措施。禁止交叉作业
	电动研磨机	电源盘没有漏电保护器	触电	较小	电动工具必须配置可靠的漏电保护器
		电源盘及研磨机绝缘损坏	触电	较小	检查研磨机、电源盘的电缆线绝缘合格，绝缘材料应无破损，导线无裸露方可使用
		违规使用电源盘	触电	较小	工作前认真检查电源盘应完好、无缺陷、无安全隐患，电源盘及研磨机检查应合格，不合格的电源盘及研磨机禁止带入检修现场
		研磨机转动部件飞出	机械伤害	较小	阀门研磨时，无关人员远离，工作人员站在侧面
	不合格工器具	手锤锤头与木柄的连接不牢固、锤头破损、木柄未使用整根硬质木料	机械伤害	较小	（1）检查大锤和手锤的锤头应完整，其表面应光滑微凸，不应有歪斜、缺口、凹入及裂纹等缺陷。大锤及手锤的柄应用整根的硬木制成，且头部用楔栓固定。楔栓宜采用金属楔，楔子长度不应大于安装孔的三分之二。锤把上不应有油污。 （2）禁止戴手套抡大锤。 （3）抡大锤时周围不准有人靠近，防止误伤
6. 阀门组装	大锤	锤头与木柄的连接不牢固、锤头破损、木柄未使用整根硬质木料	砸伤	较小	检查大锤和手锤的锤头应完整，其表面应光滑微凸，不应有歪斜、缺口、凹入及裂纹等缺陷。大锤及手锤的柄应用整根的硬木制成，且头部用楔栓固定。楔栓宜采用金属楔，楔子长度不应大于安装孔的三分之二。锤把上不应有油污
		戴手套抡大锤	物体打击	较小	（1）禁止戴手套抡大锤； （2）抡大锤时周围不准有人靠近，防止误伤
		拆卸部件伤手	机械伤害	较小	佩戴防护手套
	高处作业人员	高处作业未正确使用防护用品	高处坠落	重大	（1）高处作业人员必须戴好安全帽、防滑鞋、正确佩戴安全带，必要时应使用防坠器； （2）安全带的挂钩应挂在结实、牢固的构件上，或专挂安全带的钢丝绳上，不准低挂高用
	高处的工器具	工器具未系防坠绳及零部件未固定	物体打击	中等	（1）工器具必须使用防坠绳； （2）工器具和零部件应用绳拴在牢固的构件上，不准随便乱放
7. 清理现场及其他	检修废料	检修后，检修废料没有及时清除干净	环境污染	较小	工作结束后，及时清理工作现场

13.30 管道及附件检修

作业步骤	危害辨识	危害描述	产生后果	风险等级	防 范 措 施
1. 环境评估	粉尘	未正确佩戴防护口罩	尘肺病	较小	作业人员佩戴防护口罩
2. 措施确认	手拉葫芦	手拉葫芦刹车以及传动装置有缺陷、链条有裂纹、链轮转动卡涩、吊钩无防脱保险装置	起重伤害	中等	（1）检查手拉葫芦检验合格证在有效期内； （2）由专业人员修理手拉葫芦或更换合格的手拉葫芦； （3）使用前应做无负荷起落试验一次，检查链条是否有裂纹、链轮转动是否卡涩、吊钩是否无防脱保险装置，以确保完好
		超过铭牌规定使用手拉葫芦	起重伤害	中等	使用手拉葫芦时工作负荷不准超过铭牌规定

续表

作业步骤	危害辨识	危害描述	产生后果	风险等级	防范措施
2. 措施确认	脚手架	缺损	高处坠落	重大	搭设的脚手架验收合格后方可使用
	检修隔离	隔离措施失效，非工作人员进入	机械伤害	较小	对现场检修区域设置围栏、铺设胶皮，进行有效的隔离，有人监护
3. 汽水管道支吊架调整措施	粉尘	未正确佩戴防护口罩	尘肺病	较小	作业人员佩戴防护口罩
	脚手架	缺损	高处坠落	重大	及时检查及补全缺失防护栏并验收合格，工作负责人每日工作前必须对脚手架进行检查，如果发现缺陷，应立即修整
	高处作业人员	高处作业未正确使用防护用品	高处坠落	重大	（1）高处作业人员必须戴好安全帽、防滑鞋、正确佩戴安全带，必要时应使用防坠器； （2）安全带的挂钩应挂在结实、牢固的构件上，或专挂安全带的钢丝绳上，不准低挂高用
	高处落物	工器具或材料掉落	撞击	较小	采取防止工具、材料、物品掉落的措施。禁止交叉作业
4. 汽水管道支吊架检查	粉尘	未正确佩戴防护口罩	尘肺病	较小	作业人员佩戴防护口罩
	脚手架	缺损	高处坠落	重大	及时检查及补全缺失防护栏并验收合格，工作负责人每日工作前必须对脚手架进行检查，如果发现缺陷，应立即修整
	高处作业人员	高处作业未正确使用防护用品	高处坠落	重大	（1）高处作业人员必须戴好安全帽、防滑鞋、正确佩戴安全带，必要时应使用防坠器； （2）安全带的挂钩应挂在结实、牢固的构件上，或专挂安全带的钢丝绳上，不准低挂高用
	高处落物	工器具或材料掉落	撞击	较小	采取防止工具、材料、物品掉落的措施。禁止交叉作业
5. 汽水管道支吊架调整及回装	粉尘	未正确佩戴防护口罩	尘肺病	较小	作业人员佩戴防护口罩
	脚手架	缺损	高处坠落	重大	及时检查及补全缺失防护栏并验收合格，工作负责人每日工作前必须对脚手架进行检查，如果发现缺陷，应立即修整
	高处作业人员	高处作业未正确使用防护用品	高处坠落	重大	（1）高处作业人员必须戴好安全帽、防滑鞋、正确佩戴安全带，必要时应使用防坠器； （2）安全带的挂钩应挂在结实、牢固的构件上，或专挂安全带的钢丝绳上，不准低挂高用
	高处落物	工器具或材料掉落	撞击	较小	采取防止工具、材料、物品掉落的措施。禁止交叉作业
	不合格工器具	手锤锤头与木柄的连接不牢固、锤头破损、木柄未使用整根硬质木料	机械伤害	较小	（1）检查大锤和手锤的锤头应完整，其表面应光滑微凸，不应有歪斜、缺口、凹入及裂纹等缺陷。大锤及手锤的柄应用整根的硬木制成，且头部用楔栓固定。楔栓宜采用金属楔，楔子长度不应大于安装孔的三分之二。锤把上不应有油污。 （2）禁止戴手套抡大锤。 （3）抡大锤时周围不准有人靠近，防止误伤
	手拉葫芦	手拉葫芦刹车以及传动装置有缺陷、链条有裂纹、链轮转动卡涩、吊钩无防脱保险装置	起重伤害	中等	（1）检查手拉葫芦检验合格证在有效期内； （2）由专业人员修理手拉葫芦或更换合格的手拉葫芦； （3）使用前应作无负荷起落试验一次，检查链条是否有裂纹、链轮转动是否卡涩、吊钩是否无防脱保险装置，以确保完好
		超过铭牌规定使用手拉葫芦	起重伤害	中等	使用手拉葫芦时工作负荷不准超过铭牌规定
6. 清理现场及其他	检修废料	检修后，检修废料没有及时清除干净	环境污染	较小	工作结束后，及时清理工作现场

13.31 过冷水隔绝门检修

作业步骤	危害辨识	危害描述	产生后果	风险等级	防 范 措 施
1. 环境评估	粉尘	未正确佩戴防护口罩	尘肺病	较小	作业人员佩戴防护口罩
2. 措施确认	高温蒸汽	检修的系统未有效隔离	灼烫伤	中等	保证检修的一段管道可靠地与其他部分隔断，放尽管道、容器内部的汽、水、烟或可燃气
	电动执行机构	带电	触电	中等	切断电源，挂禁止操作牌
	不合格电动工器具	（1）电动工器具未经检验合格； （2）电动工器具电源线、电源插头破损	机械伤害	较小	（1）检查研磨机必须经有资质单位检验合格，并张贴检验合格标志； （2）检查研磨机的电源线、电源插头完好无缺损
	检修隔离	隔离措施失效，非工作人员进入	机械伤害	较小	对现场检修区域设置围栏、铺设胶皮，进行有效的隔离，有人监护
3. 阀门拆卸及解体	粉尘	未正确佩戴防护口罩	尘肺病	较小	作业人员佩戴防护口罩
	脚手架	缺损	高处坠落	重大	及时检查及补全缺失防护栏并验收合格，工作负责人每日工作前必须对脚手架进行检查，如果发现缺陷，应立即修整
	高处作业人员	高处作业未正确使用防护用品	高处坠落	重大	（1）高处作业人员必须戴好安全帽、防滑鞋、正确佩戴安全带，必要时应使用防坠器； （2）安全带的挂钩应挂在结实、牢固的构件上，或专挂安全带的钢丝绳上，不准低挂高用
	高处落物	工器具或材料掉落	撞击	较小	采取防止工具、材料、物品掉落的措施。禁止交叉作业
	高温物体	身体直接接触阀门阀体高温金属部件被烫伤。阀门内存在余汽水或隔离门不严，拆阀门解体时汽水喷出造成人身伤害	灼烫伤	较小	被解体的阀门能有效隔离且隔离严密，阀门前后疏水门打开，放尽余汽水；监测阀体温度低于50℃时方可拆除保温及阀门部件
4. 零部件清理、检查、测量	粉尘	未正确佩戴防护口罩	尘肺病	较小	作业人员佩戴防护口罩
	脚手架	缺损	高处坠落	重大	及时检查及补全缺失防护栏并验收合格，工作负责人每日工作前必须对脚手架进行检查，如果发现缺陷，应立即修整
	高处作业人员	高处作业未正确使用防护用品	高处坠落	重大	（1）高处作业人员必须戴好安全帽、防滑鞋、正确佩戴安全带，必要时应使用防坠器； （2）安全带的挂钩应挂在结实、牢固的构件上，或专挂安全带的钢丝绳上，不准低挂高用
	高处落物	工器具或材料掉落	撞击	较小	采取防止工具、材料、物品掉落的措施。禁止交叉作业
	误用不合格电动工器具	（1）电动工器具未经检验合格； （2）电动工器具电源线、电源插头破损，防护罩破损缺失，磨片破损	机械伤害	较小	（1）检查角磨机必须经有资质单位检验合格，并张贴检验合格标志； （2）检查角磨机的电源线、电源插头完好无缺损，防护罩、角磨片完好无缺损； （3）使用合格的手锤
5. 部件修复	粉尘	未正确佩戴防护口罩	尘肺病	较小	作业人员佩戴防护口罩
	脚手架	缺损	高处坠落	重大	及时检查及补全缺失防护栏并验收合格，工作负责人每日工作前必须对脚手架进行检查，如果发现缺陷，应立即修整

续表

作业步骤	危害辨识	危害描述	产生后果	风险等级	防范措施
5. 部件修复	高处作业人员	高处作业未正确使用防护用品	高处坠落	重大	（1）高处作业人员必须戴好安全帽、防滑鞋、正确佩戴安全带，必要时应使用防坠器； （2）安全带的挂钩应挂在结实、牢固的构件上，或专挂安全带的钢丝绳上，不准低挂高用
	高处落物	工器具或材料掉落	撞击	较小	采取防止工具、材料、物品掉落的措施。禁止交叉作业
	电动研磨机	电源盘没有漏电保护器	触电	较小	电动工具必须配置可靠的漏电保护器
		电源盘及研磨机绝缘损坏	触电	较小	检查研磨机、电源盘的电缆线绝缘合格，绝缘材料应无破损，导线无裸露方可使用
		违规使用电源盘	触电	较小	工作前认真检查电源盘应完好、无缺陷、无安全隐患，电源盘及研磨机检查应合格，不合格的电源盘及研磨机禁止带入检修现场
		研磨机转动部件飞出	机械伤害	较小	阀门研磨时，无关人员远离，工作人员站在侧面
	不合格工器具	手锤锤头与木柄的连接不牢固、锤头破损、木柄未使用整根硬质木料	机械伤害	较小	（1）检查大锤和手锤的锤头应完整，其表面应光滑微凸，不应有歪斜、缺口、凹入及裂纹等缺陷。大锤及手锤的柄应用整根的硬木制成，且头部用楔栓固定。楔栓宜采用金属楔，楔子长度不应大于安装孔的三分之二。锤把上不应有油污。 （2）禁止戴手套抡大锤。 （3）抡大锤时周围不准有人靠近，防止误伤
6. 阀门组装	大锤	锤头与木柄的连接不牢固、锤头破损、木柄未使用整根硬质木料	砸伤	较小	检查大锤和手锤的锤头应完整，其表面应光滑微凸，不应有歪斜、缺口、凹入及裂纹等缺陷。大锤及手锤的柄应用整根的硬木制成，且头部用楔栓固定。楔栓宜采用金属楔，楔子长度不应大于安装孔的三分之二。锤把上不应有油污
		戴手套抡大锤	物体打击	较小	（1）禁止戴手套抡大锤； （2）抡大锤时周围不准有人靠近，防止误伤
		拆卸部件伤手	机械伤害	较小	佩戴防护手套
	高处作业人员	高处作业未正确使用防护用品	高处坠落	重大	（1）高处作业人员必须戴好安全帽、防滑鞋、正确佩戴安全带，必要时应使用防坠器； （2）安全带的挂钩应挂在结实、牢固的构件上，或专挂安全带的钢丝绳上，不准低挂高用
	高处的工器具	工器具未系防坠绳及零部件未固定	物体打击	中等	（1）工器具必须使用防坠绳； （2）工器具和零部件应用绳拴在牢固的构件上，不准随便乱放
7. 清理现场及其他	检修废料	检修后，检修废料没有及时清除干净	环境污染	较小	工作结束后，及时清理工作现场

13.32　过冷水逆止门检修

作业步骤	危害辨识	危害描述	产生后果	风险等级	防范措施
1. 环境评估	粉尘	未正确佩戴防护口罩	尘肺病	较小	作业人员佩戴防护口罩
2. 措施确认	高温蒸汽	检修的系统未有效隔离	灼烫伤	中等	保证检修的一段管道可靠地与其他部分隔断，放尽管道、容器内部的汽、水、烟或可燃气
	不合格电动工器具	（1）电动工器具未经检验合格； （2）电动工器具电源线、电源插头破损	机械伤害	较小	（1）检查研磨磨机必须经有资质单位检验合格，并张贴检验合格标志； （2）检查研磨机的电源线、电源插头完好无缺损

续表

作业步骤	危害辨识	危害描述	产生后果	风险等级	防 范 措 施
2. 措施确认	检修隔离	隔离措施失效，非工作人员进入	机械伤害	较小	对现场检修区域设置围栏、铺设胶皮，进行有效的隔离，有人监护
	保温石棉	未正确佩戴防护口罩	尘肺病	较小	工作人员戴好防护口罩
3. 阀门拆卸及解体	粉尘	未正确佩戴防护口罩	尘肺病	较小	作业人员佩戴防护口罩
	脚手架	缺损	高处坠落	重大	及时检查及补全缺失防护栏并验收合格，工作负责人每日工作前必须对脚手架进行检查，如果发现缺陷，应立即修整
	高处作业人员	高处作业未正确使用防护用品	高处坠落	重大	（1）高处作业人员必须戴好安全帽、防滑鞋、正确佩戴安全带，必要时应使用防坠器； （2）安全带的挂钩应挂在结实、牢固的构件上，或专挂安全带的钢丝绳上，不准低挂高用
	高处落物	工器具或材料掉落	撞击	较小	采取防止工具、材料、物品掉落的措施。禁止交叉作业
	高温物体	身体直接接触阀门阀体高温金属部件被烫伤。阀门内存在余汽水或隔离门不严，拆阀门解体时汽水喷出造成人身伤害	灼烫伤	较小	被解体的阀门能有效隔离且隔离严密，阀门前后疏水门打开，放尽余汽水；监测阀体温度低于50℃时方可拆除保温及阀门部件
	拆卸螺栓	拆卸门架时挤伤手指	机械伤害	较小	（1）拆卸时戴手套； （2）使用合格的手锤
	起吊物	起重工具	起重伤害	中等	（1）起吊前检查起重工具是否合格可用； （2）检查工器具是否完好，禁止野蛮操作
		指挥	起重伤害	较小	起重作业由专业的起重人员进行操作指挥
4. 零部件清理、检查、测量	粉尘	未正确佩戴防护口罩	尘肺病	较小	作业人员佩戴防护口罩
	脚手架	缺损	高处坠落	重大	及时检查及补全缺失防护栏并验收合格，工作负责人每日工作前必须对脚手架进行检查，如果发现缺陷，应立即修整
	高处作业人员	高处作业未正确使用防护用品	高处坠落	重大	（1）高处作业人员必须戴好安全帽、防滑鞋、正确佩戴安全带，必要时应使用防坠器； （2）安全带的挂钩应挂在结实、牢固的构件上，或专挂安全带的钢丝绳上，不准低挂高用
	高处落物	工器具或材料掉落	撞击	较小	采取防止工具、材料、物品掉落的措施。禁止交叉作业
	误用不合格电动工器具	（1）电动工器具未经检验合格； （2）电动工器具电源线、电源插头破损，防护罩破损缺失，磨片破损	机械伤害	较小	（1）检查角磨机必须经有资质单位检验合格，并张贴检验合格标志； （2）检查角磨机的电源线、电源插头完好无缺损，防护罩、角磨片完好无缺损； （3）使用合格的手锤
5. 阀瓣、阀座密封面修研	粉尘	未正确佩戴防护口罩	尘肺病	较小	作业人员佩戴防护口罩
	脚手架	缺损	高处坠落	重大	及时检查及补全缺失防护栏并验收合格，工作负责人每日工作前必须对脚手架进行检查，如果发现缺陷，应立即修整
	高处作业人员	高处作业未正确使用防护用品	高处坠落	重大	（1）高处作业人员必须戴好安全帽、防滑鞋、正确佩戴安全带，必要时应使用防坠器； （2）安全带的挂钩应挂在结实、牢固的构件上，或专挂安全带的钢丝绳上，不准低挂高用
	高处落物	工器具或材料掉落	撞击	较小	采取防止工具、材料、物品掉落的措施。禁止交叉作业

续表

作业步骤	危害辨识	危害描述	产生后果	风险等级	防 范 措 施
5. 阀瓣、阀座密封面修研	电动研磨机	电源盘没有漏电保护器	触电	较小	电动工具必须配置可靠的漏电保护器
		电源盘及研磨机绝缘损坏	触电	较小	检查研磨机、电源盘的电缆线绝缘合格，绝缘材料应无破损，导线无裸露方可使用
		违规使用电源盘	触电	较小	工作前认真检查电源盘应完好、无缺陷、无安全隐患，电源盘及研磨机检查应合格，不合格的电源盘及研磨机禁止带入检修现场
		研磨机转动部件飞出	机械伤害	较小	阀门研磨时，无关人员远离，工作人员站在侧面
	不合格工器具	手锤锤头与木柄的连接不牢固、锤头破损、木柄未使用整根硬质木料	机械伤害	较小	（1）检查大锤和手锤的锤头应完整，其表面应光滑微凸，不应有歪斜、缺口、凹入及裂纹等缺陷。大锤及手锤的柄应用整根的硬木制成，且头部用楔栓固定。楔栓宜采用金属楔，楔子长度不应大于安装孔的三分之二。锤把上不应有油污。 （2）禁止戴手套抡大锤。 （3）抡大锤时周围不准有人靠近，防止误伤
6. 阀瓣、阀座密封面验证	高处作业人员	高处作业未正确使用防护用品	高处坠落	重大	（1）高处作业人员必须戴好安全帽、防滑鞋、正确佩戴安全带，必要时应使用防坠器； （2）安全带的挂钩应挂在结实、牢固的构件上，或专挂安全带的钢丝绳上，不准低挂高用
7. 阀门组装	大锤	锤头与木柄的连接不牢固、锤头破损、木柄未使用整根硬质木料	砸伤	较小	检查大锤和手锤的锤头应完整，其表面应光滑微凸，不应有歪斜、缺口、凹入及裂纹等缺陷。大锤及手锤的柄应用整根的硬木制成，且头部用楔栓固定。楔栓宜采用金属楔，楔子长度不应大于安装孔的三分之二。锤把上不应有油污
		戴手套抡大锤	物体打击	较小	（1）禁止戴手套抡大锤； （2）抡大锤时周围不准有人靠近，防止误伤
		拆卸部件伤手	机械伤害	较小	佩戴防护手套
	高处作业人员	高处作业未正确使用防护用品	高处坠落	重大	（1）高处作业人员必须戴好安全帽、防滑鞋、正确佩戴安全带，必要时应使用防坠器； （2）安全带的挂钩应挂在结实、牢固的构件上，或专挂安全带的钢丝绳上，不准低挂高用
	高处的工器具	工器具未系防坠绳及零部件未固定	物体打击	中等	（1）工器具必须使用防坠绳； （2）工器具和零部件应用绳拴在牢固的构件上，不准随便乱放
8. 清理现场及其他	检修废料	检修后，检修废料没有及时清除干净	环境污染	较小	工作结束后，及时清理工作现场

13.33 过冷水调门检修

作业步骤	危害辨识	危害描述	产生后果	风险等级	防 范 措 施
1. 环境评估	粉尘	未正确佩戴防护口罩	尘肺病	较小	作业人员佩戴防护口罩
2. 措施确认	高温蒸汽	检修的系统未有效隔离	灼烫伤	中等	保证检修的一段管道可靠地与其他部分隔断，放尽管道、容器内部的汽、水、烟或可燃气
	电动执行机构	带电	触电	中等	切断电源，挂禁止操作牌

续表

作业步骤	危害辨识	危害描述	产生后果	风险等级	防 范 措 施
2. 措施确认	不合格电动工器具	（1）电动工器具未经检验合格； （2）电动工器具电源线、电源插头破损	机械伤害	较小	（1）检查研磨机必须经有资质单位检验合格，并张贴检验合格标志； （2）检查研磨机的电源线、电源插头完好无缺损
	检修隔离	隔离措施失效，非工作人员进入	机械伤害	较小	对现场检修区域设置围栏、铺设胶皮，进行有效的隔离，有人监护
3. 阀门拆卸及解体	粉尘	未正确佩戴防护口罩	尘肺病	较小	作业人员佩戴防护口罩
	脚手架	缺损	高处坠落	重大	及时检查及补全缺失防护栏并验收合格，工作负责人每日工作前必须对脚手架进行检查，如果发现缺陷，应立即修整
	高处作业人员	高处作业未正确使用防护用品	高处坠落	重大	（1）高处作业人员必须戴好安全帽、防滑鞋、正确佩戴安全带，必要时应使用防坠器； （2）安全带的挂钩应挂在结实、牢固的构件上，或专挂安全带的钢丝绳上，不准低挂高用
	高处落物	工器具或材料掉落	撞击	较小	采取防止工具、材料、物品掉落的措施。禁止交叉作业
	高温物体	身体直接接触阀门阀体高温金属部件被烫伤。阀门内存在余汽水或隔离门不严，拆阀门解体时汽水喷出造成人身伤害	灼烫伤	较小	被解体的阀门能有效隔离且隔离严密，阀门前后疏水门打开，放尽余汽水；监测阀体温度低于50℃时方可拆除保温及阀门部件
	拆卸螺栓	拆卸门架时挤伤手指	机械伤害	较小	（1）拆卸时戴手套； （2）使用合格的手锤
	起吊物	起重工具	起重伤害	中等	（1）起吊前检查起重工具是否合格可用； （2）检查工器具是否完好，禁止野蛮操作
		指挥	起重伤害	较小	起重作业由专业的起重人员进行操作指挥
4. 零部件清理、检查、测量	粉尘	未正确佩戴防护口罩	尘肺病	较小	作业人员佩戴防护口罩
	脚手架	缺损	高处坠落	重大	及时检查及补全缺失防护栏并验收合格，工作负责人每日工作前必须对脚手架进行检查，如果发现缺陷，应立即修整
	高处作业人员	高处作业未正确使用防护用品	高处坠落	重大	（1）高处作业人员必须戴好安全帽、防滑鞋、正确佩戴安全带，必要时应使用防坠器； （2）安全带的挂钩应挂在结实、牢固的构件上，或专挂安全带的钢丝绳上，不准低挂高用
	高处落物	工器具或材料掉落	撞击	较小	采取防止工具、材料、物品掉落的措施。禁止交叉作业
	误用不合格电动工器具	（1）电动工器具未经检验合格； （2）电动工器具电源线、电源插头破损，防护罩破损缺失，磨片破损	机械伤害	较小	（1）检查角磨机必须经有资质单位检验合格，并张贴检验合格标志； （2）检查角磨机的电源线、电源插头完好无缺损，防护罩、角磨片完好无缺损； （3）使用合格的手锤
5. 部件修复	粉尘	未正确佩戴防护口罩	尘肺病	较小	作业人员佩戴防护口罩
	脚手架	缺损	高处坠落	重大	及时检查及补全缺失防护栏并验收合格，工作负责人每日工作前必须对脚手架进行检查，如果发现缺陷，应立即修整
	高处作业人员	高处作业未正确使用防护用品	高处坠落	重大	（1）高处作业人员必须戴好安全帽、防滑鞋、正确佩戴安全带，必要时应使用防坠器； （2）安全带的挂钩应挂在结实、牢固的构件上，或专挂安全带的钢丝绳上，不准低挂高用

续表

作业步骤	危害辨识	危害描述	产生后果	风险等级	防 范 措 施
5. 部件修复	高处落物	工器具或材料掉落	撞击	较小	采取防止工具、材料、物品掉落的措施。禁止交叉作业
	电动研磨机	电源盘没有漏电保护器	触电	较小	电动工具必须配置可靠的漏电保护器
		电源盘及研磨机绝缘损坏	触电	较小	检查研磨机、电源盘的电缆线绝缘合格，绝缘材料应无破损，导线无裸露方可使用
		违规使用电源盘	触电	较小	工作前认真检查电源盘应完好、无缺陷、无安全隐患，电源盘及研磨机检查应合格，不合格的电源盘及研磨机禁止带入检修现场
		研磨机转动部件飞出	机械伤害	较小	阀门研磨时，无关人员远离，工作人员站在侧面
	不合格工器具	手锤锤头与木柄的连接不牢固、锤头破损、木柄未使用整根硬质木料	机械伤害	较小	（1）检查大锤和手锤的锤头应完整，其表面应光滑微凸，不应有歪斜、缺口、凹入及裂纹等缺陷。大锤及手锤的柄应用整根的硬木制成，且头部用楔栓固定。楔栓宜采用金属楔，楔子长度不应大于安装孔的三分之二。锤把上不应有油污。 （2）禁止戴手套抡大锤。 （3）抡大锤时周围不准有人靠近，防止误伤
6. 阀门组装	大锤	锤头与木柄的连接不牢固、锤头破损、木柄未使用整根硬质木料	砸伤	较小	检查大锤和手锤的锤头应完整，其表面应光滑微凸，不应有歪斜、缺口、凹入及裂纹等缺陷。大锤及手锤的柄应用整根的硬木制成，且头部用楔栓固定。楔栓宜采用金属楔，楔子长度不应大于安装孔的三分之二。锤把上不应有油污
		戴手套抡大锤	物体打击	较小	（1）禁止戴手套抡大锤； （2）抡大锤时周围不准有人靠近，防止误伤
		拆卸部件伤手	机械伤害	较小	佩戴防护手套
	高处作业人员	高处作业未正确使用防护用品	高处坠落	重大	（1）高处作业人员必须戴好安全帽、防滑鞋、正确佩戴安全带，必要时应使用防坠器； （2）安全带的挂钩应挂在结实、牢固的构件上，或专挂安全带的钢丝绳上，不准低挂高用
	高处的工器具	工器具未系防坠绳及零部件未固定	物体打击	中等	（1）工器具必须使用防坠绳； （2）工器具和零部件应用绳拴在牢固的构件上，不准随便乱放
7. 清理现场及其他	检修废料	检修后，检修废料没有及时清除干净	环境污染	较小	工作结束后，及时清理工作现场

13.34 过热器减温水母管放水门检修

作业步骤	危害辨识	危害描述	产生后果	风险等级	防 范 措 施
1. 环境评估	粉尘	未正确佩戴防护口罩	尘肺病	较小	作业人员佩戴防护口罩
2. 措施确认	高温蒸汽	检修的系统未有效隔离	灼烫伤	中等	保证检修的一段管道可靠地与其他部分隔断，放尽管道、容器内部的汽、水、烟或可燃气
	不合格电动工器具	（1）电动工器具未经检验合格； （2）电动工器具电源线、电源插头破损	机械伤害	较小	（1）检查研磨机必须经有资质单位检验合格，并张贴检验合格标志； （2）检查研磨机的电源线、电源插头完好无缺损
	检修隔离	隔离措施失效，非工作人员进入	机械伤害	较小	对现场检修区域设置围栏、铺设胶皮，进行有效的隔离，有人监护

续表

作业步骤	危害辨识	危害描述	产生后果	风险等级	防 范 措 施
3. 阀门拆卸及解体	粉尘	未正确佩戴防护口罩	尘肺病	较小	作业人员佩戴防护口罩
	高处落物	工器具或材料掉落	撞击	较小	采取防止工具、材料、物品掉落的措施。禁止交叉作业
	高温物体	身体直接接触阀门阀体高温金属部件被烫伤。阀门内存在余汽水或隔离门不严，拆阀门解体时汽水喷出造成人身伤害	灼烫伤	较小	被解体的阀门能有效隔离且隔离严密，阀门前后疏水门打开，放尽余汽水；监测阀体温度低于50℃时方可拆除保温及阀门部件
4. 零部件清理、检查、测量	粉尘	未正确佩戴防护口罩	尘肺病	较小	作业人员佩戴防护口罩
	高处落物	工器具或材料掉落	撞击	较小	采取防止工具、材料、物品掉落的措施。禁止交叉作业
	误用不合格电动工器具	（1）电动工器具未经检验合格； （2）电动工器具电源线、电源插头破损，防护罩破损缺失，磨片破损	机械伤害	较小	（1）检查角磨机必须经有资质单位检验合格，并张贴检验合格标志； （2）检查角磨机的电源线、电源插头完好无缺损，防护罩、角磨片完好无缺损； （3）使用合格的手锤
5. 部件修复	粉尘	未正确佩戴防护口罩	尘肺病	较小	作业人员佩戴防护口罩
	高处落物	工器具或材料掉落	撞击	较小	采取防止工具、材料、物品掉落的措施。禁止交叉作业
	电动研磨机	电源盘没有漏电保护器	触电	较小	电动工具必须配置可靠的漏电保护器
		电源盘及研磨机绝缘损坏	触电	较小	检查研磨机、电源盘的电缆线绝缘合格，绝缘材料应无破损，导线无裸露方可使用
		违规使用电源盘	触电	较小	工作前认真检查电源盘应完好、无缺陷、无安全隐患，电源盘及研磨机检查应合格，不合格的电源盘及研磨机禁止带入检修现场
		研磨机转动部件飞出	机械伤害	较小	阀门研磨时，无关人员远离，工作人员站在侧面
	不合格工器具	手锤锤头与木柄的连接不牢固、锤头破损、木柄未使用整根硬质木料	机械伤害	较小	（1）检查大锤和手锤的锤头应完整，其表面应光滑微凸，不应有歪斜、缺口、凹入及裂纹等缺陷。大锤及手锤的柄应用整根的硬木制成，且头部用楔栓固定。楔栓宜采用金属楔，楔子长度不应大于安装孔的三分之二。锤把上不应有油污。 （2）禁止戴手套抡大锤。 （3）抡大锤时周围不准有人靠近，防止误伤
6. 阀门组装	大锤	锤头与木柄的连接不牢固、锤头破损、木柄未使用整根硬质木料	砸伤	较小	检查大锤和手锤的锤头应完整，其表面应光滑微凸，不应有歪斜、缺口、凹入及裂纹等缺陷。大锤及手锤的柄应用整根的硬木制成，且头部用楔栓固定。楔栓宜采用金属楔，楔子长度不应大于安装孔的三分之二。锤把上不应有油污
		戴手套抡大锤	物体打击	较小	（1）禁止戴手套抡大锤； （2）抡大锤时周围不准有人靠近，防止误伤
		拆卸部件伤手	机械伤害	较小	佩戴防护手套
	高处的工器具	工器具未系防坠绳及零部件未固定	物体打击	中等	（1）工器具必须使用防坠绳； （2）工器具和零部件应用绳拴在牢固的构件上，不准随便乱放
7. 清理现场及其他	检修废料	检修后，检修废料没有及时清除干净	环境污染	较小	工作结束后，及时清理工作现场

13.35　过热器减温水总门检修

作业步骤	危害辨识	危害描述	产生后果	风险等级	防　范　措　施
1．环境评估	粉尘	未正确佩戴防护口罩	尘肺病	较小	作业人员佩戴防护口罩
2．措施确认	高温蒸汽	检修的系统未有效隔离	灼烫伤	中等	保证检修的一段管道可靠地与其他部分隔断，放尽管道、容器内部的汽、水、烟或可燃气
	电动执行机构	带电	触电	中等	切断电源，挂禁止操作牌
	脚手架	缺损	高处坠落	重大	搭设的脚手架验收合格后方可使用
	不合格电动工器具	（1）电动工器具未经检验合格； （2）电动工器具电源线、电源插头破损	机械伤害	较小	（1）检查研磨机必须经有资质单位检验合格，并张贴检验合格标志； （2）检查研磨机的电源线、电源插头完好无缺损
	检修隔离	隔离措施失效，非工作人员进入	机械伤害	较小	对现场检修区域设置围栏、铺设胶皮，进行有效的隔离，有人监护
3．阀门拆卸及解体	粉尘	未正确佩戴防护口罩	尘肺病	较小	作业人员佩戴防护口罩
	脚手架	缺损	高处坠落	重大	及时检查及补全缺失防护栏并验收合格，工作负责人每日工作前必须对脚手架进行检查，如果发现缺陷，应立即修整
	高处作业人员	高处作业未正确使用防护用品	高处坠落	重大	（1）高处作业人员必须戴好安全帽、防滑鞋、正确佩戴安全带，必要时应使用防坠器； （2）安全带的挂钩应挂在结实、牢固的构件上，或专挂安全带的钢丝绳上，不准低挂高用
	高处落物	工器具或材料掉落	撞击	较小	采取防止工具、材料、物品掉落的措施。禁止交叉作业
	高温物体	身体直接接触阀门阀体高温金属部件被烫伤。阀门内存在余汽水或隔离门不严，拆阀门解体时汽水喷出造成人身伤害	灼烫伤	较小	被解体的阀门能有效隔离且隔离严密，阀门前后疏水门打开，放尽余汽水；监测阀体温度低于 50℃时方可拆除保温及阀门部件
	拆卸螺栓	拆卸门架时挤伤手指	机械伤害	较小	（1）拆卸时戴手套； （2）使用合格的手锤
	起吊物	起重工具	起重伤害	中等	（1）起吊前检查起重工具是否合格可用； （2）检查工器具是否完好，禁止野蛮操作
		指挥	起重伤害	较小	起重作业由专业的起重人员进行操作指挥
4．零部件清理、检查、测量	粉尘	未正确佩戴防护口罩	尘肺病	较小	作业人员佩戴防护口罩
	脚手架	缺损	高处坠落	重大	及时检查及补全缺失防护栏并验收合格，工作负责人每日工作前必须对脚手架进行检查，如果发现缺陷，应立即修整
	高处作业人员	高处作业未正确使用防护用品	高处坠落	重大	（1）高处作业人员必须戴好安全帽、防滑鞋、正确佩戴安全带，必要时应使用防坠器； （2）安全带的挂钩应挂在结实、牢固的构件上，或专挂安全带的钢丝绳上，不准低挂高用
	高处落物	工器具或材料掉落	撞击	较小	采取防止工具、材料、物品掉落的措施。禁止交叉作业

续表

作业步骤	危害辨识	危害描述	产生后果	风险等级	防 范 措 施
4. 零部件清理、检查、测量	误用不合格电动工器具	（1）电动工器具未经检验合格； （2）电动工器具电源线、电源插头破损，防护罩破损缺失，磨片破损	机械伤害	较小	（1）检查角磨机必须经有资质单位检验合格，并张贴检验合格标志； （2）检查角磨机的电源线、电源插头完好无缺损，防护罩、角磨片完好无缺损； （3）使用合格的手锤
5. 部件修复	粉尘	未正确佩戴防护口罩	尘肺病	较小	作业人员佩戴防护口罩
	脚手架	缺损	高处坠落	重大	及时检查及补全缺失防护栏并验收合格，工作负责人每日工作前必须对脚手架进行检查，如果发现缺陷，应立即修整
	高处作业人员	高处作业未正确使用防护用品	高处坠落	重大	（1）高处作业人员必须戴好安全帽、防滑鞋、正确佩戴安全带，必要时应使用防坠器； （2）安全带的挂钩应挂在结实、牢固的构件上，或专挂安全带的钢丝绳上，不准低挂高用
	高处落物	工器具或材料掉落	撞击	较小	采取防止工具、材料、物品掉落的措施。禁止交叉作业
	电动研磨机	电源盘没有漏电保护器	触电	较小	电动工具必须配置可靠的漏电保护器
		电源盘及研磨机绝缘损坏	触电	较小	检查研磨机、电源盘的电缆线绝缘合格，绝缘材料应无破损，导线无裸露方可使用
		违规使用电源盘	触电	较小	工作前认真检查电源盘应完好、无缺陷、无安全隐患，电源盘及研磨机检查应合格，不合格的电源盘及研磨机禁止带入检修现场
		研磨机转动部件飞出	机械伤害	较小	阀门研磨时，无关人员远离，工作人员站在侧面
	不合格工器具	手锤锤头与木柄的连接不牢固、锤头破损、木柄未使用整根硬质木料	机械伤害	较小	（1）检查大锤和手锤的锤头应完整，其表面应光滑微凸，不应有歪斜、缺口、凹入及裂纹等缺陷。大锤及手锤的柄应用整根的硬木制成，且头部用楔栓固定。楔栓宜采用金属楔，楔子长度不应大于安装孔的三分之二。锤把上不应有油污。 （2）禁止戴手套抡大锤。 （3）抡大锤时周围不准有人靠近，防止误伤
6. 阀门组装	大锤	锤头与木柄的连接不牢固、锤头破损、木柄未使用整根硬质木料	砸伤	较小	检查大锤和手锤的锤头应完整，其表面应光滑微凸，不应有歪斜、缺口、凹入及裂纹等缺陷。大锤及手锤的柄应用整根的硬木制成，且头部用楔栓固定。楔栓宜采用金属楔，楔子长度不应大于安装孔的三分之二。锤把上不应有油污
		戴手套抡大锤	物体打击	较小	（1）禁止戴手套抡大锤； （2）抡大锤时周围不准有人靠近，防止误伤
		拆卸部件伤手	机械伤害	较小	佩戴防护手套
	高处作业人员	高处作业未正确使用防护用品	高处坠落	重大	（1）高处作业人员必须戴好安全帽、防滑鞋、正确佩戴安全带，必要时应使用防坠器； （2）安全带的挂钩应挂在结实、牢固的构件上，或专挂安全带的钢丝绳上，不准低挂高用
	高处的工器具	工器具未系防坠绳及零部件未固定	物体打击	中等	（1）工器具必须使用防坠绳； （2）工器具和零部件应用绳拴在牢固的构件上，不准随便乱放
7. 清理现场及其他	检修废料	检修后，检修废料没有及时清除干净	环境污染	较小	工作结束后，及时清理工作现场

13.36　过疏站水位调门检修

作业步骤	危害辨识	危害描述	产生后果	风险等级	防范措施
1. 环境评估	粉尘	未正确佩戴防护口罩	尘肺病	较小	作业人员佩戴防护口罩
2. 措施确认	高温蒸汽	检修的系统未有效隔离	灼烫伤	中等	保证检修的一段管道可靠地与其他部分隔断，放尽管道、容器内部的汽、水、烟或可燃气
	电动执行机构	带电	触电	中等	切断电源，挂禁止操作牌
	不合格电动工器具	（1）电动工器具未经检验合格； （2）电动工器具电源线、电源插头破损	机械伤害	较小	（1）检查研磨机必须经有资质单位检验合格，并张贴检验合格标志； （2）检查研磨机的电源线、电源插头完好无缺损
	检修隔离	隔离措施失效，非工作人员进入	检机械伤害	较小	对现场检修区域设置围栏、铺设胶皮，进行有效的隔离，有人监护
3. 阀门拆卸及解体	粉尘	未正确佩戴防护口罩	尘肺病	较小	作业人员佩戴防护口罩
	脚手架	缺损	高处坠落	重大	及时检查及补全缺失防护栏并验收合格，工作负责人每日工作前必须对脚手架进行检查，如果发现缺陷，应立即修整
	高处作业人员	高处作业未正确使用防护用品	高处坠落	重大	（1）高处作业人员必须戴好安全帽、防滑鞋、正确佩戴安全带，必要时应使用防坠器； （2）安全带的挂钩应挂在结实、牢固的构件上，或专挂安全带的钢丝绳上，不准低挂高用
	高处落物	工器具或材料掉落	撞击	较小	采取防止工具、材料、物品掉落的措施。禁止交叉作业
	高温物体	身体直接接触阀门阀体高温金属部件被烫伤。阀门内存在余汽水或隔离门不严，拆阀门解体时汽水喷出造成人身伤害	灼烫伤	较小	被解体的阀门能有效隔离且隔离严密，阀门前后疏水门打开，放尽余汽水；监测阀体温度低于50℃时方可拆除保温及阀门部件
	拆卸螺栓	拆卸门架时挤伤手指	机械伤害	较小	（1）拆卸时戴手套； （2）使用合格的手锤
	起吊物	起重工具	起重伤害	中等	（1）起吊前检查起重工具是否合格可用； （2）检查工器具是否完好，禁止野蛮操作
		指挥	起重伤害	较小	起重作业由专业的起重人员进行操作指挥
4. 零部件清理、检查、测量	粉尘	未正确佩戴防护口罩	尘肺病	较小	作业人员佩戴防护口罩
	脚手架	缺损	高处坠落	重大	及时检查及补全缺失防护栏并验收合格，工作负责人每日工作前必须对脚手架进行检查，如果发现缺陷，应立即修整
	高处作业人员	高处作业未正确使用防护用品	高处坠落	重大	（1）高处作业人员必须戴好安全帽、防滑鞋、正确佩戴安全带，必要时应使用防坠器； （2）安全带的挂钩应挂在结实、牢固的构件上，或专挂安全带的钢丝绳上，不准低挂高用
	高处落物	工器具或材料掉落	撞击	较小	采取防止工具、材料、物品掉落的措施。禁止交叉作业
	误用不合格电动工器具	（1）电动工器具未经检验合格； （2）电动工器具电源线、电源插头破损，防护罩破损缺失，磨片破损	机械伤害	较小	（1）检查角磨机必须经有资质单位检验合格，并张贴检验合格标志； （2）检查角磨机的电源线、电源插头完好无缺损，防护罩、角磨片完好无缺损； （3）使用合格的手锤

续表

作业步骤	危害辨识	危害描述	产生后果	风险等级	防范措施
5. 部件修复	粉尘	未正确佩戴防护口罩	尘肺病	较小	作业人员佩戴防护口罩
	脚手架	缺损	高处坠落	重大	及时检查及补全缺失防护栏并验收合格，工作负责人每日工作前必须对脚手架进行检查，如果发现缺陷，应立即修整
	高处作业人员	高处作业未正确使用防护用品	高处坠落	重大	（1）高处作业人员必须戴好安全帽、防滑鞋、正确佩戴安全带，必要时应使用防坠器； （2）安全带的挂钩应挂在结实、牢固的构件上，或专挂安全带的钢丝绳上，不准低挂高用
	高处落物	工器具或材料掉落	撞击	较小	采取防止工具、材料、物品掉落的措施。禁止交叉作业
	电动研磨机	电源盘没有漏电保护器	触电	较小	电动工具必须配置可靠的漏电保护器
		电源盘及研磨机绝缘损坏	触电	较小	检查研磨机、电源盘的电缆线绝缘合格，绝缘材料应无破损，导线无裸露方可使用
		违规使用电源盘	触电	较小	工作前认真检查电源盘应完好、无缺陷、无安全隐患，电源盘及研磨机检查应合格，不合格的电源盘及研磨机禁止带入检修现场
		研磨机转动部件飞出	机械伤害	较小	阀门研磨时，无关人员远离，工作人员站在侧面
	不合格工器具	手锤锤头与木柄的连接不牢固、锤头破损、木柄未使用整根硬质木料	机械伤害	较小	（1）检查大锤和手锤的锤头应完整，其表面应光滑微凸，不应有歪斜、缺口、凹入及裂纹等缺陷。大锤及手锤的柄应用整根的硬木制成，且头部用楔栓固定。楔栓宜采用金属楔，楔子长度不应大于安装孔的三分之二。锤把上不应有油污。 （2）禁止戴手套抡大锤。 （3）抡大锤时周围不准有人靠近，防止误伤
6. 阀门组装	大锤	锤头与木柄的连接不牢固、锤头破损、木柄未使用整根硬质木料	砸伤	较小	检查大锤和手锤的锤头应完整，其表面应光滑微凸，不应有歪斜、缺口、凹入及裂纹等缺陷。大锤及手锤的柄应用整根的硬木制成，且头部用楔栓固定。楔栓宜采用金属楔，楔子长度不应大于安装孔的三分之二。锤把上不应有油污
		戴手套抡大锤	物体打击	较小	（1）禁止戴手套抡大锤； （2）抡大锤时周围不准有人靠近，防止误伤
		拆卸部件伤手	机械伤害	较小	佩戴防护手套
	高处作业人员	高处作业未正确使用防护用品	高处坠落	重大	（1）高处作业人员必须戴好安全帽、防滑鞋、正确佩戴安全带，必要时应使用防坠器； （2）安全带的挂钩应挂在结实、牢固的构件上，或专挂安全带的钢丝绳上，不准低挂高用
	高处的工器具	工器具未系防坠绳及零部件未固定	物体打击	中等	（1）工器具必须使用防坠绳； （2）工器具和零部件应用绳拴在牢固的构件上，不准随便乱放
7. 清理现场及其他	检修废料	检修后，检修废料没有及时清除干净	环境污染	较小	工作结束后，及时清理工作现场

13.37 过疏站水位调整隔绝门检修

作业步骤	危害辨识	危害描述	产生后果	风险等级	防范措施
1. 环境评估	粉尘	未正确佩戴防护口罩	尘肺病	较小	作业人员佩戴防护口罩

续表

作业步骤	危害辨识	危害描述	产生后果	风险等级	防　范　措　施
2. 措施确认	高温蒸汽	检修的系统未有效隔离	灼烫伤	中等	保证检修的一段管道可靠地与其他部分隔断，放尽管道、容器内部的汽、水、烟或可燃气
	电动执行机构	带电	触电	中等	切断电源，挂禁止操作牌
	不合格电动工器具	（1）电动工器具未经检验合格； （2）电动工器具电源线、电源插头破损	机械伤害	较小	（1）检查研磨机必须经有资质单位检验合格，并张贴检验合格标志； （2）检查研磨机的电源线、电源插头完好无缺损
	检修隔离	隔离措施失效，非工作人员进入	机械伤害	较小	对现场检修区域设置围栏、铺设胶皮，进行有效的隔离，有人监护
3. 辅汽阀门解体	粉尘	未正确佩戴防护口罩	尘肺病	较小	作业人员佩戴防护口罩
	脚手架	缺损	高处坠落	重大	及时检查及补全缺失防护栏并验收合格，工作负责人每日工作前必须对脚手架进行检查，如果发现缺陷，应立即修整
	高处作业人员	高处作业未正确使用防护用品	高处坠落	重大	（1）高处作业人员必须戴好安全帽、防滑鞋、正确佩戴安全带，必要时应使用防坠器； （2）安全带的挂钩应挂在结实、牢固的构件上，或专挂安全带的钢丝绳上，不准低挂高用
	高处落物	工器具或材料掉落	撞击	较小	采取防止工具、材料、物品掉落的措施。禁止交叉作业
	高温物体	身体直接接触阀门阀体高温金属部件被烫伤。阀门内存在余汽水或隔离门不严，拆阀门解体时汽水喷出造成人身伤害	灼烫伤	较小	被解体的阀门能有效隔离且隔离严密，阀门前后疏水门打开，放尽余汽水；监测阀体温度低于50℃时方可拆除保温及阀门部件
	拆卸螺栓	拆卸门架时挤伤手指	机械伤害	较小	（1）拆卸时戴手套； （2）使用合格的手锤
	起吊物	起重工具	起重伤害	中等	（1）起吊前检查起重工具是否合格可用； （2）检查工器具是否完好，禁止野蛮操作
		指挥	起重伤害	较小	起重作业由专业的起重人员进行操作指挥
4. 零部件清理、检查、测量	粉尘	未正确佩戴防护口罩	尘肺病	较小	作业人员佩戴防护口罩
	脚手架	缺损	高处坠落	重大	及时检查及补全缺失防护栏并验收合格，工作负责人每日工作前必须对脚手架进行检查，如果发现缺陷，应立即修整
	高处作业人员	高处作业未正确使用防护用品	高处坠落	重大	（1）高处作业人员必须戴好安全帽、防滑鞋、正确佩戴安全带，必要时应使用防坠器； （2）安全带的挂钩应挂在结实、牢固的构件上，或专挂安全带的钢丝绳上，不准低挂高用
	高处落物	工器具或材料掉落	撞击	较小	采取防止工具、材料、物品掉落的措施。禁止交叉作业
	误用不合格电动工器具	（1）电动工器具未经检验合格； （2）电动工器具电源线、电源插头破损，防护罩破损缺失，磨片破损	机械伤害	较小	（1）检查角磨机必须经有资质单位检验合格，并张贴检验合格标志； （2）检查角磨机的电源线、电源插头完好无缺损，防护罩、角磨片完好无缺损； （3）使用合格的手锤

续表

作业步骤	危害辨识	危害描述	产生后果	风险等级	防 范 措 施
5．部件修复	粉尘	未正确佩戴防护口罩	尘肺病	较小	作业人员佩戴防护口罩
	脚手架	缺损	高处坠落	重大	及时检查及补全缺失防护栏并验收合格，工作负责人每日工作前必须对脚手架进行检查，如果发现缺陷，应立即修整
	高处作业人员	高处作业未正确使用防护用品	高处坠落	重大	（1）高处作业人员必须戴好安全帽、防滑鞋、正确佩戴安全带，必要时应使用防坠器； （2）安全带的挂钩应挂在结实、牢固的构件上，或专挂安全带的钢丝绳上，不准低挂高用
	高处落物	工器具或材料掉落	撞击	较小	采取防止工具、材料、物品掉落的措施。禁止交叉作业
	电动研磨机	电源盘没有漏电保护器	触电	较小	电动工具必须配置可靠的漏电保护器
		电源盘及研磨机绝缘损坏	触电	较小	检查研磨机、电源盘的电缆线绝缘合格，绝缘材料应无破损，导线无裸露方可使用
		违规使用电源盘	触电	较小	工作前认真检查电源盘应完好、无缺陷、无安全隐患，电源盘及研磨机检查应合格，不合格的电源盘及研磨机禁止带入检修现场
		研磨机转动部件飞出	机械伤害	较小	阀门研磨时，无关人员远离，工作人员站在侧面
	不合格工器具	手锤锤头与木柄的连接不牢固、锤头破损、木柄未使用整根硬质木料	机械伤害	较小	（1）检查大锤和手锤的锤头应完整，其表面应光滑微凸，不应有歪斜、缺口、凹入及裂纹等缺陷。大锤及手锤的柄应用整根的硬木制成，且头部用楔栓固定。楔栓宜采用金属楔，楔子长度不应大于安装孔的三分之二。锤把上不应有油污。 （2）禁止戴手套抡大锤。 （3）抡大锤时周围不准有人靠近，防止误伤
6．阀门组装	大锤	锤头与木柄的连接不牢固、锤头破损、木柄未使用整根硬质木料	砸伤	较小	检查大锤和手锤的锤头应完整，其表面应光滑微凸，不应有歪斜、缺口、凹入及裂纹等缺陷。大锤及手锤的柄应用整根的硬木制成，且头部用楔栓固定。楔栓宜采用金属楔，楔子长度不应大于安装孔的三分之二。锤把上不应有油污
		戴手套抡大锤	物体打击	较小	（1）禁止戴手套抡大锤； （2）抡大锤时周围不准有人靠近，防止误伤
		拆卸部件伤手	机械伤害	较小	佩戴防护手套
	高处作业人员	高处作业未正确使用防护用品	高处坠落	重大	（1）高处作业人员必须戴好安全帽、防滑鞋、正确佩戴安全带，必要时应使用防坠器； （2）安全带的挂钩应挂在结实、牢固的构件上，或专挂安全带的钢丝绳上，不准低挂高用
	高处的工器具	工器具未系防坠绳及零部件未固定	物体打击	中等	（1）工器具必须使用防坠绳； （2）工器具和零部件应用绳拴在牢固的构件上，不准随便乱放
7．清理现场及其他	检修废料	检修后，检修废料没有及时清除干净	环境污染	较小	工作结束后，及时清理工作现场

13.38 过疏站水位调整旁路电动门检修

作业步骤	危害辨识	危害描述	产生后果	风险等级	防 范 措 施
1．环境评估	粉尘	未正确佩戴防护口罩	尘肺病	较小	作业人员佩戴防护口罩

续表

作业步骤	危害辨识	危害描述	产生后果	风险等级	防 范 措 施
2. 措施确认	高温蒸汽	检修的系统未有效隔离	灼烫伤	中等	保证检修的一段管道可靠地与其他部分隔断，放尽管道、容器内部的汽、水、烟或可燃气
	电动执行机构	带电	触电	中等	切断电源，挂禁止操作牌
	不合格电动工器具	（1）电动工器具未经检验合格； （2）电动工器具电源线、电源插头破损	机械伤害	较小	（1）检查研磨机必须经有资质单位检验合格，并张贴检验合格标志； （2）检查研磨机的电源线、电源插头完好无缺损
	检修隔离	隔离措施失效，非工作人员进入	机械伤害	较小	对现场检修区域设置围栏、铺设胶皮，进行有效的隔离，有人监护
3. 阀门拆卸及解体	粉尘	未正确佩戴防护口罩	尘肺病	较小	作业人员佩戴防护口罩
	脚手架	缺损	高处坠落	重大	及时检查及补全缺失防护栏并验收合格，工作负责人每日工作前必须对脚手架进行检查，如果发现缺陷，应立即修整
	高处作业人员	高处作业未正确使用防护用品	高处坠落	重大	（1）高处作业人员必须戴好安全帽、防滑鞋、正确佩戴安全带，必要时应使用防坠器； （2）安全带的挂钩应挂在结实、牢固的构件上，或专挂安全带的钢丝绳上，不准低挂高用
	高处落物	工器具或材料掉落	撞击	较小	采取防止工具、材料、物品掉落的措施。禁止交叉作业
	高温物体	身体直接接触阀门阀体高温金属部件被烫伤。阀门内存在余汽水或隔离门不严，拆阀门解体时汽水喷出造成人身伤害	灼烫伤	较小	被解体的阀门能有效隔离且隔离严密，阀门前后疏水门打开，放尽余汽水；监测阀体温度低于 50℃时方可拆除保温及阀门部件
4. 零部件清理、检查、测量	粉尘	未正确佩戴防护口罩	尘肺病	较小	作业人员佩戴防护口罩
	脚手架	缺损	高处坠落	重大	及时检查及补全缺失防护栏并验收合格，工作负责人每日工作前必须对脚手架进行检查，如果发现缺陷，应立即修整
	高处作业人员	高处作业未正确使用防护用品	高处坠落	重大	（1）高处作业人员必须戴好安全帽、防滑鞋、正确佩戴安全带，必要时应使用防坠器； （2）安全带的挂钩应挂在结实、牢固的构件上，或专挂安全带的钢丝绳上，不准低挂高用
	高处落物	工器具或材料掉落	撞击	较小	采取防止工具、材料、物品掉落的措施。禁止交叉作业
	误用不合格电动工器具	（1）电动工器具未经检验合格； （2）电动工器具电源线、电源插头破损，防护罩破损缺失，磨片破损	机械伤害	较小	（1）检查角磨机必须经有资质单位检验合格，并张贴检验合格标志； （2）检查角磨机的电源线、电源插头完好无缺损，防护罩、角磨片完好无缺损； （3）使用合格的手锤
5. 部件修复	粉尘	未正确佩戴防护口罩	尘肺病	较小	作业人员佩戴防护口罩
	脚手架	缺损	高处坠落	重大	及时检查及补全缺失防护栏并验收合格，工作负责人每日工作前必须对脚手架进行检查，如果发现缺陷，应立即修整
	高处作业人员	高处作业未正确使用防护用品	高处坠落	重大	（1）高处作业人员必须戴好安全帽、防滑鞋、正确佩戴安全带，必要时应使用防坠器； （2）安全带的挂钩应挂在结实、牢固的构件上，或专挂安全带的钢丝绳上，不准低挂高用

续表

作业步骤	危害辨识	危害描述	产生后果	风险等级	防 范 措 施
5. 部件修复	高处落物	工器具或材料掉落	撞击	较小	采取防止工具、材料、物品掉落的措施。禁止交叉作业
	电动研磨机	电源盘没有漏电保护器	触电	较小	电动工具必须配置可靠的漏电保护器
		电源盘及研磨机绝缘损坏	触电	较小	检查研磨机、电源盘的电缆线绝缘合格，绝缘材料应无破损，导线无裸露方可使用
		违规使用电源盘	触电	较小	工作前认真检查电源盘应完好、无缺陷、无安全隐患，电源盘及研磨机检查应合格，不合格的电源盘及研磨机禁止带入检修现场
		研磨机转动部件飞出	机械伤害	较小	阀门研磨时，无关人员远离，工作人员站在侧面
	不合格工器具	手锤锤头与木柄的连接不牢固、锤头破损、木柄未使用整根硬质木料	机械伤害	较小	(1) 检查大锤和手锤的锤头应完整，其表面应光滑微凸，不应有歪斜、缺口、凹入及裂纹等缺陷。大锤及手锤的柄应用整根的硬木制成，且头部用楔栓固定。楔栓宜采用金属楔，楔子长度不应大于安装孔的三分之二。锤把上不应有油污。 (2) 禁止戴手套抡大锤； (3) 抡大锤时周围不准有人靠近，防止误伤
6. 阀门组装	大锤	锤头与木柄的连接不牢固、锤头破损、木柄未使用整根硬质木料	砸伤	较小	检查大锤和手锤的锤头应完整，其表面应光滑微凸，不应有歪斜、缺口、凹入及裂纹等缺陷。大锤及手锤的柄应用整根的硬木制成，且头部用楔栓固定。楔栓宜采用金属楔，楔子长度不应大于安装孔的三分之二。锤把上不应有油污
		戴手套抡大锤	物体打击	较小	(1) 禁止戴手套抡大锤； (2) 抡大锤时周围不准有人靠近，防止误伤
		拆卸部件伤手	机械伤害	较小	佩戴防护手套
	高处作业人员	高处作业未正确使用防护用品	高处坠落	重大	(1) 高处作业人员必须戴好安全帽、防滑鞋、正确佩戴安全带，必要时应使用防坠器； (2) 安全带的挂钩应挂在结实、牢固的构件上，或专挂安全带的钢丝绳上，不准低挂高用
	高处的工器具	工器具未系防坠绳及零部件未固定	物体打击	中等	(1) 工器具必须使用防坠绳； (2) 工器具和零部件应用绳拴在牢固的构件上，不准随便乱放
7. 清理现场及其他	检修废料	检修后，检修废料没有及时清除干净	环境污染	较小	工作结束后，及时清理工作现场

13.39 过疏站水位调整旁路手动门检修

作业步骤	危害辨识	危害描述	产生后果	风险等级	防 范 措 施
1. 环境评估	粉尘	未正确佩戴防护口罩	尘肺病	较小	作业人员佩戴防护口罩
2. 措施确认	高温蒸汽	检修的系统未有效隔离	灼烫伤	中等	保证检修的一段管道可靠地与其他部分隔断，放尽管道、容器内部的汽、水、烟或可燃气
	不合格电动工器具	(1) 电动工器具未经检验合格； (2) 电动工器具电源线、电源插头破损	机械伤害	较小	(1) 检查研磨机必须经有资质单位检验合格，并张贴检验合格标志； (2) 检查研磨机的电源线、电源插头完好无缺损
	检修隔离	隔离措施失效，非工作人员进入	机械伤害	较小	对现场检修区域设置围栏、铺设胶皮，进行有效的隔离，有人监护

续表

作业步骤	危害辨识	危害描述	产生后果	风险等级	防 范 措 施
3. 阀门拆卸及解体	粉尘	未正确佩戴防护口罩	尘肺病	较小	作业人员佩戴防护口罩
	高处落物	工器具或材料掉落	撞击	较小	采取防止工具、材料、物品掉落的措施。禁止交叉作业
	高温物体	身体直接接触阀门阀体高温金属部件被烫伤。阀门内存在余汽水或隔离门不严，阀门解体时汽水喷出造成人身伤害	灼烫伤	较小	被解体的阀门能有效隔离且隔离严密，阀门前后疏水门打开，放尽余汽水；监测阀体温度低于50℃时方可拆除保温及阀门部件
4. 零部件清理、检查、测量	粉尘	未正确佩戴防护口罩	尘肺病	较小	作业人员佩戴防护口罩
	高处落物	工器具或材料掉落	撞击	较小	采取防止工具、材料、物品掉落的措施。禁止交叉作业
	误用不合格电动工器具	（1）电动工器具未经检验合格； （2）电动工器具电源线、电源插头破损，防护罩破损缺失，磨片破损	机械伤害	较小	（1）检查角磨机必须经有资质单位检验合格，并张贴检验合格标志； （2）检查角磨机的电源线、电源插头完好无缺损，防护罩、角磨片完好无缺损； （3）使用合格的手锤
5. 部件修复	粉尘	未正确佩戴防护口罩	尘肺病	较小	作业人员佩戴防护口罩
	高处落物	工器具或材料掉落	撞击	较小	采取防止工具、材料、物品掉落的措施。禁止交叉作业
	电动研磨机	电源盘没有漏电保护器	触电	较小	电动工具必须配置可靠的漏电保护器
		电源盘及研磨机绝缘损坏	触电	较小	检查研磨机、电源盘的电缆线绝缘合格，绝缘材料应无破损，导线无裸露方可使用
		违规使用电源盘	触电	较小	工作前认真检查电源盘应完好、无缺陷、无安全隐患，电源盘及研磨机检查应合格，不合格的电源盘及研磨机禁止带入检修现场
		研磨机转动部件飞出	机械伤害	较小	阀门研磨时，无关人员远离，工作人员站在侧面
	不合格工器具	手锤锤头与木柄的连接不牢固、锤头破损、木柄未使用整根硬质木料	机械伤害	较小	（1）检查大锤和手锤的锤头应完整，其表面应光滑微凸，不应有歪斜、缺口、凹入及裂纹等缺陷。大锤及手锤的柄应用整根的硬木制成，且头部用楔栓固定。楔栓宜采用金属楔，楔子长度不应大于安装孔的三分之二。锤把上不应有油污。 （2）禁止戴手套抡大锤。 （3）抡大锤时周围不准有人靠近，防止误伤
6. 阀门组装	大锤	锤头与木柄的连接不牢固、锤头破损、木柄未使用整根硬质木料	砸伤	较小	检查大锤和手锤的锤头应完整，其表面应光滑微凸，不应有歪斜、缺口、凹入及裂纹等缺陷。大锤及手锤的柄应用整根的硬木制成，且头部用楔栓固定。楔栓宜采用金属楔，楔子长度不应大于安装孔的三分之二。锤把上不应有油污
		戴手套抡大锤	物体打击	较小	（1）禁止戴手套抡大锤； （2）抡大锤时周围不准有人靠近，防止误伤
		拆卸部件伤手	机械伤害	较小	佩戴防护手套
	高处的工器具	工器具未系防坠绳及零部件未固定	物体打击	中等	（1）工器具必须使用防坠绳； （2）工器具和零部件应用绳拴在牢固的构件上，不准随便乱放
7. 清理现场及其他	检修废料	检修后，检修废料没有及时清除干净	环境污染	较小	工作结束后，及时清理工作现场

13.40 空气预热器检修

作业步骤	危害辨识	危害描述	产生后果	风险等级	防 范 措 施
1. 作业环境评估	粉尘	未正确佩戴防护口罩	尘肺病	较小	作业人员佩戴防护口罩
	孔	盖板缺损及平台防护栏杆不全	高处坠落	重大	及时检查及补全缺失防护栏
	转动电机	防护罩缺损	机械伤害	中等	做好临时防护措施
	有限空间	氧量不足	窒息	较小	有限空间作业办理有限空间进入许可证，检查有害气体合格后方可进入，人员进出必须登记，并及时记录进出时间；人孔处必须设专人在人孔门处监护并保持通信畅通，不得中途离开
		金属容器	触电	中等	必须使用 12V 及以下的安全电压，保证现场充足的照明
2. 确认安全措施正确执行	转动的减速机、气动马达、挡板	工作前所采取隔离措施不完善	其他伤害	中等	与运行人员共同确认现场安全措施、隔离措施正确完备
		未采取防转动措施	机械伤害	中等	转动设备检修时应采取防转动措施
	转动的减速机、气动马达、挡板	工作前所采取隔离措施不完善	其他伤害	中等	与运行人员共同确认现场安全措施、隔离措施正确完备
3. 准备工作及现场布置	脚手架搭（拆）设	脚手架搭设后未验收	高处坠落	重大	空气预热器内搭设的脚手架验收合格后方可使用
	电焊机	电焊机电源线、电源插头、电焊钳破损	触电	较小	检查电焊机电源线、电源插头、电焊钳完好无损
		焊机外壳不接地	触电	较小	电焊机金属外壳应有明显的可靠接地
		焊机、焊钳与电缆线连接不牢固	触电	较小	焊机、焊钳与电缆线连接牢固，接地端头不外露
		多台焊机接地、接零线串接接入接地体	爆炸	较小	多台焊机接地、接零线不得串接接入接地体，每台焊机应该设有独立的接地、接零线，其接点应用螺丝压紧
	乙炔	乙炔表失效	火灾爆炸	较小	（1）乙炔表应经检验合格，并在有效期内； （2）使用前应进行检查，确保其完好、有效
		橡胶软管破损	爆炸	中等	（1）乙炔橡胶软管发生脱落、破裂时，停止供气，需更换合格的橡胶软管后再用； （2）使用的橡胶软管不准有鼓包、裂缝或漏气现象。如发现有漏气现象，不准用贴补或包缠的方法修理，应将其损坏部分切掉，用双面接头管将软管连接起来并用夹子或金属绑线扎紧
		使用没有回火阀的溶解乙炔瓶	爆炸	较小	严禁使用没有回火阀的溶解乙炔瓶
		使用没有防震胶圈和保险帽的气瓶	爆炸	较小	禁止使用没有防震胶圈和保险帽的气瓶
		（1）使用中氧气瓶与乙炔气瓶的安全距离不足； （2）使用中的气瓶与明火的安全距离不足	火灾	较小	（1）使用中氧气瓶和乙炔气瓶的距离不得小于 5m； （2）使用中的气瓶与明火的距离必须大于 10m
	割炬	割炬回火装置失灵	爆炸	较小	使用检验合格的割炬

续表

作业步骤	危害辨识	危害描述	产生后果	风险等级	防 范 措 施
3. 准备工作及现场布置	临时电源及电源线	电源线悬挂高度不够	触电	较小	临时电源线架设高度室内不低于 2.5m
		电源线、插头、插座破损	触电	较小	(1) 检查电源线外绝缘良好，无破损； (2) 检查电源盘合格证在有效期； (3) 检查电源插头插座，确保完好； (4) 不准将电源线缠绕在护栏、管道和脚手架上
		未安装漏电保护器	触电	较小	(1) 检查电源盘合格证在有效期； (2) 分级配置漏电保护器，工作前试漏电保护器，确保正确动作
		检修电源箱外壳未接地	触电	较小	(1) 检查电源盘合格证在有效期； (2) 检查电源箱外壳接地良好
	撬杠	撬杠支垫物不可靠、加力杆强度不够	其他伤害	较小	使用撬杠作业时，支垫物应可靠，并采取措施防止被撬物倾倒或滚落。使用加力杆时，必须保证其强度和嵌套深度满足要求，以防折断或滑脱
	大锤、手锤	锤头与木柄的连接不牢固、锤头破损、木柄未使用整根硬质木料	砸伤	较小	检查大锤和手锤的锤头应完整，其表面应光滑微凸，不应有歪斜、缺口、凹入及裂纹等缺陷。大锤及手锤的柄应用整根的硬木制成，且头部用楔栓固定。楔栓宜采用金属楔，楔子长度不应大于安装孔的三分之二。锤把上不应有油污
		戴手套抡大锤	物体打击	较小	(1) 禁止戴手套抡大锤； (2) 抡大锤时周围不准有人靠近，防止误伤
		单手抡大锤	其他伤害	较小	严禁戴手套或单手抡大锤；使用大锤时，周围不准有人靠近
	角磨机	角磨机电源线、电源插头破损，防护罩破损缺失，磨片破损	触电、机械伤害	较小	(1) 检查角磨机的电源线、电源插头完好无缺损，防护罩、角磨片完好无缺损； (2) 检查合格证在有效期内
	手拉葫芦	手拉葫芦刹车以及传动装置有缺陷、链条有裂纹、链轮转动卡涩、吊钩无防脱保险装置	起重伤害	中等	(1) 检查手拉葫芦检验合格证在有效期内； (2) 由专业人员修理手拉葫芦或更换合格的手拉葫芦； (3) 使用前应作无负荷起落试验一次，检查链条是否有裂纹、链轮转动是否卡涩、吊钩是否无防脱保险装置，以确保完好
		超过铭牌规定使用手拉葫芦	起重伤害	中等	使用手拉葫芦时工作负荷不准超过铭牌规定
	千斤顶	千斤顶螺纹齿条磨损	起重伤害	较小	(1) 检查千斤顶检验合格证在有效期内； (2) 工作前检查千斤顶螺纹齿条是否磨损，以确保设备完好
	卷扬机	钢丝绳磨损严重，齿轮箱、减速器、滑轮组、索具、限位器失效，控制手柄破损，滚筒中心线与第一个滑轮不垂直，刹车失灵	起重伤害	较小	(1) 由特种设备作业人员或操作人员检查卷扬机的钢丝绳磨损情况，齿轮箱、减速器、滑轮组、索具、限位器是否失效，控制手柄外观，滚筒中心线与第一个滑轮是否垂直，制动是否有效等； (2) 检查卷扬机检验合格证在有效期内
		卷扬机没有固定或固定不牢	起重伤害	较小	未经固定的卷扬机不准使用
4. 拆除保温	高处作业人员	高处作业未正确使用防护用品	起重伤害	较小	必须使工作人员能清楚地看见重物的起吊位置；否则，应使用自动信号

续表

作业步骤	危害辨识	危害描述	产生后果	风险等级	防范措施
5. 空气预热器内部检修及传热元件水冲洗	灰尘	作业时未正确使用防护用品	尘肺病	较小	工作人员佩戴防护口罩
	孔	人孔门处无人监护	窒息	较小	设专人不间断地监护
	卷扬机	卷扬机起吊时，钢丝绳与其他设备摩擦	起重伤害	较小	（1）起吊时钢丝绳与其他设备保持必要距离防止磨损； （2）安装卷扬机时，应保持从卷筒中心线到第一导向滑轮的安全距离
		运行中操作不规范	起重伤害	中等	（1）不准往滑车上套钢丝绳； （2）不准修理或调整卷扬机的转动部分； （3）当物件下落时不准用木棍来制动卷扬机的滚筒； （4）不准站在提升或放下重物的地方附近； （5）不准改正卷扬机滚筒上缠绕不正确的钢丝绳； （6）手动卷扬机工作完毕后必须取下手柄
	高压水	使用高压冲洗设备不正确	机械伤害	较小	（1）作业前检查高压冲洗设备应完好，试运行工作正常，各密封点无泄漏，开关、阀门动作正常； （2）高压冲洗工作应由有熟练操作经验的人员实施，并设专人监护； （3）作业过程中发现高压冲洗设备有泄漏、部件松动、开关动作不正常等异常现象，应立即停止工作，消除设备故障； （4）作业时高压冲洗操作人员与控制开关操作人员配合协调，按冲洗操作人员指令操作
	热辐射	气焊气割火焰高温	烧伤、烫伤	较小	（1）动火人员穿帆布工作服，戴工作帽，上衣不准扎在裤子里，裤脚不得挽起，脚面有鞋罩； （2）气割火炬不准对着周围工作人员
	强光	切割时火焰产生强光	视力受损	中等	操作工需佩戴合格的护目镜，保护眼睛免受切割的火焰放出的强光伤害
	电焊机	焊接时未正确使用防护用品	灼烫伤	较小	（1）正确使用面罩； （2）戴电焊手套； （3）戴白光眼镜； （4）穿电焊服
		未准备移动消防器材或消防水未投备用	火灾	较小	电焊作业时，须准备灭火器等移动消防器材
	电源	停止、间断焊接作业未停电源	触电	较小	（1）停止、间断焊接作业时必须及时切断焊机电源； （2）在空气预热器内部不准同时进行电焊及气焊工作
	高温焊渣	焊渣掉落	火灾	较小	（1）动火工作区域周围设置防护屏，防止其他人员被飞溅的焊渣烫伤，地面铺设防火布； （2）火焊人员必须穿戴好工作服，戴好手套和带鞋盖劳保鞋等； （3）通气的橡胶软管上方禁止进行动火作业，以防火灾
	焊接尘	通风不良	尘肺病	较小	焊接工作场所应有良好的通风
		未正确使用防尘口罩	尘肺病	较小	作业时正确佩戴合格防尘口罩
	高处作业人员	高处作业未正确使用防护用品	高处坠落	重大	（1）高处作业人员必须戴好安全帽、防滑鞋、正确佩戴安全带，必要时应使用防坠器； （2）安全带的挂钩应挂在结实、牢固的构件上，或专挂安全带的钢丝绳上，不准低挂高用

续表

作业步骤	危害辨识	危害描述	产生后果	风险等级	防　范　措　施
6．检修空气预热器导向轴承	起吊物	吊物坠落	物体打击	较小	（1）起重物必须绑牢，吊钩应挂在物品的重心上，手拉葫芦的链条应垂直悬挂重物； （2）吊索与吊物棱角或光滑的接触处，必须加以包垫，防止吊索受伤或打滑； （3）捆扎后吊挂绳之间的夹角不大于90℃，避免挂绳受力过大
	手拉葫芦	手拉葫芦刹车以及传动装置有缺陷、链条有裂纹、链轮转动卡涩、吊钩无防脱保险装置	起重伤害	中等	（1）检查手拉葫芦检验合格证在有效期内； （2）由专业人员修理手拉葫芦或更换合格的手拉葫芦； （3）使用前应作无负荷起落试验一次，检查链条是否有裂纹、链轮转动是否卡涩、吊钩是否无防脱保险装置，以确保完好
		超过铭牌规定使用手拉葫芦	起重伤害	中等	使用手拉葫芦时工作负荷不准超过铭牌规定
7．起顶空气预热器转子及检修空气预热器支撑轴承	千斤顶	工作人员站在液压千斤顶安全栓或高压软管前面	起重伤害	较小	使用液体或压缩空气传动的千斤顶时，禁止工作人员站在千斤顶安全栓的前面
		千斤顶超载荷使用	起重伤害	较小	使用千斤顶时，工作负荷不准超过千斤顶铭牌规定
		使用千斤顶长期支撑荷重	起重伤害	较小	禁止将千斤顶放在长期无人照料的荷重下面
		使用千斤顶未置于重物的正下方	起重伤害	较小	千斤顶要置于重物的正下方，顶重物时先用手摇动摇把，使顶头顶住重物再插入手柄加力
		未采取防止重物下沉的措施	起重伤害	较小	安装千斤顶的位置要坚硬平整，或用钢板和垫木垫牢，防止因地面下陷而产生歪斜
	起吊物	吊物坠落	物体打击	较小	（1）起重物必须绑牢，吊钩应挂在物品的重心上，手拉葫芦的链条应垂直悬挂重物； （2）吊索与吊物棱角或光滑的接触处，必须加以包垫，防止吊索受伤或打滑； （3）捆扎后吊挂绳之间的夹角不大于90℃，避免挂绳受力过大
	手拉葫芦	手拉葫芦刹车以及传动装置有缺陷、链条有裂纹、链轮转动卡涩、吊钩无防脱保险装置	起重伤害	中等	（1）检查手拉葫芦检验合格证在有效期内； （2）由专业人员修理手拉葫芦或更换合格的手拉葫芦； （3）使用前应作无负荷起落试验一次，检查链条是否有裂纹、链轮转动是否卡涩、吊钩是否无防脱保险装置，以确保完好
		超过铭牌规定使用手拉葫芦	起重伤害	中等	使用手拉葫芦时工作负荷不准超过铭牌规定
8．空气预热器减速箱及液力耦合器检修	起吊物	吊物坠落	物体打击	较小	（1）起重物必须绑牢，吊钩应挂在物品的重心上，手拉葫芦的链条应垂直悬挂重物； （2）吊索与吊物棱角或光滑的接触处，必须加以包垫，防止吊索受伤或打滑； （3）捆扎后吊挂绳之间的夹角不大于90℃，避免挂绳受力过大
	手拉葫芦	手拉葫芦刹车以及传动装置有缺陷、链条有裂纹、链轮转动卡涩、吊钩无防脱保险装置	起重伤害	中等	（1）检查手拉葫芦检验合格证在有效期内； （2）由专业人员修理手拉葫芦或更换合格的手拉葫芦； （3）使用前应作无负荷起落试验一次，检查链条是否有裂纹、链轮转动是否卡涩、吊钩是否无防脱保险装置，以确保完好
		超过铭牌规定使用手拉葫芦	起重伤害	中等	使用手拉葫芦时工作负荷不准超过铭牌规定

续表

作业步骤	危害辨识	危害描述	产生后果	风险等级	防 范 措 施
8．空气预热器减速箱及液力耦合器检修	重物	搬运无统一协调	物体打击	较小	多人共同搬运、抬运或装卸较大的重物时，必须统一指挥、相互配合、同起同落、同时行进
		作业时未正确使用防护用品	物体打击	较小	作业人员应根据搬运物件的需要，穿戴披肩、垫肩、手套、口罩、眼镜等防护用品
9．空气预热器一、二次风挡板、烟气挡板检查	高处作业人员	高处作业未正确使用防护用品	高处坠落	重大	（1）高处作业人员必须戴好安全帽、防滑鞋、正确佩戴安全带，必要时应使用防坠器； （2）安全带的挂钩应挂在结实、牢固的构件上，或专挂安全带的钢丝绳上，不准低挂高用
	手拉葫芦	手拉葫芦刹车以及传动装置有缺陷、链条有裂纹、链轮转动卡涩、吊钩无防脱保险装置	起重伤害	中等	（1）检查手拉葫芦检验合格证在有效期内； （2）由专业人员修理手拉葫芦或更换合格的手拉葫芦； （3）使用前应作无负荷起落试验一次，检查链条是否有裂纹、链轮转动是否卡涩、吊钩是否无防脱保险装置，以确保完好
10．恢复保温	高处作业人员	高处作业未正确使用防护用品	高处坠落	重大	安全带的挂钩应挂在结实、牢固的构件上，或专挂安全带的钢丝绳上，安全带要高挂低用
	石棉	保温岩棉飞扬	尘肺病、环境污染	较小	（1）拆装、运输材料和废料时，应用袋和箱装运； （2）拆装过程中应采取防止散落、飞扬的措施； （3）工作结束后及时清理废料
11．封闭人孔门	二氧化碳	人员遗留在容器内	窒息	较小	核对容器进出人登记，确认无人员和工器具遗落，并喊话确认无人
12．设备试运	转动的减速机、气动马达、挡板	防护罩缺损	机械伤害	中等	（1）设备的转动部分必须装设防护罩，并标明旋转方向，露出的轴端必须装设护盖； （2）对转动设备缺损的防护罩应及时装复或修复，装复或修复前在转动设备区域内设置“禁止靠近”安全警示标示； （3）衣服和袖口因扣好、不得戴围巾领带、必须将长发盘到安全帽内； （4）不准擅自拆除设备上的安全防护设施； （5）对大型转动设备除装设防护罩之外，还必须装设防护栏杆
		断裂、超速、零部件脱落	物体打击	中等	检查设备的运行状态，保持设备的振动、温度、运行电流等参数符合标准，如发现参数超标及时处理
		标识不全	机械伤害	较小	（1）工作前核对设备名称及编号； （2）完善补齐缺损的设备标识和警告牌
		肢体部位或饰品衣物、用具（包括防护用品）、工具接触转动部位	机械伤害	中等	（1）衣服和袖口应扣好、不得戴围巾领带，长发必须盘在安全帽内； （2）不准将用具、工器具接触设备的转动部位； （3）不准在转动设备附近长时间停留； （4）不准在靠背轮上、安全罩上或运行中设备的轴承上行走和坐立
		试运行起动时人员站在转机径向位置	机械伤害	中等	试运行起动时不准站在试转设备的径向位置
13．工作结束	检修废料	检修后，检修废料没有及时清除干净	环境污染	较小	工作结束后，及时清理工作现场

13.41 空气预热器吹灰器检修

作业步骤	危害辨识	危害描述	产生后果	风险等级	防 范 措 施
1. 环境评估	粉尘	未正确佩戴防护口罩	尘肺病	较小	作业人员佩戴防护口罩
2. 措施确认	蒸汽吹灰器	蒸汽吹灰器误动	撞击	中等	检修工作开工前工作负责人与工作票许可人共同确认程控柜已断电
	照明	照明不足	高处坠落	重大	保证炉内照明充足
	脚手架	缺损	高处坠落	重大	及时检查及补全缺失防护栏并验收合格，工作负责人每日工作前必须对脚手架进行检查，如果发现缺陷，应立即修整
	误用不合格电动工器具	（1）电动工器具未经检验合格； （2）电动工器具电源线、电源插头破损，防护罩破损缺失，磨片破损	机械伤害	较小	（1）检查角磨机必须经有资质单位检验合格，并张贴检验合格标志； （2）检查角磨机的电源线、电源插头完好无缺损，防护罩、角磨片完好无缺损
3．提升阀、空气阀解体检修	粉尘	未正确佩戴防护口罩	尘肺病	较小	作业人员佩戴防护口罩
	高处设备设施	防护栏缺损	高处坠落	重大	及时检查及补全缺失防护栏
	高处作业人员	高处作业未正确使用防护用品	高处坠落	重大	（1）高处作业人员必须戴好安全帽、防滑鞋、正确佩戴安全带，必要时应使用防坠器； （2）安全带的挂钩应挂在结实、牢固的构件上，或专挂安全带的钢丝绳上，不准低挂高用
	高处落物	工器具或材料掉落	撞击	较小	采取防止工具、材料、物品掉落的措施。禁止交叉作业
4．提升阀、空气阀回装	粉尘	未正确佩戴防护口罩	尘肺病	较小	作业人员佩戴防护口罩
	高处作业人员	高处作业未正确使用防护用品	高处坠落	重大	（1）高处作业人员必须戴好安全帽、防滑鞋、正确佩戴安全带，必要时应使用防坠器； （2）安全带的挂钩应挂在结实、牢固的构件上，或专挂安全带的钢丝绳上，不准低挂高用
	高处落物	工器具或材料掉落	撞击	较小	采取防止工具、材料、物品掉落的措施。禁止交叉作业
5. 提升阀水压试验	粉尘	未正确佩戴防护口罩	尘肺病	较小	作业人员佩戴防护口罩
	高处落物	工器具或材料掉落	撞击	较小	采取防止工具、材料、物品掉落的措施。禁止交叉作业
6. 内管、螺旋管、喷嘴检修	粉尘	未正确佩戴防护口罩	尘肺病	较小	作业人员佩戴防护口罩
	高处作业人员	高处作业未正确使用防护用品	高处坠落	重大	（1）高处作业人员必须戴好安全帽、防滑鞋、正确佩戴安全带，必要时应使用防坠器； （2）安全带的挂钩应挂在结实、牢固的构件上，或专挂安全带的钢丝绳上，不准低挂高用
	高处落物	工器具或材料掉落	撞击	较小	采取防止工具、材料、物品掉落的措施
	电动工器具	（1）电动工器具未经检验合格； （2）电动工器具电源线、电源插头破损，防护罩破损缺失，磨片破损	机械伤害	较小	（1）检查角磨机必须经有资质单位检验合格，并张贴检验合格标志； （2）检查角磨机的电源线、电源插头完好无缺损，防护罩、角磨片完好无缺损； （3）作业人员佩戴防护面罩，戴绝缘手套

续表

作业步骤	危害辨识	危害描述	产生后果	风险等级	防 范 措 施
7. 齿轮箱检修	粉尘	未正确佩戴防护口罩	尘肺病	较小	作业人员佩戴防护口罩
	高处落物	工器具或材料掉落	撞击	较小	采取防止工具、材料、物品掉落的措施。禁止交叉作业
	电动工器具	（1）电动工器具未经检验合格； （2）电动工器具电源线、电源插头破损，防护罩破损缺失，磨片破损	机械伤害	较小	（1）检查角磨机必须经有资质单位检验合格，并张贴检验合格标志； （2）检查角磨机的电源线、电源插头完好无缺损，防护罩、角磨片完好无缺损
8. 吹灰器回装	粉尘	未正确佩戴防护口罩	尘肺病	较小	作业人员佩戴防护口罩
	脚手架	缺损	高处坠落	重大	及时检查及补全缺失防护栏并验收合格，工作负责人每日工作前必须对脚手架进行检查，如果发现缺陷，应立即修整
	高处作业人员	高处作业未正确使用防护用品	高处坠落	重大	（1）高处作业人员必须戴好安全帽、防滑鞋、正确佩戴安全带，必要时应使用防坠器； （2）安全带的挂钩应挂在结实、牢固的构件上，或专挂安全带的钢丝绳上，不准低挂高用
	高处落物	工器具或材料掉落	撞击	较小	采取防止工具、材料、物品掉落的措施。禁止交叉作业
9. 清理现场及其他	检修废料	检修后，检修废料没有及时清除干净	环境污染	较小	工作结束后，及时清理工作现场

13.42 空气预热器蒸汽吹灰安全门检修

作业步骤	危害辨识	危害描述	产生后果	风险等级	防 范 措 施
1. 环境评估	粉尘	未正确佩戴防护口罩	尘肺病	较小	作业人员佩戴防护口罩
2. 措施确认	高温高压蒸汽	检修隔离措施不到位	物体打击	中等	对现场检修区域设置围栏、铺设胶皮，进行有效的隔离，有人监护
		运行隔离措施不到位	灼烫伤	中等	检修前工作负责人、工作许可人现场共同确认隔离措施安全可靠执行
3. 阀门拆卸	粉尘	未正确佩戴防护口罩	尘肺病	较小	作业人员佩戴防护口罩
	脚手架	缺损	高处坠落	重大	及时检查及补全缺失防护栏并验收合格，工作负责人每日工作前必须对脚手架进行检查，如果发现缺陷，应立即修整
	高处作业人员	高处作业未正确使用防护用品	高处坠落	重大	（1）高处作业人员必须戴好安全帽、防滑鞋、正确佩戴安全带，必要时应使用防坠器； （2）安全带的挂钩应挂在结实、牢固的构件上，或专挂安全带的钢丝绳上，不准低挂高用
	高处落物	工器具或材料掉落	撞击	较小	采取防止工具、材料、物品掉落的措施。禁止交叉作业
	高温物体	身体直接接触阀门阀体高温金属部件被烫伤。阀门内存在余汽水或隔离门不严，拆阀门解体时汽水喷出造成人身伤害	灼烫伤	较小	被解体的阀门能有效隔离且隔离严密，阀门前后疏水门打开，放尽余汽水；监测阀体温度低于50℃时方可拆除保温及阀门部件
	拆卸螺栓	拆卸门架时挤伤手指	机械伤害	较小	（1）拆卸时戴手套； （2）使用合格的手锤

续表

作业步骤	危害辨识	危害描述	产生后果	风险等级	防 范 措 施
3．阀门拆卸	起吊物	起重工具	起重伤害	中等	（1）起吊前检查起重工具是否合格可用； （2）检查工器具是否完好，禁止野蛮操作
		指挥	起重伤害	较小	起重作业由专业的起重人员进行操作指挥
4．各零部件的检查、修理	粉尘	未正确佩戴防护口罩	尘肺病	较小	作业人员佩戴防护口罩
	脚手架	缺损	高处坠落	重大	及时检查及补全缺失防护栏并验收合格，工作负责人每日工作前必须对脚手架进行检查，如果发现缺陷，应立即修整
	高处作业人员	高处作业未正确使用防护用品	高处坠落	重大	（1）高处作业人员必须戴好安全帽、防滑鞋、正确佩戴安全带，必要时应使用防坠器； （2）安全带的挂钩应挂在结实、牢固的构件上，或专挂安全带的钢丝绳上，不准低挂高用
	高处落物	工器具或材料掉落	撞击	较小	采取防止工具、材料、物品掉落的措施。禁止交叉作业
	误用不合格电动工器具	（1）电动工器具未经检验合格； （2）电动工器具电源线、电源插头破损，防护罩破损缺失，磨片破损	机械伤害	较小	（1）检查角磨机必须经有资质单位检验合格，并张贴检验合格标志； （2）检查角磨机的电源线、电源插头完好无缺损，防护罩、角磨片完好无缺损； （3）使用合格的手锤
5．安全阀组装	粉尘	未正确佩戴防护口罩	尘肺病	较小	作业人员佩戴防护口罩
	脚手架	缺损	高处坠落	重大	及时检查及补全缺失防护栏并验收合格，工作负责人每日工作前必须对脚手架进行检查，如果发现缺陷，应立即修整
	高处作业人员	高处作业未正确使用防护用品	高处坠落	重大	（1）高处作业人员必须戴好安全帽、防滑鞋、正确佩戴安全带，必要时应使用防坠器； （2）安全带的挂钩应挂在结实、牢固的构件上，或专挂安全带的钢丝绳上，不准低挂高用
	高处落物	工器具或材料掉落	撞击	较小	采取防止工具、材料、物品掉落的措施。禁止交叉作业
	不合格工器具	手锤锤头与木柄的连接不牢固、锤头破损、木柄未使用整根硬质木料	机械伤害	较小	（1）检查大锤和手锤的锤头应完整，其表面应光滑微凸，不应有歪斜、缺口、凹入及裂纹等缺陷。大锤及手锤的柄应用整根的硬木制成，且头部用楔栓固定。楔栓宜采用金属楔，楔子长度不应大于安装孔的三分之二。锤把上不应有油污。 （2）禁止戴手套抡大锤。 （3）抡大锤时周围不准有人靠近，防止误伤
6．清理现场及其他	检修废料	检修后，检修废料没有及时清除干净	环境污染	较小	工作结束后，及时清理工作现场

13.43 空气预热器蒸汽吹灰调门检修

作业步骤	危害辨识	危害描述	产生后果	风险等级	防 范 措 施
1．环境评估	粉尘	未正确佩戴防护口罩	尘肺病	较小	作业人员佩戴防护口罩
	脚手架	缺损	高处坠落	重大	搭设的脚手架验收合格后方可使用
2．措施确认	高温蒸汽	检修系统未有效隔离	灼烫伤	中等	保证检修的一段管道可靠地与其他部分隔断，放尽管道、容器内部的汽、水、烟或可燃气
	电动执行机构	带电	触电	中等	切断电源，挂禁止操作牌

续表

作业步骤	危害辨识	危害描述	产生后果	风险等级	防 范 措 施
2. 措施确认	不合格电动工器具	（1）电动工器具未经检验合格；（2）电动工器具电源线、电源插头破损	机械伤害	较小	（1）检查研磨机必须经有资质单位检验合格，并张贴检验合格标志；（2）检查研磨机的电源线、电源插头完好无缺损
	检修隔离	隔离措施失效，非工作人员进入	机械伤害	较小	对现场检修区域设置围栏、铺设胶皮，进行有效的隔离，有人监护
3. 阀门拆卸及解体	粉尘	未正确佩戴防护口罩	尘肺病	较小	作业人员佩戴防护口罩
	脚手架	缺损	高处坠落	重大	及时检查及补全缺失防护栏并验收合格，工作负责人每日工作前必须对脚手架进行检查，如果发现缺陷，应立即修整
	高处作业人员	高处作业未正确使用防护用品	高处坠落	重大	（1）高处作业人员必须戴好安全帽、防滑鞋、正确佩戴安全带，必要时应使用防坠器；（2）安全带的挂钩应挂在结实、牢固的构件上，或专挂安全带的钢丝绳上，不准低挂高用
	高处落物	工器具或材料掉落	撞击	较小	采取防止工具、材料、物品掉落的措施。禁止交叉作业
	高温物体	身体直接接触阀门阀体高温金属部件被烫伤。阀门内存在余汽水或隔离门不严，拆阀门解体时汽水喷出造成人身伤害	灼烫伤	较小	被解体的阀门能有效隔离且隔离严密，阀门前后疏水门打开，放尽余汽水；监测阀体温度低于50℃时方可拆除保温及阀门部件
	拆卸螺栓	拆卸门架时挤伤手指	机械伤害	较小	（1）拆卸时戴手套；（2）使用合格的手锤
	起吊物	起重工具	起重伤害	中等	（1）起吊前检查起重工具是否合格可用；（2）检查工器具是否完好，禁止野蛮操作
		指挥	起重伤害	较小	起重作业由专业的起重人员进行操作指挥
4. 零部件清理、检查、测量	粉尘	未正确佩戴防护口罩	尘肺病	较小	作业人员佩戴防护口罩
	脚手架	缺损	高处坠落	重大	及时检查及补全缺失防护栏并验收合格，工作负责人每日工作前必须对脚手架进行检查，如果发现缺陷，应立即修整
	高处作业人员	高处作业未正确使用防护用品	高处坠落	重大	（1）高处作业人员必须戴好安全帽、防滑鞋、正确佩戴安全带，必要时应使用防坠器；（2）安全带的挂钩应挂在结实、牢固的构件上，或专挂安全带的钢丝绳上，不准低挂高用
	高处落物	工器具或材料掉落	撞击	较小	采取防止工具、材料、物品掉落的措施。禁止交叉作业
	误用不合格电动工器具	（1）电动工器具未经检验合格；（2）电动工器具电源线、电源插头破损，防护罩破损缺失，磨片破损	机械伤害	较小	（1）检查角磨机必须经有资质单位检验合格，并张贴检验合格标志；（2）检查角磨机的电源线、电源插头完好无缺损，防护罩、角磨片完好无缺损；（3）使用合格的手锤
5. 部件修复	粉尘	未正确佩戴防护口罩	尘肺病	较小	作业人员佩戴防护口罩
	脚手架	缺损	高处坠落	重大	及时检查及补全缺失防护栏并验收合格，工作负责人每日工作前必须对脚手架进行检查，如果发现缺陷，应立即修整
	高处作业人员	高处作业未正确使用防护用品	高处坠落	重大	（1）高处作业人员必须戴好安全帽、防滑鞋、正确佩戴安全带，必要时应使用防坠器；（2）安全带的挂钩应挂在结实、牢固的构件上，或专挂安全带的钢丝绳上，不准低挂高用

续表

作业步骤	危害辨识	危害描述	产生后果	风险等级	防范措施
5．部件修复	高处落物	工器具或材料掉落	撞击	较小	采取防止工具、材料、物品掉落的措施。禁止交叉作业
	电动研磨机	电源盘没有漏电保护器	触电	较小	电动工具必须配置可靠的漏电保护器
		电源盘及研磨机绝缘损坏	触电	较小	检查研磨机、电源盘的电缆线绝缘合格，绝缘材料应无破损，导线无裸露方可使用
		违规使用电源盘	触电	较小	工作前认真检查电源盘应完好、无缺陷、无安全隐患，电源盘及研磨机检查应合格，不合格的电源盘及研磨机禁止带入检修现场
		研磨机转动部件飞出	机械伤害	较小	阀门研磨时，无关人员远离，工作人员站在侧面
	不合格工器具	手锤锤头与木柄的连接不牢固、锤头破损、木柄未使用整根硬质木料	机械伤害	较小	（1）检查大锤和手锤的锤头应完整，其表面应光滑微凸，不应有歪斜、缺口、凹入及裂纹等缺陷。大锤及手锤的柄应用整根的硬木制成，且头部用楔栓固定。楔栓宜采用金属楔，楔子长度不应大于安装孔的三分之二。锤把上不应有油污。 （2）禁止戴手套抡大锤。 （3）抡大锤时周围不准有人靠近，防止误伤
6．阀门组装	大锤	锤头与木柄的连接不牢固、锤头破损、木柄未使用整根硬质木料	砸伤	较小	检查大锤和手锤的锤头应完整，其表面应光滑微凸，不应有歪斜、缺口、凹入及裂纹等缺陷。大锤及手锤的柄应用整根的硬木制成，且头部用楔栓固定。楔栓宜采用金属楔，楔子长度不应大于安装孔的三分之二。锤把上不应有油污
		戴手套抡大锤	物体打击	较小	（1）禁止戴手套抡大锤； （2）抡大锤时周围不准有人靠近，防止误伤
		拆卸部件伤手	机械伤害	较小	佩戴防护手套
	高处作业人员	高处作业未正确使用防护用品	高处坠落	重大	（1）高处作业人员必须戴好安全帽、防滑鞋、正确佩戴安全带，必要时应使用防坠器； （2）安全带的挂钩应挂在结实、牢固的构件上，或专挂安全带的钢丝绳上，不准低挂高用
	高处的工器具	工器具未系防坠绳及零部件未固定	物体打击	中等	（1）工器具必须使用防坠绳； （2）工器具和零部件应用绳拴在牢固的构件上，不准随便乱放
7．清理现场及其他	检修废料	检修后，检修废料没有及时清除干净	环境污染	较小	工作结束后，及时清理工作现场

13.44　空气预热器蒸汽吹灰总门检修

作业步骤	危害辨识	危害描述	产生后果	风险等级	防范措施
1．环境评估	粉尘	未正确佩戴防护口罩	尘肺病	较小	作业人员佩戴防护口罩
	脚手架	缺损	高处坠落	重大	搭设的脚手架验收合格后方可使用
2．措施确认	高温蒸汽	检修的系统未有效隔离	灼烫伤	中等	保证检修的一段管道可靠地与其他部分隔断，放尽管道、容器内部的汽、水、烟或可燃气
	电动执行机构	带电	触电	中等	切断电源，挂禁止操作牌
	不合格电动工器具	（1）电动工器具未经检验合格； （2）电动工器具电源线、电源插头破损	机械伤害	较小	（1）检查研磨机必须经有资质单位检验合格，并张贴检验合格标志； （2）检查研磨机的电源线、电源插头完好无缺损
	检修隔离	隔离措施失效，非工作人员进入	机械伤害	较小	对现场检修区域设置围栏、铺设胶皮，进行有效的隔离，有人监护

续表

作业步骤	危害辨识	危害描述	产生后果	风险等级	防 范 措 施
3．阀门拆卸及解体	粉尘	未正确佩戴防护口罩	尘肺病	较小	作业人员佩戴防护口罩
	脚手架	缺损	高处坠落	重大	及时检查及补全缺失防护栏并验收合格，工作负责人每日工作前必须对脚手架进行检查，如果发现缺陷，应立即修整
	高处作业人员	高处作业未正确使用防护用品	高处坠落	重大	（1）高处作业人员必须戴好安全帽、防滑鞋、正确佩戴安全带，必要时应使用防坠器； （2）安全带的挂钩应挂在结实、牢固的构件上，或专挂安全带的钢丝绳上，不准低挂高用
	高处落物	工器具或材料掉落	撞击	较小	采取防止工具、材料、物品掉落的措施。禁止交叉作业
	高温物体	身体直接接触阀门阀体高温金属部件被烫伤。阀门内存在余汽水或隔离门不严，拆阀门解体时汽水喷出造成人身伤害	灼烫伤	较小	被解体的阀门能有效隔离且隔离严密，阀门前后疏水门打开，放尽余汽水；监测阀体温度低于50℃时方可拆除保温及阀门部件
4．零部件清理、检查、测量	粉尘	未正确佩戴防护口罩	尘肺病	较小	作业人员佩戴防护口罩
	脚手架	缺损	高处坠落	重大	及时检查及补全缺失防护栏并验收合格，工作负责人每日工作前必须对脚手架进行检查，如果发现缺陷，应立即修整
	高处作业人员	高处作业未正确使用防护用品	高处坠落	重大	（1）高处作业人员必须戴好安全帽、防滑鞋、正确佩戴安全带，必要时应使用防坠器； （2）安全带的挂钩应挂在结实、牢固的构件上，或专挂安全带的钢丝绳上，不准低挂高用
	高处落物	工器具或材料掉落	撞击	较小	采取防止工具、材料、物品掉落的措施。禁止交叉作业
	误用不合格电动工器具	（1）电动工器具未经检验合格； （2）电动工器具电源线、电源插头破损，防护罩破损缺失，磨片破损	机械伤害	较小	（1）检查角磨机必须经有资质单位检验合格，并张贴检验合格标志； （2）检查角磨机的电源线、电源插头完好无缺损，防护罩、角磨片完好无缺损； （3）使用合格的手锤
5．部件修复	粉尘	未正确佩戴防护口罩	尘肺病	较小	作业人员佩戴防护口罩
	脚手架	缺损	高处坠落	重大	及时检查及补全缺失防护栏并验收合格，工作负责人每日工作前必须对脚手架进行检查，如果发现缺陷，应立即修整
	高处作业人员	高处作业未正确使用防护用品	高处坠落	重大	（1）高处作业人员必须戴好安全帽、防滑鞋、正确佩戴安全带，必要时应使用防坠器； （2）安全带的挂钩应挂在结实、牢固的构件上，或专挂安全带的钢丝绳上，不准低挂高用
	高处落物	工器具或材料掉落	撞击	较小	采取防止工具、材料、物品掉落的措施。禁止交叉作业
	电动研磨机	电源盘没有漏电保护器	触电	较小	电动工具必须配置可靠的漏电保护器
		电源盘及研磨机绝缘损坏	触电	较小	检查研磨机、电源盘的电缆线绝缘合格，绝缘材料应无破损，导线无裸露方可使用
		违规使用电源盘	触电	较小	工作前认真检查电源盘应完好、无缺陷、无安全隐患，电源盘及研磨机检查应合格，不合格的电源盘及研磨机禁止带入检修现场
		研磨机转动部件飞出	机械伤害	较小	阀门研磨时，无关人员远离，工作人员站在侧面

续表

作业步骤	危害辨识	危害描述	产生后果	风险等级	防 范 措 施
5. 部件修复	不合格工器具	手锤锤头与木柄的连接不牢固、锤头破损、木柄未使用整根硬质木料	机械伤害	较小	（1）检查大锤和手锤的锤头应完整，其表面应光滑微凸，不应有歪斜、缺口、凹入及裂纹等缺陷。大锤及手锤的柄应用整根的硬木制成，且头部用楔栓固定。楔栓宜采用金属楔，楔子长度不应大于安装孔的三分之二。锤把上不应有油污。 （2）禁止戴手套抡大锤。 （3）抡大锤时周围不准有人靠近，防止误伤
6. 阀门组装	大锤	锤头与木柄的连接不牢固、锤头破损、木柄未使用整根硬质木料	砸伤	较小	检查大锤和手锤的锤头应完整，其表面应光滑微凸，不应有歪斜、缺口、凹入及裂纹等缺陷。大锤及手锤的柄应用整根的硬木制成，且头部用楔栓固定。楔栓宜采用金属楔，楔子长度不应大于安装孔的三分之二。锤把上不应有油污
		戴手套抡大锤	物体打击	较小	（1）禁止戴手套抡大锤； （2）抡大锤时周围不准有人靠近，防止误伤
		拆卸部件伤手	机械伤害	较小	佩戴防护手套
	高处作业人员	高处作业未正确使用防护用品	高处坠落	重大	（1）高处作业人员必须戴好安全帽、防滑鞋、正确佩戴安全带，必要时应使用防坠器； （2）安全带的挂钩应挂在结实、牢固的构件上，或专挂安全带的钢丝绳上，不准低挂高用
	高处的工器具	工器具未系防坠绳及零部件未固定	物体打击	中等	（1）工器具必须使用防坠绳； （2）工器具和零部件应用绳拴在牢固的构件上，不准随便乱放
7. 清理现场及其他	检修废料	检修后，检修废料没有及时清除干净	环境污染	较小	工作结束后，及时清理工作现场

13.45 扩疏箱及大气扩容器检修

作业步骤	危害辨识	危害描述	产生后果	风险等级	防 范 措 施
1. 环境评估	粉尘	未正确佩戴防护口罩	尘肺病	较小	作业人员佩戴防护口罩
	高温环境	扩疏箱及大气扩容器内部高于60℃	灼烫伤	较小	就地温度计显示低于60℃，方可开人孔门
	有限空间	氧量不足、金属容器内工作	窒息、触电	中等	（1）有限空间作业办理有限空间进入许可证，检查有害气体合格后方可进入，人员进出必须登记，并及时记录进出时间；人孔处必须设专人在人孔门处监护并保持通信畅通，不得中途离开。 （2）必须使用12V及以下的安全电压，保证现场充足的照明
2. 措施确认	粉尘	未正确佩戴防护口罩	尘肺病	较小	作业人员佩戴防护口罩
	高温环境	扩疏箱及大气扩容器内部高于60℃	灼烫伤	中等	就地温度计显示低于60℃，方可开人孔门
	脚手架	缺损	高处坠落	重大	及时检查及补全缺失防护栏并验收合格。工作负责人每日工作前必须对脚手架进行检查，如果发现缺陷，应立即修整
	工器具	使用不合格的工具	机械伤害	中等	必须正确使用经检验合格的工器具
3. 扩容器人孔门拆卸	粉尘	未正确佩戴防护口罩	尘肺病	较小	作业人员佩戴防护口罩
	高温环境	扩疏箱及大气扩容器内部高于60℃	灼烫伤	较小	就地温度计显示低于60℃，方可开人孔门

续表

作业步骤	危害辨识	危害描述	产生后果	风险等级	防 范 措 施
3．扩容器人孔门拆卸	有害气体	含氧量低	窒息	较小	定期测氧
	高处设备设施	防护栏缺损	高处坠落	重大	及时检查及补全缺失防护栏
	高处作业人员	高处作业未正确使用防护用品	高处坠落	重大	（1）高处作业人员必须戴好安全帽、防滑鞋、正确佩戴安全带，必要时应使用防坠器； （2）安全带的挂钩应挂在结实、牢固的构件上，或专挂安全带的钢丝绳上，不准低挂高用
	高处落物	工器具或材料掉落	撞击	较小	采取防止工具、材料、物品掉落的措施。禁止交叉作业
	大锤	拆卸人孔螺栓时碰伤、大锤脱手伤人	机械伤害	较小	（1）禁止戴手套使用大锤； （2）使用合格的敲击扳手和大锤
	人孔门	未进行通风	窒息	较小	打开两侧人孔门，装设轴流风机进行连续不断的通风
		无人监护	窒息	较小	设专人不间断地监护
4．扩容器内部检查	粉尘	未正确佩戴防护口罩	尘肺病	较小	作业人员佩戴防护口罩
	有害气体	含氧量低	窒息	较小	定期测氧
	行灯	行灯绝缘部分有缺陷或防护罩缺失	触电	较小	更换绝缘部分良好的行灯； 行灯必须保证防护罩良好
		行灯电源线、电源插头破损	触电	较小	（1）检查行灯电源线、电源插头完好无破损； （2）行灯的电源线应采用橡套软电缆
		使用行灯电压等级不符	触电	较小	在汽包内使用的行灯，电压不得超过12V
		携带式行灯变压器插头不符合要求或外壳未接地	触电	较小	（1）携带式行灯变压器的高压侧应带插头，低压侧带插座，并采用两种不能互相插入的插头 （2）行灯变压器金属外壳必须有良好的接地线，高压侧应使用三相插头
	有限空间作业	氧量不足	窒息	较小	有限空间作业办理有限空间进入许可证，检查有害气体合格后方可进入，人员进出必须登记，并及时记录进出时间；人孔处必须设专人在人孔门处监护并保持通信畅通，不得中途离开
		金属容器	触电	中等	必须使用12V及以下的安全电压，保证现场充足的照明
5．扩容器外部检查	粉尘	未正确佩戴防护口罩	尘肺病	较小	作业人员佩戴防护口罩
	脚手架	缺损	高处坠落	重大	及时检查及补全缺失防护栏并验收合格。工作负责人每日工作前必须对脚手架进行检查，如果发现缺陷，应立即修整
	高处作业人员	高处作业未正确使用防护用品	高处坠落	重大	（1）高处作业人员必须戴好安全帽、防滑鞋、正确佩戴安全带，必要时应使用防坠器； （2）安全带的挂钩应挂在结实、牢固的构件上，或专挂安全带的钢丝绳上，不准低挂高用
	高处落物	工器具或材料掉落	撞击	较小	采取防止工具、材料、物品掉落的措施。禁止交叉作业
6．扩容器内、外部处理及附件回装	粉尘	未正确佩戴防护口罩	尘肺病	较小	作业人员佩戴防护口罩
	有害气体	含氧量低	窒息	较小	定期测氧
	脚手架	缺损	高处坠落	重大	及时检查及补全缺失防护栏并验收合格。工作负责人每日工作前必须对脚手架进行检查，如果发现缺陷，应立即修整

续表

作业步骤	危害辨识	危害描述	产生后果	风险等级	防 范 措 施
6. 扩容器内、外部处理及附件回装	高处作业人员	高处作业未正确使用防护用品	高处坠落	重大	（1）高处作业人员必须戴好安全帽、防滑鞋、正确佩戴安全带，必要时应使用防坠器； （2）安全带的挂钩应挂在结实、牢固的构件上，或专挂安全带的钢丝绳上，不准低挂高用
	高处落物	工器具或材料掉落	撞击	较小	采取防止工具、材料、物品掉落的措施
	有限空间	氧量不足	窒息	较小	有限空间作业办理有限空间进入许可证，检查有害气体合格后方可进入，人员进出必须登记，并及时记录进出时间；人孔处必须设专人在人孔门处监护并保持通信畅通，不得中途离开
		金属容器	触电	中等	必须使用 12V 及以下的安全电压，保证现场充足的照明
	电动工器具	（1）电动工器具未经检验合格； （2）电动工器具电源线、电源插头破损，防护罩破损缺失，磨片破损	机械伤害	较小	（1）检查角磨机必须经有资质单位检验合格，并张贴检验合格标志； （2）检查角磨机的电源线、电源插头完好无缺损，防护罩、角磨片完好无缺损； （3）作业人员佩戴防护面罩，戴绝缘手套
	电焊机	焊接时未正确使用防护用品	灼烫伤	较小	（1）正确使用面罩； （2）戴电焊手套； （3）戴白光眼镜； （4）穿电焊服
		电焊机电源线、电源插头、电焊钳破损	触电	中等	检查电焊机电源线、电源插头、电焊钳完好无损
		二次线地线松动	触电	较小	（1）工作人员工作服保持干燥； （2）工作前检查二次线接地牢固，焊接工件焊接前要与地线进行良好接地
	高处落物	工器具或材料掉落	撞击	较小	采取防止工具、材料、物品掉落的措施。禁止交叉作业
7. 扩容器联合检查验收	粉尘	未正确佩戴防护口罩	尘肺病	较小	作业人员佩戴防护口罩
	有害气体	含氧量低	窒息	较小	定期测氧
	脚手架	缺损	高处坠落	重大	及时检查及补全缺失防护栏并验收合格。工作负责人每日工作前必须对脚手架进行检查，如果发现缺陷，应立即修整
	高处作业人员	高处作业未正确使用防护用品	高处坠落	重大	（1）高处作业人员必须戴好安全帽、防滑鞋、正确佩戴安全带，必要时应使用防坠器； （2）安全带的挂钩应挂在结实、牢固的构件上，或专挂安全带的钢丝绳上，不准低挂高用
	高处落物	工器具或材料掉落	撞击	较小	采取防止工具、材料、物品掉落的措施。禁止交叉作业
	有限空间	氧量不足	窒息	较小	有限空间作业办理有限空间进入许可证，检查有害气体合格后方可进入，人员进出必须登记，并及时记录进出时间；人孔处必须设专人在人孔门处监护并保持通信畅通，不得中途离开
		金属容器	触电	中等	必须使用 12V 及以下的安全电压，保证现场充足的照明
8. 关闭人孔门	粉尘	未正确佩戴防护口罩	尘肺病	较小	作业人员佩戴防护口罩
	脚手架	缺损	高处坠落	重大	及时检查及补全缺失防护栏并验收合格。工作负责人每日工作前必须对脚手架进行检查，如果发现缺陷，应立即修整

续表

作业步骤	危害辨识	危害描述	产生后果	风险等级	防范措施
8. 关闭人孔门	高处作业人员	高处作业未正确使用防护用品	高处坠落	重大	(1) 高处作业人员必须戴好安全帽、防滑鞋、正确佩戴安全带，必要时应使用防坠器； (2) 安全带的挂钩应挂在结实、牢固的构件上，或专挂安全带的钢丝绳上，不准低挂高用
	高处落物	工器具或材料掉落	撞击	较小	采取防止工具、材料、物品掉落的措施。禁止交叉作业
	大锤	回装人孔螺栓时碰伤、大锤脱手伤人	砸伤	较小	(1) 禁止戴手套使用大锤； (2) 使用合格的敲击扳手和大锤
9. 清理现场及其他	检修废料	检修后，检修废料没有及时清除干净	环境污染	较小	工作结束后，及时清理工作现场

13.46 炉本体蒸汽吹灰安全门检修

作业步骤	危害辨识	危害描述	产生后果	风险等级	防范措施
1. 环境评估	粉尘	未正确佩戴防护口罩	尘肺病	较小	作业人员佩戴防护口罩
	脚手架	缺损	高处坠落	重大	搭设的脚手架验收合格后方可使用
2. 措施确认	高温较大压蒸汽	检修隔离措施不到位	物体打击	中等	对现场检修区域设置围栏、铺设胶皮，进行有效的隔离，有人监护
		运行隔离措施不到位	灼烫伤	中等	检修前工作负责人、工作许可人现场共同确认隔离措施安全可靠执行
3. 阀门拆卸	粉尘	未正确佩戴防护口罩	尘肺病	较小	作业人员佩戴防护口罩
	脚手架	缺损	高处坠落	重大	及时检查及补全缺失防护栏并验收合格，工作负责人每日工作前必须对脚手架进行检查，如果发现缺陷，应立即修整
	高处作业人员	高处作业未正确使用防护用品	高处坠落	重大	(1) 高处作业人员必须戴好安全帽、防滑鞋、正确佩戴安全带，必要时应使用防坠器； (2) 安全带的挂钩应挂在结实、牢固的构件上，或专挂安全带的钢丝绳上，不准低挂高用
	高处落物	工器具或材料掉落	撞击	较小	采取防止工具、材料、物品掉落的措施。禁止交叉作业
	高温物体	身体直接接触阀门阀体高温金属部件被烫伤。阀门内存在余汽水或隔离门不严，拆阀门解体时汽水喷出造成人身伤害	灼烫伤	较小	被解体的阀门能有效隔离且隔离严密，阀门前后疏水门打开，放尽余汽水；监测阀体温度低于 50℃时方可拆除保温及阀门部件
	拆卸螺栓	拆卸门架时挤伤手指	机械伤害	较小	(1) 拆卸时戴手套； (2) 使用合格的手锤
	起吊物	起重工具	起重伤害	中等	(1) 起吊前检查起重工具是否合格可用； (2) 检查工器具是否完好，禁止野蛮操作
		指挥	起重伤害	较小	起重作业由专业的起重人员进行操作指挥
4. 各零部件的检查、修理	粉尘	未正确佩戴防护口罩	尘肺病	较小	作业人员佩戴防护口罩
	脚手架	缺损	高处坠落	重大	及时检查及补全缺失防护栏并验收合格，工作负责人每日工作前必须对脚手架进行检查，如果发现缺陷，应立即修整

续表

作业步骤	危害辨识	危害描述	产生后果	风险等级	防范措施
4. 各零部件的检查、修理	高处作业人员	高处作业未正确使用防护用品	高处坠落	重大	（1）高处作业人员必须戴好安全帽、防滑鞋、正确佩戴安全带，必要时应使用防坠器； （2）安全带的挂钩应挂在结实、牢固的构件上，或专挂安全带的钢丝绳上，不准低挂高用
	高处落物	工器具或材料掉落	撞击	较小	采取防止工具、材料、物品掉落的措施。禁止交叉作业
	误用不合格电动工器具	（1）电动工器具未经检验合格； （2）电动工器具电源线、电源插头破损，防护罩破损缺失，磨片破损	机械伤害	较小	（1）检查角磨机必须经有资质单位检验合格，并张贴检验合格标志； （2）检查角磨机的电源线、电源插头完好无缺损，防护罩、角磨片完好无缺损； （3）使用合格的手锤
5. 安全阀组装	粉尘	未正确佩戴防护口罩	尘肺病	较小	作业人员佩戴防护口罩
	脚手架	缺损	高处坠落	重大	及时检查及补全缺失防护栏并验收合格，工作负责人每日工作前必须对脚手架进行检查，如果发现缺陷，应立即修整
	高处作业人员	高处作业未正确使用防护用品	高处坠落	重大	（1）高处作业人员必须戴好安全帽、防滑鞋、正确佩戴安全带，必要时应使用防坠器； （2）安全带的挂钩应挂在结实、牢固的构件上，或专挂安全带的钢丝绳上，不准低挂高用
	高处落物	工器具或材料掉落	撞击	较小	采取防止工具、材料、物品掉落的措施。禁止交叉作业
	不合格工器具	手锤锤头与木柄的连接不牢固、锤头破损、木柄未使用整根硬质木料	机械伤害	较小	（1）检查大锤和手锤的锤头应完整，其表面应光滑微凸，不应有歪斜、缺口、凹入及裂纹等缺陷。大锤及手锤的柄应用整根的硬木制成，且头部用楔栓固定。楔栓宜采用金属楔，楔子长度不应大于安装孔的三分之二。锤把上不应有油污。 （2）禁止戴手套抡大锤。 （3）抡大锤时周围不准有人靠近，防止误伤
6. 清理现场及其他	检修废料	检修后，检修废料没有及时清除干净	环境污染	较小	工作结束后，及时清理工作现场

13.47　炉本体蒸汽吹灰手动门检修

作业步骤	危害辨识	危害描述	产生后果	风险等级	防范措施
1. 环境评估	粉尘	未正确佩戴防护口罩	尘肺病	较小	作业人员佩戴防护口罩
2. 措施确认	高温蒸汽	检修的系统未有效隔离	灼烫伤	中等	保证检修的一段管道可靠地与其他部分隔断，放尽管道、容器内部的汽、水、烟或可燃气
	不合格电动工器具	（1）电动工器具未经检验合格； （2）电动工器具电源线、电源插头破损	机械伤害	较小	（1）检查研磨机必须经有资质单位检验合格，并张贴检验合格标志； （2）检查研磨机的电源线、电源插头完好无缺损
	检修隔离	隔离措施失效，非工作人员进入	机械伤害	较小	对现场检修区域设置围栏、铺设胶皮，进行有效的隔离，有人监护
3. 阀门拆卸及解体	粉尘	未正确佩戴防护口罩	尘肺病	较小	作业人员佩戴防护口罩
	高处落物	工器具或材料掉落	撞击	较小	采取防止工具、材料、物品掉落的措施。禁止交叉作业

续表

作业步骤	危害辨识	危害描述	产生后果	风险等级	防 范 措 施
3．阀门拆卸及解体	高温物体	身体直接接触阀门阀体高温金属部件被烫伤。阀门内存在余汽水或隔离门不严，拆阀门解体时汽水喷出造成人身伤害	灼烫伤	较小	被解体的阀门能有效隔离且隔离严密，阀门前后疏水门打开，放尽余汽水；监测阀体温度低于50℃时方可拆除保温及阀门部件
4．零部件清理、检查、测量	粉尘	未正确佩戴防护口罩	尘肺病	较小	作业人员佩戴防护口罩
	高处落物	工器具或材料掉落	撞击	较小	采取防止工具、材料、物品掉落的措施。禁止交叉作业
	误用不合格电动工器具	（1）电动工器具未经检验合格； （2）电动工器具电源线、电源插头破损，防护罩破损缺失，磨片破损	机械伤害	较小	（1）检查角磨机必须经有资质单位检验合格，并张贴检验合格标志； （2）检查角磨机的电源线、电源插头完好无缺损，防护罩、角磨片完好无缺损； （3）使用合格的手锤
5．部件修复	粉尘	未正确佩戴防护口罩	尘肺病	较小	作业人员佩戴防护口罩
	高处落物	工器具或材料掉落	撞击	较小	采取防止工具、材料、物品掉落的措施。禁止交叉作业
	电动研磨机	电源盘没有漏电保护器	触电	较小	电动工具必须配置可靠的漏电保护器
		电源盘及研磨机绝缘损坏	触电	较小	检查研磨机、电源盘的电缆线绝缘合格，绝缘材料应无破损，导线无裸露方可使用
		违规使用电源盘	触电	较小	工作前认真检查电源盘应完好、无缺陷、无安全隐患，电源盘及研磨机检查应合格，不合格的电源盘及研磨机禁止带入检修现场
		研磨机转动部件飞出	机械伤害	较小	阀门研磨时，无关人员远离，工作人员站在侧面
	不合格工器具	手锤锤头与木柄的连接不牢固、锤头破损、木柄未使用整根硬质木料	机械伤害	较小	（1）检查大锤和手锤的锤头应完整，其表面应光滑微凸，不应有歪斜、缺口、凹入及裂纹等缺陷。大锤及手锤的柄应用整根的硬木制成，且头部用楔栓固定。楔栓宜采用金属楔，楔子长度不应大于安装孔的三分之二。锤把上不应有油污。 （2）禁止戴手套抡大锤。 （3）抡大锤时周围不准有人靠近，防止误伤
6．阀门组装	大锤	锤头与木柄的连接不牢固、锤头破损、木柄未使用整根硬质木料	砸伤	较小	检查大锤和手锤的锤头应完整，其表面应光滑微凸，不应有歪斜、缺口、凹入及裂纹等缺陷。大锤及手锤的柄应用整根的硬木制成，且头部用楔栓固定。楔栓宜采用金属楔，楔子长度不应大于安装孔的三分之二。锤把上不应有油污
		戴手套抡大锤	物体打击	较小	（1）禁止戴手套抡大锤； （2）抡大锤时周围不准有人靠近，防止误伤
		拆卸部件伤手	机械伤害	较小	佩戴防护手套
	高处的工器具	工器具未系防坠绳及零部件未固定	物体打击	中等	（1）工器具必须使用防坠绳； （2）工器具和零部件应用绳拴在牢固的构件上，不准随便乱放
7．清理现场及其他	检修废料	检修后，检修废料没有及时清除干净	环境污染	较小	工作结束后，及时清理工作现场

13.48　炉本体蒸汽吹灰调门检修

作业步骤	危害辨识	危害描述	产生后果	风险等级	防　范　措　施
1. 环境评估	粉尘	未正确佩戴防护口罩	尘肺病	较小	作业人员佩戴防护口罩
2. 措施确认	高温蒸汽	检修的系统未有效隔离	灼烫伤	中等	保证检修的一段管道可靠地与其他部分隔断，放尽管道、容器内部的汽、水、烟或可燃气
	电动执行机构	带电	触电	中等	切断电源，挂禁止操作牌
	不合格电动工器具	（1）电动工器具未经检验合格； （2）电动工器具电源线、电源插头破损	机械伤害	较小	（1）检查研磨磨机必须经有资质单位检验合格，并张贴检验合格标志； （2）检查研磨机的电源线、电源插头完好无缺损
	检修隔离	隔离措施失效，非工作人员进入	机械伤害	较小	对现场检修区域设置围栏、铺设胶皮，进行有效的隔离，有人监护
3. 阀门拆卸及解体	粉尘	未正确佩戴防护口罩	尘肺病	较小	作业人员佩戴防护口罩
	脚手架	缺损	高处坠落	重大	及时检查及补全缺失防护栏并验收合格，工作负责人每日工作前必须对脚手架进行检查，如果发现缺陷，应立即修整
	高处作业人员	高处作业未正确使用防护用品	高处坠落	重大	（1）高处作业人员必须戴好安全帽、防滑鞋、正确佩戴安全带，必要时应使用防坠器； （2）安全带的挂钩应挂在结实、牢固的构件上，或专挂安全带的钢丝绳上，不准低挂高用
	高处落物	工器具或材料掉落	撞击	较小	采取防止工具、材料、物品掉落的措施。禁止交叉作业
	高温物体	身体直接接触阀门阀体高温金属部件被烫伤。阀门内存在余汽水或隔离门不严，拆阀门解体时汽水喷出造成人身伤害	灼烫伤	较小	被解体的阀门能有效隔离且隔离严密，阀门前后疏水门打开，放尽余汽水；监测阀体温度低于50℃时方可拆除保温及阀门部件
	拆卸螺栓	拆卸门架时挤伤手指	机械伤害	较小	（1）拆卸时戴手套； （2）使用合格的手锤
	起吊物	起重工具	起重伤害	中等	（1）起吊前检查起重工具是否合格可用； （2）检查工器具是否完好，禁止野蛮操作
		指挥	起重伤害	较小	起重作业由专业的起重人员进行操作指挥
4. 零部件清理、检查、测量	粉尘	未正确佩戴防护口罩	尘肺病	较小	作业人员佩戴防护口罩
	脚手架	缺损	高处坠落	重大	及时检查及补全缺失防护栏并验收合格，工作负责人每日工作前必须对脚手架进行检查，如果发现缺陷，应立即修整
	高处作业人员	高处作业未正确使用防护用品	高处坠落	重大	（1）高处作业人员必须戴好安全帽、防滑鞋、正确佩戴安全带，必要时应使用防坠器； （2）安全带的挂钩应挂在结实、牢固的构件上，或专挂安全带的钢丝绳上，不准低挂高用
	高处落物	工器具或材料掉落	撞击	较小	采取防止工具、材料、物品掉落的措施。禁止交叉作业
	误用不合格电动工器具	（1）电动工器具未经检验合格； （2）电动工器具电源线、电源插头破损，防护罩破损缺失，磨片破损	机械伤害	较小	（1）检查角磨机必须经有资质单位检验合格，并张贴检验合格标志； （2）检查角磨机的电源线、电源插头完好无缺损，防护罩、角磨片完好无缺损； （3）使用合格的手锤

续表

作业步骤	危害辨识	危害描述	产生后果	风险等级	防 范 措 施
5. 部件修复	粉尘	未正确佩戴防护口罩	尘肺病	较小	作业人员佩戴防护口罩
	脚手架	缺损	高处坠落	重大	及时检查及补全缺失防护栏并验收合格，工作负责人每日工作前必须对脚手架进行检查，如果发现缺陷，应立即修整
	高处作业人员	高处作业未正确使用防护用品	高处坠落	重大	（1）高处作业人员必须戴好安全帽、防滑鞋、正确佩戴安全带，必要时应使用防坠器； （2）安全带的挂钩应挂在结实、牢固的构件上，或专挂安全带的钢丝绳上，不准低挂高用
	高处落物	工器具或材料掉落	撞击	较小	采取防止工具、材料、物品掉落的措施。禁止交叉作业
	电动研磨机	电源盘没有漏电保护器	触电	较小	电动工具必须配置可靠的漏电保护器
		电源盘及研磨机绝缘损坏	触电	较小	检查研磨机、电源盘的电缆线绝缘合格，绝缘材料应无破损，导线无裸露方可使用
		违规使用电源盘	触电	较小	工作前认真检查电源盘应完好、无缺陷、无安全隐患，电源盘及研磨机检查应合格，不合格的电源盘及研磨机禁止带入检修现场
		研磨机转动部件飞出	机械伤害	较小	阀门研磨时，无关人员远离，工作人员站在侧面
	不合格工器具	手锤锤头与木柄的连接不牢固、锤头破损、木柄未使用整根硬质木料	机械伤害	较小	（1）检查大锤和手锤的锤头应完整，其表面应光滑微凸，不应有歪斜、缺口、凹入及裂纹等缺陷。大锤及手锤的柄应用整根的硬木制成，且头部用楔栓固定。楔栓宜采用金属楔，楔子长度不应大于安装孔的三分之二。锤把上不应有油污。 （2）禁止戴手套抡大锤。 （3）抡大锤时周围不准有人靠近，防止误伤
6. 阀门组装	大锤	锤头与木柄的连接不牢固、锤头破损、木柄未使用整根硬质木料	砸伤	较小	检查大锤和手锤的锤头应完整，其表面应光滑微凸，不应有歪斜、缺口、凹入及裂纹等缺陷。大锤及手锤的柄应用整根的硬木制成，且头部用楔栓固定。楔栓宜采用金属楔，楔子长度不应大于安装孔的三分之二。锤把上不应有油污
		戴手套抡大锤	物体打击	较小	（1）禁止戴手套抡大锤； （2）抡大锤时周围不准有人靠近，防止误伤
		拆卸部件伤手	机械伤害	较小	佩戴防护手套
	高处作业人员	高处作业未正确使用防护用品	高处坠落	重大	（1）高处作业人员必须戴好安全帽、防滑鞋、正确佩戴安全带，必要时应使用防坠器； （2）安全带的挂钩应挂在结实、牢固的构件上，或专挂安全带的钢丝绳上，不准低挂高用
	高处的工器具	工器具未系防坠绳及零部件未固定	物体打击	中等	（1）工器具必须使用防坠绳； （2）工器具和零部件应用绳拴在牢固的构件上，不准随便乱放
7. 清理现场及其他	检修废料	检修后，检修废料没有及时清除干净	环境污染	较小	工作结束后，及时清理工作现场

13.49 炉本体蒸汽吹灰总门检修

作业步骤	危害辨识	危害描述	产生后果	风险等级	防 范 措 施
1. 环境评估	粉尘	未正确佩戴防护口罩	尘肺病	较小	作业人员佩戴防护口罩

续表

作业步骤	危害辨识	危害描述	产生后果	风险等级	防 范 措 施
2．措施确认	高温蒸汽	检修的系统未有效隔离	灼烫伤	中等	保证检修的一段管道可靠地与其他部分隔断，放尽管道、容器内部的汽、水、烟或可燃气
	电动执行机构	带电	触电	中等	切断电源，挂禁止操作牌
	不合格电动工器具	（1）电动工器具未经检验合格； （2）电动工器具电源线、电源插头破损	机械伤害	较小	（1）检查研磨机必须经有资质单位检验合格，并张贴检验合格标志； （2）检查研磨机的电源线、电源插头完好无缺损
	检修隔离	隔离措施失效，非工作人员进入	机械伤害	较小	对现场检修区域设置围栏、铺设胶皮，进行有效的隔离，有人监护
3．阀门拆卸及解体	粉尘	未正确佩戴防护口罩	尘肺病	较小	作业人员佩戴防护口罩
	脚手架	缺损	高处坠落	重大	及时检查及补全缺失防护栏并验收合格，工作负责人每日工作前必须对脚手架进行检查，如果发现缺陷，应立即修整
	高处作业人员	高处作业未正确使用防护用品	高处坠落	重大	（1）高处作业人员必须戴好安全帽、防滑鞋、正确佩戴安全带，必要时应使用防坠器； （2）安全带的挂钩应挂在结实、牢固的构件上，或专挂安全带的钢丝绳上，不准低挂高用
	高处落物	工器具或材料掉落	撞击	较小	采取防止工具、材料、物品掉落的措施。禁止交叉作业
	高温物体	身体直接接触阀门阀体高温金属部件被烫伤。阀门内存在余汽水或隔离门不严，拆阀门解体时汽水喷出造成人身伤害	灼烫伤	较小	被解体的阀门能有效隔离且隔离严密，阀门前后疏水门打开，放尽余汽水；监测阀体温度低于50℃时方可拆除保温及阀门部件
4．零部件清理、检查、测量	粉尘	未正确佩戴防护口罩	尘肺病	较小	作业人员佩戴防护口罩
	脚手架	缺损	高处坠落	重大	及时检查及补全缺失防护栏并验收合格，工作负责人每日工作前必须对脚手架进行检查，如果发现缺陷，应立即修整
	高处作业人员	高处作业未正确使用防护用品	高处坠落	重大	（1）高处作业人员必须戴好安全帽、防滑鞋、正确佩戴安全带，必要时应使用防坠器； （2）安全带的挂钩应挂在结实、牢固的构件上，或专挂安全带的钢丝绳上，不准低挂高用
	高处落物	工器具或材料掉落	撞击	较小	采取防止工具、材料、物品掉落的措施。禁止交叉作业
	误用不合格电动工器具	（1）电动工器具未经检验合格； （2）电动工器具电源线、电源插头破损，防护罩破损缺失，磨片破损	机械伤害	较小	（1）检查角磨机必须经有资质单位检验合格，并张贴检验合格标志； （2）检查角磨机的电源线、电源插头完好无缺损，防护罩、角磨片完好无缺损； （3）使用合格的手锤
5．部件修复	粉尘	未正确佩戴防护口罩	尘肺病	较小	作业人员佩戴防护口罩
	脚手架	缺损	高处坠落	重大	及时检查及补全缺失防护栏并验收合格，工作负责人每日工作前必须对脚手架进行检查，如果发现缺陷，应立即修整
	高处作业人员	高处作业未正确使用防护用品	高处坠落	重大	（1）高处作业人员必须戴好安全帽、防滑鞋、正确佩戴安全带，必要时应使用防坠器； （2）安全带的挂钩应挂在结实、牢固的构件上，或专挂安全带的钢丝绳上，不准低挂高用

续表

作业步骤	危害辨识	危害描述	产生后果	风险等级	防 范 措 施
5. 部件修复	高处落物	工器具或材料掉落	撞击	较小	采取防止工具、材料、物品掉落的措施。禁止交叉作业
	电动研磨机	电源盘没有漏电保护器	触电	较小	电动工具必须配置可靠的漏电保护器
		电源盘及研磨机绝缘损坏	触电	较小	检查研磨机、电源盘的电缆线绝缘合格，绝缘材料应无破损，导线无裸露方可使用
		违规使用电源盘	触电	较小	工作前认真检查电源盘应完好、无缺陷、无安全隐患，电源盘及研磨机检查应合格，不合格的电源盘及研磨机禁止带入检修现场
		研磨机转动部件飞出	机械伤害	较小	阀门研磨时，无关人员远离，工作人员站在侧面
	不合格工器具	手锤锤头与木柄的连接不牢固、锤头破损、木柄未使用整根硬质木料	机械伤害	较小	（1）检查大锤和手锤的锤头应完整，其表面应光滑微凸，不应有歪斜、缺口、凹入及裂纹等缺陷。大锤及手锤的柄应用整根的硬木制成，且头部用楔栓固定。楔栓宜采用金属楔，楔子长度不应大于安装孔的三分之二。锤把上不应有油污。 （2）禁止戴手套抡大锤。 （3）抡大锤时周围不准有人靠近，防止误伤
6. 阀门组装	大锤	锤头与木柄的连接不牢固、锤头破损、木柄未使用整根硬质木料	砸伤	较小	检查大锤和手锤的锤头应完整，其表面应光滑微凸，不应有歪斜、缺口、凹入及裂纹等缺陷。大锤及手锤的柄应用整根的硬木制成，且头部用楔栓固定。楔栓宜采用金属楔，楔子长度不应大于安装孔的三分之二。锤把上不应有油污
		戴手套抡大锤	物体打击	较小	（1）禁止戴手套抡大锤； （2）抡大锤时周围不准有人靠近，防止误伤
		拆卸部件伤手	机械伤害	较小	佩戴防护手套
	高处作业人员	高处作业未正确使用防护用品	高处坠落	重大	（1）高处作业人员必须戴好安全帽、防滑鞋、正确佩戴安全带，必要时应使用防坠器； （2）安全带的挂钩应挂在结实、牢固的构件上，或专挂安全带的钢丝绳上，不准低挂高用
	高处的工器具	工器具未系防坠绳及零部件未固定	物体打击	中等	（1）工器具必须使用防坠绳； （2）工器具和零部件应用绳拴在牢固的构件上，不准随便乱放
7. 清理现场及其他	检修废料	检修后，检修废料没有及时清除干净	环境污染	较小	工作结束后，及时清理工作现场

13.50 炉水泵出口隔绝门检修

作业步骤	危害辨识	危害描述	产生后果	风险等级	防 范 措 施
1. 环境评估	粉尘	未正确佩戴防护口罩	尘肺病	较小	作业人员佩戴防护口罩
2. 措施确认	高温蒸汽	检修的系统未有效隔离	灼烫伤	中等	保证检修的一段管道可靠地与其他部分隔断，放尽管道、容器内部的汽、水、烟或可燃气
	脚手架	缺损	高处坠落	重大	搭设的脚手架验收合格后方可使用
	电动执行机构	带电	触电	中等	切断电源，挂禁止操作牌

续表

作业步骤	危害辨识	危害描述	产生后果	风险等级	防 范 措 施
2．措施确认	不合格电动工器具	（1）电动工器具未经检验合格；（2）电动工器具电源线、电源插头破损	机械伤害	较小	（1）检查研磨机必须经有资质单位检验合格，并张贴检验合格标志；（2）检查研磨机的电源线、电源插头完好无缺损
	检修隔离	隔离措施失效，非工作人员进入	机械伤害	较小	对现场检修区域设置围栏、铺设胶皮，进行有效的隔离，有人监护
3．阀门拆卸及解体	粉尘	未正确佩戴防护口罩	尘肺病	较小	作业人员佩戴防护口罩
	脚手架	缺损	高处坠落	重大	及时检查及补全缺失防护栏并验收合格，工作负责人每日工作前必须对脚手架进行检查，如果发现缺陷，应立即修整
	高处作业人员	高处作业未正确使用防护用品	高处坠落	重大	（1）高处作业人员必须戴好安全帽、防滑鞋、正确佩戴安全带，必要时应使用防坠器；（2）安全带的挂钩应挂在结实、牢固的构件上，或专挂安全带的钢丝绳上，不准低挂高用
	高处落物	工器具或材料掉落	撞击	较小	采取防止工具、材料、物品掉落的措施。禁止交叉作业
	高温物体	身体直接接触阀门阀体高温金属部件被烫伤。阀门内存在余汽水或隔离门不严，拆阀门解体时汽水喷出造成人身伤害	灼烫伤	较小	被解体的阀门能有效隔离且隔离严密，阀门前后疏水门打开，放尽余汽水；监测阀体温度低于 50℃时方可拆除保温及阀门部件
4．零部件清理、检查、测量	粉尘	未正确佩戴防护口罩	尘肺病	较小	作业人员佩戴防护口罩
	脚手架	缺损	高处坠落	重大	及时检查及补全缺失防护栏并验收合格，工作负责人每日工作前必须对脚手架进行检查，如果发现缺陷，应立即修整
	高处作业人员	高处作业未正确使用防护用品	高处坠落	重大	（1）高处作业人员必须戴好安全帽、防滑鞋、正确佩戴安全带，必要时应使用防坠器；（2）安全带的挂钩应挂在结实、牢固的构件上，或专挂安全带的钢丝绳上，不准低挂高用
	高处落物	工器具或材料掉落	撞击	较小	采取防止工具、材料、物品掉落的措施。禁止交叉作业
	误用不合格电动工器具	（1）电动工器具未经检验合格；（2）电动工器具电源线、电源插头破损，防护罩破损缺失，磨片破损	机械伤害	较小	（1）检查角磨机必须经有资质单位检验合格，并张贴检验合格标志；（2）检查角磨机的电源线、电源插头完好无缺损，防护罩、角磨片完好无缺损；（3）使用合格的手锤
5．部件修复	粉尘	未正确佩戴防护口罩	尘肺病	较小	作业人员佩戴防护口罩
	脚手架	缺损	高处坠落	重大	及时检查及补全缺失防护栏并验收合格，工作负责人每日工作前必须对脚手架进行检查，如果发现缺陷，应立即修整
	高处作业人员	高处作业未正确使用防护用品	高处坠落	重大	（1）高处作业人员必须戴好安全帽、防滑鞋、正确佩戴安全带，必要时应使用防坠器；（2）安全带的挂钩应挂在结实、牢固的构件上，或专挂安全带的钢丝绳上，不准低挂高用
	高处落物	工器具或材料掉落	撞击	较小	采取防止工具、材料、物品掉落的措施。禁止交叉作业
	电动研磨机	电源盘没有漏电保护器	触电	较小	电动工具必须配置可靠的漏电保护器
		电源盘及研磨机绝缘损坏	触电	较小	检查研磨机、电源盘的电缆线绝缘合格，绝缘材料应无破损，导线无裸露方可使用

续表

作业步骤	危害辨识	危害描述	产生后果	风险等级	防 范 措 施
5．部件修复	电动研磨机	违规使用电源盘	触电	较小	工作前认真检查电源盘应完好、无缺陷、无安全隐患，电源盘及研磨机检查应合格，不合格的电源盘及研磨机禁止带入检修现场
		研磨机转动部件飞出	机械伤害	较小	阀门研磨时，无关人员远离，工作人员站在侧面
	不合格工器具	手锤锤头与木柄的连接不牢固、锤头破损、木柄未使用整根硬质木料	机械伤害	较小	（1）检查大锤和手锤的锤头应完整，其表面应光滑微凸，不应有歪斜、缺口、凹入及裂纹等缺陷。大锤及手锤的柄应用整根的硬木制成，且头部用楔栓固定。楔栓宜采用金属楔，楔子长度不应大于安装孔的三分之二。锤把上不应有油污。 （2）禁止戴手套抡大锤。 （3）抡大锤时周围不准有人靠近，防止误伤
6．阀门组装	大锤	锤头与木柄的连接不牢固、锤头破损、木柄未使用整根硬质木料	砸伤	较小	检查大锤和手锤的锤头应完整，其表面应光滑微凸，不应有歪斜、缺口、凹入及裂纹等缺陷。大锤及手锤的柄应用整根的硬木制成，且头部用楔栓固定。楔栓宜采用金属楔，楔子长度不应大于安装孔的三分之二。锤把上不应有油污
		戴手套抡大锤	物体打击	较小	（1）禁止戴手套抡大锤； （2）抡大锤时周围不准有人靠近，防止误伤
		拆卸部件伤手	机械伤害	较小	佩戴防护手套
	高处作业人员	高处作业未正确使用防护用品	高处坠落	重大	（1）高处作业人员必须戴好安全帽、防滑鞋、正确佩戴安全带，必要时应使用防坠器； （2）安全带的挂钩应挂在结实、牢固的构件上，或专挂安全带的钢丝绳上，不准低挂高用
	高处的工器具	工器具未系防坠绳及零部件未固定	物体打击	中等	（1）工器具必须使用防坠绳； （2）工器具和零部件应用绳拴在牢固的构件上，不准随便乱放
7．清理现场及其他	检修废料	检修后，检修废料没有及时清除干净	环境污染	较小	工作结束后，及时清理工作现场

13.51 炉水泵出口逆止门检修

作业步骤	危害辨识	危害描述	产生后果	风险等级	防 范 措 施
1．环境评估	粉尘	未正确佩戴防护口罩	尘肺病	较小	作业人员佩戴防护口罩
2．措施确认	高温蒸汽	检修的系统未有效隔离	灼烫伤	中等	保证检修的一段管道可靠地与其他部分隔断，放尽管道、容器内部的汽、水、烟或可燃气
	脚手架	缺损	高处坠落	重大	搭设的脚手架验收合格后方可使用
	不合格电动工器具	（1）电动工器具未经检验合格； （2）电动工器具电源线、电源插头破损	机械伤害	较小	（1）检查研磨机必须经有资质单位检验合格，并张贴检验合格标志； （2）检查研磨机的电源线、电源插头完好无缺损
	检修隔离	隔离措施失效，非工作人员进入	机械伤害	较小	对现场检修区域设置围栏、铺设胶皮，进行有效的隔离，有人监护
	保温石棉	未正确佩戴防护口罩	尘肺病	较小	工作人员戴好防护口罩
3．阀门拆卸及解体	粉尘	未正确佩戴防护口罩	尘肺病	较小	作业人员佩戴防护口罩
	脚手架	缺损	高处坠落	重大	及时检查及补全缺失防护栏并验收合格，工作负责人每日工作前必须对脚手架进行检查，如果发现缺陷，应立即修整

续表

作业步骤	危害辨识	危害描述	产生后果	风险等级	防 范 措 施
3. 阀门拆卸及解体	高处作业人员	高处作业未正确使用防护用品	高处坠落	重大	（1）高处作业人员必须戴好安全帽、防滑鞋、正确佩戴安全带，必要时应使用防坠器； （2）安全带的挂钩应挂在结实、牢固的构件上，或专挂安全带的钢丝绳上，不准低挂高用
	高处落物	工器具或材料掉落	撞击	较小	采取防止工具、材料、物品掉落的措施。禁止交叉作业
	高温物体	身体直接接触阀门阀体高温金属部件被烫伤。阀门内存在余汽水或隔离门不严，拆阀门解体时汽水喷出造成人身伤害	灼烫伤	较小	被解体的阀门能有效隔离且隔离严密，阀门前后疏水门打开，放尽余汽水；监测阀体温度低于50℃时方可拆除保温及阀门部件
	拆卸螺栓	拆卸门架时挤伤手指	机械伤害	较小	（1）拆卸时戴手套； （2）使用合格的手锤
	起吊物	起重工具	起重伤害	中等	（1）起吊前检查起重工具是否合格可用； （2）检查工器具是否完好，禁止野蛮操作
		指挥	起重伤害	较小	起重作业由专业的起重人员进行操作指挥
4. 零部件清理、检查、测量	粉尘	未正确佩戴防护口罩	尘肺病	较小	作业人员佩戴防护口罩
	脚手架	缺损	高处坠落	重大	及时检查及补全缺失防护栏并验收合格，工作负责人每日工作前必须对脚手架进行检查，如果发现缺陷，应立即修整
	高处作业人员	高处作业未正确使用防护用品	高处坠落	重大	（1）高处作业人员必须戴好安全帽、防滑鞋、正确佩戴安全带，必要时应使用防坠器； （2）安全带的挂钩应挂在结实、牢固的构件上，或专挂安全带的钢丝绳上，不准低挂高用
	高处落物	工器具或材料掉落	撞击	较小	采取防止工具、材料、物品掉落的措施。禁止交叉作业
	误用不合格电动工器具	（1）电动工器具未经检验合格； （2）电动工器具电源线、电源插头破损，防护罩破损缺失，磨片破损	机械伤害	较小	（1）检查角磨机必须经有资质单位检验合格，并张贴检验合格标志； （2）检查角磨机的电源线、电源插头完好无缺损，防护罩、角磨片完好无缺损； （3）使用合格的手锤
5. 阀瓣、阀座密封面修研	粉尘	未正确佩戴防护口罩	尘肺病	较小	作业人员佩戴防护口罩
	脚手架	缺损	高处坠落	重大	及时检查及补全缺失防护栏并验收合格，工作负责人每日工作前必须对脚手架进行检查，如果发现缺陷，应立即修整
	高处作业人员	高处作业未正确使用防护用品	高处坠落	重大	（1）高处作业人员必须戴好安全帽、防滑鞋、正确佩戴安全带，必要时应使用防坠器； （2）安全带的挂钩应挂在结实、牢固的构件上，或专挂安全带的钢丝绳上，不准低挂高用
	高处落物	工器具或材料掉落	撞击	较小	采取防止工具、材料、物品掉落的措施。禁止交叉作业
	电动研磨机	电源盘没有漏电保护器	触电	较小	电动工具必须配置可靠的漏电保护器
		电源盘及研磨机绝缘损坏	触电	较小	检查研磨机、电源盘的电缆线绝缘合格，绝缘材料应无破损，导线无裸露方可使用
		违规使用电源盘	触电	较小	工作前认真检查电源盘应完好、无缺陷、无安全隐患，电源盘及研磨机检查应合格，不合格的电源盘及研磨机禁止带入检修现场
		研磨机转动部件飞出	机械伤害	较小	阀门研磨时，无关人员远离，工作人员站在侧面

续表

作业步骤	危害辨识	危害描述	产生后果	风险等级	防 范 措 施
5. 阀瓣、阀座密封面修研	不合格工器具	手锤锤头与木柄的连接不牢固、锤头破损、木柄未使用整根硬质木料	机械伤害	较小	(1) 检查大锤和手锤的锤头应完整，其表面应光滑微凸，不应有歪斜、缺口、凹入及裂纹等缺陷。大锤及手锤的柄应用整根的硬木制成，且头部用楔栓固定。楔栓宜采用金属楔，楔子长度不应大于安装孔的三分之二。锤把上不应有油污。 (2) 禁止戴手套抡大锤。 (3) 抡大锤时周围不准有人靠近，防止误伤
6. 阀瓣、阀座密封面验证	高处作业人员	高处作业未正确使用防护用品	高处坠落	重大	(1) 高处作业人员必须戴好安全帽、防滑鞋、正确佩戴安全带，必要时应使用防坠器； (2) 安全带的挂钩应挂在结实、牢固的构件上，或专挂安全带的钢丝绳上，不准低挂高用
7. 阀门组装	大锤	锤头与木柄的连接不牢固、锤头破损、木柄未使用整根硬质木料	砸伤	较小	检查大锤和手锤的锤头应完整，其表面应光滑微凸，不应有歪斜、缺口、凹入及裂纹等缺陷。大锤及手锤的柄应用整根的硬木制成，且头部用楔栓固定。楔栓宜采用金属楔，楔子长度不应大于安装孔的三分之二。锤把上不应有油污
		戴手套抡大锤	物体打击	较小	(1) 禁止戴手套抡大锤； (2) 抡大锤时周围不准有人靠近，防止误伤
		拆卸部件伤手	机械伤害	较小	佩戴防护手套
	高处作业人员	高处作业未正确使用防护用品	高处坠落	重大	(1) 高处作业人员必须戴好安全帽、防滑鞋、正确佩戴安全带，必要时应使用防坠器； (2) 安全带的挂钩应挂在结实、牢固的构件上，或专挂安全带的钢丝绳上，不准低挂高用
	高处的工器具	工器具未系防坠绳及零部件未固定	物体打击	中等	(1) 工器具必须使用防坠绳； (2) 工器具和零部件应用绳拴在牢固的构件上，不准随便乱放
8. 清理现场及其他	检修废料	检修后，检修废料没有及时清除干净	环境污染	较小	工作结束后，及时清理工作现场

13.52 炉水泵出口调门检修

作业步骤	危害辨识	危害描述	产生后果	风险等级	防 范 措 施
1. 环境评估	粉尘	未正确佩戴防护口罩	尘肺病	较小	作业人员佩戴防护口罩
2. 措施确认	高温蒸汽	检修的系统未有效隔离	灼烫伤	中等	保证检修的一段管道可靠地与其他部分隔断，放尽管道、容器内部的汽、水、烟或可燃气
	脚手架	缺损	高处坠落	重大	搭设的脚手架验收合格后方可使用
	电动执行机构	带电	触电	中等	切断电源，挂禁止操作牌
	不合格电动工器具	(1) 电动工器具未经检验合格； (2) 电动工器具电源线、电源插头破损	机械伤害	较小	(1) 检查研磨机必须经有资质单位检验合格，并张贴检验合格标志； (2) 检查研磨机的电源线、电源插头完好无缺损
	检修隔离	隔离措施失效，非工作人员进入	机械伤害	较小	对现场检修区域设置围栏、铺设胶皮，进行有效的隔离，有人监护
3. 阀门拆卸及解体	粉尘	未正确佩戴防护口罩	尘肺病	较小	作业人员佩戴防护口罩
	脚手架	缺损	高处坠落	重大	及时检查及补全缺失防护栏并验收合格，工作负责人每日工作前必须对脚手架进行检查，如果发现缺陷，应立即修整

续表

作业步骤	危害辨识	危害描述	产生后果	风险等级	防 范 措 施
3. 阀门拆卸及解体	高处作业人员	高处作业未正确使用防护用品	高处坠落	重大	（1）高处作业人员必须戴好安全帽、防滑鞋、正确佩戴安全带，必要时应使用防坠器； （2）安全带的挂钩应挂在结实、牢固的构件上，或专挂安全带的钢丝绳上，不准低挂高用
	高处落物	工器具或材料掉落	撞击	较小	采取防止工具、材料、物品掉落的措施。禁止交叉作业
	高温物体	身体直接接触阀门阀体高温金属部件被烫伤。阀门内存在余汽水或隔离门不严，拆阀门解体时汽水喷出造成人身伤害	灼烫伤	较小	被解体的阀门能有效隔离且隔离严密，阀门前后疏水门打开，放尽余汽水；监测阀体温度低于50℃时方可拆除保温及阀门部件
	拆卸螺栓	拆卸门架时挤伤手指	机械伤害	较小	（1）拆卸时戴手套； （2）使用合格的手锤
	起吊物	起重工具	起重伤害	中等	（1）起吊前检查起重工具是否合格可用； （2）检查工器具是否完好，禁止野蛮操作
		指挥	起重伤害	较小	起重作业由专业的起重人员进行操作指挥
4. 零部件清理、检查、测量	粉尘	未正确佩戴防护口罩	尘肺病	较小	作业人员佩戴防护口罩
	脚手架	缺损	高处坠落	重大	及时检查及补全缺失防护栏并验收合格，工作负责人每日工作前必须对脚手架进行检查，如果发现缺陷，应立即修整
	高处作业人员	高处作业未正确使用防护用品	高处坠落	重大	（1）高处作业人员必须戴好安全帽、防滑鞋、正确佩戴安全带，必要时应使用防坠器； （2）安全带的挂钩应挂在结实、牢固的构件上，或专挂安全带的钢丝绳上，不准低挂高用
	高处落物	工器具或材料掉落	撞击	较小	采取防止工具、材料、物品掉落的措施。禁止交叉作业
	误用不合格电动工器具	（1）电动工器具未经检验合格； （2）电动工器具电源线、电源插头破损，防护罩破损缺失，磨片破损	机械伤害	较小	（1）检查角磨机必须经有资质单位检验合格，并张贴检验合格标志； （2）检查角磨机的电源线、电源插头完好无缺损，防护罩、角磨片完好无缺损； （3）使用合格的手锤
5. 部件修复	粉尘	未正确佩戴防护口罩	尘肺病	较小	作业人员佩戴防护口罩
	脚手架	缺损	高处坠落	重大	及时检查及补全缺失防护栏并验收合格，工作负责人每日工作前必须对脚手架进行检查，如果发现缺陷，应立即修整
	高处作业人员	高处作业未正确使用防护用品	高处坠落	重大	（1）高处作业人员必须戴好安全帽、防滑鞋、正确佩戴安全带，必要时应使用防坠器； （2）安全带的挂钩应挂在结实、牢固的构件上，或专挂安全带的钢丝绳上，不准低挂高用
	高处落物	工器具或材料掉落	撞击	较小	采取防止工具、材料、物品掉落的措施。禁止交叉作业
	电动研磨机	电源盘没有漏电保护器	触电	较小	电动工具必须配置可靠的漏电保护器
		电源盘及研磨机绝缘损坏	触电	较小	检查研磨机、电源盘的电缆线绝缘合格，绝缘材料应无破损，导线无裸露方可使用
		违规使用电源盘	触电	较小	工作前认真检查电源盘应完好、无缺陷、无安全隐患，电源盘及研磨机检查应合格，不合格的电源盘及研磨机禁止带入检修现场
		研磨机转动部件飞出	机械伤害	较小	阀门研磨时，无关人员远离，工作人员站在侧面

续表

作业步骤	危害辨识	危害描述	产生后果	风险等级	防范措施
5. 部件修复	不合格工器具	手锤锤头与木柄的连接不牢固、锤头破损、木柄未使用整根硬质木料	机械伤害	较小	（1）检查大锤和手锤的锤头应完整，其表面应光滑微凸，不应有歪斜、缺口、凹入及裂纹等缺陷。大锤及手锤的柄应用整根的硬木制成，且头部用楔栓固定。楔栓宜采用金属楔，楔子长度不应大于安装孔的三分之二。锤把上不应有油污。 （2）禁止戴手套抡大锤。 （3）抡大锤时周围不准有人靠近，防止误伤
6. 阀门组装	大锤	锤头与木柄的连接不牢固、锤头破损、木柄未使用整根硬质木料	砸伤	较小	检查大锤和手锤的锤头应完整，其表面应光滑微凸，不应有歪斜、缺口、凹入及裂纹等缺陷。大锤及手锤的柄应用整根的硬木制成，且头部用楔栓固定。楔栓宜采用金属楔，楔子长度不应大于安装孔的三分之二。锤把上不应有油污
		戴手套抡大锤	物体打击	较小	（1）禁止戴手套抡大锤； （2）抡大锤时周围不准有人靠近，防止误伤
		拆卸部件伤手	机械伤害	较小	佩戴防护手套
	高处作业人员	高处作业未正确使用防护用品	高处坠落	重大	（1）高处作业人员必须戴好安全帽、防滑鞋、正确佩戴安全带，必要时应使用防坠器； （2）安全带的挂钩应挂在结实、牢固的构件上，或专挂安全带的钢丝绳上，不准低挂高用
	高处的工器具	工器具未系防坠绳及零部件未固定	物体打击	中等	（1）工器具必须使用防坠绳； （2）工器具和零部件应用绳拴在牢固的构件上，不准随便乱放
7. 清理现场及其他	检修废料	检修后，检修废料没有及时清除干净	环境污染	较小	工作结束后，及时清理工作现场

13.53 炉水泵进口门检修

作业步骤	危害辨识	危害描述	产生后果	风险等级	防范措施
1. 环境评估	粉尘	未正确佩戴防护口罩	尘肺病	较小	作业人员佩戴防护口罩
2. 措施确认	高温蒸汽	检修的系统未有效隔离	灼烫伤	中等	保证检修的一段管道可靠地与其他部分隔断，放尽管道、容器内部的汽、水、烟或可燃气
	脚手架	缺损	高处坠落	重大	搭设的脚手架验收合格后方可使用
	电动执行机构	带电	触电	中等	切断电源，挂禁止操作牌
	不合格电动工器具	（1）电动工器具未经检验合格； （2）电动工器具电源线、电源插头破损	机械伤害	较小	（1）检查研磨机必须经有资质单位检验合格，并张贴检验合格标志； （2）检查研磨机的电源线、电源插头完好无缺损
	检修隔离	隔离措施失效，非工作人员进入	机械伤害	较小	对现场检修区域设置围栏、铺设胶皮，进行有效的隔离，有人监护
3. 阀门拆卸及解体	粉尘	未正确佩戴防护口罩	尘肺病	较小	作业人员佩戴防护口罩
	脚手架	缺损	高处坠落	重大	及时检查及补全缺失防护栏并验收合格，工作负责人每日工作前必须对脚手架进行检查，如果发现缺陷，应立即修整
	高处作业人员	高处作业未正确使用防护用品	高处坠落	重大	（1）高处作业人员必须戴好安全帽、防滑鞋、正确佩戴安全带，必要时应使用防坠器； （2）安全带的挂钩应挂在结实、牢固的构件上，或专挂安全带的钢丝绳上，不准低挂高用

续表

作业步骤	危害辨识	危害描述	产生后果	风险等级	防　范　措　施
3．阀门拆卸及解体	高处落物	工器具或材料掉落	撞击	较小	采取防止工具、材料、物品掉落的措施。禁止交叉作业
	高温物体	身体直接接触阀门阀体高温金属部件被烫伤。阀门内存在余汽水或隔离门不严，拆阀门解体时汽水喷出造成人身伤害	灼烫伤	较小	被解体的阀门能有效隔离且隔离严密，阀门前后疏水门打开，放尽余汽水；监测阀体温度低于50℃时方可拆除保温及阀门部件
	拆卸螺栓	拆卸门架时挤伤手指	机械伤害	较小	（1）拆卸时戴手套； （2）使用合格的手锤
	起吊物	起重工具	起重伤害	中等	（1）起吊前检查起重工具是否合格可用； （2）检查工器具是否完好，禁止野蛮操作
		指挥	起重伤害	较小	起重作业由专业的起重人员进行操作指挥
4．零部件清理、检查、测量	粉尘	未正确佩戴防护口罩	尘肺病	较小	作业人员佩戴防护口罩
	脚手架	缺损	高处坠落	重大	及时检查及补全缺失防护栏并验收合格，工作负责人每日工作前必须对脚手架进行检查，如果发现缺陷，应立即修整
	高处作业人员	高处作业未正确使用防护用品	高处坠落	重大	（1）高处作业人员必须戴好安全帽、防滑鞋、正确佩戴安全带，必要时应使用防坠器； （2）安全带的挂钩应挂在结实、牢固的构件上，或专挂安全带的钢丝绳上，不准低挂高用
	高处落物	工器具或材料掉落	撞击	较小	采取防止工具、材料、物品掉落的措施。禁止交叉作业
	误用不合格电动工器具	（1）电动工器具未经检验合格； （2）电动工器具电源线、电源插头破损，防护罩破损缺失，磨片破损	机械伤害	较小	（1）检查角磨机必须经有资质单位检验合格，并张贴检验合格标志； （2）检查角磨机的电源线、电源插头完好无缺损，防护罩、角磨片完好无缺损； （3）使用合格的手锤
5．部件修复	粉尘	未正确佩戴防护口罩	尘肺病	较小	作业人员佩戴防护口罩
	脚手架	缺损	高处坠落	重大	及时检查及补全缺失防护栏并验收合格，工作负责人每日工作前必须对脚手架进行检查，如果发现缺陷，应立即修整
	高处作业人员	高处作业未正确使用防护用品	高处坠落	重大	（1）高处作业人员必须戴好安全帽、防滑鞋、正确佩戴安全带，必要时应使用防坠器； （2）安全带的挂钩应挂在结实、牢固的构件上，或专挂安全带的钢丝绳上，不准低挂高用
	高处落物	工器具或材料掉落	撞击	较小	采取防止工具、材料、物品掉落的措施。禁止交叉作业
	电动研磨机	电源盘没有漏电保护器	触电	较小	电动工具必须配置可靠的漏电保护器
		电源盘及研磨机绝缘损坏	触电	较小	检查研磨机、电源盘的电缆线绝缘合格，绝缘材料应无破损，导线无裸露方可使用
		违规使用电源盘	触电	较小	工作前认真检查电源盘应完好、无缺陷、无安全隐患，电源盘及研磨机检查应合格，不合格的电源盘及研磨机禁止带入检修现场
		研磨机转动部件飞出	机械伤害	较小	阀门研磨时，无关人员远离，工作人员站在侧面

续表

作业步骤	危害辨识	危害描述	产生后果	风险等级	防 范 措 施
5. 部件修复	不合格工器具	手锤锤头与木柄的连接不牢固、锤头破损、木柄未使用整根硬质木料	机械伤害	较小	（1）检查大锤和手锤的锤头应完整，其表面应光滑微凸，不应有歪斜、缺口、凹入及裂纹等缺陷。大锤及手锤的柄应用整根的硬木制成，且头部用楔栓固定。楔栓宜采用金属楔，楔子长度不应大于安装孔的三分之二。锤把上不应有油污。 （2）禁止戴手套抡大锤。 （3）抡大锤时周围不准有人靠近，防止误伤
6. 阀门组装	大锤	锤头与木柄的连接不牢固、锤头破损、木柄未使用整根硬质木料	砸伤	较小	检查大锤和手锤的锤头应完整，其表面应光滑微凸，不应有歪斜、缺口、凹入及裂纹等缺陷。大锤及手锤的柄应用整根的硬木制成，且头部用楔栓固定。楔栓宜采用金属楔，楔子长度不应大于安装孔的三分之二。锤把上不应有油污
		戴手套抡大锤	物体打击	较小	（1）禁止戴手套抡大锤； （2）抡大锤时周围不准有人靠近，防止误伤
		拆卸部件伤手	机械伤害	较小	佩戴防护手套
	高处作业人员	高处作业未正确使用防护用品	高处坠落	重大	（1）高处作业人员必须戴好安全帽、防滑鞋、正确佩戴安全带，必要时应使用防坠器； （2）安全带的挂钩应挂在结实、牢固的构件上，或专挂安全带的钢丝绳上，不准低挂高用
	高处的工器具	工器具未系防坠绳及零部件未固定	物体打击	中等	（1）工器具必须使用防坠绳； （2）工器具和零部件应用绳拴在牢固的构件上，不准随便乱放
7. 清理现场及其他	检修废料	检修后，检修废料没有及时清除干净	环境污染	较小	工作结束后，及时清理工作现场

13.54 炉水泵暖管逆止门检修

作业步骤	危害辨识	危害描述	产生后果	风险等级	防 范 措 施
1. 环境评估	粉尘	未正确佩戴防护口罩	尘肺病	较小	作业人员佩戴防护口罩
2. 措施确认	高温蒸汽	检修的系统未有效隔离	灼烫伤	中等	保证检修的一段管道可靠地与其他部分隔断，放尽管道、容器内部的汽、水、烟或可燃气
	脚手架	缺损	高处坠落	重大	搭设的脚手架验收合格后方可使用
	不合格电动工器具	（1）电动工器具未经检验合格； （2）电动工器具电源线、电源插头破损	机械伤害	较小	（1）检查研磨机必须经有资质单位检验合格，并张贴检验合格标志； （2）检查研磨机的电源线、电源插头完好无缺损
	检修隔离	隔离措施失效，非工作人员进入	机械伤害	较小	对现场检修区域设置围栏、铺设胶皮，进行有效的隔离，有人监护
	保温石棉	未正确佩戴防护口罩	尘肺病	较小	工作人员戴好防护口罩
3. 阀门拆卸及解体	粉尘	未正确佩戴防护口罩	尘肺病	较小	作业人员佩戴防护口罩
	脚手架	缺损	高处坠落	重大	及时检查及补全缺失防护栏并验收合格，工作负责人每日工作前必须对脚手架进行检查，如果发现缺陷，应立即修整
	高处作业人员	高处作业未正确使用防护用品	高处坠落	重大	（1）高处作业人员必须戴好安全帽、防滑鞋、正确佩戴安全带，必要时应使用防坠器； （2）安全带的挂钩应挂在结实、牢固的构件上，或专挂安全带的钢丝绳上，不准低挂高用

续表

作业步骤	危害辨识	危害描述	产生后果	风险等级	防范措施
3．阀门拆卸及解体	高处落物	工器具或材料掉落	撞击	较小	采取防止工具、材料、物品掉落的措施。禁止交叉作业
	高温物体	身体直接接触阀门阀体高温金属部件被烫伤。阀门内存在余汽水或隔离门不严，拆阀门解体时汽水喷出造成人身伤害	灼烫伤	较小	被解体的阀门能有效隔离且隔离严密，阀门前后疏水门打开，放尽余汽水；监测阀体温度低于50℃时方可拆除保温及阀门部件
	拆卸螺栓	拆卸门架时挤伤手指	机械伤害	较小	（1）拆卸时戴手套； （2）使用合格的手锤
	起吊物	起重工具	起重伤害	中等	（1）起吊前检查起重工具是否合格可用； （2）检查工器具是否完好，禁止野蛮操作
		指挥	起重伤害	较小	起重作业由专业的起重人员进行操作指挥
4．零部件清理、检查、测量	粉尘	未正确佩戴防护口罩	尘肺病	较小	作业人员佩戴防护口罩
	脚手架	缺损	高处坠落	重大	及时检查及补全缺失防护栏并验收合格，工作负责人每日工作前必须对脚手架进行检查，如果发现缺陷，应立即修整
	高处作业人员	高处作业未正确使用防护用品	高处坠落	重大	（1）高处作业人员必须戴好安全帽、防滑鞋、正确佩戴安全带，必要时应使用防坠器； （2）安全带的挂钩应挂在结实、牢固的构件上，或专挂安全带的钢丝绳上，不准低挂高用
	高处落物	工器具或材料掉落	撞击	较小	采取防止工具、材料、物品掉落的措施。禁止交叉作业
	误用不合格电动工器具	（1）电动工器具未经检验合格； （2）电动工器具电源线、电源插头破损，防护罩破损缺失，磨片破损	机械伤害	较小	（1）检查角磨机必须经有资质单位检验合格，并张贴检验合格标志； （2）检查角磨机的电源线、电源插头完好无缺损，防护罩、角磨片完好无缺损； （3）使用合格的手锤
5．阀瓣、阀座密封面修研	粉尘	未正确佩戴防护口罩	尘肺病	较小	作业人员佩戴防护口罩
	脚手架	缺损	高处坠落	重大	及时检查及补全缺失防护栏并验收合格，工作负责人每日工作前必须对脚手架进行检查，如果发现缺陷，应立即修整
	高处作业人员	高处作业未正确使用防护用品	高处坠落	重大	（1）高处作业人员必须戴好安全帽、防滑鞋、正确佩戴安全带，必要时应使用防坠器； （2）安全带的挂钩应挂在结实、牢固的构件上，或专挂安全带的钢丝绳上，不准低挂高用
	高处落物	工器具或材料掉落	撞击	较小	采取防止工具、材料、物品掉落的措施。禁止交叉作业
	电动研磨机	电源盘没有漏电保护器	触电	较小	电动工具必须配置可靠的漏电保护器
		电源盘及研磨机绝缘损坏	触电	较小	检查研磨机、电源盘的电缆线绝缘合格，绝缘材料应无破损，导线无裸露方可使用
		违规使用电源盘	触电	较小	工作前认真检查电源盘应完好、无缺陷、无安全隐患，电源盘及研磨机检查应合格，不合格的电源盘及研磨机禁止带入检修现场
		研磨机转动部件飞出	机械伤害	较小	阀门研磨时，无关人员远离，工作人员站在侧面

续表

作业步骤	危害辨识	危害描述	产生后果	风险等级	防 范 措 施
5. 阀瓣、阀座密封面修研	不合格工器具	手锤锤头与木柄的连接不牢固、锤头破损、木柄未使用整根硬质木料	机械伤害	较小	(1) 检查大锤和手锤的锤头应完整，其表面应光滑微凸，不应有歪斜、缺口、凹入及裂纹等缺陷。大锤及手锤的柄应用整根的硬木制成，且头部用楔栓固定。楔栓宜采用金属楔，楔子长度不应大于安装孔的三分之二。锤把上不应有油污。 (2) 禁止戴手套抡大锤。 (3) 抡大锤时周围不准有人靠近，防止误伤
6. 阀瓣、阀座密封面验证	高处作业人员	高处作业未正确使用防护用品	高处坠落	重大	(1) 高处作业人员必须戴好安全帽、防滑鞋、正确佩戴安全带，必要时应使用防坠器; (2) 安全带的挂钩应挂在结实、牢固的构件上，或专挂安全带的钢丝绳上，不准低挂高用
7. 阀门组装	大锤	锤头与木柄的连接不牢固、锤头破损、木柄未使用整根硬质木料	砸伤	较小	检查大锤和手锤的锤头应完整，其表面应光滑微凸，不应有歪斜、缺口、凹入及裂纹等缺陷。大锤及手锤的柄应用整根的硬木制成，且头部用楔栓固定。楔栓宜采用金属楔，楔子长度不应大于安装孔的三分之二。锤把上不应有油污
		戴手套抡大锤	物体打击	较小	(1) 禁止戴手套抡大锤; (2) 抡大锤时周围不准有人靠近，防止误伤
		拆卸部件伤手	机械伤害	较小	佩戴防护手套
	高处作业人员	高处作业未正确使用防护用品	高处坠落	重大	(1) 高处作业人员必须戴好安全帽、防滑鞋、正确佩戴安全带，必要时应使用防坠器; (2) 安全带的挂钩应挂在结实、牢固的构件上，或专挂安全带的钢丝绳上，不准低挂高用
	高处的工器具	工器具未系防坠绳及零部件未固定	物体打击	中等	(1) 工器具必须使用防坠绳; (2) 工器具和零部件应用绳拴在牢固的构件上，不准随便乱放
8. 清理现场及其他	检修废料	检修后，检修废料没有及时清除干净	环境污染	较小	工作结束后，及时清理工作现场

13.55 炉水泵再循环门检修

作业步骤	危害辨识	危害描述	产生后果	风险等级	防 范 措 施
1. 环境评估	粉尘	未正确佩戴防护口罩	尘肺病	较小	作业人员佩戴防护口罩
2. 措施确认	高温蒸汽	检修的系统未有效隔离	灼烫伤	中等	保证检修的一段管道可靠地与其他部分隔断，放尽管道、容器内部的汽、水、烟或可燃气
	脚手架	缺损	高处坠落	重大	搭设的脚手架验收合格后方可使用
	电动执行机构	带电	触电	中等	切断电源，挂禁止操作牌
	不合格电动工器具	(1) 电动工器具未经检验合格; (2) 电动工器具电源线、电源插头破损	机械伤害	较小	(1) 检查研磨磨机必须经有资质单位检验合格，并张贴检验合格标志; (2) 检查研磨机的电源线、电源插头完好无缺损
	检修隔离	隔离措施失效，非工作人员进入	机械伤害	较小	对现场检修区域设置围栏、铺设胶皮，进行有效的隔离，有人监护

续表

作业步骤	危害辨识	危害描述	产生后果	风险等级	防 范 措 施
3. 阀门拆卸及解体	粉尘	未正确佩戴防护口罩	尘肺病	较小	作业人员佩戴防护口罩
	脚手架	缺损	高处坠落	重大	及时检查及补全缺失防护栏并验收合格，工作负责人每日工作前必须对脚手架进行检查，如果发现缺陷，应立即修整
	高处作业人员	高处作业未正确使用防护用品	高处坠落	重大	（1）高处作业人员必须戴好安全帽、防滑鞋、正确佩戴安全带，必要时应使用防坠器； （2）安全带的挂钩应挂在结实、牢固的构件上，或专挂安全带的钢丝绳上，不准低挂高用
	高处落物	工器具或材料掉落	撞击	较小	采取防止工具、材料、物品掉落的措施。禁止交叉作业
	高温物体	身体直接接触阀门阀体高温金属部件被烫伤。阀门内存在余汽水或隔离门不严，拆阀门解体时汽水喷出造成人身伤害	灼烫伤	较小	被解体的阀门能有效隔离且隔离严密，阀门前后疏水门打开，放尽余汽水；监测阀体温度低于50℃时方可拆除保温及阀门部件
4. 零部件清理、检查、测量	粉尘	未正确佩戴防护口罩	尘肺病	较小	作业人员佩戴防护口罩
	脚手架	缺损	高处坠落	重大	及时检查及补全缺失防护栏并验收合格，工作负责人每日工作前必须对脚手架进行检查，如果发现缺陷，应立即修整
	高处作业人员	高处作业未正确使用防护用品	高处坠落	重大	（1）高处作业人员必须戴好安全帽、防滑鞋、正确佩戴安全带，必要时应使用防坠器； （2）安全带的挂钩应挂在结实、牢固的构件上，或专挂安全带的钢丝绳上，不准低挂高用
	高处落物	工器具或材料掉落	撞击	较小	采取防止工具、材料、物品掉落的措施。禁止交叉作业
	误用不合格电动工器具	（1）电动工器具未经检验合格； （2）电动工器具电源线、电源插头破损，防护罩破损缺失，磨片破损	机械伤害	较小	（1）检查角磨机必须经有资质单位检验合格，并张贴检验合格标志； （2）检查角磨机的电源线、电源插头完好无缺损，防护罩、角磨片完好无缺损； （3）使用合格的手锤
5. 部件修复	粉尘	未正确佩戴防护口罩	尘肺病	较小	作业人员佩戴防护口罩
	脚手架	缺损	高处坠落	重大	及时检查及补全缺失防护栏并验收合格，工作负责人每日工作前必须对脚手架进行检查，如果发现缺陷，应立即修整
	高处作业人员	高处作业未正确使用防护用品	高处坠落	重大	（1）高处作业人员必须戴好安全帽、防滑鞋、正确佩戴安全带，必要时应使用防坠器； （2）安全带的挂钩应挂在结实、牢固的构件上，或专挂安全带的钢丝绳上，不准低挂高用
	高处落物	工器具或材料掉落	撞击	较小	采取防止工具、材料、物品掉落的措施。禁止交叉作业
	电动研磨机	电源盘没有漏电保护器	触电	较小	电动工具必须配置可靠的漏电保护器
		电源盘及研磨机绝缘损坏	触电	较小	检查研磨机、电源盘的电缆线绝缘合格，绝缘材料应无破损，导线无裸露方可使用
		违规使用电源盘	触电	较小	工作前认真检查电源盘应完好、无缺陷、无安全隐患，电源盘及研磨机检查应合格，不合格的电源盘及研磨机禁止带入检修现场
		研磨机转动部件飞出	机械伤害	较小	阀门研磨时，无关人员远离，工作人员站在侧面

续表

作业步骤	危害辨识	危害描述	产生后果	风险等级	防 范 措 施
5. 部件修复	不合格工器具	手锤锤头与木柄的连接不牢固、锤头破损、木柄未使用整根硬质木料	机械伤害	较小	（1）检查大锤和手锤的锤头应完整，其表面应光滑微凸，不应有歪斜、缺口、凹入及裂纹等缺陷。大锤及手锤的柄应用整根的硬木制成，且头部用楔栓固定。楔栓宜采用金属楔，楔子长度不应大于安装孔的三分之二。锤把上不应有油污。 （2）禁止戴手套抡大锤。 （3）抡大锤时周围不准有人靠近，防止误伤
6. 阀门组装	大锤	锤头与木柄的连接不牢固、锤头破损、木柄未使用整根硬质木料	砸伤	较小	检查大锤和手锤的锤头应完整，其表面应光滑微凸，不应有歪斜、缺口、凹入及裂纹等缺陷。大锤及手锤的柄应用整根的硬木制成，且头部用楔栓固定。楔栓宜采用金属楔，楔子长度不应大于安装孔的三分之二。锤把上不应有油污
		戴手套抡大锤	物体打击	较小	（1）禁止戴手套抡大锤； （2）抡大锤时周围不准有人靠近，防止误伤
		拆卸部件伤手	机械伤害	较小	佩戴防护手套
	高处作业人员	高处作业未正确使用防护用品	高处坠落	重大	（1）高处作业人员必须戴好安全帽、防滑鞋、正确佩戴安全带，必要时应使用防坠器； （2）安全带的挂钩应挂在结实、牢固的构件上，或专挂安全带的钢丝绳上，不准低挂高用
	高处的工器具	工器具未系防坠绳及零部件未固定	物体打击	中等	（1）工器具必须使用防坠绳； （2）工器具和零部件应用绳拴在牢固的构件上，不准随便乱放
7. 清理现场及其他	检修废料	检修后，检修废料没有及时清除干净	环境污染	较小	工作结束后，及时清理工作现场

13.56 炉水循环泵检修

作业步骤	危害辨识	危害描述	产生后果	风险等级	防 范 措 施
1. 环境评估	粉尘	未正确佩戴防护口罩	尘肺病	较小	作业人员佩戴防护口罩
2. 措施确认	高温较大压汽水	检修隔离措施不到位	物体打击	中等	对现场检修区域设置围栏、铺设胶皮，进行有效的隔离，有人监护
		运行隔离措施不到位	烧烫伤	中等	检修前工作负责人、工作许可人现场共同确认隔离措施安全可靠执行
	照明	照明不足	高处坠落	重大	保证现场照明充足
	脚手架	缺损	高处坠落	重大	及时检查及补全缺失防护栏并验收合格，工作负责人每日工作前必须对脚手架进行检查，如果发现缺陷，应立即修整
	手拉葫芦	手拉葫芦刹车以及传动装置有缺陷、链条有裂纹、链轮转动卡涩、吊钩无防脱保险装置	起重伤害	中等	（1）检查手拉葫芦检验合格证在有效期内； （2）由专业人员修理手拉葫芦或更换合格的手拉葫芦； （3）使用前应作无负荷起落试验一次，检查链条是否有裂纹、链轮转动是否卡涩、吊钩是否无防脱保险装置，以确保完好
		超过铭牌规定使用手拉葫芦	起重伤害	中等	使用手拉葫芦工作时，负荷不准超过铭牌规定

续表

作业步骤	危害辨识	危害描述	产生后果	风险等级	防范措施
3．泵体附件拆除	粉尘	未正确佩戴防护口罩	尘肺病	较小	作业人员佩戴防护口罩
	高处作业人员	高处作业未正确使用防护用品	高处坠落	重大	（1）高处作业人员必须戴好安全帽、防滑鞋、正确佩戴安全带，必要时应使用防坠器； （2）安全带的挂钩应挂在结实、牢固的构件上，或专挂安全带的钢丝绳上，不准低挂高用
	高处落物	工器具或材料掉落	撞击	较小	采取防止工具、材料、物品掉落的措施。禁止交叉作业
4．马达组件的拆除	粉尘	未正确佩戴防护口罩	尘肺病	较小	作业人员佩戴防护口罩
	高温较大压汽水	炉水泵内存在残余汽水，解体炉水泵时汽水喷出造成人身伤害	灼烫伤	中等	严格执行工作票安全隔离措施，在锅炉全面放水、炉水泵处放尽余水后方可进行解体工作
	手拉葫芦	手拉葫芦刹车以及传动装置有缺陷、链条有裂纹、链轮转动卡涩、吊钩无防脱保险装置	起重伤害	中等	（1）检查手拉葫芦检验合格证在有效期内； （2）由专业人员修理手拉葫芦或更换合格的手拉葫芦； （3）使用前应作无负荷起落试验一次，检查链条是否有裂纹、链轮转动是否卡涩、吊钩是否无防脱保险装置，以确保完好
		超过铭牌规定使用手拉葫芦	起重伤害	中等	使用手拉葫芦工作时，负荷不准超过铭牌规定
	脚手架	缺损	高处坠落	重大	及时检查及补全缺失防护栏并验收合格，工作负责人每日工作前必须对脚手架进行检查，如果发现缺陷，应立即修整
	高处作业人员	高处作业未正确使用防护用品	高处坠落	重大	（1）高处作业人员必须戴好安全帽、防滑鞋、正确佩戴安全带，必要时应使用防坠器； （2）安全带的挂钩应挂在结实、牢固的构件上，或专挂安全带的钢丝绳上，不准低挂高用
	起吊物	吊装物高处坠落	物体打击	较大	严禁吊物从人的头上越过或停留
		长短材料混合吊装		较大	严禁长短材料混合吊装
		吊物坠落		较大	吊装作业区域的周边必须设置警戒区域，设专人监护，禁止无关人员进入
	高处落物	工器具或材料掉落	撞击	较小	采取防止工具、材料、物品掉落的措施。禁止交叉作业
5．从电机上拆下热交换器及水力部件拆除	粉尘	未正确佩戴防护口罩	尘肺病	较小	作业人员佩戴防护口罩
	脚手架	缺损	高处坠落	重大	及时检查及补全缺失防护栏并验收合格，工作负责人每日工作前必须对脚手架进行检查，如果发现缺陷，应立即修整
	高处作业人员	高处作业未正确使用防护用品	高处坠落	重大	（1）高处作业人员必须戴好安全帽、防滑鞋、正确佩戴安全带，必要时应使用防坠器； （2）安全带的挂钩应挂在结实、牢固的构件上，或专挂安全带的钢丝绳上，不准低挂高用
	高处落物	工器具或材料掉落	撞击	较小	采取防止工具、材料、物品掉落的措施。禁止交叉作业
6．水力部件的检查	粉尘	未正确佩戴防护口罩	尘肺病	较小	作业人员佩戴防护口罩
	脚手架	缺损	高处坠落	重大	及时检查及补全缺失防护栏并验收合格，工作负责人每日工作前必须对脚手架进行检查，如果发现缺陷，应立即修整

续表

作业步骤	危害辨识	危害描述	产生后果	风险等级	防 范 措 施
6．水力部件的检查	高处作业人员	高处作业未正确使用防护用品	高处坠落	中等	（1）高处作业人员必须戴好安全帽、防滑鞋、正确佩戴安全带，必要时应使用防坠器； （2）安全带的挂钩应挂在结实、牢固的构件上，或专挂安全带的钢丝绳上，不准低挂高用
	高处落物	工器具或材料掉落	撞击	较小	采取防止工具、材料、物品掉落的措施。禁止交叉作业
7．水力部件装配	粉尘	未正确佩戴防护口罩	尘肺病	较小	作业人员佩戴防护口罩
	高温环境	锅炉内部高于60℃	灼烫伤	中等	测温低于60℃，方可进入炉内
	有害气体	含氧量低	窒息	较小	定期测氧
	脚手架	缺损	高处坠落	重大	及时检查及补全缺失防护栏并验收合格，工作负责人每日工作前必须对脚手架进行检查，如果发现缺陷，应立即修整
	高处作业人员	高处作业未正确使用防护用品	高处坠落	重大	（1）高处作业人员必须戴好安全帽、防滑鞋、正确佩戴安全带，必要时应使用防坠器； （2）安全带的挂钩应挂在结实、牢固的构件上，或专挂安全带的钢丝绳上，不准低挂高用
	高处落物	工器具或材料掉落	撞击	较小	采取防止工具、材料、物品掉落的措施。禁止交叉作业
	电动工器具	（1）电动工器具未经检验合格； （2）电动工器具电源线、电源插头破损，防护罩破损缺失，磨片破损	机械伤害	较小	（1）检查角磨机必须经有资质单位检验合格，并张贴检验合格标志； （2）检查角磨机的电源线、电源插头完好无缺损，防护罩、角磨片完好无缺损
8．马达组件的组装	粉尘	未正确佩戴防护口罩	尘肺病	较小	作业人员佩戴防护口罩
	脚手架	缺损	高处坠落	重大	及时检查及补全缺失防护栏并验收合格，工作负责人每日工作前必须对脚手架进行检查，如果发现缺陷，应立即修整
	高处作业人员	高处作业未正确使用防护用品	高处坠落	重大	（1）高处作业人员必须戴好安全帽、防滑鞋、正确佩戴安全带，必要时应使用防坠器； （2）安全带的挂钩应挂在结实、牢固的构件上，或专挂安全带的钢丝绳上，不准低挂高用
	高处落物	工器具或材料掉落	撞击	较小	采取防止工具、材料、物品掉落的措施。禁止交叉作业
	电动工器具	（1）电动工器具未经检验合格； （2）电动工器具电源线、电源插头破损，防护罩破损缺失，磨片破损	机械伤害	较小	（1）检查角磨机必须经有资质单位检验合格，并张贴检验合格标志； （2）检查角磨机的电源线、电源插头完好无缺损，防护罩、角磨片完好无缺损
	手拉葫芦	手拉葫芦刹车以及传动装置有缺陷、链条有裂纹、链轮转动卡涩、吊钩无防脱保险装置	起重伤害	中等	（1）检查手拉葫芦检验合格证在有效期内； （2）由专业人员修理手拉葫芦或更换合格的手拉葫芦； （3）使用前应作无负荷起落试验一次，检查链条是否有裂纹、链轮转动是否卡涩、吊钩是否无防脱保险装置，以确保完好
		超过铭牌规定使用手拉葫芦	起重伤害	中等	使用手拉葫芦工作时，负荷不准超过铭牌规定
9．安装热交换器	粉尘	未正确佩戴防护口罩	尘肺病	较小	作业人员佩戴防护口罩
	脚手架	缺损	高处坠落	重大	及时检查及补全缺失防护栏并验收合格，工作负责人每日工作前必须对脚手架进行检查，如果发现缺陷，应立即修整

续表

作业步骤	危害辨识	危害描述	产生后果	风险等级	防 范 措 施
9．安装热交换器	高处作业人员	高处作业未正确使用防护用品	高处坠落	重大	（1）高处作业人员必须戴好安全帽、防滑鞋、正确佩戴安全带，必要时应使用防坠器；（2）安全带的挂钩应挂在结实、牢固的构件上，或专挂安全带的钢丝绳上，不准低挂高用
	高处落物	工器具或材料掉落	撞击	较小	采取防止工具、材料、物品掉落的措施。禁止交叉作业
10．清理现场及其他	检修废料	检修后，检修废料没有及时清除干净	环境污染	较小	工作结束后，及时清理工作现场

13.57　炉膛吹灰器检修

作业步骤	危害辨识	危害描述	产生后果	风险等级	防 范 措 施
1．环境评估	粉尘	未正确佩戴防护口罩	尘肺病	较小	作业人员佩戴防护口罩
2．措施确认	蒸汽吹灰器	蒸汽吹灰器误动	撞击	中等	检修工作开工前工作负责人与工作票许可人共同确认程控柜已断电
	照明	照明不足	高处坠落	重大	保证炉内照明充足
	脚手架	缺损	高处坠落	重大	及时检查及补全缺失防护栏并验收合格，工作负责人每日工作前必须对脚手架进行检查，如果发现缺陷，应立即修整
	误用不合格电动工器具	（1）电动工器具未经检验合格；（2）电动工器具电源线、电源插头破损，防护罩破损缺失，磨片破损	机械伤害	较小	（1）检查角磨机必须经有资质单位检验合格，并张贴检验合格标志；（2）检查角磨机的电源线、电源插头完好无缺损，防护罩、角磨片完好无缺损
3．提升阀、空气阀解体检修	粉尘	未正确佩戴防护口罩	尘肺病	较小	作业人员佩戴防护口罩
	高处设备设施	防护栏缺损	高处坠落	重大	及时检查及补全缺失防护栏
	高处作业人员	高处作业未正确使用防护用品	高处坠落	重大	（1）高处作业人员必须戴好安全帽、防滑鞋、正确佩戴安全带，必要时应使用防坠器；（2）安全带的挂钩应挂在结实、牢固的构件上，或专挂安全带的钢丝绳上，不准低挂高用
	高处落物	工器具或材料掉落	撞击	较小	采取防止工具、材料、物品掉落的措施。禁止交叉作业
4．提升阀、空气阀回装	粉尘	未正确佩戴防护口罩	尘肺病	较小	作业人员佩戴防护口罩
	高处作业人员	高处作业未正确使用防护用品	高处坠落	重大	（1）高处作业人员必须戴好安全帽、防滑鞋、正确佩戴安全带，必要时应使用防坠器；（2）安全带的挂钩应挂在结实、牢固的构件上，或专挂安全带的钢丝绳上，不准低挂高用
	高处落物	工器具或材料掉落	撞击	较小	采取防止工具、材料、物品掉落的措施。禁止交叉作业
5．提升阀水压试验	粉尘	未正确佩戴防护口罩	尘肺病	较小	作业人员佩戴防护口罩
	高处落物	工器具或材料掉落	撞击	较小	采取防止工具、材料、物品掉落的措施。禁止交叉作业

续表

作业步骤	危害辨识	危害描述	产生后果	风险等级	防 范 措 施
6. 内管、螺旋管、喷嘴检修	粉尘	未正确佩戴防护口罩	尘肺病	较小	作业人员佩戴防护口罩
	高处作业人员	高处作业未正确使用防护用品	高处坠落	重大	（1）高处作业人员必须戴好安全帽、防滑鞋、正确佩戴安全带，必要时应使用防坠器； （2）安全带的挂钩应挂在结实、牢固的构件上，或专挂安全带的钢丝绳上，不准低挂高用
	高处落物	工器具或材料掉落	撞击	较小	采取防止工具、材料、物品掉落的措施
	电动工器具	（1）电动工器具未经检验合格； （2）电动工器具电源线、电源插头破损，防护罩破损缺失，磨片破损	机械伤害	较小	（1）检查角磨机必须经有资质单位检验合格，并张贴检验合格标志； （2）检查角磨机的电源线、电源插头完好无缺损，防护罩、角磨片完好无缺损； （3）作业人员佩戴防护面罩，戴绝缘手套
7. 齿轮箱检修	粉尘	未正确佩戴防护口罩	尘肺病	较小	作业人员佩戴防护口罩
	高处落物	工器具或材料掉落	撞击	较小	采取防止工具、材料、物品掉落的措施。禁止交叉作业
	电动工器具	（1）电动工器具未经检验合格； （2）电动工器具电源线、电源插头破损，防护罩破损缺失，磨片破损	机械伤害	较小	（1）检查角磨机必须经有资质单位检验合格，并张贴检验合格标志； （2）检查角磨机的电源线、电源插头完好无缺损，防护罩、角磨片完好无缺损
8. 吹灰器回装	粉尘	未正确佩戴防护口罩	尘肺病	较小	作业人员佩戴防护口罩
	脚手架	缺损	高处坠落	重大	及时检查及补全缺失防护栏并验收合格，工作负责人每日工作前必须对脚手架进行检查，如果发现缺陷，应立即修整
	高处作业人员	高处作业未正确使用防护用品	高处坠落	重大	（1）高处作业人员必须戴好安全帽、防滑鞋、正确佩戴安全带，必要时应使用防坠器； （2）安全带的挂钩应挂在结实、牢固的构件上，或专挂安全带的钢丝绳上，不准低挂高用
	高处落物	工器具或材料掉落	撞击	较小	采取防止工具、材料、物品掉落的措施。禁止交叉作业
9. 清理现场及其他	检修废料	检修后，检修废料没有及时清除干净	环境污染	较小	工作结束后，及时清理工作现场

13.58 旁路出口隔绝门检修

作业步骤	危害辨识	危害描述	产生后果	风险等级	防 范 措 施
1. 环境评估	粉尘	未正确佩戴防护口罩	尘肺病	较小	作业人员佩戴防护口罩
2. 措施确认	高温蒸汽	检修的系统未有效隔离	灼烫伤	中等	保证检修的一段管道可靠地与其他部分隔断，放尽管道、容器内部的汽、水、烟或可燃气
	电动执行机构	带电	触电	中等	切断电源，挂禁止操作牌
	脚手架	缺损	高处坠落	重大	搭设的脚手架验收合格后方可使用
	不合格电动工器具	（1）电动工器具未经检验合格； （2）电动工器具电源线、电源插头破损	机械伤害	较小	（1）检查研磨磨机必须经有资质单位检验合格，并张贴检验合格标志； （2）检查研磨机的电源线、电源插头完好无缺损
	检修隔离	隔离措施失效，非工作员进入	机械伤害	较小	对现场检修区域设置围栏、铺设胶皮，进行有效的隔离，有人监护

续表

作业步骤	危害辨识	危害描述	产生后果	风险等级	防 范 措 施
3．阀门拆卸及解体	粉尘	未正确佩戴防护口罩	尘肺病	较小	作业人员佩戴防护口罩
	脚手架	缺损	高处坠落	重大	及时检查及补全缺失防护栏并验收合格，工作负责人每日工作前必须对脚手架进行检查，如果发现缺陷，应立即修整
	高处作业人员	高处作业未正确使用防护用品	高处坠落	重大	（1）高处作业人员必须戴好安全帽、防滑鞋、正确佩戴安全带，必要时应使用防坠器； （2）安全带的挂钩应挂在结实、牢固的构件上，或专挂安全带的钢丝绳上，不准低挂高用
	高处落物	工器具或材料掉落	撞击	较小	采取防止工具、材料、物品掉落的措施。禁止交叉作业
	高温物体	身体直接接触阀门阀体高温金属部件被烫伤。阀门内存在余汽水或隔离门不严，拆阀门解体时汽水喷出造成人身伤害	灼烫伤	较小	被解体的阀门能有效隔离且隔离严密，阀门前后疏水门打开，放尽余汽水；监测阀体温度低于50℃时方可拆除保温及阀门部件
	拆卸螺栓	拆卸门架时挤伤手指	机械伤害	较小	（1）拆卸时戴手套； （2）使用合格的手锤
	起吊物	起重工具	起重伤害	中等	（1）起吊前检查起重工具是否合格可用； （2）检查工器具是否完好，禁止野蛮操作
		指挥	起重伤害	较小	起重作业由专业的起重人员进行操作指挥
4．零部件清理、检查、测量	粉尘	未正确佩戴防护口罩	尘肺病	较小	作业人员佩戴防护口罩
	脚手架	缺损	高处坠落	重大	及时检查及补全缺失防护栏并验收合格，工作负责人每日工作前必须对脚手架进行检查，如果发现缺陷，应立即修整
	高处作业人员	高处作业未正确使用防护用品	高处坠落	重大	（1）高处作业人员必须戴好安全帽、防滑鞋、正确佩戴安全带，必要时应使用防坠器； （2）安全带的挂钩应挂在结实、牢固的构件上，或专挂安全带的钢丝绳上，不准低挂高用
	高处落物	工器具或材料掉落	撞击	较小	采取防止工具、材料、物品掉落的措施。禁止交叉作业
	误用不合格电动工器具	（1）电动工器具未经检验合格； （2）电动工器具电源线、电源插头破损，防护罩破损缺失，磨片破损	机械伤害	较小	（1）检查角磨机必须经有资质单位检验合格，并张贴检验合格标志； （2）检查角磨机的电源线、电源插头完好无缺损，防护罩、角磨片完好无缺损； （3）使用合格的手锤
5．部件修复	粉尘	未正确佩戴防护口罩	尘肺病	较小	作业人员佩戴防护口罩
	脚手架	缺损	高处坠落	重大	及时检查及补全缺失防护栏并验收合格，工作负责人每日工作前必须对脚手架进行检查，如果发现缺陷，应立即修整
	高处作业人员	高处作业未正确使用防护用品	高处坠落	重大	（1）高处作业人员必须戴好安全帽、防滑鞋、正确佩戴安全带，必要时应使用防坠器； （2）安全带的挂钩应挂在结实、牢固的构件上，或专挂安全带的钢丝绳上，不准低挂高用
	高处落物	工器具或材料掉落	撞击	较小	采取防止工具、材料、物品掉落的措施。禁止交叉作业

续表

作业步骤	危害辨识	危害描述	产生后果	风险等级	防 范 措 施
5. 部件修复	电动研磨机	电源盘没有漏电保护器	触电	较小	电动工具必须配置可靠的漏电保护器
		电源盘及研磨机绝缘损坏	触电	较小	检查研磨机、电源盘的电缆线绝缘合格，绝缘材料应无破损，导线无裸露方可使用
		违规使用电源盘	触电	较小	工作前认真检查电源盘应完好、无缺陷、无安全隐患，电源盘及研磨机检查应合格，不合格的电源盘及研磨机禁止带入检修现场
		研磨机转动部件飞出	机械伤害	较小	阀门研磨时，无关人员远离，工作人员站在侧面
	不合格工器具	手锤锤头与木柄的连接不牢固、锤头破损、木柄未使用整根硬质木料	机械伤害	较小	（1）检查大锤和手锤的锤头应完整，其表面应光滑微凸，不应有歪斜、缺口、凹入及裂纹等缺陷。大锤及手锤的柄应用整根的硬木制成，且头部用楔栓固定。楔栓宜采用金属楔，楔子长度不应大于安装孔的三分之二。锤把上不应有油污。 （2）禁止戴手套抡大锤。 （3）抡大锤时周围不准有人靠近，防止误伤
6. 阀门组装	大锤	锤头与木柄的连接不牢固、锤头破损、木柄未使用整根硬质木料	砸伤	较小	检查大锤和手锤的锤头应完整，其表面应光滑微凸，不应有歪斜、缺口、凹入及裂纹等缺陷。大锤及手锤的柄应用整根的硬木制成，且头部用楔栓固定。楔栓宜采用金属楔，楔子长度不应大于安装孔的三分之二。锤把上不应有油污
		戴手套抡大锤	物体打击	较小	（1）禁止戴手套抡大锤； （2）抡大锤时周围不准有人靠近，防止误伤
		拆卸部件伤手	机械伤害	较小	佩戴防护手套
	高处作业人员	高处作业未正确使用防护用品	高处坠落	重大	（1）高处作业人员必须戴好安全帽、防滑鞋、正确佩戴安全带，必要时应使用防坠器； （2）安全带的挂钩应挂在结实、牢固的构件上，或专挂安全带的钢丝绳上，不准低挂高用
	高处的工器具	工器具未系防坠绳及零部件未固定	物体打击	中等	（1）工器具必须使用防坠绳； （2）工器具和零部件应用绳拴在牢固的构件上，不准随便乱放
7. 清理现场及其他	检修废料	检修后，检修废料没有及时清除干净	环境污染	较小	工作结束后，及时清理工作现场

13.59 膨胀指示器检修

作业步骤	危害辨识	危害描述	产生后果	风险等级	防 范 措 施
1. 环境评估	粉尘	未正确佩戴防护口罩	尘肺病	较小	作业人员佩戴防护口罩
2. 场地布置，落实风险预控措施	误用不合格电动工器具	（1）电动工器具未经检验合格； （2）电动工器具电源线、电源插头破损，防护罩破损缺失，磨片破损	机械伤害	较小	（1）检查角磨机必须经有资质单位检验合格，并张贴检验合格标志； （2）检查角磨机的电源线、电源插头完好无缺损，防护罩、角磨片完好无缺损
3. 膨胀指示器全面检查	粉尘	未正确佩戴防护口罩	尘肺病	较小	作业人员佩戴防护口罩
	高处设备设施	防护栏缺损	高处坠落	重大	及时检查及补全缺失防护栏

续表

作业步骤	危害辨识	危害描述	产生后果	风险等级	防 范 措 施
3. 膨胀指示器全面检查	高处作业人员	高处作业未正确使用防护用品	高处坠落	重大	(1) 高处作业人员必须戴好安全帽、防滑鞋、正确佩戴安全带，必要时应使用防坠器； (2) 安全带的挂钩应挂在结实、牢固的构件上，或专挂安全带的钢丝绳上，不准低挂高用
	高处落物	工器具或材料掉落	撞击	较小	采取防止工具、材料、物品掉落的措施。禁止交叉作业
4. 膨胀指示器缺陷处理	粉尘	未正确佩戴防护口罩	尘肺病	较小	作业人员佩戴防护口罩
	高处落物	工器具或材料掉落	撞击	较小	采取防止工具、材料、物品掉落的措施。禁止交叉作业
	工器具	使用不合格的工具	机械伤害	中等	必须正确使用经检验合格的工器具
5. 膨胀指示器更换	粉尘	未正确佩戴防护口罩	尘肺病	较小	作业人员佩戴防护口罩
	脚手架	缺损	高处坠落	重大	及时检查及补全缺失防护栏并验收合格，工作负责人每日工作前必须对脚手架进行检查，如果发现缺陷，应立即修整
	高处作业人员	高处作业未正确使用防护用品	高处坠落	重大	(1) 高处作业人员必须戴好安全帽、防滑鞋、正确佩戴安全带，必要时应使用防坠器； (2) 安全带的挂钩应挂在结实、牢固的构件上，或专挂安全带的钢丝绳上，不准低挂高用
	高处落物	工器具或材料掉落	撞击	较小	采取防止工具、材料、物品掉落的措施。禁止交叉作业
	电动工器具	(1) 电动工器具未经检验合格； (2) 电动工器具电源线、电源插头破损，防护罩破损缺失，磨片破损	机械伤害	较小	(1) 检查角磨机必须经有资质单位检验合格，并张贴检验合格标志； (2) 检查角磨机的电源线、电源插头完好无缺损，防护罩、角磨片完好无缺损； (3) 作业人员佩戴防护面罩，戴绝缘手套
	电焊机	焊接时未正确使用防护用品	灼烫伤	较小	(1) 正确使用面罩； (2) 戴电焊手套； (3) 戴白光眼镜； (4) 穿电焊服
		电焊机电源线、电源插头、电焊钳破损	触电	中等	检查电焊机电源线、电源插头、电焊钳完好无损
		二次线地线松动	触电	较小	(1) 工作人员工作服保持干燥； (2) 工作前检查二次线接地牢固，焊接工件焊接前要与地线进行良好接地
	高温焊渣	焊渣掉落	火灾	较小	(1) 动火工作区域周围设置防护屏，防止其他人员被飞溅的焊渣烫伤，地面铺设防火布； (2) 火焊人员必须穿戴好工作服、手套和带鞋盖劳保鞋等； (3) 通气的橡胶软管上方禁止进行动火作业，以防火灾
6. 清理现场及其他	检修废料	检修废料没有及时清除干净	环境污染	较小	工作结束后，及时清理工作现场

13.60 启动分离器及贮水箱检修

作业步骤	危害辨识	危害描述	产生后果	风险等级	防 范 措 施
1. 环境评估	粉尘	未正确佩戴防护口罩	尘肺病	较小	作业人员佩戴防护口罩

续表

作业步骤	危害辨识	危害描述	产生后果	风险等级	防 范 措 施
2. 措施确认	粉尘	未正确佩戴防护口罩	尘肺病	较小	作业人员佩戴防护口罩
	脚手架	缺损	高处坠落	重大	及时检查及补全缺失防护栏并验收合格，工作负责人每日工作前必须对脚手架进行检查，如果发现缺陷，应立即修整
	误用不合格电动工器具	（1）电动工器具未经检验合格； （2）电动工器具电源线、电源插头破损，防护罩破损缺失，磨片破损	机械伤害	较小	（1）检查角磨机必须经有资质单位检验合格，并张贴检验合格标志； （2）检查角磨机的电源线、电源插头完好无缺损，防护罩、角磨片完好无缺损
3. 分离器及贮水箱外部检查	粉尘	未正确佩戴防护口罩	尘肺病	较小	作业人员佩戴防护口罩
	高处作业人员	高处作业未正确使用防护用品	高处坠落	重大	（1）高处作业人员必须戴好安全帽、防滑鞋、正确佩戴安全带，必要时应使用防坠器； （2）安全带的挂钩应挂在结实、牢固的构件上，或专挂安全带的钢丝绳上，不准低挂高用
	高处落物	工器具或材料掉落	撞击	较小	采取防止工具、材料、物品掉落的措施。禁止交叉作业
	临时电源及电源线	电源线悬挂高度不够	触电	较小	临时电源线架设高度室内不低于 2.5m
		电源线、插头、插座破损	触电	较小	（1）检查电源线外绝缘良好，无破损； （2）检查电源盘合格证在有效期； （3）检查电源插头插座，确保完好； （4）不准将电源线缠绕在护栏、管道和脚手架上
		未安装漏电保护器	触电	较小	（1）检查电源盘合格证在有效期； （2）分级配置漏电保护器，工作前试漏电保护器，确保正确动作
		检修电源箱外壳未接地	触电	较小	（1）检查电源盘合格证在有效期； （2）检查电源箱外壳接地良好
4. 分离器及贮水箱内部检查和清理	电动工器具	（1）电动工器具未经检验合格； （2）电动工器具电源线、电源插头破损，防护罩破损缺失，磨片破损	机械伤害	较小	（1）检查角磨机必须经有资质单位检验合格，并张贴检验合格标志； （2）检查角磨机的电源线、电源插头完好无缺损，防护罩、角磨片完好无缺损； （3）作业人员佩戴防护面罩，戴绝缘手套
	脚手架	缺损	高处坠落	重大	及时检查及补全缺失防护栏并验收合格，工作负责人每日工作前必须对脚手架进行检查，如果发现缺陷，应立即修整
	高处作业人员	高处作业未正确使用防护用品	高处坠落	重大	（1）高处作业人员必须戴好安全帽、防滑鞋、正确佩戴安全带，必要时应使用防坠器； （2）安全带的挂钩应挂在结实、牢固的构件上，或专挂安全带的钢丝绳上，不准低挂高用
	高处落物	工器具或材料掉落	撞击	较小	采取防止工具、材料、物品掉落的措施。禁止交叉作业
5. 吊杆、吊耳及支座检查	粉尘	未正确佩戴防护口罩	尘肺病	较小	作业人员佩戴防护口罩
	脚手架	缺损	高处坠落	重大	及时检查及补全缺失防护栏并验收合格，工作负责人每日工作前必须对脚手架进行检查，如果发现缺陷，应立即修整
	高处作业人员	高处作业未正确使用防护用品	高处坠落	重大	（1）高处作业人员必须戴好安全帽、防滑鞋、正确佩戴安全带，必要时应使用防坠器； （2）安全带的挂钩应挂在结实、牢固的构件上，或专挂安全带的钢丝绳上，不准低挂高用
	高处落物	工器具或材料掉落	撞击	较小	采取防止工具、材料、物品掉落的措施。禁止交叉作业

续表

作业步骤	危害辨识	危害描述	产生后果	风险等级	防 范 措 施
6. 分离器及贮水箱缺陷处理	粉尘	未正确佩戴防护口罩	尘肺病	较小	作业人员佩戴防护口罩
	脚手架	缺损	高处坠落	重大	及时检查及补全缺失防护栏并验收合格，工作负责人每日工作前必须对脚手架进行检查，如果发现缺陷，应立即修整
	高处作业人员	高处作业未正确使用防护用品	高处坠落	重大	（1）高处作业人员必须戴好安全帽、防滑鞋、正确佩戴安全带，必要时应使用防坠器； （2）安全带的挂钩应挂在结实、牢固的构件上，或专挂安全带的钢丝绳上，不准低挂高用
	高处落物	工器具或材料掉落	撞击	较小	采取防止工具、材料、物品掉落的措施
	电动工器具	（1）电动工器具未经检验合格； （2）电动工器具电源线、电源插头破损，防护罩破损缺失，磨片破损	机械伤害	较小	（1）检查角磨机必须经有资质单位检验合格，并张贴检验合格标志； （2）检查角磨机的电源线、电源插头完好无缺损，防护罩、角磨片完好无缺损； （3）作业人员佩戴防护面罩，戴绝缘手套
	高处落物	工器具或材料掉落	撞击	较小	采取防止工具、材料、物品掉落的措施。禁止交叉作业
7. 分离器及贮水箱恢复	粉尘	未正确佩戴防护口罩	尘肺病	较小	作业人员佩戴防护口罩
	脚手架	缺损	高处坠落	重大	及时检查及补全缺失防护栏并验收合格。工作负责人每日工作前，必须对脚手架进行检查，如果发现缺陷，应立即修整
	高处作业人员	高处作业未正确使用防护用品	高处坠落	重大	（1）高处作业人员必须戴好安全帽、防滑鞋、正确佩戴安全带，必要时应使用防坠器； （2）安全带的挂钩应挂在结实、牢固的构件上，或专挂安全带的钢丝绳上，不准低挂高用
	高处落物	工器具或材料掉落	撞击	较小	采取防止工具、材料、物品掉落的措施。禁止交叉作业
	电动工器具	（1）电动工器具未经检验合格； （2）电动工器具电源线、电源插头破损，防护罩破损缺失，磨片破损	机械伤害	较小	（1）检查角磨机必须经有资质单位检验合格，并张贴检验合格标志； （2）检查角磨机的电源线、电源插头完好无缺损，防护罩、角磨片完好无缺损
	电焊机	焊接时未正确使用防护用品	灼烫伤	较小	（1）正确使用面罩； （2）戴电焊手套； （3）戴白光眼镜； （4）穿电焊服
		电焊机电源线、电源插头、电焊钳破损	触电	中等	检查电焊机电源线、电源插头、电焊钳完好无损
		二次线地线松动	触电	较小	（1）工作人员工作服保持干燥； （2）工作前检查二次线接地牢固，焊接工件焊接前要与地线进行良好接地
	高温焊渣	焊渣掉落	火灾	较小	（1）动火工作区域周围设置防护屏，防止其他人员被飞溅的焊渣烫伤，地面铺设防火布； （2）火焊人员必须穿戴好工作服，戴好手套和带鞋盖劳保鞋等； （3）通气的橡胶软管上方禁止进行动火作业，以防火灾

续表

作业步骤	危害辨识	危害描述	产生后果	风险等级	防 范 措 施
8．水压试验	粉尘	未正确佩戴防护口罩	尘肺病	较小	作业人员佩戴防护口罩
9．恢复保温、拆除脚手架	粉尘	未正确佩戴防护口罩	尘肺病	较小	作业人员佩戴防护口罩
	脚手架	缺损	高处坠落	重大	及时检查及补全缺失防护栏并验收合格，工作负责人每日工作前必须对脚手架进行检查，如果发现缺陷，应立即修整
	高处作业人员	高处作业未正确使用防护用品	高处坠落	重大	（1）高处作业人员必须戴好安全帽、防滑鞋、正确佩戴安全带，必要时应使用防坠器； （2）安全带的挂钩应挂在结实、牢固的构件上，或专挂安全带的钢丝绳上，不准低挂高用
	高处落物	工器具或材料掉落	撞击	较小	采取防止工具、材料、物品掉落的措施。禁止交叉作业
10．清理现场及其他	检修废料	检修废料没有及时清除干净	环境污染	较小	工作结束后，及时清理工作现场

13.61 汽水管道支吊架检修

作业步骤	危害辨识	危害描述	产生后果	风险等级	防 范 措 施
1．环境评估	粉尘	未正确佩戴防护口罩	尘肺病	较小	作业人员佩戴防护口罩
2．措施确认	粉尘	未正确佩戴防护口罩	尘肺病	较小	作业人员佩戴防护口罩
	脚手架	缺损	高处坠落	重大	及时检查及补全缺失防护栏并验收合格，工作负责人每日工作前必须对脚手架进行检查，如果发现缺陷，应立即修整
	误用不合格电动工器具	（1）电动工器具未经检验合格； （2）电动工器具电源线、电源插头破损，防护罩破损缺失，磨片破损	机械伤害	较小	（1）检查角磨机必须经有资质单位检验合格，并张贴检验合格标志； （2）检查角磨机的电源线、电源插头完好无缺损，防护罩、角磨片完好无缺损
3．汽水管道支吊架调整措施	粉尘	未正确佩戴防护口罩	尘肺病	较小	作业人员佩戴防护口罩
	手拉葫芦	手拉葫芦刹车以及传动装置有缺陷、链条有裂纹、链轮转动卡涩、吊钩无防脱保险装置	起重伤害	中等	（1）检查手拉葫芦检验合格证在有效期内； （2）由专业人员修理手拉葫芦或更换合格的手拉葫芦； （3）使用前应作无负荷起落试验一次，检查链条是否有裂纹、链轮转动是否卡涩、吊钩是否无防脱保险装置，以确保完好
		超过铭牌规定使用手拉葫芦	起重伤害	中等	使用手拉葫芦时工作负荷不准超过铭牌规定
	高处设备设施	防护栏缺损	高处坠落	重大	及时检查及补全缺失防护栏
	高处作业人员	高处作业未正确使用防护用品	高处坠落	重大	（1）高处作业人员必须戴好安全帽、防滑鞋、正确佩戴安全带，必要时应使用防坠器； （2）安全带的挂钩应挂在结实、牢固的构件上，或专挂安全带的钢丝绳上，不准低挂高用
	高处落物	工器具或材料掉落	撞击	较小	采取防止工具、材料、物品掉落的措施。禁止交叉作业

续表

作业步骤	危害辨识	危害描述	产生后果	风险等级	防范措施
4. 汽水管道支吊架检查	粉尘	未正确佩戴防护口罩	尘肺病	较小	作业人员佩戴防护口罩
	高温环境	锅炉内部高于60℃	灼烫伤	中等	测温低于60℃，方可进入炉内
	有害气体	含氧量低	窒息	较小	定期测氧
	脚手架	缺损	高处坠落	重大	及时检查及补全缺失防护栏并验收合格，工作负责人每日工作前必须对脚手架进行检查，如果发现缺陷，应立即修整
	高处作业人员	高处作业未正确使用防护用品	高处坠落	重大	（1）高处作业人员必须戴好安全帽、防滑鞋、正确佩戴安全带，必要时应使用防坠器； （2）安全带的挂钩应挂在结实、牢固的构件上，或专挂安全带的钢丝绳上，不准低挂高用
	高处落物	工器具或材料掉落	撞击	较小	采取防止工具、材料、物品掉落的措施。禁止交叉作业
5. 汽水管道支吊架调整及回装	粉尘	未正确佩戴防护口罩	尘肺病	较小	作业人员佩戴防护口罩
	脚手架	缺损	高处坠落	重大	及时检查及补全缺失防护栏并验收合格，工作负责人每日工作前必须对脚手架进行检查，如果发现缺陷，应立即修整
	高处作业人员	高处作业未正确使用防护用品	高处坠落	重大	（1）高处作业人员必须戴好安全帽、防滑鞋、正确佩戴安全带，必要时应使用防坠器； （2）安全带的挂钩应挂在结实、牢固的构件上，或专挂安全带的钢丝绳上，不准低挂高用
	高处落物	工器具或材料掉落	撞击	较小	采取防止工具、材料、物品掉落的措施。禁止交叉作业
6. 汽水管道支吊架检查验收	粉尘	未正确佩戴防护口罩	尘肺病	较小	作业人员佩戴防护口罩
	脚手架	缺损	高处坠落	重大	及时检查及补全缺失防护栏并验收合格，工作负责人每日工作前必须对脚手架进行检查，如果发现缺陷，应立即修整
	高处作业人员	高处作业未正确使用防护用品	高处坠落	重大	（1）高处作业人员必须戴好安全帽、防滑鞋、正确佩戴安全带，必要时应使用防坠器； （2）安全带的挂钩应挂在结实、牢固的构件上，或专挂安全带的钢丝绳上，不准低挂高用
	高处落物	工器具或材料掉落	撞击	较小	采取防止工具、材料、物品掉落的措施。禁止交叉作业
7. 清理现场及其他	检修废料	检修后，检修废料没有及时清除干净	环境污染	较小	工作结束后，及时清理工作现场

13.62 轻油枪检修

作业步骤	危害辨识	危害描述	产生后果	风险等级	防范措施
1. 环境评估	粉尘	未正确佩戴防护口罩	尘肺病	较小	作业人员佩戴防护口罩
	孔、洞、盖板	无孔、洞、沟或盖板强度不够	高处坠落	重大	工作场所的井、坑、孔、洞或沟道，必须覆以与地面齐平的坚固盖板
	燃油	防火措施准备不完善	火灾	中等	（1）工作负责人检查工作票安全措施已正确执行，阀门已关闭； （2）现场配置足量的灭火器

续表

作业步骤	危害辨识	危害描述	产生后果	风险等级	防 范 措 施
2. 措施确认	检修隔离	隔离措施失效，非工作人员进入	机械伤害	较小	对现场检修区域设置围栏、铺设胶皮，进行有效的隔离，有人监护
	燃油	未准备移动消防器材或消防水未投备用	火灾	较小	现场作业时，须准备灭火器等移动消防器材
	不合格电动工器具	（1）电动工器具未经检验合格； （2）电动工器具电源线、电源插头破损	机械伤害	较小	（1）检查研磨机必须经有资质单位检验合格，并张贴检验合格标志； （2）检查研磨机的电源线、电源插头完好无缺损
3. 轻油枪解体	粉尘	未正确佩戴防护口罩	尘肺病	较小	作业人员佩戴防护口罩
	脚手架	缺损	高处坠落	重大	及时检查及补全缺失防护栏并验收合格，工作负责人每日工作前必须对脚手架进行检查，如果发现缺陷，应立即修整
	高处作业人员	高处作业未正确使用防护用品	高处坠落	重大	（1）高处作业人员必须戴好安全帽、防滑鞋、正确佩戴安全带，必要时应使用防坠器； （2）安全带的挂钩应挂在结实、牢固的构件上，或专挂安全带的钢丝绳上，不准低挂高用
	高处落物	工器具或材料掉落	撞击	较小	采取防止工具、材料、物品掉落的措施。禁止交叉作业
	燃油	未准备移动消防器材或消防水未投备用	火灾	较小	现场作业时，须准备灭火器等移动消防器材
	拆卸螺栓	拆卸门架时挤伤手指	机械伤害	较小	（1）拆卸时戴手套； （2）使用合格的手锤
	油枪	作业环境狭窄	挤伤碰伤	中等	（1）检修时要充分了解现场情况，防止碰伤、挤伤； （2）对孔时，严禁将手指放入螺栓孔内，防止挤伤手指
		跑油	污染环境及火灾	中等	（1）确认油管路里无油，所有积油已全部排出，残油排至油污箱内； （2）及时清理地面油污，做到随清随洁，防止脚下打滑摔伤； （3）在油系统周围必须摆放灭火器和干沙箱
4. 轻油枪检修	粉尘	未正确佩戴防护口罩	尘肺病	较小	作业人员佩戴防护口罩
	油枪	跑油	滑倒摔伤污染环境火灾	中等	（1）及时清理地面油污，做到随清随洁，防止脚下打滑摔伤； （2）油枪动火作业必须办理动火工作票； （3）配备足够的灭火器
5. 轻油枪回装	粉尘	未正确佩戴防护口罩	尘肺病	较小	作业人员佩戴防护口罩
	脚手架	缺损	高处坠落	重大	及时检查及补全缺失防护栏并验收合格，工作负责人每日工作前必须对脚手架进行检查，如果发现缺陷，应立即修整
	高处作业人员	高处作业未正确使用防护用品	高处坠落	重大	（1）高处作业人员必须戴好安全帽、防滑鞋、正确佩戴安全带，必要时应使用防坠器； （2）安全带的挂钩应挂在结实、牢固的构件上，或专挂安全带的钢丝绳上，不准低挂高用
	高处落物	工器具或材料掉落	撞击	较小	采取防止工具、材料、物品掉落的措施。禁止交叉作业
	回装顺序不对及操作不当	操作不当	触电及其他伤害	中等	操作时，应认真观察上方是否有带电设备，与带电设备保持安全距离；必要时做好停电措施后方可作业

续表

作业步骤	危害辨识	危害描述	产生后果	风险等级	防 范 措 施
6. 轻油枪进退试验	压缩空气	操作不当	碰伤挤伤	中等	（1）正确使用工器具； （2）关门时由专业运行人员操作； （3）穿戴好劳动防护用品、手套口罩等
7. 清理现场及其他	检修废料	检修后，检修废料没有及时清除干净	环境污染	较小	工作结束后，及时清理工作现场

13.63 燃烧器检修

作业步骤	危害辨识	危害描述	产生后果	风险等级	防 范 措 施
1. 环境评估	粉尘	未正确佩戴防护口罩	尘肺病	较小	作业人员佩戴防护口罩
	高温环境	锅炉内部高于60℃	灼烫伤	较小	测温低于60℃，方可进入炉内
	有限空间	氧量不足、金属容器内工作	窒息、触电	中等	（1）有限空间作业办理有限空间进入许可证，检查有害气体合格后方可进入，人员进出必须登记，并及时记录进出时间；人孔处必须设专人在人孔门处监护并保持通信畅通，不得中途离开； （2）必须使用12V及以下的安全电压，保证现场充足的照明
2. 措施确认	点火的油枪	油枪误动	灼烫伤、窒息	中等	各有关阀门应上锁，并挂警告牌，对电动阀门应切断电源。对气缸应隔离气源
	转动的风机	送风机、一次风机误动，大量粉尘进入炉膛和尾部烟道	窒息	中等	检修工作开工前工作负责人与工作票许可人共同确认所检修设备已断电
	声波吹灰器	声波吹灰器误动	听力伤害	中等	检修工作开工前工作负责人与工作票许可人共同确认程控柜已断电，隔离气源
	蒸汽吹灰器	蒸汽吹灰器误动	撞击	中等	检修工作开工前工作负责人与工作票许可人共同确认程控柜已断电
	照明	照明不足	高处坠落	重大	保证炉内照明充足
	脚手架	缺损	高处坠落	重大	及时检查及补全缺失防护栏并验收合格，工作负责人每日工作前必须对脚手架进行检查，如果发现缺陷，应立即修整
	误用不合格电动工器具	（1）电动工器具未经检验合格； （2）电动工器具电源线、电源插头破损，防护罩破损缺失，磨片破损	机械伤害	较小	（1）检查角磨机必须经有资质单位检验合格，并张贴检验合格标志； （2）检查角磨机的电源线、电源插头完好无缺损，防护罩、角磨片完好无缺损
3. 燃烧器内外部清理	粉尘	未正确佩戴防护口罩	尘肺病	较小	作业人员佩戴防护口罩
	高温环境	锅炉内部高于60℃	灼烫伤	中等	测温低于60℃，方可进入炉内
	有害气体	含氧量低	窒息	较小	定期测氧
	高处设备设施	防护栏缺损	高处坠落	重大	及时检查及补全缺失防护栏
	高处作业人员	高处作业未正确使用防护用品	高处坠落	重大	（1）高处作业人员必须戴好安全帽、防滑鞋、正确佩戴安全带，必要时应使用防坠器； （2）安全带的挂钩应挂在结实、牢固的构件上，或专挂安全带的钢丝绳上，不准低挂高用
	高处落物	工器具或材料掉落	撞击	较小	采取防止工具、材料、物品掉落的措施。禁止交叉作业

续表

作业步骤	危害辨识	危害描述	产生后果	风险等级	防 范 措 施
4. 燃烧器喷嘴检查	粉尘	未正确佩戴防护口罩	尘肺病	较小	作业人员佩戴防护口罩
	高温环境	锅炉内部高于60℃	灼烫伤	中等	测温低于60℃，方可进入炉内
	有害气体	含氧量低	窒息	较小	定期测氧
	脚手架	缺损	高处坠落	重大	及时检查及补全缺失防护栏并验收合格，工作负责人每日工作前必须对脚手架进行检查，如果发现缺陷，应立即修整
	高处作业人员	高处作业未正确使用防护用品	高处坠落	重大	（1）高处作业人员必须戴好安全帽、防滑鞋、正确佩戴安全带，必要时应使用防坠器； （2）安全带的挂钩应挂在结实、牢固的构件上，或专挂安全带的钢丝绳上，不准低挂高用
	有限空间作业	氧量不足	窒息	较小	有限空间作业办理有限空间进入许可证，检查有害气体合格后方可进入，人员进出必须登记，并及时记录进出时间；人孔处必须设专人在人孔门处监护并保持通信畅通，不得中途离开
		金属容器	触电	中等	必须使用12V及以下的安全电压，保证现场充足的照明
	高处落物	工器具或材料掉落	撞击	较小	采取防止工具、材料、物品掉落的措施。禁止交叉作业
5. 二次风箱检查	粉尘	未正确佩戴防护口罩	尘肺病	较小	作业人员佩戴防护口罩
	高温环境	锅炉内部高于60℃	灼烫伤	中等	测温低于60℃，方可进入炉内
	有害气体	含氧量低	窒息	较小	定期测氧
	脚手架	缺损	高处坠落	重大	及时检查及补全缺失防护栏并验收合格，工作负责人每日工作前必须对脚手架进行检查，如果发现缺陷，应立即修整
	高处作业人员	高处作业未正确使用防护用品	高处坠落	重大	（1）高处作业人员必须戴好安全帽、防滑鞋、正确佩戴安全带，必要时应使用防坠器； （2）安全带的挂钩应挂在结实、牢固的构件上，或专挂安全带的钢丝绳上，不准低挂高用
	有限空间作业	氧量不足	窒息	较小	有限空间作业办理有限空间进入许可证，检查有害气体合格后方可进入，人员进出必须登记，并及时记录进出时间；人孔处必须设专人在人孔门处监护并保持通信畅通，不得中途离开
		金属容器	触电	中等	必须使用12V及以下的安全电压，保证现场充足的照明
	高处落物	工器具或材料掉落	撞击	较小	采取防止工具、材料、物品掉落的措施。禁止交叉作业
6. 一次风管喷嘴更换、调整	粉尘	未正确佩戴防护口罩	尘肺病	较小	作业人员佩戴防护口罩
	高温环境	锅炉内部高于60℃	灼烫伤	中等	测温低于60℃，方可进入炉内
	有害气体	含氧量低	窒息	较小	定期测氧
	脚手架	缺损	高处坠落	重大	及时检查及补全缺失防护栏并验收合格，工作负责人每日工作前必须对脚手架进行检查，如果发现缺陷，应立即修整
	高处作业人员	高处作业未正确使用防护用品	高处坠落	重大	（1）高处作业人员必须戴好安全帽、防滑鞋、正确佩戴安全带，必要时应使用防坠器； （2）安全带的挂钩应挂在结实、牢固的构件上，或专挂安全带的钢丝绳上，不准低挂高用

续表

作业步骤	危害辨识	危害描述	产生后果	风险等级	防范措施
6. 一次风管喷嘴更换、调整	高处落物	工器具或材料掉落	撞击	较小	采取防止工具、材料、物品掉落的措施
	有限空间	氧量不足	窒息	较小	有限空间作业办理有限空间进入许可证，检查有害气体合格后方可进入，人员进出必须登记，并及时记录进出时间；人孔处必须设专人在人孔门处监护并保持通信畅通，不得中途离开
		金属容器	触电	中等	必须使用 12V 及以下的安全电压，保证现场充足的照明
	电动工器具	（1）电动工器具未经检验合格； （2）电动工器具电源线、电源插头破损，防护罩破损缺失，磨片破损	机械伤害	较小	（1）检查角磨机必须经有资质单位检验合格，并张贴检验合格标志； （2）检查角磨机的电源线、电源插头完好无缺损，防护罩、角磨片完好无缺损； （3）作业人员佩戴防护面罩，戴绝缘手套
	高处落物	工器具或材料掉落	撞击	较小	采取防止工具、材料、物品掉落的措施。禁止交叉作业
	电焊机	焊接时未正确使用防护用品	灼烫伤	较小	（1）正确使用面罩； （2）戴电焊手套； （3）戴白光眼镜； （4）穿电焊服
		电焊机电源线、电源插头、电焊钳破损	触电	中等	检查电焊机电源线、电源插头、电焊钳完好无损
		二次线地线松动	触电	较小	（1）工作人员工作服保持干燥； （2）工作前检查二次线接地牢固，焊接工件焊接前要与地线进行良好接地
	高温焊渣	焊渣掉落	火灾	较小	（1）动火工作区域周围设置防护屏，防止其他人员被飞溅的焊渣烫伤，地面铺设防火布； （2）火焊人员必须穿戴好工作服、手套和带鞋盖劳保鞋等； （3）通气的橡胶软管上方禁止进行动火作业，以防火灾
7. 二次风喷嘴（含 SOFA 喷嘴）更换和调整	粉尘	未正确佩戴防护口罩	尘肺病	较小	作业人员佩戴防护口罩
	高温环境	锅炉内部高于 60℃	灼烫伤	中等	测温低于 60℃，方可进入炉内
	有害气体	含氧量低	窒息	较小	定期测氧
	脚手架	缺损	高处坠落	重大	及时检查及补全缺失防护栏并验收合格，工作负责人每日工作前必须对脚手架进行检查，如果发现缺陷，应立即修整
	高处作业人员	高处作业未正确使用防护用品	高处坠落	重大	（1）高处作业人员必须戴好安全帽、防滑鞋、正确佩戴安全带，必要时应使用防坠器； （2）安全带的挂钩应挂在结实、牢固的构件上，或专挂安全带的钢丝绳上，不准低挂高用
	高处落物	工器具或材料掉落	撞击	较小	采取防止工具、材料、物品掉落的措施。禁止交叉作业
	有限空间	氧量不足	窒息	较小	有限空间作业办理有限空间进入许可证，检查有害气体合格后方可进入，人员进出必须登记，并及时记录进出时间；人孔处必须设专人在人孔门处监护并保持通信畅通，不得中途离开
		金属容器	触电	中等	必须使用 12V 及以下的安全电压，保证现场充足的照明

续表

作业步骤	危害辨识	危害描述	产生后果	风险等级	防 范 措 施
7. 二次风喷嘴（含SOFA喷嘴）更换和调整	电动工器具	（1）电动工器具未经检验合格；（2）电动工器具电源线、电源插头破损，防护罩破损缺失，磨片破损	机械伤害	较小	（1）检查角磨机必须经有资质单位检验合格，并张贴检验合格标志；（2）检查角磨机的电源线、电源插头完好无缺损，防护罩、角磨片完好无缺损
	电焊机	焊接时未正确使用防护用品	灼烫伤	较小	（1）正确使用面罩；（2）戴电焊手套；（3）戴白光眼镜；（4）穿电焊服
		电焊机电源线、电源插头、电焊钳破损	触电	中等	检查电焊机电源线、电源插头、电焊钳完好无损
		二次线地线松动	触电	较小	（1）工作人员工作服保持干燥；（2）工作前检查二次线接地牢固，焊接工件焊接前要与地线进行良好接地
8. 一、二次风、SOFA风喷嘴校正角度	粉尘	未正确佩戴防护口罩	尘肺病	较小	作业人员佩戴防护口罩
	高温环境	锅炉内部高于60℃	灼烫伤	中等	测温低于60℃，方可进入炉内
	有害气体	含氧量低	窒息	较小	定期测氧
	炉内金属升降平台	缺损	高处坠落	重大	及时检查及补全缺失防护栏并验收合格。工作负责人每日工作前必须对脚手架进行检查，如果发现缺陷，应立即修整
	高处作业人员	高处作业未正确使用防护用品	高处坠落	重大	（1）高处作业人员必须戴好安全帽、防滑鞋、正确佩戴安全带，必要时应使用防坠器；（2）安全带的挂钩应挂在结实、牢固的构件上，或专挂安全带的钢丝绳上，不准低挂高用
	高处落物	工器具或材料掉落	撞击	较小	采取防止工具、材料、物品掉落的措施。禁止交叉作业
	有限空间	氧量不足	窒息	较小	有限空间作业办理有限空间进入许可证，检查有害气体合格后方可进入，人员进出必须登记，并及时记录进出时间；人孔处必须设专人在人孔门处监护并保持通信畅通，不得中途离开
		金属容器	触电	中等	必须使用12V及以下的安全电压，保证现场充足的照明；
9. 小风门挡板、喷嘴摆动机构校验	粉尘	未正确佩戴防护口罩	尘肺病	较小	作业人员佩戴防护口罩
	高温环境	锅炉内部高于60℃	灼烫伤	中等	测温低于60℃，方可进入炉内
	有害气体	含氧量低	窒息	较小	定期测氧
	脚手架	缺损	高处坠落	重大	及时检查及补全缺失防护栏并验收合格，工作负责人每日工作前必须对脚手架进行检查，如果发现缺陷，应立即修整
	高处作业人员	高处作业未正确使用防护用品	高处坠落	重大	（1）高处作业人员必须戴好安全帽、防滑鞋、正确佩戴安全带，必要时应使用防坠器；（2）安全带的挂钩应挂在结实、牢固的构件上，或专挂安全带的钢丝绳上，不准低挂高用
	高处落物	工器具或材料掉落	撞击	较小	采取防止工具、材料、物品掉落的措施。禁止交叉作业

续表

作业步骤	危害辨识	危害描述	产生后果	风险等级	防范措施
9．小风门挡板、喷嘴摆动机构校验	有限空间	氧量不足	窒息	较小	有限空间作业办理有限空间进入许可证，检查有害气体合格后方可进入，人员进出必须登记，并及时记录进出时间；人孔处必须设专人在人孔门处监护并保持通信畅通，不得中途离开
		金属容器	触电	中等	必须使用 12V 及以下的安全电压，保证现场充足的照明
10．恢复保温、拆除脚手架	粉尘	未正确佩戴防护口罩	尘肺病	较小	作业人员佩戴防护口罩
	高温环境	锅炉内部高于 60℃	灼烫伤	中等	测温低于 60℃，方可进入炉内
	有害气体	含氧量低	窒息	较小	定期测氧
	脚手架	缺损	高处坠落	重大	及时检查及补全缺失防护栏并验收合格，工作负责人每日工作前必须对脚手架进行检查，如果发现缺陷，应立即修整
	高处作业人员	高处作业未正确使用防护用品	高处坠落	重大	（1）高处作业人员必须戴好安全帽、防滑鞋、正确佩戴安全带，必要时应使用防坠器； （2）安全带的挂钩应挂在结实、牢固的构件上，或专挂安全带的钢丝绳上，不准低挂高用
	高处落物	工器具或材料掉落	撞击	较小	采取防止工具、材料、物品掉落的措施。禁止交叉作业
	有限空间	氧量不足	窒息	较小	有限空间作业办理有限空间进入许可证，检查有害气体合格后方可进入，人员进出必须登记，并及时记录进出时间；人孔处必须设专人在人孔门处监护并保持通信畅通，不得中途离开
		金属容器	触电	中等	必须使用 12V 及以下的安全电压，保证现场充足的照明
11．清理现场及其他	检修废料	检修后，检修废料没有及时清除干净	环境污染	较小	工作结束后，及时清理工作现场

13.64　燃油阀门检修

作业步骤	危害辨识	危害描述	产生后果	风险等级	防范措施
1．环境评估	粉尘	未正确佩戴防护口罩	尘肺病	较小	作业人员佩戴防护口罩
	孔、洞、盖板	无孔、洞、沟或盖板强度不够	高处坠落	重大	工作场所的井、坑、孔、洞或沟道，必须覆以与地面齐平的坚固盖板
2．措施确认	燃油	防火措施准备不完善	火灾	中等	（1）工作负责人检查工作票安全措施已正确执行，阀门已关闭； （2）现场配置足量的灭火器
	不合格电动工器具	（1）电动工器具未经检验合格； （2）电动工器具电源线、电源插头破损	机械伤害	较小	（1）检查研磨磨机必须经有资质单位检验合格，并张贴检验合格标志； （2）检查研磨机的电源线、电源插头完好无缺损
	检修隔离	隔离措施失效，非工作人员进入	机械伤害	较小	对现场检修区域设置围栏、铺设胶皮，进行有效的隔离，有人监护
3．燃油阀门解体	粉尘	未正确佩戴防护口罩	尘肺病	较小	作业人员佩戴防护口罩
	高处落物	工器具或材料掉落	撞击	较小	采取防止工具、材料、物品掉落的措施。禁止交叉作业
	燃油	未准备移动消防器材或消防水未投备用	火灾	较小	现场作业时，须准备灭火器等移动消防器材

续表

作业步骤	危害辨识	危害描述	产生后果	风险等级	防 范 措 施
4. 燃油阀门清理检查	粉尘	未正确佩戴防护口罩	尘肺病	较小	作业人员佩戴防护口罩
	燃油	未准备移动消防器材或消防水未投备用	火灾	较小	现场作业时，须准备灭火器等移动消防器材
	高处落物	工器具或材料掉落	撞击	较小	采取防止工具、材料、物品掉落的措施。禁止交叉作业
	误用不合格电动工器具	（1）电动工器具未经检验合格； （2）电动工器具电源线、电源插头破损，防护罩破损缺失，磨片破损	机械伤害	较小	（1）检查角磨机必须经有资质单位检验合格，并张贴检验合格标志； （2）检查角磨机的电源线、电源插头完好无缺损，防护罩、角磨片完好无缺损； （3）使用合格的手锤
5. 燃油阀门组装	粉尘	未正确佩戴防护口罩	尘肺病	较小	作业人员佩戴防护口罩
	高处落物	工器具或材料掉落	撞击	较小	采取防止工具、材料、物品掉落的措施。禁止交叉作业
	电动研磨机	电源盘没有漏电保护器	触电	较小	电动工具必须配置可靠的漏电保护器
		电源盘及研磨机绝缘损坏	触电	较小	检查研磨机、电源盘的电缆线绝缘合格，绝缘材料应无破损，导线无裸露方可使用
		违规使用电源盘	触电	较小	工作前认真检查电源盘应完好、无缺陷、无安全隐患，电源盘及研磨机检查应合格，不合格的电源盘及研磨机禁止带入检修现场
		研磨机转动部件飞出	机械伤害	较小	阀门研磨时，无关人员远离，工作人员站在侧面
	不合格工器具	手锤锤头与木柄的连接不牢固、锤头破损、木柄未使用整根硬质木料	机械伤害	较小	（1）检查大锤和手锤的锤头应完整，其表面应光滑微凸，不应有歪斜、缺口、凹入及裂纹等缺陷。大锤及手锤的柄应用整根的硬木制成，且头部用楔栓固定。楔栓宜采用金属楔，楔子长度不应大于安装孔的三分之二。锤把上不应有油污。 （2）禁止戴手套抡大锤。 （3）抡大锤时周围不准有人靠近，防止误伤
6. 清理现场及其他	检修废料	检修后，检修废料没有及时清除干净	环境污染	较小	工作结束后，及时清理工作现场

13.65 三级过热器进口疏水门检修

作业步骤	危害辨识	危害描述	产生后果	风险等级	防 范 措 施
1. 环境评估	粉尘	未正确佩戴防护口罩	尘肺病	较小	作业人员佩戴防护口罩
2. 措施确认	高温蒸汽	检修的系统未有效隔离	灼烫伤	中等	保证检修的一段管道可靠地与其他部分隔断，放尽管道、容器内部的汽、水、烟或可燃气
	电动执行机构	带电	触电	中等	切断电源，挂禁止操作牌
	脚手架	缺损	高处坠落	重大	搭设的脚手架验收合格后方可使用
	不合格电动工器具	（1）电动工器具未经检验合格； （2）电动工器具电源线、电源插头破损	机械伤害	较小	（1）检查研磨磨机必须经有资质单位检验合格，并张贴检验合格标志； （2）检查研磨机的电源线、电源插头完好无缺损
	检修隔离	隔离措施失效，非工作人员进入	机械伤害	较小	对现场检修区域设置围栏、铺设胶皮，进行有效的隔离，有人监护

续表

作业步骤	危害辨识	危害描述	产生后果	风险等级	防 范 措 施
3. 阀门拆卸及解体	粉尘	未正确佩戴防护口罩	尘肺病	较小	作业人员佩戴防护口罩
	脚手架	缺损	高处坠落	重大	及时检查及补全缺失防护栏并验收合格，工作负责人每日工作前必须对脚手架进行检查，如果发现缺陷，应立即修整
	高处作业人员	高处作业未正确使用防护用品	高处坠落	重大	（1）高处作业人员必须戴好安全帽、防滑鞋、正确佩戴安全带，必要时应使用防坠器； （2）安全带的挂钩应挂在结实、牢固的构件上，或专挂安全带的钢丝绳上，不准低挂高用
	高处落物	工器具或材料掉落	撞击	较小	采取防止工具、材料、物品掉落的措施。禁止交叉作业
	高温物体	身体直接接触阀门阀体高温金属部件被烫伤。阀门内存在余汽水或隔离门不严，拆阀门解体时汽水喷出造成人身伤害	灼烫伤	较小	被解体的阀门能有效隔离且隔离严密，阀门前后疏水门打开，放尽余汽水；监测阀体温度低于50℃时方可拆除保温及阀门部件
4. 零部件清理、检查、测量	粉尘	未正确佩戴防护口罩	尘肺病	较小	作业人员佩戴防护口罩
	脚手架	缺损	高处坠落	重大	及时检查及补全缺失防护栏并验收合格，工作负责人每日工作前必须对脚手架进行检查，如果发现缺陷，应立即修整
	高处作业人员	高处作业未正确使用防护用品	高处坠落	重大	（1）高处作业人员必须戴好安全帽、防滑鞋、正确佩戴安全带，必要时应使用防坠器； （2）安全带的挂钩应挂在结实、牢固的构件上，或专挂安全带的钢丝绳上，不准低挂高用
	高处落物	工器具或材料掉落	撞击	较小	采取防止工具、材料、物品掉落的措施。禁止交叉作业
	误用不合格电动工器具	（1）电动工器具未经检验合格； （2）电动工器具电源线、电源插头破损，防护罩破损缺失，磨片破损	机械伤害	较小	（1）检查角磨机必须经有资质单位检验合格，并张贴检验合格标志； （2）检查角磨机的电源线、电源插头完好无缺损，防护罩、角磨片完好无缺损； （3）使用合格的手锤
5. 部件修复	粉尘	未正确佩戴防护口罩	尘肺病	较小	作业人员佩戴防护口罩
	脚手架	缺损	高处坠落	重大	及时检查及补全缺失防护栏并验收合格，工作负责人每日工作前必须对脚手架进行检查，如果发现缺陷，应立即修整
	高处作业人员	高处作业未正确使用防护用品	高处坠落	重大	（1）高处作业人员必须戴好安全帽、防滑鞋、正确佩戴安全带，必要时应使用防坠器； （2）安全带的挂钩应挂在结实、牢固的构件上，或专挂安全带的钢丝绳上，不准低挂高用
	高处落物	工器具或材料掉落	撞击	较小	采取防止工具、材料、物品掉落的措施。禁止交叉作业
	电动研磨机	电源盘没有漏电保护器	触电	较小	电动工具必须配置可靠的漏电保护器
		电源盘及研磨机绝缘损坏	触电	较小	检查研磨机、电源盘的电缆线绝缘合格，绝缘材料应无破损，导线无裸露方可使用
		违规使用电源盘	触电	较小	工作前认真检查电源盘应完好、无缺陷、无安全隐患，电源盘及研磨机检查应合格，不合格的电源盘及研磨机禁止带入检修现场
		研磨机转动部件飞出	机械伤害	较小	阀门研磨时，无关人员远离，工作人员站在侧面

续表

作业步骤	危害辨识	危害描述	产生后果	风险等级	防 范 措 施
5．部件修复	不合格工器具	手锤锤头与木柄的连接不牢固、锤头破损、木柄未使用整根硬质木料	机械伤害	较小	（1）检查大锤和手锤的锤头应完整，其表面应光滑微凸，不应有歪斜、缺口、凹入及裂纹等缺陷。大锤及手锤的柄应用整根的硬木制成，且头部用楔栓固定。楔栓宜采用金属楔，楔子长度不应大于安装孔的三分之二。锤把上不应有油污。 （2）禁止戴手套抡大锤。 （3）抡大锤时周围不准有人靠近，防止误伤
6．阀门组装	大锤	锤头与木柄的连接不牢固、锤头破损、木柄未使用整根硬质木料	砸伤	较小	检查大锤和手锤的锤头应完整，其表面应光滑微凸，不应有歪斜、缺口、凹入及裂纹等缺陷。大锤及手锤的柄应用整根的硬木制成，且头部用楔栓固定。楔栓宜采用金属楔，楔子长度不应大于安装孔的三分之二。锤把上不应有油污
		戴手套抡大锤	物体打击	较小	（1）禁止戴手套抡大锤； （2）抡大锤时周围不准有人靠近，防止误伤
		拆卸部件伤手	机械伤害	较小	佩戴防护手套
	高处作业人员	高处作业未正确使用防护用品	高处坠落	重大	（1）高处作业人员必须戴好安全帽、防滑鞋、正确佩戴安全带，必要时应使用防坠器； （2）安全带的挂钩应挂在结实、牢固的构件上，或专挂安全带的钢丝绳上，不准低挂高用
	高处的工器具	工器具未系防坠绳及零部件未固定	物体打击	中等	（1）工器具必须使用防坠绳； （2）工器具和零部件应用绳拴在牢固的构件上，不准随便乱放
7．清理现场及其他	检修废料	检修后，检修废料没有及时清除干净	环境污染	较小	工作结束后，及时清理工作现场

13.66 三级过热器检修

作业步骤	危害辨识	危害描述	产生后果	风险等级	防 范 措 施
1．环境评估	粉尘	未正确佩戴防护口罩	尘肺病	较小	作业人员佩戴防护口罩
	高温环境	锅炉内部高于60℃	灼烫伤	较小	测温低于60℃，方可进入炉内
	有限空间	氧量不足、金属容器内工作	窒息、触电	中等	（1）有限空间作业办理有限空间进入许可证，检查有害气体合格后方可进入，人员进出必须登记，并及时记录进出时间；人孔处必须设专人在人孔门处监护并保持通信畅通，不得中途离开。 （2）必须使用12V及以下的安全电压，保证现场充足的照明
2．措施确认	高温蒸汽	检修的系统未有效隔离	灼烫伤	中等	保证检修的一段管道可靠地与其他部分隔断，放尽管道、容器内部的汽、水、烟或可燃气
	点火的油枪	油枪误动	灼烫伤、窒息	中等	各有关阀门应上锁，并挂警告牌，对电动阀门应切断电源。对气缸应隔离气源
	转动的风机	送风机、一次风机误动，大量粉尘进入炉膛和尾部烟道	窒息	中等	检修工作开工前工作负责人与工作票许可人共同确认所检修设备已断电
	声波吹灰器	声波吹灰器误动	听力伤害	中等	检修工作开工前工作负责人与工作票许可人共同确认程控柜已断电，隔离气源
	蒸汽吹灰器	蒸汽吹灰器误动	撞击	中等	检修工作开工前工作负责人与工作票许可人共同确认程控柜已断电
	照明	照明不足	高处坠落	重大	保证炉内照明充足

续表

作业步骤	危害辨识	危害描述	产生后果	风险等级	防 范 措 施
2. 措施确认	脚手架	缺损	高处坠落	中等	及时检查及补全缺失防护栏并验收合格，工作负责人每日工作前必须对脚手架进行检查，如果发现缺陷，应立即修整
	误用不合格电动工器具	（1）电动工器具未经检验合格； （2）电动工器具电源线、电源插头破损，防护罩破损缺失，磨片破损	机械伤害	较小	（1）检查角磨机必须经有资质单位检验合格，并张贴检验合格标志； （2）检查角磨机的电源线、电源插头完好无缺损，防护罩、角磨片完好无缺损
3. 三级过热器清灰前检查	粉尘	未正确佩戴防护口罩	尘肺病	较小	作业人员佩戴防护口罩
	高温环境	锅炉内部高于60℃	灼烫伤	中等	测温低于60℃，方可进入炉内
	有害气体	含氧量低	窒息	较小	定期测氧
	高处设备设施	防护栏缺损	高处坠落	重大	及时检查及补全缺失防护栏
	高处作业人员	高处作业未正确使用防护用品	高处坠落	重大	（1）高处作业人员必须戴好安全帽、防滑鞋、正确佩戴安全带，必要时应使用防坠器； （2）安全带的挂钩应挂在结实、牢固的构件上，或专挂安全带的钢丝绳上，不准低挂高用
	高处落物	工器具或材料掉落	撞击	较小	采取防止工具、材料、物品掉落的措施。禁止交叉作业
4. 三级过热器管排清灰	粉尘	未正确佩戴防护口罩	尘肺病	较小	作业人员佩戴防护口罩
	高温环境	锅炉内部高于60℃	灼烫伤	中等	测温低于60℃，方可进入炉内
	有害气体	含氧量低	窒息	较小	定期测氧
	脚手架	缺损	高处坠落	重大	及时检查及补全缺失防护栏并验收合格，工作负责人每日工作前必须对脚手架进行检查，如果发现缺陷，应立即修整
	高处作业人员	高处作业未正确使用防护用品	高处坠落	重大	（1）高处作业人员必须戴好安全帽、防滑鞋、正确佩戴安全带，必要时应使用防坠器； （2）安全带的挂钩应挂在结实、牢固的构件上，或专挂安全带的钢丝绳上，不准低挂高用
	有限空间作业	氧量不足	窒息	较小	有限空间作业办理有限空间进入许可证，检查有害气体合格后方可进入，人员进出必须登记，并及时记录进出时间；人孔处必须设专人在人孔门处监护并保持通信畅通，不得中途离开
		金属容器	触电	中等	必须使用12V及以下的安全电压，保证现场充足的照明
	高处落物	工器具或材料掉落	撞击	较小	采取防止工具、材料、物品掉落的措施。禁止交叉作业
	水冲洗清灰	跌倒	机械伤害	较小	（1）铺设脚手通道； （2）水冲洗跟内部检修严禁交叉作业
5. 三级过热器受热面检查	粉尘	未正确佩戴防护口罩	尘肺病	较小	作业人员佩戴防护口罩
	高温环境	锅炉内部高于60℃	灼烫伤	中等	测温低于60℃，方可进入炉内
	有害气体	含氧量低	窒息	较小	定期测氧
	脚手架	缺损	高处坠落	重大	及时检查及补全缺失防护栏并验收合格，工作负责人每日工作前必须对脚手架进行检查，如果发现缺陷，应立即修整

续表

作业步骤	危害辨识	危害描述	产生后果	风险等级	防 范 措 施
5. 三级过热器受热面检查	高处作业人员	高处作业未正确使用防护用品	高处坠落	重大	（1）高处作业人员必须戴好安全帽、防滑鞋、正确佩戴安全带，必要时应使用防坠器； （2）安全带的挂钩应挂在结实、牢固的构件上，或专挂安全带的钢丝绳上，不准低挂高用
	有限空间作业	氧量不足	窒息	较小	有限空间作业办理有限空间进入许可证，检查有害气体合格后方可进入，人员进出必须登记，并及时记录进出时间；人孔处必须设专人在人孔门处监护并保持通信畅通，不得中途离开
		金属容器	触电	中等	必须使用 12V 及以下的安全电压，保证现场充足的照明
	高处落物	工器具或材料掉落	撞击	较小	采取防止工具、材料、物品掉落的措施。禁止交叉作业
6. 割管取样	粉尘	未正确佩戴防护口罩	尘肺病	较小	作业人员佩戴防护口罩
	高温环境	锅炉内部高于 60℃	灼烫伤	中等	测温低于 60℃，方可进入炉内
	有害气体	含氧量低	窒息	较小	定期测氧
	脚手架	缺损	高处坠落	重大	及时检查及补全缺失防护栏并验收合格，工作负责人每日工作前必须对脚手架进行检查，如果发现缺陷，应立即修整
	高处作业人员	高处作业未正确使用防护用品	高处坠落	重大	（1）高处作业人员必须戴好安全帽、防滑鞋、正确佩戴安全带，必要时应使用防坠器； （2）安全带的挂钩应挂在结实、牢固的构件上，或专挂安全带的钢丝绳上，不准低挂高用
	高处落物	工器具或材料掉落	撞击	较小	采取防止工具、材料、物品掉落的措施
	有限空间	氧量不足	窒息	较小	有限空间作业办理有限空间进入许可证，检查有害气体合格后方可进入，人员进出必须登记，并及时记录进出时间；人孔处必须设专人在人孔门处监护并保持通信畅通，不得中途离开
		金属容器	触电	中等	必须使用 12V 及以下的安全电压，保证现场充足的照明
	电动工器具	（1）电动工器具未经检验合格； （2）电动工器具电源线、电源插头破损，防护罩破损缺失，磨片破损	机械伤害	较小	（1）检查角磨机必须经有资质单位检验合格，并张贴检验合格标志； （2）检查角磨机的电源线、电源插头完好无缺损，防护罩、角磨片完好无缺损； （3）作业人员佩戴防护面罩，戴绝缘手套
	高处落物	工器具或材料掉落	撞击	较小	采取防止工具、材料、物品掉落的措施。禁止交叉作业
7. 三级过热器缺陷处理	粉尘	未正确佩戴防护口罩	尘肺病	较小	作业人员佩戴防护口罩
	高温环境	锅炉内部高于 60℃	灼烫伤	中等	测温低于 60℃，方可进入炉内
	有害气体	含氧量低	窒息	较小	定期测氧
	脚手架	缺损	高处坠落	重大	及时检查及补全缺失防护栏并验收合格，工作负责人每日工作前必须对脚手架进行检查，如果发现缺陷，应立即修整
	高处作业人员	高处作业未正确使用防护用品	高处坠落	重大	（1）高处作业人员必须戴好安全帽、防滑鞋、正确佩戴安全带，必要时应使用防坠器； （2）安全带的挂钩应挂在结实、牢固的构件上，或专挂安全带的钢丝绳上，不准低挂高用

续表

作业步骤	危害辨识	危害描述	产生后果	风险等级	防 范 措 施
7．三级过热器缺陷处理	高处落物	工器具或材料掉落	撞击	较小	采取防止工具、材料、物品掉落的措施。禁止交叉作业
	有限空间	氧量不足	窒息	较小	有限空间作业办理有限空间进入许可证，检查有害气体合格后方可进入，人员进出必须登记，并及时记录进出时间；人孔处必须设专人在人孔门处监护并保持通信畅通，不得中途离开
		金属容器	触电	中等	必须使用 12V 及以下的安全电压，保证现场充足的照明
	电动工器具	（1）电动工器具未经检验合格； （2）电动工器具电源线、电源插头破损，防护罩破损缺失，磨片破损	机械伤害	较小	（1）检查角磨机必须经有资质单位检验合格，并张贴检验合格标志； （2）检查角磨机的电源线、电源插头完好无缺损，防护罩、角磨片完好无缺损
	电焊机	焊接时未正确使用防护用品	灼烫伤	较小	（1）正确使用面罩； （2）戴电焊手套； （3）戴白光眼镜； （4）穿电焊服
		电焊机电源线、电源插头、电焊钳破损	触电	中等	检查电焊机电源线、电源插头、电焊钳完好无损
		二次线地线松动	触电	较小	（1）工作人员工作服保持干燥； （2）工作前检查二次线接地牢固，焊接工件焊接前要与地线进行良好接地
8．三级过热器管更换	粉尘	未正确佩戴防护口罩	尘肺病	较小	作业人员佩戴防护口罩
	高温环境	锅炉内部高于 60℃	灼烫伤	中等	测温低于 60℃，方可进入炉内
	有害气体	含氧量低	窒息	较小	定期测氧
	脚手架	缺损	高处坠落	重大	及时检查及补全缺失防护栏并验收合格，工作负责人每日工作前必须对脚手架进行检查，如果发现缺陷，应立即修整
	高处作业人员	高处作业未正确使用防护用品	高处坠落	重大	（1）高处作业人员必须戴好安全帽、防滑鞋、正确佩戴安全带，必要时应使用防坠器； （2）安全带的挂钩应挂在结实、牢固的构件上，或专挂安全带的钢丝绳上，不准低挂高用
	高处落物	工器具或材料掉落	撞击	较小	采取防止工具、材料、物品掉落的措施。禁止交叉作业
	有限空间	氧量不足	窒息	较小	有限空间作业办理有限空间进入许可证，检查有害气体合格后方可进入，人员进出必须登记，并及时记录进出时间；人孔处必须设专人在人孔门处监护并保持通信畅通，不得中途离开
		金属容器	触电	中等	必须使用 12V 及以下的安全电压，保证现场充足的照明
	电动工器具	（1）电动工器具未经检验合格； （2）电动工器具电源线、电源插头破损，防护罩破损缺失，磨片破损	机械伤害	较小	（1）检查角磨机必须经有资质单位检验合格，并张贴检验合格标志； （2）检查角磨机的电源线、电源插头完好无缺损，防护罩、角磨片完好无缺损
	电焊机	焊接时未正确使用防护用品	灼烫伤	较小	（1）正确使用面罩； （2）戴电焊手套； （3）戴白光眼镜； （4）穿电焊服

续表

作业步骤	危害辨识	危害描述	产生后果	风险等级	防 范 措 施
8. 三级过热器管更换	电焊机	电焊机电源线、电源插头、电焊钳破损	触电	中等	检查电焊机电源线、电源插头、电焊钳完好无损
		二次线地线松动	触电	较小	（1）工作人员工作服保持干燥； （2）工作前检查二次线接地牢固，焊接工件焊接前要与地线进行良好接地
9. 三级过热器管焊接	粉尘	未正确佩戴防护口罩	尘肺病	较小	作业人员佩戴防护口罩
	高温环境	锅炉内部高于60℃	灼烫伤	中等	测温低于60℃，方可进入炉内
	有害气体	含氧量低	窒息	较小	定期测氧
	脚手架	缺损	高处坠落	重大	及时检查及补全缺失防护栏并验收合格，工作负责人每日工作前必须对脚手架进行检查，如果发现缺陷，应立即修整
	高处作业人员	高处作业未正确使用防护用品	高处坠落	重大	（1）高处作业人员必须戴好安全帽、防滑鞋、正确佩戴安全带，必要时应使用防坠器； （2）安全带的挂钩应挂在结实、牢固的构件上，或专挂安全带的钢丝绳上，不准低挂高用
	高处落物	工器具或材料掉落	撞击	较小	采取防止工具、材料、物品掉落的措施。禁止交叉作业
	有限空间	氧量不足	窒息	较小	有限空间作业办理有限空间进入许可证，检查有害气体合格后方可进入，人员进出必须登记，并及时记录进出时间；人孔处必须设专人在人孔门处监护并保持通信畅通，不得中途离开
		金属容器	触电	中等	必须使用12V及以下的安全电压，保证现场充足的照明
	电动工器具	（1）电动工器具未经检验合格； （2）电动工器具电源线、电源插头破损，防护罩破损缺失，磨片破损	机械伤害	较小	（1）检查角磨机必须经有资质单位检验合格，并张贴检验合格标志； （2）检查角磨机的电源线、电源插头完好无缺损，防护罩、角磨片完好无缺损
	电焊机	焊接时未正确使用防护用品	灼烫伤	较小	（1）正确使用面罩； （2）戴电焊手套； （3）戴白光眼镜； （4）穿电焊服
		电焊机电源线、电源插头、电焊钳破损	触电	中等	检查电焊机电源线、电源插头、电焊钳完好无损
		二次线地线松动	触电	较小	（1）工作人员工作服保持干燥； （2）工作前检查二次线接地牢固，焊接工件焊接前要与地线进行良好接地
	高温焊渣	焊渣掉落	火灾	较小	（1）动火工作区域周围设置防护屏，防止其他人员被飞溅的焊渣烫伤，地面铺设防火布； （2）火焊人员必须穿戴好工作服、手套和带鞋盖劳保鞋等； （3）通气的橡胶软管上方禁止进行动火作业，以防火灾
	金属检验	放射线	放射性损伤	中等	（1）设置警戒线和警示牌； （2）禁止进入检测区域

续表

作业步骤	危害辨识	危害描述	产生后果	风险等级	防 范 措 施
10．水压试验	粉尘	未正确佩戴防护口罩	尘肺病	较小	作业人员佩戴防护口罩
	高温环境	锅炉内部高于60℃	灼烫伤	中等	测温低于60℃，方可进入炉内
	有害气体	含氧量低	窒息	较小	定期测氧
	脚手架	缺损	高处坠落	重大	及时检查及补全缺失防护栏并验收合格，工作负责人每日工作前必须对脚手架进行检查，如果发现缺陷，应立即修整
	高处作业人员	高处作业未正确使用防护用品	高处坠落	重大	（1）高处作业人员必须戴好安全帽、防滑鞋、正确佩戴安全带，必要时应使用防坠器； （2）安全带的挂钩应挂在结实、牢固的构件上，或专挂安全带的钢丝绳上，不准低挂高用
	高处落物	工器具或材料掉落	撞击	较小	采取防止工具、材料、物品掉落的措施。禁止交叉作业
	有限空间	氧量不足	窒息	较小	有限空间作业办理有限空间进入许可证，检查有害气体合格后方可进入，人员进出必须登记，并及时记录进出时间；人孔处必须设专人在人孔门处监护并保持通信畅通，不得中途离开
		金属容器	触电	中等	必须使用12V及以下的安全电压，保证现场充足的照明
	水压泄漏	高温较大压水	灼烫伤	中等	水压进水前，工作负责人必须通知现场工作人员离开，并交回工作票。超压试验时，在保持试验压力的时间内不准进行任何检查，应待压力降到工作压力后，方可进行检查
11．清理现场及其他	检修废料	检修后，检修废料没有及时清除干净	环境污染	较小	工作结束后，及时清理工作现场

13.67 省煤器出口电动放气门检修

作业步骤	危害辨识	危害描述	产生后果	风险等级	防 范 措 施
1．环境评估	粉尘	未正确佩戴防护口罩	尘肺病	较小	作业人员佩戴防护口罩
2．措施确认	高温蒸汽	检修的系统未有效隔离	灼烫伤	中等	保证检修的一段管道可靠地与其他部分隔断，放尽管道、容器内部的汽、水、烟或可燃气
	电动执行机构	带电	触电	中等	切断电源，挂禁止操作牌
	脚手架	缺损	高处坠落	重大	搭设的脚手架验收合格后方可使用
	不合格电动工器具	（1）电动工器具未经检验合格； （2）电动工器具电源线、电源插头破损	机械伤害	较小	（1）检查研磨磨机必须经有资质单位检验合格，并张贴检验合格标志； （2）检查研磨机的电源线、电源插头完好无缺损
	检修隔离	隔离措施失效，非工作人员进入	机械伤害	较小	对现场检修区域设置围栏、铺设胶皮，进行有效的隔离，有人监护
3．阀门拆卸及解体	粉尘	未正确佩戴防护口罩	尘肺病	较小	作业人员佩戴防护口罩
	脚手架	缺损	高处坠落	重大	及时检查及补全缺失防护栏并验收合格，工作负责人每日工作前必须对脚手架进行检查，如果发现缺陷，应立即修整

续表

作业步骤	危害辨识	危害描述	产生后果	风险等级	防 范 措 施
3. 阀门拆卸及解体	高处作业人员	高处作业未正确使用防护用品	高处坠落	重大	(1) 高处作业人员必须戴好安全帽、防滑鞋、正确佩戴安全带，必要时应使用防坠器； (2) 安全带的挂钩应挂在结实、牢固的构件上，或专挂安全带的钢丝绳上，不准低挂高用
	高处落物	工器具或材料掉落	撞击	较小	采取防止工具、材料、物品掉落的措施。禁止交叉作业
	高温物体	身体直接接触阀门阀体高温金属部件被烫伤。阀门内存在余汽水或隔离门不严，拆阀门解体时汽水喷出造成人身伤害	灼烫伤	较小	被解体的阀门能有效隔离且隔离严密，阀门前后疏水门打开，放尽余汽水；监测阀体温度低于50℃时方可拆除保温及阀门部件
4. 零部件清理、检查、测量	粉尘	未正确佩戴防护口罩	尘肺病	较小	作业人员佩戴防护口罩
	脚手架	缺损	高处坠落	重大	及时检查及补全缺失防护栏并验收合格，工作负责人每日工作前必须对脚手架进行检查，如果发现缺陷，应立即修整
	高处作业人员	高处作业未正确使用防护用品	高处坠落	重大	(1) 高处作业人员必须戴好安全帽、防滑鞋、正确佩戴安全带，必要时应使用防坠器； (2) 安全带的挂钩应挂在结实、牢固的构件上，或专挂安全带的钢丝绳上，不准低挂高用
	高处落物	工器具或材料掉落	撞击	较小	采取防止工具、材料、物品掉落的措施。禁止交叉作业
	误用不合格电动工器具	(1) 电动工器具未经检验合格； (2) 电动工器具电源线、电源插头破损，防护罩破损缺失，磨片破损	机械伤害	较小	(1) 检查角磨机必须经有资质单位检验合格，并张贴检验合格标志； (2) 检查角磨机的电源线、电源插头完好无缺损，防护罩、角磨片完好无缺损； (3) 使用合格的手锤
5. 部件修复	粉尘	未正确佩戴防护口罩	尘肺病	较小	作业人员佩戴防护口罩
	脚手架	缺损	高处坠落	重大	及时检查及补全缺失防护栏并验收合格，工作负责人每日工作前必须对脚手架进行检查，如果发现缺陷，应立即修整
	高处作业人员	高处作业未正确使用防护用品	高处坠落	重大	(1) 高处作业人员必须戴好安全帽、防滑鞋、正确佩戴安全带，必要时应使用防坠器； (2) 安全带的挂钩应挂在结实、牢固的构件上，或专挂安全带的钢丝绳上，不准低挂高用
	高处落物	工器具或材料掉落	撞击	较小	采取防止工具、材料、物品掉落的措施。禁止交叉作业
	电动研磨机	电源盘没有漏电保护器	触电	较小	电动工具必须配置可靠的漏电保护器
		电源盘及研磨机绝缘损坏	触电	较小	检查研磨机、电源盘的电缆线绝缘合格，绝缘材料应无破损，导线无裸露方可使用
		违规使用电源盘	触电	较小	工作前认真检查电源盘应完好、无缺陷、无安全隐患，电源盘及研磨机检查应合格，不合格的电源盘及研磨机禁止带入检修现场
		研磨机转动部件飞出	机械伤害	较小	阀门研磨时，无关人员远离，工作人员站在侧面
	不合格工器具	手锤锤头与木柄的连接不牢固、锤头破损、木柄未使用整根硬质木料	机械伤害	较小	(1) 检查大锤和手锤的锤头应完整，其表面应光滑微凸，不应有歪斜、缺口、凹入及裂纹等缺陷。大锤及手锤的柄应用整根的硬木制成，且头部用楔栓固定。楔栓宜采用金属楔，楔子长度不应大于安装孔的三分之二。锤把上不应有油污。 (2) 禁止戴手套抡大锤。 (3) 抡大锤时周围不准有人靠近，防止误伤

续表

作业步骤	危害辨识	危害描述	产生后果	风险等级	防范措施
6. 阀门组装	大锤	锤头与木柄的连接不牢固、锤头破损、木柄未使用整根硬质木料	砸伤	较小	检查大锤和手锤的锤头应完整，其表面应光滑微凸，不应有歪斜、缺口、凹入及裂纹等缺陷。大锤及手锤的柄应用整根的硬木制成，且头部用楔栓固定。楔栓宜采用金属楔，楔子长度不应大于安装孔的三分之二。锤把上不应有油污
		戴手套抡大锤	物体打击	较小	（1）禁止戴手套抡大锤； （2）抡大锤时周围不准有人靠近，防止误伤
		拆卸部件伤手	机械伤害	较小	佩戴防护手套
	高处作业人员	高处作业未正确使用防护用品	高处坠落	重大	（1）高处作业人员必须戴好安全帽、防滑鞋、正确佩戴安全带，必要时应使用防坠器； （2）安全带的挂钩应挂在结实、牢固的构件上，或专挂安全带的钢丝绳上，不准低挂高用
	高处的工器具	工器具未系防坠绳及零部件未固定	物体打击	中等	（1）工器具必须使用防坠绳； （2）工器具和零部件应用绳拴在牢固的构件上，不准随便乱放
7. 清理现场及其他	检修废料	检修后，检修废料没有及时清除干净	环境污染	较小	工作结束后，及时清理工作现场

13.68 省煤器检修

作业步骤	危害辨识	危害描述	产生后果	风险等级	防范措施
1. 环境评估	粉尘	未正确佩戴防护口罩	尘肺病	较小	作业人员佩戴防护口罩
	高温环境	锅炉内部高于60℃	灼烫伤	较小	测温低于60℃，方可进入炉内
	有限空间	氧量不足、金属容器内工作	窒息、触电	中等	（1）有限空间作业办理有限空间进入许可证，检查含氧量及有害气体合格后方可进入，人员进出必须登记，并及时记录进出时间；人孔处必须设专人在人孔门处监护并保持通信畅通，不得中途离开。 （2）必须使用12V及以下的安全电压，保证现场充足的照明
2. 措施确认	高温蒸汽	检修的系统未有效隔离	灼烫伤	中等	保证检修的一段管道可靠地与其他部分隔断，放尽管道、容器内部的汽、水、烟或可燃气
	点火的油枪	油枪误动	灼烫伤、窒息	中等	各有关阀门应上锁，并挂警告牌，对电动阀门应切断电源。对气缸应隔离气源
	转动的风机	送风机、一次风机误动，大量粉尘进入炉膛和尾部烟道	窒息	中等	检修工作开工前工作负责人与工作票许可人共同确认所检修设备已断电
	声波吹灰器	声波吹灰器误动	听力伤害	中等	检修工作开工前工作负责人与工作票许可人共同确认程控柜已断电，隔离气源
	蒸汽吹灰器	蒸汽吹灰器误动	撞击	中等	检修工作开工前工作负责人与工作票许可人共同确认程控柜已断电
	照明	照明不足	高处坠落	重大	保证炉内照明充足
	脚手架	缺损	高处坠落	重大	及时检查及补全缺失防护栏并验收合格，工作负责人每日工作前必须对脚手架进行检查，如果发现缺陷，应立即修整
	误用不合格电动工器具	（1）电动工器具未经检验合格； （2）电动工器具电源线、电源插头破损，防护罩破损缺失，磨片破损	机械伤害	较小	（1）检查角磨机必须经有资质单位检验合格，并张贴检验合格标志； （2）检查角磨机的电源线、电源插头完好无缺损，防护罩、角磨片完好无缺损

续表

作业步骤	危害辨识	危害描述	产生后果	风险等级	防 范 措 施
3. 省煤器清灰前检查	粉尘	未正确佩戴防护口罩	尘肺病	较小	作业人员佩戴防护口罩
	高温环境	锅炉内部高于60℃	灼烫伤	中等	测温低于60℃，方可进入炉内
	有害气体	含氧量低	窒息	较小	定期测氧
	高处设备设施	防护栏缺损	高处坠落	重大	及时检查及补全缺失防护栏
	高处作业人员	高处作业未正确使用防护用品	高处坠落	重大	（1）高处作业人员必须戴好安全帽、防滑鞋、正确佩戴安全带，必要时应使用防坠器； （2）安全带的挂钩应挂在结实、牢固的构件上，或专挂安全带的钢丝绳上，不准低挂高用
	高处落物	工器具或材料掉落	撞击	较小	采取防止工具、材料、物品掉落的措施。禁止交叉作业
4. 受热面管排清灰	粉尘	未正确佩戴防尘口罩	尘肺病	较小	作业人员佩戴防尘口罩
	高温环境	锅炉内部高于60℃	灼烫伤	中等	测温低于60℃，方可进入炉内
	有害气体	含氧量低	窒息	较小	定期测氧
	脚手架	缺损	高处坠落	重大	及时检查及补全缺失防护栏并验收合格，工作负责人每日工作前必须对脚手架进行检查，如果发现缺陷，应立即修整
	高处作业人员	高处作业未正确使用防护用品	高处坠落	重大	（1）高处作业人员必须戴好安全帽、防滑鞋、正确佩戴安全带，必要时应使用防坠器； （2）安全带的挂钩应挂在结实、牢固的构件上，或专挂安全带的钢丝绳上，不准低挂高用
	有限空间作业	氧量不足	窒息	较小	有限空间作业办理有限空间进入许可证，检查有害气体合格后方可进入，人员进出必须登记，并及时记录进出时间；人孔处必须设专人在人孔门处监护并保持通信畅通，不得中途离开
		金属容器	触电	中等	必须使用12V及以下的安全电压，保证现场充足的照明
	高处落物	工器具或材料掉落	撞击	较小	采取防止工具、材料、物品掉落的措施。禁止交叉作业
	水冲洗清灰	跌倒	机械伤害	较小	（1）铺设脚手通道； （2）水冲洗跟内部检修严禁交叉作业
5. 省煤器受热面检查	粉尘	未正确佩戴防护口罩	尘肺病	较小	作业人员佩戴防护口罩
	高温环境	锅炉内部高于60℃	灼烫伤	中等	测温低于60℃，方可进入炉内
	有害气体	含氧量低	窒息	较小	定期测氧
	脚手架	缺损	高处坠落	重大	及时检查及补全缺失防护栏并验收合格，工作负责人每日工作前必须对脚手架进行检查，如果发现缺陷，应立即修整
	高处作业人员	高处作业未正确使用防护用品	高处坠落	重大	（1）高处作业人员必须戴好安全帽、防滑鞋、正确佩戴安全带，必要时应使用防坠器； （2）安全带的挂钩应挂在结实、牢固的构件上，或专挂安全带的钢丝绳上，不准低挂高用

续表

作业步骤	危害辨识	危害描述	产生后果	风险等级	防范措施
5. 省煤器受热面检查	有限空间作业	氧量不足	窒息	较小	有限空间作业办理有限空间进入许可证，检查有害气体合格后方可进入，人员进出必须登记，并及时记录进出时间；人孔处必须设专人在人孔门处监护并保持通信畅通，不得中途离开
		金属容器	触电	中等	必须使用 12V 及以下的安全电压，保证现场充足的照明
	高处落物	工器具或材料掉落	撞击	较小	采取防止工具、材料、物品掉落的措施。禁止交叉作业
6. 割管取样	粉尘	未正确佩戴防护口罩	尘肺病	较小	作业人员佩戴防护口罩
	高温环境	锅炉内部高于 60℃	灼烫伤	中等	测温低于 60℃，方可进入炉内
	有害气体	含氧量低	窒息	较小	定期测氧
	脚手架	缺损	高处坠落	重大	及时检查及补全缺失防护栏并验收合格，工作负责人每日工作前必须对脚手架进行检查，如果发现缺陷，应立即修整
	高处作业人员	高处作业未正确使用防护用品	高处坠落	重大	(1) 高处作业人员必须戴好安全帽、防滑鞋、正确佩戴安全带，必要时应使用防坠器； (2) 安全带的挂钩应挂在结实、牢固的构件上，或专挂安全带的钢丝绳上，不准低挂高用
	高处落物	工器具或材料掉落	撞击	较小	采取防止工具、材料、物品掉落的措施
	有限空间	氧量不足	窒息	较小	有限空间作业办理有限空间进入许可证，检查有害气体合格后方可进入，人员进出必须登记，并及时记录进出时间；人孔处必须设专人在人孔门处监护并保持通信畅通，不得中途离开
		金属容器	触电	中等	必须使用 12V 及以下的安全电压，保证现场充足的照明
	电动工器具	(1) 电动工器具未经检验合格； (2) 电动工器具电源线、电源插头破损，防护罩破损缺失，磨片破损	机械伤害	较小	(1) 检查角磨机必须经有资质单位检验合格，并张贴检验合格标志； (2) 检查角磨机的电源线、电源插头完好无缺损，防护罩、角磨片完好无缺损； (3) 作业人员佩戴防护面罩，戴绝缘手套
	高处落物	工器具或材料掉落	撞击	较小	采取防止工具、材料、物品掉落的措施。禁止交叉作业
7. 省煤器缺陷处理	粉尘	未正确佩戴防护口罩	尘肺病	较小	作业人员佩戴防护口罩
	高温环境	锅炉内部高于 60℃	灼烫伤	中等	测温低于 60℃，方可进入炉内
	有害气体	含氧量低	窒息	较小	定期测氧
	脚手架	缺损	高处坠落	重大	及时检查及补全缺失防护栏并验收合格。工作负责人每日工作前必须对脚手架进行检查，如果发现缺陷，应立即修整
	高处作业人员	高处作业未正确使用防护用品	高处坠落	重大	(1) 高处作业人员必须戴好安全帽、防滑鞋、正确佩戴安全带，必要时应使用防坠器； (2) 安全带的挂钩应挂在结实、牢固的构件上，或专挂安全带的钢丝绳上，不准低挂高用
	高处落物	工器具或材料掉落	撞击	较小	采取防止工具、材料、物品掉落的措施。禁止交叉作业

续表

作业步骤	危害辨识	危害描述	产生后果	风险等级	防 范 措 施
7．省煤器缺陷处理	有限空间	氧量不足	窒息	较小	有限空间作业办理有限空间进入许可证，检查有害气体合格后方可进入，人员进出必须登记，并及时记录进出时间；人孔处必须设专人在人孔门处监护并保持通信畅通，不得中途离开
		金属容器	触电	中等	必须使用 12V 及以下的安全电压，保证现场充足的照明
	电动工器具	（1）电动工器具未经检验合格； （2）电动工器具电源线、电源插头破损，防护罩破损缺失，磨片破损	机械伤害	较小	（1）检查角磨机必须经有资质单位检验合格，并张贴检验合格标志； （2）检查角磨机的电源线、电源插头完好无缺损，防护罩、角磨片完好无缺损
	电焊机	焊接时未正确使用防护用品	灼烫伤	较小	（1）正确使用面罩； （2）戴电焊手套； （3）戴白光眼镜； （4）穿电焊服
		电焊机电源线、电源插头、电焊钳破损	触电	中等	检查电焊机电源线、电源插头、电焊钳完好无损
		二次线地线松动	触电	较小	（1）工作人员工作服保持干燥； （2）工作前检查二次线接地牢固，焊接工件焊接前要与地线进行良好接地
8．省煤器更换	粉尘	未正确佩戴防护口罩	尘肺病	较小	作业人员佩戴防护口罩
	高温环境	锅炉内部高于 60℃	灼烫伤	中等	测温低于 60℃，方可进入炉内
	有害气体	含氧量低	窒息	较小	定期测氧
	脚手架	缺损	高处坠落	重大	及时检查及补全缺失防护栏并验收合格。工作负责人每日工作前必须对脚手架进行检查，如果发现缺陷，应立即修整
	高处作业人员	高处作业未正确使用防护用品	高处坠落	重大	（1）高处作业人员必须戴好安全帽、防滑鞋、正确佩戴安全带，必要时应使用防坠器； （2）安全带的挂钩应挂在结实、牢固的构件上，或专挂安全带的钢丝绳上，不准低挂高用
	高处落物	工器具或材料掉落	撞击	较小	采取防止工具、材料、物品掉落的措施。禁止交叉作业
	有限空间	氧量不足	窒息	较小	有限空间作业办理有限空间进入许可证，检查有害气体合格后方可进入，人员进出必须登记，并及时记录进出时间；人孔处必须设专人在人孔门处监护并保持通信畅通，不得中途离开
		金属容器	触电	中等	必须使用 12V 及以下的安全电压，保证现场充足的照明
	电动工器具	（1）电动工器具未经检验合格； （2）电动工器具电源线、电源插头破损，防护罩破损缺失，磨片破损	机械伤害	较小	（1）检查角磨机必须经有资质单位检验合格，并张贴检验合格标志； （2）检查角磨机的电源线、电源插头完好无缺损，防护罩、角磨片完好无缺损
	电焊机	焊接时未正确使用防护用品	灼烫伤	较小	（1）正确使用面罩； （2）戴电焊手套； （3）戴白光眼镜； （4）穿电焊服

续表

作业步骤	危害辨识	危害描述	产生后果	风险等级	防　范　措　施
8. 省煤器更换	电焊机	电焊机电源线、电源插头、电焊钳破损	触电	中等	检查电焊机电源线、电源插头、电焊钳完好无损
		二次线地线松动	触电	较小	（1）工作人员工作服保持干燥； （2）工作前检查二次线接地牢固，焊接工件焊接前要与地线进行良好接地
9. 省煤器管焊接	粉尘	未正确佩戴防护口罩	尘肺病	较小	作业人员佩戴防护口罩
	高温环境	锅炉内部高于60℃	灼烫伤	中等	测温低于60℃，方可进入炉内
	有害气体	含氧量低	窒息	较小	定期测氧
	脚手架	缺损	高处坠落	重大	及时检查及补全缺失防护栏并验收合格，工作负责人每日工作前必须对脚手架进行检查，如果发现缺陷，应立即修整
	高处作业人员	高处作业未正确使用防护用品	高处坠落	重大	（1）高处作业人员必须戴好安全帽、防滑鞋、正确佩戴安全带，必要时应使用防坠器； （2）安全带的挂钩应挂在结实、牢固的构件上，或专挂安全带的钢丝绳上，不准低挂高用
	高处落物	工器具或材料掉落	撞击	较小	采取防止工具、材料、物品掉落的措施。禁止交叉作业
	有限空间	氧量不足	窒息	较小	有限空间作业办理有限空间进入许可证，检查有害气体合格后方可进入，人员进出必须登记，并及时记录进出时间；人孔处必须设专人在人孔门处监护并保持通信畅通，不得中途离开
		金属容器	触电	中等	必须使用12V及以下的安全电压，保证现场充足的照明
	电动工器具	（1）电动工器具未经检验合格； （2）电动工器具电源线、电源插头破损，防护罩破损缺失，磨片破损	机械伤害	较小	（1）检查角磨机必须经有资质单位检验合格，并张贴检验合格标志； （2）检查角磨机的电源线、电源插头完好无缺损，防护罩、角磨片完好无缺损
	电焊机	焊接时未正确使用防护用品	灼烫伤	较小	（1）正确使用面罩； （2）戴电焊手套； （3）戴白光眼镜； （4）穿电焊服
		电焊机电源线、电源插头、电焊钳破损	触电	中等	检查电焊机电源线、电源插头、电焊钳完好无损
		二次线地线松动	触电	较小	（1）工作人员工作服保持干燥； （2）工作前检查二次线接地牢固，焊接工件焊接前要与地线进行良好接地
	高温焊渣	焊渣掉落	火灾	较小	（1）动火工作区域周围设置防护屏，防止其他人员被飞溅的焊渣烫伤，地面铺设防火布； （2）火焊人员必须穿戴好工作服、手套和带鞋盖劳保鞋等； （3）通气的橡胶软管上方禁止进行动火作业，以防火灾
	金属检验	放射线	放射性损伤	中等	（1）设置警戒线和警示牌； （2）禁止进入检测区域

续表

作业步骤	危害辨识	危害描述	产生后果	风险等级	防 范 措 施
10. 水压试验	粉尘	未正确佩戴防护口罩	尘肺病	较小	作业人员佩戴防护口罩
	高温环境	锅炉内部高于60℃	灼烫伤	中等	测温低于60℃，方可进入炉内
	有害气体	含氧量低	窒息	较小	定期测氧
	脚手架	缺损	高处坠落	重大	及时检查及补全缺失防护栏并验收合格，工作负责人每日工作前必须对脚手架进行检查，如果发现缺陷，应立即修整
	高处作业人员	高处作业未正确使用防护用品	高处坠落	重大	（1）高处作业人员必须戴好安全帽、防滑鞋，正确佩戴安全带，必要时应使用防坠器； （2）安全带的挂钩应挂在结实、牢固的构件上，或专挂安全带的钢丝绳上，不准低挂高用
	高处落物	工器具或材料掉落	撞击	较小	采取防止工具、材料、物品掉落的措施。禁止交叉作业
	有限空间	氧量不足	窒息	较小	有限空间作业办理有限空间进入许可证，检查有害气体合格后方可进入，人员进出必须登记，并及时记录进出时间；人孔处必须设专人在人孔门处监护并保持通信畅通，不得中途离开
		金属容器	触电	中等	必须使用12V及以下的安全电压，保证现场充足的照明
	水压泄漏	高温较大压水	灼烫伤	中等	水压进水前，工作负责人必须通知现场工作人员离开，并交回工作票，超压试验时，在保持试验压力的时间内不准进行任何检查，应待压力降到工作压力后，方可进行检查
11. 清理现场及其他	检修废料	检修后，检修废料没有及时清除干净	环境污染	较小	工作结束后，及时清理工作现场

13.69 省煤器进口集箱放水门检修

作业步骤	危害辨识	危害描述	产生后果	风险等级	防 范 措 施
1. 环境评估	粉尘	未正确佩戴防护口罩	尘肺病	较小	作业人员佩戴防护口罩
2. 措施确认	高温蒸汽	检修的系统未有效隔离	灼烫伤	中等	保证检修的一段管道可靠地与其他部分隔断，放尽管道、容器内部的汽、水、烟或可燃气
	电动执行机构	带电	触电	中等	切断电源，挂禁止操作牌
	脚手架	缺损	高处坠落	重大	搭设的脚手架验收合格后方可使用
	不合格电动工器具	（1）电动工器具未经检验合格； （2）电动工器具电源线、电源插头破损	机械伤害	较小	（1）检查研磨磨机必须经有资质单位检验合格，并张贴检验合格标志； （2）检查研磨机的电源线、电源插头完好无缺损
	检修隔离	隔离措施失效，非工作人员进入	机械伤害	较小	对现场检修区域设置围栏、铺设胶皮，进行有效的隔离，有人监护
3. 阀门拆卸及解体	粉尘	未正确佩戴防护口罩	尘肺病	较小	作业人员佩戴防护口罩
	脚手架	缺损	高处坠落	重大	及时检查及补全缺失防护栏并验收合格，工作负责人每日工作前必须对脚手架进行检查，如果发现缺陷，应立即修整

续表

作业步骤	危害辨识	危害描述	产生后果	风险等级	防 范 措 施
3. 阀门拆卸及解体	高处作业人员	高处作业未正确使用防护用品	高处坠落	重大	(1) 高处作业人员必须穿戴好安全帽、防滑鞋，正确佩戴安全带，必要时应使用防坠器； (2) 安全带的挂钩应挂在结实、牢固的构件上，或专挂安全带的钢丝绳上，不准低挂高用
	高处落物	工器具或材料掉落	撞击	较小	采取防止工具、材料、物品掉落的措施。禁止交叉作业
	高温物体	身体直接接触阀门阀体高温金属部件被烫伤。阀门内存在余汽水或隔离门不严，拆阀门解体时汽水喷出造成人身伤害	灼烫伤	较小	被解体的阀门能有效隔离且隔离严密，阀门前后疏水门打开，放尽余汽水；监测阀体温度低于50℃时方可拆除保温及阀门部件
4. 零部件清理、检查、测量	粉尘	未正确佩戴防护口罩	尘肺病	较小	作业人员佩戴防护口罩
	脚手架	缺损	高处坠落	重大	及时检查及补全缺失防护栏并验收合格，工作负责人每日工作前必须对脚手架进行检查，如果发现缺陷，应立即修整
	高处作业人员	高处作业未正确使用防护用品	高处坠落	重大	(1) 高处作业人员必须穿戴好安全帽、防滑鞋，正确佩戴安全带，必要时应使用防坠器； (2) 安全带的挂钩应挂在结实、牢固的构件上，或专挂安全带的钢丝绳上，不准低挂高用
	高处落物	工器具或材料掉落	撞击	较小	采取防止工具、材料、物品掉落的措施。禁止交叉作业
	误用不合格电动工器具	(1) 电动工器具未经检验合格； (2) 电动工器具电源线、电源插头破损，防护罩破损缺失，磨片破损	机械伤害	较小	(1) 检查角磨机必须经有资质单位检验合格，并张贴检验合格标志； (2) 检查角磨机的电源线、电源插头完好无缺损，防护罩、角磨片完好无缺损； (3) 使用合格的手锤
5. 部件修复	粉尘	未正确佩戴防护口罩	尘肺病	较小	作业人员佩戴防护口罩
	脚手架	缺损	高处坠落	重大	及时检查及补全缺失防护栏并验收合格，工作负责人每日工作前必须对脚手架进行检查，如果发现缺陷，应立即修整
	高处作业人员	高处作业未正确使用防护用品	高处坠落	重大	(1) 高处作业人员必须穿戴好安全帽、防滑鞋，正确佩戴安全带，必要时应使用防坠器； (2) 安全带的挂钩应挂在结实、牢固的构件上，或专挂安全带的钢丝绳上，不准低挂高用
	高处落物	工器具或材料掉落	撞击	较小	采取防止工具、材料、物品掉落的措施。禁止交叉作业
	电动研磨机	电源盘没有漏电保护器	触电	较小	电动工具必须配置可靠的漏电保护器
		电源盘及研磨机绝缘损坏	触电	较小	检查研磨机、电源盘的电缆线绝缘合格，绝缘材料应无破损，导线无裸露方可使用
		违规使用电源盘	触电	较小	工作前认真检查电源盘应完好、无缺陷、无安全隐患，电源盘及研磨机检查应合格，不合格的电源盘及研磨机禁止带入检修现场
		研磨机转动部件飞出	机械伤害	较小	阀门研磨时，无关人员远离，工作人员站在侧面
	不合格工器具	手锤锤头与木柄的连接不牢固、锤头破损、木柄未使用整根硬质木料	机械伤害	较小	(1) 检查大锤和手锤的锤头应完整，其表面应光滑微凸，不应有歪斜、缺口、凹入及裂纹等缺陷。大锤及手锤的柄应用整根的硬木制成，且头部用楔栓固定。楔栓宜采用金属楔，楔子长度不应大于安装孔的三分之二。锤把上不应有油污。 (2) 禁止戴手套抡大锤。 (3) 抡大锤时周围不准有人靠近，防止误伤

续表

作业步骤	危害辨识	危害描述	产生后果	风险等级	防范措施
6. 阀门组装	大锤	锤头与木柄的连接不牢固、锤头破损、木柄未使用整根硬质木料	砸伤	较小	检查大锤和手锤的锤头应完整，其表面应光滑微凸，不应有歪斜、缺口、凹入及裂纹等缺陷。大锤及手锤的柄应用整根的硬木制成，且头部用楔栓固定。楔栓宜采用金属楔，楔子长度不应大于安装孔的三分之二。锤把上不应有油污
		戴手套抡大锤	物体打击	较小	（1）禁止戴手套抡大锤； （2）抡大锤时周围不准有人靠近，防止误伤
		拆卸部件伤手	机械伤害	较小	佩戴防护手套
	高处作业人员	高处作业未正确使用防护用品	高处坠落	重大	（1）高处作业人员必须穿戴好安全帽、防滑鞋，正确佩戴安全带，必要时应使用防坠器； （2）安全带的挂钩应挂在结实、牢固的构件上，或专挂安全带的钢丝绳上，不准低挂高用
	高处的工器具	工器具未系防坠绳及零部件未固定	物体打击	中等	（1）工器具必须使用防坠绳； （2）工器具和零部件应用绳拴在牢固的构件上，不准随便乱放
7. 清理现场及其他	检修废料	检修后，检修废料没有及时清除干净	环境污染	较小	工作结束后，及时清理工作现场

13.70 事故喷水放水门检修

作业步骤	危害辨识	危害描述	产生后果	风险等级	防范措施
1. 环境评估	粉尘	未正确佩戴防护口罩	尘肺病	较小	作业人员佩戴防护口罩
2. 措施确认	高温蒸汽	检修的系统未有效隔离	灼烫伤	中等	保证检修的一段管道可靠地与其他部分隔断，放尽管道、容器内部的汽、水、烟或可燃气
	脚手架	缺损	高处坠落	中等	搭设的脚手架验收合格后方可使用
	电动执行机构	带电	触电	中等	切断电源，挂禁止操作牌
	不合格电动工器具	（1）电动工器具未经检验合格； （2）电动工器具电源线、电源插头破损	机械伤害	较小	（1）检查研磨机必须经有资质单位检验合格，并张贴检验合格标志； （2）检查研磨机的电源线、电源插头完好无缺损
	检修隔离	隔离措施失效，非工作人员进入	机械伤害	较小	对现场检修区域设置围栏、铺设胶皮，进行有效的隔离，有人监护
3. 阀门拆卸及解体	粉尘	未正确佩戴防护口罩	尘肺病	较小	作业人员佩戴防护口罩
	脚手架	缺损	高处坠落	重大	及时检查及补全缺失防护栏并验收合格，工作负责人每日工作前必须对脚手架进行检查，如果发现缺陷，应立即修整
	高处作业人员	高处作业未正确使用防护用品	高处坠落	重大	（1）高处作业人员必须穿戴好安全帽、防滑鞋，正确佩戴安全带，必要时应使用防坠器； （2）安全带的挂钩应挂在结实、牢固的构件上，或专挂安全带的钢丝绳上，不准低挂高用
	高处落物	工器具或材料掉落	撞击	较小	采取防止工具、材料、物品掉落的措施。禁止交叉作业
	高温物体	身体直接接触阀门阀体高温金属部件被烫伤。阀门内存在余汽水或隔离门不严，拆阀门解体时汽水喷出造成人身伤害	灼烫伤	较小	被解体的阀门能有效隔离且隔离严密，阀门前后疏水门打开，放尽余汽水；监测阀体温度低于50℃时方可拆除保温及阀门部件

续表

作业步骤	危害辨识	危害描述	产生后果	风险等级	防 范 措 施
4．零部件清理、检查、测量	粉尘	未正确佩戴防护口罩	尘肺病	较小	作业人员佩戴防护口罩
	脚手架	缺损	高处坠落	重大	及时检查及补全缺失防护栏并验收合格，工作负责人每日工作前必须对脚手架进行检查，如果发现缺陷，应立即修整
	高处作业人员	高处作业未正确使用防护用品	高处坠落	重大	（1）高处作业人员必须穿戴好安全帽、防滑鞋，正确佩戴安全带，必要时应使用防坠器； （2）安全带的挂钩应挂在结实、牢固的构件上，或专挂安全带的钢丝绳上，不准低挂高用
	高处落物	工器具或材料掉落	撞击	较小	采取防止工具、材料、物品掉落的措施。禁止交叉作业
	误用不合格电动工器具	（1）电动工器具未经检验合格； （2）电动工器具电源线、电源插头破损，防护罩破损缺失，磨片破损	机械伤害	较小	（1）检查角磨机必须经有资质单位检验合格，并张贴检验合格标志； （2）检查角磨机的电源线、电源插头完好无缺损，防护罩、角磨片完好无缺损； （3）使用合格的手锤
5．部件修复	粉尘	未正确佩戴防护口罩	尘肺病	较小	作业人员佩戴防护口罩
	脚手架	缺损	高处坠落	重大	及时检查及补全缺失防护栏并验收合格，工作负责人每日工作前必须对脚手架进行检查，如果发现缺陷，应立即修整
	高处作业人员	高处作业未正确使用防护用品	高处坠落	重大	（1）高处作业人员必须穿戴好安全帽、防滑鞋，正确佩戴安全带，必要时应使用防坠器； （2）安全带的挂钩应挂在结实、牢固的构件上，或专挂安全带的钢丝绳上，不准低挂高用
	高处落物	工器具或材料掉落	撞击	较小	采取防止工具、材料、物品掉落的措施。禁止交叉作业
	电动研磨机	电源盘没有漏电保护器	触电	较小	电动工具必须配置可靠的漏电保护器
		电源盘及研磨机绝缘损坏	触电	较小	检查研磨机、电源盘的电缆线绝缘合格，绝缘材料应无破损，导线无裸露方可使用
		违规使用电源盘	触电	较小	工作前认真检查电源盘应完好、无缺陷、无安全隐患，电源盘及研磨机检查应合格，不合格的电源盘及研磨机禁止带入检修现场
		研磨机转动部件飞出	机械伤害	较小	阀门研磨时，无关人员远离，工作人员站在侧面
	不合格工器具	手锤锤头与木柄的连接不牢固、锤头破损、木柄未使用整根硬质木料	机械伤害	较小	（1）检查大锤和手锤的锤头应完整，其表面应光滑微凸，不应有歪斜、缺口、凹入及裂纹等缺陷。大锤及手锤的柄应用整根的硬木制成，且头部用楔栓固定。楔栓宜采用金属楔，楔子长度不应大于安装孔的三分之二。锤把上不应有油污。 （2）禁止戴手套抡大锤。 （3）抡大锤时周围不准有人靠近，防止误伤
6．阀门组装	大锤	锤头与木柄的连接不牢固、锤头破损、木柄未使用整根硬质木料	砸伤	较小	检查大锤和手锤的锤头应完整，其表面应光滑微凸，不应有歪斜、缺口、凹入及裂纹等缺陷。大锤及手锤的柄应用整根的硬木制成，且头部用楔栓固定。楔栓宜采用金属楔，楔子长度不应大于安装孔的三分之二。锤把上不应有油污
		戴手套抡大锤	物体打击	较小	（1）禁止戴手套抡大锤； （2）抡大锤时周围不准有人靠近，防止误伤
		拆卸部件伤手	机械伤害	较小	佩戴防护手套

续表

作业步骤	危害辨识	危害描述	产生后果	风险等级	防 范 措 施
6．阀门组装	高处作业人员	高处作业未正确使用防护用品	高处坠落	重大	（1）高处作业人员必须穿戴好安全帽、防滑鞋，正确佩戴安全带，必要时应使用防坠器； （2）安全带的挂钩应挂在结实、牢固的构件上，或专挂安全带的钢丝绳上，不准低挂高用
	高处的工器具	工器具未系防坠绳及零部件未固定	物体打击	中等	（1）工器具必须使用防坠绳； （2）工器具和零部件应用绳拴在牢固的构件上，不准随便乱放
7．清理现场及其他	检修废料	检修后，检修废料没有及时清除干净	环境污染	较小	工作结束后，及时清理工作现场

13.71 事故喷水隔绝门检修

作业步骤	危害辨识	危害描述	产生后果	风险等级	防 范 措 施
1．环境评估	粉尘	未正确佩戴防护口罩	尘肺病	较小	作业人员佩戴防护口罩
2．措施确认	高温蒸汽	检修的系统未有效隔离	灼烫伤	中等	保证检修的一段管道可靠地与其他部分隔断，放尽管道、容器内部的汽、水、烟或可燃气
	电动执行机构	带电	触电	中等	切断电源，挂禁止操作牌
	脚手架	缺损	高处坠落	重大	搭设的脚手架验收合格后方可使用
	不合格电动工器具	（1）电动工器具未经检验合格； （2）电动工器具电源线、电源插头破损	机械伤害	较小	（1）检查研磨磨机必须经有资质单位检验合格，并张贴检验合格标志； （2）检查研磨机的电源线、电源插头完好无缺损
	检修隔离	隔离措施失效，非工作人员进入	机械伤害	较小	对现场检修区域设置围栏、铺设胶皮，进行有效的隔离，有人监护
3．阀门拆卸及解体	粉尘	未正确佩戴防护口罩	尘肺病	较小	作业人员佩戴防护口罩
	脚手架	缺损	高处坠落	重大	及时检查及补全缺失防护栏并验收合格，工作负责人每日工作前必须对脚手架进行检查，如果发现缺陷，应立即修整
	高处作业人员	高处作业未正确使用防护用品	高处坠落	重大	（1）高处作业人员必须穿戴好安全帽、防滑鞋，正确佩戴安全带，必要时应使用防坠器； （2）安全带的挂钩应挂在结实、牢固的构件上，或专挂安全带的钢丝绳上，不准低挂高用
	高处落物	工器具或材料掉落	撞击	较小	采取防止工具、材料、物品掉落的措施。禁止交叉作业
	高温物体	身体直接接触阀门阀体高温金属部件被烫伤。阀门内存在余汽水或隔离门不严，拆阀门解体时汽水喷出造成人身伤害	灼烫伤	较小	被解体的阀门能有效隔离且隔离严密，阀门前后疏水门打开，放尽余汽水；监测阀体温度低于50℃时方可拆除保温及阀门部件
4．零部件清理、检查、测量	粉尘	未正确佩戴防护口罩	尘肺病	较小	作业人员佩戴防护口罩
	脚手架	缺损	高处坠落	重大	及时检查及补全缺失防护栏并验收合格，工作负责人每日工作前必须对脚手架进行检查，如果发现缺陷，应立即修整

续表

作业步骤	危害辨识	危害描述	产生后果	风险等级	防 范 措 施
4. 零部件清理、检查、测量	高处作业人员	高处作业未正确使用防护用品	高处坠落	重大	（1）高处作业人员必须穿戴好安全帽、防滑鞋，正确佩戴安全带，必要时应使用防坠器；（2）安全带的挂钩应挂在结实、牢固的构件上，或专挂安全带的钢丝绳上，不准低挂高用
	高处落物	工器具或材料掉落	撞击	较小	采取防止工具、材料、物品掉落的措施。禁止交叉作业
	误用不合格电动工器具	（1）电动工器具未经检验合格；（2）电动工器具电源线、电源插头破损，防护罩破损缺失，磨片破损	机械伤害	较小	（1）检查角磨机必须经有资质单位检验合格，并张贴检验合格标志；（2）检查角磨机的电源线、电源插头完好无缺损，防护罩、角磨片完好无缺损；（3）使用合格的手锤
5. 部件修复	粉尘	未正确佩戴防护口罩	尘肺病	较小	作业人员佩戴防护口罩
	脚手架	缺损	高处坠落	重大	及时检查及补全缺失防护栏并验收合格，工作负责人每日工作前必须对脚手架进行检查，如果发现缺陷，应立即修整
	高处作业人员	高处作业未正确使用防护用品	高处坠落	重大	（1）高处作业人员必须穿戴好安全帽、防滑鞋，正确佩戴安全带，必要时应使用防坠器；（2）安全带的挂钩应挂在结实、牢固的构件上，或专挂安全带的钢丝绳上，不准低挂高用
	高处落物	工器具或材料掉落	撞击	较小	采取防止工具、材料、物品掉落的措施。禁止交叉作业
	电动研磨机	电源盘没有漏电保护器	触电	较小	电动工具必须配置可靠的漏电保护器
		电源盘及研磨机绝缘损坏	触电	较小	检查研磨机、电源盘的电缆线绝缘合格，绝缘材料应无破损，导线无裸露方可使用
		违规使用电源盘	触电	较小	工作前认真检查电源盘应完好、无缺陷、无安全隐患，电源盘及研磨机检查应合格，不合格的电源盘及研磨机禁止带入检修现场
		研磨机转动部件飞出	机械伤害	较小	阀门研磨时，无关人员远离，工作人员站在侧面
	不合格工器具	手锤锤头与木柄的连接不牢固、锤头破损、木柄未使用整根硬质木料	机械伤害	较小	（1）检查大锤和手锤的锤头应完整，其表面应光滑微凸，不应有歪斜、缺口、凹入及裂纹等缺陷。大锤及手锤的柄应用整根的硬木制成，且头部用楔栓固定。楔栓宜采用金属楔，楔子长度不应大于安装孔的三分之二。锤把上不应有油污。（2）禁止戴手套抡大锤。（3）抡大锤时周围不准有人靠近，防止误伤
6. 阀门组装	大锤	锤头与木柄的连接不牢固、锤头破损、木柄未使用整根硬质木料	砸伤	较小	检查大锤和手锤的锤头应完整，其表面应光滑微凸，不应有歪斜、缺口、凹入及裂纹等缺陷。大锤及手锤的柄应用整根的硬木制成，且头部用楔栓固定。楔栓宜采用金属楔，楔子长度不应大于安装孔的三分之二。锤把上不应有油污
		戴手套抡大锤	物体打击	较小	（1）禁止戴手套抡大锤；（2）抡大锤时周围不准有人靠近，防止误伤
		拆卸部件伤手	机械伤害	较小	佩戴防护手套
	高处作业人员	高处作业未正确使用防护用品	高处坠落	重大	（1）高处作业人员必须穿戴好安全帽、防滑鞋，正确佩戴安全带，必要时应使用防坠器；（2）安全带的挂钩应挂在结实、牢固的构件上，或专挂安全带的钢丝绳上，不准低挂高用

续表

作业步骤	危害辨识	危害描述	产生后果	风险等级	防 范 措 施
6. 阀门组装	高处的工器具	工器具未系防坠绳及零部件未固定	物体打击	中等	（1）工器具必须使用防坠绳； （2）工器具和零部件应用绳拴在牢固的构件上，不准随便乱放
7. 清理现场及其他	检修废料	检修后，检修废料没有及时清除干净	环境污染	较小	工作结束后，及时清理工作现场

13.72 事故喷水逆止门检修

作业步骤	危害辨识	危害描述	产生后果	风险等级	防 范 措 施
1. 环境评估	粉尘	未正确佩戴防护口罩	尘肺病	较小	作业人员佩戴防护口罩
2. 措施确认	高温蒸汽	检修的系统未有效隔离	灼烫伤	中等	保证检修的一段管道可靠地与其他部分隔断，放尽管道、容器内部的汽、水、烟或可燃气
	脚手架	缺损	高处坠落	重大	搭设的脚手架验收合格后方可使用
	不合格电动工器具	（1）电动工器具未经检验合格； （2）电动工器具电源线、电源插头破损	机械伤害	较小	（1）检查研磨磨机必须经有资质单位检验合格，并张贴检验合格标志； （2）检查研磨机的电源线、电源插头完好无缺损
	检修隔离	隔离措施失效，非工作人员进入	机械伤害	较小	对现场检修区域设置围栏、铺设胶皮，进行有效的隔离，有人监护
	保温石棉	未正确佩戴防护口罩	尘肺病	较小	工作人员戴好防护口罩
3. 阀门拆卸及解体	粉尘	未正确佩戴防护口罩	尘肺病	较小	作业人员佩戴防护口罩
	脚手架	缺损	高处坠落	重大	及时检查及补全缺失防护栏并验收合格，工作负责人每日工作前必须对脚手架进行检查，如果发现缺陷，应立即修整
	高处作业人员	高处作业未正确使用防护用品	高处坠落	重大	（1）高处作业人员必须穿戴好安全帽、防滑鞋，正确佩戴安全带，必要时应使用防坠器； （2）安全带的挂钩应挂在结实、牢固的构件上，或专挂安全带的钢丝绳上，不准低挂高用
	高处落物	工器具或材料掉落	撞击	较小	采取防止工具、材料、物品掉落的措施。禁止交叉作业
	高温物体	身体直接接触阀门阀体高温金属部件被烫伤。阀门内存在余汽水或隔离门不严，拆阀门解体时汽水喷出造成人身伤害	灼烫伤	较小	被解体的阀门能有效隔离且隔离严密，阀门前后疏水门打开，放尽余汽水；监测阀体温度低于 50℃ 时方可拆除保温及阀门部件
	拆卸螺栓	拆卸门架时挤伤手指	机械伤害	较小	（1）拆卸时戴手套； （2）使用合格的手锤
	起吊物	起重工具	起重伤害	中等	（1）起吊前检查起重工具是否合格可用； （2）检查工器具是否完好，禁止野蛮操作
		指挥	起重伤害	较小	起重作业由专业的起重人员进行操作指挥
4. 零部件清理、检查、测量	粉尘	未正确佩戴防护口罩	尘肺病	较小	作业人员佩戴防护口罩
	脚手架	缺损	高处坠落	重大	及时检查及补全缺失防护栏并验收合格，工作负责人每日工作前必须对脚手架进行检查，如果发现缺陷，应立即修整

续表

作业步骤	危害辨识	危害描述	产生后果	风险等级	防范措施
4. 零部件清理、检查、测量	高处作业人员	高处作业未正确使用防护用品	高处坠落	重大	（1）高处作业人员必须穿戴好安全帽、防滑鞋，正确佩戴安全带，必要时应使用防坠器； （2）安全带的挂钩应挂在结实、牢固的构件上，或专挂安全带的钢丝绳上，不准低挂高用
	高处落物	工器具或材料掉落	撞击	较小	采取防止工具、材料、物品掉落的措施。禁止交叉作业
	误用不合格电动工器具	（1）电动工器具未经检验合格； （2）电动工器具电源线、电源插头破损，防护罩破损缺失，磨片破损	机械伤害	较小	（1）检查角磨机必须经有资质单位检验合格，并张贴检验合格标志； （2）检查角磨机的电源线、电源插头完好无缺损，防护罩、角磨片完好无缺损； （3）使用合格的手锤
5. 阀瓣、阀座密封面修研	粉尘	未正确佩戴防护口罩	尘肺病	较小	作业人员佩戴防护口罩
	脚手架	缺损	高处坠落	重大	及时检查及补全缺失防护栏并验收合格，工作负责人每日工作前必须对脚手架进行检查，如果发现缺陷，应立即修整
	高处作业人员	高处作业未正确使用防护用品	高处坠落	重大	（1）高处作业人员必须穿戴好安全帽、防滑鞋，正确佩戴安全带，必要时应使用防坠器； （2）安全带的挂钩应挂在结实、牢固的构件上，或专挂安全带的钢丝绳上，不准低挂高用
	高处落物	工器具或材料掉落	撞击	较小	采取防止工具、材料、物品掉落的措施。禁止交叉作业
	电动研磨机	电源盘没有漏电保护器	触电	较小	电动工具必须配置可靠的漏电保护器
		电源盘及研磨机绝缘损坏	触电	较小	检查研磨机、电源盘的电缆线绝缘合格，绝缘材料应无破损，导线无裸露方可使用
		违规使用电源盘	触电	较小	工作前认真检查电源盘应完好、无缺陷、无安全隐患，电源盘及研磨机检查应合格，不合格的电源盘及研磨机禁止带入检修现场
		研磨机转动部件飞出	机械伤害	较小	阀门研磨时，无关人员远离，工作人员站在侧面
	不合格工器具	手锤锤头与木柄的连接不牢固、锤头破损、木柄未使用整根硬质木料	机械伤害	较小	（1）检查大锤和手锤的锤头应完整，其表面应光滑微凸，不应有歪斜、缺口、凹入及裂纹等缺陷。大锤及手锤的柄应用整根的硬木制成，且头部用楔栓固定。楔栓宜采用金属楔，楔子长度不应大于安装孔的三分之二。锤把上不应有油污。 （2）禁止戴手套抡大锤。 （3）抡大锤时周围不准有人靠近，防止误伤
6. 阀瓣、阀座密封面验证	高处作业人员	高处作业未正确使用防护用品	高处坠落	重大	（1）高处作业人员必须穿戴好安全帽、防滑鞋，正确佩戴安全带，必要时应使用防坠器； （2）安全带的挂钩应挂在结实、牢固的构件上，或专挂安全带的钢丝绳上，不准低挂高用
7. 阀门组装	大锤	锤头与木柄的连接不牢固、锤头破损、木柄未使用整根硬质木料	砸伤	较小	检查大锤和手锤的锤头应完整，其表面应光滑微凸，不应有歪斜、缺口、凹入及裂纹等缺陷。大锤及手锤的柄应用整根的硬木制成，且头部用楔栓固定。楔栓宜采用金属楔，楔子长度不应大于安装孔的三分之二。锤把上不应有油污
		戴手套抡大锤	物体打击	较小	（1）禁止戴手套抡大锤； （2）抡大锤时周围不准有人靠近，防止误伤
		拆卸部件伤手	机械伤害	较小	佩戴防护手套

续表

作业步骤	危害辨识	危害描述	产生后果	风险等级	防 范 措 施
7. 阀门组装	高处作业人员	高处作业未正确使用防护用品	高处坠落	重大	(1) 高处作业人员必须穿戴好安全帽、防滑鞋，正确佩戴安全带，必要时应使用防坠器； (2) 安全带的挂钩应挂在结实、牢固的构件上，或专挂安全带的钢丝绳上，不准低挂高用
	高处的工器具	工器具未系防坠绳及零部件未固定	物体打击	中等	(1) 工器具必须使用防坠绳； (2) 工器具和零部件应用绳拴在牢固的构件上，不准随便乱放
8. 清理现场及其他	检修废料	检修后，检修废料没有及时清除干净	环境污染	较小	工作结束后，及时清理工作现场

13.73 事故喷水调门检修

作业步骤	危害辨识	危害描述	产生后果	风险等级	防 范 措 施
1. 环境评估	粉尘	未正确佩戴防护口罩	尘肺病	较小	作业人员佩戴防护口罩
2. 措施确认	高温蒸汽	检修的系统未有效隔离	灼烫伤	中等	保证检修的一段管道可靠地与其他部分隔断，放尽管道、容器内部的汽、水、烟或可燃气
	电动执行机构	带电	触电	中等	切断电源，挂禁止操作牌
	脚手架	缺损	高处坠落	重大	搭设的脚手架验收合格后方可使用
	不合格电动工器具	(1) 电动工器具未经检验合格； (2) 电动工器具电源线、电源插头破损	机械伤害	较小	(1) 检查研磨磨机必须经有资质单位检验合格，并张贴检验合格标志； (2) 检查研磨机的电源线、电源插头完好无缺损
	检修隔离	隔离措施失效，非工作人员进入	机械伤害	较小	对现场检修区域设置围栏、铺设胶皮，进行有效的隔离，有人监护
3. 阀门拆卸及解体	粉尘	未正确佩戴防护口罩	尘肺病	较小	作业人员佩戴防护口罩
	脚手架	缺损	高处坠落	重大	及时检查及补全缺失防护栏并验收合格，工作负责人每日工作前必须对脚手架进行检查，如果发现缺陷，应立即修整
	高处作业人员	高处作业未正确使用防护用品	高处坠落	重大	(1) 高处作业人员必须穿戴好安全帽、防滑鞋，正确佩戴安全带，必要时应使用防坠器； (2) 安全带的挂钩应挂在结实、牢固的构件上，或专挂安全带的钢丝绳上，不准低挂高用
	高处落物	工器具或材料掉落	撞击	较小	采取防止工具、材料、物品掉落的措施。禁止交叉作业
	高温物体	身体直接接触阀门阀体高温金属部件被烫伤。阀门内存在余汽水或隔离门不严，拆阀门解体时汽水喷出造成人身伤害	灼烫伤	较小	被解体的阀门能有效隔离且隔离严密，阀门前后疏水门打开，放尽余汽水；监测阀体温度低于 50℃时方可拆除保温及阀门部件
	拆卸螺栓	拆卸门架时挤伤手指	机械伤害	较小	(1) 拆卸时戴手套； (2) 使用合格的手锤
	起吊物	起重工具	起重伤害	中等	(1) 起吊前检查起重工具是否合格可用； (2) 检查工器具是否完好，禁止野蛮操作
		指挥	起重伤害	较小	起重作业由专业的起重人员进行操作指挥

续表

作业步骤	危害辨识	危害描述	产生后果	风险等级	防范措施
4．零部件清理、检查、测量	粉尘	未正确佩戴防护口罩	尘肺病	较小	作业人员佩戴防护口罩
	脚手架	缺损	高处坠落	重大	及时检查及补全缺失防护栏并验收合格，工作负责人每日工作前必须对脚手架进行检查，如果发现缺陷，应立即修整
	高处作业人员	高处作业未正确使用防护用品	高处坠落	重大	（1）高处作业人员必须穿戴好安全帽、防滑鞋，正确佩戴安全带，必要时应使用防坠器； （2）安全带的挂钩应挂在结实、牢固的构件上，或专挂安全带的钢丝绳上，不准低挂高用
	高处落物	工器具或材料掉落	撞击	较小	采取防止工具、材料、物品掉落的措施。禁止交叉作业
	误用不合格电动工器具	（1）电动工器具未经检验合格； （2）电动工器具电源线、电源插头破损，防护罩破损缺失，磨片破损	机械伤害	较小	（1）检查角磨机必须经有资质单位检验合格，并张贴检验合格标志； （2）检查角磨机的电源线、电源插头完好无缺损，防护罩、角磨片完好无缺损； （3）使用合格的手锤
5．部件修复	粉尘	未正确佩戴防护口罩	尘肺病	较小	作业人员佩戴防护口罩
	脚手架	缺损	高处坠落	重大	及时检查及补全缺失防护栏并验收合格，工作负责人每日工作前必须对脚手架进行检查，如果发现缺陷，应立即修整
	高处作业人员	高处作业未正确使用防护用品	高处坠落	重大	（1）高处作业人员必须穿戴好安全帽、防滑鞋，正确佩戴安全带，必要时应使用防坠器； （2）安全带的挂钩应挂在结实、牢固的构件上，或专挂安全带的钢丝绳上，不准低挂高用
	高处落物	工器具或材料掉落	撞击	较小	采取防止工具、材料、物品掉落的措施。禁止交叉作业
	电动研磨机	电源盘没有漏电保护器	触电	较小	电动工具必须配置可靠的漏电保护器
		电源盘及研磨机绝缘损坏	触电	较小	检查研磨机、电源盘的电缆线绝缘合格，绝缘材料应无破损，导线无裸露方可使用
		违规使用电源盘	触电	较小	工作前认真检查电源盘应完好、无缺陷、无安全隐患，电源盘及研磨机检查应合格，不合格的电源盘及研磨机禁止带入检修现场
		研磨机转动部件飞出	机械伤害	较小	阀门研磨时，无关人员远离，工作人员站在侧面
	不合格工器具	手锤锤头与木柄的连接不牢固、锤头破损、木柄未使用整根硬质木料	机械伤害	较小	（1）检查大锤和手锤的锤头应完整，其表面应光滑微凸，不应有歪斜、缺口、凹入及裂纹等缺陷。大锤及手锤的柄应用整根的硬木制成，且头部用楔栓固定。楔栓宜采用金属楔，楔子长度不应大于安装孔的三分之二。锤把上不应有油污。 （2）禁止戴手套抡大锤。 （3）抡大锤时周围不准有人靠近，防止误伤
6．阀门组装	大锤	锤头与木柄的连接不牢固、锤头破损、木柄未使用整根硬质木料	砸伤	较小	检查大锤和手锤的锤头应完整，其表面应光滑微凸，不应有歪斜、缺口、凹入及裂纹等缺陷。大锤及手锤的柄应用整根的硬木制成，且头部用楔栓固定。楔栓宜采用金属楔，楔子长度不应大于安装孔的三分之二。锤把上不应有油污
		戴手套抡大锤	物体打击	较小	（1）禁止戴手套抡大锤； （2）抡大锤时周围不准有人靠近，防止误伤
		拆卸部件伤手	机械伤害	较小	佩戴防护手套

续表

作业步骤	危害辨识	危害描述	产生后果	风险等级	防 范 措 施
6. 阀门组装	高处作业人员	高处作业未正确使用防护用品	高处坠落	重大	(1) 高处作业人员必须穿戴好安全帽、防滑鞋，正确佩戴安全带，必要时应使用防坠器； (2) 安全带的挂钩应挂在结实、牢固的构件上，或专挂安全带的钢丝绳上，不准低挂高用
	高处的工器具	工器具未系防坠绳及零部件未固定	物体打击	中等	(1) 工器具必须使用防坠绳； (2) 工器具和零部件应用绳拴在牢固的构件上，不准随便乱放
7. 清理现场及其他	检修废料	检修后，检修废料没有及时清除干净	环境污染	较小	工作结束后，及时清理工作现场

13.74 水冷壁出口放气总门检修

作业步骤	危害辨识	危害描述	产生后果	风险等级	防 范 措 施
1. 环境评估	粉尘	未正确佩戴防护口罩	尘肺病	较小	作业人员佩戴防护口罩
2. 措施确认	高温蒸汽	检修的系统未有效隔离	灼烫伤	中等	保证检修的一段管道可靠地与其他部分隔断，放尽管道、容器内部的汽、水、烟或可燃气
	电动执行机构	带电	触电	中等	切断电源，挂禁止操作牌
	脚手架	缺损	高处坠落	重大	搭设的脚手架验收合格后方可使用
	不合格电动工器具	(1) 电动工器具未经检验合格； (2) 电动工器具电源线、电源插头破损	机械伤害	较小	(1) 检查研磨磨机必须经有资质单位检验合格，并张贴检验合格标志； (2) 检查研磨机的电源线、电源插头完好无缺损
	检修隔离	隔离措施失效，非工作人员进入	机械伤害	较小	对现场检修区域设置围栏、铺设胶皮，进行有效的隔离，有人监护
3. 阀门拆卸及解体	粉尘	未正确佩戴防护口罩	尘肺病	较小	作业人员佩戴防护口罩
	脚手架	缺损	高处坠落	重大	及时检查及补全缺失防护栏并验收合格，工作负责人每日工作前必须对脚手架进行检查，如果发现缺陷，应立即修整
	高处作业人员	高处作业未正确使用防护用品	高处坠落	重大	(1) 高处作业人员必须穿戴好安全帽、防滑鞋，正确佩戴安全带，必要时应使用防坠器； (2) 安全带的挂钩应挂在结实、牢固的构件上，或专挂安全带的钢丝绳上，不准低挂高用
	高处落物	工器具或材料掉落	撞击	较小	采取防止工具、材料、物品掉落的措施。禁止交叉作业
	高温物体	身体直接接触阀门阀体高温金属部件被烫伤。阀门内存在余汽水或隔离门不严，拆阀门解体时汽水喷出造成人身伤害	灼烫伤	较小	被解体的阀门能有效隔离且隔离严密，阀门前后疏水门打开，放尽余汽水；监测阀体温度低于 50℃时方可拆除保温及阀门部件
4. 零部件清理、检查、测量	粉尘	未正确佩戴防护口罩	尘肺病	较小	作业人员佩戴防护口罩
	脚手架	缺损	高处坠落	重大	及时检查及补全缺失防护栏并验收合格，工作负责人每日工作前必须对脚手架进行检查，如果发现缺陷，应立即修整

续表

作业步骤	危害辨识	危害描述	产生后果	风险等级	防　范　措　施
4．零部件清理、检查、测量	高处作业人员	高处作业未正确使用防护用品	高处坠落	重大	（1）高处作业人员必须穿戴好安全帽、防滑鞋，正确佩戴安全带，必要时应使用防坠器； （2）安全带的挂钩应挂在结实、牢固的构件上，或专挂安全带的钢丝绳上，不准低挂高用
	高处落物	工器具或材料掉落	撞击	较小	采取防止工具、材料、物品掉落的措施。禁止交叉作业
	误用不合格电动工器具	（1）电动工器具未经检验合格； （2）电动工器具电源线、电源插头破损，防护罩破损缺失，磨片破损	机械伤害	较小	（1）检查角磨机必须经有资质单位检验合格，并张贴检验合格标志； （2）检查角磨机的电源线、电源插头完好无缺损，防护罩、角磨片完好无缺损； （3）使用合格的手锤
5．部件修复	粉尘	未正确佩戴防护口罩	尘肺病	较小	作业人员佩戴防护口罩
	脚手架	缺损	高处坠落	重大	及时检查及补全缺失防护栏并验收合格，工作负责人每日工作前必须对脚手架进行检查，如果发现缺陷，应立即修整
	高处作业人员	高处作业未正确使用防护用品	高处坠落	重大	（1）高处作业人员必须穿戴好安全帽、防滑鞋，正确佩戴安全带，必要时应使用防坠器； （2）安全带的挂钩应挂在结实、牢固的构件上，或专挂安全带的钢丝绳上，不准低挂高用
	高处落物	工器具或材料掉落	撞击	较小	采取防止工具、材料、物品掉落的措施。禁止交叉作业
	电动研磨机	电源盘没有漏电保护器	触电	较小	电动工具必须配置可靠的漏电保护器
		电源盘及研磨机绝缘损坏	触电	较小	检查研磨机、电源盘的电缆线绝缘合格，绝缘材料应无破损，导线无裸露方可使用
		违规使用电源盘	触电	较小	工作前认真检查电源盘应完好、无缺陷、无安全隐患，电源盘及研磨机检查应合格，不合格的电源盘及研磨机禁止带入检修现场
		研磨机转动部件飞出	机械伤害	较小	阀门研磨时，无关人员远离，工作人员站在侧面
	不合格工器具	手锤锤头与木柄的连接不牢固、锤头破损、木柄未使用整根硬质木料	机械伤害	较小	（1）检查大锤和手锤的锤头应完整，其表面应光滑微凸，不应有歪斜、缺口、凹入及裂纹等缺陷。大锤及手锤的柄应用整根的硬木制成，且头部用楔栓固定。楔栓宜采用金属楔，楔子长度不应大于安装孔的三分之二。锤把上不应有油污。 （2）禁止戴手套抡大锤。 （3）抡大锤时周围不准有人靠近，防止误伤
6．阀门组装	大锤	锤头与木柄的连接不牢固、锤头破损、木柄未使用整根硬质木料	砸伤	较小	检查大锤和手锤的锤头应完整，其表面应光滑微凸，不应有歪斜、缺口、凹入及裂纹等缺陷。大锤及手锤的柄应用整根的硬木制成，且头部用楔栓固定。楔栓宜采用金属楔，楔子长度不应大于安装孔的三分之二。锤把上不应有油污
		戴手套抡大锤	物体打击	较小	（1）禁止戴手套抡大锤； （2）抡大锤时周围不准有人靠近，防止误伤
		拆卸部件伤手	机械伤害	较小	佩戴防护手套
	高处作业人员	高处作业未正确使用防护用品	高处坠落	重大	（1）高处作业人员必须穿戴好安全帽、防滑鞋，正确佩戴安全带，必要时应使用防坠器； （2）安全带的挂钩应挂在结实、牢固的构件上，或专挂安全带的钢丝绳上，不准低挂高用

续表

作业步骤	危害辨识	危害描述	产生后果	风险等级	防 范 措 施
6. 阀门组装	高处的工器具	工器具未系防坠绳及零部件未固定	物体打击	中等	(1) 工器具必须使用防坠绳; (2) 工器具和零部件应用绳拴在牢固的构件上,不准随便乱放
7. 清理现场及其他	检修废料	检修后,检修废料没有及时清除干净	环境污染	较小	工作结束后,及时清理工作现场

13.75 水冷壁后进口集箱放水门检修

作业步骤	危害辨识	危害描述	产生后果	风险等级	防 范 措 施
1. 环境评估	粉尘	未正确佩戴防护口罩	尘肺病	较小	作业人员佩戴防护口罩
2. 措施确认	高温蒸汽	检修的系统未有效隔离	灼烫伤	中等	保证检修的一段管道可靠地与其他部分隔断,放尽管道、容器内部的汽、水、烟或可燃气
	电动执行机构	带电	触电	中等	切断电源,挂禁止操作牌
	脚手架	缺损	高处坠落	重大	搭设的脚手架验收合格后方可使用
	不合格电动工器具	(1) 电动工器具未经检验合格; (2) 电动工器具电源线、电源插头破损	机械伤害	较小	(1) 检查研磨磨机必须经有资质单位检验合格,并张贴检验合格标志; (2) 检查研磨机的电源线、电源插头完好无缺损
	检修隔离	隔离措施失效,非工作人员进入	机械伤害	较小	对现场检修区域设置围栏、铺设胶皮,进行有效的隔离,有人监护
3. 阀门拆卸及解体	粉尘	未正确佩戴防护口罩	尘肺病	较小	作业人员佩戴防护口罩
	脚手架	缺损	高处坠落	重大	及时检查及补全缺失防护栏并验收合格,工作负责人每日工作前必须对脚手架进行检查,如果发现缺陷,应立即修整
	高处作业人员	高处作业未正确使用防护用品	高处坠落	重大	(1) 高处作业人员必须穿戴好安全帽、防滑鞋,正确佩戴安全带,必要时应使用防坠器; (2) 安全带的挂钩应挂在结实、牢固的构件上,或专挂安全带的钢丝绳上,不准低挂高用
	高处落物	工器具或材料掉落	撞击	较小	采取防止工具、材料、物品掉落的措施。禁止交叉作业
	高温物体	身体直接接触阀门阀体高温金属部件被烫伤。阀门内存在余汽水或隔离门不严,拆阀门解体时汽水喷出造成人身伤害	灼烫伤	较小	被解体的阀门能有效隔离且隔离严密,阀门前后疏水门打开,放尽余汽水;监测阀体温度低于 50℃时方可拆除保温及阀门部件
4. 零部件清理、检查、测量	粉尘	未正确佩戴防护口罩	尘肺病	较小	作业人员佩戴防护口罩
	脚手架	缺损	高处坠落	重大	及时检查及补全缺失防护栏并验收合格,工作负责人每日工作前必须对脚手架进行检查,如果发现缺陷,应立即修整
	高处作业人员	高处作业未正确使用防护用品	高处坠落	重大	(1) 高处作业人员必须穿戴好安全帽、防滑鞋,正确佩戴安全带,必要时应使用防坠器; (2) 安全带的挂钩应挂在结实、牢固的构件上,或专挂安全带的钢丝绳上,不准低挂高用

续表

作业步骤	危害辨识	危害描述	产生后果	风险等级	防　范　措　施
4．零部件清理、检查、测量	高处落物	工器具或材料掉落	撞击	较小	采取防止工具、材料、物品掉落的措施。禁止交叉作业
	误用不合格电动工器具	（1）电动工器具未经检验合格； （2）电动工器具电源线、电源插头破损，防护罩破损缺失，磨片破损	机械伤害	较小	（1）检查角磨机必须经有资质单位检验合格，并张贴检验合格标志； （2）检查角磨机的电源线、电源插头完好无缺损，防护罩、角磨片完好无缺损； （3）使用合格的手锤
5．部件修复	粉尘	未正确佩戴防护口罩	尘肺病	较小	作业人员佩戴防护口罩
	脚手架	缺损	高处坠落	重大	及时检查及补全缺失防护栏并验收合格，工作负责人每日工作前必须对脚手架进行检查，如果发现缺陷，应立即修整
	高处作业人员	高处作业未正确使用防护用品	高处坠落	重大	（1）高处作业人员必须穿戴好安全帽、防滑鞋，正确佩戴安全带，必要时应使用防坠器； （2）安全带的挂钩应挂在结实、牢固的构件上，或专挂安全带的钢丝绳上，不准低挂高用
	高处落物	工器具或材料掉落	撞击	较小	采取防止工具、材料、物品掉落的措施。禁止交叉作业
	电动研磨机	电源盘没有漏电保护器	触电	较小	电动工具必须配置可靠的漏电保护器
		电源盘及研磨机绝缘损坏	触电	较小	检查研磨机、电源盘的电缆线绝缘合格，绝缘材料应无破损，导线无裸露方可使用
		违规使用电源盘	触电	较小	工作前认真检查电源盘应完好、无缺陷、无安全隐患，电源盘及研磨机检查应合格，不合格的电源盘及研磨机禁止带入检修现场
		研磨机转动部件飞出	机械伤害	较小	阀门研磨时，无关人员远离，工作人员站在侧面
	不合格工器具	手锤锤头与木柄的连接不牢固、锤头破损、木柄未使用整根硬质木料	机械伤害	较小	（1）检查大锤和手锤的锤头应完整，其表面应光滑微凸，不应有歪斜、缺口、凹入及裂纹等缺陷。大锤及手锤的柄应用整根的硬木制成，且头部用楔栓固定。楔栓宜采用金属楔，楔子长度不应大于安装孔的三分之二。锤把上不应有油污。 （2）禁止戴手套抡大锤。 （3）抡大锤时周围不准有人靠近，防止误伤
6．阀门组装	大锤	锤头与木柄的连接不牢固、锤头破损、木柄未使用整根硬质木料	砸伤	较小	检查大锤和手锤的锤头应完整，其表面应光滑微凸，不应有歪斜、缺口、凹入及裂纹等缺陷。大锤及手锤的柄应用整根的硬木制成，且头部用楔栓固定。楔栓宜采用金属楔，楔子长度不应大于安装孔的三分之二。锤把上不应有油污
		戴手套抡大锤	物体打击	较小	（1）禁止戴手套抡大锤； （2）抡大锤时周围不准有人靠近，防止误伤
		拆卸部件伤手	机械伤害	较小	佩戴防护手套
	高处作业人员	高处作业未正确使用防护用品	高处坠落	重大	（1）高处作业人员必须穿戴好安全帽、防滑鞋，正确佩戴安全带，必要时应使用防坠器； （2）安全带的挂钩应挂在结实、牢固的构件上，或专挂安全带的钢丝绳上，不准低挂高用
	高处的工器具	工器具未系防坠绳及零部件未固定	物体打击	中等	（1）工器具必须使用防坠绳； （2）工器具和零部件应用绳拴在牢固的构件上，不准随便乱放
7．清理现场及其他	检修废料	检修后，检修废料没有及时清除干净	环境污染	较小	工作结束后，及时清理工作现场

13.76 水冷壁检修

作业步骤	危害辨识	危害描述	产生后果	风险等级	防 范 措 施
1. 环境评估	粉尘	未正确佩戴防护口罩	尘肺病	较小	作业人员佩戴防护口罩
	高温环境	锅炉内部高于60℃	灼烫伤	较小	测温低于60℃，方可进入炉内
	有限空间	氧量不足、金属容器内工作	窒息、触电	较小	（1）有限空间作业办理有限空间进入许可证，检查有害气体合格后方可进入，人员进出必须登记，并及时记录进出时间；人孔处必须设专人在人孔门处监护并保持通信畅通，不得中途离开； （2）必须使用12V及以下的安全电压，保证现场充足的照明
2. 措施确认	高温蒸汽	检修的系统未有效隔离	灼烫伤	中等	保证检修的一段管道可靠地与其他部分隔断，放尽管道、容器内部的汽、水、烟或可燃气
	点火的油枪	油枪误动	灼烫伤、窒息	中等	各有关阀门应上锁，并挂警告牌，对电动阀门应切断电源。对气缸应隔离气源
	转动的风机	送风机、一次风机误动，大量粉尘进入炉膛和尾部烟道	窒息	中等	检修工作开工前工作负责人与工作票许可人共同确认所检修设备已断电
	声波吹灰器	声波吹灰器误动	听力伤害	中等	检修工作开工前工作负责人与工作票许可人共同确认吹灰程控柜已断电，并隔离气源
	蒸汽吹灰器	蒸汽吹灰器误动	撞击	中等	检修工作开工前工作负责人与工作票许可人共同确认，吹灰程控柜已断电
	照明	照明不足	高处坠落	重大	保证炉内照明充足
	脚手架	缺损	高处坠落	重大	炉膛内搭设的金属脚手架验收合格后方可使用（会同安监部门及厂家人员三级验收）
	误用不合格电动工器具	（1）电动工器具未经检验合格； （2）电动工器具电源线、电源插头破损，防护罩破损缺失，磨片破损	机械伤害	较小	（1）检查角磨机必须经有资质单位检验合格，并张贴检验合格标志； （2）检查角磨机的电源线、电源插头完好无缺损，防护罩、角磨片完好无缺损
3. 水冷壁清灰前检查	粉尘	未正确佩戴防护口罩	尘肺病	较小	作业人员佩戴防护口罩
	高温环境	锅炉内部高于60℃	灼烫伤	较小	测温低于60℃，方可进入炉内
	有害气体	含氧量低	窒息	较小	定期测氧
	高处设备设施	防护栏缺损	高处坠落	重大	及时检查及补全缺失防护栏
	高处作业人员	高处作业未正确使用防护用品	高处坠落	重大	（1）高处作业人员必须穿戴好安全帽、防滑鞋，正确佩戴安全带，必要时应使用防坠器； （2）安全带的挂钩应挂在结实、牢固的构件上，或专挂安全带的钢丝绳上，不准低挂高用
	高处落物	工器具或材料掉落	撞击	较小	采取防止工具、材料、物品掉落的措施。禁止交叉作业
4. 水冷壁清灰清焦	粉尘	未正确佩戴防护口罩	尘肺病	较小	作业人员佩戴防护口罩
	高温环境	锅炉内部高于60℃	灼烫伤	较小	测温低于60℃，方可进入炉内
	有害气体	含氧量低	窒息	较小	定期测氧
	脚手架	缺损	高处坠落	重大	及时检查及补全缺失防护栏并验收合格，工作负责人每日工作前必须对脚手架进行检查，如果发现缺陷，应立即修整

续表

作业步骤	危害辨识	危害描述	产生后果	风险等级	防 范 措 施
4．水冷壁清灰清焦	高处作业人员	高处作业未正确使用防护用品	高处坠落	重大	（1）高处作业人员必须穿戴好安全帽、防滑鞋，正确佩戴安全带，必要时应使用防坠器； （2）安全带的挂钩应挂在结实、牢固的构件上，或专挂安全带的钢丝绳上，不准低挂高用
	有限空间作业	氧量不足	窒息	较小	有限空间作业办理有限空间进入许可证，检查有害气体合格后方可进入，人员进出必须登记，并及时记录进出时间；人孔处必须设专人在人孔门处监护并保持通信畅通，不得中途离开
		金属容器	触电	中等	必须使用 12V 及以下的安全电压，保证现场充足的照明
	高处落物	工器具或材料掉落	撞击	较小	采取防止工具、材料、物品掉落的措施。禁止交叉作业
	清灰清焦	砸伤	机械伤害	较小	（1）正确佩戴安全帽； （2）清灰跟内部检修严禁交叉作业
5．水冷壁受热面检查	粉尘	未正确佩戴防护口罩	尘肺病	较小	作业人员佩戴防护口罩
	高温环境	锅炉内部高于 60℃	灼烫伤	较小	测温低于 60℃，方可进入炉内
	有害气体	含氧量低	窒息	较小	定期测氧
	脚手架	缺损	高处坠落	重大	及时检查及补全缺失防护栏并验收合格，工作负责人每日工作前必须对脚手架进行检查，如果发现缺陷，应立即修整
	高处作业人员	高处作业未正确使用防护用品	高处坠落	重大	（1）高处作业人员必须穿戴好安全帽、防滑鞋，正确佩戴安全带，必要时应使用防坠器； （2）安全带的挂钩应挂在结实、牢固的构件上，或专挂安全带的钢丝绳上，不准低挂高用
	有限空间作业	氧量不足	窒息	较小	有限空间作业办理有限空间进入许可证，检查有害气体合格后方可进入，人员进出必须登记，并及时记录进出时间；人孔处必须设专人在人孔门处监护并保持通信畅通，不得中途离开
		金属容器	触电	中等	必须使用 12V 及以下的安全电压，保证现场充足的照明
	高处落物	工器具或材料掉落	撞击	较小	采取防止工具、材料、物品掉落的措施。禁止交叉作业
6．割管取样	粉尘	未正确佩戴防护口罩	尘肺病	较小	作业人员佩戴防护口罩
	高温环境	锅炉内部高于 60℃	灼烫伤	较小	测温低于 60℃，方可进入炉内
	有害气体	含氧量低	窒息	较小	定期测氧
	脚手架	缺损	高处坠落	重大	及时检查及补全缺失防护栏并验收合格，工作负责人每日工作前必须对脚手架进行检查，如果发现缺陷，应立即修整
	高处作业人员	高处作业未正确使用防护用品	高处坠落	重大	（1）高处作业人员必须穿戴好安全帽、防滑鞋，正确佩戴安全带，必要时应使用防坠器； （2）安全带的挂钩应挂在结实、牢固的构件上，或专挂安全带的钢丝绳上，不准低挂高用
	高处落物	工器具或材料掉落	撞击	较小	采取防止工具、材料、物品掉落的措施

续表

作业步骤	危害辨识	危害描述	产生后果	风险等级	防 范 措 施
6. 割管取样	有限空间	氧量不足	窒息	较小	有限空间作业办理有限空间进入许可证，检查有害气体合格后方可进入，人员进出必须登记，并及时记录进出时间；人孔处必须设专人在人孔门处监护并保持通信畅通，不得中途离开
		金属容器	触电	中等	必须使用12V及以下的安全电压，保证现场充足的照明
	电动工器具	（1）电动工器具未经检验合格； （2）电动工器具电源线、电源插头破损，防护罩破损缺失，磨片破损	机械伤害	较小	（1）检查角磨机必须经有资质单位检验合格，并张贴检验合格标志； （2）检查角磨机的电源线、电源插头完好无缺损，防护罩、角磨片完好无缺损； （3）作业人员佩戴防护面罩，戴绝缘手套
	高处落物	工器具或材料掉落	撞击	较小	采取防止工具、材料、物品掉落的措施。禁止交叉作业
	高温熔渣	熔渣掉落	火灾	较小	（1）动火工作区域周围设置防护屏，防止其他人员被飞溅的焊渣烫伤，地面铺设防火布； （2）火焊人员必须穿戴好工作服、手套和带鞋盖劳保鞋等； （3）通气的橡胶软管上方禁止进行动火作业，以防火灾
7. 水冷壁缺陷处理	粉尘	未正确佩戴防护口罩	尘肺病	较小	作业人员佩戴防护口罩
	高温环境	锅炉内部高于60℃	灼烫伤	较小	测温低于60℃，方可进入炉内
	有害气体	含氧量低	窒息	较小	定期测氧
	脚手架	缺损	高处坠落	重大	及时检查及补全缺失防护栏并验收合格，工作负责人每日工作前必须对脚手架进行检查，如果发现缺陷，应立即修整
	高处作业人员	高处作业未正确使用防护用品	高处坠落	重大	（1）高处作业人员必须穿戴好安全帽、防滑鞋，正确佩戴安全带，必要时应使用防坠器； （2）安全带的挂钩应挂在结实、牢固的构件上，或专挂安全带的钢丝绳上，不准低挂高用
	高处落物	工器具或材料掉落	撞击	较小	采取防止工具、材料、物品掉落的措施。禁止交叉作业
	有限空间	氧量不足	窒息	较小	有限空间作业办理有限空间进入许可证，检查有害气体合格后方可进入，人员进出必须登记，并及时记录进出时间；人孔处必须设专人在人孔门处监护并保持通信畅通，不得中途离开
		金属容器	触电	中等	必须使用12V及以下的安全电压，保证现场充足的照明
	电动工器具	（1）电动工器具未经检验合格； （2）电动工器具电源线、电源插头破损，防护罩破损缺失，磨片破损	机械伤害	较小	（1）检查角磨机必须经有资质单位检验合格，并张贴检验合格标志； （2）检查角磨机的电源线、电源插头完好无缺损，防护罩、角磨片完好无缺损
	电焊机	焊接时未正确使用防护用品	灼烫伤	较小	（1）正确使用面罩； （2）戴电焊手套； （3）戴白光眼镜； （4）穿电焊服
		电焊机电源线、电源插头、电焊钳破损	触电	中等	检查电焊机电源线、电源插头、电焊钳完好无损
		二次线地线松动	触电	较小	（1）工作人员工作服保持干燥； （2）工作前检查二次线接地牢固，焊接工件焊接前要与地线进行良好接地

续表

作业步骤	危害辨识	危害描述	产生后果	风险等级	防　范　措　施
8. 水冷壁更换	粉尘	未正确佩戴防护口罩	尘肺病	较小	作业人员佩戴防护口罩
	高温环境	锅炉内部高于60℃	灼烫伤	较小	测温低于60℃，方可进入炉内
	有害气体	含氧量低	窒息	较小	定期测氧
	脚手架	缺损	高处坠落	重大	及时检查及补全缺失防护栏并验收合格，工作负责人每日工作前必须对脚手架进行检查，如果发现缺陷，应立即修整
	高处作业人员	高处作业未正确使用防护用品	高处坠落	重大	（1）高处作业人员必须穿戴好安全帽、防滑鞋，正确佩戴安全带，必要时应使用防坠器； （2）安全带的挂钩应挂在结实、牢固的构件上，或专挂安全带的钢丝绳上，不准低挂高用
	高处落物	工器具或材料掉落	撞击	较小	采取防止工具、材料、物品掉落的措施。禁止交叉作业
	有限空间	氧量不足	窒息	较小	有限空间作业办理有限空间进入许可证，检查有害气体合格后方可进入，人员进出必须登记，并及时记录进出时间；人孔处必须设专人在人孔门处监护并保持通信畅通，不得中途离开
		金属容器	触电	中等	必须使用12V及以下的安全电压，保证现场充足的照明；
	电动工器具	（1）电动工器具未经检验合格； （2）电动工器具电源线、电源插头破损，防护罩破损缺失，磨片破损	机械伤害	较小	（1）检查角磨机必须经有资质单位检验合格，并张贴检验合格标志； （2）检查角磨机的电源线、电源插头完好无缺损，防护罩、角磨片完好无缺损
	电焊机	焊接时未正确使用防护用品	灼烫伤	较小	（1）正确使用面罩； （2）戴电焊手套； （3）戴白光眼镜； （4）穿电焊服
		电焊机电源线、电源插头、电焊钳破损	触电	中等	检查电焊机电源线、电源插头、电焊钳完好无损
		二次线地线松动	触电	较小	（1）工作人员工作服保持干燥； （2）工作前检查二次线接地牢固，焊接工件焊接前要与地线进行良好接地
9. 水冷壁管焊接	粉尘	未正确佩戴防护口罩	尘肺病	较小	作业人员佩戴防护口罩
	高温环境	锅炉内部高于60℃	灼烫伤	较小	测温低于60℃，方可进入炉内
	有害气体	含氧量低	窒息	较小	定期测氧
	脚手架	缺损	高处坠落	重大	及时检查及补全缺失防护栏并验收合格，工作负责人每日工作前必须对脚手架进行检查，如果发现缺陷，应立即修整
	高处作业人员	高处作业未正确使用防护用品	高处坠落	重大	（1）高处作业人员必须穿戴好安全帽、防滑鞋，正确佩戴安全带，必要时应使用防坠器； （2）安全带的挂钩应挂在结实、牢固的构件上，或专挂安全带的钢丝绳上，不准低挂高用
	高处落物	工器具或材料掉落	撞击	较小	采取防止工具、材料、物品掉落的措施。禁止交叉作业

续表

作业步骤	危害辨识	危害描述	产生后果	风险等级	防 范 措 施
9. 水冷壁管焊接	有限空间	氧量不足	窒息	较小	有限空间作业办理有限空间进入许可证，检查有害气体合格后方可进入，人员进出必须登记，并及时记录进出时间；人孔处必须设专人在人孔门处监护并保持通信畅通，不得中途离开
		金属容器	触电	中等	必须使用 12V 及以下的安全电压，保证现场充足的照明
	电动工器具	（1）电动工器具未经检验合格； （2）电动工器具电源线、电源插头破损，防护罩破损缺失，磨片破损	机械伤害	较小	（1）检查角磨机必须经有资质单位检验合格，并张贴检验合格标志； （2）检查角磨机的电源线、电源插头完好无缺损，防护罩、角磨片完好无缺损
	电焊机	焊接时未正确使用防护用品	灼烫伤	较小	（1）正确使用面罩； （2）戴电焊手套； （3）戴白光眼镜； （4）穿电焊服
		电焊机电源线、电源插头、电焊钳破损	触电	中等	检查电焊机电源线、电源插头、电焊钳完好无损
		二次线地线松动	触电	较小	（1）工作人员工作服保持干燥； （2）工作前检查二次线接地牢固，焊接工件焊接前要与地线进行良好接地
	高温焊渣	焊渣掉落	火灾	较小	（1）动火工作区域周围设置防护屏，防止其他人员被飞溅的焊渣烫伤，地面铺设防火布； （2）火焊人员必须穿戴好工作服、手套和带鞋盖劳保鞋等； （3）通气的橡胶软管上方禁止进行动火作业，以防火灾
	金属检验	放射线	放射性损伤	中等	（1）设置警戒线和警示牌； （2）禁止进入检测区域
10. 水压试验	粉尘	未正确佩戴防护口罩	尘肺病	较小	作业人员佩戴防护口罩
	高温环境	锅炉内部高于 60℃	灼烫伤	较小	测温低于 60℃，方可进入炉内
	有害气体	含氧量低	窒息	较小	定期测氧
	脚手架	缺损	高处坠落	重大	及时检查及补全缺失防护栏并验收合格，工作负责人每日工作前必须对脚手架进行检查，如果发现缺陷，应立即修整
	高处作业人员	高处作业未正确使用防护用品	高处坠落	重大	（1）高处作业人员必须穿戴好安全帽、防滑鞋，正确佩戴安全带，必要时应使用防坠器； （2）安全带的挂钩应挂在结实、牢固的构件上，或专挂安全带的钢丝绳上，不准低挂高用
	高处落物	工器具或材料掉落	撞击	较小	采取防止工具、材料、物品掉落的措施。禁止交叉作业
	有限空间	氧量不足	窒息	较小	有限空间作业办理有限空间进入许可证，检查有害气体合格后方可进入，人员进出必须登记，并及时记录进出时间；人孔处必须设专人在人孔门处监护并保持通信畅通，不得中途离开
		金属容器	触电	中等	必须使用 12V 及以下的安全电压，保证现场充足的照明

续表

作业步骤	危害辨识	危害描述	产生后果	风险等级	防 范 措 施
10．水压试验	水压泄漏	高温较大压水	灼烫伤	中等	水压进水前，工作负责人必须通知现场工作人员离开，并交回工作票，超压试验时，在保持试验压力的时间内不准进行任何检查，应待压力降到工作压力后，方可进行检查
11．清理现场及其他	检修废料	检修后，检修废料没有及时清除干净	环境污染	较小	工作结束后，及时清理工作现场

13.77 水冷壁进口集箱排地沟门检修

作业步骤	危害辨识	危害描述	产生后果	风险等级	防 范 措 施
1．环境评估	粉尘	未正确佩戴防护口罩	尘肺病	较小	作业人员佩戴防护口罩
2．措施确认	高温蒸汽	检修的系统未有效隔离	灼烫伤	中等	保证检修的一段管道可靠地与其他部分隔断，放尽管道、容器内部的汽、水、烟或可燃气
	电动执行机构	带电	触电	中等	切断电源，挂禁止操作牌
	不合格电动工器具	（1）电动工器具未经检验合格； （2）电动工器具电源线、电源插头破损	机械伤害	较小	（1）检查研磨机必须经有资质单位检验合格，并张贴检验合格标志； （2）检查研磨机的电源线、电源插头完好无缺损
	检修隔离	隔离措施失效，非工作人员进入	机械伤害	较小	对现场检修区域设置围栏、铺设胶皮，进行有效的隔离，有人监护
3．阀门拆卸及解体	粉尘	未正确佩戴防护口罩	尘肺病	较小	作业人员佩戴防护口罩
	脚手架	缺损	高处坠落	重大	及时检查及补全缺失防护栏并验收合格，工作负责人每日工作前必须对脚手架进行检查，如果发现缺陷，应立即修整
	高处作业人员	高处作业未正确使用防护用品	高处坠落	重大	（1）高处作业人员必须穿戴好安全帽、防滑鞋，正确佩戴安全带，必要时应使用防坠器； （2）安全带的挂钩应挂在结实、牢固的构件上，或专挂安全带的钢丝绳上，不准低挂高用
	高处落物	工器具或材料掉落	撞击	较小	采取防止工具、材料、物品掉落的措施。禁止交叉作业
	高温物体	身体直接接触阀门阀体高温金属部件被烫伤。阀门内存在余汽水或隔离门不严，拆阀门解体时汽水喷出造成人身伤害	灼烫伤	较小	被解体的阀门能有效隔离且隔离严密，阀门前后疏水门打开，放尽余汽水；监测阀体温度低于 50℃时方可拆除保温及阀门部件
4．零部件清理、检查、测量	粉尘	未正确佩戴防护口罩	尘肺病	较小	作业人员佩戴防护口罩
	脚手架	缺损	高处坠落	重大	及时检查及补全缺失防护栏并验收合格，工作负责人每日工作前必须对脚手架进行检查，如果发现缺陷，应立即修整
	高处作业人员	高处作业未正确使用防护用品	高处坠落	重大	（1）高处作业人员必须穿戴好安全帽、防滑鞋，正确佩戴安全带，必要时应使用防坠器； （2）安全带的挂钩应挂在结实、牢固的构件上，或专挂安全带的钢丝绳上，不准低挂高用
	高处落物	工器具或材料掉落	撞击	较小	采取防止工具、材料、物品掉落的措施。禁止交叉作业

续表

作业步骤	危害辨识	危害描述	产生后果	风险等级	防 范 措 施
4. 零部件清理、检查、测量	误用不合格电动工器具	（1）电动工器具未经检验合格； （2）电动工器具电源线、电源插头破损，防护罩破损缺失，磨片破损	机械伤害	较小	（1）检查角磨机必须经有资质单位检验合格，并张贴检验合格标志； （2）检查角磨机的电源线、电源插头完好无缺损，防护罩、角磨片完好无缺损； （3）使用合格的手锤
5. 部件修复	粉尘	未正确佩戴防护口罩	尘肺病	较小	作业人员佩戴防护口罩
	脚手架	缺损	高处坠落	重大	及时检查及补全缺失防护栏并验收合格，工作负责人每日工作前必须对脚手架进行检查，如果发现缺陷，应立即修整
	高处作业人员	高处作业未正确使用防护用品	高处坠落	重大	（1）高处作业人员必须穿戴好安全帽、防滑鞋，正确佩戴安全带，必要时应使用防坠器； （2）安全带的挂钩应挂在结实、牢固的构件上，或专挂安全带的钢丝绳上，不准低挂高用
	高处落物	工器具或材料掉落	撞击	较小	采取防止工具、材料、物品掉落的措施。禁止交叉作业
	电动研磨机	电源盘没有漏电保护器	触电	较小	电动工具必须配置可靠的漏电保护器
		电源盘及研磨机绝缘损坏	触电	较小	检查研磨机、电源盘的电缆线绝缘合格，绝缘材料应无破损，导线无裸露方可使用
		违规使用电源盘	触电	较小	工作前认真检查电源盘应完好、无缺陷、无安全隐患，电源盘及研磨机检查应合格，不合格的电源盘及研磨机禁止带入检修现场
		研磨机转动部件飞出	机械伤害	较小	阀门研磨时，无关人员远离，工作人员站在侧面
	不合格工器具	手锤锤头与木柄的连接不牢固、锤头破损、木柄未使用整根硬质木料	机械伤害	较小	（1）检查大锤和手锤的锤头应完整，其表面应光滑微凸，不应有歪斜、缺口、凹入及裂纹等缺陷。大锤及手锤的柄应用整根的硬木制成，且头部用楔栓固定。楔栓宜采用金属楔，楔子长度不应大于安装孔的三分之二。锤把上不应有油污。 （2）禁止戴手套抡大锤。 （3）抡大锤时周围不准有人靠近，防止误伤
6. 阀门组装	大锤	锤头与木柄的连接不牢固、锤头破损、木柄未使用整根硬质木料	砸伤	较小	检查大锤和手锤的锤头应完整，其表面应光滑微凸，不应有歪斜、缺口、凹入及裂纹等缺陷。大锤及手锤的柄应用整根的硬木制成，且头部用楔栓固定。楔栓宜采用金属楔，楔子长度不应大于安装孔的三分之二。锤把上不应有油污
		戴手套抡大锤	物体打击	较小	（1）禁止戴手套抡大锤； （2）抡大锤时周围不准有人靠近，防止误伤
		拆卸部件伤手	机械伤害	较小	佩戴防护手套
	高处作业人员	高处作业未正确使用防护用品	高处坠落	重大	（1）高处作业人员必须穿戴好安全帽、防滑鞋，正确佩戴安全带，必要时应使用防坠器； （2）安全带的挂钩应挂在结实、牢固的构件上，或专挂安全带的钢丝绳上，不准低挂高用
	高处的工器具	工器具未系防坠绳及零部件未固定	物体打击	中等	（1）工器具必须使用防坠绳； （2）工器具和零部件应用绳拴在牢固的构件上，不准随便乱放
7. 清理现场及其他	检修废料	检修后，检修废料没有及时清除干净	环境污染	较小	工作结束后，及时清理工作现场

13.78 水冷壁前进口集箱放水门检修

作业步骤	危害辨识	危害描述	产生后果	风险等级	防 范 措 施
1．环境评估	粉尘	未正确佩戴防护口罩	尘肺病	较小	作业人员佩戴防护口罩
2．措施确认	高温蒸汽	检修的系统未有效隔离	灼烫伤	中等	保证检修的一段管道可靠地与其他部分隔断，放尽管道、容器内部的汽、水、烟或可燃气
	电动执行机构	带电	触电	中等	切断电源，挂禁止操作牌
	脚手架	缺损	高处坠落	重大	搭设的脚手架验收合格后方可使用
	不合格电动工器具	（1）电动工器具未经检验合格； （2）电动工器具电源线、电源插头破损	机械伤害	较小	（1）检查研磨机必须经有资质单位检验合格，并张贴检验合格标志； （2）检查研磨机的电源线、电源插头完好无缺损
	检修隔离	隔离措施失效，非工作人员进入	机械伤害	较小	对现场检修区域设置围栏、铺设胶皮，进行有效的隔离，有人监护
3．阀门拆卸及解体	粉尘	未正确佩戴防护口罩	尘肺病	较小	作业人员佩戴防护口罩
	脚手架	缺损	高处坠落	重大	及时检查及补全缺失防护栏并验收合格，工作负责人每日工作前必须对脚手架进行检查，如果发现缺陷，应立即修整
	高处作业人员	高处作业未正确使用防护用品	高处坠落	重大	（1）高处作业人员必须穿戴好安全帽、防滑鞋，正确佩戴安全带，必要时应使用防坠器； （2）安全带的挂钩应挂在结实、牢固的构件上，或专挂安全带的钢丝绳上，不准低挂高用
	高处落物	工器具或材料掉落	撞击	较小	采取防止工具、材料、物品掉落的措施。禁止交叉作业
	高温物体	身体直接接触阀门阀体高温金属部件被烫伤。阀门内存在余汽水或隔离门不严，拆阀门解体时汽水喷出造成人身伤害	灼烫伤	较小	被解体的阀门能有效隔离且隔离严密，阀门前后疏水门打开，放尽余汽水；监测阀体温度低于50℃时方可拆除保温及阀门部件
4．零部件清理、检查、测量	粉尘	未正确佩戴防护口罩	尘肺病	较小	作业人员佩戴防护口罩
	脚手架	缺损	高处坠落	重大	及时检查及补全缺失防护栏并验收合格，工作负责人每日工作前必须对脚手架进行检查，如果发现缺陷，应立即修整
	高处作业人员	高处作业未正确使用防护用品	高处坠落	重大	（1）高处作业人员必须穿戴好安全帽、防滑鞋，正确佩戴安全带，必要时应使用防坠器； （2）安全带的挂钩应挂在结实、牢固的构件上，或专挂安全带的钢丝绳上，不准低挂高用
	高处落物	工器具或材料掉落	撞击	较小	采取防止工具、材料、物品掉落的措施。禁止交叉作业
	误用不合格电动工器具	（1）电动工器具未经检验合格； （2）电动工器具电源线、电源插头破损，防护罩破损缺失，磨片破损	机械伤害	较小	（1）检查角磨机必须经有资质单位检验合格，并张贴检验合格标志； （2）检查角磨机的电源线、电源插头完好无缺损，防护罩、角磨片完好无缺损； （3）使用合格的手锤

续表

作业步骤	危害辨识	危害描述	产生后果	风险等级	防范措施
5. 部件修复	粉尘	未正确佩戴防护口罩	尘肺病	较小	作业人员佩戴防护口罩
	脚手架	缺损	高处坠落	重大	及时检查及补全缺失防护栏并验收合格，工作负责人每日工作前必须对脚手架进行检查，如果发现缺陷，应立即修整
	高处作业人员	高处作业未正确使用防护用品	高处坠落	重大	（1）高处作业人员必须穿戴好安全帽、防滑鞋，正确佩戴安全带，必要时应使用防坠器； （2）安全带的挂钩应挂在结实、牢固的构件上，或专挂安全带的钢丝绳上，不准低挂高用
	高处落物	工器具或材料掉落	撞击	较小	采取防止工具、材料、物品掉落的措施。禁止交叉作业
	电动研磨机	电源盘没有漏电保护器	触电	较小	电动工具必须配置可靠的漏电保护器
		电源盘及研磨机绝缘损坏	触电	较小	检查研磨机、电源盘的电缆线绝缘合格，绝缘材料应无破损，导线无裸露方可使用
		违规使用电源盘	触电	较小	工作前认真检查电源盘应完好、无缺陷、无安全隐患，电源盘及研磨机检查应合格，不合格的电源盘及研磨机禁止带入检修现场
		研磨机转动部件飞出	机械伤害	较小	阀门研磨时，无关人员远离，工作人员站在侧面
	不合格工器具	手锤锤头与木柄的连接不牢固、锤头破损、木柄未使用整根硬质木料	机械伤害	较小	（1）检查大锤和手锤的锤头应完整，其表面应光滑微凸，不应有歪斜、缺口、凹入及裂纹等缺陷。大锤及手锤的柄应用整根的硬木制成，且头部用楔栓固定。楔栓宜采用金属楔，楔子长度不应大于安装孔的三分之二。锤把上不应有油污。 （2）禁止戴手套抡大锤。 （3）抡大锤时周围不准有人靠近，防止误伤
6. 阀门组装	大锤	锤头与木柄的连接不牢固、锤头破损、木柄未使用整根硬质木料	砸伤	较小	检查大锤和手锤的锤头应完整，其表面应光滑微凸，不应有歪斜、缺口、凹入及裂纹等缺陷。大锤及手锤的柄应用整根的硬木制成，且头部用楔栓固定。楔栓宜采用金属楔，楔子长度不应大于安装孔的三分之二。锤把上不应有油污
		戴手套抡大锤	物体打击	较小	（1）禁止戴手套抡大锤； （2）抡大锤时周围不准有人靠近，防止误伤
		拆卸部件伤手	机械伤害	较小	佩戴防护手套
	高处作业人员	高处作业未正确使用防护用品	高处坠落	重大	（1）高处作业人员必须穿戴好安全帽、防滑鞋，正确佩戴安全带，必要时应使用防坠器； （2）安全带的挂钩应挂在结实、牢固的构件上，或专挂安全带的钢丝绳上，不准低挂高用
	高处的工器具	工器具未系防坠绳及零部件未固定	物体打击	中等	（1）工器具必须使用防坠绳； （2）工器具和零部件应用绳拴在牢固的构件上，不准随便乱放
7. 清理现场及其他	检修废料	检修后，检修废料没有及时清除干净	环境污染	较小	工作结束后，及时清理工作现场

13.79 水冷壁中间集箱放水门检修

作业步骤	危害辨识	危害描述	产生后果	风险等级	防范措施
1. 环境评估	粉尘	未正确佩戴防护口罩	尘肺病	较小	作业人员佩戴防护口罩

续表

作业步骤	危害辨识	危害描述	产生后果	风险等级	防 范 措 施
2．措施确认	高温蒸汽	检修的系统未有效隔离	灼烫伤	中等	保证检修的一段管道可靠地与其他部分隔断，放尽管道、容器内部的汽、水、烟或可燃气
	电动执行机构	带电	触电	中等	切断电源，挂禁止操作牌
	脚手架	缺损	高处坠落	重大	搭设的脚手架验收合格后方可使用
	不合格电动工器具	（1）电动工器具未经检验合格； （2）电动工器具电源线、电源插头破损	机械伤害	较小	（1）检查研磨机必须经有资质单位检验合格，并张贴检验合格标志； （2）检查研磨机的电源线、电源插头完好无缺损
	检修隔离	隔离措施失效，非工作人员进入	机械伤害	较小	对现场检修区域设置围栏、铺设胶皮，进行有效的隔离，有人监护
3．阀门拆卸及解体	粉尘	未正确佩戴防护口罩	尘肺病	较小	作业人员佩戴防护口罩
	脚手架	缺损	高处坠落	重大	及时检查及补全缺失防护栏并验收合格，工作负责人每日工作前必须对脚手架进行检查，如果发现缺陷，应立即修整
	高处作业人员	高处作业未正确使用防护用品	高处坠落	重大	（1）高处作业人员必须穿戴好安全帽、防滑鞋，正确佩戴安全带，必要时应使用防坠器； （2）安全带的挂钩应挂在结实、牢固的构件上，或专挂安全带的钢丝绳上，不准低挂高用
	高处落物	工器具或材料掉落	撞击	较小	采取防止工具、材料、物品掉落的措施。禁止交叉作业
	高温物体	身体直接接触阀门阀体高温金属部件被烫伤。阀门内存在余汽水或隔离门不严，拆阀门解体时汽水喷出造成人身伤害	灼烫伤	较小	被解体的阀门能有效隔离且隔离严密，阀门前后疏水门打开，放尽余汽水；监测阀体温度低于50℃时方可拆除保温及阀门部件
4．零部件清理、检查、测量	粉尘	未正确佩戴防护口罩	尘肺病	较小	作业人员佩戴防护口罩
	脚手架	缺损	高处坠落	重大	及时检查及补全缺失防护栏并验收合格，工作负责人每日工作前必须对脚手架进行检查，如果发现缺陷，应立即修整
	高处作业人员	高处作业未正确使用防护用品	高处坠落	重大	（1）高处作业人员必须穿戴好安全帽、防滑鞋，正确佩戴安全带，必要时应使用防坠器； （2）安全带的挂钩应挂在结实、牢固的构件上，或专挂安全带的钢丝绳上，不准低挂高用
	高处落物	工器具或材料掉落	撞击	较小	采取防止工具、材料、物品掉落的措施。禁止交叉作业
	误用不合格电动工器具	（1）电动工器具未经检验合格； （2）电动工器具电源线、电源插头破损，防护罩破损缺失，磨片破损	机械伤害	较小	（1）检查角磨机必须经有资质单位检验合格，并张贴检验合格标志； （2）检查角磨机的电源线、电源插头完好无缺损，防护罩、角磨片完好无缺损； （3）使用合格的手锤
5．部件修复	粉尘	未正确佩戴防护口罩	尘肺病	较小	作业人员佩戴防护口罩
	脚手架	缺损	高处坠落	重大	及时检查及补全缺失防护栏并验收合格，工作负责人每日工作前必须对脚手架进行检查，如果发现缺陷，应立即修整
	高处作业人员	高处作业未正确使用防护用品	高处坠落	重大	（1）高处作业人员必须穿戴好安全帽、防滑鞋，正确佩戴安全带，必要时应使用防坠器； （2）安全带的挂钩应挂在结实、牢固的构件上，或专挂安全带的钢丝绳上，不准低挂高用

续表

作业步骤	危害辨识	危害描述	产生后果	风险等级	防 范 措 施
5. 部件修复	高处落物	工器具或材料掉落	撞击	较小	采取防止工具、材料、物品掉落的措施。禁止交叉作业
	电动研磨机	电源盘没有漏电保护器	触电	较小	电动工具必须配置可靠的漏电保护器
		电源盘及研磨机绝缘损坏	触电	较小	检查研磨机、电源盘的电缆线绝缘合格，绝缘材料应无破损，导线无裸露方可使用
		违规使用电源盘	触电	较小	工作前认真检查电源盘应完好、无缺陷、无安全隐患，电源盘及研磨机检查应合格，不合格的电源盘及研磨机禁止带入检修现场
		研磨机转动部件飞出	机械伤害	较小	阀门研磨时，无关人员远离，工作人员站在侧面
	不合格工器具	手锤锤头与木柄的连接不牢固、锤头破损、木柄未使用整根硬质木料	机械伤害	较小	（1）检查大锤和手锤的锤头应完整，其表面应光滑微凸，不应有歪斜、缺口、凹入及裂纹等缺陷。大锤及手锤的柄应用整根的硬木制成，且头部用楔栓固定。楔栓宜采用金属楔，楔子长度不应大于安装孔的三分之二。锤把上不应有油污。 （2）禁止戴手套抡大锤。 （3）抡大锤时周围不准有人靠近，防止误伤
6. 阀门组装	大锤	锤头与木柄的连接不牢固、锤头破损、木柄未使用整根硬质木料	砸伤	较小	检查大锤和手锤的锤头应完整，其表面应光滑微凸，不应有歪斜、缺口、凹入及裂纹等缺陷。大锤及手锤的柄应用整根的硬木制成，且头部用楔栓固定。楔栓宜采用金属楔，楔子长度不应大于安装孔的三分之二。锤把上不应有油污
		戴手套抡大锤	物体打击	较小	（1）禁止戴手套抡大锤； （2）抡大锤时周围不准有人靠近，防止误伤
		拆卸部件伤手	机械伤害	较小	佩戴防护手套
	高处作业人员	高处作业未正确使用防护用品	高处坠落	重大	（1）高处作业人员必须穿戴好安全帽、防滑鞋，正确佩戴安全带，必要时应使用防坠器； （2）安全带的挂钩应挂在结实、牢固的构件上，或专挂安全带的钢丝绳上，不准低挂高用
	高处的工器具	工器具未系防坠绳及零部件未固定	物体打击	中等	（1）工器具必须使用防坠绳； （2）工器具和零部件应用绳拴在牢固的构件上，不准随便乱放
7. 清理现场及其他	检修废料	检修后，检修废料没有及时清除干净	环境污染	较小	工作结束后，及时清理工作现场

13.80 微量喷水放水门检修

作业步骤	危害辨识	危害描述	产生后果	风险等级	防 范 措 施
1. 环境评估	粉尘	未正确佩戴防护口罩	尘肺病	较小	作业人员佩戴防护口罩
2. 措施确认	高温蒸汽	检修的系统未有效隔离	灼烫伤	中等	保证检修的一段管道可靠地与其他部分隔断，放尽管道、容器内部的汽、水、烟或可燃气
	电动执行机构	带电	触电	中等	切断电源，挂禁止操作牌
	脚手架	缺损	高处坠落	重大	搭设的脚手架验收合格后方可使用

续表

作业步骤	危害辨识	危害描述	产生后果	风险等级	防范措施
2. 措施确认	不合格电动工器具	（1）电动工器具未经检验合格； （2）电动工器具电源线、电源插头破损	机械伤害	较小	（1）检查研磨机必须经有资质单位检验合格，并张贴检验合格标志； （2）检查研磨机的电源线、电源插头完好无缺损
	检修隔离	隔离措施失效，非工作人员进入	机械伤害	较小	对现场检修区域设置围栏、铺设胶皮，进行有效的隔离，有人监护
3. 阀门拆卸及解体	粉尘	未正确佩戴防护口罩	尘肺病	较小	作业人员佩戴防护口罩
	脚手架	缺损	高处坠落	重大	及时检查及补全缺失防护栏并验收合格，工作负责人每日工作前必须对脚手架进行检查，如果发现缺陷，应立即修整
	高处作业人员	高处作业未正确使用防护用品	高处坠落	重大	（1）高处作业人员必须穿戴好安全帽、防滑鞋，正确佩戴安全带，必要时应使用防坠器； （2）安全带的挂钩应挂在结实、牢固的构件上，或专挂安全带的钢丝绳上，不准低挂高用
	高处落物	工器具或材料掉落	撞击	较小	采取防止工具、材料、物品掉落的措施。禁止交叉作业
	高温物体	身体直接接触阀门阀体高温金属部件被烫伤。阀门内存在余汽水或隔离门不严，拆阀门解体时汽水喷出造成人身伤害	灼烫伤	较小	被解体的阀门能有效隔离且隔离严密，阀门前后疏水门打开，放尽余汽水；监测阀体温度低于50℃时方可拆除保温及阀门部件
4. 零部件清理、检查、测量	粉尘	未正确佩戴防护口罩	尘肺病	较小	作业人员佩戴防护口罩
	脚手架	缺损	高处坠落	重大	及时检查及补全缺失防护栏并验收合格，工作负责人每日工作前必须对脚手架进行检查，如果发现缺陷，应立即修整
	高处作业人员	高处作业未正确使用防护用品	高处坠落	重大	（1）高处作业人员必须穿戴好安全帽、防滑鞋，正确佩戴安全带，必要时应使用防坠器； （2）安全带的挂钩应挂在结实、牢固的构件上，或专挂安全带的钢丝绳上，不准低挂高用
	高处落物	工器具或材料掉落	撞击	较小	采取防止工具、材料、物品掉落的措施。禁止交叉作业
	误用不合格电动工器具	（1）电动工器具未经检验合格； （2）电动工器具电源线、电源插头破损，防护罩破损缺失，磨片破损	机械伤害	较小	（1）检查角磨机必须经有资质单位检验合格，并张贴检验合格标志； （2）检查角磨机的电源线、电源插头完好无缺损，防护罩、角磨片完好无缺损； （3）使用合格的手锤
5. 部件修复	粉尘	未正确佩戴防护口罩	尘肺病	较小	作业人员佩戴防护口罩
	脚手架	缺损	高处坠落	重大	及时检查及补全缺失防护栏并验收合格，工作负责人每日工作前必须对脚手架进行检查，如果发现缺陷，应立即修整
	高处作业人员	高处作业未正确使用防护用品	高处坠落	重大	（1）高处作业人员必须穿戴好安全帽、防滑鞋，正确佩戴安全带，必要时应使用防坠器； （2）安全带的挂钩应挂在结实、牢固的构件上，或专挂安全带的钢丝绳上，不准低挂高用
	高处落物	工器具或材料掉落	撞击	较小	采取防止工具、材料、物品掉落的措施。禁止交叉作业
	电动研磨机	电源盘没有漏电保护器	触电	较小	电动工具必须配置可靠的漏电保护器
		电源盘及研磨机绝缘损坏	触电	较小	检查研磨机、电源盘的电缆线绝缘合格，绝缘材料应无破损，导线无裸露方可使用

续表

作业步骤	危害辨识	危害描述	产生后果	风险等级	防 范 措 施
5．部件修复	电动研磨机	违规使用电源盘	触电	较小	工作前认真检查电源盘应完好、无缺陷、无安全隐患，电源盘及研磨机检查应合格，不合格的电源盘及研磨机禁止带入检修现场
		研磨机转动部件飞出	机械伤害	较小	阀门研磨时，无关人员远离，工作人员站在侧面
	不合格工器具	手锤锤头与木柄的连接不牢固、锤头破损、木柄未使用整根硬质木料	机械伤害	较小	（1）检查大锤和手锤的锤头应完整，其表面应光滑微凸，不应有歪斜、缺口、凹入及裂纹等缺陷。大锤及手锤的柄应用整根的硬木制成，且头部用楔栓固定。楔栓宜采用金属楔，楔子长度不应大于安装孔的三分之二。锤把上不应有油污。 （2）禁止戴手套抡大锤。 （3）抡大锤时周围不准有人靠近，防止误伤
6．阀门组装	大锤	锤头与木柄的连接不牢固、锤头破损、木柄未使用整根硬质木料	砸伤	较小	检查大锤和手锤的锤头应完整，其表面应光滑微凸，不应有歪斜、缺口、凹入及裂纹等缺陷。大锤及手锤的柄应用整根的硬木制成，且头部用楔栓固定。楔栓宜采用金属楔，楔子长度不应大于安装孔的三分之二。锤把上不应有油污
		戴手套抡大锤	物体打击	较小	（1）禁止戴手套抡大锤； （2）抡大锤时周围不准有人靠近，防止误伤
		拆卸部件伤手	机械伤害	较小	佩戴防护手套
	高处作业人员	高处作业未正确使用防护用品	高处坠落	重大	（1）高处作业人员必须穿戴好安全帽、防滑鞋，正确佩戴安全带，必要时应使用防坠器； （2）安全带的挂钩应挂在结实、牢固的构件上，或专挂安全带的钢丝绳上，不准低挂高用
	高处的工器具	工器具未系防坠绳及零部件未固定	物体打击	中等	（1）工器具必须使用防坠绳； （2）工器具和零部件应用绳拴在牢固的构件上，不准随便乱放
7．清理现场及其他	检修废料	检修后，检修废料没有及时清除干净	环境污染	较小	工作结束后，及时清理工作现场

13.81 微量喷水隔绝门检修

作业步骤	危害辨识	危害描述	产生后果	风险等级	防 范 措 施
1．环境评估	粉尘	未正确佩戴防护口罩	尘肺病	较小	作业人员佩戴防护口罩
2．措施确认	高温蒸汽	检修的系统未有效隔离	灼烫伤	中等	保证检修的一段管道可靠地与其他部分隔断，放尽管道、容器内部的汽、水、烟或可燃气
	脚手架	缺损	高处坠落	重大	搭设的脚手架验收合格后方可使用
	电动执行机构	带电	触电	中等	切断电源，挂禁止操作牌
	不合格电动工器具	（1）电动工器具未经检验合格； （2）电动工器具电源线、电源插头破损	机械伤害	较小	（1）检查研磨机必须经有资质单位检验合格，并张贴检验合格标志； （2）检查研磨机的电源线、电源插头完好无缺损
	检修隔离	隔离措施失效，非工作人员进入	机械伤害	较小	对现场检修区域设置围栏、铺设胶皮，进行有效的隔离，有人监护

续表

作业步骤	危害辨识	危害描述	产生后果	风险等级	防 范 措 施
3. 阀门拆卸及解体	粉尘	未正确佩戴防护口罩	尘肺病	较小	作业人员佩戴防护口罩
	脚手架	缺损	高处坠落	重大	及时检查及补全缺失防护栏并验收合格，工作负责人每日工作前必须对脚手架进行检查，如果发现缺陷，应立即修整
	高处作业人员	高处作业未正确使用防护用品	高处坠落	重大	（1）高处作业人员必须穿戴好安全帽、防滑鞋，正确佩戴安全带，必要时应使用防坠器； （2）安全带的挂钩应挂在结实、牢固的构件上，或专挂安全带的钢丝绳上，不准低挂高用
	高处落物	工器具或材料掉落	撞击	较小	采取防止工具、材料、物品掉落的措施。禁止交叉作业
	高温物体	身体直接接触阀门阀体高温金属部件被烫伤。阀门内存在余汽水或隔离门不严，拆阀门解体时汽水喷出造成人身伤害	灼烫伤	较小	被解体的阀门能有效隔离且隔离严密，阀门前后疏水门打开，放尽余汽水；监测阀体温度低于 50℃时方可拆除保温及阀门部件
4. 零部件清理、检查、测量	粉尘	未正确佩戴防护口罩	尘肺病	较小	作业人员佩戴防护口罩
	脚手架	缺损	高处坠落	重大	及时检查及补全缺失防护栏并验收合格，工作负责人每日工作前必须对脚手架进行检查，如果发现缺陷，应立即修整
	高处作业人员	高处作业未正确使用防护用品	高处坠落	重大	（1）高处作业人员必须穿戴好安全帽、防滑鞋，正确佩戴安全带，必要时应使用防坠器； （2）安全带的挂钩应挂在结实、牢固的构件上，或专挂安全带的钢丝绳上，不准低挂高用
	高处落物	工器具或材料掉落	撞击	较小	采取防止工具、材料、物品掉落的措施。禁止交叉作业
	误用不合格电动工器具	（1）电动工器具未经检验合格； （2）电动工器具电源线、电源插头破损，防护罩破损缺失，磨片破损	机械伤害	较小	（1）检查角磨机必须经有资质单位检验合格，并张贴检验合格标志； （2）检查角磨机的电源线、电源插头完好无缺损，防护罩、角磨片完好无缺损； （3）使用合格的手锤
5. 部件修复	粉尘	未正确佩戴防护口罩	尘肺病	较小	作业人员佩戴防护口罩
	脚手架	缺损	高处坠落	重大	及时检查及补全缺失防护栏并验收合格，工作负责人每日工作前必须对脚手架进行检查，如果发现缺陷，应立即修整
	高处作业人员	高处作业未正确使用防护用品	高处坠落	重大	（1）高处作业人员必须穿戴好安全帽、防滑鞋，正确佩戴安全带，必要时应使用防坠器； （2）安全带的挂钩应挂在结实、牢固的构件上，或专挂安全带的钢丝绳上，不准低挂高用
	高处落物	工器具或材料掉落	撞击	较小	采取防止工具、材料、物品掉落的措施。禁止交叉作业
	电动研磨机	电源盘没有漏电保护器	触电	较小	电动工具必须配置可靠的漏电保护器
		电源盘及研磨机绝缘损坏	触电	较小	检查研磨机、电源盘的电缆线绝缘合格，绝缘材料应无破损，导线无裸露方可使用
		违规使用电源盘	触电	较小	工作前认真检查电源盘应完好、无缺陷、无安全隐患，电源盘及研磨机检查应合格，不合格的电源盘及研磨机禁止带入检修现场
		研磨机转动部件飞出	机械伤害	较小	阀门研磨时，无关人员远离，工作人员站在侧面

续表

作业步骤	危害辨识	危害描述	产生后果	风险等级	防 范 措 施
5. 部件修复	不合格工器具	手锤锤头与木柄的连接不牢固、锤头破损、木柄未使用整根硬质木料	机械伤害	较小	（1）检查大锤和手锤的锤头应完整，其表面应光滑微凸，不应有歪斜、缺口、凹入及裂纹等缺陷。大锤及手锤的柄应用整根的硬木制成，且头部用楔栓固定。楔栓宜采用金属楔，楔子长度不应大于安装孔的三分之二。锤把上不应有油污。 （2）禁止戴手套抡大锤。 （3）抡大锤时周围不准有人靠近，防止误伤
6. 阀门组装	大锤	锤头与木柄的连接不牢固、锤头破损、木柄未使用整根硬质木料	砸伤	较小	检查大锤和手锤的锤头应完整，其表面应光滑微凸，不应有歪斜、缺口、凹入及裂纹等缺陷。大锤及手锤的柄应用整根的硬木制成，且头部用楔栓固定。楔栓宜采用金属楔，楔子长度不应大于安装孔的三分之二。锤把上不应有油污
		戴手套抡大锤	物体打击	较小	（1）禁止戴手套抡大锤； （2）抡大锤时周围不准有人靠近，防止误伤
		拆卸部件伤手	机械伤害	较小	佩戴防护手套
	高处作业人员	高处作业未正确使用防护用品	高处坠落	重大	（1）高处作业人员必须穿戴好安全帽、防滑鞋，正确佩戴安全带，必要时应使用防坠器； （2）安全带的挂钩应挂在结实、牢固的构件上，或专挂安全带的钢丝绳上，不准低挂高用
	高处的工器具	工器具未系防坠绳及零部件未固定	物体打击	中等	（1）工器具必须使用防坠绳； （2）工器具和零部件应用绳拴在牢固的构件上，不准随便乱放
7. 清理现场及其他	检修废料	检修后，检修废料没有及时清除干净	环境污染	较小	工作结束后，及时清理工作现场

13.82 微量喷水逆止门检修

作业步骤	危害辨识	危害描述	产生后果	风险等级	防 范 措 施
1. 环境评估	粉尘	未正确佩戴防护口罩	尘肺病	较小	作业人员佩戴防护口罩
2. 措施确认	高温蒸汽	检修的系统未有效隔离	灼烫伤	中等	保证检修的一段管道可靠地与其他部分隔断，放尽管道、容器内部的汽、水、烟或可燃气
	脚手架	缺损	高处坠落	重大	搭设的脚手架验收合格后方可使用
	不合格电动工器具	（1）电动工器具未经检验合格； （2）电动工器具电源线、电源插头破损	机械伤害	较小	（1）检查研磨磨机必须经有资质单位检验合格，并张贴检验合格标志； （2）检查研磨机的电源线、电源插头完好无缺损
	检修隔离	隔离措施失效，非工作人员进入	机械伤害	较小	对现场检修区域设置围栏、铺设胶皮，进行有效的隔离，有人监护
	保温石棉	未正确佩戴防护口罩	尘肺病	较小	工作人员戴好防护口罩
3. 阀门拆卸及解体	粉尘	未正确佩戴防护口罩	尘肺病	较小	作业人员佩戴防护口罩
	脚手架	缺损	高处坠落	重大	及时检查及补全缺失防护栏并验收合格，工作负责人每日工作前必须对脚手架进行检查，如果发现缺陷，应立即修整
	高处作业人员	高处作业未正确使用防护用品	高处坠落	重大	（1）高处作业人员必须穿戴好安全帽、防滑鞋，正确佩戴安全带，必要时应使用防坠器； （2）安全带的挂钩应挂在结实、牢固的构件上，或专挂安全带的钢丝绳上，不准低挂高用

续表

作业步骤	危害辨识	危害描述	产生后果	风险等级	防 范 措 施
3．阀门拆卸及解体	高处落物	工器具或材料掉落	撞击	较小	采取防止工具、材料、物品掉落的措施。禁止交叉作业
	高温物体	身体直接接触阀门阀体高温金属部件被烫伤。阀门内存在余汽水或隔离门不严，拆阀门解体时汽水喷出造成人身伤害	灼烫伤	较小	被解体的阀门能有效隔离且隔离严密，阀门前后疏水门打开，放尽余汽水；监测阀体温度低于50℃时方可拆除保温及阀门部件
	拆卸螺栓	拆卸门架时挤伤手指	机械伤害	较小	（1）拆卸时戴手套； （2）使用合格的手锤
	起吊物	起重工具	起重伤害	中等	（1）起吊前检查起重工具是否合格可用； （2）检查工器具是否完好，禁止野蛮操作
		指挥	起重伤害	较小	起重作业由专业的起重人员进行操作指挥
4．零部件清理、检查、测量	粉尘	未正确佩戴防护口罩	尘肺病	较小	作业人员佩戴防护口罩
	脚手架	缺损	高处坠落	重大	及时检查及补全缺失防护栏并验收合格，工作负责人每日工作前必须对脚手架进行检查，如果发现缺陷，应立即修整
	高处作业人员	高处作业未正确使用防护用品	高处坠落	重大	（1）高处作业人员必须穿戴好安全帽、防滑鞋，正确佩戴安全带，必要时应使用防坠器； （2）安全带的挂钩应挂在结实、牢固的构件上，或专挂安全带的钢丝绳上，不准低挂高用
	高处落物	工器具或材料掉落	撞击	较小	采取防止工具、材料、物品掉落的措施。禁止交叉作业
	误用不合格电动工器具	（1）电动工器具未经检验合格； （2）电动工器具电源线、电源插头破损，防护罩破损缺失，磨片破损	机械伤害	较小	（1）检查角磨机必须经有资质单位检验合格，并张贴检验合格标志； （2）检查角磨机的电源线、电源插头完好无缺损，防护罩、角磨片完好无缺损； （3）使用合格的手锤
5．阀瓣、阀座密封面修研	粉尘	未正确佩戴防护口罩	尘肺病	较小	作业人员佩戴防护口罩
	脚手架	缺损	高处坠落	重大	及时检查及补全缺失防护栏并验收合格，工作负责人每日工作前必须对脚手架进行检查，如果发现缺陷，应立即修整
	高处作业人员	高处作业未正确使用防护用品	高处坠落	重大	（1）高处作业人员必须穿戴好安全帽、防滑鞋，正确佩戴安全带，必要时应使用防坠器； （2）安全带的挂钩应挂在结实、牢固的构件上，或专挂安全带的钢丝绳上，不准低挂高用
	高处落物	工器具或材料掉落	撞击	较小	采取防止工具、材料、物品掉落的措施。禁止交叉作业
	电动研磨机	电源盘没有漏电保护器	触电	较小	电动工具必须配置可靠的漏电保护器
		电源盘及研磨机绝缘损坏	触电	较小	检查研磨机、电源盘的电缆线绝缘合格，绝缘材料应无破损，导线无裸露方可使用
		违规使用电源盘	触电	较小	工作前认真检查电源盘应完好、无缺陷、无安全隐患，电源盘及研磨机检查应合格，不合格的电源盘及研磨机禁止带入检修现场
		研磨机转动部件飞出	机械伤害	较小	阀门研磨时，无关人员远离，工作人员站在侧面

续表

作业步骤	危害辨识	危害描述	产生后果	风险等级	防 范 措 施
5. 阀瓣、阀座密封面修研	不合格工器具	手锤锤头与木柄的连接不牢固、锤头破损、木柄未使用整根硬质木料	机械伤害	较小	（1）检查大锤和手锤的锤头应完整，其表面应光滑微凸，不应有歪斜、缺口、凹入及裂纹等缺陷。大锤及手锤的柄应用整根的硬木制成，且头部用楔栓固定。楔栓宜采用金属楔，楔子长度不应大于安装孔的三分之二。锤把上不应有油污。 （2）禁止戴手套抡大锤。 （3）抡大锤时周围不准有人靠近，防止误伤
6. 阀瓣、阀座密封面验证	高处作业人员	高处作业未正确使用防护用品	高处坠落	重大	（1）高处作业人员必须穿戴好安全帽、防滑鞋，正确佩戴安全带，必要时应使用防坠器； （2）安全带的挂钩应挂在结实、牢固的构件上，或专挂安全带的钢丝绳上，不准低挂高用
7. 阀门组装	大锤	锤头与木柄的连接不牢固、锤头破损、木柄未使用整根硬质木料	砸伤	较小	检查大锤和手锤的锤头应完整，其表面应光滑微凸，不应有歪斜、缺口、凹入及裂纹等缺陷。大锤及手锤的柄应用整根的硬木制成，且头部用楔栓固定。楔栓宜采用金属楔，楔子长度不应大于安装孔的三分之二。锤把上不应有油污
		戴手套抡大锤	物体打击	较小	（1）禁止戴手套抡大锤； （2）抡大锤时周围不准有人靠近，防止误伤
		拆卸部件伤手	机械伤害	较小	佩戴防护手套
	高处作业人员	高处作业未正确使用防护用品	高处坠落	重大	（1）高处作业人员必须穿戴好安全帽、防滑鞋，正确佩戴安全带，必要时应使用防坠器； （2）安全带的挂钩应挂在结实、牢固的构件上，或专挂安全带的钢丝绳上，不准低挂高用
	高处的工器具	工器具未系防坠绳及零部件未固定	物体打击	中等	（1）工器具必须使用防坠绳； （2）工器具和零部件应用绳拴在牢固的构件上，不准随便乱放
8. 清理现场及其他	检修废料	检修后，检修废料没有及时清除干净	环境污染	较小	工作结束后，及时清理工作现场

13.83 微量喷水调门检修

作业步骤	危害辨识	危害描述	产生后果	风险等级	防 范 措 施
1. 环境评估	粉尘	未正确佩戴防护口罩	尘肺病	较小	作业人员佩戴防护口罩
2. 措施确认	高温蒸汽	检修的系统未有效隔离	灼烫伤	中等	保证检修的一段管道可靠地与其他部分隔断，放尽管道、容器内部的汽、水、烟或可燃气
	电动执行机构	带电	触电	中等	切断电源，挂禁止操作牌
	脚手架	缺损	高处坠落	重大	搭设的脚手架验收合格后方可使用
	不合格电动工器具	（1）电动工器具未经检验合格； （2）电动工器具电源线、电源插头破损	机械伤害	较小	（1）检查研磨机必须经有资质单位检验合格，并张贴检验合格标志； （2）检查研磨机的电源线、电源插头完好无缺损
	检修隔离	隔离措施失效，非工作人员进入	机械伤害	较小	对现场检修区域设置围栏、铺设胶皮，进行有效的隔离，有人监护

续表

作业步骤	危害辨识	危害描述	产生后果	风险等级	防范措施
3．阀门拆卸及解体	粉尘	未正确佩戴防护口罩	尘肺病	较小	作业人员佩戴防护口罩
	脚手架	缺损	高处坠落	重大	及时检查及补全缺失防护栏并验收合格，工作负责人每日工作前必须对脚手架进行检查，如果发现缺陷，应立即修整
	高处作业人员	高处作业未正确使用防护用品	高处坠落	重大	（1）高处作业人员必须穿戴好安全帽、防滑鞋，正确佩戴安全带，必要时应使用防坠器； （2）安全带的挂钩应挂在结实、牢固的构件上，或专挂安全带的钢丝绳上，不准低挂高用
	高处落物	工器具或材料掉落	撞击	较小	采取防止工具、材料、物品掉落的措施。禁止交叉作业
	高温物体	身体直接接触阀门阀体高温金属部件被烫伤。阀门内存在余汽水或隔离门不严，拆阀门解体时汽水喷出造成人身伤害	灼烫伤	较小	被解体的阀门能有效隔离且隔离严密，阀门前后疏水门打开，放尽余汽水；监测阀体温度低于 50℃时方可拆除保温及阀门部件
	拆卸螺栓	拆卸门架时挤伤手指	机械伤害	较小	（1）拆卸时戴手套； （2）使用合格的手锤
	起吊物	起重工具	起重伤害	中等	（1）起吊前检查起重工具是否合格可用； （2）检查工器具是否完好，禁止野蛮操作
		指挥	起重伤害	较小	起重作业由专业的起重人员进行操作指挥
4．零部件清理、检查、测量	粉尘	未正确佩戴防护口罩	尘肺病	较小	作业人员佩戴防护口罩
	脚手架	缺损	高处坠落	重大	及时检查及补全缺失防护栏并验收合格，工作负责人每日工作前必须对脚手架进行检查，如果发现缺陷，应立即修整
	高处作业人员	高处作业未正确使用防护用品	高处坠落	重大	（1）高处作业人员必须穿戴好安全帽、防滑鞋，正确佩戴安全带，必要时应使用防坠器； （2）安全带的挂钩应挂在结实、牢固的构件上，或专挂安全带的钢丝绳上，不准低挂高用
	高处落物	工器具或材料掉落	撞击	较小	采取防止工具、材料、物品掉落的措施。禁止交叉作业
	误用不合格电动工器具	（1）电动工器具未经检验合格； （2）电动工器具电源线、电源插头破损，防护罩破损缺失，磨片破损	机械伤害	较小	（1）检查角磨机必须经有资质单位检验合格，并张贴检验合格标志； （2）检查角磨机的电源线、电源插头完好无缺损，防护罩、角磨片完好无缺损； （3）使用合格的手锤
5．部件修复	粉尘	未正确佩戴防护口罩	尘肺病	较小	作业人员佩戴防护口罩
	脚手架	缺损	高处坠落	重大	及时检查及补全缺失防护栏并验收合格，工作负责人每日工作前必须对脚手架进行检查，如果发现缺陷，应立即修整
	高处作业人员	高处作业未正确使用防护用品	高处坠落	重大	（1）高处作业人员必须穿戴好安全帽、防滑鞋，正确佩戴安全带，必要时应使用防坠器； （2）安全带的挂钩应挂在结实、牢固的构件上，或专挂安全带的钢丝绳上，不准低挂高用
	高处落物	工器具或材料掉落	撞击	较小	采取防止工具、材料、物品掉落的措施。禁止交叉作业

续表

作业步骤	危害辨识	危害描述	产生后果	风险等级	防 范 措 施
5．部件修复	电动研磨机	电源盘没有漏电保护器	触电	较小	电动工具必须配置可靠的漏电保护器
		电源盘及研磨机绝缘损坏	触电	较小	检查研磨机、电源盘的电缆线绝缘合格，绝缘材料应无破损，导线无裸露方可使用
		违规使用电源盘	触电	较小	工作前认真检查电源盘应完好、无缺陷、无安全隐患，电源盘及研磨机检查应合格，不合格的电源盘及研磨机禁止带入检修现场
		研磨机转动部件飞出	机械伤害	较小	阀门研磨时，无关人员远离，工作人员站在侧面
	不合格工器具	手锤锤头与木柄的连接不牢固、锤头破损、木柄未使用整根硬质木料	机械伤害	较小	（1）检查大锤和手锤的锤头应完整，其表面应光滑微凸，不应有歪斜、缺口、凹入及裂纹等缺陷。大锤及手锤的柄应用整根的硬木制成，且头部用楔栓固定。楔栓宜采用金属楔，楔子长度不应大于安装孔的三分之二。锤把上不应有油污。 （2）禁止戴手套抡大锤。 （3）抡大锤时周围不准有人靠近，防止误伤
6．阀门组装	大锤	锤头与木柄的连接不牢固、锤头破损、木柄未使用整根硬质木料	砸伤	较小	检查大锤和手锤的锤头应完整，其表面应光滑微凸，不应有歪斜、缺口、凹入及裂纹等缺陷。大锤及手锤的柄应用整根的硬木制成，且头部用楔栓固定。楔栓宜采用金属楔，楔子长度不应大于安装孔的三分之二。锤把上不应有油污
		戴手套抡大锤	物体打击	较小	（1）禁止戴手套抡大锤； （2）抡大锤时周围不准有人靠近，防止误伤
		拆卸部件伤手	机械伤害	较小	佩戴防护手套
	高处作业人员	高处作业未正确使用防护用品	高处坠落	重大	（1）高处作业人员必须穿戴好安全帽、防滑鞋，正确佩戴安全带，必要时应使用防坠器； （2）安全带的挂钩应挂在结实、牢固的构件上，或专挂安全带的钢丝绳上，不准低挂高用
	高处的工器具	工器具未系防坠绳及零部件未固定	物体打击	中等	（1）工器具必须使用防坠绳； （2）工器具和零部件应用绳拴在牢固的构件上，不准随便乱放
7．清理现场及其他	检修废料	检修后，检修废料没有及时清除干净	环境污染	较小	工作结束后，及时清理工作现场

13.84 烟道吹灰器检修

作业步骤	危害辨识	危害描述	产生后果	风险等级	防 范 措 施
1．环境评估	粉尘	未正确佩戴防护口罩	尘肺病	较小	作业人员佩戴防护口罩
	高温环境	锅炉内部高于60℃	灼烫伤	较小	测温低于60℃，方可进入炉内
	有限空间	氧量不足、金属容器内工作	窒息、触电	中等	（1）有限空间作业办理有限空间进入许可证，检查有害气体合格后方可进入，人员进出必须登记，并及时记录进出时间；人孔处必须设专人在人孔门处监护并保持通信畅通，不得中途离开。 （2）必须使用12V及以下的安全电压，保证现场充足的照明
2．措施确认	高温蒸汽	检修的系统未有效隔离	灼烫伤	中等	保证检修的一段管道可靠地与其他部分隔断，放尽管道、容器内部的汽、水、烟或可燃气
	点火的油枪	油枪误动	灼烫伤、窒息	中等	各有关阀门应上锁，并挂警告牌，对电动阀门应切断电源。对气缸应隔离气源

续表

作业步骤	危害辨识	危害描述	产生后果	风险等级	防 范 措 施
2．措施确认	转动的风机	送风机、一次风机误动，大量粉尘进入炉膛和尾部烟道	窒息	中等	检修工作开工前工作负责人与工作票许可人共同确认所检修设备已断电
	声波吹灰器	声波吹灰器误动	听力伤害	中等	检修工作开工前工作负责人与工作票许可人共同确认程控柜已断电，隔离气源
	蒸汽吹灰器	蒸汽吹灰器误动	撞击	中等	检修工作开工前工作负责人与工作票许可人共同确认程控柜已断电
	照明	照明不足	高处坠落	重大	保证炉内照明充足
	脚手架	缺损	高处坠落	重大	及时检查及补全缺失防护栏并验收合格，工作负责人每日工作前必须对脚手架进行检查，如果发现缺陷，应立即修整
	误用不合格电动工器具	（1）电动工器具未经检验合格； （2）电动工器具电源线、电源插头破损，防护罩破损缺失，磨片破损	机械伤害	较小	（1）检查角磨机必须经有资质单位检验合格，并张贴检验合格标志； （2）检查角磨机的电源线、电源插头完好无缺损，防护罩、角磨片完好无缺损
3．提升阀、空气阀解体检修	粉尘	未正确佩戴防护口罩	尘肺病	较小	作业人员佩戴防护口罩
	高处作业人员	高处作业未正确使用防护用品	高处坠落	重大	（1）高处作业人员必须穿戴好安全帽、防滑鞋，正确佩戴安全带，必要时应使用防坠器； （2）安全带的挂钩应挂在结实、牢固的构件上，或专挂安全带的钢丝绳上，不准低挂高用
	高处落物	工器具或材料掉落	撞击	较小	采取防止工具、材料、物品掉落的措施。禁止交叉作业
4．内管、外管、喷嘴检修	粉尘	未正确佩戴防护口罩	尘肺病	较小	作业人员佩戴防护口罩
	高处落物	工器具或材料掉落	撞击	较小	采取防止工具、材料、物品掉落的措施。禁止交叉作业
5．齿轮箱检修	粉尘	未正确佩戴防护口罩	尘肺病	较小	作业人员佩戴防护口罩
	高处落物	工器具或材料掉落	撞击	较小	采取防止工具、材料、物品掉落的措施。禁止交叉作业
	电动工器具	（1）电动工器具未经检验合格； （2）电动工器具电源线、电源插头破损，防护罩破损缺失，磨片破损	机械伤害	较小	（1）检查角磨机必须经有资质单位检验合格，并张贴检验合格标志； （2）检查角磨机的电源线、电源插头完好无缺损，防护罩、角磨片完好无缺损； （3）作业人员佩戴防护面罩，带绝缘手套
6．吹灰器回装	粉尘	未正确佩戴防护口罩	尘肺病	较小	作业人员佩戴防护口罩
	高处落物	工器具或材料掉落	撞击	较小	采取防止工具、材料、物品掉落的措施
	有限空间	氧量不足	窒息	较小	有限空间作业办理有限空间进入许可证，检查有害气体合格后方可进入，人员进出必须登记，并及时记录进出时间；人孔处必须设专人在人孔门处监护并保持通信畅通，不得中途离开
		金属容器	触电	中等	必须使用 12V 及以下的安全电压，保证现场充足的照明
	高处落物	工器具或材料掉落	撞击	较小	采取防止工具、材料、物品掉落的措施。禁止交叉作业
7．清理现场及其他	检修废料	检修后，检修废料没有及时清除干净	环境污染	较小	工作结束后，及时清理工作现场

13.85 烟温探针检修

作业步骤	危害辨识	危害描述	产生后果	风险等级	防 范 措 施
1. 环境评估	粉尘	未正确佩戴防护口罩	尘肺病	较小	作业人员佩戴防护口罩
	高温环境	锅炉内部高于60℃	灼烫伤	较小	测温低于60℃，方可进入炉内
	有限空间	氧量不足、金属容器内工作	窒息、触电	中等	（1）有限空间作业办理有限空间进入许可证，检查有害气体合格后方可进入，人员进出必须登记，并及时记录进出时间；人孔处必须设专人在人孔门处监护并保持通信畅通，不得中途离开。 （2）必须使用12V及以下的安全电压，保证现场充足的照明
2. 措施确认	蒸汽吹灰器	蒸汽吹灰器误动	撞击	中等	检修工作开工前工作负责人与工作票许可人共同确认程控柜已断电
	照明	照明不足	高处坠落	重大	保证炉内照明充足
	脚手架	缺损	高处坠落	重大	及时检查及补全缺失防护栏并验收合格，工作负责人每日工作前必须对脚手架进行检查，如果发现缺陷，应立即修整
	误用不合格电动工器具	（1）电动工器具未经检验合格； （2）电动工器具电源线、电源插头破损，防护罩破损缺失，磨片破损	机械伤害	较小	（1）检查角磨机必须经有资质单位检验合格，并张贴检验合格标志； （2）检查角磨机的电源线、电源插头完好无缺损，防护罩、角磨片完好无缺损
3. 测温元件检修	粉尘	未正确佩戴防护口罩	尘肺病	较小	作业人员佩戴防护口罩
	高处设备设施	防护栏缺损	高处坠落	重大	及时检查及补全缺失防护栏
	高处作业人员	高处作业未正确使用防护用品	高处坠落	重大	（1）高处作业人员必须穿戴好安全帽、防滑鞋，正确佩戴安全带，必要时应使用防坠器； （2）安全带的挂钩应挂在结实、牢固的构件上，或专挂安全带的钢丝绳上，不准低挂高用
	高处落物	工器具或材料掉落	撞击	较小	采取防止工具、材料、物品掉落的措施。禁止交叉作业
4. 枪管、行走箱各零部件检修	粉尘	未正确佩戴防护口罩	尘肺病	较小	作业人员佩戴防护口罩
	高处作业人员	高处作业未正确使用防护用品	高处坠落	重大	（1）高处作业人员必须穿戴好安全帽、防滑鞋，正确佩戴安全带，必要时应使用防坠器； （2）安全带的挂钩应挂在结实、牢固的构件上，或专挂安全带的钢丝绳上，不准低挂高用
	高处落物	工器具或材料掉落	撞击	较小	采取防止工具、材料、物品掉落的措施。禁止交叉作业
5. 齿轮箱检修	粉尘	未正确佩戴防护口罩	尘肺病	较小	作业人员佩戴防护口罩
	高处落物	工器具或材料掉落	撞击	较小	采取防止工具、材料、物品掉落的措施。禁止交叉作业
	电动工器具	（1）电动工器具未经检验合格； （2）电动工器具电源线、电源插头破损，防护罩破损缺失，磨片破损	机械伤害	较小	（1）检查角磨机必须经有资质单位检验合格，并张贴检验合格标志； （2）检查角磨机的电源线、电源插头完好无缺损，防护罩、角磨片完好无缺损

续表

作业步骤	危害辨识	危害描述	产生后果	风险等级	防范措施
6. 烟温探针回装	粉尘	未正确佩戴防护口罩	尘肺病	较小	作业人员佩戴防护口罩
	脚手架	缺损	高处坠落	重大	及时检查及补全缺失防护栏并验收合格，工作负责人每日工作前必须对脚手架进行检查，如果发现缺陷，应立即修整
	高处作业人员	高处作业未正确使用防护用品	高处坠落	重大	(1) 高处作业人员必须穿戴好安全帽、防滑鞋，正确佩戴安全带，必要时应使用防坠器； (2) 安全带的挂钩应挂在结实、牢固的构件上，或专挂安全带的钢丝绳上，不准低挂高用
	高处落物	工器具或材料掉落	撞击	较小	采取防止工具、材料、物品掉落的措施。禁止交叉作业
7. 清理现场及其他	检修废料	检修后，检修废料没有及时清除干净	环境污染	较小	工作结束后，及时清理工作现场

13.86　一级过热器出口疏水门检修

作业步骤	危害辨识	危害描述	产生后果	风险等级	防范措施
1. 环境评估	粉尘	未正确佩戴防护口罩	尘肺病	较小	作业人员佩戴防护口罩
2. 措施确认	高温蒸汽	检修的系统未有效隔离	灼烫伤	中等	保证检修的一段管道可靠地与其他部分隔断，放尽管道、容器内部的汽、水、烟或可燃气
	电动执行机构	带电	触电	中等	切断电源，挂禁止操作牌
	脚手架	缺损	高处坠落	重大	搭设的脚手架验收合格后方可使用
	不合格电动工器具	(1) 电动工器具未经检验合格； (2) 电动工器具电源线、电源插头破损	机械伤害	较小	(1) 检查研磨机必须经有资质单位检验合格，并张贴检验合格标志； (2) 检查研磨机的电源线、电源插头完好无缺损
	检修隔离	隔离措施失效，非工作人员进入	机械伤害	较小	对现场检修区域设置围栏、铺设胶皮，进行有效的隔离，有人监护
3. 阀门拆卸及解体	粉尘	未正确佩戴防护口罩	尘肺病	较小	作业人员佩戴防护口罩
	脚手架	缺损	高处坠落	重大	及时检查及补全缺失防护栏并验收合格，工作负责人每日工作前必须对脚手架进行检查，如果发现缺陷，应立即修整
	高处作业人员	高处作业未正确使用防护用品	高处坠落	重大	(1) 高处作业人员必须穿戴好安全帽、防滑鞋，正确佩戴安全带，必要时应使用防坠器； (2) 安全带的挂钩应挂在结实、牢固的构件上，或专挂安全带的钢丝绳上，不准低挂高用
	高处落物	工器具或材料掉落	撞击	较小	采取防止工具、材料、物品掉落的措施。禁止交叉作业
	高温物体	身体直接接触阀门阀体高温金属部件被烫伤。阀门内存在余汽水或隔离门不严，拆阀门解体时汽水喷出造成人身伤害	灼烫伤	较小	被解体的阀门能有效隔离且隔离严密，阀门前后疏水门打开，放尽余汽水；监测阀体温度低于 50℃ 时方可拆除保温及阀门部件

续表

作业步骤	危害辨识	危害描述	产生后果	风险等级	防 范 措 施
4. 零部件清理、检查、测量	粉尘	未正确佩戴防护口罩	尘肺病	较小	作业人员佩戴防护口罩
	脚手架	缺损	高处坠落	重大	及时检查及补全缺失防护栏并验收合格，工作负责人每日工作前必须对脚手架进行检查，如果发现缺陷，应立即修整
	高处作业人员	高处作业未正确使用防护用品	高处坠落	重大	（1）高处作业人员必须穿戴好安全帽、防滑鞋，正确佩戴安全带，必要时应使用防坠器； （2）安全带的挂钩应挂在结实、牢固的构件上，或专挂安全带的钢丝绳上，不准低挂高用
	高处落物	工器具或材料掉落	撞击	较小	采取防止工具、材料、物品掉落的措施。禁止交叉作业
	误用不合格电动工器具	（1）电动工器具未经检验合格； （2）电动工器具电源线、电源插头破损，防护罩破损缺失，磨片破损	机械伤害	较小	（1）检查角磨机必须经有资质单位检验合格，并张贴检验合格标志； （2）检查角磨机的电源线、电源插头完好无缺损，防护罩、角磨片完好无缺损； （3）使用合格的手锤
5. 部件修复	粉尘	未正确佩戴防护口罩	尘肺病	较小	作业人员佩戴防护口罩
	脚手架	缺损	高处坠落	重大	及时检查及补全缺失防护栏并验收合格，工作负责人每日工作前必须对脚手架进行检查，如果发现缺陷，应立即修整
	高处作业人员	高处作业未正确使用防护用品	高处坠落	重大	（1）高处作业人员必须穿戴好安全帽、防滑鞋，正确佩戴安全带，必要时应使用防坠器； （2）安全带的挂钩应挂在结实、牢固的构件上，或专挂安全带的钢丝绳上，不准低挂高用
	高处落物	工器具或材料掉落	撞击	较小	采取防止工具、材料、物品掉落的措施。禁止交叉作业
	电动研磨机	电源盘没有漏电保护器	触电	较小	电动工具必须配置可靠的漏电保护器
		电源盘及研磨机绝缘损坏	触电	较小	检查研磨机、电源盘的电缆线绝缘合格，绝缘材料应无破损，导线无裸露方可使用
		违规使用电源盘	触电	较小	工作前认真检查电源盘应完好、无缺陷、无安全隐患，电源盘及研磨机检查应合格，不合格的电源盘及研磨机禁止带入检修现场
		研磨机转动部件飞出	机械伤害	较小	阀门研磨时，无关人员远离，工作人员站在侧面
	不合格工器具	手锤锤头与木柄的连接不牢固、锤头破损、木柄未使用整根硬质木料	机械伤害	较小	（1）检查大锤和手锤的锤头应完整，其表面应光滑微凸，不应有歪斜、缺口、凹入及裂纹等缺陷。大锤及手锤的柄应用整根的硬木制成，且头部用楔栓固定。楔栓宜采用金属楔，楔子长度不应大于安装孔的三分之二。锤把上不应有油污。 （2）禁止戴手套抡大锤。 （3）抡大锤时周围不准有人靠近，防止误伤
6. 阀门组装	大锤	锤头与木柄的连接不牢固、锤头破损、木柄未使用整根硬质木料	砸伤	较小	检查大锤和手锤的锤头应完整，其表面应光滑微凸，不应有歪斜、缺口、凹入及裂纹等缺陷。大锤及手锤的柄应用整根的硬木制成，且头部用楔栓固定。楔栓宜采用金属楔，楔子长度不应大于安装孔的三分之二。锤把上不应有油污
		戴手套抡大锤	物体打击	较小	（1）禁止戴手套抡大锤； （2）抡大锤时周围不准有人靠近，防止误伤
		拆卸部件伤手	机械伤害	较小	佩戴防护手套

续表

作业步骤	危害辨识	危害描述	产生后果	风险等级	防 范 措 施
6．阀门组装	高处作业人员	高处作业未正确使用防护用品	高处坠落	重大	（1）高处作业人员必须穿戴好安全帽、防滑鞋，正确佩戴安全带，必要时应使用防坠器； （2）安全带的挂钩应挂在结实、牢固的构件上，或专挂安全带的钢丝绳上，不准低挂高用
	高处的工器具	工器具未系防坠绳及零部件未固定	物体打击	中等	（1）工器具必须使用防坠绳； （2）工器具和零部件应用绳拴在牢固的构件上，不准随便乱放
7．清理现场及其他	检修废料	检修后，检修废料没有及时清除干净	环境污染	较小	工作结束后，及时清理工作现场

13.87 一级过热器检修

作业步骤	危害辨识	危害描述	产生后果	风险等级	防 范 措 施
1．环境评估	粉尘	未正确佩戴防护口罩	尘肺病	较小	作业人员佩戴防护口罩
	高温环境	锅炉内部高于60℃	灼烫伤	较小	测温低于60℃，方可进入炉内
	有限空间	氧量不足、金属容器内工作	窒息、触电	中等	（1）有限空间作业办理有限空间进入许可证，检查有害气体合格后方可进入，人员进出必须登记，并及时记录进出时间；人孔处必须设专人在人孔门处监护并保持通信畅通，不得中途离开； （2）必须使用12V及以下的安全电压，保证现场充足的照明
2．措施确认	高温蒸汽	检修的系统未有效隔离	灼烫伤	中等	保证检修的一段管道可靠地与其他部分隔断，放尽管道、容器内部的汽、水、烟或可燃气
	点火的油枪	油枪误动	灼烫伤、窒息	中等	各有关阀门应上锁，并挂警告牌，对电动阀门应切断电源。对气缸应隔离气源
	转动的风机	送风机、一次风机误动，大量粉尘进入炉膛和尾部烟道	窒息	中等	检修工作开工前工作负责人与工作票许可人共同确认所检修设备已断电
	声波吹灰器	声波吹灰器误动	听力伤害	中等	检修工作开工前工作负责人与工作票许可人共同确认吹灰程控柜已断电，隔离气源
	蒸汽吹灰器	蒸汽吹灰器误动	撞击	中等	检修工作开工前工作负责人与工作票许可人共同确认吹灰程控柜已断电
	照明	照明不足	高处坠落	重大	保证炉内照明充足
	脚手架	缺损	高处坠落	重大	及时检查及补全缺失防护栏并验收合格，工作负责人每日工作前必须对脚手架进行检查，如果发现缺陷，应立即修整
	误用不合格电动工器具	（1）电动工器具未经检验合格； （2）电动工器具电源线、电源插头破损，防护罩破损缺失，磨片破损	机械伤害	较小	（1）检查角磨机必须经有资质单位检验合格，并张贴检验合格标志； （2）检查角磨机的电源线、电源插头完好无缺损，防护罩、角磨片完好无缺损
3．一级过热器清灰前检查	粉尘	未正确佩戴防护口罩	尘肺病	较小	作业人员佩戴防护口罩
	高温环境	锅炉内部高于60℃	灼烫伤	中等	测温低于60℃，方可进入炉内
	有害气体	含氧量低	窒息	较小	定期测氧
	高处设备设施	防护栏缺损	高处坠落	重大	及时检查及补全缺失防护栏

续表

作业步骤	危害辨识	危害描述	产生后果	风险等级	防 范 措 施
3. 一级过热器清灰前检查	高处作业人员	高处作业未正确使用防护用品	高处坠落	重大	（1）高处作业人员必须穿戴好安全帽、防滑鞋，正确佩戴安全带，必要时应使用防坠器； （2）安全带的挂钩应挂在结实、牢固的构件上，或专挂安全带的钢丝绳上，不准低挂高用
	高处落物	工器具或材料掉落	撞击	较小	采取防止工具、材料、物品掉落的措施。禁止交叉作业
4. 一级过热器管排清灰	粉尘	未正确佩戴防护口罩	尘肺病	较小	作业人员佩戴防护口罩
	高温环境	锅炉内部高于60℃	灼烫伤	中等	测温低于60℃，方可进入炉内
	有害气体	含氧量低	窒息	较小	定期测氧
	脚手架	缺损	高处坠落	重大	及时检查及补全缺失防护栏并验收合格，工作负责人每日工作前必须对脚手架进行检查，如果发现缺陷，应立即修整
	高处作业人员	高处作业未正确使用防护用品	高处坠落	重大	（1）高处作业人员必须穿戴好安全帽、防滑鞋，正确佩戴安全带，必要时应使用防坠器； （2）安全带的挂钩应挂在结实、牢固的构件上，或专挂安全带的钢丝绳上，不准低挂高用
	有限空间作业	氧量不足	窒息	较小	有限空间作业办理有限空间进入许可证，检查有害气体合格后方可进入，人员进出必须登记，并及时记录进出时间；人孔处必须设专人在人孔门处监护并保持通信畅通，不得中途离开
		金属容器	触电	中等	必须使用12V及以下的安全电压，保证现场充足的照明
	高处落物	工器具或材料掉落	撞击	较小	采取防止工具、材料、物品掉落的措施。禁止交叉作业
	水冲洗清灰	跌倒	机械伤害	较小	（1）铺设脚手通道； （2）水冲洗跟内部检修严禁交叉作业
5. 一级过热器受热面检查	粉尘	未正确佩戴防护口罩	尘肺病	较小	作业人员佩戴防护口罩
	高温环境	锅炉内部高于60℃	灼烫伤	中等	测温低于60℃，方可进入炉内
	有害气体	含氧量低	窒息	较小	定期测氧
	脚手架	缺损	高处坠落	重大	及时检查及补全缺失防护栏并验收合格，工作负责人每日工作前必须对脚手架进行检查，如果发现缺陷，应立即修整
	高处作业人员	高处作业未正确使用防护用品	高处坠落	重大	（1）高处作业人员必须穿戴好安全帽、防滑鞋，正确佩戴安全带，必要时应使用防坠器； （2）安全带的挂钩应挂在结实、牢固的构件上，或专挂安全带的钢丝绳上，不准低挂高用
	有限空间作业	氧量不足	窒息	较小	有限空间作业办理有限空间进入许可证，检查有害气体合格后方可进入，人员进出必须登记，并及时记录进出时间；人孔处必须设专人在人孔门处监护并保持通信畅通，不得中途离开
		金属容器	触电	中等	必须使用12V及以下的安全电压，保证现场充足的照明
	高处落物	工器具或材料掉落	撞击	较小	采取防止工具、材料、物品掉落的措施。禁止交叉作业

续表

作业步骤	危害辨识	危害描述	产生后果	风险等级	防 范 措 施
6. 割管取样	粉尘	未正确佩戴防护口罩	尘肺病	较小	作业人员佩戴防护口罩
	高温环境	锅炉内部高于60℃	灼烫伤	中等	测温低于60℃，方可进入炉内
	有害气体	含氧量低	窒息	较小	定期测氧
	脚手架	缺损	高处坠落	重大	及时检查及补全缺失防护栏并验收合格，工作负责人每日工作前必须对脚手架进行检查，如果发现缺陷，应立即修整
	高处作业人员	高处作业未正确使用防护用品	高处坠落	重大	（1）高处作业人员必须穿戴好安全帽、防滑鞋，正确佩戴安全带，必要时应使用防坠器； （2）安全带的挂钩应挂在结实、牢固的构件上，或专挂安全带的钢丝绳上，不准低挂高用
	高处落物	工器具或材料掉落	撞击	较小	采取防止工具、材料、物品掉落的措施
	有限空间	氧量不足	窒息	较小	有限空间作业办理有限空间进入许可证，检查有害气体合格后方可进入，人员进出必须登记，并及时记录进出时间；人孔处必须设专人在人孔门处监护并保持通信畅通，不得中途离开
		金属容器	触电	中等	必须使用12V及以下的安全电压，保证现场充足的照明
	电动工器具	（1）电动工器具未经检验合格； （2）电动工器具电源线、电源插头破损，防护罩破损缺失，磨片破损	机械伤害	较小	（1）检查角磨机必须经有资质单位检验合格，并张贴检验合格标志； （2）检查角磨机的电源线、电源插头完好无缺损，防护罩、角磨片完好无缺损； （3）作业人员佩戴防护面罩，带绝缘手套
	高处落物	工器具或材料掉落	撞击	较小	采取防止工具、材料、物品掉落的措施。禁止交叉作业
7. 一级过热器缺陷处理	粉尘	未正确佩戴防护口罩	尘肺病	较小	作业人员佩戴防护口罩
	高温环境	锅炉内部高于60℃	灼烫伤	中等	测温低于60℃，方可进入炉内
	有害气体	含氧量低	窒息	较小	定期测氧
	脚手架	缺损	高处坠落	重大	及时检查及补全缺失防护栏并验收合格，工作负责人每日工作前必须对脚手架进行检查，如果发现缺陷，应立即修整
	高处作业人员	高处作业未正确使用防护用品	高处坠落	重大	（1）高处作业人员必须穿戴好安全帽、防滑鞋，正确佩戴安全带，必要时应使用防坠器； （2）安全带的挂钩应挂在结实、牢固的构件上，或专挂安全带的钢丝绳上，不准低挂高用
	高处落物	工器具或材料掉落	撞击	较小	采取防止工具、材料、物品掉落的措施。禁止交叉作业
	有限空间	氧量不足	窒息	较小	有限空间作业办理有限空间进入许可证，检查有害气体合格后方可进入，人员进出必须登记，并及时记录进出时间；人孔处必须设专人在人孔门处监护并保持通信畅通，不得中途离开
		金属容器	触电	中等	必须使用12V及以下的安全电压，保证现场充足的照明
	电动工器具	（1）电动工器具未经检验合格； （2）电动工器具电源线、电源插头破损，防护罩破损缺失，磨片破损	机械伤害	较小	（1）检查角磨机必须经有资质单位检验合格，并张贴检验合格标志； （2）检查角磨机的电源线、电源插头完好无缺损，防护罩、角磨片完好无缺损

续表

作业步骤	危害辨识	危害描述	产生后果	风险等级	防 范 措 施
7. 一级过热器缺陷处理	电焊机	焊接时未正确使用防护用品	灼烫伤	较小	（1）正确使用面罩； （2）戴电焊手套； （3）戴白光眼镜； （4）穿电焊服
		电焊机电源线、电源插头、电焊钳破损	触电	中等	检查电焊机电源线、电源插头、电焊钳完好无损
		二次线地线松动	触电	较小	（1）工作人员工作服保持干燥； （2）工作前检查二次线接地牢固，焊接工件焊接前要与地线进行良好接地
8. 一级过热器管更换	粉尘	未正确佩戴防护口罩	尘肺病	较小	作业人员佩戴防护口罩
	高温环境	锅炉内部高于60℃	灼烫伤	中等	测温低于60℃，方可进入炉内
	有害气体	含氧量低	窒息	较小	定期测氧
	脚手架	缺损	高处坠落	重大	及时检查及补全缺失防护栏并验收合格，工作负责人每日工作前必须对脚手架进行检查，如果发现缺陷，应立即修整
	高处作业人员	高处作业未正确使用防护用品	高处坠落	重大	（1）高处作业人员必须穿戴好安全帽、防滑鞋，正确佩戴安全带，必要时应使用防坠器； （2）安全带的挂钩应挂在结实、牢固的构件上，或专挂安全带的钢丝绳上，不准低挂高用
	高处落物	工器具或材料掉落	撞击	较小	采取防止工具、材料、物品掉落的措施。禁止交叉作业
	有限空间	氧量不足	窒息	较小	有限空间作业办理有限空间进入许可证，检查有害气体合格后方可进入，人员进出必须登记，并及时记录进出时间；人孔处必须设专人在人孔门处监护并保持通信畅通，不得中途离开
		金属容器	触电	中等	必须使用12V及以下的安全电压，保证现场充足的照明
	电动工器具	（1）电动工器具未经检验合格； （2）电动工器具电源线、电源插头破损，防护罩破损缺失，磨片破损	机械伤害	较小	（1）检查角磨机必须经有资质单位检验合格，并张贴检验合格标志； （2）检查角磨机的电源线、电源插头完好无缺损，防护罩、角磨片完好无缺损
	电焊机	焊接时未正确使用防护用品	灼烫伤	较小	（1）正确使用面罩； （2）戴电焊手套； （3）戴白光眼镜； （4）穿电焊服
		电焊机电源线、电源插头、电焊钳破损	触电	中等	检查电焊机电源线、电源插头、电焊钳完好无损
		二次线地线松动	触电	较小	（1）工作人员工作服保持干燥； （2）工作前检查二次线接地牢固，焊接工件焊接前要与地线进行良好接地
9. 一级过热器管焊接	粉尘	未正确佩戴防护口罩	尘肺病	较小	作业人员佩戴防护口罩
	高温环境	锅炉内部高于60℃	灼烫伤	中等	测温低于60℃，方可进入炉内
	有害气体	含氧量低	窒息	较小	定期测氧
	脚手架	缺损	高处坠落	重大	及时检查及补全缺失防护栏并验收合格，工作负责人每日工作前必须对脚手架进行检查，如果发现缺陷，应立即修整

续表

作业步骤	危害辨识	危害描述	产生后果	风险等级	防　范　措　施
9．一级过热器管焊接	高处作业人员	高处作业未正确使用防护用品	高处坠落	重大	（1）高处作业人员必须穿戴好安全帽、防滑鞋，正确佩戴安全带，必要时应使用防坠器； （2）安全带的挂钩应挂在结实、牢固的构件上，或专挂安全带的钢丝绳上，不准低挂高用
	高处落物	工器具或材料掉落	撞击	较小	采取防止工具、材料、物品掉落的措施。禁止交叉作业
	有限空间	氧量不足	窒息	较小	有限空间作业办理有限空间进入许可证，检查有害气体合格后方可进入，人员进出必须登记，并及时记录进出时间；人孔处必须设专人在人孔门处监护并保持通信畅通，不得中途离开
		金属容器	触电	中等	必须使用 12V 及以下的安全电压，保证现场充足的照明
	电动工器具	（1）电动工器具未经检验合格； （2）电动工器具电源线、电源插头破损，防护罩破损缺失，磨片破损	机械伤害	较小	（1）检查角磨机必须经有资质单位检验合格，并张贴检验合格标志； （2）检查角磨机的电源线、电源插头完好无缺损，防护罩、角磨片完好无缺损
	电焊机	焊接时未正确使用防护用品	灼烫伤	较小	（1）正确使用面罩； （2）戴电焊手套； （3）戴白光眼镜； （4）穿电焊服
		电焊机电源线、电源插头、电焊钳破损	触电	中等	检查电焊机电源线、电源插头、电焊钳完好无损
		二次线地线松动	触电	较小	（1）工作人员工作服保持干燥； （2）工作前检查二次线接地牢固，焊接工件焊接前要与地线进行良好接地
	高温焊渣	焊渣掉落	火灾	较小	（1）动火工作区域周围设置防护屏，防止其他人员被飞溅的焊渣烫伤，地面铺设防火布； （2）火焊人员必须穿戴好工作服、手套和带鞋盖劳保鞋等； （3）通气的橡胶软管上方禁止进行动火作业，以防火灾
	金属检验	放射线	放射性损伤	中等	（1）设置警戒线和警示牌； （2）禁止进入检测区域
10．水压试验	粉尘	未正确佩戴防护口罩	尘肺病	较小	作业人员佩戴防护口罩
	高温环境	锅炉内部高于 60℃	灼烫伤	中等	测温低于 60℃，方可进入炉内
	有害气体	含氧量低	窒息	较小	定期测氧
	脚手架	缺损	高处坠落	重大	及时检查及补全缺失防护栏并验收合格，工作负责人每日工作前必须对脚手架进行检查，如果发现缺陷，应立即修整
	高处作业人员	高处作业未正确使用防护用品	高处坠落	重大	（1）高处作业人员必须穿戴好安全帽、防滑鞋，正确佩戴安全带，必要时应使用防坠器； （2）安全带的挂钩应挂在结实、牢固的构件上，或专挂安全带的钢丝绳上，不准低挂高用
	高处落物	工器具或材料掉落	撞击	较小	采取防止工具、材料、物品掉落的措施。禁止交叉作业

续表

作业步骤	危害辨识	危害描述	产生后果	风险等级	防 范 措 施
10．水压试验	有限空间	氧量不足	窒息	较小	有限空间作业办理有限空间进入许可证，检查有害气体合格后方可进入，人员进出必须登记，并及时记录进出时间；人孔处必须设专人在人孔门处监护并保持通信畅通，不得中途离开
		金属容器	触电	中等	必须使用 12V 及以下的安全电压，保证现场充足的照明
	水压泄漏	高温较大压水	灼烫伤	中等	水压进水前，工作负责人必须通知现场工作人员离开，并交回工作票，超压试验时，在保持试验压力的时间内不准进行任何检查，应待压力降到工作压力后，方可进行检查
11．清理现场及其他	检修废料	检修后，检修废料没有及时清除干净	环境污染	较小	工作结束后，及时清理工作现场

13.88 一级减温后隔绝门检修

作业步骤	危害辨识	危害描述	产生后果	风险等级	防 范 措 施
1．环境评估	粉尘	未正确佩戴防护口罩	尘肺病	较小	作业人员佩戴防护口罩
	脚手架	缺损	高处坠落	重大	搭设的脚手架验收合格后方可使用
2．措施确认	高温蒸汽	检修的系统未有效隔离	灼烫伤	中等	保证检修的一段管道可靠地与其他部分隔断，放尽管道、容器内部的汽、水、烟或可燃气
	电动执行机构	带电	触电	中等	切断电源，挂禁止操作牌
	不合格电动工器具	（1）电动工器具未经检验合格； （2）电动工器具电源线、电源插头破损	机械伤害	较小	（1）检查研磨机必须经有资质单位检验合格，并张贴检验合格标志； （2）检查研磨机的电源线、电源插头完好无缺损
	检修隔离	隔离措施失效，非工作人员进入	机械伤害	较小	对现场检修区域设置围栏、铺设胶皮，进行有效的隔离，有人监护
3．阀门拆卸及解体	粉尘	未正确佩戴防护口罩	尘肺病	较小	作业人员佩戴防护口罩
	脚手架	缺损	高处坠落	重大	及时检查及补全缺失防护栏并验收合格，工作负责人每日工作前必须对脚手架进行检查，如果发现缺陷，应立即修整
	高处作业人员	高处作业未正确使用防护用品	高处坠落	重大	（1）高处作业人员必须穿戴好安全帽、防滑鞋，正确佩戴安全带，必要时应使用防坠器； （2）安全带的挂钩应挂在结实、牢固的构件上，或专挂安全带的钢丝绳上，不准低挂高用
	高处落物	工器具或材料掉落	撞击	较小	采取防止工具、材料、物品掉落的措施。禁止交叉作业
	高温物体	身体直接接触阀门阀体高温金属部件被烫伤。阀门内存在余汽水或隔离门不严，拆阀门解体时汽水喷出造成人身伤害	灼烫伤	较小	被解体的阀门能有效隔离且隔离严密，阀门前后疏水门打开，放尽余汽水；监测阀体温度低于 50℃时方可拆除保温及阀门部件
4．零部件清理、检查、测量	粉尘	未正确佩戴防护口罩	尘肺病	较小	作业人员佩戴防护口罩
	脚手架	缺损	高处坠落	重大	及时检查及补全缺失防护栏并验收合格，工作负责人每日工作前必须对脚手架进行检查，如果发现缺陷，应立即修整

续表

作业步骤	危害辨识	危害描述	产生后果	风险等级	防范措施
4．零部件清理、检查、测量	高处作业人员	高处作业未正确使用防护用品	高处坠落	重大	（1）高处作业人员必须穿戴好安全帽、防滑鞋，正确佩戴安全带，必要时应使用防坠器； （2）安全带的挂钩应挂在结实、牢固的构件上，或专挂安全带的钢丝绳上，不准低挂高用
	高处落物	工器具或材料掉落	撞击	较小	采取防止工具、材料、物品掉落的措施。禁止交叉作业
	误用不合格电动工器具	（1）电动工器具未经检验合格； （2）电动工器具电源线、电源插头破损，防护罩破损缺失，磨片破损	机械伤害	较小	（1）检查角磨机必须经有资质单位检验合格，并张贴检验合格标志； （2）检查角磨机的电源线、电源插头完好无缺损，防护罩、角磨片完好无缺损； （3）使用合格的手锤
5．部件修复	粉尘	未正确佩戴防护口罩	尘肺病	较小	作业人员佩戴防护口罩
	脚手架	缺损	高处坠落	重大	及时检查及补全缺失防护栏并验收合格，工作负责人每日工作前必须对脚手架进行检查，如果发现缺陷，应立即修整
	高处作业人员	高处作业未正确使用防护用品	高处坠落	重大	（1）高处作业人员必须穿戴好安全帽、防滑鞋，正确佩戴安全带，必要时应使用防坠器； （2）安全带的挂钩应挂在结实、牢固的构件上，或专挂安全带的钢丝绳上，不准低挂高用
	高处落物	工器具或材料掉落	撞击	较小	采取防止工具、材料、物品掉落的措施。禁止交叉作业
	电动研磨机	电源盘没有漏电保护器	触电	较小	电动工具必须配置可靠的漏电保护器
		电源盘及研磨机绝缘损坏	触电	较小	检查研磨机、电源盘的电缆线绝缘合格，绝缘材料应无破损，导线无裸露方可使用
		违规使用电源盘	触电	较小	工作前认真检查电源盘应完好、无缺陷、无安全隐患，电源盘及研磨机检查应合格，不合格的电源盘及研磨机禁止带入检修现场
		研磨机转动部件飞出	机械伤害	较小	阀门研磨时，无关人员远离，工作人员站在侧面
	不合格工器具	手锤锤头与木柄的连接不牢固、锤头破损、木柄未使用整根硬质木料	机械伤害	较小	（1）检查大锤和手锤的锤头应完整，其表面应光滑微凸，不应有歪斜、缺口、凹入及裂纹等缺陷。大锤及手锤的柄应用整根的硬木制成，且头部用楔栓固定。楔栓宜采用金属楔，楔子长度不应大于安装孔的三分之二。锤把上不应有油污。 （2）禁止戴手套抡大锤。 （3）抡大锤时周围不准有人靠近，防止误伤
6．阀门组装	大锤	锤头与木柄的连接不牢固、锤头破损、木柄未使用整根硬质木料	砸伤	较小	检查大锤和手锤的锤头应完整，其表面应光滑微凸，不应有歪斜、缺口、凹入及裂纹等缺陷。大锤及手锤的柄应用整根的硬木制成，且头部用楔栓固定。楔栓宜采用金属楔，楔子长度不应大于安装孔的三分之二。锤把上不应有油污
		戴手套抡大锤	物体打击	较小	（1）禁止戴手套抡大锤； （2）抡大锤时周围不准有人靠近，防止误伤
		拆卸部件伤手	机械伤害	较小	佩戴防护手套
	高处作业人员	高处作业未正确使用防护用品	高处坠落	重大	（1）高处作业人员必须穿戴好安全帽、防滑鞋，正确佩戴安全带，必要时应使用防坠器； （2）安全带的挂钩应挂在结实、牢固的构件上，或专挂安全带的钢丝绳上，不准低挂高用
	高处的工器具	工器具未系防坠绳及零部件未固定	物体打击	中等	（1）工器具必须使用防坠绳； （2）工器具和零部件应用绳拴在牢固的构件上，不准随便乱放
7．清理现场及其他	检修废料	检修后，检修废料没有及时清除干净	环境污染	较小	工作结束后，及时清理工作现场

13.89 一级减温后疏水门检修

作业步骤	危害辨识	危害描述	产生后果	风险等级	防 范 措 施
1. 环境评估	粉尘	未正确佩戴防护口罩	尘肺病	较小	作业人员佩戴防护口罩
2. 措施确认	高温蒸汽	检修的系统未有效隔离	灼烫伤	中等	保证检修的一段管道可靠地与其他部分隔断，放尽管道、容器内部的汽、水、烟或可燃气
	电动执行机构	带电	触电	中等	切断电源，挂禁止操作牌
	不合格电动工器具	（1）电动工器具未经检验合格；（2）电动工器具电源线、电源插头破损	机械伤害	较小	（1）检查研磨机必须经有资质单位检验合格，并张贴检验合格标志；（2）检查研磨机的电源线、电源插头完好无缺损
	检修隔离	隔离措施失效，非工作人员进入	机械伤害	较小	对现场检修区域设置围栏、铺设胶皮，进行有效的隔离，有人监护
3. 阀门拆卸及解体	粉尘	未正确佩戴防护口罩	尘肺病	较小	作业人员佩戴防护口罩
	脚手架	缺损	高处坠落	重大	及时检查及补全缺失防护栏并验收合格，工作负责人每日工作前必须对脚手架进行检查，如果发现缺陷，应立即修整
	高处作业人员	高处作业未正确使用防护用品	高处坠落	重大	（1）高处作业人员必须穿戴好安全帽、防滑鞋，正确佩戴安全带，必要时应使用防坠器；（2）安全带的挂钩应挂在结实、牢固的构件上，或专挂安全带的钢丝绳上，不准低挂高用
	高处落物	工器具或材料掉落	撞击	较小	采取防止工具、材料、物品掉落的措施。禁止交叉作业
	高温物体	身体直接接触阀门阀体高温金属部件被烫伤；阀门内存在余汽水或隔离门不严，阀门解体时汽水喷出造成人身伤害	灼烫伤	较小	被解体的阀门能有效隔离且隔离严密，阀门前后疏水门打开，放尽余汽水；监测阀体温度低于50℃时方可拆除保温及阀门部件
4. 零部件清理、检查、测量	粉尘	未正确佩戴防护口罩	尘肺病	较小	作业人员佩戴防护口罩
	脚手架	缺损	高处坠落	重大	及时检查及补全缺失防护栏并验收合格，工作负责人每日工作前必须对脚手架进行检查，如果发现缺陷，应立即修整
	高处作业人员	高处作业未正确使用防护用品	高处坠落	重大	（1）高处作业人员必须穿戴好安全帽、防滑鞋，正确佩戴安全带，必要时应使用防坠器；（2）安全带的挂钩应挂在结实、牢固的构件上，或专挂安全带的钢丝绳上，不准低挂高用
	高处落物	工器具或材料掉落	撞击	较小	采取防止工具、材料、物品掉落的措施。禁止交叉作业
	误用不合格电动工器具	（1）电动工器具未经检验合格；（2）电动工器具电源线、电源插头破损，防护罩破损缺失，磨片破损	机械伤害	较小	（1）角磨机必须经有资质单位检验合格，并张贴检验合格标志；（2）检查角磨机的电源线、电源插头完好无缺损，防护罩、角磨片完好无缺损；（3）使用合格的手锤
5. 部件修复	粉尘	未正确佩戴防护口罩	尘肺病	较小	作业人员佩戴防护口罩
	脚手架	缺损	高处坠落	重大	及时检查及补全缺失防护栏并验收合格，工作负责人每日工作前必须对脚手架进行检查，如果发现缺陷，应立即修整

续表

作业步骤	危害辨识	危害描述	产生后果	风险等级	防 范 措 施
5. 部件修复	高处作业人员	高处作业未正确使用防护用品	高处坠落	重大	（1）高处作业人员必须穿戴好安全帽、防滑鞋，正确佩戴安全带，必要时应使用防坠器； （2）安全带的挂钩应挂在结实、牢固的构件上，或专挂安全带的钢丝绳上，不准低挂高用
	高处落物	工器具或材料掉落	撞击	较小	采取防止工具、材料、物品掉落的措施。禁止交叉作业
	电动研磨机	电源盘没有漏电保护器	触电	较小	电动工具必须配置可靠的漏电保护器
		电源盘及研磨机绝缘损坏	触电	较小	检查研磨机、电源盘的电缆线绝缘合格，绝缘材料应无破损，导线无裸露方可使用
		违规使用电源盘	触电	较小	工作前认真检查电源盘应完好、无缺陷、无安全隐患，电源盘及研磨机检查应合格，不合格的电源盘及研磨机禁止带入检修现场
		研磨机转动部件飞出	机械伤害	较小	阀门研磨时，无关人员远离，工作人员站在侧面
	不合格工器具	手锤锤头与木柄的连接不牢固、锤头破损、木柄未使用整根硬质木料	机械伤害	较小	（1）检查大锤和手锤的锤头应完整，其表面应光滑微凸，不应有歪斜、缺口、凹入及裂纹等缺陷。大锤及手锤的柄应用整根的硬木制成，且头部用楔栓固定。楔栓宜采用金属楔，楔子长度不应大于安装孔的三分之二。锤把上不应有油污。 （2）禁止戴手套抡大锤。 （3）抡大锤时周围不准有人靠近，防止误伤
6. 阀门组装	大锤	锤头与木柄的连接不牢固、锤头破损、木柄未使用整根硬质木料	砸伤	较小	检查大锤和手锤的锤头应完整，其表面应光滑微凸，不应有歪斜、缺口、凹入及裂纹等缺陷。大锤及手锤的柄应用整根的硬木制成，且头部用楔栓固定。楔栓宜采用金属楔，楔子长度不应大于安装孔的三分之二。锤把上不应有油污
		戴手套抡大锤	物体打击	较小	（1）禁止戴手套抡大锤； （2）抡大锤时周围不准有人靠近，防止误伤
		拆卸部件伤手	机械伤害	较小	佩戴防护手套
	高处作业人员	高处作业未正确使用防护用品	高处坠落	重大	（1）高处作业人员必须穿戴好安全帽、防滑鞋，正确佩戴安全带，必要时应使用防坠器； （2）安全带的挂钩应挂在结实、牢固的构件上，或专挂安全带的钢丝绳上，不准低挂高用
	高处的工器具	工器具未系防坠绳及零部件未固定	物体打击	中等	（1）工器具必须使用防坠绳； （2）工器具和零部件应用绳拴在牢固的构件上，不准随便乱放
7. 清理现场及其他	检修废料	检修后，检修废料没有及时清除干净	环境污染	较小	工作结束后，及时清理工作现场

13.90 一级减温旁路门检修

作业步骤	危害辨识	危害描述	产生后果	风险等级	防 范 措 施
1. 环境评估	粉尘	未正确佩戴防护口罩	尘肺病	较小	作业人员佩戴防护口罩
2. 措施确认	高温蒸汽	检修的系统未有效隔离	灼烫伤	中等	保证检修的一段管道可靠地与其他部分隔断，放尽管道、容器内部的汽、水、烟或可燃气
	电动执行机构	带电	触电	中等	切断电源，挂禁止操作牌

续表

作业步骤	危害辨识	危害描述	产生后果	风险等级	防 范 措 施
2. 措施确认	不合格电动工器具	（1）电动工器具未经检验合格； （2）电动工器具电源线、电源插头破损	机械伤害	较小	（1）研磨机必须经有资质单位检验合格，并张贴检验合格标志； （2）检查研磨机的电源线、电源插头完好无缺损
	检修隔离	隔离措施失效，非工作人员进入	机械伤害	较小	对现场检修区域设置围栏、铺设胶皮，进行有效的隔离，有人监护
3. 阀门拆卸及解体	粉尘	未正确佩戴防护口罩	尘肺病	较小	作业人员佩戴防护口罩
	脚手架	缺损	高处坠落	重大	及时检查及补全缺失防护栏并验收合格，工作负责人每日工作前必须对脚手架进行检查，如果发现缺陷，应立即修整
	高处作业人员	高处作业未正确使用防护用品	高处坠落	重大	（1）高处作业人员必须穿戴好安全帽、防滑鞋，正确佩戴安全带，必要时应使用防坠器； （2）安全带的挂钩应挂在结实、牢固的构件上，或专挂安全带的钢丝绳上，不准低挂高用
	高处落物	工器具或材料掉落	撞击	较小	采取防止工具、材料、物品掉落的措施。禁止交叉作业
	高温物体	身体直接接触阀门阀体高温金属部件被烫伤。阀门内存在余汽水或隔离门不严，拆阀门解体时汽水喷出造成人身伤害	灼烫伤	较小	被解体的阀门能有效隔离且隔离严密，阀门前后疏水门打开，放尽余汽水；监测阀体温度低于50℃时方可拆除保温及阀门部件
4. 零部件清理、检查、测量	粉尘	未正确佩戴防护口罩	尘肺病	较小	作业人员佩戴防护口罩
	脚手架	缺损	高处坠落	重大	及时检查及补全缺失防护栏并验收合格，工作负责人每日工作前必须对脚手架进行检查，如果发现缺陷，应立即修整
	高处作业人员	高处作业未正确使用防护用品	高处坠落	重大	（1）高处作业人员必须穿戴好安全帽、防滑鞋，正确佩戴安全带，必要时应使用防坠器； （2）安全带的挂钩应挂在结实、牢固的构件上，或专挂安全带的钢丝绳上，不准低挂高用
	高处落物	工器具或材料掉落	撞击	较小	采取防止工具、材料、物品掉落的措施。禁止交叉作业
	误用不合格电动工器具	（1）电动工器具未经检验合格； （2）电动工器具电源线、电源插头破损，防护罩破损缺失，磨片破损	机械伤害	较小	（1）角磨机必须经有资质单位检验合格，并张贴检验合格标志； （2）检查角磨机的电源线、电源插头完好无缺损，防护罩、角磨片完好无缺损； （3）使用合格的手锤
5. 部件修复	粉尘	未正确佩戴防护口罩	尘肺病	较小	作业人员佩戴防护口罩
	脚手架	缺损	高处坠落	重大	及时检查及补全缺失防护栏并验收合格，工作负责人每日工作前必须对脚手架进行检查，如果发现缺陷，应立即修整
	高处作业人员	高处作业未正确使用防护用品	高处坠落	重大	（1）高处作业人员必须穿戴好安全帽、防滑鞋，正确佩戴安全带，必要时应使用防坠器； （2）安全带的挂钩应挂在结实、牢固的构件上，或专挂安全带的钢丝绳上，不准低挂高用
	高处落物	工器具或材料掉落	撞击	较小	采取防止工具、材料、物品掉落的措施。禁止交叉作业

续表

作业步骤	危害辨识	危害描述	产生后果	风险等级	防 范 措 施
5. 部件修复	电动研磨机	电源盘没有漏电保护器	触电	较小	电动工具必须配置可靠的漏电保护器
		电源盘及研磨机绝缘损坏	触电	较小	检查研磨机、电源盘的电缆线绝缘合格，绝缘材料应无破损，导线无裸露方可使用
		违规使用电源盘	触电	较小	工作前认真检查电源盘应完好、无缺陷、无安全隐患，电源盘及研磨机检查应合格，不合格的电源盘及研磨机禁止带入检修现场
		研磨机转动部件飞出	机械伤害	较小	阀门研磨时，无关人员远离，工作人员站在侧面
	不合格工器具	手锤锤头与木柄的连接不牢固、锤头破损、木柄未使用整根硬质木料	机械伤害	较小	（1）检查大锤和手锤的锤头应完整，其表面应光滑微凸，不应有歪斜、缺口、凹入及裂纹等缺陷。大锤及手锤的柄应用整根的硬木制成，且头部用楔栓固定。楔栓宜采用金属楔，楔子长度不应大于安装孔的三分之二。锤把上不应有油污。 （2）禁止戴手套抡大锤。 （3）抡大锤时周围不准有人靠近，防止误伤
6. 阀门组装	大锤	锤头与木柄的连接不牢固、锤头破损、木柄未使用整根硬质木料	砸伤	较小	检查大锤和手锤的锤头应完整，其表面应光滑微凸，不应有歪斜、缺口、凹入及裂纹等缺陷。大锤及手锤的柄应用整根的硬木制成，且头部用楔栓固定。楔栓宜采用金属楔，楔子长度不应大于安装孔的三分之二。锤把上不应有油污
		戴手套抡大锤	物体打击	较小	（1）禁止戴手套抡大锤； （2）抡大锤时周围不准有人靠近，防止误伤
		拆卸部件伤手	机械伤害	较小	佩戴防护手套
	高处作业人员	高处作业未正确使用防护用品	高处坠落	重大	（1）高处作业人员必须穿戴好安全帽、防滑鞋，正确佩戴安全带，必要时应使用防坠器； （2）安全带的挂钩应挂在结实、牢固的构件上，或专挂安全带的钢丝绳上，不准低挂高用
	高处的工器具	工器具未系防坠绳及零部件未固定	物体打击	中等	（1）工器具必须使用防坠绳； （2）工器具和零部件应用绳拴在牢固的构件上，不准随便乱放
7. 清理现场及其他	检修废料	检修后，检修废料没有及时清除干净	环境污染	较小	工作结束后，及时清理工作现场

13.91 一级减温器检修

作业步骤	危害辨识	危害描述	产生后果	风险等级	防 范 措 施
1. 环境评估	粉尘	未正确佩戴防护口罩	尘肺病	较小	作业人员佩戴防护口罩
2. 措施确认	高温蒸汽	检修的系统未有效隔离	灼烫伤	中等	保证检修的一段管道可靠地与其他部分隔断，放尽管道、容器内部的汽、水、烟或可燃气
	电动工器具	（1）电动工器具未经检验合格； （2）电动工器具电源线、电源插头破损，防护罩破损缺失，磨片破损	机械伤害	较小	（1）角磨机、手持切割机必须经有资质单位检验合格，并张贴检验合格标志； （2）检查电动器具的电源线、电源插头完好无缺损，防护罩完好无缺损
	脚手架	缺损	高处坠落	重大	炉膛内搭设的金属脚手架验收合格后方可使用（会同安监部门及厂家人员三级验收）

续表

作业步骤	危害辨识	危害描述	产生后果	风险等级	防 范 措 施
2．措施确认	电焊机	电焊机电源线、电源插头、电焊钳破损，二次线地线松动	触电	中等	（1）电焊机必须经有资质单位检验合格，并张贴检验合格标志； （2）检查电焊机电源线、电源插头、电焊钳完好无损； （3）工作前检查二次线接地牢固，焊接工件焊接前要与地线进行良好接地
3．减温器外观检查	粉尘	未正确佩戴防护口罩	尘肺病	较小	作业人员佩戴防护口罩
	脚手架	缺损	高处坠落	重大	及时检查及补全缺失防护栏并验收合格，工作负责人每日工作前必须对脚手架进行检查，如果发现缺陷，应立即修整
	高处作业人员	高处作业未正确使用防护用品	高处坠落	重大	（1）高处作业人员必须穿戴好安全帽、防滑鞋，正确佩戴安全带，必要时应使用防坠器； （2）安全带的挂钩应挂在结实、牢固的构件上，或专挂安全带的钢丝绳上，不准低挂高用
	高处落物	工器具或材料掉落	砸坏受热面	较小	采取防止工具、材料、物品掉落的措施。禁止交叉作业
4．喷嘴及内胆检查	粉尘	未正确佩戴防护口罩	尘肺病	较小	作业人员佩戴防护口罩
	脚手架	缺损	高处坠落	重大	及时检查及补全缺失防护栏并验收合格，工作负责人每日工作前必须对脚手架进行检查，如果发现缺陷，应立即修整
	高处作业人员	高处作业未正确使用防护用品	高处坠落	重大	（1）高处作业人员必须穿戴好安全帽、防滑鞋，正确佩戴安全带，必要时应使用防坠器； （2）安全带的挂钩应挂在结实、牢固的构件上，或专挂安全带的钢丝绳上，不准低挂高用
	高处落物	工器具或材料掉落	砸坏受热面	中等	采取防止工具、材料、物品掉落的措施。禁止交叉作业
	电动工器具	（1）电动工器具未经检验合格； （2）电动工器具电源线、电源插头破损，防护罩破损缺失，磨片破损	机械伤害	较小	（1）角磨机必须经有资质单位检验合格，并张贴检验合格标志； （2）检查角磨机的电源线、电源插头完好无缺损，防护罩、角磨片完好无缺损
5．减温器附件及连接管道支架检查	粉尘	未正确佩戴防护口罩	尘肺病	较小	作业人员佩戴防护口罩
	脚手架	缺损	高处坠落	重大	及时检查及补全缺失防护栏并验收合格，工作负责人每日工作前必须对脚手架进行检查，如果发现缺陷，应立即修整
	高处作业人员	高处作业未正确使用防护用品	高处坠落	重大	（1）高处作业人员必须穿戴好安全帽、防滑鞋，正确佩戴安全带，必要时应使用防坠器； （2）安全带的挂钩应挂在结实、牢固的构件上，或专挂安全带的钢丝绳上，不准低挂高用
	高处落物	工器具或材料掉落	砸坏受热面	较小	采取防止工具、材料、物品掉落的措施。禁止交叉作业
	电动工器具	（1）电动工器具未经检验合格； （2）电动工器具电源线、电源插头破损，防护罩破损缺失，磨片破损	机械伤害	较小	（1）检查角磨机必须经有资质单位检验合格，并张贴检验合格标志； （2）检查角磨机的电源线、电源插头完好无缺损，防护罩、角磨片完好无缺损

续表

作业步骤	危害辨识	危害描述	产生后果	风险等级	防范措施
6．减温器修理、恢复	粉尘	未正确佩戴防护口罩	尘肺病	较小	作业人员佩戴防护口罩
	脚手架	缺损	高处坠落	重大	及时检查及补全缺失防护栏并验收合格，工作负责人每日工作前必须对脚手架进行检查，如果发现缺陷，应立即修整
	高处作业人员	高处作业未正确使用防护用品	高处坠落	重大	（1）高处作业人员必须穿戴好安全帽、防滑鞋，正确佩戴安全带，必要时应使用防坠器； （2）安全带的挂钩应挂在结实、牢固的构件上，或专挂安全带的钢丝绳上，不准低挂高用
	高处落物	工器具或材料掉落	撞击	较小	采取防止工具、材料、物品掉落的措施。禁止交叉作业
	电动工器具	（1）电动工器具未经检验合格； （2）电动工器具电源线、电源插头破损，防护罩破损缺失，磨片破损	机械伤害	较小	（1）检查角磨机必须经有资质单位检验合格，并张贴检验合格标志； （2）检查角磨机的电源线、电源插头完好无缺损，防护罩、角磨片完好无缺损
	电焊机	焊接时未正确使用防护用品	灼烫伤	较小	（1）正确使用面罩； （2）戴电焊手套； （3）戴白光眼镜； （4）穿电焊服
		电焊机电源线、电源插头、电焊钳破损	触电	中等	检查电焊机电源线、电源插头、电焊钳完好无损
		二次线地线松动	触电	较小	（1）工作人员工作服保持干燥； （2）工作前检查二次线接地牢固，焊接工件焊接前要与地线进行良好接地
	高温焊渣	焊渣掉落	火灾	较小	（1）动火工作区域周围设置防护屏，防止其他人员被飞溅的焊渣烫伤，地面铺设防火布； （2）火焊人员必须穿戴好工作服、手套和带鞋盖劳保鞋等； （3）通气的橡胶软管上方禁止进行动火作业，以防火灾
	热处理	电缆破损	触电	较小	（1）电阻加热块应完好，如有损坏立即更换，禁止露出裸线； （2）拆装加热块时，应切断电源，并采取防止加热块带电的措施，同时要注意防止烫伤； （3）热处理工作人员在工作时穿绝缘鞋，戴绝缘手套，防止触电
	金属检验	放射线	放射性损伤	中等	（1）设置警戒线和警示牌； （2）禁止进入检测区域
7．水压试验	粉尘	未正确佩戴防护口罩	尘肺病	较小	作业人员佩戴防护口罩
	脚手架	缺损	高处坠落	重大	及时检查及补全缺失防护栏并验收合格，工作负责人每日工作前必须对脚手架进行检查，如果发现缺陷，应立即修整
	高处作业人员	高处作业未正确使用防护用品	高处坠落	重大等	（1）高处作业人员必须穿戴好安全帽、防滑鞋，正确佩戴安全带，必要时应使用防坠器； （2）安全带的挂钩应挂在结实、牢固的构件上，或专挂安全带的钢丝绳上，不准低挂高用
	高处落物	工器具或材料掉落	撞击	较小	采取防止工具、材料、物品掉落的措施，禁止交叉作业

续表

作业步骤	危害辨识	危害描述	产生后果	风险等级	防 范 措 施
7. 水压试验	水压泄漏	高温较大压水	灼烫伤	中等	水压进水前，工作负责人必须通知现场工作人员离开，并交回工作票。超压试验时，在保持试验压力的时间内不准进行任何检查，应待压力降到工作压力后，方可进行检查
8. 清理现场及其他	检修废料	检修后，检修废料没有及时清除干净	环境污染	较小	工作结束后，及时清理工作现场

13.92 一级减温前隔绝门检修

作业步骤	危害辨识	危害描述	产生后果	风险等级	防 范 措 施
1. 环境评估	粉尘	未正确佩戴防护口罩	尘肺病	较小	作业人员佩戴防护口罩
2. 措施确认	高温蒸汽	检修的系统未有效隔离	灼烫伤	中等	保证检修的一段管道可靠地与其他部分隔断，放尽管道、容器内部的汽、水、烟或可燃气
	电动执行机构	带电	触电	中等	切断电源，挂禁止操作牌
	不合格电动工器具	（1）电动工器具未经检验合格；（2）电动工器具电源线、电源插头破损	机械伤害	较小	（1）研磨机必须经有资质单位检验合格，并张贴检验合格标志；（2）检查研磨机的电源线、电源插头完好无缺损
	检修隔离	隔离措施失效，非工作人员进入	机械伤害	较小	对现场检修区域设置围栏、铺设胶皮，进行有效的隔离，有人监护
3. 阀门拆卸及解体	粉尘	未正确佩戴防护口罩	尘肺病	较小	作业人员佩戴防护口罩
	脚手架	缺损	高处坠落	重大	及时检查及补全缺失防护栏并验收合格，工作负责人每日工作前必须对脚手架进行检查，如果发现缺陷，应立即修整
	高处作业人员	高处作业未正确使用防护用品	高处坠落	重大	（1）高处作业人员必须穿戴好安全帽、防滑鞋，正确佩戴安全带，必要时应使用防坠器；（2）安全带的挂钩应挂在结实、牢固的构件上，或专挂安全带的钢丝绳上，不准低挂高用
	高处落物	工器具或材料掉落	撞击	较小	采取防止工具、材料、物品掉落的措施。禁止交叉作业
	高温物体	身体直接接触阀门阀体高温金属部件被烫伤。阀门内存在余汽水或隔离门不严，拆阀门解体时汽水喷出造成人身伤害	灼烫伤	较小	被解体的阀门能有效隔离且隔离严密，阀门前后疏水门打开，放尽余汽水；监测阀体温度低于 50℃时方可拆除保温及阀门部件
4. 零部件清理、检查、测量	粉尘	未正确佩戴防护口罩	尘肺病	较小	作业人员佩戴防护口罩
	脚手架	缺损	高处坠落	重大	及时检查及补全缺失防护栏并验收合格，工作负责人每日工作前必须对脚手架进行检查，如果发现缺陷，应立即修整
	高处作业人员	高处作业未正确使用防护用品	高处坠落	重大	（1）高处作业人员必须穿戴好安全帽、防滑鞋，正确佩戴安全带，必要时应使用防坠器；（2）安全带的挂钩应挂在结实、牢固的构件上，或专挂安全带的钢丝绳上，不准低挂高用
	高处落物	工器具或材料掉落	撞击	较小	采取防止工具、材料、物品掉落的措施。禁止交叉作业

续表

作业步骤	危害辨识	危害描述	产生后果	风险等级	防范措施
4．零部件清理、检查、测量	误用不合格电动工器具	（1）电动工器具未经检验合格； （2）电动工器具电源线、电源插头破损，防护罩破损缺失，磨片破损	机械伤害	较小	（1）角磨机必须经有资质单位检验合格，并张贴检验合格标志； （2）检查角磨机的电源线、电源插头完好无缺损，防护罩、角磨片完好无缺损； （3）使用合格的手锤
5．部件修复	粉尘	未正确佩戴防护口罩	尘肺病	较小	作业人员佩戴防护口罩
	脚手架	缺损	高处坠落	重大	及时检查及补全缺失防护栏并验收合格，工作负责人每日工作前必须对脚手架进行检查，如果发现缺陷，应立即修整
	高处作业人员	高处作业未正确使用防护用品	高处坠落	重大	（1）高处作业人员必须穿戴好安全帽、防滑鞋，正确佩戴安全带，必要时应使用防坠器； （2）安全带的挂钩应挂在结实、牢固的构件上，或专挂安全带的钢丝绳上，不准低挂高用
	高处落物	工器具或材料掉落	撞击	较小	采取防止工具、材料、物品掉落的措施。禁止交叉作业
	电动研磨机	电源盘没有漏电保护器	触电	较小	电动工具必须配置可靠的漏电保护器
		电源盘及研磨机绝缘损坏	触电	较小	检查研磨机、电源盘的电缆线绝缘合格，绝缘材料应无破损，导线无裸露方可使用
		违规使用电源盘	触电	较小	工作前认真检查电源盘应完好、无缺陷、无安全隐患，电源盘及研磨机检查应合格，不合格的电源盘及研磨机禁止带入检修现场
		研磨机转动部件飞出	机械伤害	较小	阀门研磨时，无关人员远离，工作人员站在侧面
	不合格工器具	手锤锤头与木柄的连接不牢固、锤头破损、木柄未使用整根硬质木料	机械伤害	较小	（1）检查大锤和手锤的锤头应完整，其表面应光滑微凸，不应有歪斜、缺口、凹入及裂纹等缺陷。大锤及手锤的柄应用整根的硬木制成，且头部用楔栓固定。楔栓宜采用金属楔，楔子长度不应大于安装孔的三分之二。锤把上不应有油污。 （2）禁止戴手套抡大锤。 （3）抡大锤时周围不准有人靠近，防止误伤
6．阀门组装	大锤	锤头与木柄的连接不牢固、锤头破损、木柄未使用整根硬质木料	砸伤	较小	检查大锤和手锤的锤头应完整，其表面应光滑微凸，不应有歪斜、缺口、凹入及裂纹等缺陷。大锤及手锤的柄应用整根的硬木制成，且头部用楔栓固定。楔栓宜采用金属楔，楔子长度不应大于安装孔的三分之二。锤把上不应有油污
		戴手套抡大锤	物体打击	较小	（1）禁止戴手套抡大锤； （2）抡大锤时周围不准有人靠近，防止误伤
		拆卸部件伤手	机械伤害	较小	佩戴防护手套
	高处作业人员	高处作业未正确使用防护用品	高处坠落	重大	（1）高处作业人员必须穿戴好安全帽、防滑鞋，正确佩戴安全带，必要时应使用防坠器； （2）安全带的挂钩应挂在结实、牢固的构件上，或专挂安全带的钢丝绳上，不准低挂高用
	高处的工器具	工器具未系防坠绳及零部件未固定	物体打击	中等	（1）工器具必须使用防坠绳； （2）工器具和零部件应用绳拴在牢固的构件上，不准随便乱放
7．清理现场及其他	检修废料	检修后，检修废料没有及时清除干净	环境污染	较小	工作结束后，及时清理工作现场

13.93 一级减温前疏水门检修

作业步骤	危害辨识	危害描述	产生后果	风险等级	防 范 措 施
1. 环境评估	粉尘	未正确佩戴防护口罩	尘肺病	较小	作业人员佩戴防护口罩
2. 措施确认	高温蒸汽	检修的系统未有效隔离	灼烫伤	中等	保证检修的一段管道可靠地与其他部分隔断，放尽管道、容器内部的汽、水、烟或可燃气
	电动执行机构	带电	触电	中等	切断电源，挂禁止操作牌
	不合格电动工器具	（1）电动工器具未经检验合格； （2）电动工器具电源线、电源插头破损	机械伤害	较小	（1）研磨机必须经有资质单位检验合格，并张贴检验合格标志； （2）检查研磨机的电源线、电源插头完好无缺损
	检修隔离	隔离措施失效，非工作人员进入	机械伤害	较小	对现场检修区域设置围栏、铺设胶皮，进行有效的隔离，有人监护
3. 阀门拆卸及解体	粉尘	未正确佩戴防护口罩	尘肺病	较小	作业人员佩戴防护口罩
	脚手架	缺损	高处坠落	重大	及时检查及补全缺失防护栏并验收合格，工作负责人每日工作前必须对脚手架进行检查，如果发现缺陷，应立即修整
	高处作业人员	高处作业未正确使用防护用品	高处坠落	重大	（1）高处作业人员必须穿戴好安全帽、防滑鞋，正确佩戴安全带，必要时应使用防坠器； （2）安全带的挂钩应挂在结实、牢固的构件上，或专挂安全带的钢丝绳上，不准低挂高用
	高处落物	工器具或材料掉落	撞击	较小	采取防止工具、材料、物品掉落的措施。禁止交叉作业
	高温物体	身体直接接触阀门阀体高温金属部件被烫伤。阀门内存在余汽水或隔离门不严，拆阀门解体时汽水喷出造成人身伤害	灼烫伤	较小	被解体的阀门能有效隔离且隔离严密，阀门前后疏水门打开，放尽余汽水；监测阀体温度低于50℃时方可拆除保温及阀门部件
4. 零部件清理、检查、测量	粉尘	未正确佩戴防护口罩	尘肺病	较小	作业人员佩戴防护口罩
	脚手架	缺损	高处坠落	重大	及时检查及补全缺失防护栏并验收合格，工作负责人每日工作前必须对脚手架进行检查，如果发现缺陷，应立即修整
	高处作业人员	高处作业未正确使用防护用品	高处坠落	重大	（1）高处作业人员必须穿戴好安全帽、防滑鞋，正确佩戴安全带，必要时应使用防坠器； （2）安全带的挂钩应挂在结实、牢固的构件上，或专挂安全带的钢丝绳上，不准低挂高用
	高处落物	工器具或材料掉落	撞击	较小	采取防止工具、材料、物品掉落的措施。禁止交叉作业
	误用不合格电动工器具	（1）电动工器具未经检验合格； （2）电动工器具电源线、电源插头破损，防护罩破损缺失，磨片破损	机械伤害	较小	（1）角磨机必须经有资质单位检验合格，并张贴检验合格标志； （2）检查角磨机的电源线、电源插头完好无缺损，防护罩、角磨片完好无缺损； （3）使用合格的手锤
5. 部件修复	粉尘	未正确佩戴防护口罩	尘肺病	较小	作业人员佩戴防护口罩
	脚手架	缺损	高处坠落	重大	及时检查及补全缺失防护栏并验收合格，工作负责人每日工作前必须对脚手架进行检查，如果发现缺陷，应立即修整

续表

作业步骤	危害辨识	危害描述	产生后果	风险等级	防范措施
5. 部件修复	高处作业人员	高处作业未正确使用防护用品	高处坠落	重大	（1）高处作业人员必须穿戴好安全帽、防滑鞋，正确佩戴安全带，必要时应使用防坠器； （2）安全带的挂钩应挂在结实、牢固的构件上，或专挂安全带的钢丝绳上，不准低挂高用
	高处落物	工器具或材料掉落	撞击	较小	采取防止工具、材料、物品掉落的措施。禁止交叉作业
	电动研磨机	电源盘没有漏电保护器	触电	较小	电动工具必须配置可靠的漏电保护器
		电源盘及研磨机绝缘损坏	触电	较小	检查研磨机、电源盘的电缆线绝缘合格，绝缘材料应无破损，导线无裸露方可使用
		违规使用电源盘	触电	较小	工作前认真检查电源盘应完好、无缺陷、无安全隐患，电源盘及研磨机检查应合格，不合格的电源盘及研磨机禁止带入检修现场
		研磨机转动部件飞出	机械伤害	较小	阀门研磨时，无关人员远离，工作人员站在侧面
	不合格工器具	手锤锤头与木柄的连接不牢固、锤头破损、木柄未使用整根硬质木料	机械伤害	较小	（1）检查大锤和手锤的锤头应完整，其表面应光滑微凸，不应有歪斜、缺口、凹入及裂纹等缺陷。大锤及手锤的柄应用整根的硬木制成，且头部用楔栓固定。楔栓宜采用金属楔，楔子长度不应大于安装孔的三分之二。锤把上不应有油污。 （2）禁止戴手套抡大锤。 （3）抡大锤时周围不准有人靠近，防止误伤
6. 阀门组装	大锤	锤头与木柄的连接不牢固、锤头破损、木柄未使用整根硬质木料	砸伤	较小	检查大锤和手锤的锤头应完整，其表面应光滑微凸，不应有歪斜、缺口、凹入及裂纹等缺陷。大锤及手锤的柄应用整根的硬木制成，且头部用楔栓固定。楔栓宜采用金属楔，楔子长度不应大于安装孔的三分之二。锤把上不应有油污
		戴手套抡大锤	物体打击	较小	（1）禁止戴手套抡大锤； （2）抡大锤时周围不准有人靠近，防止误伤
		拆卸部件伤手	机械伤害	较小	佩戴防护手套
	高处作业人员	高处作业未正确使用防护用品	高处坠落	重大	（1）高处作业人员必须穿戴好安全帽、防滑鞋，正确佩戴安全带，必要时应使用防坠器； （2）安全带的挂钩应挂在结实、牢固的构件上，或专挂安全带的钢丝绳上，不准低挂高用
	高处的工器具	工器具未系防坠绳及零部件未固定	物体打击	中等	（1）工器具必须使用防坠绳； （2）工器具和零部件应用绳拴在牢固的构件上，不准随便乱放
7. 清理现场及其他	检修废料	检修后，检修废料没有及时清除干净	环境污染	较小	工作结束后，及时清理工作现场

13.94 一级减温疏水总门检修

作业步骤	危害辨识	危害描述	产生后果	风险等级	防范措施
1. 环境评估	粉尘	未正确佩戴防护口罩	尘肺病	较小	作业人员佩戴防护口罩
2. 措施确认	高温蒸汽	检修的系统未有效隔离	灼烫伤	中等	保证检修的一段管道可靠地与其他部分隔断，放尽管道、容器内部的汽、水、烟或可燃气
	电动执行机构	带电	触电	中等	切断电源，挂禁止操作牌

续表

作业步骤	危害辨识	危害描述	产生后果	风险等级	防 范 措 施
2. 措施确认	不合格电动工器具	（1）电动工器具未经检验合格； （2）电动工器具电源线、电源插头破损	机械伤害	较小	（1）检查研磨机必须经有资质单位检验合格，并张贴检验合格标志； （2）检查研磨机的电源线、电源插头完好无缺损
	检修隔离	隔离措施失效，非工作人员进入	机械伤害	较小	对现场检修区域设置围栏、铺设胶皮，进行有效的隔离，有人监护
3. 阀门拆卸及解体	粉尘	未正确佩戴防护口罩	尘肺病	较小	作业人员佩戴防护口罩
	脚手架	缺损	高处坠落	重大	及时检查及补全缺失防护栏并验收合格，工作负责人每日工作前必须对脚手架进行检查，如果发现缺陷，应立即修整
	高处作业人员	高处作业未正确使用防护用品	高处坠落	重大	（1）高处作业人员必须穿戴好安全帽、防滑鞋，正确佩戴安全带，必要时应使用防坠器； （2）安全带的挂钩应挂在结实、牢固的构件上，或专挂安全带的钢丝绳上，不准低挂高用
	高处落物	工器具或材料掉落	撞击	较小	采取防止工具、材料、物品掉落的措施。禁止交叉作业
	高温物体	身体直接接触阀门阀体高温金属部件被烫伤。阀门内存在余汽水或隔离门不严，拆阀门解体时汽水喷出造成人身伤害	灼烫伤	较小	被解体的阀门能有效隔离且隔离严密，阀门前后疏水门打开，放尽余汽水；监测阀体温度低于50℃时方可拆除保温及阀门部件
4. 零部件清理、检查、测量	粉尘	未正确佩戴防护口罩	尘肺病	较小	作业人员佩戴防护口罩
	脚手架	缺损	高处坠落	重大	及时检查及补全缺失防护栏并验收合格，工作负责人每日工作前必须对脚手架进行检查，如果发现缺陷，应立即修整
	高处作业人员	高处作业未正确使用防护用品	高处坠落	重大	（1）高处作业人员必须穿戴好安全帽、防滑鞋，正确佩戴安全带，必要时应使用防坠器； （2）安全带的挂钩应挂在结实、牢固的构件上，或专挂安全带的钢丝绳上，不准低挂高用
	高处落物	工器具或材料掉落	撞击	较小	采取防止工具、材料、物品掉落的措施。禁止交叉作业
	误用不合格电动工器具	（1）电动工器具未经检验合格； （2）电动工器具电源线、电源插头破损，防护罩破损缺失，磨片破损	机械伤害	较小	（1）角磨机必须经有资质单位检验合格，并张贴检验合格标志； （2）检查角磨机的电源线、电源插头完好无缺损，防护罩、角磨片完好无缺损； （3）使用合格的手锤
5. 部件修复	粉尘	未正确佩戴防护口罩	尘肺病	较小	作业人员佩戴防护口罩
	脚手架	缺损	高处坠落	重大	及时检查及补全缺失防护栏并验收合格，工作负责人每日工作前必须对脚手架进行检查，如果发现缺陷，应立即修整
	高处作业人员	高处作业未正确使用防护用品	高处坠落	重大	（1）高处作业人员必须穿戴好安全帽、防滑鞋，正确佩戴安全带，必要时应使用防坠器； （2）安全带的挂钩应挂在结实、牢固的构件上，或专挂安全带的钢丝绳上，不准低挂高用
	高处落物	工器具或材料掉落	撞击	较小	采取防止工具、材料、物品掉落的措施。禁止交叉作业

续表

作业步骤	危害辨识	危害描述	产生后果	风险等级	防范措施
5. 部件修复	电动研磨机	电源盘没有漏电保护器	触电	较小	电动工具必须配置可靠的漏电保护器
		电源盘及研磨机绝缘损坏	触电	较小	检查研磨机、电源盘的电缆线绝缘合格，绝缘材料应无破损，导线无裸露方可使用
		违规使用电源盘	触电	较小	工作前认真检查电源盘应完好、无缺陷、无安全隐患，电源盘及研磨机检查应合格，不合格的电源盘及研磨机禁止带入检修现场
		研磨机转动部件飞出	机械伤害	较小	阀门研磨时，无关人员远离，工作人员站在侧面
	不合格工器具	手锤锤头与木柄的连接不牢固、锤头破损、木柄未使用整根硬质木料	机械伤害	较小	（1）检查大锤和手锤的锤头应完整，其表面应光滑微凸，不应有歪斜、缺口、凹入及裂纹等缺陷。大锤及手锤的柄应用整根的硬木制成，且头部用楔栓固定。楔栓宜采用金属楔，楔子长度不应大于安装孔的三分之二。锤把上不应有油污。 （2）禁止戴手套抡大锤。 （3）抡大锤时周围不准有人靠近，防止误伤
6. 阀门组装	大锤	锤头与木柄的连接不牢固、锤头破损、木柄未使用整根硬质木料	砸伤	较小	检查大锤和手锤的锤头应完整，其表面应光滑微凸，不应有歪斜、缺口、凹入及裂纹等缺陷。大锤及手锤的柄应用整根的硬木制成，且头部用楔栓固定。楔栓宜采用金属楔，楔子长度不应大于安装孔的三分之二。锤把上不应有油污
		戴手套抡大锤	物体打击	较小	（1）禁止戴手套抡大锤； （2）抡大锤时周围不准有人靠近，防止误伤
		拆卸部件伤手	机械伤害	较小	佩戴防护手套
	高处作业人员	高处作业未正确使用防护用品	高处坠落	重大	（1）高处作业人员必须穿戴好安全帽、防滑鞋，正确佩戴安全带，必要时应使用防坠器； （2）安全带的挂钩应挂在结实、牢固的构件上，或专挂安全带的钢丝绳上，不准低挂高用
	高处的工器具	工器具未系防坠绳及零部件未固定	物体打击	中等	（1）工器具必须使用防坠绳； （2）工器具和零部件应用绳拴在牢固的构件上，不准随便乱放
7. 清理现场及其他	检修废料	检修后，检修废料没有及时清除干净	环境污染	较小	工作结束后，及时清理工作现场

13.95　一级减温调门后逆止门检修

作业步骤	危害辨识	危害描述	产生后果	风险等级	防范措施
1. 环境评估	粉尘	未正确佩戴防护口罩	尘肺病	较小	作业人员佩戴防护口罩
	脚手架	缺损	高处坠落	重大	搭设的脚手架验收合格后方可使用
2. 措施确认	高温蒸汽	检修的系统未有效隔离	灼烫伤	中等	保证检修的一段管道可靠地与其他部分隔断，放尽管道、容器内部的汽、水、烟或可燃气
	不合格电动工器具	（1）电动工器具未经检验合格； （2）电动工器具电源线、电源插头破损	机械伤害	较小	（1）研磨机必须经有资质单位检验合格，并张贴检验合格标志； （2）检查研磨机的电源线、电源插头完好无缺损
	检修隔离	隔离措施失效，非工作人员进入	机械伤害	较小	对现场检修区域设置围栏、铺设胶皮，进行有效的隔离，有人监护
	保温石棉	未正确佩戴防护口罩	尘肺病	较小	工作人员戴好防护口罩

续表

作业步骤	危害辨识	危害描述	产生后果	风险等级	防 范 措 施
3. 阀门拆卸及解体	粉尘	未正确佩戴防护口罩	尘肺病	较小	作业人员佩戴防护口罩
	脚手架	缺损	高处坠落	重大	及时检查及补全缺失防护栏并验收合格，工作负责人每日工作前必须对脚手架进行检查，如果发现缺陷，应立即修整
	高处作业人员	高处作业未正确使用防护用品	高处坠落	重大	（1）高处作业人员必须穿戴好安全帽、防滑鞋，正确佩戴安全带，必要时应使用防坠器； （2）安全带的挂钩应挂在结实、牢固的构件上，或专挂安全带的钢丝绳上，不准低挂高用
	高处落物	工器具或材料掉落	撞击	较小	采取防止工具、材料、物品掉落的措施。禁止交叉作业
	高温物体	身体直接接触阀门阀体高温金属部件被烫伤。阀门内存在余汽水或隔离门不严，拆阀门解体时汽水喷出造成人身伤害	灼烫伤	较小	被解体的阀门能有效隔离且隔离严密，阀门前后疏水门打开，放尽余汽水；监测阀体温度低于50℃时方可拆除保温及阀门部件
	拆卸螺栓	拆卸门架时挤伤手指	机械伤害	较小	（1）拆卸时戴手套； （2）使用合格的手锤
	起吊物	起重工具	起重伤害	中等	（1）起吊前检查起重工具是否合格可用； （2）检查工器具是否完好，禁止野蛮操作
		指挥	起重伤害	较小	起重作业由专业的起重人员进行操作指挥
4. 零部件清理、检查、测量	粉尘	未正确佩戴防护口罩	尘肺病	较小	作业人员佩戴防护口罩
	脚手架	缺损	高处坠落	重大	及时检查及补全缺失防护栏并验收合格，工作负责人每日工作前必须对脚手架进行检查，如果发现缺陷，应立即修整
	高处作业人员	高处作业未正确使用防护用品	高处坠落	重大	（1）高处作业人员必须穿戴好安全帽、防滑鞋，正确佩戴安全带，必要时应使用防坠器； （2）安全带的挂钩应挂在结实、牢固的构件上，或专挂安全带的钢丝绳上，不准低挂高用
	高处落物	工器具或材料掉落	撞击	较小	采取防止工具、材料、物品掉落的措施。禁止交叉作业
	误用不合格电动工器具	（1）电动工器具未经检验合格； （2）电动工器具电源线、电源插头破损，防护罩破损缺失，磨片破损	机械伤害	较小	（1）检查角磨机必须经有资质单位检验合格，并张贴检验合格标志； （2）检查角磨机的电源线、电源插头完好无缺损，防护罩、角磨片完好无缺损； （3）使用合格的手锤
5. 阀瓣、阀座密封面修研	粉尘	未正确佩戴防护口罩	尘肺病	较小	作业人员佩戴防护口罩
	脚手架	缺损	高处坠落	重大	及时检查及补全缺失防护栏并验收合格，工作负责人每日工作前必须对脚手架进行检查，如果发现缺陷，应立即修整
	高处作业人员	高处作业未正确使用防护用品	高处坠落	重大	（1）高处作业人员必须穿戴好安全帽、防滑鞋，正确佩戴安全带，必要时应使用防坠器； （2）安全带的挂钩应挂在结实、牢固的构件上，或专挂安全带的钢丝绳上，不准低挂高用
	高处落物	工器具或材料掉落	撞击	较小	采取防止工具、材料、物品掉落的措施。禁止交叉作业

续表

作业步骤	危害辨识	危害描述	产生后果	风险等级	防范措施
5．阀瓣、阀座密封面修研	电动研磨机	电源盘没有漏电保护器	触电	较小	电动工具必须配置可靠的漏电保护器
		电源盘及研磨机绝缘损坏	触电	较小	检查研磨机、电源盘的电缆线绝缘合格，绝缘材料应无破损，导线无裸露方可使用
		违规使用电源盘	触电	较小	工作前认真检查电源盘应完好、无缺陷、无安全隐患，电源盘及研磨机检查应合格，不合格的电源盘及研磨机禁止带入检修现场
		研磨机转动部件飞出	机械伤害	较小	阀门研磨时，无关人员远离，工作人员站在侧面
	不合格工器具	手锤锤头与木柄的连接不牢固、锤头破损、木柄未使用整根硬质木料	机械伤害	较小	（1）检查大锤和手锤的锤头应完整，其表面应光滑微凸，不应有歪斜、缺口、凹入及裂纹等缺陷。大锤及手锤的柄应用整根的硬木制成，且头部用楔栓固定。楔栓宜采用金属楔，楔子长度不应大于安装孔的三分之二。锤把上不应有油污。 （2）禁止戴手套抡大锤。 （3）抡大锤时周围不准有人靠近，防止误伤
6．阀瓣、阀座密封面验证	高处作业人员	高处作业未正确使用防护用品	高处坠落	重大	（1）高处作业人员必须穿戴好安全帽、防滑鞋，正确佩戴安全带，必要时应使用防坠器； （2）安全带的挂钩应挂在结实、牢固的构件上，或专挂安全带的钢丝绳上，不准低挂高用
7．阀门组装	大锤	锤头与木柄的连接不牢固、锤头破损、木柄未使用整根硬质木料	砸伤	较小	检查大锤和手锤的锤头应完整，其表面应光滑微凸，不应有歪斜、缺口、凹入及裂纹等缺陷。大锤及手锤的柄应用整根的硬木制成，且头部用楔栓固定。楔栓宜采用金属楔，楔子长度不应大于安装孔的三分之二。锤把上不应有油污
		戴手套抡大锤	物体打击	较小	（1）禁止戴手套抡大锤； （2）抡大锤时周围不准有人靠近，防止误伤
		拆卸部件伤手	机械伤害	较小	佩戴防护手套
	高处作业人员	高处作业未正确使用防护用品	高处坠落	重大	（1）高处作业人员必须穿戴好安全帽、防滑鞋，正确佩戴安全带，必要时应使用防坠器； （2）安全带的挂钩应挂在结实、牢固的构件上，或专挂安全带的钢丝绳上，不准低挂高用
	高处的工器具	工器具未系防坠绳及零部件未固定	物体打击	中等	（1）工器具必须使用防坠绳； （2）工器具和零部件应用绳拴在牢固的构件上，不准随便乱放
8．清理现场及其他	检修废料	检修后，检修废料没有及时清除干净	环境污染	较小	工作结束后，及时清理工作现场

13.96　一级减温调门检修

作业步骤	危害辨识	危害描述	产生后果	风险等级	防范措施
1．环境评估	粉尘	未正确佩戴防护口罩	尘肺病	较小	作业人员佩戴防护口罩
	脚手架	缺损	高处坠落	重大	搭设的脚手架验收合格后方可使用
2．措施确认	高温蒸汽	检修的系统未有效隔离	灼烫伤	中等	保证检修的一段管道可靠地与其他部分隔断，放尽管道、容器内部的汽、水、烟或可燃气
	电动执行机构	带电	触电	中等	切断电源，挂禁止操作牌
	不合格电动工器具	（1）电动工器具未经检验合格； （2）电动工器具电源线、电源插头破损	机械伤害	较小	（1）研磨机必须经有资质单位检验合格，并张贴检验合格标志； （2）检查研磨机的电源线、电源插头完好无缺损
	检修隔离	隔离措施失效，非工作人员进入	机械伤害	较小	对现场检修区域设置围栏、铺设胶皮，进行有效的隔离，有人监护

续表

作业步骤	危害辨识	危害描述	产生后果	风险等级	防 范 措 施
3．阀门拆卸及解体	粉尘	未正确佩戴防护口罩	尘肺病	较小	作业人员佩戴防护口罩
	脚手架	缺损	高处坠落	重大	及时检查及补全缺失防护栏并验收合格，工作负责人每日工作前必须对脚手架进行检查，如果发现缺陷，应立即修整
	高处作业人员	高处作业未正确使用防护用品	高处坠落	重大	（1）高处作业人员必须穿戴好安全帽、防滑鞋，正确佩戴安全带，必要时应使用防坠器； （2）安全带的挂钩应挂在结实、牢固的构件上，或专挂安全带的钢丝绳上，不准低挂高用
	高处落物	工器具或材料掉落	撞击	较小	采取防止工具、材料、物品掉落的措施。禁止交叉作业
	高温物体	身体直接接触阀门阀体高温金属部件被烫伤。阀门内存在余汽水或隔离门不严，拆阀门解体时汽水喷出造成人身伤害	灼烫伤	较小	被解体的阀门能有效隔离且隔离严密，阀门前后疏水门打开，放尽余汽水；监测阀体温度低于50℃时方可拆除保温及阀门部件
	拆卸螺栓	拆卸门架时挤伤手指	机械伤害	较小	（1）拆卸时戴手套； （2）使用合格的手锤
	起吊物	起重工具	起重伤害	中等	（1）起吊前检查起重工具是否合格可用； （2）检查工器具是否完好，禁止野蛮操作
		指挥	起重伤害	较小	起重作业由专业的起重人员进行操作指挥
4．零部件清理、检查、测量	粉尘	未正确佩戴防护口罩	尘肺病	较小	作业人员佩戴防护口罩
	脚手架	缺损	高处坠落	重大	及时检查及补全缺失防护栏并验收合格，工作负责人每日工作前必须对脚手架进行检查，如果发现缺陷，应立即修整
	高处作业人员	高处作业未正确使用防护用品	高处坠落	重大	（1）高处作业人员必须穿戴好安全帽、防滑鞋，正确佩戴安全带，必要时应使用防坠器； （2）安全带的挂钩应挂在结实、牢固的构件上，或专挂安全带的钢丝绳上，不准低挂高用
	高处落物	工器具或材料掉落	撞击	较小	采取防止工具、材料、物品掉落的措施。禁止交叉作业
	误用不合格电动工器具	（1）电动工器具未经检验合格； （2）电动工器具电源线、电源插头破损，防护罩破损缺失，磨片破损	机械伤害	较小	（1）角磨机必须经有资质单位检验合格，并张贴检验合格标志； （2）检查角磨机的电源线、电源插头完好无缺损，防护罩、角磨片完好无缺损； （3）使用合格的手锤
5．部件修复	粉尘	未正确佩戴防护口罩	尘肺病	较小	作业人员佩戴防护口罩
	脚手架	缺损	高处坠落	重大	及时检查及补全缺失防护栏并验收合格，工作负责人每日工作前必须对脚手架进行检查，如果发现缺陷，应立即修整
	高处作业人员	高处作业未正确使用防护用品	高处坠落	重大	（1）高处作业人员必须穿戴好安全帽、防滑鞋，正确佩戴安全带，必要时应使用防坠器； （2）安全带的挂钩应挂在结实、牢固的构件上，或专挂安全带的钢丝绳上，不准低挂高用
	高处落物	工器具或材料掉落	撞击	较小	采取防止工具、材料、物品掉落的措施。禁止交叉作业

续表

作业步骤	危害辨识	危害描述	产生后果	风险等级	防 范 措 施
5. 部件修复	电动研磨机	电源盘没有漏电保护器	触电	较小	电动工具必须配置可靠的漏电保护器
		电源盘及研磨机绝缘损坏	触电	较小	检查研磨机、电源盘的电缆线绝缘合格，绝缘材料应无破损，导线无裸露方可使用
		违规使用电源盘	触电	较小	工作前认真检查电源盘应完好、无缺陷、无安全隐患，电源盘及研磨机检查应合格，不合格的电源盘及研磨机禁止带入检修现场
		研磨机转动部件飞出	机械伤害	较小	阀门研磨时，无关人员远离，工作人员站在侧面
	不合格工器具	手锤锤头与木柄的连接不牢固、锤头破损、木柄未使用整根硬质木料	机械伤害	较小	（1）检查大锤和手锤的锤头应完整，其表面应光滑微凸，不应有歪斜、缺口、凹入及裂纹等缺陷。大锤及手锤的柄应用整根的硬木制成，且头部用楔栓固定。楔栓宜采用金属楔，楔子长度不应大于安装孔的三分之二。锤把上不应有油污。 （2）禁止戴手套抡大锤。 （3）抡大锤时周围不准有人靠近，防止误伤
6. 阀门组装	大锤	锤头与木柄的连接不牢固、锤头破损、木柄未使用整根硬质木料	砸伤	较小	检查大锤和手锤的锤头应完整，其表面应光滑微凸，不应有歪斜、缺口、凹入及裂纹等缺陷。大锤及手锤的柄应用整根的硬木制成，且头部用楔栓固定。楔栓宜采用金属楔，楔子长度不应大于安装孔的三分之二。锤把上不应有油污
		戴手套抡大锤	物体打击	较小	（1）禁止戴手套抡大锤； （2）抡大锤时周围不准有人靠近，防止误伤
		拆卸部件伤手	机械伤害	较小	佩戴防护手套
	高处作业人员	高处作业未正确使用防护用品	高处坠落	重大	（1）高处作业人员必须穿戴好安全帽、防滑鞋，正确佩戴安全带，必要时应使用防坠器； （2）安全带的挂钩应挂在结实、牢固的构件上，或专挂安全带的钢丝绳上，不准低挂高用
	高处的工器具	工器具未系防坠绳及零部件未固定	物体打击	中等	（1）工器具必须使用防坠绳； （2）工器具和零部件应用绳拴在牢固的构件上，不准随便乱放
7. 清理现场及其他	检修废料	检修后，检修废料没有及时清除干净	环境污染	较小	工作结束后，及时清理工作现场

13.97　一级再热器检修

作业步骤	危害辨识	危害描述	产生后果	风险等级	防 范 措 施
1. 环境评估	粉尘	未正确佩戴防护口罩	尘肺病	较小	作业人员佩戴防护口罩
	高温环境	锅炉内部高于60℃	灼烫伤	较小	测温低于60℃，方可进入炉内
	有限空间	氧量不足、金属容器内工作	窒息、触电	中等	（1）有限空间作业办理有限空间进入许可证，检查有害气体合格后方可进入，人员进出必须登记，并及时记录进出时间；人孔处必须设专人在人孔门处监护并保持通信畅通，不得中途离开； （2）必须使用12V及以下的安全电压，保证现场充足的照明
2. 措施确认	高温蒸汽	检修的系统未有效隔离	灼烫伤	中等	保证检修的一段管道可靠地与其他部分隔断，放尽管道、容器内部的汽、水、烟或可燃气
	点火的油枪	油枪误动	灼烫伤、窒息	中等	各有关阀门应上锁，并挂警告牌，对电动阀门应切断电源，对气缸应隔离气源

续表

作业步骤	危害辨识	危害描述	产生后果	风险等级	防 范 措 施
2. 措施确认	转动的风机	送风机、一次风机误动，大量粉尘进入炉膛和尾部烟道	窒息	中等	检修工作开工前工作负责人与工作票许可人共同确认所检修设备已断电
	声波吹灰器	声波吹灰器误动	听力伤害	中等	检修工作开工前工作负责人与工作票许可人共同确认程控柜已断电，隔离气源
	蒸汽吹灰器	蒸汽吹灰器误动	撞击	中等	检修工作开工前工作负责人与工作票许可人共同确认程控柜已断电
	照明	照明不足	高处坠落	重大	保证炉内照明充足
	脚手架	缺损	高处坠落	重大	及时检查及补全缺失防护栏并验收合格，工作负责人每日工作前必须对脚手架进行检查，如果发现缺陷，应立即修整
	误用不合格电动工器具	（1）电动工器具未经检验合格； （2）电动工器具电源线、电源插头破损，防护罩破损缺失，磨片破损	机械伤害	较小	（1）角磨机必须经有资质单位检验合格，并张贴检验合格标志； （2）检查角磨机的电源线、电源插头完好无缺损，防护罩、角磨片完好无缺损
3. 一级再热器清灰前检查	粉尘	未正确佩戴防护口罩	尘肺病	较小	作业人员佩戴防护口罩
	高温环境	锅炉内部高于60℃	灼烫伤	中等	测温低于60℃，方可进入炉内
	有害气体	含氧量低	窒息	较小	定期测氧
	高处设备设施	防护栏缺损	高处坠落	重大	及时检查及补全缺失防护栏。
	高处作业人员	高处作业未正确使用防护用品	高处坠落	重大	（1）高处作业人员必须穿戴好安全帽、防滑鞋，正确佩戴安全带，必要时应使用防坠器； （2）安全带的挂钩应挂在结实、牢固的构件上，或专挂安全带的钢丝绳上，不准低挂高用
	高处落物	工器具或材料掉落	撞击	较小	采取防止工具、材料、物品掉落的措施。禁止交叉作业
4. 受热面管排清灰	粉尘	未正确佩戴防护口罩	尘肺病	较小	作业人员佩戴防护口罩
	高温环境	锅炉内部高于60℃	灼烫伤	中等	测温低于60℃，方可进入炉内
	有害气体	含氧量低	窒息	较小	定期测氧
	脚手架	缺损	高处坠落	重大	及时检查及补全缺失防护栏并验收合格，工作负责人每日工作前必须对脚手架进行检查，如果发现缺陷，应立即修整
	高处作业人员	高处作业未正确使用防护用品	高处坠落	重大	（1）高处作业人员必须穿戴好安全帽、防滑鞋，正确佩戴安全带，必要时应使用防坠器； （2）安全带的挂钩应挂在结实、牢固的构件上，或专挂安全带的钢丝绳上，不准低挂高用
	有限空间作业	氧量不足	窒息	较小	有限空间作业办理有限空间进入许可证，检查有害气体合格后方可进入，人员进出必须登记，并及时记录进出时间；人孔处必须设专人在人孔门处监护并保持通信畅通，不得中途离开
		金属容器	触电	中等	必须使用12V及以下的安全电压，保证现场充足的照明
	高处落物	工器具或材料掉落	撞击	较小	采取防止工具、材料、物品掉落的措施。禁止交叉作业
	水冲洗清灰	跌倒	机械伤害	较小	（1）铺设脚手通道； （2）水冲洗跟内部检修严禁交叉作业

续表

作业步骤	危害辨识	危害描述	产生后果	风险等级	防范措施
5. 一级再热器受热面检查	粉尘	未正确佩戴防护口罩	尘肺病	较小	作业人员佩戴防护口罩
	高温环境	锅炉内部高于60℃	灼烫伤	中等	测温低于60℃，方可进入炉内
	有害气体	含氧量低	窒息	较小	定期测氧
	脚手架	缺损	高处坠落	重大	及时检查及补全缺失防护栏并验收合格，工作负责人每日工作前必须对脚手架进行检查，如果发现缺陷，应立即修整
	高处作业人员	高处作业未正确使用防护用品	高处坠落	重大	（1）高处作业人员必须穿戴好安全帽、防滑鞋，正确佩戴安全带，必要时应使用防坠器； （2）安全带的挂钩应挂在结实、牢固的构件上，或专挂安全带的钢丝绳上，不准低挂高用
	有限空间作业	氧量不足	窒息	较小	有限空间作业办理有限空间进入许可证，检查有害气体合格后方可进入，人员进出必须登记，并及时记录进出时间；人孔处必须设专人在人孔门处监护并保持通信畅通，不得中途离开
		金属容器	触电	中等	必须使用12V及以下的安全电压，保证现场充足的照明
	高处落物	工器具或材料掉落	撞击	较小	采取防止工具、材料、物品掉落的措施。禁止交叉作业
6. 割管取样	粉尘	未正确佩戴防护口罩	尘肺病	较小	作业人员佩戴防护口罩
	高温环境	锅炉内部高于60℃	灼烫伤	中等	测温低于60℃，方可进入炉内
	有害气体	含氧量低	窒息	较小	定期测氧
	脚手架	缺损	高处坠落	重大	及时检查及补全缺失防护栏并验收合格，工作负责人每日工作前必须对脚手架进行检查，如果发现缺陷，应立即修整
	高处作业人员	高处作业未正确使用防护用品	高处坠落	重大	（1）高处作业人员必须穿戴好安全帽、防滑鞋，正确佩戴安全带，必要时应使用防坠器； （2）安全带的挂钩应挂在结实、牢固的构件上，或专挂安全带的钢丝绳上，不准低挂高用
	高处落物	工器具或材料掉落	撞击	较小	采取防止工具、材料、物品掉落的措施
	有限空间	氧量不足	窒息	较小	有限空间作业办理有限空间进入许可证，检查有害气体合格后方可进入，人员进出必须登记，并及时记录进出时间；人孔处必须设专人在人孔门处监护并保持通信畅通，不得中途离开
		金属容器	触电	中等	必须使用12V及以下的安全电压，保证现场充足的照明。
	电动工器具	（1）电动工器具未经检验合格； （2）电动工器具电源线、电源插头破损，防护罩破损缺失，磨片破损	机械伤害	较小	（1）角磨机必须经有资质单位检验合格，并张贴检验合格标志； （2）检查角磨机的电源线、电源插头完好无缺损，防护罩、角磨片完好无缺损； （3）作业人员佩戴防护面罩，戴绝缘手套
	高处落物	工器具或材料掉落	撞击	较小	采取防止工具、材料、物品掉落的措施。禁止交叉作业
7. 一级再热器缺陷处理	粉尘	未正确佩戴防护口罩	尘肺病	较小	作业人员佩戴防护口罩
	高温环境	锅炉内部高于60℃	灼烫伤	中等	测温低于60℃，方可进入炉内
	有害气体	含氧量低	窒息	较小	定期测氧

续表

作业步骤	危害辨识	危害描述	产生后果	风险等级	防 范 措 施
7. 一级再热器缺陷处理	脚手架	缺损	高处坠落	重大	及时检查及补全缺失防护栏并验收合格，工作负责人每日工作前必须对脚手架进行检查，如果发现缺陷，应立即修整
	高处作业人员	高处作业未正确使用防护用品	高处坠落	重大	（1）高处作业人员必须穿戴好安全帽、防滑鞋，正确佩戴安全带，必要时应使用防坠器； （2）安全带的挂钩应挂在结实、牢固的构件上，或专挂安全带的钢丝绳上，不准低挂高用
	高处落物	工器具或材料掉落	撞击	较小	采取防止工具、材料、物品掉落的措施。禁止交叉作业
	有限空间	氧量不足	窒息	较小	有限空间作业办理有限空间进入许可证，检查有害气体合格后方可进入，人员进出必须登记，并及时记录进出时间；人孔处必须设专人在人孔门处监护并保持通信畅通，不得中途离开
		金属容器	触电	中等	必须使用12V及以下的安全电压，保证现场充足的照明
	电动工器具	（1）电动工器具未经检验合格； （2）电动工器具电源线、电源插头破损，防护罩破损缺失，磨片破损	机械伤害	较小	（1）角磨机必须经有资质单位检验合格，并张贴检验合格标志； （2）检查角磨机的电源线、电源插头完好无缺损，防护罩、角磨片完好无缺损
	电焊机	焊接时未正确使用防护用品	灼烫伤	较小	（1）正确使用面罩； （2）戴电焊手套； （3）戴白光眼镜； （4）穿电焊服
		电焊机电源线、电源插头、电焊钳破损	触电	中等	检查电焊机电源线、电源插头、电焊钳完好无损
		二次线地线松动	触电	较小	（1）工作人员工作服保持干燥； （2）工作前检查二次线接地牢固，焊接工件焊接前要与地线进行良好接地
8. 一级再热器管更换	粉尘	未正确佩戴防护口罩	尘肺病	较小	作业人员佩戴防护口罩
	高温环境	锅炉内部高于60℃	灼烫伤	中等	测温低于60℃，方可进入炉内
	有害气体	含氧量低	窒息	较小	定期测氧
	脚手架	缺损	高处坠落	重大	及时检查及补全缺失防护栏并验收合格，工作负责人每日工作前必须对脚手架进行检查，如果发现缺陷，应立即修整
	高处作业人员	高处作业未正确使用防护用品	高处坠落	重大	（1）高处作业人员必须穿戴好安全帽、防滑鞋，正确佩戴安全带，必要时应使用防坠器； （2）安全带的挂钩应挂在结实、牢固的构件上，或专挂安全带的钢丝绳上，不准低挂高用
	高处落物	工器具或材料掉落	撞击	较小	采取防止工具、材料、物品掉落的措施。禁止交叉作业
	有限空间	氧量不足	窒息	较小	有限空间作业办理有限空间进入许可证，检查有害气体合格后方可进入，人员进出必须登记，并及时记录进出时间；人孔处必须设专人在人孔门处监护并保持通信畅通，不得中途离开
		金属容器	触电	中等	必须使用12V及以下的安全电压，保证现场充足的照明

续表

作业步骤	危害辨识	危害描述	产生后果	风险等级	防　范　措　施
8．一级再热器管更换	电动工器具	（1）电动工器具未经检验合格； （2）电动工器具电源线、电源插头破损，防护罩破损缺失，磨片破损	机械伤害	较小	（1）角磨机必须经有资质单位检验合格，并张贴检验合格标志； （2）检查角磨机的电源线、电源插头完好无缺损，防护罩、角磨片完好无缺损
	电焊机	焊接时未正确使用防护用品	灼烫伤	较小	（1）正确使用面罩； （2）戴电焊手套； （3）戴白光眼镜； （4）穿电焊服
		电焊机电源线、电源插头、电焊钳破损	触电	中等	检查电焊机电源线、电源插头、电焊钳完好无损
		二次线地线松动	触电	较小	（1）工作人员工作服保持干燥； （2）工作前检查二次线接地牢固，焊接工件焊接前要与地线进行良好接地
9．一级再热器管焊接	粉尘	未正确佩戴防护口罩	尘肺病	较小	作业人员佩戴防护口罩
	高温环境	锅炉内部高于60℃	灼烫伤	中等	测温低于60℃，方可进入炉内
	有害气体	含氧量低	窒息	较小	定期测氧
	脚手架	缺损	高处坠落	重大	及时检查及补全缺失防护栏并验收合格，工作负责人每日工作前必须对脚手架进行检查，如果发现缺陷，应立即修整
	高处作业人员	高处作业未正确使用防护用品	高处坠落	重大	（1）高处作业人员必须穿戴好安全帽、防滑鞋，正确佩戴安全带，必要时应使用防坠器； （2）安全带的挂钩应挂在结实、牢固的构件上，或专挂安全带的钢丝绳上，不准低挂高用
	高处落物	工器具或材料掉落	撞击	较小	采取防止工具、材料、物品掉落的措施。禁止交叉作业
	有限空间	氧量不足	窒息	较小	有限空间作业办理有限空间进入许可证，检查有害气体合格后方可进入；人员进出必须登记，并及时记录进出时间；人孔处必须设专人在人孔门处监护并保持通信畅通，不得中途离开；
		金属容器	触电	中等	必须使用12V及以下的安全电压，保证现场充足的照明
	电动工器具	（1）电动工器具未经检验合格； （2）电动工器具电源线、电源插头破损，防护罩破损缺失，磨片破损	机械伤害	较小	（1）角磨机必须经有资质单位检验合格，并张贴检验合格标志； （2）检查角磨机的电源线、电源插头完好无缺损，防护罩、角磨片完好无缺损
	电焊机	焊接时未正确使用防护用品	灼烫伤	较小	（1）正确使用面罩； （2）戴电焊手套； （3）戴白光眼镜； （4）穿电焊服
		电焊机电源线、电源插头、电焊钳破损	触电	中等	检查电焊机电源线、电源插头、电焊钳完好无损
		二次线地线松动	触电	较小	（1）工作人员工作服保持干燥； （2）工作前检查二次线接地牢固，焊接工件焊接前要与地线进行良好接地

续表

作业步骤	危害辨识	危害描述	产生后果	风险等级	防 范 措 施
9. 一级再热器管焊接	高温焊渣	焊渣掉落	火灾	较小	（1）动火工作区域周围设置防护屏，防止其他人员被飞溅的焊渣烫伤，地面铺设防火布； （2）火焊人员必须穿戴好工作服、手套和带鞋盖劳保鞋等； （3）通气的橡胶软管上方禁止进行动火作业，以防火灾
	金属检验	放射线	放射性损伤	中等	（1）设置警戒线和警示牌； （2）禁止进入检测区域
10. 水压试验	粉尘	未正确佩戴防护口罩	尘肺病	较小	作业人员佩戴防护口罩
	高温环境	锅炉内部高于60℃	灼烫伤	中等	测温低于60℃，方可进入炉内
	有害气体	含氧量低	窒息	较小	定期测氧
	脚手架	缺损	高处坠落	重大	及时检查及补全缺失防护栏并验收合格，工作负责人每日工作前必须对脚手架进行检查，如果发现缺陷，应立即修整
	高处作业人员	高处作业未正确使用防护用品	高处坠落	重大	（1）高处作业人员必须穿戴好安全帽、防滑鞋，正确佩戴安全带，必要时应使用防坠器； （2）安全带的挂钩应挂在结实、牢固的构件上，或专挂安全带的钢丝绳上，不准低挂高用
	高处落物	工器具或材料掉落	撞击	较小	采取防止工具、材料、物品掉落的措施。禁止交叉作业
	有限空间	氧量不足	窒息	较小	有限空间作业办理有限空间进入许可证，检查有害气体合格后方可进入，人员进出必须登记，并及时记录进出时间；人孔处必须设专人在人孔门处监护并保持通信畅通，不得中途离开
		金属容器	触电	中等	必须使用12V及以下的安全电压，保证现场充足的照明
	水压泄漏	高温较大压水	灼烫伤	中等	水压进水前，工作负责人必须通知现场工作人员离开，并交回工作票；超压试验时，在保持试验压力的时间内不准进行任何检查，应待压力降到工作压力后，方可进行检查
11. 清理现场及其他	检修废料	检修后，检修废料没有及时清除干净	环境污染	较小	工作结束后，及时清理工作现场

13.98 一级再热器出口抽汽电动门检修

作业步骤	危害辨识	危害描述	产生后果	风险等级	防 范 措 施
1. 环境评估	粉尘	未正确佩戴防护口罩	尘肺病	较小	作业人员佩戴防护口罩
2. 措施确认	高温蒸汽	检修的系统未有效隔离	灼烫伤	中等	保证检修的一段管道可靠地与其他部分隔断，放尽管道、容器内部的汽、水、烟或可燃气
	脚手架	缺损	高处坠落	重大	搭设的脚手架验收合格后方可使用
	电动执行机构	带电	触电	中等	切断电源，挂禁止操作牌
	不合格电动工器具	（1）电动工器具未经检验合格； （2）电动工器具电源线、电源插头破损	机械伤害	较小	（1）研磨机必须经有资质单位检验合格，并张贴检验合格标志； （2）检查研磨机的电源线、电源插头完好无缺损
	检修隔离	隔离措施失效，非工作人员进入	机械伤害	较小	对现场检修区域设置围栏、铺设胶皮，进行有效的隔离，有人监护

续表

作业步骤	危害辨识	危害描述	产生后果	风险等级	防 范 措 施
3. 阀门拆卸及解体	粉尘	未正确佩戴防护口罩	尘肺病	较小	作业人员佩戴防护口罩
	脚手架	缺损	高处坠落	重大	及时检查及补全缺失防护栏并验收合格，工作负责人每日工作前必须对脚手架进行检查，如果发现缺陷，应立即修整
	高处作业人员	高处作业未正确使用防护用品	高处坠落	重大	（1）高处作业人员必须穿戴好安全帽、防滑鞋，正确佩戴安全带，必要时应使用防坠器； （2）安全带的挂钩应挂在结实、牢固的构件上，或专挂安全带的钢丝绳上，不准低挂高用
	高处落物	工器具或材料掉落	撞击	较小	采取防止工具、材料、物品掉落的措施。禁止交叉作业
	高温物体	身体直接接触阀门阀体高温金属部件被烫伤。阀门内存在余汽水或隔离门不严，拆阀门解体时汽水喷出造成人身伤害	灼烫伤	较小	被解体的阀门能有效隔离且隔离严密，阀门前后疏水门打开，放尽余汽水；监测阀体温度低于50℃时方可拆除保温及阀门部件
4. 零部件清理、检查、测量	粉尘	未正确佩戴防护口罩	尘肺病	较小	作业人员佩戴防护口罩
	脚手架	缺损	高处坠落	重大	及时检查及补全缺失防护栏并验收合格，工作负责人每日工作前必须对脚手架进行检查，如果发现缺陷，应立即修整
	高处作业人员	高处作业未正确使用防护用品	高处坠落	重大	（1）高处作业人员必须穿戴好安全帽、防滑鞋，正确佩戴安全带，必要时应使用防坠器； （2）安全带的挂钩应挂在结实、牢固的构件上，或专挂安全带的钢丝绳上，不准低挂高用
	高处落物	工器具或材料掉落	撞击	较小	采取防止工具、材料、物品掉落的措施。禁止交叉作业
	误用不合格电动工器具	（1）电动工器具未经检验合格； （2）电动工器具电源线、电源插头破损，防护罩破损缺失，磨片破损	机械伤害	较小	（1）检查角磨机必须经有资质单位检验合格，并张贴检验合格标志； （2）检查角磨机的电源线、电源插头完好无缺损，防护罩、角磨片完好无缺损； （3）使用合格的手锤
5. 部件修复	粉尘	未正确佩戴防护口罩	尘肺病	较小	作业人员佩戴防护口罩
	脚手架	缺损	高处坠落	重大	及时检查及补全缺失防护栏并验收合格，工作负责人每日工作前必须对脚手架进行检查，如果发现缺陷，应立即修整
	高处作业人员	高处作业未正确使用防护用品	高处坠落	重大	（1）高处作业人员必须穿戴好安全帽、防滑鞋，正确佩戴安全带，必要时应使用防坠器； （2）安全带的挂钩应挂在结实、牢固的构件上，或专挂安全带的钢丝绳上，不准低挂高用
	高处落物	工器具或材料掉落	撞击	较小	采取防止工具、材料、物品掉落的措施。禁止交叉作业
	电动研磨机	电源盘没有漏电保护器	触电	较小	电动工具必须配置可靠的漏电保护器
		电源盘及研磨机绝缘损坏	触电	较小	检查研磨机、电源盘的电缆线绝缘合格，绝缘材料应无破损，导线无裸露方可使用
		违规使用电源盘	触电	较小	工作前认真检查电源盘应完好、无缺陷、无安全隐患，电源盘及研磨机检查应合格，不合格的电源盘及研磨机禁止带入检修现场
		研磨机转动部件飞出	机械伤害	较小	阀门研磨时，无关人员远离，工作人员站在侧面

续表

作业步骤	危害辨识	危害描述	产生后果	风险等级	防范措施
5. 部件修复	不合格工器具	手锤锤头与木柄的连接不牢固、锤头破损、木柄未使用整根硬质木料	机械伤害	较小	(1) 检查大锤和手锤的锤头应完整，其表面应光滑微凸，不应有歪斜、缺口、凹入及裂纹等缺陷。大锤及手锤的柄应用整根的硬木制成，且头部用楔栓固定。楔栓宜采用金属楔，楔子长度不应大于安装孔的三分之二。锤把上不应有油污。 (2) 禁止戴手套抡大锤。 (3) 抡大锤时周围不准有人靠近，防止误伤
6. 阀门组装	大锤	锤头与木柄的连接不牢固、锤头破损、木柄未使用整根硬质木料	砸伤	较小	检查大锤和手锤的锤头应完整，其表面应光滑微凸，不应有歪斜、缺口、凹入及裂纹等缺陷。大锤及手锤的柄应用整根的硬木制成，且头部用楔栓固定。楔栓宜采用金属楔，楔子长度不应大于安装孔的三分之二。锤把上不应有油污
		戴手套抡大锤	物体打击	较小	(1) 禁止戴手套抡大锤； (2) 抡大锤时周围不准有人靠近，防止误伤
		拆卸部件伤手	机械伤害	较小	佩戴防护手套
	高处作业人员	高处作业未正确使用防护用品	高处坠落	重大	(1) 高处作业人员必须穿戴好安全帽、防滑鞋，正确佩戴安全带，必要时应使用防坠器； (2) 安全带的挂钩应挂在结实、牢固的构件上，或专挂安全带的钢丝绳上，不准低挂高用
	高处的工器具	工器具未系防坠绳及零部件未固定	物体打击	中等	(1) 工器具必须使用防坠绳； (2) 工器具和零部件应用绳拴在牢固的构件上，不准随便乱放
7. 清理现场及其他	检修废料	检修后，检修废料没有及时清除干净	环境污染	较小	工作结束后，及时清理工作现场

13.99 一级再热器出口抽汽气动逆止门检修

作业步骤	危害辨识	危害描述	产生后果	风险等级	防范措施
1. 环境评估	粉尘	未正确佩戴防护口罩	尘肺病	较小	作业人员佩戴防护口罩
2. 措施确认	高温蒸汽	检修的系统未有效隔离	灼烫伤	中等	保证检修的一段管道可靠地与其他部分隔断，放尽管道、容器内部的汽、水、烟或可燃气
	脚手架	缺损	高处坠落	重大	搭设的脚手架验收合格后方可使用
	不合格电动工器具	(1) 电动工器具未经检验合格； (2) 电动工器具电源线、电源插头破损	机械伤害	较小	(1) 研磨机必须经有资质单位检验合格，并张贴检验合格标志； (2) 检查研磨机的电源线、电源插头完好无缺损
	检修隔离	隔离措施失效，非工作人员进入	机械伤害	较小	对现场检修区域设置围栏、铺设胶皮，进行有效的隔离，有人监护
	保温石棉	未正确佩戴防护口罩	尘肺病	较小	工作人员戴好防护口罩
3. 阀门拆卸及解体	粉尘	未正确佩戴防护口罩	尘肺病	较小	作业人员佩戴防护口罩
	脚手架	缺损	高处坠落	重大	及时检查及补全缺失防护栏并验收合格，工作负责人每日工作前必须对脚手架进行检查，如果发现缺陷，应立即修整
	高处作业人员	高处作业未正确使用防护用品	高处坠落	重大	(1) 高处作业人员必须穿戴好安全帽、防滑鞋，正确佩戴安全带，必要时应使用防坠器； (2) 安全带的挂钩应挂在结实、牢固的构件上，或专挂安全带的钢丝绳上，不准低挂高用

续表

作业步骤	危害辨识	危害描述	产生后果	风险等级	防范措施
3．阀门拆卸及解体	高处落物	工器具或材料掉落	撞击	较小	采取防止工具、材料、物品掉落的措施。禁止交叉作业
	高温物体	身体直接接触阀门阀体高温金属部件被烫伤。阀门内存在余汽水或隔离门不严，拆阀门解体时汽水喷出造成人身伤害	灼烫伤	较小	被解体的阀门能有效隔离且隔离严密，阀门前后疏水门打开，放尽余汽水；监测阀体温度低于50℃时方可拆除保温及阀门部件
	拆卸螺栓	拆卸门架时挤伤手指	机械伤害	较小	（1）拆卸时戴手套； （2）使用合格的手锤
	起吊物	起重工具	起重伤害	中等	（1）起吊前检查起重工具是否合格可用； （2）检查工器具是否完好，禁止野蛮操作
		指挥	起重伤害	较小	起重作业由专业的起重人员进行操作指挥
4．零部件清理、检查、测量	粉尘	未正确佩戴防护口罩	尘肺病	较小	作业人员佩戴防护口罩
	脚手架	缺损	高处坠落	重大	及时检查及补全缺失防护栏并验收合格，工作负责人每日工作前必须对脚手架进行检查，如果发现缺陷，应立即修整
	高处作业人员	高处作业未正确使用防护用品	高处坠落	重大	（1）高处作业人员必须穿戴好安全帽、防滑鞋，正确佩戴安全带，必要时应使用防坠器； （2）安全带的挂钩应挂在结实、牢固的构件上，或专挂安全带的钢丝绳上，不准低挂高用
	高处落物	工器具或材料掉落	撞击	较小	采取防止工具、材料、物品掉落的措施。禁止交叉作业
	误用不合格电动工器具	（1）电动工器具未经检验合格； （2）电动工器具电源线、电源插头破损，防护罩破损缺失，磨片破损	机械伤害	较小	（1）角磨机必须经有资质单位检验合格，并张贴检验合格标志； （2）检查角磨机的电源线、电源插头完好无缺损，防护罩、角磨片完好无缺损； （3）使用合格的手锤
5．阀瓣、阀座密封面修研	粉尘	未正确佩戴防护口罩	尘肺病	较小	作业人员佩戴防护口罩
	脚手架	缺损	高处坠落	重大	及时检查及补全缺失防护栏并验收合格，工作负责人每日工作前必须对脚手架进行检查，如果发现缺陷，应立即修整
	高处作业人员	高处作业未正确使用防护用品	高处坠落	重大	（1）高处作业人员必须穿戴好安全帽、防滑鞋，正确佩戴安全带，必要时应使用防坠器； （2）安全带的挂钩应挂在结实、牢固的构件上，或专挂安全带的钢丝绳上，不准低挂高用
	高处落物	工器具或材料掉落	撞击	较小	采取防止工具、材料、物品掉落的措施。禁止交叉作业
	电动研磨机	电源盘没有漏电保护器	触电	较小	电动工具必须配置可靠的漏电保护器
		电源盘及研磨机绝缘损坏	触电	较小	检查研磨机、电源盘的电缆线绝缘合格，绝缘材料应无破损，导线无裸露方可使用
		违规使用电源盘	触电	较小	工作前认真检查电源盘应完好、无缺陷、无安全隐患，电源盘及研磨机检查应合格，不合格的电源盘及研磨机禁止带入检修现场
		研磨机转动部件飞出	机械伤害	较小	阀门研磨时，无关人员远离，工作人员站在侧面

续表

作业步骤	危害辨识	危害描述	产生后果	风险等级	防 范 措 施
5. 阀瓣、阀座密封面修研	不合格工器具	手锤锤头与木柄的连接不牢固、锤头破损、木柄未使用整根硬质木料	机械伤害	较小	（1）检查大锤和手锤的锤头应完整，其表面应光滑微凸，不应有歪斜、缺口、凹入及裂纹等缺陷。大锤及手锤的柄应用整根的硬木制成，且头部用楔栓固定。楔栓宜采用金属楔，楔子长度不应大于安装孔的三分之二。锤把上不应有油污。 （2）禁止戴手套抡大锤。 （3）抡大锤时周围不准有人靠近，防止误伤
6. 阀瓣、阀座密封面验证	高处作业人员	高处作业未正确使用防护用品	高处坠落	重大	（1）高处作业人员必须穿戴好安全帽、防滑鞋，正确佩戴安全带，必要时应使用防坠器； （2）安全带的挂钩应挂在结实、牢固的构件上，或专挂安全带的钢丝绳上，不准低挂高用
7. 阀门组装	大锤	锤头与木柄的连接不牢固、锤头破损、木柄未使用整根硬质木料	砸伤	较小	检查大锤和手锤的锤头应完整，其表面应光滑微凸，不应有歪斜、缺口、凹入及裂纹等缺陷。大锤及手锤的柄应用整根的硬木制成，且头部用楔栓固定。楔栓宜采用金属楔，楔子长度不应大于安装孔的三分之二。锤把上不应有油污
		戴手套抡大锤	物体打击	较小	（1）禁止戴手套抡大锤； （2）抡大锤时周围不准有人靠近，防止误伤
		拆卸部件伤手	机械伤害	较小	佩戴防护手套
	高处作业人员	高处作业未正确使用防护用品	高处坠落	重大	（1）高处作业人员必须穿戴好安全帽、防滑鞋，正确佩戴安全带，必要时应使用防坠器； （2）安全带的挂钩应挂在结实、牢固的构件上，或专挂安全带的钢丝绳上，不准低挂高用
	高处的工器具	工器具未系防坠绳及零部件未固定	物体打击	中等	（1）工器具必须使用防坠绳； （2）工器具和零部件应用绳拴在牢固的构件上，不准随便乱放
8. 清理现场及其他	检修废料	检修后，检修废料没有及时清除干净	环境污染	较小	工作结束后，及时清理工作现场

13.100 一级再热器供热出口电动门检修

作业步骤	危害辨识	危害描述	产生后果	风险等级	防 范 措 施
1. 环境评估	粉尘	未正确佩戴防护口罩	尘肺病	较小	作业人员佩戴防护口罩
2. 措施确认	高温蒸汽	检修的系统未有效隔离	灼烫伤	中等	保证检修的一段管道可靠地与其他部分隔断，放尽管道、容器内部的汽、水、烟或可燃气
	电动执行机构	带电	触电	中等	切断电源，挂禁止操作牌
	脚手架	缺损	高处坠落	重大	搭设的脚手架经验收合格后方可使用
	不合格电动工器具	（1）电动工器具未经检验合格； （2）电动工器具电源线、电源插头破损	机械伤害	较小	（1）研磨机必须经有资质单位检验合格，并张贴检验合格标志； （2）检查研磨机的电源线、电源插头完好无缺损
	检修隔离	隔离措施失效，非工作人员进入	机械伤害	较小	对现场检修区域设置围栏、铺设胶皮，进行有效的隔离，有人监护
3. 辅汽阀门解体	粉尘	未正确佩戴防护口罩	尘肺病	较小	作业人员佩戴防护口罩
	脚手架	缺损	高处坠落	重大	及时检查及补全缺失防护栏并验收合格，工作负责人每日工作前必须对脚手架进行检查，如果发现缺陷，应立即修整

续表

作业步骤	危害辨识	危害描述	产生后果	风险等级	防范措施
3. 辅汽阀门解体	高处作业人员	高处作业未正确使用防护用品	高处坠落	重大	（1）高处作业人员必须穿戴好安全帽、防滑鞋，正确佩戴安全带，必要时应使用防坠器； （2）安全带的挂钩应挂在结实、牢固的构件上，或专挂安全带的钢丝绳上，不准低挂高用
	高处落物	工器具或材料掉落	撞击	较小	采取防止工具、材料、物品掉落的措施。禁止交叉作业
	高温物体	身体直接接触阀门阀体高温金属部件被烫伤。阀门内存在余汽水或隔离门不严，拆阀门解体时汽水喷出造成人身伤害	灼烫伤	较小	被解体的阀门能有效隔离且隔离严密，阀门前后疏水门打开，放尽余汽水；监测阀体温度低于50℃时方可拆除保温及阀门部件
	拆卸螺栓	拆卸门架时挤伤手指	机械伤害	较小	（1）拆卸时戴手套； （2）使用合格的手锤
	起吊物	起重工具	起重伤害	中等	（1）起吊前检查起重工具是否合格可用； （2）检查工器具是否完好，禁止野蛮操作
		指挥	起重伤害	较小	起重作业由专业的起重人员进行操作指挥
4. 零部件清理、检查、测量	粉尘	未正确佩戴防护口罩	尘肺病	较小	作业人员佩戴防护口罩
	脚手架	缺损	高处坠落	重大	及时检查及补全缺失防护栏并验收合格，工作负责人每日工作前必须对脚手架进行检查，如果发现缺陷，应立即修整
	高处作业人员	高处作业未正确使用防护用品	高处坠落	重大	（1）高处作业人员必须穿戴好安全帽、防滑鞋，正确佩戴安全带，必要时应使用防坠器； （2）安全带的挂钩应挂在结实、牢固的构件上，或专挂安全带的钢丝绳上，不准低挂高用
	高处落物	工器具或材料掉落	撞击	较小	采取防止工具、材料、物品掉落的措施。禁止交叉作业
	误用不合格电动工器具	（1）电动工器具未经检验合格； （2）电动工器具电源线、电源插头破损，防护罩破损缺失，磨片破损	机械伤害	较小	（1）检查角磨机必须经有资质单位检验合格，并张贴检验合格标志； （2）检查角磨机的电源线、电源插头完好无缺损，防护罩、角磨片完好无缺损； （3）使用合格的手锤
5. 部件修复	粉尘	未正确佩戴防护口罩	尘肺病	较小	作业人员佩戴防护口罩
	脚手架	缺损	高处坠落	重大	及时检查及补全缺失防护栏并验收合格，工作负责人每日工作前必须对脚手架进行检查，如果发现缺陷，应立即修整
	高处作业人员	高处作业未正确使用防护用品	高处坠落	重大	（1）高处作业人员必须穿戴好安全帽、防滑鞋，正确佩戴安全带，必要时应使用防坠器； （2）安全带的挂钩应挂在结实、牢固的构件上，或专挂安全带的钢丝绳上，不准低挂高用
	高处落物	工器具或材料掉落	撞击	较小	采取防止工具、材料、物品掉落的措施。禁止交叉作业
	电动研磨机	电源盘没有漏电保护器	触电	较小	电动工具必须配置可靠的漏电保护器
		电源盘及研磨机绝缘损坏	触电	较小	检查研磨机、电源盘的电缆线绝缘合格，绝缘材料应无破损，导线无裸露方可使用
		违规使用电源盘	触电	较小	工作前认真检查电源盘应完好、无缺陷、无安全隐患，电源盘及研磨机检查应合格，不合格的电源盘及研磨机禁止带入检修现场
		研磨机转动部件飞出	机械伤害	较小	阀门研磨时，无关人员远离，工作人员站在侧面

续表

作业步骤	危害辨识	危害描述	产生后果	风险等级	防 范 措 施
5. 部件修复	不合格工器具	手锤锤头与木柄的连接不牢固、锤头破损、木柄未使用整根硬质木料	机械伤害	较小	(1) 检查大锤和手锤的锤头应完整，其表面应光滑微凸，不应有歪斜、缺口、凹入及裂纹等缺陷。大锤及手锤的柄应用整根的硬木制成，且头部用楔栓固定。楔栓宜采用金属楔，楔子长度不应大于安装孔的三分之二。锤把上不应有油污。 (2) 禁止戴手套抡大锤。 (3) 抡大锤时周围不准有人靠近，防止误伤
6. 阀门组装	大锤	锤头与木柄的连接不牢固、锤头破损、木柄未使用整根硬质木料	砸伤	较小	检查大锤和手锤的锤头应完整，其表面应光滑微凸，不应有歪斜、缺口、凹入及裂纹等缺陷。大锤及手锤的柄应用整根的硬木制成，且头部用楔栓固定。楔栓宜采用金属楔，楔子长度不应大于安装孔的三分之二。锤把上不应有油污
		戴手套抡大锤	物体打击	较小	(1) 禁止戴手套抡大锤； (2) 抡大锤时周围不准有人靠近，防止误伤
		拆卸部件伤手	机械伤害	较小	佩戴防护手套
	高处作业人员	高处作业未正确使用防护用品	高处坠落	重大	(1) 高处作业人员必须穿戴好安全帽、防滑鞋，正确佩戴安全带，必要时应使用防坠器； (2) 安全带的挂钩应挂在结实、牢固的构件上，或专挂安全带的钢丝绳上，不准低挂高用
	高处的工器具	工器具未系防坠绳及零部件未固定	物体打击	中等	(1) 工器具必须使用防坠绳； (2) 工器具和零部件应用绳拴在牢固的构件上，不准随便乱放
7. 清理现场及其他	检修废料	检修后，检修废料没有及时清除干净	环境污染	较小	工作结束后，及时清理工作现场

13.101 一级再热器供热气动逆止门检修

作业步骤	危害辨识	危害描述	产生后果	风险等级	防 范 措 施
1. 环境评估	粉尘	未正确佩戴防护口罩	尘肺病	较小	作业人员佩戴防护口罩
2. 措施确认	高温蒸汽	检修的系统未有效隔离	灼烫伤	中等	保证检修的一段管道可靠地与其他部分隔断，放尽管道、容器内部的汽、水、烟或可燃气
	不合格电动工器具	(1) 电动工器具未经检验合格； (2) 电动工器具电源线、电源插头破损	机械伤害	较小	(1) 研磨机必须经有资质单位检验合格，并张贴检验合格标志； (2) 检查研磨机的电源线、电源插头完好无缺损
	脚手架	缺损	高处坠落	重大	搭设的脚手架验收合格后方可使用
	检修隔离	隔离措施失效，非工作人员进入	机械伤害	较小	对现场检修区域设置围栏、铺设胶皮，进行有效的隔离，有人监护
	保温石棉	未正确佩戴防护口罩	尘肺病	较小	工作人员戴好防护口罩
3. 阀门拆卸及解体	粉尘	未正确佩戴防护口罩	尘肺病	较小	作业人员佩戴防护口罩
	脚手架	缺损	高处坠落	重大	及时检查及补全缺失防护栏并验收合格，工作负责人每日工作前必须对脚手架进行检查，如果发现缺陷，应立即修整
	高处作业人员	高处作业未正确使用防护用品	高处坠落	重大	(1) 高处作业人员必须穿戴好安全帽、防滑鞋，正确佩戴安全带，必要时应使用防坠器； (2) 安全带的挂钩应挂在结实、牢固的构件上，或专挂安全带的钢丝绳上，不准低挂高用

续表

作业步骤	危害辨识	危害描述	产生后果	风险等级	防范措施
3. 阀门拆卸及解体	高处落物	工器具或材料掉落	撞击	较小	采取防止工具、材料、物品掉落的措施。禁止交叉作业
	高温物体	身体直接接触阀门阀体高温金属部件被烫伤。阀门内存在余汽水或隔离门不严，拆阀门解体时汽水喷出造成人身伤害	灼烫伤	较小	被解体的阀门能有效隔离且隔离严密，阀门前后疏水门打开，放尽余汽水；监测阀体温度低于50℃时方可拆除保温及阀门部件
	拆卸螺栓	拆卸门架时挤伤手指	机械伤害	较小	（1）拆卸时戴手套； （2）使用合格的手锤
	起吊物	起重工具	起重伤害	中等	（1）起吊前检查起重工具是否合格可用； （2）检查工器具是否完好，禁止野蛮操作
		指挥	起重伤害	较小	起重作业由专业的起重人员进行操作指挥
4. 零部件清理、检查、测量	粉尘	未正确佩戴防护口罩	尘肺病	较小	作业人员佩戴防护口罩
	脚手架	缺损	高处坠落	重大	及时检查及补全缺失防护栏并验收合格，工作负责人每日工作前必须对脚手架进行检查，如果发现缺陷，应立即修整
	高处作业人员	高处作业未正确使用防护用品	高处坠落	重大	（1）高处作业人员必须穿戴好安全帽、防滑鞋，正确佩戴安全带，必要时应使用防坠器； （2）安全带的挂钩应挂在结实、牢固的构件上，或专挂安全带的钢丝绳上，不准低挂高用
	高处落物	工器具或材料掉落	撞击	较小	采取防止工具、材料、物品掉落的措施。禁止交叉作业
	误用不合格电动工器具	（1）电动工器具未经检验合格； （2）电动工器具电源线、电源插头破损，防护罩破损缺失，磨片破损	机械伤害	较小	（1）检查角磨机必须经有资质单位检验合格，并张贴检验合格标志； （2）检查角磨机的电源线、电源插头完好无缺损，防护罩、角磨片完好无缺损； （3）使用合格的手锤
5. 阀瓣、阀座密封面修研	粉尘	未正确佩戴防护口罩	尘肺病	较小	作业人员佩戴防护口罩
	脚手架	缺损	高处坠落	重大	及时检查及补全缺失防护栏并验收合格，工作负责人每日工作前必须对脚手架进行检查，如果发现缺陷，应立即修整
	高处作业人员	高处作业未正确使用防护用品	高处坠落	重大	（1）高处作业人员必须穿戴好安全帽、防滑鞋，正确佩戴安全带，必要时应使用防坠器； （2）安全带的挂钩应挂在结实、牢固的构件上，或专挂安全带的钢丝绳上，不准低挂高用
	高处落物	工器具或材料掉落	撞击	较小	采取防止工具、材料、物品掉落的措施。禁止交叉作业
	电动研磨机	电源盘没有漏电保护器	触电	较小	电动工具必须配置可靠的漏电保护器
		电源盘及研磨机绝缘损坏	触电	较小	检查研磨机、电源盘的电缆线绝缘合格，绝缘材料应无破损，导线无裸露方可使用
		违规使用电源盘	触电	较小	工作前认真检查电源盘应完好、无缺陷、无安全隐患，电源盘及研磨机检查应合格，不合格的电源盘及研磨机禁止带入检修现场
		研磨机转动部件飞出	机械伤害	较小	阀门研磨时，无关人员远离，工作人员站在侧面

续表

作业步骤	危害辨识	危害描述	产生后果	风险等级	防 范 措 施
5. 阀瓣、阀座密封面修研	不合格工器具	手锤锤头与木柄的连接不牢固、锤头破损、木柄未使用整根硬质木料	机械伤害	较小	（1）检查大锤和手锤的锤头应完整，其表面应光滑微凸，不应有歪斜、缺口、凹入及裂纹等缺陷。大锤及手锤的柄应用整根的硬木制成，且头部用楔栓固定。楔栓宜采用金属楔，楔子长度不应大于安装孔的三分之二。锤把上不应有油污。 （2）禁止戴手套抡大锤。 （3）抡大锤时周围不准有人靠近，防止误伤
6. 阀瓣、阀座密封面验证	高处作业人员	高处作业未正确使用防护用品	高处坠落	重大	（1）高处作业人员必须穿戴好安全帽、防滑鞋，正确佩戴安全带，必要时应使用防坠器； （2）安全带的挂钩应挂在结实、牢固的构件上，或专挂安全带的钢丝绳上，不准低挂高用
7. 阀门组装	大锤	锤头与木柄的连接不牢固、锤头破损、木柄未使用整根硬质木料	砸伤	较小	检查大锤和手锤的锤头应完整，其表面应光滑微凸，不应有歪斜、缺口、凹入及裂纹等缺陷。大锤及手锤的柄应用整根的硬木制成，且头部用楔栓固定。楔栓宜采用金属楔，楔子长度不应大于安装孔的三分之二。锤把上不应有油污
		戴手套抡大锤	物体打击	较小	（1）禁止戴手套抡大锤； （2）抡大锤时周围不准有人靠近，防止误伤
		拆卸部件伤手	机械伤害	较小	佩戴防护手套
	高处作业人员	高处作业未正确使用防护用品	高处坠落	较小	（1）高处作业人员必须穿戴好安全帽、防滑鞋，正确佩戴安全带，必要时应使用防坠器； （2）安全带的挂钩应挂在结实、牢固的构件上，或专挂安全带的钢丝绳上，不准低挂高用
	高处的工器具	工器具未系防坠绳及零部件未固定	物体打击	中等	（1）工器具必须使用防坠绳； （2）工器具和零部件应用绳拴在牢固的构件上，不准随便乱放
8. 清理现场及其他	检修废料	检修后，检修废料没有及时清除干净	环境污染	较小	工作结束后，及时清理工作现场

13.102 一级再热器进口堵阀检修

作业步骤	危害辨识	危害描述	产生后果	风险等级	防 范 措 施
1. 环境评估	粉尘	未正确佩戴防护口罩	尘肺病	较小	作业人员佩戴防护口罩
2. 措施确认	高温蒸汽	检修的系统未有效隔离	灼烫伤	中等	保证检修的一段管道可靠地与其他部分隔断，放尽管道、容器内部的汽、水、烟或可燃气
	脚手架	缺损	高处坠落	重大	搭设的脚手架验收合格后方可使用
	检修隔离	隔离措施失效，非工作人员进入	机械伤害	较小	对现场检修区域设置围栏、铺设胶皮，进行有效的隔离，有人监护
3. 阀门拆卸及解体	粉尘	未正确佩戴防护口罩	尘肺病	较小	作业人员佩戴防护口罩
	脚手架	缺损	高处坠落	重大	及时检查及补全缺失防护栏并验收合格，工作负责人每日工作前必须对脚手架进行检查，如果发现缺陷，应立即修整
	高处作业人员	高处作业未正确使用防护用品	高处坠落	重大	（1）高处作业人员必须穿戴好安全帽、防滑鞋，正确佩戴安全带，必要时应使用防坠器； （2）安全带的挂钩应挂在结实、牢固的构件上，或专挂安全带的钢丝绳上，不准低挂高用

续表

作业步骤	危害辨识	危害描述	产生后果	风险等级	防 范 措 施
3. 阀门拆卸及解体	高处落物	工器具或材料掉落	撞击	较小	采取防止工具、材料、物品掉落的措施。禁止交叉作业
	高温物体	身体直接接触阀门阀体高温金属部件被烫伤。阀门内存在余汽水或隔离门不严，拆阀门解体时汽水喷出造成人身伤害	灼烫伤	较小	被解体的阀门能有效隔离且隔离严密，阀门前后疏水门打开，放尽余汽水；监测阀体温度低于 50℃时方可拆除保温及阀门部件
	拆卸螺栓	拆卸门架时挤伤手指	机械伤害	较小	（1）拆卸时戴手套； （2）使用合格的手锤
	起吊物	起重工具	起重伤害	中等	（1）起吊前检查起重工具是否合格可用； （2）检查工器具是否完好，禁止野蛮操作
		指挥	起重伤害	较小	起重作业由专业的起重人员进行操作指挥
	大锤	锤头与木柄的连接不牢固、锤头破损、木柄未使用整根硬质木料	砸伤	较小	检查大锤和手锤的锤头应完整，其表面应光滑微凸，不应有歪斜、缺口、凹入及裂纹等缺陷。大锤及手锤的柄应用整根的硬木制成，且头部用楔栓固定。楔栓宜采用金属楔，楔子长度不应大于安装孔的三分之二。锤把上不应有油污
		戴手套抡大锤	物体打击	较小	（1）禁止戴手套抡大锤； （2）抡大锤时周围不准有人靠近，防止误伤
		拆卸部件伤手	机械伤害	较小	佩戴防护手套
4. 零部件清理、检查、测量	粉尘	未正确佩戴防护口罩	尘肺病	较小	作业人员佩戴防护口罩
	脚手架	缺损	高处坠落	重大	及时检查及补全缺失防护栏并验收合格，工作负责人每日工作前必须对脚手架进行检查，如果发现缺陷，应立即修整
	高处作业人员	高处作业未正确使用防护用品	高处坠落	重大	（1）高处作业人员必须穿戴好安全帽、防滑鞋，正确佩戴安全带，必要时应使用防坠器； （2）安全带的挂钩应挂在结实、牢固的构件上，或专挂安全带的钢丝绳上，不准低挂高用
	高处落物	工器具或材料掉落	撞击	较小	采取防止工具、材料、物品掉落的措施。禁止交叉作业
	误用不合格电动工器具	（1）电动工器具未经检验合格； （2）电动工器具电源线、电源插头破损，防护罩破损缺失，磨片破损	机械伤害	较小	（1）检查角磨机必须经有资质单位检验合格，并张贴检验合格标志； （2）检查角磨机的电源线、电源插头完好无缺损，防护罩、角磨片完好无缺损； （3）使用合格的手锤
5. 阀门组装	粉尘	未正确佩戴防护口罩	尘肺病	较小	作业人员佩戴防护口罩
	脚手架	缺损	高处坠落	重大	及时检查及补全缺失防护栏并验收合格，工作负责人每日工作前必须对脚手架进行检查，如果发现缺陷，应立即修整
	高处作业人员	高处作业未正确使用防护用品	高处坠落	重大	（1）高处作业人员必须穿戴好安全帽、防滑鞋，正确佩戴安全带，必要时应使用防坠器； （2）安全带的挂钩应挂在结实、牢固的构件上，或专挂安全带的钢丝绳上，不准低挂高用
	高处落物	工器具或材料掉落	撞击	较小	采取防止工具、材料、物品掉落的措施。禁止交叉作业

续表

作业步骤	危害辨识	危害描述	产生后果	风险等级	防 范 措 施
5. 阀门组装	不合格工器具	手锤锤头与木柄的连接不牢固、锤头破损、木柄未使用整根硬质木料	机械伤害	较小	（1）检查大锤和手锤的锤头应完整，其表面应光滑微凸，不应有歪斜、缺口、凹入及裂纹等缺陷。大锤及手锤的柄应用整根的硬木制成，且头部用楔栓固定。楔栓宜采用金属楔，楔子长度不应大于安装孔的三分之二。锤把上不应有油污。 （2）禁止戴手套抡大锤。 （3）抡大锤时周围不准有人靠近，防止误伤
6. 清理现场及其他	检修废料	检修后，检修废料没有及时清除干净	环境污染	较小	工作结束后，及时清理工作现场

13.103 一级再热器至背压机进汽手动门检修

作业步骤	危害辨识	危害描述	产生后果	风险等级	防 范 措 施
1. 环境评估	粉尘	未正确佩戴防护口罩	尘肺病	较小	作业人员佩戴防护口罩
2. 措施确认	高温蒸汽	检修的系统未有效隔离	灼烫伤	中等	保证检修的一段管道可靠地与其他部分隔断，放尽管道、容器内部的汽、水、烟或可燃气。
	不合格电动工器具	（1）电动工器具未经检验合格； （2）电动工器具电源线、电源插头破损	机械伤害	较小	（1）研磨机必须经有资质单位检验合格，并张贴检验合格标志； （2）检查研磨机的电源线、电源插头完好无缺损
	检修隔离	隔离措施失效，非工作人员进入	机械伤害	较小	对现场检修区域设置围栏、铺设胶皮，进行有效的隔离，有人监护
3. 阀门拆卸及解体	粉尘	未正确佩戴防护口罩	尘肺病	较小	作业人员佩戴防护口罩
	高处落物	工器具或材料掉落	撞击	较小	采取防止工具、材料、物品掉落的措施。禁止交叉作业
	高温物体	身体直接接触阀门阀体高温金属部件被烫伤。阀门内存在余汽水或隔离门不严，拆阀门解体时汽水喷出造成人身伤害	灼烫伤	较小	被解体的阀门能有效隔离且隔离严密，阀门前后疏水门打开，放尽余汽水；监测阀体温度低于50℃时方可拆除保温及阀门部件
4. 零部件清理、检查、测量	粉尘	未正确佩戴防护口罩	尘肺病	较小	作业人员佩戴防护口罩
	高处落物	工器具或材料掉落	撞击	较小	采取防止工具、材料、物品掉落的措施。禁止交叉作业
	误用不合格电动工器具	（1）电动工器具未经检验合格； （2）电动工器具电源线、电源插头破损，防护罩破损缺失，磨片破损	机械伤害	较小	（1）角磨机必须经有资质单位检验合格，并张贴检验合格标志； （2）检查角磨机的电源线、电源插头完好无缺损，防护罩、角磨片完好无缺损； （3）使用合格的手锤
5. 部件修复	粉尘	未正确佩戴防护口罩	尘肺病	较小	作业人员佩戴防护口罩
	高处落物	工器具或材料掉落	撞击	较小	采取防止工具、材料、物品掉落的措施。禁止交叉作业
	电动研磨机	电源盘没有漏电保护器	触电	较小	电动工具必须配置可靠的漏电保护器
		电源盘及研磨机绝缘损坏	触电	较小	检查研磨机、电源盘的电缆线绝缘合格，绝缘材料应无破损，导线无裸露方可使用

续表

作业步骤	危害辨识	危害描述	产生后果	风险等级	防范措施
5. 部件修复	电动研磨机	违规使用电源盘	触电	较小	工作前认真检查电源盘应完好、无缺陷、无安全隐患，电源盘及研磨机检查应合格，不合格的电源盘及研磨机禁止带入检修现场
		研磨机转动部件飞出	机械伤害	较小	阀门研磨时，无关人员远离，工作人员站在侧面
	不合格工器具	手锤锤头与木柄的连接不牢固、锤头破损、木柄未使用整根硬质木料	机械伤害	较小	（1）检查大锤和手锤的锤头应完整，其表面应光滑微凸，不应有歪斜、缺口、凹入及裂纹等缺陷。大锤及手锤的柄应用整根的硬木制成，且头部用楔栓固定。楔栓宜采用金属楔，楔子长度不应大于安装孔的三分之二。锤把上不应有油污。 （2）禁止戴手套抡大锤。 （3）抡大锤时周围不准有人靠近，防止误伤
6. 阀门组装	大锤	锤头与木柄的连接不牢固、锤头破损、木柄未使用整根硬质木料	砸伤	较小	检查大锤和手锤的锤头应完整，其表面应光滑微凸，不应有歪斜、缺口、凹入及裂纹等缺陷。大锤及手锤的柄应用整根的硬木制成，且头部用楔栓固定。楔栓宜采用金属楔，楔子长度不应大于安装孔的三分之二。锤把上不应有油污
		戴手套抡大锤	物体打击	较小	（1）禁止戴手套抡大锤； （2）抡大锤时周围不准有人靠近，防止误伤
		拆卸部件伤手	机械伤害	较小	佩戴防护手套
	高处的工器具	工器具未系防坠绳及零部件未固定	物体打击	中等	（1）工器具必须使用防坠绳； （2）工器具和零部件应用绳拴在牢固的构件上，不准随便乱放
7. 清理现场及其他	检修废料	检修后，检修废料没有及时清除干净	环境污染	较小	工作结束后，及时清理工作现场

13.104　再热器安全门检修

作业步骤	危害辨识	危害描述	产生后果	风险等级	防范措施
1. 环境评估	粉尘	未正确佩戴防护口罩	尘肺病	较小	作业人员佩戴防护口罩
2. 措施确认	高温蒸汽	检修的系统未有效隔离	灼烫伤	中等	保证检修的一段管道可靠地与其他部分隔断，放尽管道、容器内部的汽、水、烟或可燃气
	脚手架	缺损	高处坠落	重大	搭设的脚手架验收合格后方可使用
	不合格电动工器具	（1）电动工器具未经检验合格； （2）电动工器具电源线、电源插头破损	机械伤害	较小	（1）研磨机必须经有资质单位检验合格，并张贴检验合格标志； （2）检查研磨机的电源线、电源插头完好无缺损
	检修隔离	隔离措施失效，非工作人员进入	机械伤害	较小	对现场检修区域设置围栏、铺设胶皮，进行有效的隔离，有人监护
3. 阀门拆卸	粉尘	未正确佩戴防护口罩	尘肺病	较小	作业人员佩戴防护口罩
	脚手架	缺损	高处坠落	重大	及时检查及补全缺失防护栏并验收合格，工作负责人每日工作前必须对脚手架进行检查，如果发现缺陷，应立即修整
	高处作业人员	高处作业未正确使用防护用品	高处坠落	重大	（1）高处作业人员必须穿戴好安全帽、防滑鞋，正确佩戴安全带，必要时应使用防坠器； （2）安全带的挂钩应挂在结实、牢固的构件上，或专挂安全带的钢丝绳上，不准低挂高用

续表

作业步骤	危害辨识	危害描述	产生后果	风险等级	防范措施
3．阀门拆卸	高处落物	工器具或材料掉落	撞击	较小	采取防止工具、材料、物品掉落的措施。禁止交叉作业
	高温物体	身体直接接触阀门阀体高温金属部件被烫伤。阀门内存在余汽水或隔离门不严，拆阀门解体时汽水喷出造成人身伤害	灼烫伤	较小	被解体的阀门能有效隔离且隔离严密，阀门前后疏水门打开，放尽余汽水；监测阀体温度低于50℃时方可拆除保温及阀门部件
	拆卸螺栓	拆卸门架时挤伤手指	机械伤害	较小	（1）拆卸时戴手套； （2）使用合格的手锤
	起吊物	起重工具	起重伤害	中等	（1）起吊前检查起重工具是否合格可用； （2）检查工器具是否完好，禁止野蛮操作
		指挥	起重伤害	较小	起重作业由专业的起重人员进行操作指挥
4．各零部件的检查、修理	粉尘	未正确佩戴防护口罩	尘肺病	较小	作业人员佩戴防护口罩
	脚手架	缺损	高处坠落	重大	及时检查及补全缺失防护栏并验收合格，工作负责人每日工作前必须对脚手架进行检查，如果发现缺陷，应立即修整
	高处作业人员	高处作业未正确使用防护用品	高处坠落	重大	（1）高处作业人员必须穿戴好安全帽、防滑鞋，正确佩戴安全带，必要时应使用防坠器； （2）安全带的挂钩应挂在结实、牢固的构件上，或专挂安全带的钢丝绳上，不准低挂高用
	高处落物	工器具或材料掉落	撞击	较小	采取防止工具、材料、物品掉落的措施。禁止交叉作业
	误用不合格电动工器具	（1）电动工器具未经检验合格； （2）电动工器具电源线、电源插头破损，防护罩破损缺失，磨片破损	机械伤害	较小	（1）角磨机必须经有资质单位检验合格，并张贴检验合格标志； （2）检查角磨机的电源线、电源插头完好无缺损，防护罩、角磨片完好无缺损； （3）使用合格的手锤
5．安全阀组装	粉尘	未正确佩戴防护口罩	尘肺病	较小	作业人员佩戴防护口罩
	脚手架	缺损	高处坠落	重大	及时检查及补全缺失防护栏并验收合格，工作负责人每日工作前必须对脚手架进行检查，如果发现缺陷，应立即修整
	高处作业人员	高处作业未正确使用防护用品	高处坠落	重大	（1）高处作业人员必须穿戴好安全帽、防滑鞋，正确佩戴安全带，必要时应使用防坠器； （2）安全带的挂钩应挂在结实、牢固的构件上，或专挂安全带的钢丝绳上，不准低挂高用
	高处落物	工器具或材料掉落	撞击	较小	采取防止工具、材料、物品掉落的措施。禁止交叉作业
	不合格工器具	手锤锤头与木柄的连接不牢固、锤头破损、木柄未使用整根硬质木料	机械伤害	较小	（1）检查大锤和手锤的锤头应完整，其表面应光滑微凸，不应有歪斜、缺口、凹入及裂纹等缺陷。大锤及手锤的柄应用整根的硬木制成，且头部用楔栓固定。楔栓宜采用金属楔，楔子长度不应大于安装孔的三分之二。锤把上不应有油污。 （2）禁止戴手套抡大锤。 （3）抡大锤时周围不准有人靠近，防止误伤
6．清理现场及其他	检修废料	检修后，检修废料没有及时清除干净	环境污染	较小	工作结束后，及时清理工作现场

13.105 再热器充氮门检修

作业步骤	危害辨识	危害描述	产生后果	风险等级	防 范 措 施
1．环境评估	粉尘	未正确佩戴防护口罩	尘肺病	较小	作业人员佩戴防护口罩
2．措施确认	高温蒸汽	检修的系统未有效隔离	灼烫伤	中等	保证检修的一段管道可靠地与其他部分隔断，放尽管道、容器内部的汽、水、烟或可燃气
	电动执行机构	带电	触电	中等	切断电源，挂禁止操作牌
	脚手架	缺损	高处坠落	重大	搭设的脚手架验收合格后方可使用
	不合格电动工器具	（1）电动工器具未经检验合格； （2）电动工器具电源线、电源插头破损	机械伤害	较小	（1）研磨机必须经有资质单位检验合格，并张贴检验合格标志； （2）检查研磨机的电源线、电源插头完好无缺损
	检修隔离	隔离措施失效，非工作人员进入	机械伤害	较小	对现场检修区域设置围栏、铺设胶皮，进行有效的隔离，有人监护
3．阀门拆卸及解体	粉尘	未正确佩戴防护口罩	尘肺病	较小	作业人员佩戴防护口罩
	脚手架	缺损	高处坠落	重大	及时检查及补全缺失防护栏并验收合格，工作负责人每日工作前必须对脚手架进行检查，如果发现缺陷，应立即修整
	高处作业人员	高处作业未正确使用防护用品	高处坠落	重大	（1）高处作业人员必须穿戴好安全帽、防滑鞋，正确佩戴安全带，必要时应使用防坠器； （2）安全带的挂钩应挂在结实、牢固的构件上，或专挂安全带的钢丝绳上，不准低挂高用
	高处落物	工器具或材料掉落	撞击	较小	采取防止工具、材料、物品掉落的措施。禁止交叉作业
	高温物体	身体直接接触阀门阀体高温金属部件被烫伤。阀门内存在余汽水或隔离门不严，拆阀门解体时汽水喷出造成人身伤害	灼烫伤	较小	被解体的阀门能有效隔离且隔离严密，阀门前后疏水门打开，放尽余汽水；监测阀体温度低于50℃时方可拆除保温及阀门部件
4．零部件清理、检查、测量	粉尘	未正确佩戴防护口罩	尘肺病	较小	作业人员佩戴防护口罩
	脚手架	缺损	高处坠落	重大	及时检查及补全缺失防护栏并验收合格，工作负责人每日工作前必须对脚手架进行检查，如果发现缺陷，应立即修整
	高处作业人员	高处作业未正确使用防护用品	高处坠落	重大	（1）高处作业人员必须穿戴好安全帽、防滑鞋，正确佩戴安全带，必要时应使用防坠器； （2）安全带的挂钩应挂在结实、牢固的构件上，或专挂安全带的钢丝绳上，不准低挂高用
	高处落物	工器具或材料掉落	撞击	较小	采取防止工具、材料、物品掉落的措施。禁止交叉作业
	误用不合格电动工器具	（1）电动工器具未经检验合格； （2）电动工器具电源线、电源插头破损，防护罩破损缺失，磨片破损	机械伤害	较小	（1）角磨机必须经有资质单位检验合格，并张贴检验合格标志； （2）检查角磨机的电源线、电源插头完好无缺损，防护罩、角磨片完好无缺损； （3）使用合格的手锤
5．部件修复	粉尘	未正确佩戴防护口罩	尘肺病	较小	作业人员佩戴防护口罩
	脚手架	缺损	高处坠落	重大	及时检查及补全缺失防护栏并验收合格，工作负责人每日工作前必须对脚手架进行检查，如果发现缺陷，应立即修整

续表

作业步骤	危害辨识	危害描述	产生后果	风险等级	防 范 措 施
5. 部件修复	高处作业人员	高处作业未正确使用防护用品	高处坠落	重大	（1）高处作业人员必须穿戴好安全帽、防滑鞋，正确佩戴安全带，必要时应使用防坠器； （2）安全带的挂钩应挂在结实、牢固的构件上，或专挂安全带的钢丝绳上，不准低挂高用
	高处落物	工器具或材料掉落	撞击	较小	采取防止工具、材料、物品掉落的措施。禁止交叉作业
	电动研磨机	电源盘没有漏电保护器	触电	较小	电动工具必须配置可靠的漏电保护器
		电源盘及研磨机绝缘损坏	触电	较小	检查研磨机、电源盘的电缆线绝缘合格，绝缘材料应无破损，导线无裸露方可使用
		违规使用电源盘	触电	较小	工作前认真检查电源盘应完好、无缺陷、无安全隐患，电源盘及研磨机检查应合格，不合格的电源盘及研磨机禁止带入检修现场
		研磨机转动部件飞出	机械伤害	较小	阀门研磨时，无关人员远离，工作人员站在侧面
	不合格工器具	手锤锤头与木柄的连接不牢固、锤头破损、木柄未使用整根硬质木料	机械伤害	较小	（1）检查大锤和手锤的锤头应完整，其表面应光滑微凸，不应有歪斜、缺口、凹入及裂纹等缺陷。大锤及手锤的柄应用整根的硬木制成，且头部用楔栓固定。楔栓宜采用金属楔，楔子长度不应大于安装孔的三分之二。锤把上不应有油污。 （2）禁止戴手套抡大锤。 （3）抡大锤时周围不准有人靠近，防止误伤
6. 阀门组装	大锤	锤头与木柄的连接不牢固、锤头破损、木柄未使用整根硬质木料	砸伤	较小	检查大锤和手锤的锤头应完整，其表面应光滑微凸，不应有歪斜、缺口、凹入及裂纹等缺陷。大锤及手锤的柄应用整根的硬木制成，且头部用楔栓固定。楔栓宜采用金属楔，楔子长度不应大于安装孔的三分之二。锤把上不应有油污
		戴手套抡大锤	物体打击	较小	（1）禁止戴手套抡大锤； （2）抡大锤时周围不准有人靠近，防止误伤
		拆卸部件伤手	机械伤害	较小	佩戴防护手套
	高处作业人员	高处作业未正确使用防护用品	高处坠落	重大	（1）高处作业人员必须穿戴好安全帽、防滑鞋，正确佩戴安全带，必要时应使用防坠器； （2）安全带的挂钩应挂在结实、牢固的构件上，或专挂安全带的钢丝绳上，不准低挂高用
	高处的工器具	工器具未系防坠绳及零部件未固定	物体打击	中等	（1）工器具必须使用防坠绳； （2）工器具和零部件应用绳拴在牢固的构件上，不准随便乱放
7. 清理现场及其他	检修废料	检修后，检修废料没有及时清除干净	环境污染	较小	工作结束后，及时清理工作现场

13.106 再热器减温水母管放水门检修

作业步骤	危害辨识	危害描述	产生后果	风险等级	防 范 措 施
1. 环境评估	粉尘	未正确佩戴防护口罩	尘肺病	较小	作业人员佩戴防护口罩

续表

作业步骤	危害辨识	危害描述	产生后果	风险等级	防 范 措 施
2. 措施确认	高温蒸汽	检修的系统未有效隔离	灼烫伤	中等	保证检修的一段管道可靠地与其他部分隔断，放尽管道、容器内部的汽、水、烟或可燃气
	不合格电动工器具	（1）电动工器具未经检验合格； （2）电动工器具电源线、电源插头破损	机械伤害	较小	（1）研磨机必须经有资质单位检验合格，并张贴检验合格标志； （2）检查研磨机的电源线、电源插头完好无缺损
	检修隔离	隔离措施失效，非工作人员进改	机械伤害	较小	对现场检修区域设置围栏、铺设胶皮，进行有效的隔离，有人监护
3. 阀门拆卸及解体	粉尘	未正确佩戴防护口罩	尘肺病	较小	作业人员佩戴防护口罩
	高处落物	工器具或材料掉落	撞击	较小	采取防止工具、材料、物品掉落的措施。禁止交叉作业
	高温物体	身体直接接触阀门阀体高温金属部件被烫伤。阀门内存在余汽水或隔离门不严，拆阀门解体时汽水喷出造成人身伤害	灼烫伤	较小	被解体的阀门能有效隔离且隔离严密，阀门前后疏水门打开，放尽余汽水；监测阀体温度低于50℃时方可拆除保温及阀门部件
4. 零部件清理、检查、测量	粉尘	未正确佩戴防护口罩	尘肺病	较小	作业人员佩戴防护口罩
	高处落物	工器具或材料掉落	撞击	较小	采取防止工具、材料、物品掉落的措施。禁止交叉作业
	误用不合格电动工器具	（1）电动工器具未经检验合格； （2）电动工器具电源线、电源插头破损，防护罩破损缺失，磨片破损	机械伤害	较小	（1）角磨机必须经有资质单位检验合格，并张贴检验合格标志； （2）检查角磨机的电源线、电源插头完好无缺损，防护罩、角磨片完好无缺损； （3）使用合格的手锤
5. 部件修复	粉尘	未正确佩戴防护口罩	尘肺病	较小	作业人员佩戴防护口罩
	高处落物	工器具或材料掉落	撞击	较小	采取防止工具、材料、物品掉落的措施。禁止交叉作业
	电动研磨机	电源盘没有漏电保护器	触电	较小	电动工具必须配置可靠的漏电保护器
		电源盘及研磨机绝缘损坏	触电	较小	检查研磨机、电源盘的电缆线绝缘合格，绝缘材料应无破损，导线无裸露方可使用
		违规使用电源盘	触电	较小	工作前认真检查电源盘应完好、无缺陷、无安全隐患，电源盘及研磨机检查应合格，不合格的电源盘及研磨机禁止带入检修现场
		研磨机转动部件飞出	机械伤害	较小	阀门研磨时，无关人员远离，工作人员站在侧面
	不合格工器具	手锤锤头与木柄的连接不牢固、锤头破损、木柄未使用整根硬质木料	机械伤害	较小	（1）检查大锤和手锤的锤头应完整，其表面应光滑微凸，不应有歪斜、缺口、凹入及裂纹等缺陷。大锤及手锤的柄应用整根的硬木制成，且头部用楔栓固定。楔栓宜采用金属楔，楔子长度不应大于安装孔的三分之二。锤把上不应有油污。 （2）禁止戴手套抡大锤。 （3）抡大锤时周围不准有人靠近，防止误伤
6. 阀门组装	大锤	锤头与木柄的连接不牢固、锤头破损、木柄未使用整根硬质木料	砸伤	较小	检查大锤和手锤的锤头应完整，其表面应光滑微凸，不应有歪斜、缺口、凹入及裂纹等缺陷。大锤及手锤的柄应用整根的硬木制成，且头部用楔栓固定。楔栓宜采用金属楔，楔子长度不应大于安装孔的三分之二。锤把上不应有油污

续表

作业步骤	危害辨识	危害描述	产生后果	风险等级	防 范 措 施
6. 阀门组装	大锤	戴手套抡大锤	物体打击	较小	（1）禁止戴手套抡大锤； （2）抡大锤时周围不准有人靠近，防止误伤
		拆卸部件伤手	机械伤害	较小	佩戴防护手套
	高处的工器具	工器具未系防坠绳及零部件未固定	物体打击	中等	（1）工器具必须使用防坠绳； （2）工器具和零部件应用绳拴在牢固的构件上，不准随便乱放
7. 清理现场及其他	检修废料	检修后，检修废料没有及时清除干净	环境污染	较小	工作结束后，及时清理工作现场

13.107 再热器减温水总门检修

作业步骤	危害辨识	危害描述	产生后果	风险等级	防 范 措 施
1. 环境评估	粉尘	未正确佩戴防护口罩	尘肺病	较小	作业人员佩戴防护口罩
2. 措施确认	高温蒸汽	检修的系统未有效隔离	灼烫伤	中等	保证检修的一段管道可靠地与其他部分隔断，放尽管道、容器内部的汽、水、烟或可燃气
	脚手架	缺损	高处坠落	重大	搭设的脚手架验收合格后方可使用
	电动执行机构	带电	触电	中等	切断电源，挂禁止操作牌
	不合格电动工器具	（1）电动工器具未经检验合格； （2）电动工器具电源线、电源插头破损	机械伤害	较小	（1）研磨机必须经有资质单位检验合格，并张贴检验合格标志； （2）检查研磨机的电源线、电源插头完好无缺损
	检修隔离	隔离措施失效，非工作人员进入	机械伤害	较小	对现场检修区域设置围栏、铺设胶皮，进行有效的隔离，有人监护
3. 阀门拆卸及解体	粉尘	未正确佩戴防护口罩	尘肺病	较小	作业人员佩戴防护口罩
	脚手架	缺损	高处坠落	重大	及时检查及补全缺失防护栏并验收合格，工作负责人每日工作前必须对脚手架进行检查，如果发现缺陷，应立即修整
	高处作业人员	高处作业未正确使用防护用品	高处坠落	重大	（1）高处作业人员必须穿戴好安全帽、防滑鞋，正确佩戴安全带，必要时应使用防坠器； （2）安全带的挂钩应挂在结实、牢固的构件上，或专挂安全带的钢丝绳上，不准低挂高用
	高处落物	工器具或材料掉落	撞击	较小	采取防止工具、材料、物品掉落的措施。禁止交叉作业
	高温物体	身体直接接触阀门阀体高温金属部件被烫伤。阀门内存在余汽水或隔离门不严，拆阀门解体时汽水喷出造成人身伤害	灼烫伤	较小	被解体的阀门能有效隔离且隔离严密，阀门前后疏水门打开，放尽余汽水；监测阀体温度低于 50℃时方可拆除保温及阀门部件
	拆卸螺栓	拆卸门架时挤伤手指	机械伤害	较小	（1）拆卸时戴手套； （2）使用合格的手锤
	起吊物	起重工具	起重伤害	中等	（1）起吊前检查起重工具是否合格可用； （2）检查工器具是否完好，禁止野蛮操作
		指挥	起重伤害	较小	起重作业由专业的起重人员进行操作指挥

续表

<table>
<tr><th>作业步骤</th><th>危害辨识</th><th>危害描述</th><th>产生后果</th><th>风险等级</th><th>防　范　措　施</th></tr>
<tr><td rowspan="5">4. 零部件清理、检查、测量</td><td>粉尘</td><td>未正确佩戴防护口罩</td><td>尘肺病</td><td>较小</td><td>作业人员佩戴防护口罩</td></tr>
<tr><td>脚手架</td><td>缺损</td><td>高处坠落</td><td>重大</td><td>及时检查及补全缺失防护栏并验收合格，工作负责人每日工作前必须对脚手架进行检查，如果发现缺陷，应立即修整</td></tr>
<tr><td>高处作业人员</td><td>高处作业未正确使用防护用品</td><td>高处坠落</td><td>重大</td><td>（1）高处作业人员必须穿戴好安全帽、防滑鞋，正确佩戴安全带，必要时应使用防坠器；
（2）安全带的挂钩应挂在结实、牢固的构件上，或专挂安全带的钢丝绳上，不准低挂高用</td></tr>
<tr><td>高处落物</td><td>工器具或材料掉落</td><td>撞击</td><td>较小</td><td>采取防止工具、材料、物品掉落的措施。禁止交叉作业</td></tr>
<tr><td>误用不合格电动工器具</td><td>（1）电动工器具未经检验合格；
（2）电动工器具电源线、电源插头破损，防护罩破损缺失，磨片破损</td><td>机械伤害</td><td>较小</td><td>（1）角磨机必须经有资质单位检验合格，并张贴检验合格标志；
（2）检查角磨机的电源线、电源插头完好无缺损，防护罩、角磨片完好无缺损；
（3）使用合格的手锤</td></tr>
<tr><td rowspan="9">5. 部件修复</td><td>粉尘</td><td>未正确佩戴防护口罩</td><td>尘肺病</td><td>较小</td><td>作业人员佩戴防护口罩</td></tr>
<tr><td>脚手架</td><td>缺损</td><td>高处坠落</td><td>重大</td><td>及时检查及补全缺失防护栏并验收合格，工作负责人每日工作前必须对脚手架进行检查，如果发现缺陷，应立即修整</td></tr>
<tr><td>高处作业人员</td><td>高处作业未正确使用防护用品</td><td>高处坠落</td><td>重大</td><td>（1）高处作业人员必须穿戴好安全帽、防滑鞋，正确佩戴安全带，必要时应使用防坠器；
（2）安全带的挂钩应挂在结实、牢固的构件上，或专挂安全带的钢丝绳上，不准低挂高用</td></tr>
<tr><td>高处落物</td><td>工器具或材料掉落</td><td>撞击</td><td>较小</td><td>采取防止工具、材料、物品掉落的措施。禁止交叉作业</td></tr>
<tr><td rowspan="4">电动研磨机</td><td>电源盘没有漏电保护器</td><td>触电</td><td>较小</td><td>电动工具必须配置可靠的漏电保护器</td></tr>
<tr><td>电源盘及研磨机绝缘损坏</td><td>触电</td><td>较小</td><td>检查研磨机、电源盘的电缆线绝缘合格，绝缘材料应无破损，导线无裸露方可使用</td></tr>
<tr><td>违规使用电源盘</td><td>触电</td><td>较小</td><td>工作前认真检查电源盘应完好、无缺陷、无安全隐患，电源盘及研磨机检查应合格，不合格的电源盘及研磨机禁止带入检修现场</td></tr>
<tr><td>研磨机转动部件飞出</td><td>机械伤害</td><td>较小</td><td>阀门研磨时，无关人员远离，工作人员站在侧面</td></tr>
<tr><td>不合格工器具</td><td>手锤锤头与木柄的连接不牢固、锤头破损、木柄未使用整根硬质木料</td><td>机械伤害</td><td>较小</td><td>（1）检查大锤和手锤的锤头应完整，其表面应光滑微凸，不应有歪斜、缺口、凹入及裂纹等缺陷。大锤及手锤的柄应用整根的硬木制成，且头部用楔栓固定。楔栓宜采用金属楔，楔子长度不应大于安装孔的三分之二。锤把上不应有油污。
（2）禁止戴手套抡大锤。
（3）抡大锤时周围不准有人靠近，防止误伤</td></tr>
<tr><td rowspan="3">6. 阀门组装</td><td rowspan="3">大锤</td><td>锤头与木柄的连接不牢固、锤头破损、木柄未使用整根硬质木料</td><td>砸伤</td><td>较小</td><td>检查大锤和手锤的锤头应完整，其表面应光滑微凸，不应有歪斜、缺口、凹入及裂纹等缺陷。大锤及手锤的柄应用整根的硬木制成，且头部用楔栓固定。楔栓宜采用金属楔，楔子长度不应大于安装孔的三分之二。锤把上不应有油污</td></tr>
<tr><td>戴手套抡大锤</td><td>物体打击</td><td>较小</td><td>（1）禁止戴手套抡大锤；
（2）抡大锤时周围不准有人靠近，防止误伤</td></tr>
<tr><td>拆卸部件伤手</td><td>机械伤害</td><td>较小</td><td>佩戴防护手套</td></tr>
</table>

续表

作业步骤	危害辨识	危害描述	产生后果	风险等级	防 范 措 施
6. 阀门组装	高处作业人员	高处作业未正确使用防护用品	高处坠落	重大	(1) 高处作业人员必须穿戴好安全帽、防滑鞋，正确佩戴安全带，必要时应使用防坠器； (2) 安全带的挂钩应挂在结实、牢固的构件上，或专挂安全带的钢丝绳上，不准低挂高用
	高处的工器具	工器具未系防坠绳及零部件未固定	物体打击	中等	(1) 工器具必须使用防坠绳； (2) 工器具和零部件应用绳拴在牢固的构件上，不准随便乱放
7. 清理现场及其他	检修废料	检修后，检修废料没有及时清除干净	环境污染	较小	工作结束后，及时清理工作现场

13.108 再疏站水位调门检修

作业步骤	危害辨识	危害描述	产生后果	风险等级	防 范 措 施
1. 环境评估	粉尘	未正确佩戴防护口罩	尘肺病	较小	作业人员佩戴防护口罩
2. 措施确认	高温蒸汽	检修的系统未有效隔离	灼烫伤	中等	保证检修的一段管道可靠地与其他部分隔断，放尽管道、容器内部的汽、水、烟或可燃气
	电动执行机构	带电	触电	中等	切断电源，挂禁止操作牌
	不合格电动工器具	(1) 电动工器具未经检验合格； (2) 电动工器具电源线、电源插头破损	机械伤害	较小	(1) 研磨机必须经有资质单位检验合格，并张贴检验合格标志； (2) 检查研磨机的电源线、电源插头完好无缺损
	检修隔离	隔离措施失效，非工作人员进入	机械伤害	较小	对现场检修区域设置围栏、铺设胶皮，进行有效的隔离，有人监护
3. 阀门拆卸及解体	粉尘	未正确佩戴防护口罩	尘肺病	较小	作业人员佩戴防护口罩
	脚手架	缺损	高处坠落	重大	及时检查及补全缺失防护栏并验收合格，工作负责人每日工作前必须对脚手架进行检查，如果发现缺陷，应立即修整
	高处作业人员	高处作业未正确使用防护用品	高处坠落	重大	(1) 高处作业人员必须穿戴好安全帽、防滑鞋，正确佩戴安全带，必要时应使用防坠器； (2) 安全带的挂钩应挂在结实、牢固的构件上，或专挂安全带的钢丝绳上，不准低挂高用
	高处落物	工器具或材料掉落	撞击	较小	采取防止工具、材料、物品掉落的措施。禁止交叉作业
	高温物体	身体直接接触阀门阀体高温金属部件被烫伤。阀门内存在余汽水或隔离门不严，拆阀门解体时汽水喷出造成人身伤害	灼烫伤	较小	被解体的阀门能有效隔离且隔离严密，阀门前后疏水门打开，放尽余汽水；监测阀体温度低于 50℃时方可拆除保温及阀门部件
	拆卸螺栓	拆卸门架时挤伤手指	机械伤害	较小	(1) 拆卸时戴手套； (2) 使用合格的手锤
	起吊物	起重工具	起重伤害	中等	(1) 起吊前检查起重工具是否合格可用； (2) 检查工器具是否完好，禁止野蛮操作
		指挥	起重伤害	较小	起重作业由专业的起重人员进行操作指挥

续表

作业步骤	危害辨识	危害描述	产生后果	风险等级	防　范　措　施
4. 零部件清理、检查、测量	粉尘	未正确佩戴防护口罩	尘肺病	较小	作业人员佩戴防护口罩
	脚手架	缺损	高处坠落	重大	及时检查及补全缺失防护栏并验收合格，工作负责人每日工作前必须对脚手架进行检查，如果发现缺陷，应立即修整
	高处作业人员	高处作业未正确使用防护用品	高处坠落	重大	（1）高处作业人员必须穿戴好安全帽、防滑鞋，正确佩戴安全带，必要时应使用防坠器； （2）安全带的挂钩应挂在结实、牢固的构件上，或专挂安全带的钢丝绳上，不准低挂高用
	高处落物	工器具或材料掉落	撞击	较小	采取防止工具、材料、物品掉落的措施。禁止交叉作业
	误用不合格电动工器具	（1）电动工器具未经检验合格； （2）电动工器具电源线、电源插头破损，防护罩破损缺失，磨片破损	机械伤害	较小	（1）检查角磨机必须经有资质单位检验合格，并张贴检验合格标志； （2）检查角磨机的电源线、电源插头完好无缺损，防护罩、角磨片完好无缺损； （3）使用合格的手锤
5. 部件修复	粉尘	未正确佩戴防护口罩	尘肺病	较小	作业人员佩戴防护口罩
	脚手架	缺损	高处坠落	重大	及时检查及补全缺失防护栏并验收合格，工作负责人每日工作前必须对脚手架进行检查，如果发现缺陷，应立即修整
	高处作业人员	高处作业未正确使用防护用品	高处坠落	重大	（1）高处作业人员必须穿戴好安全帽、防滑鞋，正确佩戴安全带，必要时应使用防坠器； （2）安全带的挂钩应挂在结实、牢固的构件上，或专挂安全带的钢丝绳上，不准低挂高用
	高处落物	工器具或材料掉落	撞击	较小	采取防止工具、材料、物品掉落的措施。禁止交叉作业
	电动研磨机	电源盘没有漏电保护器	触电	较小	电动工具必须配置可靠的漏电保护器
		电源盘及研磨机绝缘损坏	触电	较小	检查研磨机、电源盘的电缆线绝缘合格，绝缘材料应无破损，导线无裸露方可使用
		违规使用电源盘	触电	较小	工作前认真检查电源盘应完好、无缺陷、无安全隐患，电源盘及研磨机检查应合格，不合格的电源盘及研磨机禁止带入检修现场
		研磨机转动部件飞出	机械伤害	较小	阀门研磨时，无关人员远离，工作人员站在侧面
	不合格工器具	手锤锤头与木柄的连接不牢固、锤头破损、木柄未使用整根硬质木料	机械伤害	较小	（1）检查大锤和手锤的锤头应完整，其表面应光滑微凸，不应有歪斜、缺口、凹入及裂纹等缺陷。大锤及手锤的柄应用整根的硬木制成，且头部用楔栓固定。楔栓宜采用金属楔，楔子长度不应大于安装孔的三分之二。锤把上不应有油污。 （2）禁止戴手套抡大锤。 （3）抡大锤时周围不准有人靠近，防止误伤
6. 阀门组装	大锤	锤头与木柄的连接不牢固、锤头破损、木柄未使用整根硬质木料	砸伤	较小	检查大锤和手锤的锤头应完整，其表面应光滑微凸，不应有歪斜、缺口、凹入及裂纹等缺陷。大锤及手锤的柄应用整根的硬木制成，且头部用楔栓固定。楔栓宜采用金属楔，楔子长度不应大于安装孔的三分之二。锤把上不应有油污
		戴手套抡大锤	物体打击	较小	（1）禁止戴手套抡大锤； （2）抡大锤时周围不准有人靠近，防止误伤
		拆卸部件伤手	机械伤害	较小	佩戴防护手套

续表

作业步骤	危害辨识	危害描述	产生后果	风险等级	防 范 措 施
6. 阀门组装	高处作业人员	高处作业未正确使用防护用品	高处坠落	重大	（1）高处作业人员必须穿戴好安全帽、防滑鞋，正确佩戴安全带，必要时应使用防坠器； （2）安全带的挂钩应挂在结实、牢固的构件上，或专挂安全带的钢丝绳上，不准低挂高用
	高处的工器具	工器具未系防坠绳及零部件未固定	物体打击	中等	（1）工器具必须使用防坠绳； （2）工器具和零部件应用绳拴在牢固的构件上，不准随便乱放
7. 清理现场及其他	检修废料	检修后，检修废料没有及时清除干净	环境污染	较小	工作结束后，及时清理工作现场

13.109 再疏站水位调整隔绝门检修

作业步骤	危害辨识	危害描述	产生后果	风险等级	防 范 措 施
1. 环境评估	粉尘	未正确佩戴防护口罩	尘肺病	较小	作业人员佩戴防护口罩
2. 措施确认	高温蒸汽	检修的系统未有效隔离	灼烫伤	中等	保证检修的一段管道可靠地与其他部分隔断，放尽管道、容器内部的汽、水、烟或可燃气
	电动执行机构	带电	触电	中等	切断电源，挂禁止操作牌
	不合格电动工器具	（1）电动工器具未经检验合格； （2）电动工器具电源线、电源插头破损	机械伤害	较小	（1）研磨机必须经有资质单位检验合格，并张贴检验合格标志； （2）检查研磨机的电源线、电源插头完好无缺损
	检修隔离	隔离措施失效，非工作人员进入	机械伤害	较小	对现场检修区域设置围栏、铺设胶皮，进行有效的隔离，有人监护
3. 阀门拆卸及解体	粉尘	未正确佩戴防护口罩	尘肺病	较小	作业人员佩戴防护口罩
	脚手架	缺损	高处坠落	重大	及时检查及补全缺失防护栏并验收合格，工作负责人每日工作前必须对脚手架进行检查，如果发现缺陷，应立即修整
	高处作业人员	高处作业未正确使用防护用品	高处坠落	重大	（1）高处作业人员必须穿戴好安全帽、防滑鞋，正确佩戴安全带，必要时应使用防坠器； （2）安全带的挂钩应挂在结实、牢固的构件上，或专挂安全带的钢丝绳上，不准低挂高用
	高处落物	工器具或材料掉落	撞击	较小	采取防止工具、材料、物品掉落的措施。禁止交叉作业
	高温物体	身体直接接触阀门阀体高温金属部件被烫伤。阀门内存在余汽水或隔离门不严，拆阀门解体时汽水喷出造成人身伤害	灼烫伤	较小	被解体的阀门能有效隔离且隔离严密，阀门前后疏水门打开，放尽余汽水；监测阀体温度低于50℃时方可拆除保温及阀门部件
4. 零部件清理、检查、测量	粉尘	未正确佩戴防护口罩	尘肺病	较小	作业人员佩戴防护口罩
	脚手架	缺损	高处坠落	重大	及时检查及补全缺失防护栏并验收合格，工作负责人每日工作前必须对脚手架进行检查，如果发现缺陷，应立即修整
	高处作业人员	高处作业未正确使用防护用品	高处坠落	重大	（1）高处作业人员必须穿戴好安全帽、防滑鞋，正确佩戴安全带，必要时应使用防坠器； （2）安全带的挂钩应挂在结实、牢固的构件上，或专挂安全带的钢丝绳上，不准低挂高用

续表

作业步骤	危害辨识	危害描述	产生后果	风险等级	防 范 措 施
4. 零部件清理、检查、测量	高处落物	工器具或材料掉落	撞击	较小	采取防止工具、材料、物品掉落的措施。禁止交叉作业
	误用不合格电动工器具	（1）电动工器具未经检验合格； （2）电动工器具电源线、电源插头破损，防护罩破损缺失，磨片破损	机械伤害	较小	（1）角磨机必须经有资质单位检验合格，并张贴检验合格标志； （2）检查角磨机的电源线、电源插头完好无缺损，防护罩、角磨片完好无缺损； （3）使用合格的手锤
5. 部件修复	粉尘	未正确佩戴防护口罩	尘肺病	较小	作业人员佩戴防护口罩
	脚手架	缺损	高处坠落	重大	及时检查及补全缺失防护栏并验收合格，工作负责人每日工作前必须对脚手架进行检查，如果发现缺陷，应立即修整
	高处作业人员	高处作业未正确使用防护用品	高处坠落	重大	（1）高处作业人员必须穿戴好安全帽、防滑鞋，正确佩戴安全带，必要时应使用防坠器； （2）安全带的挂钩应挂在结实、牢固的构件上，或专挂安全带的钢丝绳上，不准低挂高用
	高处落物	工器具或材料掉落	撞击	较小	采取防止工具、材料、物品掉落的措施。禁止交叉作业
	电动研磨机	电源盘没有漏电保护器	触电	较小	电动工具必须配置可靠的漏电保护器
		电源盘及研磨机绝缘损坏	触电	较小	检查研磨机、电源盘的电缆线绝缘合格，绝缘材料应无破损，导线无裸露方可使用
		违规使用电源盘	触电	较小	工作前认真检查电源盘应完好、无缺陷、无安全隐患，电源盘及研磨机检查应合格，不合格的电源盘及研磨机禁止带入检修现场
		研磨机转动部件飞出	机械伤害	较小	阀门研磨时，无关人员远离，工作人员站在侧面
	不合格工器具	手锤锤头与木柄的连接不牢固、锤头破损、木柄未使用整根硬质木料	机械伤害	较小	（1）检查大锤和手锤的锤头应完整，其表面应光滑微凸，不应有歪斜、缺口、凹入及裂纹等缺陷。大锤及手锤的柄应用整根的硬木制成，且头部用楔栓固定。楔栓宜采用金属楔，楔子长度不应大于安装孔的三分之二。锤把上不应有油污。 （2）禁止戴手套抡大锤。 （3）抡大锤时周围不准有人靠近，防止误伤
6. 阀门组装	大锤	锤头与木柄的连接不牢固、锤头破损、木柄未使用整根硬质木料	砸伤	较小	检查大锤和手锤的锤头应完整，其表面应光滑微凸，不应有歪斜、缺口、凹入及裂纹等缺陷。大锤及手锤的柄应用整根的硬木制成，且头部用楔栓固定。楔栓宜采用金属楔，楔子长度不应大于安装孔的三分之二。锤把上不应有油污
		戴手套抡大锤	物体打击	较小	（1）禁止戴手套抡大锤； （2）抡大锤时周围不准有人靠近，防止误伤
		拆卸部件伤手	机械伤害	较小	佩戴防护手套
	高处作业人员	高处作业未正确使用防护用品	高处坠落	重大	（1）高处作业人员必须穿戴好安全帽、防滑鞋，正确佩戴安全带，必要时应使用防坠器； （2）安全带的挂钩应挂在结实、牢固的构件上，或专挂安全带的钢丝绳上，不准低挂高用
	高处的工器具	工器具未系防坠绳及零部件未固定	物体打击	中等	（1）工器具必须使用防坠绳； （2）工器具和零部件应用绳拴在牢固的构件上，不准随便乱放
7. 清理现场及其他	检修废料	检修后，检修废料没有及时清除干净	环境污染	较小	工作结束后，及时清理工作现场

13.110 再疏站水位调整旁路电动门检修

作业步骤	危害辨识	危害描述	产生后果	风险等级	防 范 措 施
1. 环境评估	粉尘	未正确佩戴防护口罩	尘肺病	较小	作业人员佩戴防护口罩
2. 措施确认	高温蒸汽	检修的系统未有效隔离	灼烫伤	中等	保证检修的一段管道可靠地与其他部分隔断，放尽管道、容器内部的汽、水、烟或可燃气
	电动执行机构	带电	触电	中等	切断电源，挂禁止操作牌
	不合格电动工器具	（1）电动工器具未经检验合格； （2）电动工器具电源线、电源插头破损	机械伤害	较小	（1）研磨机必须经有资质单位检验合格，并张贴检验合格标志； （2）检查研磨机的电源线、电源插头完好无缺损
	检修隔离	隔离措施失效，非工作人员进入	机械伤害	较小	对现场检修区域设置围栏、铺设胶皮，进行有效的隔离，有人监护
3. 阀门拆卸及解体	粉尘	未正确佩戴防护口罩	尘肺病	较小	作业人员佩戴防护口罩
	脚手架	缺损	高处坠落	重大	及时检查及补全缺失防护栏并验收合格，工作负责人每日工作前必须对脚手架进行检查，如果发现缺陷，应立即修整
	高处作业人员	高处作业未正确使用防护用品	高处坠落	重大	（1）高处作业人员必须穿戴好安全帽、防滑鞋，正确佩戴安全带，必要时应使用防坠器； （2）安全带的挂钩应挂在结实、牢固的构件上，或专挂安全带的钢丝绳上，不准低挂高用
	高处落物	工器具或材料掉落	撞击	较小	采取防止工具、材料、物品掉落的措施。禁止交叉作业
	高温物体	身体直接接触阀门阀体高温金属部件被烫伤。阀门内存在余汽水或隔离门不严，拆阀门解体时汽水喷出造成人身伤害	灼烫伤	较小	被解体的阀门能有效隔离且隔离严密，阀门前后疏水门打开，放尽余汽水；监测阀体温度低于 50℃时方可拆除保温及阀门部件
4. 零部件清理、检查、测量	粉尘	未正确佩戴防护口罩	尘肺病	较小	作业人员佩戴防护口罩
	脚手架	缺损	高处坠落	重大	及时检查及补全缺失防护栏并验收合格，工作负责人每日工作前必须对脚手架进行检查，如果发现缺陷，应立即修整
	高处作业人员	高处作业未正确使用防护用品	高处坠落	重大	（1）高处作业人员必须穿戴好安全帽、防滑鞋，正确佩戴安全带，必要时应使用防坠器； （2）安全带的挂钩应挂在结实、牢固的构件上，或专挂安全带的钢丝绳上，不准低挂高用
	高处落物	工器具或材料掉落	撞击	较小	采取防止工具、材料、物品掉落的措施。禁止交叉作业
	误用不合格电动工器具	（1）电动工器具未经检验合格； （2）电动工器具电源线、电源插头破损，防护罩破损缺失，磨片破损	机械伤害	较小	（1）角磨机必须经有资质单位检验合格，并张贴检验合格标志； （2）检查角磨机的电源线、电源插头完好无缺损，防护罩、角磨片完好无缺损； （3）使用合格的手锤
5. 部件修复	粉尘	未正确佩戴防护口罩	尘肺病	较小	作业人员佩戴防护口罩
	脚手架	缺损	高处坠落	重大	及时检查及补全缺失防护栏并验收合格，工作负责人每日工作前必须对脚手架进行检查，如果发现缺陷，应立即修整

续表

作业步骤	危害辨识	危害描述	产生后果	风险等级	防范措施
5. 部件修复	高处作业人员	高处作业未正确使用防护用品	高处坠落	重大	(1) 高处作业人员必须穿戴好安全帽、防滑鞋，正确佩戴安全带，必要时应使用防坠器； (2) 安全带的挂钩应挂在结实、牢固的构件上，或专挂安全带的钢丝绳上，不准低挂高用
	高处落物	工器具或材料掉落	撞击	较小	采取防止工具、材料、物品掉落的措施。禁止交叉作业
	电动研磨机	电源盘没有漏电保护器	触电	较小	电动工具必须配置可靠的漏电保护器
		电源盘及研磨机绝缘损坏	触电	较小	检查研磨机、电源盘的电缆线绝缘合格，绝缘材料应无破损，导线无裸露方可使用
		违规使用电源盘	触电	较小	工作前认真检查电源盘应完好、无缺陷、无安全隐患，电源盘及研磨机检查应合格，不合格的电源盘及研磨机禁止带入检修现场
		研磨机转动部件飞出	机械伤害	较小	阀门研磨时，无关人员远离，工作人员站在侧面
	不合格工器具	手锤锤头与木柄的连接不牢固、锤头破损、木柄未使用整根硬质木料	机械伤害	较小	(1) 检查大锤和手锤的锤头应完整，其表面应光滑微凸，不应有歪斜、缺口、凹入及裂纹等缺陷。大锤及手锤的柄应用整根的硬木制成，且头部用楔栓固定。楔栓宜采用金属楔，楔子长度不应大于安装孔的三分之二。锤把上不应有油污。 (2) 禁止戴手套抡大锤。 (3) 抡大锤时周围不准有人靠近，防止误伤
6. 阀门组装	大锤	锤头与木柄的连接不牢固、锤头破损、木柄未使用整根硬质木料	砸伤	较小	检查大锤和手锤的锤头应完整，其表面应光滑微凸，不应有歪斜、缺口、凹入及裂纹等缺陷。大锤及手锤的柄应用整根的硬木制成，且头部用楔栓固定。楔栓宜采用金属楔，楔子长度不应大于安装孔的三分之二。锤把上不应有油污
		戴手套抡大锤	物体打击	较小	(1) 禁止戴手套抡大锤； (2) 抡大锤时周围不准有人靠近，防止误伤
		拆卸部件伤手	机械伤害	较小	佩戴防护手套
	高处作业人员	高处作业未正确使用防护用品	高处坠落	重大	(1) 高处作业人员必须穿戴好安全帽、防滑鞋，正确佩戴安全带，必要时应使用防坠器； (2) 安全带的挂钩应挂在结实、牢固的构件上，或专挂安全带的钢丝绳上，不准低挂高用
	高处的工器具	工器具未系防坠绳及零部件未固定	物体打击	中等	(1) 工器具必须使用防坠绳； (2) 工器具和零部件应用绳拴在牢固的构件上，不准随便乱放
7. 清理现场及其他	检修废料	检修后，检修废料没有及时清除干净	环境污染	较小	工作结束后，及时清理工作现场

13.111 再疏站水位调整旁路手动门检修

作业步骤	危害辨识	危害描述	产生后果	风险等级	防范措施
1. 环境评估	粉尘	未正确佩戴防护口罩	尘肺病	较小	作业人员佩戴防护口罩
2. 措施确认	高温蒸汽	检修的系统未有效隔离	灼烫伤	中等	保证检修的一段管道可靠地与其他部分隔断，放尽管道、容器内部的汽、水、烟或可燃气
	不合格电动工器具	(1) 电动工器具未经检验合格； (2) 电动工器具电源线、电源插头破损	机械伤害	较小	(1) 研磨机必须经有资质单位检验合格，并张贴检验合格标志； (2) 检查研磨机的电源线、电源插头完好无缺损

续表

作业步骤	危害辨识	危害描述	产生后果	风险等级	防 范 措 施
2. 措施确认	检修隔离	隔离措施失效，非工作人员进入	机械伤害	较小	对现场检修区域设置围栏、铺设胶皮，进行有效的隔离，有人监护
3. 阀门拆卸及解体	粉尘	未正确佩戴防护口罩	尘肺病	较小	作业人员佩戴防护口罩
	高处落物	工器具或材料掉落	撞击	较小	采取防止工具、材料、物品掉落的措施。禁止交叉作业
	高温物体	身体直接接触阀门阀体高温金属部件被烫伤。阀门内存在余汽水或隔离门不严，拆阀门解体时汽水喷出造成人身伤害	灼烫伤	较小	被解体的阀门能有效隔离且隔离严密，阀门前后疏水门打开，放尽余汽水；监测阀体温度低于 50℃时方可拆除保温及阀门部件
4. 零部件清理、检查、测量	粉尘	未正确佩戴防护口罩	尘肺病	较小	作业人员佩戴防护口罩
	高处落物	工器具或材料掉落	撞击	较小	采取防止工具、材料、物品掉落的措施。禁止交叉作业
	误用不合格电动工器具	（1）电动工器具未经检验合格； （2）电动工器具电源线、电源插头破损，防护罩破损缺失，磨片破损	机械伤害	较小	（1）角磨机必须经有资质单位检验合格，并张贴检验合格标志； （2）检查角磨机的电源线、电源插头完好无缺损，防护罩、角磨片完好无缺损； （3）使用合格的手锤
5. 部件修复	粉尘	未正确佩戴防护口罩	尘肺病	较小	作业人员佩戴防护口罩
	高处落物	工器具或材料掉落	撞击	较小	采取防止工具、材料、物品掉落的措施。禁止交叉作业
	电动研磨机	电源盘没有漏电保护器	触电	较小	电动工具必须配置可靠的漏电保护器
		电源盘及研磨机绝缘损坏	触电	较小	检查研磨机、电源盘的电缆线绝缘合格，绝缘材料应无破损，导线无裸露方可使用
		违规使用电源盘	触电	较小	工作前认真检查电源盘应完好、无缺陷、无安全隐患，电源盘及研磨机检查应合格，不合格的电源盘及研磨机禁止带入检修现场
		研磨机转动部件飞出	机械伤害	较小	阀门研磨时，无关人员远离，工作人员站在侧面
	不合格工器具	手锤锤头与木柄的连接不牢固、锤头破损、木柄未使用整根硬质木料	机械伤害	较小	（1）检查大锤和手锤的锤头应完整，其表面应光滑微凸，不应有歪斜、缺口、凹入及裂纹等缺陷。大锤及手锤的柄应用整根的硬木制成，且头部用楔栓固定。楔栓宜采用金属楔，楔子长度不应大于安装孔的三分之二。锤把上不应有油污。 （2）禁止戴手套抡大锤。 （3）抡大锤时周围不准有人靠近，防止误伤
6. 阀门组装	大锤	锤头与木柄的连接不牢固、锤头破损、木柄未使用整根硬质木料	砸伤	较小	检查大锤和手锤的锤头应完整，其表面应光滑微凸，不应有歪斜、缺口、凹入及裂纹等缺陷。大锤及手锤的柄应用整根的硬木制成，且头部用楔栓固定。楔栓宜采用金属楔，楔子长度不应大于安装孔的三分之二。锤把上不应有油污
		戴手套抡大锤	物体打击	较小	（1）禁止戴手套抡大锤； （2）抡大锤时周围不准有人靠近，防止误伤
		拆卸部件伤手	机械伤害	较小	佩戴防护手套
	高处的工器具	工器具未系防坠绳及零部件未固定	物体打击	中等	（1）工器具必须使用防坠绳； （2）工器具和零部件应用绳拴在牢固的构件上，不准随便乱放
7. 清理现场及其他	检修废料	检修后，检修废料没有及时清除干净	环境污染	较小	工作结束后，及时清理工作现场

13.112 主给水电动总门检修

作业步骤	危害辨识	危害描述	产生后果	风险等级	防 范 措 施
1. 环境评估	粉尘	未正确佩戴防护口罩	尘肺病	较小	作业人员佩戴防护口罩
2. 措施确认	高温蒸汽	检修的系统未有效隔离	灼烫伤	中等	保证检修的一段管道可靠地与其他部分隔断，放尽管道、容器内部的汽、水、烟或可燃气
	电动执行机构	带电	触电	中等	切断电源，挂禁止操作牌
	脚手架	缺损	高处坠落	重大	搭设的脚手架验收合格后方可使用
	不合格电动工器具	（1）电动工器具未经检验合格； （2）电动工器具电源线、电源插头破损	机械伤害	较小	（1）研磨机必须经有资质单位检验合格，并张贴检验合格标志； （2）检查研磨机的电源线、电源插头完好无缺损
	检修隔离	隔离措施失效，非工作人员进入	机械伤害	较小	对现场检修区域设置围栏、铺设胶皮，进行有效的隔离，有人监护
3. 辅汽阀门解体	粉尘	未正确佩戴防护口罩	尘肺病	较小	作业人员佩戴防护口罩
	脚手架	缺损	高处坠落	重大	及时检查及补全缺失防护栏并验收合格，工作负责人每日工作前必须对脚手架进行检查，如果发现缺陷，应立即修整
	高处作业人员	高处作业未正确使用防护用品	高处坠落	重大	（1）高处作业人员必须穿戴好安全帽、防滑鞋，正确佩戴安全带，必要时应使用防坠器； （2）安全带的挂钩应挂在结实、牢固的构件上，或专挂安全带的钢丝绳上，不准低挂高用
	高处落物	工器具或材料掉落	撞击	较小	采取防止工具、材料、物品掉落的措施。禁止交叉作业
	高温物体	身体直接接触阀门阀体高温金属部件被烫伤。阀门内存在余汽水或隔离门不严，拆阀门解体时汽水喷出造成人身伤害	灼烫伤	较小	被解体的阀门能有效隔离且隔离严密，阀门前后疏水门打开，放尽余汽水；监测阀体温度低于50℃时方可拆除保温及阀门部件
	拆卸螺栓	拆卸门架时挤伤手指	机械伤害	较小	（1）拆卸时戴手套； （2）使用合格的手锤
	起吊物	起重工具	起重伤害	中等	（1）起吊前检查起重工具是否合格可用； （2）检查工器具是否完好，禁止野蛮操作
		指挥	起重伤害	较小	起重作业由专业的起重人员进行操作指挥
4. 零部件清理、检查、测量	粉尘	未正确佩戴防护口罩	尘肺病	较小	作业人员佩戴防护口罩
	脚手架	缺损	高处坠落	重大	及时检查及补全缺失防护栏并验收合格，工作负责人每日工作前必须对脚手架进行检查，如果发现缺陷，应立即修整
	高处作业人员	高处作业未正确使用防护用品	高处坠落	重大	（1）高处作业人员必须穿戴好安全帽、防滑鞋，正确佩戴安全带，必要时应使用防坠器； （2）安全带的挂钩应挂在结实、牢固的构件上，或专挂安全带的钢丝绳上，不准低挂高用
	高处落物	工器具或材料掉落	撞击	较小	采取防止工具、材料、物品掉落的措施。禁止交叉作业

续表

作业步骤	危害辨识	危害描述	产生后果	风险等级	防范措施
4．零部件清理、检查、测量	误用不合格电动工器具	（1）电动工器具未经检验合格； （2）电动工器具电源线、电源插头破损，防护罩破损缺失，磨片破损	机械伤害	较小	（1）角磨机必须经有资质单位检验合格，并张贴检验合格标志； （2）检查角磨机的电源线、电源插头完好无缺损，防护罩、角磨片完好无缺损； （3）使用合格的手锤
5．部件修复	粉尘	未正确佩戴防护口罩	尘肺病	较小	作业人员佩戴防护口罩
	脚手架	缺损	高处坠落	重大	及时检查及补全缺失防护栏并验收合格，工作负责人每日工作前必须对脚手架进行检查，如果发现缺陷，应立即修整
	高处作业人员	高处作业未正确使用防护用品	高处坠落	重大	（1）高处作业人员必须穿戴好安全帽、防滑鞋，正确佩戴安全带，必要时应使用防坠器； （2）安全带的挂钩应挂在结实、牢固的构件上，或专挂安全带的钢丝绳上，不准低挂高用
	高处落物	工器具或材料掉落	撞击	较小	采取防止工具、材料、物品掉落的措施。禁止交叉作业
	电动研磨机	电源盘没有漏电保护器	触电	较小	电动工具必须配置可靠的漏电保护器
		电源盘及研磨机绝缘损坏	触电	较小	检查研磨机、电源盘的电缆线绝缘合格，绝缘材料应无破损，导线无裸露方可使用
		违规使用电源盘	触电	较小	工作前认真检查电源盘应完好、无缺陷、无安全隐患，电源盘及研磨机检查应合格，不合格的电源盘及研磨机禁止带入检修现场
		研磨机转动部件飞出	机械伤害	较小	阀门研磨时，无关人员远离，工作人员站在侧面
	不合格工器具	手锤锤头与木柄的连接不牢固、锤头破损、木柄未使用整根硬质木料	机械伤害	较小	（1）检查大锤和手锤的锤头应完整，其表面应光滑微凸，不应有歪斜、缺口、凹入及裂纹等缺陷。大锤及手锤的柄应用整根的硬木制成，且头部用楔栓固定。楔栓宜采用金属楔，楔子长度不应大于安装孔的三分之二。锤把上不应有油污。 （2）禁止戴手套抡大锤。 （3）抡大锤时周围不准有人靠近，防止误伤
6．阀门组装	大锤	锤头与木柄的连接不牢固、锤头破损、木柄未使用整根硬质木料	砸伤	较小	检查大锤和手锤的锤头应完整，其表面应光滑微凸，不应有歪斜、缺口、凹入及裂纹等缺陷。大锤及手锤的柄应用整根的硬木制成，且头部用楔栓固定。楔栓宜采用金属楔，楔子长度不应大于安装孔的三分之二。锤把上不应有油污
		戴手套抡大锤	物体打击	较小	（1）禁止戴手套抡大锤； （2）抡大锤时周围不准有人靠近，防止误伤
		拆卸部件伤手	机械伤害	较小	佩戴防护手套
	高处作业人员	高处作业未正确使用防护用品	高处坠落	重大	（1）高处作业人员必须穿戴好安全帽、防滑鞋，正确佩戴安全带，必要时应使用防坠器； （2）安全带的挂钩应挂在结实、牢固的构件上，或专挂安全带的钢丝绳上，不准低挂高用
	高处的工器具	工器具未系防坠绳及零部件未固定	物体打击	中等	（1）工器具必须使用防坠绳； （2）工器具和零部件应用绳拴在牢固的构件上，不准随便乱放
7．清理现场及其他	检修废料	检修后，检修废料没有及时清除干净	环境污染	较小	工作结束后，及时清理工作现场

13.113 贮水箱水位调门检修

作业步骤	危害辨识	危害描述	产生后果	风险等级	防 范 措 施
1．环境评估	粉尘	未正确佩戴防护口罩	尘肺病	较小	作业人员佩戴防护口罩
2．措施确认	高温蒸汽	检修的系统未有效隔离	灼烫伤	中等	保证检修的一段管道可靠地与其他部分隔断，放尽管道、容器内部的汽、水、烟或可燃气
	液压执行机构	带压	机械伤害	中等	切断电源，挂禁止操作牌
	脚手架	缺损	高处坠落	重大	搭设的脚手架验收合格后方可使用
	不合格电动工器具	（1）电动工器具未经检验合格； （2）电动工器具电源线、电源插头破损	机械伤害	较小	（1）研磨机必须经有资质单位检验合格，并张贴检验合格标志； （2）检查研磨机的电源线、电源插头完好无缺损
	检修隔离	隔离措施失效，非工作人员进入	机械伤害	较小	对现场检修区域设置围栏、铺设胶皮，进行有效的隔离，有人监护
3．阀门拆卸及解体	粉尘	未正确佩戴防护口罩	尘肺病	较小	作业人员佩戴防护口罩
	脚手架	缺损	高处坠落	重大	及时检查及补全缺失防护栏并验收合格，工作负责人每日工作前必须对脚手架进行检查，如果发现缺陷，应立即修整
	高处作业人员	高处作业未正确使用防护用品	高处坠落	重大	（1）高处作业人员必须穿戴好安全帽、防滑鞋，正确佩戴安全带，必要时应使用防坠器； （2）安全带的挂钩应挂在结实、牢固的构件上，或专挂安全带的钢丝绳上，不准低挂高用
	高处落物	工器具或材料掉落	撞击	较小	采取防止工具、材料、物品掉落的措施。禁止交叉作业
	高温物体	身体直接接触阀门阀体高温金属部件被烫伤。阀门内存在余汽水或隔离门不严，拆阀门解体时汽水喷出造成人身伤害	灼烫伤	较小	被解体的阀门能有效隔离且隔离严密，阀门前后疏水门打开，放尽余汽水；监测阀体温度低于 50℃时方可拆除保温及阀门部件
	拆卸螺栓	拆卸门架时挤伤手指	机械伤害	较小	（1）拆卸时戴手套； （2）使用合格的手锤
	起吊物	起重工具	起重伤害	中等	（1）起吊前检查起重工具是否合格可用； （2）检查工器具是否完好，禁止野蛮操作
		指挥	起重伤害	较小	起重作业由专业的起重人员进行操作指挥
4．零部件清理、检查、测量	粉尘	未正确佩戴防护口罩	尘肺病	较小	作业人员佩戴防护口罩
	脚手架	缺损	高处坠落	重大	及时检查及补全缺失防护栏并验收合格，工作负责人每日工作前必须对脚手架进行检查，如果发现缺陷，应立即修整
	高处作业人员	高处作业未正确使用防护用品	高处坠落	重大	（1）高处作业人员必须穿戴好安全帽、防滑鞋，正确佩戴安全带，必要时应使用防坠器； （2）安全带的挂钩应挂在结实、牢固的构件上，或专挂安全带的钢丝绳上，不准低挂高用
	高处落物	工器具或材料掉落	撞击	较小	采取防止工具、材料、物品掉落的措施。禁止交叉作业
	误用不合格电动工器具	（1）电动工器具未经检验合格； （2）电动工器具电源线、电源插头破损，防护罩破损缺失，磨片破损	机械伤害	较小	（1）角磨机必须经有资质单位检验合格，并张贴检验合格标志； （2）检查角磨机的电源线、电源插头完好无缺损，防护罩、角磨片完好无缺损； （3）使用合格的手锤

续表

作业步骤	危害辨识	危害描述	产生后果	风险等级	防 范 措 施
5. 部件修复	粉尘	未正确佩戴防护口罩	尘肺病	较小	作业人员佩戴防护口罩
	脚手架	缺损	高处坠落	重大	及时检查及补全缺失防护栏并验收合格，工作负责人每日工作前必须对脚手架进行检查，如果发现缺陷，应立即修整
	高处作业人员	高处作业未正确使用防护用品	高处坠落	重大	（1）高处作业人员必须穿戴好安全帽、防滑鞋，正确佩戴安全带，必要时应使用防坠器； （2）安全带的挂钩应挂在结实、牢固的构件上，或专挂安全带的钢丝绳上，不准低挂高用
	高处落物	工器具或材料掉落	撞击	较小	采取防止工具、材料、物品掉落的措施。禁止交叉作业
	电动研磨机	电源盘没有漏电保护器	触电	较小	电动工具必须配置可靠的漏电保护器
		电源盘及研磨机绝缘损坏	触电	较小	检查研磨机、电源盘的电缆线绝缘合格，绝缘材料应无破损，导线无裸露方可使用
		违规使用电源盘	触电	较小	工作前认真检查电源盘应完好、无缺陷、无安全隐患，电源盘及研磨机检查应合格，不合格的电源盘及研磨机禁止带入检修现场
		研磨机转动部件飞出	机械伤害	较小	阀门研磨时，无关人员远离，工作人员站在侧面
	不合格工器具	手锤锤头与木柄的连接不牢固、锤头破损、木柄未使用整根硬质木料	机械伤害	较小	（1）检查大锤和手锤的锤头应完整，其表面应光滑微凸，不应有歪斜、缺口、凹入及裂纹等缺陷。大锤及手锤的柄应用整根的硬木制成，且头部用楔栓固定。楔栓宜采用金属楔，楔子长度不应大于安装孔的三分之二。锤把上不应有油污。 （2）禁止戴手套抡大锤。 （3）抡大锤时周围不准有人靠近，防止误伤
6. 阀门组装	大锤	锤头与木柄的连接不牢固、锤头破损、木柄未使用整根硬质木料	砸伤	较小	检查大锤和手锤的锤头应完整，其表面应光滑微凸，不应有歪斜、缺口、凹入及裂纹等缺陷。大锤及手锤的柄应用整根的硬木制成，且头部用楔栓固定。楔栓宜采用金属楔，楔子长度不应大于安装孔的三分之二。锤把上不应有油污
		戴手套抡大锤	物体打击	较小	（1）禁止戴手套抡大锤； （2）抡大锤时周围不准有人靠近，防止误伤
		拆卸部件伤手	机械伤害	较小	佩戴防护手套
	高处作业人员	高处作业未正确使用防护用品	高处坠落	重大	（1）高处作业人员必须穿戴好安全帽、防滑鞋，正确佩戴安全带，必要时应使用防坠器； （2）安全带的挂钩应挂在结实、牢固的构件上，或专挂安全带的钢丝绳上，不准低挂高用
	高处的工器具	工器具未系防坠绳及零部件未固定	物体打击	中等	（1）工器具必须使用防坠绳； （2）工器具和零部件应用绳拴在牢固的构件上，不准随便乱放
7. 清理现场及其他	检修废料	检修后，检修废料没有及时清除干净	环境污染	较小	工作结束后，及时清理工作现场

13.114 贮水箱水位调门液压油站检修

作业步骤	危害辨识	危害描述	产生后果	风险等级	防 范 措 施
1. 环境评估	粉尘	未正确佩戴防护口罩	尘肺病	较小	作业人员佩戴防护口罩

续表

作业步骤	危害辨识	危害描述	产生后果	风险等级	防 范 措 施
2．措施确认	油泵电机	带电	触电	中等	切断电源，挂禁止操作牌
	检修隔离	隔离措施失效，非工作人员进入	机械伤害	较小	对现场检修区域设置围栏、铺设胶皮，进行有效的隔离，有人监护
3．解体	粉尘	未正确佩戴防护口罩	尘肺病	较小	作业人员佩戴防护口罩
	高处落物	工器具或材料掉落	撞击	较小	采取防止工具、材料、物品掉落的措施。禁止交叉作业
	拆卸螺栓	拆卸门架时挤伤手指	机械伤害	较小	（1）拆卸时戴手套； （2）使用合格的手锤
	起吊物	起重工具	起重伤害	中等	（1）起吊前检查起重工具是否合格可用； （2）检查工器具是否完好，禁止野蛮操作
		指挥	起重伤害	较小	起重作业由专业的起重人员进行操作指挥
4．检查清理	粉尘	未正确佩戴防护口罩	尘肺病	较小	作业人员佩戴防护口罩
	高处落物	工器具或材料掉落	撞击	较小	采取防止工具、材料、物品掉落的措施。禁止交叉作业
	清洁剂	作业时未正确使用防护用品	中毒和窒息	较小	使用时打开门窗通风，避免过多吸入化学微粒，戴防护口罩、乳胶手套
	误用不合格电动工器具	（1）电动工器具未经检验合格； （2）电动工器具电源线、电源插头破损，防护罩破损缺失，磨片破损	机械伤害	较小	（1）角磨机必须经有资质单位检验合格，并张贴检验合格标志； （2）检查角磨机的电源线、电源插头完好无缺损，防护罩、角磨片完好无缺损； （3）使用合格的手锤
5．组装	粉尘	未正确佩戴防护口罩	尘肺病	较小	作业人员佩戴防护口罩
	润滑油	加油及操作中发生的跑、冒、滴、漏及溢油	滑倒摔伤	较小	在加油及操作中发生的跑、冒、滴、漏及溢油，要及时清除处理
		工作结束后，废品乱扔	火灾和环境污染	较小	不准将油污、油泥、废油等（包括沾油棉纱、布、手套、纸等）倒入下水道排放或随地倾倒，应收集放于指定的废油箱，妥善处理，以防污染环境
	高处落物	工器具或材料掉落	撞击	较小	采取防止工具、材料、物品掉落的措施。禁止交叉作业
6．清理现场及其他	检修废料	检修后，检修废料没有及时清除干净	环境污染	较小	工作结束后，及时清理工作现场

13.115 贮水箱水位调整隔绝门检修

作业步骤	危害辨识	危害描述	产生后果	风险等级	防 范 措 施
1．环境评估	粉尘	未正确佩戴防护口罩	尘肺病	较小	作业人员佩戴防护口罩
2．措施确认	高温蒸汽	检修的系统未有效隔离	灼烫伤	中等	保证检修的一段管道可靠地与其他部分隔断，放尽管道、容器内部的汽、水、烟或可燃气
	电动执行机构	带电	触电	中等	切断电源，挂禁止操作牌
	脚手架	缺损	高处坠落	重大	搭设的脚手架验收合格后方可使用
	不合格电动工器具	（1）电动工器具未经检验合格； （2）电动工器具电源线、电源插头破损	机械伤害	较小	（1）研磨机必须经有资质单位检验合格，并张贴检验合格标志； （2）检查研磨机的电源线、电源插头完好无缺损
	检修隔离	隔离措施失效，非工作人员进入	机械伤害	较小	对现场检修区域设置围栏、铺设胶皮，进行有效的隔离，有人监护

续表

作业步骤	危害辨识	危害描述	产生后果	风险等级	防 范 措 施
3．阀门拆卸及解体	粉尘	未正确佩戴防护口罩	尘肺病	较小	作业人员佩戴防护口罩
	脚手架	缺损	高处坠落	重大	及时检查及补全缺失防护栏并验收合格，工作负责人每日工作前必须对脚手架进行检查，如果发现缺陷，应立即修整
	高处作业人员	高处作业未正确使用防护用品	高处坠落	重大	（1）高处作业人员必须穿戴好安全帽、防滑鞋，正确佩戴安全带，必要时应使用防坠器； （2）安全带的挂钩应挂在结实、牢固的构件上，或专挂安全带的钢丝绳上，不准低挂高用
	高处落物	工器具或材料掉落	撞击	较小	采取防止工具、材料、物品掉落的措施。禁止交叉作业
	高温物体	身体直接接触阀门阀体高温金属部件被烫伤。阀门内存在余汽水或隔离门不严，拆阀门解体时汽水喷出造成人身伤害	灼烫伤	较小	被解体的阀门能有效隔离且隔离严密，阀门前后疏水门打开，放尽余汽水；监测阀体温度低于50℃时方可拆除保温及阀门部件
	拆卸螺栓	拆卸门架时挤伤手指	机械伤害	较小	（1）拆卸时戴手套； （2）使用合格的手锤
	起吊物	起重工具	起重伤害	中等	（1）起吊前检查起重工具是否合格可用； （2）检查工器具是否完好，禁止野蛮操作
		指挥	起重伤害	较小	起重作业由专业的起重人员进行操作指挥
4．零部件清理、检查、测量	粉尘	未正确佩戴防护口罩	尘肺病	较小	作业人员佩戴防护口罩
	脚手架	缺损	高处坠落	重大	及时检查及补全缺失防护栏并验收合格，工作负责人每日工作前必须对脚手架进行检查，如果发现缺陷，应立即修整
	高处作业人员	高处作业未正确使用防护用品	高处坠落	重大	（1）高处作业人员必须穿戴好安全帽、防滑鞋，正确佩戴安全带，必要时应使用防坠器； （2）安全带的挂钩应挂在结实、牢固的构件上，或专挂安全带的钢丝绳上，不准低挂高用
	高处落物	工器具或材料掉落	撞击	较小	采取防止工具、材料、物品掉落的措施。禁止交叉作业
	误用不合格电动工器具	（1）电动工器具未经检验合格； （2）电动工器具电源线、电源插头破损，防护罩破损缺失，磨片破损	机械伤害	较小	（1）角磨机必须经有资质单位检验合格，并张贴检验合格标志； （2）检查角磨机的电源线、电源插头完好无缺损，防护罩、角磨片完好无缺损； （3）使用合格的手锤
5．部件修复	粉尘	未正确佩戴防护口罩	尘肺病	较小	作业人员佩戴防护口罩
	脚手架	缺损	高处坠落	重大	及时检查及补全缺失防护栏并验收合格，工作负责人每日工作前必须对脚手架进行检查，如果发现缺陷，应立即修整
	高处作业人员	高处作业未正确使用防护用品	高处坠落	重大	（1）高处作业人员必须穿戴好安全帽、防滑鞋，正确佩戴安全带，必要时应使用防坠器； （2）安全带的挂钩应挂在结实、牢固的构件上，或专挂安全带的钢丝绳上，不准低挂高用
	高处落物	工器具或材料掉落	撞击	较小	采取防止工具、材料、物品掉落的措施。禁止交叉作业

续表

作业步骤	危害辨识	危害描述	产生后果	风险等级	防范措施
5. 部件修复	电动研磨机	电源盘没有漏电保护器	触电	较小	电动工具必须配置可靠的漏电保护器
		电源盘及研磨机绝缘损坏	触电	较小	检查研磨机、电源盘的电缆线绝缘合格，绝缘材料应无破损，导线无裸露方可使用
		违规使用电源盘	触电	较小	工作前认真检查电源盘应完好、无缺陷、无安全隐患，电源盘及研磨机检查应合格，不合格的电源盘及研磨机禁止带入检修现场
		研磨机转动部件飞出	机械伤害	较小	阀门研磨时，无关人员远离，工作人员站在侧面
	不合格工器具	手锤锤头与木柄的连接不牢固、锤头破损、木柄未使用整根硬质木料	机械伤害	较小	（1）检查大锤和手锤的锤头应完整，其表面应光滑微凸，不应有歪斜、缺口、凹入及裂纹等缺陷。大锤及手锤的柄应用整根的硬木制成，且头部用楔栓固定。楔栓宜采用金属楔，楔子长度不应大于安装孔的三分之二。锤把上不应有油污。 （2）禁止戴手套抡大锤。 （3）抡大锤时周围不准有人靠近，防止误伤
6. 阀门组装	大锤	锤头与木柄的连接不牢固、锤头破损、木柄未使用整根硬质木料	砸伤	较小	检查大锤和手锤的锤头应完整，其表面应光滑微凸，不应有歪斜、缺口、凹入及裂纹等缺陷。大锤及手锤的柄应用整根的硬木制成，且头部用楔栓固定。楔栓宜采用金属楔，楔子长度不应大于安装孔的三分之二。锤把上不应有油污
		戴手套抡大锤	物体打击	较小	（1）禁止戴手套抡大锤； （2）抡大锤时周围不准有人靠近，防止误伤
		拆卸部件伤手	机械伤害	较小	佩戴防护手套
	高处作业人员	高处作业未正确使用防护用品	高处坠落	重大	（1）高处作业人员必须穿戴好安全帽、防滑鞋，正确佩戴安全带，必要时应使用防坠器； （2）安全带的挂钩应挂在结实、牢固的构件上，或专挂安全带的钢丝绳上，不准低挂高用
	高处的工器具	工器具未系防坠绳及零部件未固定	物体打击	中等	（1）工器具必须使用防坠绳； （2）工器具和零部件应用绳拴在牢固的构件上，不准随便乱放
7. 清理现场及其他	检修废料	检修后，检修废料没有及时清除干净	环境污染	较小	工作结束后，及时清理工作现场

14 燃料与除灰检修

14.1 港机变幅电动机检修

作业步骤	危害辨识	危害描述	产生后果	风险等级	防范措施
1. 环境评估	噪声	进入噪声区域时，未正确使用防护用品	噪声聋	较小	进入噪声区域时正确佩戴耳塞
	高温	气温超过40℃	中暑	较小	（1）在高温场所工作时，应为工作人员提供足够的饮水、清凉饮料及防暑药品； （2）对温度较高的作业场所必须增加通风设备
	触电	设备带电	电击、电弧灼伤	较大	（1）停电、验电； （2）装设接地线； （3）悬挂标示牌
	粉尘	周围粉尘污染	尘肺病	较小	正确佩戴防护用品
2. 措施确认	转动的电机	工作前所采取停电措施不完善	触电伤害	较大	与运行人员共同确认现场安全措施、隔离措施正确完备
		认错设备	触电伤害	较大	工作前认清并核对设备编号
3. 准备工作及现场布置	临时电源及电源线	电源线悬挂高度不够	触电	较小	临时电源线架设高度室内不低于2.5m
		电源线、插头、插座破损	触电	较小	（1）检查电源线外绝缘良好，无破损； （2）检查电源盘合格证在有效期内； （3）检查电源插头插座，确保完好
		未安装漏电保护器	触电	较小	分级配置漏电保护器，工作前试漏电保护器，确保正确动作
	电吹风机	吹风机损坏或电线破损	触电伤害	较小	（1）检查电吹风合格证在有效期内； （2）使用前，检查电吹风的电缆、插头无破损
	绝缘表	绝缘表不合格	触电伤害	较小	（1）绝缘表的合格证在有效期内； （2）使用前测试绝缘表完好性； （3）正确使用绝缘表
	美工刀	刀片伸出	人身伤害	较小	（1）使用前检查，确认完好方可使用； （2）使用后，刀片及时缩回
4. 电机接线罩壳开启	螺丝刀	使用与螺丝不合适的螺丝刀	机械伤害	较小	（1）选择与螺丝相匹配的螺丝刀； （2）螺丝刀禁止当錾子使用
		螺丝刀手柄粗糙有毛刺	机械伤害	较小	使用合格的螺丝刀
	活络扳手	活络扳手选型不当	机械伤害	较小	选择合适的扳手
		使用中扳手滑脱	机械伤害	较小	使用中扳手牙口锁紧，用力适中，以防螺母滑牙
	电机罩壳	罩壳掉落	物体打击	较小	拆卸过程有专人扶持罩壳
		罩壳放置位置错误	机械伤害	较小	不准在门口、人行通道、消防通道、楼梯等处放置
5. 电机接线桩检查	套筒扳手	套筒扳手选型不当	机械伤害	较小	选择合适的套筒扳手，加强杆长度合适。
		不正确使用套筒	物体打击	较小	使用时将套筒完全包裹固定螺丝，扳动力度适中
6. 绝缘测量	绝缘测量	测量后未放电	触电伤害	较小	三相测量完成后对被测设备接地放电

续表

作业步骤	危害辨识	危害描述	产生后果	风险等级	防 范 措 施
7. 清灰	电吹风	吸入粉尘	尘肺病	较小	工作人员站在吹风机上风口，戴好口罩
		吹风机使用不当	机械、触电伤害	较小	工作人员双手把持吹风机，注意电源引线，防止缠绕
8. 轴承补油	油污	油污污染地面	跌倒	较小	工作人员及时清理污染地面
	机械式加油枪	挤压油枪时夹手斜	机械伤害	较小	正确使用加油枪，控制出油量
9. 接线罩壳安装	电机接线罩壳	罩壳脱落	机械伤害	较小	一人扶持罩壳，一人固定螺栓
10. 设备试运行	变幅电机	未终结工作票而送电试运行	机械、触电伤害	重大	在未办理工作票终结手续以前，运行人员不准将检修设备合闸送电
		检修人员私自加压试运行	机械、触电伤害	较大	检修工作结束以前，若需将设备试加工作电压，可按下列条件进行： （1）全体工作人员撤离工作地点； （2）将该系统的所有工作票收回，拆除临时遮拦、接地线和标识牌，恢复常设遮拦； （3）应在工作负责人和值班员进行全面检查无误后，由值班员进行加压试验； （4）工作班若需继续工作时，应重新履行工作许可
11. 检修工作结束	施工废料	施工废料未清理	环境污染	较小	废料及时清理，做到工完、料尽、场地清

14.2 港机小车电动机检修

作业步骤	危害辨识	危害描述	产生后果	风险等级	防 范 措 施
1. 环境评估	高温	气温超过40℃	中暑	较小	（1）在高温场所工作时，应为工作人员提供足够的饮水、清凉饮料及防暑药品； （2）对温度较高的作业场所必须增加通风设备
	触电	设备带电	电击、电弧灼伤	较大	（1）停电、验电； （2）装设接地线； （3）悬挂标示牌
	粉尘	周围粉尘污染	尘肺病	较小	正确佩戴防护用品
2. 措施确认	转动的电机	工作前所采取停电措施不完善	触电伤害	较大	与运行人员共同确认现场安全措施、隔离措施正确完备
		认错设备	触电伤害	较大	工作前认清并核对设备编号
3. 准备工作及现场布置	临时电源及电源线	电源线悬挂高度不够	触电伤害	较小	临时电源线架设高度室内不低于2.5m
		电源线、插头、插座破损	触电伤害	较小	（1）检查电源线外绝缘良好，无破损； （2）检查电源盘合格证在有效期内； （3）检查电源插头插座，确保完好
		未安装漏电保护器	触电伤害	较小	分级配置漏电保护器，工作前试漏电保护器，确保正确动作
	电吹风机	吹风机损坏或电线破损	触电伤害	较小	（1）检查电吹风合格证在有效期内； （2）使用前，检查电吹风的电缆、插头无破损
	绝缘表	绝缘表不合格	触电伤害	较小	（1）绝缘表的合格证在有效期内； （2）使用前测试绝缘表完好性； （3）正确使用绝缘表
	美工刀	刀片伸出	人身伤害	较小	（1）使用前检查，确认完好方可使用； （2）使用后，刀片及时缩回

续表

作业步骤	危害辨识	危害描述	产生后果	风险等级	防范措施
4. 电机接线罩壳开启	螺丝刀	使用与螺丝不合适的螺丝刀	机械伤害	较小	（1）选择与螺丝相匹配的螺丝刀； （2）螺丝刀禁止当錾子使用
		螺丝刀手柄粗糙有毛刺	机械伤害	较小	使用合格的螺丝刀
	活络扳手	活络扳手选型不当	机械伤害	较小	选择合适的扳手
		使用中扳手滑脱	机械伤害	较小	使用中扳手牙口锁紧，用力适中，以防螺母滑牙
	电机罩壳	罩壳掉落	物体打击	较小	拆卸过程有专人扶持罩壳
		罩壳放置位置错误	机械伤害	较小	不准在门口、人行通道、消防通道、楼梯等处放置
5. 电机接线桩检查	套筒扳手	套筒扳手选型不当	机械伤害	较小	选择合适的套筒扳手，加强杆长度合适
		不正确使用套筒	物体打击	较小	使用时将套筒完全包裹固定螺丝，扳动力度适中
6. 绝缘测量	绝缘测量	测量后未放电	触电伤害	较小	三相测量完成后对被测设备接地放电
7. 清灰	电吹风	吸入粉尘	尘肺病	较小	工作人员站在吹风机上风口，戴好口罩
		吹风机使用不当	机械、触电伤害	较小	工作人员双手把持吹风机，注意电源引线，防止缠绕
8. 轴承补油	油污	油污污染地面	跌倒	较小	工作人员及时清理污染地面
	机械式加油枪	挤压油枪时夹手	机械伤害	较小	正确使用加油枪，控制出油量
9. 接线罩壳安装	电机接线罩壳	罩壳脱落	机械伤害	较小	一人扶持罩壳，一人固定螺栓
10. 编码器接线检查	小型螺丝刀	接线桩损坏	设备损坏	较小	使用合适小型螺丝刀，用力适度
11. 设备试运行	小车电机	未终结工作票而送电试运行	机械、触电伤害	重大	在未办理工作票终结手续以前，运行人员不准将检修设备合闸送电
		检修人员私自加压试运行	机械、触电伤害	较大	检修工作结束以前，若需将设备试加工作电压，可按下列条件进行： （1）全体工作人员撤离工作地点； （2）将该系统的所有工作票收回，拆除临时遮拦、接地线和标识牌，恢复常设遮拦； （3）应在工作负责人和值班员进行全面检查无误后，由值班员进行加压试验； （4）工作班若需继续工作时，应重新履行工作许可
12. 检修工作结束	施工废料	施工废料未清理	环境污染	较小	废料及时清理，做到工完、料尽、场地清

14.3 皮带机高压电动机检修

作业步骤	危害辨识	危害描述	产生后果	风险等级	防范措施
1. 环境评估	噪声	进入噪声区域时，未正确使用防护用品	噪声聋	较小	进入噪声区域时正确佩戴耳塞
	粉尘	作业时未正确使用防护用品	尘肺病	较小	作业时正确佩戴合格防尘口罩

续表

作业步骤	危害辨识	危害描述	产生后果	风险等级	防范措施
1. 环境评估	照明	照度不足	其他伤害	较小	适当增加临时照明
	高温	气温超过40℃	中暑	较小	（1）在高温场所工作时，应为工作人员提供足够的饮水、清凉饮料及防暑药品； （2）对温度较高的作业场所必须增加通风设备
2. 安全措施确认	6kV高压电机	工作前所采取隔离措施不完善	触电伤害	中等	开工与运行人员共同确认现场安全措施、隔离措施正确完备
		走错间隔	触电伤害	中等	工作前核对设备名称及编号
3. 准备工作及现场布置	临时电源及电源线	电源线悬挂高度不够	触电伤害	较小	临时电源线架设高度室内不低于2.5m
		电源线、插头、插座破损	触电伤害	较小	（1）检查电源线外绝缘良好，无破损； （2）检查电源盘合格证在有效期内； （3）检查电源插头插座，确保完好
		未安装漏电保护器	触电伤害	较小	分级配置漏电保护器，工作前试漏电保护器，确保正确动作
4. 电动机引线拆除	6kV交流电	电缆引线未短接接地	触电伤害	较小	拆除电缆引线头三相应短路接地
	扳手	用力过猛（操作不当）	其他伤害	较小	（1）在使用扳手时，左手推住扳手与螺栓连接处，保持扳手与螺栓完全配合，防止滑脱，右手握住扳手另一端并加力； （2）禁止使用带有裂纹和已严重磨损的扳手
5. 绝缘测量	绝缘电阻表产生的测量电压	现场安全措施不完善或安全措施未正确执行	触电伤害	较小	（1）测量前确保测量设备上已人员工作，现场无关人员撤离； （2）测量结束或变更接线时，首先停止绝缘电阻表摇动断开测量线； （3）将被试设备充分对地放电
		用绝缘电阻表测绝缘后未放电	触电伤害	较小	测量后立即放电，然后将被测设备可靠接地，再断开绝缘电阻表与被试设备的连接
6. 电机接线盒清扫	电动吹灰机	电动吹灰机电源线、电源插头破损	触电伤害	较小	（1）检查电吹风电源线、电源插头完好无破损； （2）检查检验合格证在有效期内
		手提电动工具的导线或转动部分	触电伤害	较小	不准手提电动工具的导线或转动部分
		连续使用电动吹灰机	触电伤害	较小	（1）电动吹灰机不要连续使用时间太久，应间隙断续使用； （2）以免电热元件和电动机过热而烧坏
7. 电动机引线接线	扳手	用力过猛（操作不当）	其他伤害	较小	（1）在使用扳手时，左手推住扳手与螺栓连接处，保持扳手与螺栓完全配合，防止滑脱，右手握住扳手另一端并加力； （2）禁止使用带有裂纹和已严重磨损的扳手； （3）作业人员戴好防护手套
8. 电动机试转	6kV交流电压	工作票未终结试运设备	触电伤害、机械伤害	中等	（1）在未办理工作票终结手续以前，运行人员不准将检修设备合闸送电。 （2）检修工作结束以前，若需将设备试加工作电压，可按下列条件进行： 1）全体工作人员撤离工作地点； 2）将该系统的所有工作票收回，拆除临时遮拦、接地线和标识牌，恢复常设遮拦； 3）应在工作负责人和值班员进行全面检查无误后，由值班员进行加压试验； 4）工作班若需继续工作时，应重新履行工作许可手续
9. 检修工作结束	施工废料	施工废料未清理	环境污染	较小	废料及时清理，做到工完、料尽、场地清

14.4 皮带机 400V 电动机检修

作业步骤	危害辨识	危害描述	产生后果	风险等级	防 范 措 施
1. 环境评估	噪声	进入噪声区域时，未正确使用防护用品	噪声聋	较小	进入噪声区域时正确佩戴耳塞
	粉尘	作业时未正确使用防护用品	尘肺病	较小	作业时正确佩戴合格防尘口罩
	照明	照度不足	其他伤害	较小	照度不足适当增加临时照明
	高温	气温超过 40℃	中暑	较小	（1）在高温场所工作时，应为工作人员提供足够的饮水、清凉饮料及防暑药品； （2）对温度较高的作业场所必须增加通风设备
2. 安全措施确认	皮带机 400V 电动机	工作前所采取隔离措施不完善	触电伤害	中等	开工与运行人员共同确认现场安全措施、隔离措施正确完备
		走错间隔	触电伤害	中等	工作前核对设备名称及编号
3. 准备工作及现场布置	临时电源及电源线	电源线悬挂高度不够	触电伤害	较小	临时电源线架设高度室内不低于 2.5m
		电源线、插头、插座破损	触电伤害	较小	（1）检查电源线外绝缘良好，无破损； （2）检查电源盘合格证在有效期内； （3）检查电源插头插座，确保完好
		未安装漏电保护器	触电伤害	较小	分级配置漏电保护器，工作前试漏电保护器，确保正确动作
4. 电动机引线拆除	皮带机 400V 电动机	工作前未验电	触电伤害	较小	工作前必须用试验合格的验电笔进行验电
	扳手	用力过猛（操作不当）	其他伤害	较小	（1）在使用扳手时，左手推住扳手与螺栓连接处，保持扳手与螺栓完全配合，防止滑脱，右手握住扳手另一端并加力； （2）禁止使用带有裂纹和已严重磨损的扳手
5. 绝缘测量	绝缘电阻表产生的测量电压	使用绝缘电阻表方法不正确	触电伤害	较小	（1）试验后立即放电； （2）摇动绝缘电阻表时，不能用手接触绝缘电阻表的接线柱和被测回路，以防触电
6. 电机接线盒清扫	电动吹灰机	电动吹灰机电源线、电源插头破损	触电伤害	较小	（1）检查电动吹灰机电源线、电源插头完好无破损； （2）检查检验合格证在有效期内
		手提电动工具的导线或转动部分	触电伤害	较小	不准手提电动工具的导线或转动部分
		连续使用电动吹灰机	触电	较小	电动吹灰机不要连续使用时间太久，应间隙断续使用，以免电热元件和电动机过热而烧坏
7. 电动机引线接引	扳手	用力过猛（操作不当）	其他伤害	较小	（1）在使用扳手时，左手推住扳手与螺栓连接处，保持扳手与螺栓完全配合，防止滑脱，右手握住扳手另一端并加力； （2）禁止使用带有裂纹和已严重磨损的扳手
8. 电动机试转	400V 交流电压	工作票未终结试运设备	触电伤害、机械伤害	中等	（1）在未办理工作票终结手续以前，运行人员不准将检修设备合闸送电。 （2）检修工作结束以前，若需将设备试加工作电压，可按下列条件进行： 1）全体工作人员撤离工作地点； 2）将该系统的所有工作票收回，拆除临时遮栏、接地线和标识牌，恢复常设遮栏； 3）应在工作负责人和值班员进行全面检查无误后，由值班员进行加压试验； 4）工作班若需继续工作时，应重新履行工作许可手续

续表

作业步骤	危害辨识	危害描述	产生后果	风险等级	防 范 措 施
9．检修工作结束	施工废料	施工废料未清理	环境污染	较小	废料及时清理，做到工完、料尽、场地清

14.5 港机提升开闭电动机检修

作业步骤	危害辨识	危害描述	产生后果	风险等级	防 范 措 施
1．环境评估	噪声	进入噪声区域时，未正确使用防护用品	噪声聋	较小	进入噪声区域时正确佩戴耳塞
	高温	气温超过40℃	中暑	较小	（1）在高温场所工作时，应为工作人员提供足够的饮水、清凉饮料及防暑药品； （2）对温度较高的作业场所必须增加通风设备
	触电	设备带电	电击、电弧灼伤	较大	（1）停电、验电； （2）装设接地线； （3）悬挂标示牌
	粉尘	周围粉尘污染	尘肺病	较小	正确佩戴防护用品
2．措施确认	转动的电机	工作前所采取停电措施不完善	触电伤害	较大	与运行人员共同确认现场安全措施、隔离措施正确完备
		认错设备	触电伤害	较大	工作前认清并核对设备编号
3．准备工作及现场布置	临时电源及电源线	电源线悬挂高度不够	触电伤害	较小	临时电源线架设高度室内不低于2.5m
		电源线、插头、插座破损	触电伤害	较小	（1）检查电源线外绝缘良好，无破损； （2）检查电源盘合格证在有效期内； （3）检查电源插头插座，确保完好
		未安装漏电保护器	触电伤害	较小	分级配置漏电保护器，工作前试漏电保护器，确保正确动作
	电吹风机	吹风机损坏或电线破损	触电伤害	较小	（1）检查电吹风合格证在有效期内； （2）使用前，检查电吹风的电缆、插头无破损
	绝缘表	绝缘表不合格	触电伤害	较小	（1）绝缘表的合格证在有效期内； （2）使用前测试绝缘表完好性； （3）正确使用绝缘表
	美工刀	刀片伸出	人身伤害	较小	（1）使用前检查，确认完好方可使用； （2）使用后，刀片及时缩回
4．电机接线罩壳开启	螺丝刀	使用与螺丝不合适的螺丝刀	机械伤害	较小	（1）选择与螺丝相匹配的螺丝刀； （2）螺丝刀禁止当錾子使用
		螺丝刀手柄粗糙有毛刺	机械伤害	较小	使用合格的螺丝刀
	活络扳手	活络扳手选型不当	机械伤害	较小	选择合适的扳手
		使用中扳手滑脱	机械伤害	较小	使用中扳手牙口锁紧，用力适中，以防螺母滑牙
	电机罩壳	罩壳掉落	物体打击	较小	拆卸过程有专人扶持罩壳
		罩壳放置位置错误	机械伤害	较小	不准在门口、人行通道、消防通道、楼梯等处放置
5．电机接线桩检查	套筒扳手	套筒扳手选型不当	机械伤害	较小	选择合适的套筒扳手，加强杆长度合适
		不正确使用套筒	物体打击	较小	使用时将套筒完全包裹固定螺丝，扳动力度适中
6．绝缘测量	绝缘测量	测量后未放电	触电伤害	较小	三相测量完成后对被测设备接地放电

续表

作业步骤	危害辨识	危害描述	产生后果	风险等级	防范措施
7. 清灰	电吹风	吸入粉尘	尘肺病	较小	工作人员站在吹风机上风口，戴好口罩
		吹风机使用不当	机械、触电伤害	较小	工作人员双手把持吹风机，注意电源引线，防止缠绕
8. 轴承补油	油污	油污污染地面	跌倒	较小	工作人员及时清理污染地面
	机械式加油枪	挤压油枪时夹手斜	机械伤害	较小	正确使用加油枪，控制出油量
9. 接线罩壳安装	电机接线罩壳	罩壳脱落	机械伤害	较小	一人扶持罩壳，一人固定螺栓
10. 编码器接线检查	小型螺丝刀	接线桩损坏	设备损坏	较小	使用合适小型螺丝刀，用力适度
11. 设备试运行	变幅电机	未终结工作票而送电试运行	机械、触电伤害	重大	在未办理工作票终结手续以前，运行人员不准将检修设备合闸送电
		检修人员私自加压试运行	机械、触电伤害	较大	检修工作结束以前，若需将设备试加工作电压，可按下列条件进行： （1）全体工作人员撤离工作地点； （2）将该系统的所有工作票收回，拆除临时遮拦、接地线和标识牌，恢复常设遮拦； （3）应在工作负责人和值班员进行全面检查无误后，由值班员进行加压试验； （4）工作班若需继续工作时，应重新履行工作许可
12. 检修工作结束	施工废料	施工废料未清理	环境污染	较小	废料及时清理，做到工完、料尽、场地清

14.6 输煤低压变压器检修

作业步骤	危害辨识	危害描述	产生后果	风险等级	防范措施
1. 环境评估	粉尘	作业时未正确使用防护用品	尘肺病	较小	作业时正确佩戴合格防尘口罩
	照明	照度不足	其他伤害	较小	照度不足适当增加临时照明
	6kV交流电	安全距离不足 0.7m	触电伤害	较小	与带电设备保持 0.7m 安全距离
2. 安全措施确认	输煤低压变压器	工作前所采取隔离措施不完善	触电伤害	中等	开工与运行人员共同确认现场安全措施、隔离措施正确完备
		走错间隔	触电伤害	中等	（1）工作前核对设备名称及编号； （2）在工作段与运行之间做好隔离，并在隔离带上悬挂“禁止合闸、有人工作”标识牌； （3）在周围相邻的带电设备上挂“高压”标示牌
3. 准备工作及现场布置	临时电源及电源线	电源线悬挂高度不够	触电伤害	较小	临时电源线架设高度室内不低于 2.5m
		电源线、插头、插座破损	触电伤害	较小	（1）检查电源线外绝缘良好，无破损； （2）检查电源盘合格证在有效期内； （3）检查电源插头插座，确保完好
		未安装漏电保护器	触电伤害	较小	分级配置漏电保护器，工作前试漏电保护器，确保正确动作

续表

作业步骤	危害辨识	危害描述	产生后果	风险等级	防 范 措 施
4. 变压器接线紧固	6kV交流电	变压器接线柱未短接接地	触电伤害	较小	工作前用三相应短路接地线接地
	扳手	用力过猛（操作不当）	其他伤害	较小	（1）在使用扳手时，左手推住扳手与螺栓连接处，保持扳手与螺栓完全配合，防止滑脱，右手握住扳手另一端并加力； （2）禁止使用带有裂纹和已严重磨损的扳手
5. 绝缘测量	绝缘电阻表产生的测量电压	现场安全措施不完善或安全措施未正确执行	触电伤害	较小	（1）测量前确保测量设备上已人员工作，现场无关人员撤离； （2）测量结束或变更接线时，首先停止绝缘电阻表摇动、断开测量线，并将被试设备充分对地放电
		用绝缘电阻表测绝缘后未放电	触电伤害	较小	测量后立即放电，然后将被测设备可靠接地，再断开绝缘电阻表与被试设备的连接
6. 变压器清灰	电动吹灰机	电动吹灰机电源线、电源插头破损	触电伤害	较小	（1）检查电吹风电源线、电源插头完好无破损； （2）检查检验合格证在有效期内
		手提电动工具的导线或转动部分	触电伤害	较小	不准手提电动工具的导线或转动部
		连续使用电动吹灰机	触电伤害	较小	电动吹灰机不要连续使用时间太久，应间隙断续使用，以免电热元件和电动机过热而烧坏
7. 检修工作结束	施工废料	施工废料未清理	环境污染	较小	废料及时清理，做到工完、料尽、场地清

14.7　输煤 6kV 开关检修

作业步骤	危害辨识	危害描述	产生后果	风险等级	防 范 措 施
1. 环境评估	噪声	进入噪声区域时，未正确使用防护用品	噪声聋	较小	进入噪声区域时正确佩戴耳塞
	粉尘	作业时未正确使用防护用品	尘肺病	较小	作业时正确佩戴合格防尘口罩
	6kV交流电	安全距离不足 0.7m	触电伤害	较小	与带电设备保持 0.7m 安全距离
2. 安全措施确认	6kV交流电	工作前所采取隔离措施不完善	触电伤害	较小	开工与运行人员共同确认现场安全措施、隔离措施正确完备
		走错间隔	触电伤害	较小	（1）工作前核对设备名称及编号； （2）在工作段与运行之间做好隔离，并在隔离带上悬挂“禁止合闸、有人工作”标识牌； （3）在周围相邻的带电设备上挂“有电危险”标示牌
3. 准备工作及现场布置	临时电源及电源线	电源线悬挂高度不够	触电伤害	较小	临时电源线架设高度室内不低于 2.5m
		电源线、插头、插座破损	触电伤害	较小	（1）检查电源线外绝缘良好，无破损； （2）检查电源盘合格证在有效期内； （3）检查电源插头插座，确保完好
		未安装漏电保护器	触电伤害	较小	分级配置漏电保护器，工作前试漏电保护器，确保正确动作
4. 开关搬移	手车	对准手车挤伤人员	其他伤害	较小	工作中正确对准手车，及时调整位置，手不要放入手车和开关柜之间
	开关	搬运无统一协调	其他伤害	较小	多人共同搬运、抬运或装卸开关时，必须统一指挥、相互配合、同起同落、同时行进

续表

作业步骤	危害辨识	危害描述	产生后果	风险等级	防 范 措 施
5. 绝缘测量	绝缘电阻表产生的测量电压	使用绝缘电阻表方法不正确	触电伤害	较小	（1）试验后立即放电； （2）摇动绝缘电阻表时，不能用手接触绝缘电阻表的接线柱和被测回路，以防触电
6. 开关检查和清灰	扳手	用力过猛（操作不当）	其他伤害	较小	（1）在使用扳手时，左手推住扳手与螺栓连接处，保持扳手与螺栓完全配合，防止滑脱，右手握住扳手另一端并加力； （2）禁止使用带有裂纹和已严重磨损的扳手
	电动吹灰机	电动吹灰机电源线、电源插头破损	触电伤害	较小	（1）检查电动吹灰机电源线、电源插头完好无破损； （2）检查检验合格证在有效期内
		手提电动工具的导线或转动部分	触电伤害	较小	不准手提电动工具的导线或转动部分
		连续使用电吹灰机	触电	较小	电动吹灰机不要连续使用时间太久，应间隙断续使用，以免电热元件和电动机过热而烧坏
7. 检修工作结束	施工废料	施工废料未清理	环境污染	较小	废料及时清理，做到工完、料尽、场地清

14.8 输煤真空接触器检修

作业步骤	危害辨识	危害描述	产生后果	风险等级	防 范 措 施
1. 环境评估	噪声	进入噪声区域时，未正确使用防护用品	噪声聋	较小	进入噪声区域时正确佩戴耳塞
	粉尘	作业时未正确使用防护用品	尘肺病	较小	作业时正确佩戴合格防尘口罩
	6kV 交流电	安全距离不足 0.7m	触电伤害	较小	与带电设备保持 0.7m 安全距离
2. 安全措施确认	6kV 交流电	工作前所采取隔离措施不完善	触电伤害	较小	开工与运行人员共同确认现场安全措施、隔离措施正确完备
		走错间隔	触电伤害	较小	（1）工作前核对设备名称及编号； （2）在工作段与运行之间做好隔离，并在隔离带上悬挂“禁止合闸、有人工作”标识牌； （3）在周围相邻的带电设备上挂“有电危险”标示牌
3. 准备工作及现场布置	临时电源及电源线	电源线悬挂高度不够	触电伤害	较小	临时电源线架设高度室内不低于 2.5m
		电源线、插头、插座破损	触电伤害	较小	（1）检查电源线外绝缘良好，无破损； （2）检查电源盘合格证在有效期内； （3）检查电源插头插座，确保完好
		未安装漏电保护器	触电伤害	较小	分级配置漏电保护器，工作前试漏电保护器，确保正确动作
4. 开关搬移	手车	对准手车挤伤人员	其他伤害	较小	工作中正确对准手车，及时调整位置，手不要放入手车和开关柜之间
	开关	搬运无统一协调	其他伤害	较小	多人共同搬运、抬运或装卸开关时，必须统一指挥、相互配合、同起同落、同时行进
5. 绝缘测量	绝缘电阻表产生的测量电压	使用绝缘电阻表方法不正确	触电伤害	较小	（1）试验后立即放电； （2）摇动绝缘电阻表时，不能用手接触绝缘电阻表的接线柱和被测回路，以防触电

续表

作业步骤	危害辨识	危害描述	产生后果	风险等级	防 范 措 施
6．开关检查和清灰	扳手	用力过猛（操作不当）	其他伤害	较小	（1）在使用扳手时，左手推住扳手与螺栓连接处，保持扳手与螺栓完全配合，防止滑脱，右手握住扳手另一端并加力； （2）禁止使用带有裂纹和已严重磨损的扳手
	电动吹灰机	电动吹灰机电源线、电源插头破损	触电伤害	较小	（1）检查电动吹灰机电源线、电源插头完好无破损； （2）检查检验合格证在有效期内
		手提电动工具的导线或转动部分	触电伤害	较小	不准手提电动工具的导线或转动部分
		连续使用电吹灰机	触电伤害	较小	电动吹灰机不要连续使用时间太久，应间隙断续使用，以免电热元件和电动机过热而烧坏
7．检修工作结束	施工废料	施工废料未清理	环境污染	较小	废料及时清理，做到工完、料尽、场地清

14.9 卸船机小车机构检修

作业步骤	危害辨识	危害描述	产生后果	风险等级	防 范 措 施
1．环境评估	煤粉	现场有煤尘飞扬	尘肺病	较小	作业时正确佩戴合格的防尘口罩
	孔洞	盖板缺失或安全栏杆不全	跌落	较小	做好现场检查及防护隔离措施
	吊具起吊物	在大于6级及以上的大风以及暴雨、打雷、大雾等恶劣的天气露天作业	高处坠落	重大	（1）遇有6级以上大风时，不准露天进行起重工作； （2）遇有大雾、照明不足、指挥人员看不清各工作地点或起重驾驶人员看不见指挥人员时，不准进行起重工作
2．措施确认	转动的减速机	工作前未核实设备运转状态	机械伤害	中等	与运行人员共同确认现场安全措施、停电措施正确完备
		未采取防止其他转动设备措施	机械伤害	中等	做好与其他转动设备的隔离措施并保持安全距离
3．准备工作及现场布置	电焊机	电焊机未经检验合格	触电	较小	（1）电焊机必须贴有检验合格标证； （2）检查合格证在有效期内
		电焊机电源线、电源插头、电焊钳破损	触电	较小	检查电焊机电源线、电源插头、电焊钳完好无损
	氧气、乙炔	氧气乙炔表失效；橡胶软管损坏	爆炸	较小	（1）氧气乙炔表需检验合格，并在有效期内； （2）氧气、乙炔表使用前应进行检查，确保其完好、有效； （3）橡胶管使用前需检查无老化开裂、鼓包漏气现象
		使用没有回火阀的乙炔瓶	爆炸	中等	严禁使用没有回火阀的乙炔瓶
		（1）氧气瓶与乙炔气瓶的安全距离不足； （2）氧气、乙炔气瓶与明火的安全距离不足	爆炸	较小	（1）使用中氧气瓶和乙炔气瓶的距离不得小于8m； （2）使用中的氧气、乙炔气瓶与明火的距离必须大于10m
		氧气、乙炔瓶在使用发生倾倒	爆炸	较小	使用前需将气瓶绑扎牢固

续表

作业步骤	危害辨识	危害描述	产生后果	风险等级	防 范 措 施
3. 准备工作及现场布置	易燃易爆物质	未准备移动消防器材或消防水未投备用	火灾	中等	动火作业时，现场须准备合格的灭火器等移动消防器材
		作业前未进行清理易燃易爆物质	火灾	中等	动火作业前清理作业区域内及周围的易燃易爆物质
	电动工具	（1）电动工具未经检验合格； （2）电动工具电源线、电源插头破损，防护罩破损缺失	机械伤害、触电	较小	（1）检查各电动工具，必须张贴检验合格标志； （2）检查电动工具的电源线、电源插头完好无缺损，防护罩完好无缺损； （3）检查合格证在有效期内
	临时电源及电源线	电源线悬挂高度不够	触电	较小	临时电源线架设高度室内不低于 2.5m，室外不低于 4m
		电源线、插头、插座破损	触电	较小	（1）检查电源线外绝缘良好，无破损； （2）检查电源盘合格证在有效期内； （3）检查电源插头插座，确保完好
		未安装漏电保护器	触电	较小	分级配置漏电保护器，工作前试漏电保护器，确保正确动作
	吊具	吊索具损坏或选择不当	起重伤害	中等	（1）作业前，应对吊索具及其配件进行检查，确认完好，方可使用； （2）所选用的吊索具应与被吊工件的外形特点及具体要求相适应，在不具备使用条件的情况下，不准使用； （3）作业中应防止损坏吊索具及配件，必要时在棱角处应加护角防护； （4）吊具及配件不能超过其额定起重量，起重吊具、吊索不得超过其相应吊挂状态下的最大工作载荷
	手拉葫芦	链条有裂纹、链轮转动卡涩、吊钩无防脱保险装置	起重伤害	较小	（1）检查链条葫芦检验合格证在有效期内； （2）使用前应做无负荷起落试验一次，检查链条是否有裂纹、链轮转动是否卡涩、吊钩是否无防脱保险装置，以确保完好
	汽吊	吊带、钢丝绳损坏或选择不当	起重伤害	中等	（1）作业前，应对吊索具及其配件进行检查，确认完好，方可使用； （2）所选用的吊索具应与被吊工件的外形特点及具体要求相适应，在不具备使用条件的情况下，不准使用； （3）作业中应防止损坏吊索具及配件，必要时在棱角处应加护角防护； （4）吊具及配件不能超过其额定起重量，起重吊具、吊索不得超过其相应吊挂状态下的最大工作载荷； （5）起重作业时需要专业起重工持证上岗现场指挥； （6）汽车吊司机持证上岗
	高处作业人员	作业时未正确使用高处作业防护用品	高处坠落	重大	（1）高处作业人员必须戴好安全帽，穿好防滑鞋，正确佩戴安全带、防坠器； （2）所有从事高处作业的人员必须通过培训并取得高处作业证件，持证上岗
		人员不适于高处作业	高处坠落	重大	（1）从事高处作业的人员必须身体健康； （2）患有精神病、癫痫病以及经医师鉴定患有高血压、心脏病等不宜从事高处作业病症的人员，不准参加高处作业，凡发现工作人员精神不振时，禁止登高作业

续表

作业步骤	危害辨识	危害描述	产生后果	风险等级	防 范 措 施
3. 准备工作及现场布置	脚手架	脚手架搭建完成未验收	高处坠落	重大	脚手架搭建完成后需分级验收签字，验收合格后需在脚手架上悬挂使用合格证
	撬棍	撬棍强度不够	物体打击	较小	选用合适的撬棍，使用前检查，确认完好
	大锤	手柄断裂，锤头松脱	物体打击	较小	使用前检查，确认完好方可使用
	千斤顶，拉码	不能顶升或顶升后不保压，油缸泄漏	物体打击	中等	使用前检查千斤顶油位及管道完好，有无漏油现象
4. 起升、开闭减速器检查、换油	千斤顶	不能顶升或顶升后不保压	物体打击	较小	使用前检查千斤顶油位及管道完好
	角磨机、切割机	未正确使用防护罩、防护眼镜	物体打击	较小	正确佩戴防护罩、防护眼镜
		更换磨片未切断电源	机械伤害	较小	更换磨片前必须切断电源
	手拉葫芦	滑链	起重伤害	中等	使用手拉葫芦时需核对铭牌，禁止超范围起吊物件
		手拉链卡死、断裂	起重伤害	中等	使用手拉葫芦不准将钩子挂扣在起重链上，使用人员时刻注意链条有无卡顿情况
	电动葫芦	钢丝绳磨损严重、吊钩无防脱保险装置、制动器失灵、限位器失效、控制手柄破损	起重伤害	中等	（1）使用前应做无负荷起落试验一次，检查刹车及传动装置应良好无缺陷； （2）起吊重物稍一离地（或支持物），应再次检查悬吊及捆绑情况，可靠后方可继续起吊
	吊具和起吊物	吊点位置不正确	起重伤害	中等	吊钩要挂在物品的重心上
		斜拉	起重伤害	中等	不准使吊钩斜着拖吊重物
		起重区域未隔离、作业区域无专人监护	起重伤害	中等	（1）确保吊索，钢丝绳绑扎牢固； （2）作业过程中需要专人指挥； （3）在作业区周围设置明显的起吊警戒和围栏； （4）无关人员不准在起重工作区域内行走或者停留
	电焊机	多台电焊机共用一闸	触电	较小	每台焊机需有独立的电源开关和漏电保护器
		电焊机外壳不接地	触电	较小	电焊机金属外壳需有可靠的接地，一机一接地
	热辐射	电焊气割	烧伤、烫伤	较小	（1）工作人员必须穿好工作服、戴好手套、穿好带盖劳保鞋等； （2）气割火炬不准对着周围工作人员
	强光	电焊气割产生强光	其他伤害	中等	操作工需佩戴合格的护目镜，保护眼睛免受切割的火焰放出的强光伤害
	火种	焊接工作结束后，现场有遗留火种	火灾	中等	焊接作业结束后全面清理工作区域，做到不留任何火种
	撬棍	撬棍形式不对，强度不够	物体打击	较小	选用合适的撬棍，使用前检查，确认完好
	大锤	单手抡大锤、戴手套抡大锤；锤击点滑脱	砸伤	较小	打锤人不得戴手套，不得单手抡大锤；锤头无油污方可使用
	手动扳手	使用扳手不当致人员受伤	碰伤扭伤	较小	严禁使用破损的梅花扳手，严禁使用不合格的活动扳手
	清洗剂、松锈剂	不准确喷射	受蚀受伤	较小	使用清洗剂、松锈剂时需使用引喷点导管及提醒其他人员注意

续表

作业步骤	危害辨识	危害描述	产生后果	风险等级	防 范 措 施
4. 起升、开闭减速器检查、换油	润滑油	加油及操作中发生的跑、冒、滴、漏及溢油	滑跌	较小	在加油及操作中发生跑、冒、滴、漏及溢油时，要及时清除处理
		工作结束后，废品乱扔	火灾、环境污染	较小	不准将油污、油泥、废油等（包括沾油棉纱、布、手套、纸等）倒入下水道排放或随地倾倒，应收集放于指定的废油箱，妥善处理，以防污染环境
5. 盘式制动器、弹性柱销联轴器检查修理	千斤顶	不能顶升或顶升后不保压	物体打击	较小	使用前检查千斤顶油位及管道完好
	角磨机、切割机	未正确使用防护罩、防护眼镜	物体打击	较小	正确佩戴防护罩、防护眼镜
		更换磨片未切断电源	机械伤害	较小	更换磨片前必须切断电源
	手拉葫芦	滑链	起重伤害	中等	使用手拉葫芦时需核对铭牌，禁止超范围起吊物件
		手拉链卡死、断裂	起重伤害	中等	使用手拉葫芦不准将钩子挂扣在起重链上，使用人员时刻注意链条有无卡顿情况
	电动葫芦	钢丝绳磨损严重、吊钩无防脱保险装置、制动器失灵、限位器失效、控制手柄破损	起重伤害	中等	（1）使用前应做无负荷起落试验一次，检查刹车及传动装置应良好无缺陷； （2）起吊重物稍一离地（或支持物），应再次检查悬吊及捆绑情况，可靠后方可继续起吊
	吊具和起吊物	吊点位置不正确	起重伤害	中等	吊钩要挂在物品的重心上
		斜拉	起重伤害	中等	不准使吊钩斜着拖吊重物
		起重区域未隔离、作业区域无专人监护	起重伤害	中等	（1）确保吊索，钢丝绳绑扎牢固； （2）作业过程中需要专人指挥； （3）在作业区周围设置明显的起吊警戒和围栏； （4）无关人员不准在起重工作区域内行走或者停留
	电焊机	多台电焊机共用一闸	触电	较小	每台焊机需有独立的电源开关和漏电保护器
		电焊机外壳不接地	触电	较小	电焊机金属外壳需有可靠的接地，一机一接地
	热辐射	电焊气割	烧伤、烫伤	较小	（1）工作人员必须穿好工作服、戴好手套、穿好带盖劳保鞋等； （2）气割火炬不准对着周围工作人员
	强光	电焊气割产生强光	其他伤害	中等	操作工需佩戴合格的护目镜，保护眼睛免受切割的火焰放出的强光伤害
	火种	焊接工作结束后，现场有遗留火种	火灾	中等	焊接作业结束后全面清理工作区域，做到不留任何火种
	撬棍	撬棍形式不对，强度不够	物体打击	较小	选用合适的撬棍，使用前检查，确认完好
	大锤	单手抡大锤、戴手套抡大锤；锤击点滑脱	砸伤	较小	打锤人不得戴手套，不得单手抡大锤；锤头无油污方可使用
	手动扳手	使用扳手不当致人员受伤	碰伤扭伤	较小	严禁使用破损的梅花扳手，严禁使用不合格的活动扳手
	清洗剂、松锈剂	不准确喷射	受蚀受伤	较小	使用清洗剂、松锈剂时需使用引喷点导管及提醒其他人员注意
	油污	油污导致地滑	跌倒	较小	作业区域油污及时清理

续表

作业步骤	危害辨识	危害描述	产生后果	风险等级	防 范 措 施
6．起升/开闭卷筒检查修理	千斤顶	不能顶升或顶升后不保压	物体打击	较小	使用前检查千斤顶油位及管道完好
	角磨机、切割机	未正确使用防护罩、防护眼镜	物体打击	较小	正确佩戴防护罩、防护眼镜
		更换磨片未切断电源	机械伤害	较小	更换磨片前必须切断电源
	手拉葫芦	滑链	起重伤害	中等	使用手拉葫芦时需核对铭牌，禁止超范围起吊物件
		手拉链卡死、断裂	起重伤害	中等	使用手拉葫芦不准将钩子挂扣在起重链上，使用人员时刻注意链条有无卡顿情况
	电动葫芦	钢丝绳磨损严重、吊钩无防脱保险装置、制动器失灵、限位器失效、控制手柄破损	起重伤害	中等	（1）使用前应做无负荷起落试验一次，检查刹车及传动装置应良好无缺陷； （2）起吊重物稍一离地（或支持物），应再次检查悬吊及捆绑情况，可靠后方可继续起吊
	吊具和起吊物	吊点位置不正确	起重伤害	中等	吊钩要挂在物品的重心上
		斜拉	起重伤害	中等	不准使吊钩斜着拖吊重物
		起重区域未隔离、作业区域无专人监护	起重伤害	中等	（1）确保吊索，钢丝绳绑扎牢固； （2）作业过程中需要专人指挥； （3）在作业区周围设置明显的起吊警戒和围栏； （4）无关人员不准在起重工作区域内行走或者停留
	电焊机	多台电焊机共用一闸	触电	较小	每台焊机需有独立的电源开关和漏电保护器
		电焊机外壳不接地	触电	较小	电焊机金属外壳需有可靠的接地，一机一接地
	热辐射	电焊气割	烧伤、烫伤	较小	（1）工作人员必须穿好工作服、戴好手套、穿好带盖劳保鞋等； （2）气割火炬不准对着周围工作人员
	强光	电焊气割产生强光	其他伤害	中等	操作工需佩戴合格的护目镜，保护眼睛免受切割的火焰放出的强光伤害
	火种	焊接工作结束后，现场有遗留火种	火灾	中等	焊接作业结束后全面清理工作区域，做到不留任何火种
	撬棍	撬棍形式不对，强度不够	物体打击	较小	选用合适的撬棍，使用前检查，确认完好
	大锤	单手抡大锤、戴手套抡大锤；锤击点滑脱	砸伤	较小	打锤人不得戴手套，不得单手抡大锤；锤头无油污方可使用
	手动扳手	使用扳手不当致人员受伤	碰伤扭伤	较小	严禁使用破损的梅花扳手，严禁使用不合格的活动扳手
	清洗剂、松锈剂	不准确喷射	受蚀受伤	较小	使用清洗剂、松锈剂时需使用引喷点导管及提醒其他人员注意
	油污	油污导致地滑	跌倒	较小	作业区域油污及时清理
7．钢丝绳检查、更换	手拉葫芦	滑链	起重伤害	中等	使用手拉葫芦时需核对铭牌，禁止超范围起吊物件
		手拉链卡死、断裂	起重伤害	中等	使用手拉葫芦不准将钩子挂扣在起重链上，使用人员时刻注意链条有无卡顿情况
	热辐射	电焊气割	烧伤、烫伤	较小	（1）工作人员必须穿好工作服、戴好手套、穿好带盖劳保鞋等； （2）气割火炬不准对着周围工作人员

续表

作业步骤	危害辨识	危害描述	产生后果	风险等级	防范措施
7. 钢丝绳检查、更换	强光	电焊气割产生强光	其他伤害	中等	操作工需佩戴合格的护目镜，保护眼睛免受切割的火焰放出的强光伤害
	火种	焊接工作结束后，现场有遗留火种	火灾	中等	焊接作业结束后全面清理工作区域，做到不留任何火种
	高处作业	工器具掉落	物体打击	中等	（1）高处作业一律使用工具袋； （2）较大的工具应用绳拴在牢固的构件上，不准随便乱放，以防止从高处坠落发生事故
		工器具上下投掷	物体打击	中等	不准将工具及材料上下投掷，要用绳系牢后往下或往上吊送
	高处作业人员	高处作业未正确使用防护用品	高处坠落	重大	（1）高处作业人员必须戴好安全帽，穿好防滑鞋，正确佩戴安全带，必要时应使用防坠器； （2）安全带的挂钩应挂在结实、牢固的构件上，或专挂安全带的钢丝绳上，不准低挂高用
	起吊物	起重区域未隔离、作业区域无专人监护	起重伤害	中等	（1）确保吊索，钢丝绳绑扎牢固； （2）作业过程中需要专人指挥； （3）在作业区周围设置明显的起吊警戒和围栏； （4）无关人员不准在起重工作区域内行走或者停留
	撬棍	撬棍形式不对，强度不够	物体打击	较小	选用合适的撬棍，使用前检查，确认完好
	大锤	单手抡大锤、戴手套抡大锤；锤击点滑脱	砸伤	较小	打锤人不得戴手套，不得单手抡大锤；锤头无油污方可使用
	手动扳手	使用扳手不当致人员受伤	碰伤扭伤	较小	严禁使用破损的梅花扳手，严禁使用不合格的活动扳手
	油污	油污导致地滑	跌倒	较小	作业区域油污及时清理
8. 小车行走轮检查、修理	千斤顶	工作人员站在液压千斤顶安全栓或高压软管前面	起重伤害	较小	使用液压千斤顶时，除操作人员外，其他人员尽量远离，工作人员不准站在千斤顶安全栓或高压软管前面
		千斤顶超载荷使用	起重伤害	较小	使用千斤顶时工作负荷不准超过千斤顶铭牌规定
		使用千斤顶长期支撑荷重	起重伤害	较小	不准将千斤顶放在长期无人照料的荷重下面
		使用千斤顶未置于重物的正下方	起重伤害	较小	千斤顶要置于重物的正下方，顶重物时先用手摇动摇把，使顶头顶住重物再插入手柄加力
		未采取防止重物下沉的措施	起重伤害	较小	安装千斤顶的位置要坚硬平整，或用钢板和垫木垫牢，防止因地面下陷而产生歪斜
	角磨机、切割机	未正确使用防护罩、防护眼镜	物体打击	较小	正确佩戴防护罩、防护眼镜
		更换磨片未切断电源	机械伤害	较小	更换磨片前必须切断电源
	手拉葫芦	滑链	起重伤害	中等	使用手拉葫芦时需核对铭牌，禁止超范围起吊物件
		手拉链卡死、断裂	起重伤害	中等	使用手拉葫芦不准将钩子挂扣在起重链上，使用人员时刻注意链条有无卡顿情况
	电动葫芦	钢丝绳磨损严重、吊钩无防脱保险装置、制动器失灵、限位器失效、控制手柄破损	起重伤害	中等	（1）使用前应做无负荷起落试验一次，检查刹车及传动装置应良好无缺陷； （2）起吊重物稍一离地（或支持物），应再次检查悬吊及捆绑情况，可靠后方可继续起吊

续表

作业步骤	危害辨识	危害描述	产生后果	风险等级	防范措施
8. 小车行走轮检查、修理	吊具和起吊物	吊点位置不正确	起重伤害	中等	吊钩要挂在物品的重心上
	吊具和起吊物	斜拉	起重伤害	中等	不准使吊钩斜着拖吊重物
	吊具和起吊物	起重区域未隔离、作业区域无专人监护	起重伤害	中等	(1) 确保吊索，钢丝绳绑扎牢固； (2) 作业过程中需要专人指挥； (3) 在作业区周围设置明显的起吊警戒和围栏； (4) 无关人员不准在起重工作区域内行走或者停留
	电焊机	多台电焊机共用一闸	触电	较小	每台焊机需有独立的电源开关和漏电保护器
	电焊机	电焊机外壳不接地	触电	较小	电焊机金属外壳需有可靠的接地，一机一接地
	热辐射	电焊气割	烧伤、烫伤	较小	(1) 工作人员必须穿好工作服、戴好手套、穿好带盖劳保鞋等； (2) 气割火炬不准对着周围工作人员
	强光	电焊气割产生强光	其他伤害	中等	操作工需佩戴合格的护目镜，保护眼睛免受切割的火焰放出的强光伤害
	火种	焊接工作结束后，现场有遗留火种	火灾	中等	焊接作业结束后全面清理工作区域，做到不留任何火种
	高处作业	工器具掉落	物体打击	中等	(1) 高处作业一律使用工具袋； (2) 较大的工具应用绳拴在牢固的构件上，不准随便乱放，以防止从高处坠落发生事故
		工器具上下投掷	物体打击	中等	不准将工具及材料上下投掷，要用绳系牢后往下或往上吊送
	高处作业人员	高处作业未正确使用防护用品	高处坠落	重大	(1) 高处作业人员必须戴好安全帽，穿好防滑鞋，正确佩戴安全带，必要时应使用防坠器； (2) 安全带的挂钩应挂在结实、牢固的构件上，或专挂安全带的钢丝绳上，不准低挂高用
	脚手架	脚手架使用前未检验	高处坠落	重大	脚手架使用前需先检查正常，并签字确认
	撬棍	撬棍形式不对，强度不够	物体打击	较小	选用合适的撬棍，使用前检查，确认完好
	大锤	单手抡大锤、戴手套抡大锤；锤击点滑脱	砸伤	较小	打锤人不得戴手套，不得单手抡大锤；锤头无油污方可使用
	锉刀、手锯、螺丝刀	手柄等缺损	刺伤	较小	锉刀、手锯、螺丝刀等手柄应安装牢固、没有手柄的不准使用
	手动扳手	使用扳手不当致人员受伤	碰伤扭伤	较小	严禁使用破损的梅花扳手，严禁使用不合格的活动扳手
	清洗剂、松锈剂	不准确喷射	受蚀受伤	较小	使用清洗剂、松锈剂时需使用引喷点导管及提醒其他人员注意
	润滑油	加油及操作中发生的跑、冒、滴、漏及溢油导致地滑	滑跌	较小	在加油及操作中发生跑、冒、滴、漏及溢油时，要及时清除处理
9. 小车轨道检查、修理	千斤顶	工作人员站在液压千斤顶安全栓或高压软管前面	起重伤害	较小	使用液压千斤顶时，除操作人员外，其他人员尽量远离，工作人员不准站在千斤顶安全栓或高压软管前面
		千斤顶超载荷使用	起重伤害	较小	使用千斤顶时工作负荷不准超过千斤顶铭牌规定

续表

作业步骤	危害辨识	危害描述	产生后果	风险等级	防范措施
9．小车轨道检查、修理	角磨机、切割机	未正确使用防护罩、防护眼镜	物体打击	较小	正确佩戴防护罩、防护眼镜
		更换磨片未切断电源	机械伤害	较小	更换磨片前必须切断电源
	手拉葫芦	滑链	起重伤害	中等	使用手拉葫芦时需核对铭牌，禁止超范围起吊物件
		手拉链卡死、断裂	起重伤害	中等	使用手拉葫芦不准将钩子挂扣在起重链上，使用人员时刻注意链条有无卡顿情况
	电动葫芦	钢丝绳磨损严重、吊钩无防脱保险装置、制动器失灵、限位器失效、控制手柄破损	起重伤害	中等	（1）使用前应做无负荷起落试验一次，检查刹车及传动装置应良好无缺陷； （2）起吊重物稍一离地（或支持物），应再次检查悬吊及捆绑情况，可靠后方可继续起吊
	吊具和起吊物	吊点位置不正确	起重伤害	中等	吊钩要挂在物品的重心上
		斜拉	起重伤害	中等	不准使吊钩斜着拖吊重物
		起重区域未隔离、作业区域无专人监护	起重伤害	中等	（1）确保吊索，钢丝绳绑扎牢固； （2）作业过程中需要专人指挥； （3）在作业区周围设置明显的起吊警戒和围栏； （4）无关人员不准在起重工作区域内行走或者停留
	电焊机	多台电焊机共用一闸	触电	较小	每台焊机需有独立的电源开关和漏电保护器
		电焊机外壳不接地	触电	较小	电焊机金属外壳需有可靠的接地，一机一接地
	热辐射	电焊气割	烧伤、烫伤	较小	（1）工作人员必须穿好工作服、戴好手套、穿好带盖劳保鞋等； （2）气割火炬不准对着周围工作人员
	强光	电焊气割产生强光	其他伤害	中等	操作工需佩戴合格的护目镜，保护眼睛免受切割的火焰放出的强光伤害
	火种	焊接工作结束后，现场有遗留火种	火灾	中等	焊接作业结束后全面清理工作区域，做到不留任何火种
	高处作业	工器具掉落	物体打击	中等	（1）高处作业一律使用工具袋； （2）较大的工具应用绳拴在牢固的构件上，不准随便乱放，以防止从高处坠落发生事故
		工器具上下投掷	物体打击	中等	不准将工具及材料上下投掷，要用绳系牢后往下或往上吊送
	高处作业人员	高处作业未正确使用防护用品	高处坠落	重大	（1）高处作业人员必须戴好安全帽，穿好防滑鞋，正确佩戴安全带，必要时应使用防坠器； （2）安全带的挂钩应挂在结实、牢固的构件上，或专挂安全带的钢丝绳上，不准低挂高用
	脚手架	脚手架使用前未检验	高处坠落	重大	脚手架使用前需先检查正常，并签字确认
	撬棍	撬棍形式不对，强度不够	物体打击	较小	选用合适的撬棍，使用前检查，确认完好
	大锤	单手抡大锤、戴手套抡大锤；锤击点滑脱	砸伤	较小	打锤人不得戴手套，不得单手抡大锤；锤头无油污方可使用
	锉刀手锯、螺丝刀	手柄等缺损	刺伤	较小	锉刀、手锯、螺丝刀等手柄应安装牢固，没有手柄的不准使用
	手动扳手	使用扳手不当致人员受伤	碰伤扭伤	较小	严禁使用破损的梅花扳手，严禁使用不合格的活动扳手

续表

作业步骤	危害辨识	危害描述	产生后果	风险等级	防 范 措 施
9．小车轨道检查、修理	清洗剂、松锈剂	不准确喷射	受蚀受伤	较小	使用清洗剂、松锈剂时需使用引喷点导管及提醒其他人员注意
	润滑油	加油及操作中发生的跑、冒、滴、漏及溢油导致地滑	滑跌	较小	在加油及操作中发生跑、冒、滴、漏及溢油时，要及时清除处理
10．滑轮装置检查、修理	千斤顶	工作人员站在液压千斤顶安全栓或高压软管前面	起重伤害	较小	使用液压千斤顶时，除操作人员外，其他人员尽量远离，工作人员不准站在千斤顶安全栓或高压软管前面
		千斤顶超载荷使用	起重伤害	较小	使用千斤顶时工作负荷不准超过千斤顶铭牌规定
	角磨机、切割机	未正确使用防护罩、防护眼镜	物体打击	较小	正确佩戴防护罩、防护眼镜
		更换磨片未切断电源	机械伤害	较小	更换磨片前必须切断电源
	手拉葫芦	滑链	起重伤害	中等	使用手拉葫芦时需核对铭牌，禁止超范围起吊物件
		手拉链卡死、断裂	起重伤害	中等	使用手拉葫芦不准将钩子挂扣在起重链上，使用人员时刻注意链条有无卡顿情况
	电动葫芦	钢丝绳磨损严重、吊钩无防脱保险装置、制动器失灵、限位器失效、控制手柄破损	起重伤害	中等	(1) 使用前应做无负荷起落试验一次，检查刹车及传动装置应良好无缺陷； (2) 起吊重物稍一离地（或支持物），应再次检查悬吊及捆绑情况，可靠后方可继续起吊
	吊具和起吊物	吊点位置不正确	起重伤害	中等	吊钩要挂在物品的重心上
		斜拉	起重伤害	中等	不准使吊钩斜着拖吊重物
		起重区域未隔离、作业区域无专人监护	起重伤害	中等	(1) 确保吊索，钢丝绳绑扎牢固； (2) 作业过程中需要专人指挥； (3) 在作业区周围设置明显的起吊警戒和围栏； (4) 无关人员不准在起重工作区域内行走或者停留
	电焊机	多台电焊机共用一闸	触电	较小	每台焊机需有独立的电源开关和漏电保护器
		电焊机外壳不接地	触电	较小	电焊机金属外壳需有可靠的接地，一机一接地
	热辐射	电焊气割	烧伤、烫伤	较小	(1) 工作人员必须穿好工作服、戴好手套、穿好带盖劳保鞋等； (2) 气割火炬不准对着周围工作人员
	强光	电焊气割产生强光	其他伤害	中等	操作工需佩戴合格的护目镜，保护眼睛免受切割的火焰放出的强光伤害
	火种	焊接工作结束后，现场有遗留火种	火灾	中等	焊接作业结束后全面清理工作区域，做到不留任何火种
	高处作业	工器具掉落	物体打击	中等	(1) 高处作业一律使用工具袋； (2) 较大的工具应用绳拴在牢固的构件上，不准随便乱放，以防止从高处坠落发生事故
	高处作业	工器具上下投掷	物体打击	中等	不准将工具及材料上下投掷，要用绳系牢后往下或往上吊送
	高处作业人员	高处作业未正确使用防护用品	高处坠落	重大	(1) 高处作业人员必须戴好安全帽，穿好防滑鞋，正确佩戴安全带，必要时应使用防坠器； (2) 安全带的挂钩应挂在结实、牢固的构件上，或专挂安全带的钢丝绳上，不准低挂高用

续表

作业步骤	危害辨识	危害描述	产生后果	风险等级	防范措施
10．滑轮装置检查、修理	脚手架	脚手架使用前未检验	高处坠落	重大	脚手架使用前需先检查正常，并签字确认
	撬棍	撬棍形式不对，强度不够	物体打击	较小	选用合适的撬棍，使用前检查，确认完好
	大锤	单手抡大锤、戴手套抡大锤；锤击点滑脱	砸伤	较小	打锤人不得戴手套，不得单手抡大锤；锤头无油污方可使用
	锉刀、手锯、螺丝刀	手柄等缺损	刺伤	较小	锉刀、手锯、螺丝刀等手柄应安装牢固，没有手柄的不准使用
	手动扳手	使用扳手不当致人员受伤	碰伤扭伤	较小	严禁使用破损的梅花扳手，严禁使用不合格的活动扳手
	清洗剂、松锈剂	不准确喷射	受蚀受伤	较小	使用清洗剂、松锈剂时需使用引喷点导管及提醒其他人员注意
	润滑油	加油及操作中发生的跑、冒、滴、漏及溢油导致地滑	滑跌	较小	在加油及操作中发生跑、冒、滴、漏及溢油时，要及时清除处理
11．抓斗检查、修理	角磨机、切割机	未正确使用防护罩、防护眼镜	物体打击	较小	正确佩戴防护罩、防护眼镜
		更换磨片未切断电源	机械伤害	较小	更换磨片前必须切断电源
	手拉葫芦	滑链	起重伤害	中等	使用手拉葫芦时需核对铭牌，禁止超范围起吊物件
		手拉链卡死、断裂	起重伤害	中等	使用手拉葫芦不准将钩子挂扣在起重链上，使用人员时刻注意链条有无卡顿情况
	吊具和起吊物	吊点位置不正确	起重伤害	中等	吊钩要挂在物品的重心上
		斜拉	起重伤害	中等	不准使吊钩斜着拖吊重物
		起重区域未隔离、作业区域无专人监护	起重伤害	中等	（1）确保吊索，钢丝绳绑扎牢固； （2）作业过程中需要专人指挥； （3）在作业区周围设置明显的起吊警戒和围栏； （4）无关人员不准在起重工作区域内行走或者停留
	电焊机	多台电焊机共用一闸	触电	较小	每台焊机需有独立的电源开关和漏电保护器
	电焊机	电焊机外壳不接地	触电	较小	电焊机金属外壳需有可靠的接地，一机一接地
	热辐射	电焊气割	烧伤、烫伤	较小	（1）工作人员必须穿好工作服、戴好手套、穿好带盖劳保鞋等； （2）气割火炬不准对着周围工作人员
	强光	电焊气割产生强光	其他伤害	中等	操作工需佩戴合格的护目镜，保护眼睛免受切割的火焰放出的强光伤害
	火种	焊接工作结束后，现场有遗留火种	火灾	中等	焊接作业结束后全面清理工作区域，做到不留任何火种
	高处作业	工器具掉落	物体打击	中等	（1）高处作业一律使用工具袋； （2）较大的工具应用绳拴在牢固的构件上，不准随便乱放，以防止从高处坠落发生事故
	高处作业	工器具上下投掷	物体打击	中等	不准将工具及材料上下投掷，要用绳系牢后往下或往上吊送
	高处作业人员	高处作业未正确使用防护用品	高处坠落	重大	（1）高处作业人员必须戴好安全帽，穿好防滑鞋，正确佩戴安全带，必要时应使用防坠器； （2）安全带的挂钩应挂在结实、牢固的构件上，或专挂安全带的钢丝绳上，不准低挂高用

续表

作业步骤	危害辨识	危害描述	产生后果	风险等级	防　范　措　施
11．抓斗检查、修理	脚手架	脚手架使用前未检验	高处坠落	重大	脚手架使用前需先检查正常，并签字确认
	撬棍	撬棍形式不对，强度不够	物体打击	较小	选用合适的撬棍，使用前检查，确认完好
	大锤	单手抡大锤、戴手套抡大锤；锤击点滑脱	砸伤	较小	打锤人不得戴手套，不得单手抡大锤；锤头无油污方可使用
	锉刀、手锯、螺丝刀	手柄等缺损	刺伤	较小	锉刀、手锯、螺丝刀等手柄应安装牢固，没有手柄的不准使用
	手动扳手	使用扳手不当致人员受伤	碰伤扭伤	较小	严禁使用破损的梅花扳手，严禁使用不合格的活动扳手
	清洗剂、松锈剂	不准确喷射	受蚀受伤	较小	使用清洗剂、松锈剂时需使用引喷点导管及提醒其他人员注意
	润滑油	加油及操作中发生的跑、冒、滴、漏及溢油导致地滑	滑跌	较小	在加油及操作中发生跑、冒、滴、漏及溢油时，要及时清除处理
12．其他部件检修	角磨机、切割机	未正确使用防护罩、防护眼镜	物体打击	较小	正确佩戴防护罩、防护眼镜
		更换磨片未切断电源	机械伤害	较小	更换磨片前必须切断电源
	手拉葫芦	滑链	起重伤害	中等	使用手拉葫芦时需核对铭牌，禁止超范围起吊物件
		手拉链卡死、断裂	起重伤害	中等	使用手拉葫芦不准将钩子挂扣在起重链上，使用人员时刻注意链条有无卡顿情况
	吊具和起吊物	吊点位置不正确	起重伤害	中等	吊钩要挂在物品的重心上
		斜拉	起重伤害	中等	不准使吊钩斜着拖吊重物
		起重区域未隔离、作业区域无专人监护	起重伤害	中等	（1）确保吊索，钢丝绳绑扎牢固； （2）作业过程中需要专人指挥； （3）在作业区周围设置明显的起吊警戒和围栏； （4）无关人员不准在起重工作区域内行走或者停留
	电焊机	多台电焊机共用一闸	触电	较小	每台焊机需有独立的电源开关和漏电保护器
		电焊机外壳不接地	触电	较小	电焊机金属外壳需有可靠的接地，一机一接地
	热辐射	电焊气割	烧伤、烫伤	较小	（1）工作人员必须穿好工作服、戴好手套、穿好带盖劳保鞋等； （2）气割火炬不准对着周围工作人员
	强光	电焊气割产生强光	其他伤害	中等	操作工需佩戴合格的护目镜，保护眼睛免受切割的火焰放出的强光伤害
	火种	焊接工作结束后，现场有遗留火种	火灾	中等	焊接作业结束后全面清理工作区域，做到不留任何火种
	高处作业	工器具掉落	物体打击	中等	（1）高处作业一律使用工具袋； （2）较大的工具应用绳拴在牢固的构件上，不准随便乱放，以防止从高处坠落发生事故
		工器具上下投掷	物体打击	中等	不准将工具及材料上下投掷，要用绳系牢后往下或往上吊送

续表

作业步骤	危害辨识	危害描述	产生后果	风险等级	防范措施
12．其他部件检修	高处作业人员	高处作业未正确使用防护用品	高处坠落	重大	(1) 高处作业人员必须戴好安全帽，穿好防滑鞋，正确佩戴安全带，必要时应使用防坠器；(2) 安全带的挂钩应挂在结实、牢固的构件上，或专挂安全带的钢丝绳上，不准低挂高用
	脚手架	脚手架使用前未检验	高处坠落	重大	脚手架使用前需先检查正常，并签字确认
	撬棍	撬棍形式不对，强度不够	物体打击	较小	选用合适的撬棍，使用前检查，确认完好
	大锤	单手抡大锤、戴手套抡大锤；锤击点滑脱	砸伤	较小	打锤人不得戴手套，不得单手抡大锤；锤头无油污方可使用
	锉刀、手锯、螺丝刀	手柄等缺损	刺伤	较小	锉刀、手锯、螺丝刀等手柄应安装牢固，没有手柄的不准使用
	手动扳手	使用扳手不当致人员受伤	碰伤扭伤	较小	严禁使用破损的梅花扳手，严禁使用不合格的活动扳手
	清洗剂、松锈剂	不准确喷射	受蚀受伤	较小	使用清洗剂、松锈剂时需使用引喷点导管及提醒其他人员注意
	润滑油	加油及操作中发生的跑、冒、滴、漏及溢油导致地滑	滑跌	较小	在加油及操作中发生跑、冒、滴、漏及溢油时，要及时清除处理
13．检修工作结束	施工废料	施工废料未清理	环境污染	较小	废料及时清理，做到工完、料尽、场地清
		工作结束后，废品乱扔	火灾、环境污染	较小	不准将油污、油泥、废油等（包括沾油棉纱、布、手套、纸等）倒入下水道排放或随地倾倒，应收集放于指定的废油箱，妥善处理，以防污染环境

14.10 卸船机大车机构检修

作业步骤	危害辨识	危害描述	产生后果	风险等级	防范措施
1．环境评估	噪声	进入噪声区域时，未正确使用防护用品	噪声聋	较小	进入噪声区域时正确佩戴耳塞
	煤粉	相关皮带机运行有煤尘飞扬	尘肺病	较小	(1) 作业人员佩戴防护口罩；(2) 对作业现场进行水冲洗
	坑洞	盖板缺失或安全栏杆不全	跌落	较小	做好现场检查及防护隔离措施
	大风	恶劣的天气露天作业	高处坠落、物体打击	重大	遇大雪、大雨、雷电、大雾、风力6级以上等恶劣天气，严禁户外或露天起重作业
2．措施确认	转动的减速机	工作前未核实设备运转状态	机械伤害	中等	与运行人员共同确认现场安全措施、停电措施正确完备
		未采取防止其他转动设备措施	机械伤害	中等	做好与其他转动设备的隔离措施并保持安全距离
3．准备工作及现场布置	电焊机	电焊机未经检验合格	触电	较小	(1) 电焊机必须贴有检验合格标证；(2) 检查合格证在有效期内
		电焊机电源线、电源插头、电焊钳破损	触电	较小	检查电焊机电源线、电源插头、电焊钳完好无损
	氧气、乙炔	氧气乙炔表失效，橡胶软管损坏	爆炸	较小	(1) 氧气乙炔表需检验合格，并在有效期内；(2) 氧气、乙炔表使用前应进行检查，确保其完好、有效；(3) 橡胶管使用前需检查无老化开裂、鼓包漏气现象

续表

作业步骤	危害辨识	危害描述	产生后果	风险等级	防　范　措　施
3．准备工作及现场布置	氧气、乙炔	使用没有回火阀的乙炔瓶	爆炸	中等	严禁使用没有回火阀的乙炔瓶
		（1）氧乙炔气瓶的安全距离不足； （2）氧乙炔气瓶与明火的安全距离不足	爆炸	较小	（1）使用中氧气瓶和乙炔气瓶的距离不得小于8m； （2）使用中的氧气、乙炔气瓶与明火的距离必须大于10m
		氧气、乙炔瓶在使用发生倾倒	爆炸	较小	使用前需将气瓶绑扎牢固
	电动工具	（1）电动工具未经检验合格； （2）电动工具电源线、电源插头破损、防护罩破损缺失	机械伤害	较小	（1）检查各电动工具，必须张贴检验合格标志； （2）检查电动工具的电源线、电源插头完好无缺损，防护罩完好无缺损； （3）检查合格证在有效期内
	手拉葫芦	链条有裂纹、链轮转动卡涩、吊钩无防脱保险装置	起重伤害	较小	（1）检查链条葫芦检验合格证在有效期内； （2）使用前应做无负荷起落试验一次，检查链条是否有裂纹、链轮转动是否卡涩、吊钩是否无防脱保险装置，以确保完好
	千斤顶	液压油管破损，千斤顶缸体泄漏，不保压	物体打击	较小	检查千斤顶油液、顶升正常；油管完好，保压完好
	临时电源及电源线	电源线悬挂高度不够	触电	较小	临时电源线架设高度室应大于 2.5m，室外应大于4m，并设置安全警告标志
		电源线、插头、插座破损	触电	较小	（1）检查电源线外绝缘良好，无破损； （2）检查电源盘合格证在有效期内； （3）检查电源插头插座，确保完好
		未安装漏电保护器	触电	较小	分级配置漏电保护器，工作前试漏电保护器，确保正确动作
	吊具	吊索具损坏或选择不当	起重伤害	中等	（1）作业前，应对吊索具及其配件进行检查，确认完好，方可使用； （2）所选用的吊索具应与被吊工件的外形特点及具体要求相适应，在不具备使用条件的情况下，不准使用； （3）作业中应防止损坏吊索具及配件，必要时在棱角处应加护角防护； （4）吊具及配件不能超过其额定起重量，起重吊具、吊索不得超过其相应吊挂状态下的最大工作载荷
	锉刀、手锯、螺丝刀	手柄等缺损	刺伤	较小	锉刀、手锯、螺丝刀等手柄应安装牢固，没有手柄的不准使用
	撬棍	撬棍强度不够	物体打击	较小	选用合适的撬棍，使用前检查，确认完好
	大锤	手柄断裂，锤头松脱	物体打击	较小	使用前检查，确认完好方可使用
4．减速机检修	千斤顶	不能顶升或顶升后不保压	物体打击	较小	使用前检查千斤顶油位及管道完好
	手拉葫芦	滑链	起重伤害	中等	使用手拉葫芦时需核对铭牌，禁止超范围起吊物件
		手拉链卡死、断裂	起重伤害	中等	使用手拉葫芦不准将钩子挂扣在起重链上，使用人员时刻注意链条有无卡顿情况

续表

作业步骤	危害辨识	危害描述	产生后果	风险等级	防范措施
4．减速机检修	吊具和起吊物	吊点位置不正确	起重伤害	中等	吊钩要挂在物品的重心上
		斜拉	起重伤害	中等	不准使吊钩斜着拖吊重物
	电焊机	多台电焊机共用一闸	触电	较小	每台焊机需有独立的电源开关和漏电保护器
		电焊机外壳不接地	触电	较小	电焊机金属外壳需有可靠的接地，一机一接地
	撬棍	撬棍形式不对，强度不够	物体打击	较小	选用合适的撬棍，使用前检查，确认完好
	大锤	单手抡大锤、戴手套抡大锤；锤击点滑脱	砸伤	较小	打锤人不得戴手套，不得单手抡大锤；锤头无油污方可使用
	清洗剂、松锈剂	不准确喷射	受蚀受伤	较小	使用清洗剂、松锈剂时需使用引喷点导管及提醒其他人员注意
	润滑油	加油及操作中发的跑、冒、滴、漏及溢油	跌倒	较小	在加油及操作中发生跑、冒、滴、漏及溢油时，要及时清除处理
		工作结束后，废品乱扔	火灾、环境污染	较小	禁止将油污、油泥、废油等（包括沾油棉纱、布、手套、纸等）倒入下水道排放或随地倾倒，应收集放于指定的废油箱，妥善处理，以防污染环境
5.夹轮器、液压站检查换油	手拉葫芦	手拉链卡死、断裂	起重伤害	中等	使用手拉葫芦不准将钩子挂扣在起重链上，使用人员时刻注意链条有无卡顿情况
	角磨机	使用时未正确使用防护用品	机械伤害	较小	操作人员需正确佩戴防护面罩或防护眼镜
	撬棍	撬棍形式不对，强度不够	机械伤害	较小	选用合适的撬棍，使用前检查，确认完好
	手动扳手	使用扳手不当致人员受伤	碰伤扭伤	较小	严禁使用破损的梅花扳手，严禁使用不合格的活动扳手
	清洗剂、松锈剂	不准确喷射致人员受伤	受蚀受伤	较小	使用清洗剂、松锈剂时需使用引喷导管及提醒其他人员注意
	液压油	加油及操作中发的跑、冒、滴、漏及溢油	跌倒	较小	在加油及操作中发生跑、冒、滴、漏及溢油时，要及时清除处理
		工作结束后，废品乱扔	火灾、环境污染	较小	禁止将油污、油泥、废油等（包括沾油棉纱、布、手套、纸等）倒入下水道排放或随地倾倒，应收集放于指定的废油箱，妥善处理，以防污染环境
6．通信、动力电缆卷筒及减速机检查换油	高处作业人员	高处作业未正确用防护用品	高处坠落	重大	（1）高处作业人员必须戴好安全帽，穿好防滑鞋，正确佩戴安全带，必要时应使用防坠器； （2）安全带的挂钩应挂在结实、牢固的构件上，或专挂安全带的钢丝绳上，不准低挂高用
	高处的工器具	工器具掉落	物体打击	中等	（1）高处作业应一律使用工具袋； （2）较大的工具应用绳拴在牢固的构件上，不准随便乱放，以防止从高处坠落发生事故
		工器具上下投掷		中等	工器具和材料不准上下抛掷，应使用绳系牢后往下或往上吊送
	大锤手锤	戴手套抡大锤；单手抡大锤	砸伤	较小	打锤人不得戴手套；抡大锤时周围不得有人，不得单手抡大锤
		锤击点易滑脱	砸伤	较小	锤头无油污方可使用

续表

作业步骤	危害辨识	危害描述	产生后果	风险等级	防 范 措 施
6. 通信、动力电缆卷筒及减速机检查换油	脚手架	脚手架搭设后未验收、使用前未检查	高处坠落	重大	（1）搭设结束后，必须履行脚手架验收手续，填写脚手架验收单，并在脚手架验收单上分级签字； （2）验收合格后应在脚手架上悬挂合格证，方可使用； （3）工作负责人每次使用前需再次检验，并在检验牌上签字
	手拉葫芦	滑链	起重伤害	中等	使用手拉葫芦时需核对铭牌，禁止超负荷起吊物件
		手拉链卡死、断裂	起重伤害	中等	使用手拉葫芦不准将钩子挂扣在起重链上，使用人员时刻注意链条有无卡顿情况
	吊具和起吊物	吊点位置不正确	起重伤害	中等	吊钩要挂在物品的重心上
		斜拉	起重伤害	中等	不准使吊钩斜着拖吊重物
	手动扳手	使用扳手不当致人员受伤	碰伤扭伤	较小	严禁使用破损的梅花扳手，严禁使用不合格的活动扳手
	清洗剂、松锈剂	不准确喷射致人员受伤	受蚀受伤	较小	使用清洗剂、松锈剂时需使用引喷导管及提醒其他人员注意
	润滑油	加油及操作中发的跑、冒、滴、漏及溢油	跌倒	较小	在加油及操作中发生跑、冒、滴、漏及溢油时，要及时清除处理
7. 行走轮检修	手拉葫芦	滑链	起重伤害	中等	使用手拉葫芦时需核对铭牌，禁止超负荷起吊物件
		手拉链卡死、断裂	起重伤害	中等	使用手拉葫芦不准将钩子挂扣在起重链上，使用人员时刻注意链条有无卡顿情况
	吊具和起吊物	点位置不正确	起重伤害	中等	吊钩要挂在物品的重心上
		斜拉	起重伤害	中等	不准使吊钩斜着拖吊重物
	千斤顶	工作人员站在液压千斤顶安全栓或高压软管前面	起重伤害	较小	使用液压千斤顶时，除操作人员外，其他人员尽量远离，工作人员不准站在千斤顶安全栓或高压软管前面
		千斤顶超载荷使用	起重伤害	较小	使用千斤顶时工作负荷不准超过千斤顶铭牌规定
		使用千斤顶长期支撑荷重	起重伤害	较小	不准将千斤顶放在长期无人照料的荷重下面
		使用千斤顶未置于重物的正下方	起重伤害	较小	千斤顶要置于重物的正下方，顶重物时先用手摇动摇把，使顶头顶住重物再插入手柄加力
		未采取防止重物下沉的措施	起重伤害	较小	安装千斤顶的位置要坚硬平整，或用钢板和垫木垫牢，防止因地面下陷而产生歪斜
	撬棍	撬棍形式不对，强度不够	物体打击	较小	选用合适的撬棍，使用前检查，确认完好
	大锤	手柄断裂，锤头松脱	砸伤	较小	使用前检查，确认大锤完好，锤头无油污方可使用
	手动扳手	使用扳手不当致人员受伤	碰伤扭伤	较小	严禁使用破损的梅花扳手，严禁使用不合格的活动扳手
8. 防爬器检修	清洗剂、松锈剂	不准确喷射致人员受伤	受蚀受伤	较小	使用清洗剂、松锈剂时需使用引喷导管及提醒其他人员注意
	手动扳手	使用扳手不当致人员受伤	碰伤扭伤	较小	严禁使用破损的梅花扳手，严禁使用不合格的活动扳手
	润滑油	油污导致地滑	跌倒	较小	使用专用容器加油，作业区域油污及时清理

续表

作业步骤	危害辨识	危害描述	产生后果	风险等级	防范措施
9．轨道检修	氧气、乙炔	气焊气割火焰高温	烧伤烫伤	较小	动火人员穿帆布工作服，戴工作帽，上衣不准扎在裤子里，裤脚不得挽起，穿工作鞋
		切割时火焰产生强光	其他伤害	中等	操作工需佩戴合格的护目镜，保护眼睛免受切割的火焰放出的强光伤害
		氧气、乙炔瓶在使用发生倾倒	爆炸	较小	使用前需将气瓶绑扎牢固
		气割进行中致人受伤	烧伤烫伤	较小	气割火炬不准对着周围工作人员
		氧气瓶与乙炔气瓶的安全距离不足	爆炸	较小	使用中氧气瓶和乙炔气瓶的距离不得小于 8m
	电焊机	电焊机电源线、电源插头、电焊钳破损	触电	较小	检查电焊机电源线、电源插头、电焊钳完好无损
		电焊机外壳不接地	触电	较小	电焊机金属外壳需有可靠的接地，一机一接地
	大锤	手柄断裂，锤头松脱	砸伤	较小	使用前检查，确认大锤完好，锤头无油污方可使用
	手动扳手	使用扳手不当致人员受伤	碰伤扭伤	较小	严禁使用破损的梅花扳手，严禁使用不合格的活动扳手
10．其他部件检修	锉刀、手锯、螺丝刀	手柄等缺损	刺伤	较小	锉刀、手锯、螺丝刀等手柄应安装牢固，没有手柄的不准使用
	手动扳手	使用扳手不当致人员受伤	碰伤扭伤	较小	严禁使用破损的梅花扳手，严禁使用不合格的活动扳手
	角磨机	使用时未正确使用防护用品	机械伤害	较小	操作人员需正确佩戴防护面罩或防护眼镜
11．检修工作结束	施工废料	施工废料未清理	环境污染	较小	废料及时清理，做到工完、料尽、场地清
		工作结束后，废品乱扔	火灾、环境污染	较小	禁止将油污、油泥、废油等（包括沾油棉纱、布、手套、纸等）倒入下水道排放或随地倾倒，应收集放于指定的废油箱，妥善处理，以防污染环境

14.11 卸船机变幅机构检修

作业步骤	危害辨识	危害描述	产生后果	风险等级	防范措施
1．环境评估	煤粉	现场有粉尘飞扬	尘肺病	较小	作业时正确佩戴合格的防尘口罩
	孔洞	盖板缺失或安全栏杆不全	跌落	较小	做好现场检查及防护隔离措施
	吊具起吊物	在大于 6 级及以上的大风以及暴雨、打雷、大雾等恶劣的天气露天作业	高处坠落	较小	（1）遇有 6 级以上大风时，不准露天进行起重工作； （2）遇有大雾、照明不足、指挥人员看不清各工作地点或起重驾驶人员看不见指挥人员时，不准进行起重工作
2．措施确认	转动的减速机	工作前未核实设备运转状态	机械伤害	中等	与运行人员共同确认现场安全措施、停电措施正确完备
		未采取防止其他转动设备措施	机械伤害	中等	做好与其他转动设备的隔离措施并保持安全距离

续表

作业步骤	危害辨识	危害描述	产生后果	风险等级	防　范　措　施
3．准备工作及现场布置	电焊机	电焊机未经检验合格	触电	较小	（1）电焊机必须贴有检验合格标志； （2）检查合格证在有效期内
		电焊机电源线、电源插头、电焊钳破损	触电	较小	检查电焊机电源线、电源插头、电焊钳完好无损
	氧气、乙炔	氧气乙炔表失效，橡胶软管损坏	爆炸	较小	（1）氧气乙炔表需检验合格，并在有效期内； （2）氧气、乙炔表使用前应进行检查，确保其完好、有效； （3）橡胶管使用前需检查无老化开裂、鼓包漏气现象
		使用没有回火阀的乙炔瓶	爆炸	中等	严禁使用没有回火阀的乙炔瓶
		（1）氧气瓶与乙炔气瓶的安全距离不足； （2）氧气、乙炔气瓶与明火的安全距离不足	爆炸	较小	（1）使用中氧气瓶和乙炔气瓶的距离不得小于8m； （2）使用中的氧气、乙炔气瓶与明火的距离必须大于10m
		氧气、乙炔瓶在使用发生倾倒	爆炸	较小	使用前需将气瓶绑扎牢固
	易燃易爆物质	未准备移动消防器材或消防水未投备用	火灾	中等	动火作业时，现场须准备合格的灭火器等移动消防器材
		作业前未进行清理易燃易爆物质	火灾	中等	动火作业前清理作业区域内及周围的易燃易爆物质
	电动工具	（1）电动工具未经检验合格； （2）电动工具电源线、电源插头破损、防护罩破损缺失	机械伤害、触电	较小	（1）检查各电动工具，必须张贴检验合格标志； （2）检查电动工具的电源线、电源插头完好无缺损；防护罩完好无缺损； （3）检查合格证在有效期内
	临时电源及电源线	电源线悬挂高度不够	触电	较小	临时电源线架设高度室内不低于2.5m，室外不低于4m
		电源线、插头、插座破损	触电	较小	（1）检查电源线外绝缘良好，无破损； （2）检查电源盘合格证在有效期内； （3）检查电源插头插座，确保完好
		未安装漏电保护器	触电	较小	分级配置漏电保护器，工作前试漏电保护器，确保正确动作
	吊具	吊索具损坏或选择不当	起重伤害	中等	（1）作业前，应对吊索具及其配件进行检查，确认完好，方可使用； （2）所选用的吊索具应与被吊工件的外形特点及具体要求相适应，在不具备使用条件的情况下，不准使用； （3）作业中应防止损坏吊索具及配件，必要时在棱角处应加护角防护； （4）吊具及配件不能超过其额定起重量，起重吊具、吊索不得超过其相应吊挂状态下的最大工作载荷
	手拉葫芦	链条有裂纹、链轮转动卡涩、吊钩无防脱保险装置	起重伤害	较小	（1）检查链条葫芦检验合格证在有效期内； （2）使用前应做无负荷起落试验一次，检查链条是否有裂纹、链轮转动是否卡涩、吊钩是否无防脱保险装置，以确保完好

续表

作业步骤	危害辨识	危害描述	产生后果	风险等级	防范措施
3. 准备工作及现场布置	汽吊	吊带、钢丝绳损坏或选择不当	起重伤害	中等	（1）作业前，应对吊索具及其配件进行检查，确认完好，方可使用； （2）所选用的吊索具应与被吊工件的外形特点及具体要求相适应，在不具备使用条件的情况下，不准使用； （3）作业中应防止损坏吊索具及配件，必要时在棱角处应加护角防护； （4）吊具及配件不能超过其额定起重量，起重吊具、吊索不得超过其相应吊挂状态下的最大工作载荷 （5）起重作业时需要专业起重工持证上岗现场指挥； （6）汽车吊司机持证上岗
	高处作业人员	作业时未正确使用高处作业防护用品	高处坠落	重大	（1）高处作业人员必须戴好安全帽，穿好防滑鞋，正确佩戴安全带、防坠器； （2）所有从事高处作业的人员必须通过培训并取得高处作业证件并持证上岗
		人员不适于高处作业	高处坠落	重大	（1）从事高处作业的人员必须身体健康； （2）患有精神病、癫痫病以及经医师鉴定患有高血压、心脏病等不宜从事高处作业病症的人员，不准参加高处作业，凡发现工作人员精神不振时，禁止登高作业
	脚手架	脚手架搭建完成未验收	高处坠落	重大	脚手架搭建完成后需分级验收签字，验收合格后需在脚手架上悬挂使用合格证
	撬棍	撬棍强度不够	物体打击	较小	选用合适的撬棍，使用前检查，确认完好
	大锤	手柄断裂，锤头松脱	物体打击	较小	使用前检查，确认完好方可使用
	千斤顶，拉码	不能顶升或顶升后不保压，油缸泄漏	物体打击	中等	使用前检查千斤顶油位及管道完好，有无漏油现象
4. 减速机清理、检查、换油	千斤顶	工作人员站在液压千斤顶安全栓或高压软管前面	起重伤害	较小	使用液压千斤顶时，除操作人员外，其他人员尽量远离，工作人员不准站在千斤顶安全栓或高压软管前面
	角磨机、切割机	未正确使用防护罩、防护眼镜	物体打击	较小	正确佩戴防护罩、防护眼镜
		更换磨片未切断电源	机械伤害	较小	更换磨片前必须切断电源
	手拉葫芦	滑链	起重伤害	中等	使用手拉葫芦时需核对铭牌，禁止超范围起吊物件
		手拉链卡死、断裂	起重伤害	中等	使用手拉葫芦不准将钩子挂扣在起重链上，使用人员时刻注意链条有无卡顿情况
	电动葫芦	钢丝绳磨损严重、吊钩无防脱保险装置、制动器失灵、限位器失效、控制手柄破损	起重伤害	中等	（1）使用前应做无负荷起落试验一次，检查刹车及传动装置应良好无缺陷； （2）起吊重物稍一离地（或支持物），应再次检查悬吊及捆绑情况，可靠后方可继续起吊
	吊具和起吊物	吊点位置不正确	起重伤害	中等	吊钩要挂在物品的重心上
		斜拉	起重伤害	中等	不准使吊钩斜着拖吊重物
		起重区域未隔离、作业区域无专人监护	起重伤害	中等	（1）确保吊索，钢丝绳绑扎牢固； （2）作业过程中需要专人指挥； （3）在作业区周围设置明显的起吊警戒和围栏； （4）无关人员不准在起重工作区域内行走或者停留

续表

作业步骤	危害辨识	危害描述	产生后果	风险等级	防 范 措 施
4. 减速机清理、检查、换油	撬棍	撬棍形式不对，强度不够	物体打击	较小	选用合适的撬棍，使用前检查，确认完好
	大锤	单手抡大锤、戴手套抡大锤；锤击点滑脱	砸伤	较小	打锤人不得戴手套，不得单手抡大锤；锤头无油污方可使用
	锉刀、手锯、螺丝刀	手柄等缺损	刺伤	较小	锉刀、手锯、螺丝刀等手柄应安装牢固，没有手柄的不准使用
	手动扳手	使用扳手不当致人员受伤	碰伤扭伤	较小	严禁使用破损的梅花扳手，严禁使用不合格的活动扳手
	清洗剂、松锈剂	不准确喷射	受蚀受伤	较小	使用清洗剂、松锈剂时需使用引喷点导管及提醒其他人员注意
	润滑油	加油及操作中发生的跑、冒、滴、漏及溢油导致地滑	滑跌	较小	在加油及操作中发生跑、冒、滴、漏及溢油时，要及时清除处理
5. 盘式制动器、弹性柱销联轴器检查修理	千斤顶	工作人员站在液压千斤顶安全栓或高压软管前面	起重伤害	较小	使用液压千斤顶时，除操作人员外，其他人员尽量远离，工作人员不准站在千斤顶安全栓或高压软管前面
	角磨机、切割机	未正确使用防护罩、防护眼镜	物体打击	较小	正确佩戴防护罩、防护眼镜
		更换磨片未切断电源	机械伤害	较小	更换磨片前必须切断电源
	手拉葫芦	滑链	起重伤害	中等	使用手拉葫芦时需核对铭牌，禁止超范围起吊物件
		手拉链卡死、断裂	起重伤害	中等	使用手拉葫芦不准将钩子挂扣在起重链上，使用人员时刻注意链条有无卡顿情况
	电动葫芦	钢丝绳磨损严重、吊钩无防脱保险装置、制动器失灵、限位器失效、控制手柄破损	起重伤害	中等	(1) 使用前应做无负荷起落试验一次，检查刹车及传动装置应良好无缺陷； (2) 起吊重物稍一离地（或支持物），应再次检查悬吊及捆绑情况，可靠后方可继续起吊
	吊具和起吊物	吊点位置不正确	起重伤害	中等	吊钩要挂在物品的重心上
		斜拉	起重伤害	中等	不准使吊钩斜着拖吊重物
		起重区域未隔离、作业区域无专人监护	起重伤害	中等	(1) 确保吊索，钢丝绳绑扎牢固； (2) 作业过程中需要专人指挥； (3) 在作业区周围设置明显的起吊警戒和围栏； (4) 无关人员不准在起重工作区域内行走或者停留
	电焊机	多台电焊机共用一闸	触电	较小	每台焊机需有独立的电源开关和漏电保护器
	电焊机	电焊机外壳不接地	触电	较小	电焊机金属外壳需有可靠的接地，一机一接地
	热辐射	电焊气割	烧伤、烫伤	较小	(1) 工作人员必须穿好工作服、戴好手套、穿好带盖劳保鞋等； (2) 气割火炬不准对着周围工作人员
	强光	电焊气割产生强光	其他伤害	中等	操作工需佩戴合格的护目镜，保护眼睛免受切割的火焰放出的强光伤害
	火种	焊接工作结束后，现场有遗留火种	火灾	中等	焊接作业结束后全面清理工作区域，做到不留任何火种
	撬棍	撬棍形式不对，强度不够	物体打击	较小	选用合适的撬棍，使用前检查，确认完好

续表

作业步骤	危害辨识	危害描述	产生后果	风险等级	防范措施
5．盘式制动器、弹性柱销联轴器检查修理	大锤	单手抡大锤、戴手套抡大锤；锤击点滑脱	砸伤	较小	打锤人不得戴手套，不得单手抡大锤；锤头无油污方可使用
	锉刀、手锯、螺丝刀	手柄等缺损	刺伤	较小	锉刀、手锯、螺丝刀等手柄应安装牢固，没有手柄的不准使用
	手动扳手	使用扳手不当致人员受伤	碰伤扭伤	较小	严禁使用破损的梅花扳手，严禁使用不合格的活动扳手
	清洗剂、松锈剂	不准确喷射	受蚀受伤	较小	使用清洗剂、松锈剂时需使用引喷点导管及提醒其他人员注意
	润滑油	加油及操作中发生的跑、冒、滴、漏及溢油导致地滑	滑跌	较小	在加油及操作中发生跑、冒、滴、漏及溢油时，要及时清除处理
6．安全制动器及油站检查、修理	角磨机、切割机	未正确使用防护罩、防护眼镜	物体打击	较小	正确佩戴防护罩、防护眼镜
		更换磨片未切断电源	机械伤害	较小	更换磨片前必须切断电源
	手拉葫芦	滑链	起重伤害	中等	使用手拉葫芦时需核对铭牌，禁止超范围起吊物件
		手拉链卡死、断裂	起重伤害	中等	使用手拉葫芦不准将钩子挂扣在起重链上，使用人员时刻注意链条有无卡顿情况
	电动葫芦	钢丝绳磨损严重、吊钩无防脱保险装置、制动器失灵、限位器失效、控制手柄破损	起重伤害	中等	（1）使用前应做无负荷起落试验一次，检查刹车及传动装置应良好无缺陷； （2）起吊重物稍一离地（或支持物），应再次检查悬吊及捆绑情况，可靠后方可继续起吊
	吊具和起吊物	吊点位置不正确	起重伤害	中等	吊钩要挂在物品的重心上
		斜拉	起重伤害	中等	不准使吊钩斜着拖吊重物
		起重区域未隔离、作业区域无专人监护	起重伤害	中等	（1）确保吊索，钢丝绳绑扎牢固； （2）作业过程中需要专人指挥； （3）在作业区周围设置明显的起吊警戒和围栏； （4）无关人员不准在起重工作区域内行走或者停留
	撬棍	撬棍形式不对，强度不够	物体打击	较小	选用合适的撬棍，使用前检查，确认完好
	大锤	单手抡大锤、戴手套抡大锤；锤击点滑脱	砸伤	较小	打锤人不得戴手套，不得单手抡大锤；锤头无油污方可使用
	锉刀、手锯、螺丝刀	手柄等缺损	刺伤	较小	锉刀、手锯、螺丝刀等手柄应安装牢固，没有手柄的不准使用
	手动扳手	使用扳手不当致人员受伤	碰伤扭伤	较小	严禁使用破损的梅花扳手，严禁使用不合格的活动扳手
	清洗剂、松锈剂	不准确喷射	受蚀受伤	较小	使用清洗剂、松锈剂时需使用引喷点导管及提醒其他人员注意
	润滑油	加油及操作中发生的跑、冒、滴、漏及溢油导致地滑	滑跌	较小	在加油及操作中发生跑、冒、滴、漏及溢油时，要及时清除处理

续表

作业步骤	危害辨识	危害描述	产生后果	风险等级	防范措施
7. 变幅卷筒、钢丝绳、滑轮检查、修理	千斤顶	工作人员站在液压千斤顶安全栓或高压软管前面	起重伤害	较小	使用液压千斤顶时，除操作人员外，其他人员尽量远离，工作人员不准站在千斤顶安全栓或高压软管前面
	角磨机、切割机	未正确使用防护罩、防护眼镜	物体打击	较小	正确佩戴防护罩、防护眼镜
		更换磨片未切断电源	机械伤害	较小	更换磨片前必须切断电源
	手拉葫芦	滑链	起重伤害	中等	使用手拉葫芦时需核对铭牌，禁止超范围起吊物件
		手拉链卡死、断裂	起重伤害	中等	使用手拉葫芦不准将钩子挂扣在起重链上，使用人员时刻注意链条有无卡顿情况
	电动葫芦	钢丝绳磨损严重、吊钩无防脱保险装置、制动器失灵、限位器失效、控制手柄破损	起重伤害	中等	（1）使用前应做无负荷起落试验一次，检查刹车及传动装置应良好无缺陷； （2）起吊重物稍一离地（或支持物），应再次检查悬吊及捆绑情况，可靠后方可继续起吊
	吊具和起吊物	吊点位置不正确	起重伤害	中等	吊钩要挂在物品的重心上
		斜拉	起重伤害	中等	不准使吊钩斜着拖吊重物
		起重区域未隔离、作业区域无专人监护	起重伤害	中等	（1）确保吊索，钢丝绳绑扎牢固； （2）作业过程中需要专人指挥； （3）在作业区周围设置明显的起吊警戒和围栏； （4）无关人员不准在起重工作区域内行走或者停留
	电焊机	多台电焊机共用一闸	触电	较小	每台焊机需有独立的电源开关和漏电保护器
		电焊机外壳不接地	触电	较小	电焊机金属外壳需有可靠的接地，一机一接地
	热辐射	电焊气割	烧伤、烫伤	较小	（1）工作人员必须穿好工作服、戴好手套、穿好带盖劳保鞋等； （2）气割火炬不准对着周围工作人员
	强光	电焊气割产生强光	其他伤害	中等	操作工需佩戴合格的护目镜，保护眼睛免受切割的火焰放出的强光伤害
	火种	焊接工作结束后，现场有遗留火种	火灾	中等	焊接作业结束后全面清理工作区域，做到不留任何火种
	高处作业	工器具掉落	物体打击	中等	（1）高处作业一律使用工具袋； （2）较大的工具应用绳拴在牢固的构件上，不准随便乱放，以防止从高处坠落发生事故
	高处作业	工器具上下投掷	物体打击	中等	不准将工具及材料上下投掷，要用绳系牢后往下或往上吊送
	高处作业人员	高处作业未正确使用防护用品	高处坠落	重大	（1）高处作业人员必须戴好安全帽，穿好防滑鞋，正确佩戴安全带，必要时应使用防坠器； （2）安全带的挂钩应挂在结实、牢固的构件上，或专挂安全带的钢丝绳上，不准低挂高用
	脚手架	脚手架使用前未检验	高处坠落	重大	脚手架使用前需先检查正常，并签字确认
	撬棍	撬棍形式不对，强度不够	物体打击	较小	选用合适的撬棍，使用前检查，确认完好
	大锤	单手抡大锤、戴手套抡大锤；锤击点滑脱	砸伤	较小	打锤人不得戴手套，不得单手抡大锤；锤头无油污方可使用
	锉刀、手锯、螺丝刀	手柄等缺损	刺伤	较小	锉刀、手锯、螺丝刀等手柄应安装牢固，没有手柄的不准使用

续表

作业步骤	危害辨识	危害描述	产生后果	风险等级	防 范 措 施
7．变幅卷筒、钢丝绳、滑轮检查、修理	手动扳手	使用扳手不当致人员受伤	碰伤扭伤	较小	严禁使用破损的梅花扳手，严禁使用不合格的活动扳手
	清洗剂、松锈剂	不准确喷射	受蚀受伤	较小	使用清洗剂、松锈剂时需使用引喷点导管及提醒其他人员注意
	润滑油	加油及操作中发生的跑、冒、滴、漏及溢油导致地滑	滑跌	较小	在加油及操作中发生跑、冒、滴、漏及溢油时，要及时清除处理
8．其他部件检查、修理	千斤顶	工作人员站在液压千斤顶安全栓或高压软管前面	起重伤害	较小	使用液压千斤顶时，除操作人员外，其他人员尽量远离，工作人员不准站在千斤顶安全栓或高压软管前面
		千斤顶超载荷使用	起重伤害	较小	使用千斤顶时工作负荷不准超过千斤顶铭牌规定
	角磨机、切割机	未正确使用防护罩、防护眼镜	物体打击	较小	正确佩戴防护罩、防护眼镜
		更换磨片未切断电源	机械伤害	较小	更换磨片前必须切断电源
	手拉葫芦	滑链	起重伤害	中等	使用手拉葫芦时需核对铭牌，禁止超范围起吊物件
		手拉链卡死、断裂	起重伤害	中等	使用手拉葫芦不准将钩子挂扣在起重链上，使用人员时刻注意链条有无卡顿情况
	电动葫芦	钢丝绳磨损严重、吊钩无防脱保险装置、制动器失灵、限位器失效、控制手柄破损	起重伤害	中等	（1）使用前应做无负荷起落试验一次，检查刹车及传动装置应良好无缺陷； （2）起吊重物稍一离地（或支持物），应再次检查悬吊及捆绑情况，可靠后方可继续起吊
	吊具和起吊物	吊点位置不正确	起重伤害	中等	吊钩要挂在物品的重心上
		斜拉	起重伤害	中等	不准使吊钩斜着拖吊重物
		起重区域未隔离、作业区域无专人监护	起重伤害	中等	（1）确保吊索，钢丝绳绑扎牢固； （2）作业过程中需要专人指挥； （3）在作业区周围设置明显的起吊警戒和围栏； （4）无关人员不准在起重工作区域内行走或者停留
	电焊机	多台电焊机共用一闸	触电	较小	每台焊机需有独立的电源开关和漏电保护器
		电焊机外壳不接地	触电	较小	电焊机金属外壳需有可靠的接地，一机一接地
	热辐射	电焊气割	烧伤、烫伤	较小	（1）工作人员必须穿好工作服、戴好手套、穿好带盖劳保鞋等； （2）气割火炬不准对着周围工作人员
	强光	电焊气割产生强光	其他伤害	中等	操作工需佩戴合格的护目镜，保护眼睛免受切割的火焰放出的强光伤害
	火种	焊接工作结束后，现场有遗留火种	火灾	中等	焊接作业结束后全面清理工作区域，做到不留任何火种
	高处作业	工器具掉落	物体打击	中等	（1）高处作业一律使用工具袋； （2）较大的工具应用绳拴在牢固的构件上，不准随便乱放，以防止从高处坠落发生事故
	高处作业	工器具上下投掷	物体打击	中等	不准将工具及材料上下投掷，要用绳系牢后往下或往上吊送

续表

作业步骤	危害辨识	危害描述	产生后果	风险等级	防 范 措 施
8．其他部件检查、修理	高处作业人员	高处作业未正确使用防护用品	高处坠落	重大	（1）高处作业人员必须戴好安全帽，穿好防滑鞋，正确佩戴安全带，必要时应使用防坠器；（2）安全带的挂钩应挂在结实、牢固的构件上，或专挂安全带的钢丝绳上，不准低挂高用
	脚手架	脚手架使用前未检验	高处坠落	重大	脚手架使用前需先检查正常，并签字确认
	撬棍	撬棍形式不对，强度不够	物体打击	较小	选用合适的撬棍，使用前检查，确认完好
	大锤	单手抡大锤、戴手套抡大锤；锤击点滑脱	砸伤	较小	打锤人不得戴手套，不得单手抡大锤；锤头无油污方可使用
	锉刀、手锯、螺丝刀	手柄等缺损	刺伤	较小	锉刀、手锯、螺丝刀等手柄应安装牢固，没有手柄的不准使用
	手动扳手	使用扳手不当致人员受伤	碰伤扭伤	较小	严禁使用破损的梅花扳手，严禁使用不合格的活动扳手
	清洗剂、松锈剂	不准确喷射	受蚀受伤	较小	使用清洗剂、松锈剂时需使用引喷点导管及提醒其他人员注意
	润滑油	加油及操作中发生的跑、冒、滴、漏及溢油导致地滑	滑跌	较小	在加油及操作中发生跑、冒、滴、漏及溢油时，要及时清除处理
9．检修工作结束	施工废料	施工废料未清理	环境污染	较小	废料及时清理，做到工完、料尽、场地清
		工作结束后，废品乱扔	火灾、环境污染	较小	不准将油污、油泥、废油等（包括沾油棉纱、布、手套、纸等）倒入下水道排放或随地倾倒，应收集放于指定的废油箱，妥善处理，以防污染环境

14.12 卸船机接料机构检修

作业步骤	危害辨识	危害描述	产生后果	风险等级	防 范 措 施
1．环境评估	煤粉	现场有煤尘飞扬	尘肺病	较小	作业时正确佩戴合格的防尘口罩
	孔洞	盖板缺失或安全栏杆不全	跌落	较小	做好现场检查及防护隔离措施
	吊具起吊物	在大于 6 级及以上的大风以及暴雨、打雷、大雾等恶劣的天气露天作业	高处坠落	重大	（1）遇有 6 级以上大风时，不准露天进行起重工作；（2）遇有大雾、照明不足、指挥人员看不清各工作地点或起重驾驶人员看不见指挥人员时，不准进行起重工作
2．措施确认	转动的减速机	工作前未核实设备运转状态	机械伤害	中等	与运行人员共同确认现场安全措施、停电措施正确完备
		未采取防止其他转动设备措施	机械伤害	中等	做好与其他转动设备的隔离措施并保持安全距离
3．准备工作及现场布置	电焊机	电焊机未经检验合格	触电	较小	（1）电焊机必须贴有检验合格标证；（2）检查合格证在有效期内
		电焊机电源线、电源插头、电焊钳破损	触电	较小	检查电焊机电源线、电源插头、电焊钳完好无损
	氧气、乙炔	氧气乙炔表失效、橡胶软管损坏	爆炸	较小	（1）氧气乙炔表需检验合格，并在有效期内；（2）氧气、乙炔表使用前应进行检查，确保其完好、有效；（3）橡胶管使用前需检查无老化开裂、鼓包漏气现象

续表

作业步骤	危害辨识	危害描述	产生后果	风险等级	防范措施
3. 准备工作及现场布置	氧气、乙炔	使用没有回火阀的乙炔瓶	爆炸	中等	严禁使用没有回火阀的乙炔瓶
		氧气瓶与乙炔气瓶的安全距离不足，氧气、乙炔气瓶与明火的安全距离不足	爆炸	较小	（1）使用中氧气瓶和乙炔气瓶的距离不得小于8m； （2）使用中的氧气、乙炔气瓶与明火的距离必须大于10m
		氧气、乙炔瓶在使用发生倾倒	爆炸	较小	使用前需将气瓶绑扎牢固
	易燃易爆物质	未准备移动消防器材或消防水未投备用	火灾	中等	动火作业时，现场须准备合格的灭火器等移动消防器材
		作业前未进行清理易燃易爆物质	火灾	中等	动火作业前清理作业区域内及周围的易燃易爆物质
	电动工具	（1）电动工具未经检验合格； （2）电动工具电源线、电源插头破损，防护罩破损缺失	机械伤害、触电	较小	（1）检查各电动工具，必须张贴检验合格标志； （2）检查电动工具的电源线、电源插头完好无缺损；防护罩完好无缺损； （3）检查合格证在有效期内
	临时电源及电源线	电源线悬挂高度不够	触电	较小	临时电源线架设高度室内不低于 2.5m，室外不低于 4m
		电源线、插头、插座破损	触电	较小	（1）检查电源线外绝缘良好，无破损； （2）检查电源盘合格证在有效期内； （3）检查电源插头插座，确保完好
		未安装漏电保护器	触电	较小	分级配置漏电保护器，工作前试漏电保护器，确保正确动作
	吊具	吊索具损坏或选择不当	起重伤害	中等	（1）作业前，应对吊索具及其配件进行检查，确认完好，方可使用； （2）所选用的吊索具应与被吊工件的外形特点及具体要求相适应，在不具备使用条件的情况下，不准使用； （3）作业中应防止损坏吊索具及配件，必要时在棱角处应加护角防护； （4）吊具及配件不能超过其额定起重量，起重吊具、吊索不得超过其相应吊挂状态下的最大工作载荷
	手拉葫芦	链条有裂纹、链轮转动卡涩、吊钩无防脱保险装置	起重伤害	较小	（1）检查链条葫芦检验合格证在有效期内； （2）使用前应做无负荷起落试验一次，检查链条是否有裂纹、链轮转动是否卡涩、吊钩是否无防脱保险装置，以确保完好
	汽吊	吊带、钢丝绳损坏或选择不当	起重伤害	中等	（1）作业前，应对吊索具及其配件进行检查，确认完好，方可使用； （2）所选用的吊索具应与被吊工件的外形特点及具体要求相适应，在不具备使用条件的情况下，不准使用； （3）作业中应防止损坏吊索具及配件，必要时在棱角处应加护角防护； （4）吊具及配件不能超过其额定起重量，起重吊具、吊索不得超过其相应吊挂状态下的最大工作载荷； （5）起重作业时需要专业起重工持证上岗现场指挥； （6）汽车吊司机持证上岗

续表

作业步骤	危害辨识	危害描述	产生后果	风险等级	防 范 措 施
3. 准备工作及现场布置	高处作业人员	作业时未正确使用高处作业防护用品	高处坠落	重大	(1) 高处作业人员必须戴好安全帽，穿好防滑鞋，正确佩戴安全带、防坠器； (2) 所有从事高处作业的人员必须通过培训并取得高处作业证件并持证上岗
		人员不适于高处作业	高处坠落	重大	(1) 从事高处作业的人员必须身体健康； (2) 患有精神病、癫痫病以及经医师鉴定患有高血压、心脏病等不宜从事高处作业病症的人员，不准参加高处作业，凡发现工作人员精神不振时，禁止登高作业
	脚手架	脚手架搭建完成未验收	高处坠落	重大	脚手架搭建完成后需分级验收签字，验收合格后需在脚手架上悬挂使用合格证
	撬棍	撬棍强度不够	物体打击	较小	选用合适的撬棍，使用前检查，确认完好
	大锤	手柄断裂，锤头松脱	物体打击	较小	使用前检查，确认完好方可使用
	千斤顶，拉码	不能顶升或顶升后不保压，油缸泄漏	物体打击	中等	使用前检查千斤顶油位及管道完好，有无漏油现象
4. 接料板俯仰减速器清理、检查、换油	千斤顶	工作人员站在液压千斤顶安全栓或高压软管前面	起重伤害	较小	使用液压千斤顶时，除操作人员外，其他人员尽量远离，工作人员不准站在千斤顶安全栓或高压软管前面
	角磨机、切割机	未正确使用防护罩、防护眼镜	物体打击	较小	正确佩戴防护罩、防护眼镜
		更换磨片未切断电源	机械伤害	较小	更换磨片前必须切断电源
	手拉葫芦	滑链	起重伤害	中等	使用手拉葫芦时需核对铭牌，禁止超范围起吊物件
		手拉链卡死、断裂	起重伤害	中等	使用手拉葫芦不准将钩子挂扣在起重链上，使用人员时刻注意链条有无卡顿情况
	吊具和起吊物	吊点位置不正确	起重伤害	中等	吊钩要挂在物品的重心上
		斜拉	起重伤害	中等	不准使吊钩斜着拖吊重物
		起重区域未隔离、作业区域无专人监护	起重伤害	中等	(1) 确保吊索，钢丝绳绑扎牢固； (2) 作业过程中需要专人指挥； (3) 在作业区周围设置明显的起吊警戒和围栏； (4) 无关人员不准在起重工作区域内行走或者停留
	高处作业	工器具掉落	物体打击	中等	(1) 高处作业一律使用工具袋； (2) 较大的工具应用绳拴在牢固的构件上，不准随便乱放，以防止从高处坠落发生事故
		工器具上下投掷	物体打击	中等	不准将工具及材料上下投掷，要用绳系牢后往下或往上吊送
	高处作业人员	高处作业未正确使用防护用品	高处坠落	重大	(1) 高处作业人员必须戴好安全帽，穿好防滑鞋，正确佩戴安全带，必要时应使用防坠器； (2) 安全带的挂钩应挂在结实、牢固的构件上，或专挂安全带的钢丝绳上，不准低挂高用
	脚手架	脚手架使用前未检验	高处坠落	重大	脚手架使用前需先检查正常，并签字确认
	撬棍	撬棍形式不对，强度不够	物体打击	较小	选用合适的撬棍，使用前检查，确认完好
	大锤	单手抡大锤、戴手套抡大锤；锤击点滑脱	砸伤	较小	打锤人不得戴手套，不得单手抡大锤；锤头无油污方可使用

续表

作业步骤	危害辨识	危害描述	产生后果	风险等级	防范措施
4. 接料板俯仰减速器清理、检查、换油	锉刀、手锯、螺丝刀	手柄等缺损	刺伤	较小	锉刀、手锯、螺丝刀等手柄应安装牢固，没有手柄的不准使用
	手动扳手	使用扳手不当致人员受伤	碰伤扭伤	较小	严禁使用破损的梅花扳手，严禁使用不合格的活动扳手
	清洗剂、松锈剂	不准确喷射	受蚀受伤	较小	使用清洗剂、松锈剂时需使用引喷点导管及提醒其他人员注意
	润滑油	加油及操作中发生的跑、冒、滴、漏及溢油导致地滑	滑跌	较小	在加油及操作中发生跑、冒、滴、漏及溢油时，要及时清除处理
5. 接料板俯仰卷筒、钢丝绳、滑轮检查修理	千斤顶	工作人员站在液压千斤顶安全栓或高压软管前面	起重伤害	较小	使用液压千斤顶时，除操作人员外，其他人员尽量远离，工作人员不准站在千斤顶安全栓或高压软管前面
	角磨机、切割机	未正确使用防护罩、防护眼镜	物体打击	较小	正确佩戴防护罩、防护眼镜
		更换磨片未切断电源	机械伤害	较小	更换磨片前必须切断电源
	手拉葫芦	滑链	起重伤害	中等	使用手拉葫芦时需核对铭牌，禁止超范围起吊物件
		手拉链卡死、断裂	起重伤害	中等	使用手拉葫芦不准将钩子挂扣在起重链上，使用人员时刻注意链条有无卡顿情况
	吊具和起吊物	吊点位置不正确	起重伤害	中等	吊钩要挂在物品的重心上
		斜拉	起重伤害	中等	不准使吊钩斜着拖吊重物
		起重区域未隔离、作业区域无专人监护	起重伤害	中等	（1）确保吊索，钢丝绳绑扎牢固； （2）作业过程中需要专人指挥； （3）在作业区周围设置明显的起吊警戒和围栏； （4）无关人员不准在起重工作区域内行走或者停留
	电焊机	多台电焊机共用一闸	触电	较小	每台焊机需有独立的电源开关和漏电保护器
		电焊机外壳不接地	触电	较小	电焊机金属外壳需有可靠的接地，一机一接地
	热辐射	电焊气割	烧伤、烫伤	较小	（1）工作人员必须穿好工作服、戴好手套、穿好带盖劳保鞋等； （2）气割火炬不准对着周围工作人员
	强光	电焊气割产生强光	其他伤害	中等	操作工需佩戴合格的护目镜，保护眼睛免受切割的火焰放出的强光伤害
	火种	焊接工作结束后，现场有遗留火种	火灾	中等	焊接作业结束后全面清理工作区域，做到不留任何火种
	高处作业	工器具掉落	物体打击	中等	（1）高处作业一律使用工具袋； （2）较大的工具应用绳拴在牢固的构件上，不准随便乱放，以防止从高处坠落发生事故
		工器具上下投掷	物体打击	中等	不准将工具及材料上下投掷，要用绳系牢后往下或往上吊送
	高处作业人员	高处作业未正确使用防护用品	高处坠落	重大	（1）高处作业人员必须戴好安全帽，穿好防滑鞋，正确佩戴安全带，必要时应使用防坠器； （2）安全带的挂钩应挂在结实、牢固的构件上，或专挂安全带的钢丝绳上，不准低挂高用
	脚手架	脚手架使用前未检验	高处坠落	重大	脚手架使用前需先检查正常，并签字确认

续表

作业步骤	危害辨识	危害描述	产生后果	风险等级	防 范 措 施
5．接料板俯仰卷筒、钢丝绳、滑轮检查修理	撬棍	撬棍形式不对，强度不够	物体打击	较小	选用合适的撬棍，使用前检查，确认完好
	大锤	单手抡大锤、戴手套抡大锤；锤击点滑脱	砸伤	较小	打锤人不得戴手套，不得单手抡大锤；锤头无油污方可使用
	锉刀、手锯、螺丝刀	手柄等缺损	刺伤	较小	锉刀、手锯、螺丝刀等手柄应安装牢固，没有手柄的不准使用
	手动扳手	使用扳手不当致人员受伤	碰伤扭伤	较小	严禁使用破损的梅花扳手，严禁使用不合格的活动扳手
	清洗剂、松锈剂	不准确喷射	受蚀受伤	较小	使用清洗剂、松锈剂时需使用引喷点导管及提醒其他人员注意
	润滑油	加油及操作中发生的跑、冒、滴、漏及溢油导致地滑	滑跌	较小	在加油及操作中发生跑、冒、滴、漏及溢油时，要及时清除处理
6．料斗门、闸板门检查修理	千斤顶	工作人员站在液压千斤顶安全栓或高压软管前面	起重伤害	较小	使用液压千斤顶时，除操作人员外，其他人员尽量远离，工作人员不准站在千斤顶安全栓或高压软管前面
		千斤顶超载荷使用	起重伤害	较小	使用千斤顶时工作负荷不准超过千斤顶铭牌规定
		使用千斤顶长期支撑荷重	起重伤害	较小	不准将千斤顶放在长期无人照料的荷重下面
		使用千斤顶未置于重物的正下方	起重伤害	较小	千斤顶要置于重物的正下方，顶重物时先用手摇动摇把，使顶头顶住重物再插入手柄加力
		未采取防止重物下沉的措施	起重伤害	较小	安装千斤顶的位置要坚硬平整，或用钢板和垫木垫牢，防止因地面下陷而产生歪斜
	角磨机、切割机	未正确使用防护罩、防护眼镜	物体打击	较小	正确佩戴防护罩、防护眼镜
		更换磨片未切断电源	机械伤害	较小	更换磨片前必须切断电源
	手拉葫芦	滑链	起重伤害	中等	使用手拉葫芦时需核对铭牌，禁止超范围起吊物件
		手拉链卡死、断裂	起重伤害	中等	使用手拉葫芦不准将钩子挂扣在起重链上，使用人员时刻注意链条有无卡顿情况
	吊具和起吊物	吊点位置不正确	起重伤害	中等	吊钩要挂在物品的重心上
		斜拉	起重伤害	中等	不准使吊钩斜着拖吊重物
		起重区域未隔离、作业区域无专人监护	起重伤害	中等	（1）确保吊索，钢丝绳绑扎牢固； （2）作业过程中需要专人指挥； （3）在作业区周围设置明显的起吊警戒和围栏； （4）无关人员不准在起重工作区域内行走或者停留
	电焊机	多台电焊机共用一闸	触电	较小	每台焊机需有独立的电源开关和漏电保护器
		电焊机外壳不接地	触电	较小	电焊机金属外壳需有可靠的接地，一机一接地
	热辐射	电焊气割	烧伤、烫伤	较小	（1）工作人员必须穿好工作服、戴好手套、穿好带盖劳保鞋等； （2）气割火炬不准对着周围工作人员

续表

作业步骤	危害辨识	危害描述	产生后果	风险等级	防范措施
6．料斗门、闸板门检查修理	强光	电焊气割产生强光	其他伤害	中等	操作工需佩戴合格的护目镜，保护眼睛免受切割的火焰放出的强光伤害
	火种	焊接工作结束后，现场有遗留火种	火灾	中等	焊接作业结束后全面清理工作区域，做到不留任何火种
	高处作业	工器具掉落	物体打击	中等	（1）高处作业一律使用工具袋； （2）较大的工具应用绳拴在牢固的构件上，不准随便乱放，以防止从高处坠落发生事故
		工器具上下投掷	物体打击	中等	不准将工具及材料上下投掷，要用绳系牢后往下或往上吊送
	高处作业人员	高处作业未正确使用防护用品	高处坠落	重大	（1）高处作业人员必须戴好安全帽，穿好防滑鞋，正确佩戴安全带，必要时应使用防坠器； （2）安全带的挂钩应挂在结实、牢固的构件上，或专挂安全带的钢丝绳上，不准低挂高用
	脚手架	脚手架使用前未检验	高处坠落	重大	脚手架使用前需先检查正常，并签字确认
	撬棍	撬棍形式不对，强度不够	物体打击	较小	选用合适的撬棍，使用前检查，确认完好
	大锤	单手抡大锤、戴手套抡大锤；锤击点滑脱	砸伤	较小	打锤人不得戴手套，不得单手抡大锤；锤头无油污方可使用
	锉刀、手锯、螺丝刀	手柄等缺损	刺伤	较小	锉刀、手锯、螺丝刀等手柄应安装牢固，没有手柄的不准使用
	手动扳手	使用扳手不当致人员受伤	碰伤扭伤	较小	严禁使用破损的梅花扳手，严禁使用不合格的活动扳手
	清洗剂、松锈剂	不准确喷射	受蚀受伤	较小	使用清洗剂、松锈剂时需使用引喷点导管及提醒其他人员注意
	润滑油	加油及操作中发生的跑、冒、滴、漏及溢油导致地滑	滑跌	较小	在加油及操作中发生跑、冒、滴、漏及溢油时，要及时清除处理
7．液压泵站检查、换油	手拉葫芦	滑链	起重伤害	中等	使用手拉葫芦时需核对铭牌，禁止超范围起吊物件
	手拉葫芦	手拉链卡死、断裂	起重伤害	中等	使用手拉葫芦不准将钩子挂扣在起重链上，使用人员时刻注意链条有无卡顿情况
	吊具和起吊物	吊点位置不正确	起重伤害	中等	吊钩要挂在物品的重心上
	吊具和起吊物	斜拉	起重伤害	中等	不准使吊钩斜着拖吊重物
	吊具和起吊物	起重区域未隔离、作业区域无专人监护	起重伤害	中等	（1）确保吊索，钢丝绳绑扎牢固； （2）作业过程中需要专人指挥； （3）在作业区周围设置明显的起吊警戒和围栏； （4）无关人员不准在起重工作区域内行走或者停留
	高处作业	工器具掉落	物体打击	中等	（1）高处作业一律使用工具袋； （2）较大的工具应用绳拴在牢固的构件上，不准随便乱放，以防止从高处坠落发生事故
		工器具上下投掷	物体打击	中等	不准将工具及材料上下投掷，要用绳系牢后往下或往上吊送

续表

作业步骤	危害辨识	危害描述	产生后果	风险等级	防范措施
7．液压泵站检查、换油	高处作业人员	高处作业未正确使用防护用品	高处坠落	重大	（1）高处作业人员必须戴好安全帽，穿好防滑鞋，正确佩戴安全带，必要时应使用防坠器； （2）安全带的挂钩应挂在结实、牢固的构件上，或专挂安全带的钢丝绳上，不准低挂高用
	脚手架	脚手架使用前未检验	高处坠落	重大	脚手架使用前需先检查正常，并签字确认
	撬棍	撬棍形式不对，强度不够	物体打击	较小	选用合适的撬棍，使用前检查，确认完好
	大锤	单手抡大锤、戴手套抡大锤；锤击点滑脱	砸伤	较小	打锤人不得戴手套，不得单手抡大锤；锤头无油污方可使用
	锉刀、手锯、螺丝刀	手柄等缺损	刺伤	较小	锉刀、手锯、螺丝刀等手柄应安装牢固，没有手柄的不准使用
	手动扳手	使用扳手不当致人员受伤	碰伤扭伤	较小	严禁使用破损的梅花扳手，严禁使用不合格的活动扳手
	清洗剂、松锈剂	不准确喷射	受蚀受伤	较小	使用清洗剂、松锈剂时需使用引喷点导管及提醒其他人员注意
	润滑油	加油及操作中发生的跑、冒、滴、漏及溢油导致地滑	滑跌	较小	在加油及操作中发生跑、冒、滴、漏及溢油时，要及时清除处理
8．振动给料器检查修理	角磨机、切割机	未正确使用防护罩、防护眼镜	物体打击	较小	正确佩戴防护罩、防护眼镜
		更换磨片未切断电源	机械伤害	较小	更换磨片前必须切断电源
	手拉葫芦	滑链	起重伤害	中等	使用手拉葫芦时需核对铭牌，禁止超范围起吊物件
		手拉链卡死、断裂	起重伤害	中等	使用手拉葫芦不准将钩子挂扣在起重链上，使用人员时刻注意链条有无卡顿情况
	吊具和起吊物	吊点位置不正确	起重伤害	中等	吊钩要挂在物品的重心上
		斜拉	起重伤害	中等	不准使吊钩斜着拖吊重物
		起重区域未隔离、作业区域无专人监护	起重伤害	中等	（1）确保吊索，钢丝绳绑扎牢固； （2）作业过程中需要专人指挥； （3）在作业区周围设置明显的起吊警戒和围栏； （4）无关人员不准在起重工作区域内行走或者停留
	电焊机	多台电焊机共用一闸	触电	较小	每台焊机需有独立的电源开关和漏电保护器
	电焊机	电焊机外壳不接地	触电	较小	电焊机金属外壳需有可靠的接地，一机一接地
	热辐射	电焊气割	烧伤、烫伤	较小	（1）工作人员必须穿好工作服、戴好手套、穿好带盖劳保鞋等； （2）气割火炬不准对着周围工作人员
	强光	电焊气割产生强光	其他伤害	中等	操作工需佩戴合格的护目镜，保护眼睛免受切割的火焰放出的强光伤害
	火种	焊接工作结束后，现场有遗留火种	火灾	中等	焊接作业结束后全面清理工作区域，做到不留任何火种
	高处作业	工器具掉落	物体打击	中等	（1）高处作业一律使用工具袋； （2）较大的工具应用绳拴在牢固的构件上，不准随便乱放，以防止从高处坠落发生事故
		工器具上下投掷	物体打击	中等	不准将工具及材料上下投掷，要用绳系牢后往下或往上吊送

续表

作业步骤	危害辨识	危害描述	产生后果	风险等级	防范措施
8．振动给料器检查修理	高处作业人员	高处作业未正确使用防护用品	高处坠落	重大	（1）高处作业人员必须戴好安全帽，穿好防滑鞋，正确佩戴安全带，必要时应使用防坠器；（2）安全带的挂钩应挂在结实、牢固的构件上，或专挂安全带的钢丝绳上，不准低挂高用
	脚手架	脚手架使用前未检验	高处坠落	重大	脚手架使用前需先检查正常，并签字确认
	撬棍	撬棍形式不对，强度不够	物体打击	较小	选用合适的撬棍，使用前检查，确认完好
	大锤	单手抡大锤、戴手套抡大锤；锤击点滑脱	砸伤	较小	打锤人不得戴手套，不得单手抡大锤；锤头无油污方可使用
	锉刀、手锯、螺丝刀	手柄等缺损	刺伤	较小	锉刀、手锯、螺丝刀等手柄应安装牢固，没有手柄的不准使用
	手动扳手	使用扳手不当致人员受伤	碰伤扭伤	较小	严禁使用破损的梅花扳手，严禁使用不合格的活动扳手
	清洗剂、松锈剂	不准确喷射	受蚀受伤	较小	使用清洗剂、松锈剂时需使用引喷点导管及提醒其他人员注意
	润滑油	加油及操作中发生的跑、冒、滴、漏及溢油导致地滑	滑跌	较小	在加油及操作中发生跑、冒、滴、漏及溢油时，要及时清除处理
9．料斗及接料板检查、修理	千斤顶	工作人员站在液压千斤顶安全栓或高压软管前面	起重伤害	较小	使用液压千斤顶时，除操作人员外，其他人员尽量远离，工作人员不准站在千斤顶安全栓或高压软管前面
	角磨机、切割机	未正确使用防护罩、防护眼镜	物体打击	较小	正确佩戴防护罩、防护眼镜
		更换磨片未切断电源	机械伤害	较小	更换磨片前必须切断电源
	手拉葫芦	滑链	起重伤害	中等	使用手拉葫芦时需核对铭牌，禁止超范围起吊物件
		手拉链卡死、断裂	起重伤害	中等	使用手拉葫芦不准将钩子挂扣在起重链上，使用人员时刻注意链条有无卡顿情况
	吊具和起吊物	吊点位置不正确	起重伤害	中等	吊钩要挂在物品的重心上
		斜拉	起重伤害	中等	不准使吊钩斜着拖吊重物
		起重区域未隔离、作业区域无专人监护	起重伤害	中等	（1）确保吊索，钢丝绳绑扎牢固；（2）作业过程中需要专人指挥；（3）在作业区周围设置明显的起吊警戒和围栏；（4）无关人员不准在起重工作区域内行走或者停留
	电焊机	多台电焊机共用一闸	触电	较小	每台焊机需有独立的电源开关和漏电保护器
		电焊机外壳不接地	触电	较小	电焊机金属外壳需有可靠的接地，一机一接地
	热辐射	电焊气割	烧伤、烫伤	较小	（1）工作人员必须穿好工作服、戴好手套、穿好带盖劳保鞋等；（2）气割火炬不准对着周围工作人员
	强光	电焊气割产生强光	其他伤害	中等	操作工需佩戴合格的护目镜，保护眼睛免受切割的火焰放出的强光伤害
	火种	焊接工作结束后，现场有遗留火种	火灾	中等	焊接作业结束后全面清理工作区域，做到不留任何火种

续表

作业步骤	危害辨识	危害描述	产生后果	风险等级	防范措施
9．料斗及接料板检查、修理	高处作业	工器具掉落	物体打击	中等	（1）高处作业一律使用工具袋； （2）较大的工具应用绳拴在牢固的构件上，不准随便乱放，以防止从高处坠落发生事故
		工器具上下投掷	物体打击	中等	不准将工具及材料上下投掷，要用绳系牢后往下或往上吊送
	高处作业人员	高处作业未正确使用防护用品	高处坠落	重大	（1）高处作业人员必须戴好安全帽，穿好防滑鞋，正确佩戴安全带，必要时应使用防坠器； （2）安全带的挂钩应挂在结实、牢固的构件上，或专挂安全带的钢丝绳上，不准低挂高用
	脚手架	脚手架使用前未检验	高处坠落	重大	脚手架使用前需先检查正常，并签字确认
	撬棍	撬棍形式不对，强度不够	物体打击	较小	选用合适的撬棍，使用前检查，确认完好
	大锤	单手抡大锤、戴手套抡大锤；锤击点滑脱	砸伤	较小	打锤人不得戴手套，不得单手抡大锤；锤头无油污方可使用
	锉刀、手锯、螺丝刀	手柄等缺损	刺伤	较小	锉刀、手锯、螺丝刀等手柄应安装牢固，没有手柄的不准使用
	手动扳手	使用扳手不当致人员受伤	碰伤扭伤	较小	严禁使用破损的梅花扳手，严禁使用不合格的活动扳手
	清洗剂、松锈剂	不准确喷射	受蚀受伤	较小	使用清洗剂、松锈剂时需使用引喷点导管及提醒其他人员注意
	润滑油	加油及操作中发生的跑、冒、滴、漏及溢油导致地滑	滑跌	较小	在加油及操作中发生跑、冒、滴、漏及溢油时，要及时清除处理
10．检修工作结束	施工废料	施工废料未清理	环境污染	较小	废料及时清理，做到工完、料尽、场地清
		工作结束后，废品乱扔	火灾、环境污染	较小	不准将油污、油泥、废油等（包括沾油棉纱、布、手套、纸等）倒入下水道排放或随地倾倒，应收集放于指定的废油箱，妥善处理，以防污染环境

14.13 卸船机司机室行走机构检修

作业步骤	危害辨识	危害描述	产生后果	风险等级	防范措施
1．环境评估	煤粉	现场有煤尘飞扬	尘肺病	较小	作业时正确佩戴合格的防尘口罩
	孔洞	盖板缺失或安全栏杆不全	跌落	较小	做好现场检查及防护隔离措施
	吊具起吊物	在大于6级及以上的大风以及暴雨、打雷、大雾等恶劣的天气露天作业	高处坠落	较小	（1）遇有6级以上大风时，不准露天进行起重工作； （2）遇有大雾、照明不足、指挥人员看不清各工作地点或起重驾驶人员看不见指挥人员时，不准进行起重工作
2．措施确认	转动的减速机	工作前未核实设备运转状态	机械伤害	中等	与运行人员共同确认现场安全措施、停电措施正确完备
		未采取防止其他转动设备措施	机械伤害	中等	做好与其他转动设备的隔离措施并保持安全距离

续表

作业步骤	危害辨识	危害描述	产生后果	风险等级	防 范 措 施
3. 准备工作及现场布置	电焊机	电焊机未经检验合格	触电	较小	（1）电焊机必须贴有检验合格标证； （2）检查合格证在有效期内
		电焊机电源线、电源插头、电焊钳破损	触电	较小	检查电焊机电源线、电源插头、电焊钳完好无损
	氧气、乙炔	氧气乙炔表失效，橡胶软管损坏	爆炸	较小	（1）氧气乙炔表需检验合格，并在有效期内； （2）氧气、乙炔表使用前应进行检查，确保其完好、有效； （3）橡胶管使用前需检查无老化开裂、鼓包漏气现象
		使用没有回火阀的乙炔瓶	爆炸	中等	严禁使用没有回火阀的乙炔瓶
		（1）氧气瓶与乙炔气瓶的安全距离不足； （2）氧气、乙炔气瓶与明火的安全距离不足	爆炸	较小	（1）使用中氧气瓶和乙炔气瓶的距离不得小于8m； （2）使用中的氧气、乙炔气瓶与明火的距离必须大于10m
		氧气、乙炔瓶在使用发生倾倒	爆炸	较小	使用前需将气瓶绑扎牢固
	易燃易爆物质	未准备移动消防器材或消防水未投备用	火灾	中等	动火作业时，现场须准备合格的灭火器等移动消防器材
		作业前未进行清理易燃易爆物质	火灾	中等	动火作业前清理作业区域内及周围的易燃易爆物质
	电动工具	（1）电动工具未经检验合格； （2）电动工具电源线、电源插头破损，防护罩破损缺失	机械伤害、触电	较小	（1）检查各电动工具必须张贴检验合格标志； （2）检查电动工具的电源线、电源插头完好无缺损，防护罩完好无缺损； （3）检查合格证在有效期内
	临时电源及电源线	电源线悬挂高度不够	触电	较小	临时电源线架设高度室内不低于2.5m，室外不低于4m
		电源线、插头、插座破损	触电	较小	（1）检查电源线外绝缘良好，无破损； （2）检查电源盘合格证在有效期内； （3）检查电源插头插座，确保完好
		未安装漏电保护器	触电	较小	分级配置漏电保护器，工作前试漏电保护器，确保正确动作
	吊具	吊索具损坏或选择不当	起重伤害	中等	（1）作业前，应对吊索具及其配件进行检查，确认完好，方可使用； （2）所选用的吊索具应与被吊工件的外形特点及具体要求相适应，在不具备使用条件的情况下，不准使用； （3）作业中应防止损坏吊索具及配件，必要时在棱角处应加护角防护； （4）吊具及配件不能超过其额定起重量，起重吊具、吊索不得超过其相应吊挂状态下的最大工作载荷
	手拉葫芦	链条有裂纹、链轮转动卡涩、吊钩无防脱保险装置	起重伤害	较小	（1）检查链条葫芦检验合格证在有效期内； （2）使用前应做无负荷起落试验一次，检查链条是否有裂纹、链轮转动是否卡涩、吊钩是否无防脱保险装置，以确保完好

续表

作业步骤	危害辨识	危害描述	产生后果	风险等级	防　范　措　施
3．准备工作及现场布置	汽吊	吊带、钢丝绳损坏或选择不当	起重伤害	中等	（1）作业前，应对吊索具及其配件进行检查，确认完好，方可使用； （2）所选用的吊索具应与被吊工件的外形特点及具体要求相适应，在不具备使用条件的情况下，不准使用； （3）作业中应防止损坏吊索具及配件，必要时在棱角处应加护角防护； （4）吊具及配件不能超过其额定起重量，起重吊具、吊索不得超过其相应吊挂状态下的最大工作载荷； （5）起重作业时需要专业起重工持证上岗现场指挥； （6）汽车吊司机持证上岗
	高处作业人员	作业时未正确使用高处作业防护用品	高处坠落	重大	（1）高处作业人员必须戴好安全帽，穿好防滑鞋，正确佩戴安全带、防坠器； （2）所有从事高处作业的人员必须通过培训并取得高处作业证件并持证上岗
		人员不适于高处作业	高处坠落	重大	（1）从事高处作业的人员必须身体健康； （2）患有精神病、癫痫病以及经医师鉴定患有高血压、心脏病等不宜从事高处作业病症的人员，不准参加高处作业，凡发现工作人员精神不振时，禁止登高作业
	脚手架	脚手架搭建完成未验收	高处坠落	重大	脚手架搭建完成后需分级验收签字，验收合格后需在脚手架上悬挂使用合格证
	撬棍	撬棍强度不够	物体打击	较小	选用合适的撬棍，使用前检查，确认完好
	大锤	手柄断裂，锤头松脱	物体打击	较小	使用前检查，确认完好方可使用
	千斤顶，拉码	不能顶升或顶升后不保压，油缸泄漏	物体打击	中等	使用前检查千斤顶油位及管道完好，有无漏油现象
4．司机室驱动减速机清理、检查、换油	角磨机、切割机	未正确使用防护罩、防护眼镜	物体打击	较小	正确佩戴防护罩、防护眼镜
		更换磨片未切断电源	机械伤害	较小	更换磨片前必须切断电源
	手拉葫芦	滑链	起重伤害	中等	使用手拉葫芦时需核对铭牌，禁止超范围起吊物件
	手拉葫芦	手拉链卡死、断裂	起重伤害	中等	使用手拉葫芦不准将钩子挂扣在起重链上，使用人员时刻注意链条有无卡顿情况
	吊具和起吊物	吊点位置不正确	起重伤害	中等	吊钩要挂在物品的重心上
		斜拉	起重伤害	中等	不准使吊钩斜着拖吊重物
		起重区域未隔离、作业区域无专人监护	起重伤害	中等	（1）确保吊索，钢丝绳绑扎牢固； （2）作业过程中需要专人指挥； （3）在作业区周围设置明显的起吊警戒和围栏； （4）无关人员不准在起重工作区域内行走或者停留
	电焊机	多台电焊机共用一闸	触电	较小	每台焊机需有独立的电源开关和漏电保护器
		电焊机外壳不接地	触电	较小	电焊机金属外壳需有可靠的接地，一机一接地
	热辐射	电焊气割高温	烧伤、烫伤	较小	（1）工作人员必须穿好工作服、戴好手套、穿好带盖劳保鞋等； （2）气割火炬不准对着周围工作人员

续表

作业步骤	危害辨识	危害描述	产生后果	风险等级	防范措施
4．司机室驱动减速机清理、检查、换油	强光	电焊气割产生强光	其他伤害	中等	操作工需佩戴合格的护目镜，保护眼睛免受切割的火焰放出的强光伤害
	火种	焊接工作结束后，现场有遗留火种	火灾	中等	焊接作业结束后全面清理工作区域，做到不留任何火种
	高处作业	工器具掉落	物体打击	中等	（1）高处作业一律使用工具袋； （2）较大的工具应用绳拴在牢固的构件上，不准随便乱放，以防止从高处坠落发生事故
		工器具上下投掷	物体打击	中等	不准将工具及材料上下投掷，要用绳系牢后往下或往上吊送
	高处作业人员	高处作业未正确使用防护用品	高处坠落	中等	（1）高处作业人员必须戴好安全帽，穿好防滑鞋，正确佩戴安全带，必要时应使用防坠器； （2）安全带的挂钩应挂在结实、牢固的构件上，或专挂安全带的钢丝绳上，不准低挂高用
	脚手架	脚手架使用前未检验	高处坠落	中等	脚手架使用前需先检查正常，并签字确认
	撬棍	撬棍形式不对，强度不够	物体打击	较小	选用合适的撬棍，使用前检查，确认完好
	大锤	单手抡大锤、戴手套抡大锤；锤击点滑脱	砸伤	较小	打锤人不得戴手套，不得单手抡大锤；锤头无油污方可使用
	锉刀、手锯、螺丝刀	手柄等缺损	刺伤	较小	锉刀、手锯、螺丝刀等手柄应安装牢固，没有手柄的不准使用
	手动扳手	使用扳手不当致人员受伤	碰伤扭伤	较小	严禁使用破损的梅花扳手，严禁使用不合格的活动扳手
	清洗剂、松锈剂	不准确喷射	受蚀受伤	较小	使用清洗剂、松锈剂时需使用引喷点导管及提醒其他人员注意
	润滑油	加油及操作中发生的跑、冒、滴、漏及溢油导致地滑	滑跌	较小	在加油及操作中发生跑、冒、滴、漏及溢油时，要及时清除处理
5．行走轮检查、修理	角磨机、切割机	未正确使用防护罩、防护眼镜	物体打击	较小	正确佩戴防护罩、防护眼镜
		更换磨片未切断电源	机械伤害	较小	更换磨片前必须切断电源
	手拉葫芦	滑链	起重伤害	中等	使用手拉葫芦时需核对铭牌，禁止超范围起吊物件
		手拉链卡死、断裂	起重伤害	中等	使用手拉葫芦不准将钩子挂扣在起重链上，使用人员时刻注意链条有无卡顿情况
	吊具和起吊物	吊点位置不正确	起重伤害	中等	吊钩要挂在物品的重心上
		斜拉	起重伤害	中等	不准使吊钩斜着拖吊重物
		起重区域未隔离、作业区域无专人监护	起重伤害	中等	（1）确保吊索，钢丝绳绑扎牢固； （2）作业过程中需要专人指挥； （3）在作业区周围设置明显的起吊警戒和围栏； （4）无关人员不准在起重工作区域内行走或者停留
	电焊机	多台电焊机共用一闸	触电	较小	每台焊机需有独立的电源开关和漏电保护器
		电焊机外壳不接地	触电	较小	电焊机金属外壳需有可靠的接地，一机一接地

续表

作业步骤	危害辨识	危害描述	产生后果	风险等级	防 范 措 施
5. 行走轮检查、修理	热辐射	电焊气割高温	烧伤、烫伤	较小	（1）工作人员必须穿好工作服、戴好手套、穿好带盖劳保鞋等； （2）气割火炬不准对着周围工作人员
	强光	电焊气割产生强光	其他伤害	中等	操作工需佩戴合格的护目镜，保护眼睛免受切割的火焰放出的强光伤害
	火种	焊接工作结束后，现场有遗留火种	火灾	中等	焊接作业结束后全面清理工作区域，做到不留任何火种
	高处作业	工器具掉落	物体打击	中等	（1）高处作业一律使用工具袋； （2）较大的工具应用绳拴在牢固的构件上，不准随便乱放，以防止从高处坠落发生事故
		工器具上下投掷	物体打击	中等	不准将工具及材料上下投掷，要用绳系牢后往下或往上吊送
	高处作业人员	高处作业未正确使用防护用品	高处坠落	重大	（1）高处作业人员必须戴好安全帽，穿好防滑鞋，正确佩戴安全带，必要时应使用防坠器； （2）安全带的挂钩应挂在结实、牢固的构件上，或专挂安全带的钢丝绳上，不准低挂高用
	脚手架	脚手架使用前未检验	高处坠落	重大	脚手架使用前需先检查正常，并签字确认
	撬棍	撬棍形式不对，强度不够	物体打击	较小	选用合适的撬棍，使用前检查，确认完好
	大锤	单手抡大锤、戴手套抡大锤；锤击点滑脱	砸伤	较小	打锤人不得戴手套，不得单手抡大锤；锤头无油污方可使用
	锉刀、手锯、螺丝刀	手柄等缺损	刺伤	较小	锉刀、手锯、螺丝刀等手柄应安装牢固，没有手柄的不准使用
	手动扳手	使用扳手不当致人员受伤	碰伤扭伤	较小	严禁使用破损的梅花扳手，严禁使用不合格的活动扳手
	清洗剂、松锈剂	不准确喷射	受蚀受伤	较小	使用清洗剂、松锈剂时需使用引喷点导管及提醒其他人员注意
	润滑油	加油及操作中发生的跑、冒、滴、漏及溢油导致地滑	滑跌	较小	在加油及操作中发生跑、冒、滴、漏及溢油时，要及时清除处理
6. 夹轨器及液压站检查、修理	角磨机、切割机	未正确使用防护罩、防护眼镜	物体打击	较小	正确佩戴防护罩、防护眼镜
		更换磨片未切断电源	机械伤害	较小	更换磨片前必须切断电源
	手拉葫芦	滑链	起重伤害	中等	使用手拉葫芦时需核对铭牌，禁止超范围起吊物件
		手拉链卡死、断裂	起重伤害	中等	使用手拉葫芦不准将钩子挂扣在起重链上，使用人员时刻注意链条有无卡顿情况
	吊具和起吊物	吊点位置不正确	起重伤害	中等	吊钩要挂在物品的重心上
		斜拉	起重伤害	中等	不准使吊钩斜着拖吊重物
		起重区域未隔离、作业区域无专人监护	起重伤害	中等	（1）确保吊索，钢丝绳绑扎牢固； （2）作业过程中需要专人指挥； （3）在作业区周围设置明显的起吊警戒和围栏； （4）无关人员不准在起重工作区域内行走或者停留

续表

作业步骤	危害辨识	危害描述	产生后果	风险等级	防范措施
6．夹轨器及液压站检查、修理	高处作业	工器具掉落	物体打击	中等	（1）高处作业一律使用工具袋； （2）较大的工具应用绳拴在牢固的构件上，不准随便乱放，以防止从高处坠落发生事故
		工器具上下投掷	物体打击	中等	不准将工具及材料上下投掷，要用绳系牢后往下或往上吊送
	高处作业人员	高处作业未正确使用防护用品	高处坠落	重大	（1）高处作业人员必须戴好安全帽，穿好防滑鞋，正确佩戴安全带，必要时应使用防坠器； （2）安全带的挂钩应挂在结实、牢固的构件上，或专挂安全带的钢丝绳上，不准低挂高用
	脚手架	脚手架使用前未检验	高处坠落	重大	脚手架使用前需先检查正常，并签字确认
	撬棍	撬棍形式不对，强度不够	物体打击	较小	选用合适的撬棍，使用前检查，确认完好
	大锤	单手抡大锤、戴手套抡大锤；锤击点滑脱	砸伤	较小	打锤人不得戴手套，不得单手抡大锤；锤头无油污方可使用
	锉刀、手锯、螺丝刀	手柄等缺损	刺伤	较小	锉刀、手锯、螺丝刀等手柄应安装牢固，没有手柄的不准使用
	手动扳手	使用扳手不当致人员受伤	碰伤扭伤	较小	严禁使用破损的梅花扳手，严禁使用不合格的活动扳手
	清洗剂、松锈剂	不准确喷射	受蚀受伤	较小	使用清洗剂、松锈剂时需使用引喷点导管及提醒其他人员注意
	润滑油	加油及操作中发生的跑、冒、滴、漏及溢油导致地滑	滑跌	较小	在加油及操作中发生跑、冒、滴、漏及溢油时，要及时清除处理
7．轨道检查、检修	千斤顶	工作人员站在液压千斤顶安全栓或高压软管前面	起重伤害	较小	使用液压千斤顶时，除操作人员外，其他人员尽量远离，工作人员不准站在千斤顶安全栓或高压软管前面
	角磨机、切割机	未正确使用防护罩、防护眼镜	物体打击	较小	正确佩戴防护罩、防护眼镜
		更换磨片未切断电源	机械伤害	较小	更换磨片前必须切断电源
	手拉葫芦	滑链	起重伤害	中等	使用手拉葫芦时需核对铭牌，禁止超范围起吊物件
		手拉链卡死、断裂	起重伤害	中等	使用手拉葫芦不准将钩子挂扣在起重链上，使用人员时刻注意链条有无卡顿情况
	吊具和起吊物	吊点位置不正确	起重伤害	中等	吊钩要挂在物品的重心上
		斜拉	起重伤害	中等	不准使吊钩斜着拖吊重物
		起重区域未隔离、作业区域无专人监护	起重伤害	中等	（1）确保吊索，钢丝绳绑扎牢固； （2）作业过程中需要专人指挥； （3）在作业区周围设置明显的起吊警戒和围栏； （4）无关人员不准在起重工作区域内行走或者停留
	电焊机	多台电焊机共用一闸	触电	较小	每台焊机需有独立的电源开关和漏电保护器
		电焊机外壳不接地	触电	较小	电焊机金属外壳需有可靠的接地，一机一接地
	热辐射	电焊气割高温	烧伤、烫伤	较小	（1）工作人员必须穿好工作服、戴好手套、穿好带盖劳保鞋等； （2）气割火炬不准对着周围工作人员

续表

作业步骤	危害辨识	危害描述	产生后果	风险等级	防 范 措 施
7. 轨道检查、检修	强光	电焊气割产生强光	其他伤害	中等	操作工需佩戴合格的护目镜，保护眼睛免受切割的火焰放出的强光伤害
	火种	焊接工作结束后，现场有遗留火种	火灾	中等	焊接作业结束后全面清理工作区域，做到不留任何火种
	高处作业	工器具掉落	物体打击	中等	（1）高处作业一律使用工具袋； （2）较大的工具应用绳拴在牢固的构件上，不准随便乱放，以防止从高处坠落发生事故
		工器具上下投掷	物体打击	中等	不准将工具及材料上下投掷，要用绳系牢后往下或往上吊送
	高处作业人员	高处作业未正确使用防护用品	高处坠落	重大	（1）高处作业人员必须戴好安全帽，穿好防滑鞋，正确佩戴安全带，必要时应使用防坠器； （2）安全带的挂钩应挂在结实、牢固的构件上，或专挂安全带的钢丝绳上，不准低挂高用
	脚手架	脚手架使用前未检验	高处坠落	重大	脚手架使用前需先检查正常，并签字确认
	撬棍	撬棍形式不对，强度不够	物体打击	较小	选用合适的撬棍，使用前检查，确认完好
	大锤	单手抡大锤、戴手套抡大锤；锤击点滑脱	砸伤	较小	打锤人不得戴手套，不得单手抡大锤；锤头无油污方可使用
	锉刀、手锯、螺丝刀	手柄等缺损	刺伤	较小	锉刀、手锯、螺丝刀等手柄应安装牢固，没有手柄的不准使用
	手动扳手	使用扳手不当致人员受伤	碰伤扭伤	较小	严禁使用破损的梅花扳手，严禁使用不合格的活动扳手
	清洗剂、松锈剂	不准确喷射	受蚀受伤	较小	使用清洗剂、松锈剂时需使用引喷点导管及提醒其他人员注意
8. 其他部件检查、修理	角磨机、切割机	未正确使用防护罩、防护眼镜	物体打击	较小	正确佩戴防护罩、防护眼镜
		更换磨片未切断电源	机械伤害	较小	更换磨片前必须切断电源
	电焊机	多台电焊机共用一闸	触电	较小	每台焊机需有独立的电源开关和漏电保护器
		电焊机外壳不接地	触电	较小	电焊机金属外壳需有可靠的接地，一机一接地
	热辐射	电焊气割高温	烧伤、烫伤	较小	（1）工作人员必须穿好工作服、戴好手套、穿好带盖劳保鞋等； （2）气割火炬不准对着周围工作人员
	强光	电焊气割产生强光	其他伤害	中等	操作工需佩戴合格的护目镜，保护眼睛免受切割的火焰放出的强光伤害
	火种	焊接工作结束后，现场有遗留火种	火灾	中等	焊接作业结束后全面清理工作区域，做到不留任何火种
	高处作业	工器具掉落	物体打击	中等	（1）高处作业一律使用工具袋； （2）较大的工具应用绳拴在牢固的构件上，不准随便乱放，以防止从高处坠落发生事故
		工器具上下投掷	物体打击	中等	不准将工具及材料上下投掷，要用绳系牢后往下或往上吊送
	高处作业人员	高处作业未正确使用防护用品	高处坠落	重大	（1）高处作业人员必须戴好安全帽，穿好防滑鞋，正确佩戴安全带，必要时应使用防坠器； （2）安全带的挂钩应挂在结实、牢固的构件上，或专挂安全带的钢丝绳上，不准低挂高用

续表

作业步骤	危害辨识	危害描述	产生后果	风险等级	防范措施
8. 其他部件检查、修理	脚手架	脚手架使用前未检验	高处坠落	重大	脚手架使用前需先检查正常，并签字确认
	撬棍	撬棍形式不对，强度不够	物体打击	较小	选用合适的撬棍，使用前检查，确认完好
	大锤	单手抡大锤、戴手套抡大锤；锤击点滑脱	砸伤	较小	打锤人不得戴手套，不得单手抡大锤；锤头无油污方可使用
	锉刀、手锯、螺丝刀	手柄等缺损	刺伤	较小	锉刀、手锯、螺丝刀等手柄应安装牢固，没有手柄的不准使用
	手动扳手	使用扳手不当致人员受伤	碰伤扭伤	较小	严禁使用破损的梅花扳手；严禁使用不合格的活动扳手
	清洗剂、松锈剂	不准确喷射	受蚀受伤	较小	使用清洗剂、松锈剂时需使用引喷点导管及提醒其他人员注意
9. 检修工作结束	施工废料	施工废料未清理	环境污染	较小	废料及时清理，做到工完、料尽、场地清
		工作结束后，废品乱扔	火灾、环境污染	较小	不准将油污、油泥、废油等（包括沾油棉纱、布、手套、纸等）倒入下水道排放或随地倾倒，应收集放于指定的废油箱，妥善处理，以防污染环境

14.14 斗轮机悬臂皮带机构检修

作业步骤	危害辨识	危害描述	产生后果	风险等级	防范措施
1. 环境评估	噪声	进入噪声区域时，未正确使用防护用品	噪声聋	较小	进入噪声区域时正确佩戴耳塞
	煤粉	（1）相关皮带机运行有煤尘飞扬； （2）储煤场堆放存煤有煤尘扬起	尘肺病	较小	（1）作业人员佩戴防护口罩； （2）对作业现场进行水冲洗
	坑洞	盖板缺失或安全栏杆不全	跌落	较小	做好现场检查及防护隔离措施
2. 措施确认	转动的减速机	工作前未核实设备运转状态	机械伤害	中等	与运行人员共同确认现场安全措施、停电措施正确完备
		未采取防止其他转动设备措施	机械伤害	中等	做好与其他转动设备的隔离措施并保持安全距离
	转动的皮带	工作前未核实设备运转状态	机械伤害	中等	与运行人员共同确认现场安全措施、停电措施正确完备
		未采取防止其他转动设备措施	机械伤害	中等	做好与其他转动设备的隔离措施并保持安全距离
3. 准备工作及现场布置	电焊机	电焊机未经检验合格	触电	较小	（1）电焊机必须贴有检验合格标证； （2）检查合格证在有效期内
		电焊机电源线、电源插头、电焊钳破损	触电	较小	检查电焊机电源线、电源插头、电焊钳完好无损
	氧气、乙炔	氧气乙炔表失效；橡胶软管损坏	爆炸	较小	（1）氧气乙炔表需检验合格，并在有效期内； （2）氧气、乙炔表使用前应进行检查，确保其完好、有效； （3）橡胶管使用前需检查无老化开裂、鼓包漏气现象

续表

作业步骤	危害辨识	危害描述	产生后果	风险等级	防 范 措 施
3. 准备工作及现场布置	氧气、乙炔	使用没有回火阀的乙炔瓶	爆炸	中等	严禁使用没有回火阀的乙炔瓶
		（1）氧气瓶与乙炔气瓶的安全距离不足； （2）氧气、乙炔气瓶与明火的安全距离不足	爆炸	较小	（1）使用中氧气瓶和乙炔气瓶的距离不得小于8m； （2）使用中的氧气、乙炔气瓶与明火的距离必须大于10m
		氧气、乙炔瓶在使用发生倾倒	爆炸	较小	使用前需将气瓶绑扎牢固
	电动工具	（1）电动工具未经检验合格； （2）电动工具电源线、电源插头破损，防护罩破损缺失	机械伤害	较小	（1）检查各电动工具必须张贴检验合格标志； （2）检查电动工具的电源线、电源插头完好无缺损，防护罩完好无缺损； （3）检查合格证在有效期内
	临时电源及电源线	电源线悬挂高度不够	触电	较小	临时电源线架设高度室内不低于2.5m
		电源线、插头、插座破损	触电	较小	（1）检查电源线外绝缘良好，无破损； （2）检查电源盘合格证在有效期内； （3）检查电源插头插座，确保完好
		未安装漏电保护器	触电	较小	分级配置漏电保护器，工作前试漏电保护器，确保正确动作
	吊具	吊索具损坏或选择不当	起重伤害	中等	（1）作业前，应对吊索具及其配件进行检查，确认完好，方可使用； （2）所选用的吊索具应与被吊工件的外形特点及具体要求相适应，在不具备使用条件的情况下，不准使用； （3）作业中应防止损坏吊索具及配件，必要时在棱角处应加护角防护； （4）吊具及配件不能超过其额定起重量，起重吊具、吊索不得超过其相应吊挂状态下的最大工作载荷
	高处作业人员	作业时未正确使用高处作业防护用品	高处坠落	重大	（1）高处作业人员必须戴好安全帽，穿好防滑鞋，正确佩戴安全带、防坠器； （2）所有从事高处作业的人员必须通过培训并取得高处作业证件并持证上岗
		人员不适于高处作业	高处坠落	重大	（1）从事高处作业的人员必须身体健康； （2）患有精神病、癫痫病以及经医师鉴定患有高血压、心脏病等不宜从事高处作业病症的人员，不准参加高处作业，凡发现工作人员精神不振时，禁止登高作业
	脚手架	脚手架搭建完成未验收	高处坠落	中等	（1）脚手架搭建完成后需分级验收签字，验收合格后需在脚手架上悬挂使用合格证
	汽吊	吊带、钢丝绳损坏或选择不当	起重伤害	中等	（1）作业前，应对吊索具及其配件进行检查，确认完好，方可使用； （2）所选用的吊索具应与被吊工件的外形特点及具体要求相适应，在不具备使用条件的情况下，不准使用； （3）作业中应防止损坏吊索具及配件，必要时在棱角处应加护角防护； （4）吊具及配件不能超过其额定起重量，起重吊具、吊索不得超过其相应吊挂状态下的最大工作载荷； （5）起重作业时需要专业起重工持证上岗现场指挥； （6）汽车吊司机持证上岗

续表

作业步骤	危害辨识	危害描述	产生后果	风险等级	防 范 措 施
3. 准备工作及现场布置	装载车	交通安全风险	物体打击	中等	(1) 确保作业现场有足够的空间; (2) 装载机司机持证上岗操作
	锉刀、手锯、螺丝刀	手柄等缺损	刺伤	较小	锉刀、手锯、螺丝刀等手柄应安装牢固，没有手柄的不准使用
	撬棍	撬棍强度不够	物体打击	较小	选用合适的撬棍，使用前检查，确认完好
	大锤	手柄断裂，锤头松脱	物体打击	较小	使用前检查，确认完好方可使用
	千斤顶，拉码	不能顶升或顶升后不保压，油缸泄漏	物体打击	中等	使用前检查千斤顶油位及管道完好，有无漏油现象
4. 减速机检修	千斤顶	油压过高，接口松动	物体打击	较小	使用时确保油管接头牢固、到位，使用过程中关注油压变化
	手拉葫芦	滑链	起重伤害	中等	使用手拉葫芦时工作负荷不准超过铭牌规定
		手拉链卡死、断裂	起重伤害	中等	使用手拉葫芦不准将钩子挂扣在起重链上，使用人员时刻注意链条有无卡顿情况
	吊具和起吊物	吊点位置不正确	起重伤害	中等	不准利用管道及电缆槽架起吊重物
		斜拉	起重伤害	中等	不准使吊钩斜着拖吊重物
	电焊机	电焊机电源线、电源插头、电焊钳破损	触电	较小	检查电焊机电源线、电源插头、电焊钳完好无损
		电焊机外壳不接地	触电	较小	电焊机金属外壳需有可靠的接地，一机一接地
	撬棍	选用撬棍不合适	物体打击	较小	选用合适的撬棍，使用中需有牢固可靠的支点
	大锤	戴手套抡大锤	砸伤	较小	打锤人不得戴手套
		单手抡大锤	砸伤	较小	抡大锤时周围不得有人，不得单手抡大锤
	清洗剂、松锈剂	不准确喷射	眼镜受伤	较小	使用清洗剂、松锈剂时需使用引喷点导管及提醒其他人员注意
	润滑油	油污导致地滑	跌倒	较小	使用专用容器加油，作业区域油污及时清理
5. 制动器检修	手拉葫芦	手拉链卡死、断裂	起重伤害	中等	使用手拉葫芦不准将钩子挂扣在起重链上，使用人员时刻注意链条有无卡顿情况
	润滑油	油污导致地滑	跌倒	较小	使用专用容器加油，作业区域油污及时清理
	撬棍	选用撬棍不合适	机械伤害	较小	选用合适的撬棍，使用中需有牢固可靠的支点
	手动扳手	使用扳手不当致人员受伤	碰伤扭伤	较小	严禁使用破损的梅花扳手，严禁使用不合格的活动扳手
	清洗剂、松锈剂	不准确喷射致人员受伤	受蚀受伤	较小	使用清洗剂、松锈剂时需使用引喷导管及提醒其他人员注意
6. 液力偶合器检修	液压拉码	油压过高，接口松动	物体打击	较小	使用时确保油管接头牢固、到位，使用过程中关注油压变化
	手拉葫芦	滑链	起重伤害	中等	使用手拉葫芦时工作负荷不准超过铭牌规定
		手拉链卡死、断裂	起重伤害	中等	使用手拉葫芦不准将钩子挂扣在起重链上，使用人员时刻注意链条有无卡顿情况
	吊具和起吊物	吊点位置不正确	起重伤害	中等	不准利用管道及电缆槽架起吊重物
		斜拉	起重伤害	中等	不准使吊钩斜着拖吊重物
	手动扳手	使用扳手不当致人员受伤	碰伤扭伤	较小	严禁使用破损的梅花扳手，严禁使用不合格的活动扳手

续表

作业步骤	危害辨识	危害描述	产生后果	风险等级	防 范 措 施
6．液力偶合器检修	润滑油	油污导致地滑	跌倒	较小	使用专用容器加油，作业区域油污及时清理
	清洗剂、松锈剂	不准确喷射致人员受伤	受蚀受伤	较小	使用清洗剂、松锈剂时需使用引喷导管及提醒其他人员注意
7．滚筒检修	手拉葫芦	滑链	起重伤害	中等	使用手拉葫芦时工作负荷不准超过铭牌规定
		手拉链卡死、断裂	起重伤害	中等	使用手拉葫芦不准将钩子挂扣在起重链上，使用人员时刻注意链条有无卡顿情况
	吊具和起吊物	点位置不正确	起重伤害	中等	不准利用管道及电缆槽架起吊重物
		斜拉	起重伤害	中等	不准使吊钩斜着拖吊重物
	汽吊	吊带、钢丝绳损坏或选择不当	起重伤害	中等	（1）确保吊索、钢丝绳绑扎牢固； （2）吊运过程中需要专人指挥； （3）在起重作业区周围设置明显的起吊警戒和围栏； （4）无关人员不准在起重工作区域内行走或者停留
	千斤顶	油压过高，接口松动	物体打击	较小	使用时确保油管接头牢固、到位，使用过程中关注油压变化
	大锤	戴手套抡大锤	砸伤	较小	打锤人不得戴手套
		单手抡大锤	砸伤	较小	抡大锤时周围不得有人，不得单手抡大锤
	撬棍	选用撬棍不合适	机械伤害	较小	选用合适的撬棍，使用中需有牢固可靠的支点
	手动扳手	使用扳手不当致人员受伤	碰伤扭伤	较小	严禁使用破损的梅花扳手，严禁使用不合格的活动扳手
	不合格脚手架	脚手架使用前未检验	高处坠落	中等	脚手架使用前需先检查正常，并签字确认
	清洗剂、松锈剂	不准确喷射致人员受伤	受蚀受伤	较小	使用清洗剂、松锈剂时需使用引喷导管及提醒其他人员注意
8．悬臂架及皮带机架检修	电焊机	多台焊机共用一闸	触电	较小	每台焊机需有独立的电源开关和漏电保护器
		电焊机外壳不接地	触电	较小	电焊机金属外壳需有可靠的接地，一机一接地
	撬棍	选用撬棍不合适	物体打击	较小	选用合适的撬棍，使用中需有牢固可靠的支点
	传动滚筒	起重区域未隔离	起重伤害	中等	（1）在起重作业区周围设置明显的起吊警戒和围栏； （2）无关人员不准在起重工作区域内行走或者停留
		吊装作业区域无专人监护	起重伤害	中等	吊装作业区周边必须设置警戒区域，并设专人监护
	氧气、乙炔	氧气乙炔表失效，橡胶软管损坏	爆炸	较小	（1）氧气乙炔表需检验合格，并在有效期内； （2）氧气、乙炔表使用前应进行检查，确保其完好、有效； （3）橡胶管使用前需检查无老化开裂、鼓包漏气现象
		使用没有回火阀的乙炔瓶	爆炸	中等	严禁使用没有回火阀的乙炔瓶
		（1）氧气瓶与乙炔气瓶的安全距离不足； （2）氧气、乙炔气瓶与明火的安全距离不足	爆炸	较小	（1）使用中氧气瓶和乙炔气瓶的距离不得小于8m； （2）使用中的氧气、乙炔气瓶与明火的距离必须大于10m

续表

作业步骤	危害辨识	危害描述	产生后果	风险等级	防范措施
8．悬臂架及皮带机架检修	氧气、乙炔	氧气、乙炔瓶在使用时发生倾倒	爆炸	较小	使用前需将气瓶绑扎牢固
	大锤	戴手套抡大锤	砸伤	较小	打锤人不得戴手套
		单手抡大锤	砸伤	较小	抡大锤时周围不得有人，不得单手抡大锤
	不合格脚手架	脚手架使用前未检验	高处坠落	中等	脚手架使用前需先检查正常，并签字确认
	清洗剂、松锈剂	不准确喷射致人员受伤	受蚀受伤	较小	使用清洗剂、松锈剂时需使用引喷导管及提醒其他人员注意
	角磨机	角磨机砂轮片破损	机械伤害	较小	使用角磨机需戴好防护面罩或防护眼镜
	手动扳手	使用扳手不当致人员受伤	碰伤扭伤	较小	严禁使用破损的梅花扳手，严禁使用不合格的活动扳手
	千斤顶	油压过高，接口松动	物体打击	较小	使用时确保油管接头牢固、到位，使用过程中关注油压变化
	高处作业	高处作业人员未使用防护用品	物体打击	中等	高处作业人员必须正确戴好安全帽，系好合格的安全带、必要时需使用安全绳
		发生高空落物	物体打击	中等	（1）高处作业一律使用工具袋； （2）大件需用绳子系牢后上下吊送
9．皮带检查检修	硫化器	加热板外露，温度传感器失效，未冷却完成拆除硫化器	烫伤	中等	（1）使用前检查硫化器温度传感器、温度表； （2）硫化过程中严禁触碰加热板； （3）硫化完成后至少冷却 3h 以上才能拆除硫化器
		水压板泄漏，水压过高	物体打击	较小	（1）使用前检查硫化器水压板有无漏水现象； （2）使用时关注水压变化
		电源线、电箱、控制箱、插头破损	触电	较小	检查电源线、电箱、控制箱、插头完好
	电焊机	多台焊机共用一闸	触电	较小	每台焊机需有独立的电源开关和漏电保护器
		电焊机外壳不接地	触电	较小	电焊机金属外壳需有可靠的接地，一机一接地
	角磨机	角磨机砂轮片破损	机械伤害	较小	使用角磨机需戴好防护面罩或防护眼镜
	手动扳手	使用扳手不当致人员受伤	碰伤扭伤	较小	严禁使用破损的梅花扳手，严禁使用不合格的活动扳手
	皮带刀	工作人员使用不当	割伤	较小	（1）使用皮带刀口时注意边上的其他工作人员； （2）皮带刀使用后要及时入鞘； （3）使用时刀口不要对准任何人
	高处作业	高处作业人员未使用防护用品	物体打击	中等	高处作业人员必须正确戴好安全帽，系好合格的安全带、必要时需使用安全绳
		发生高空落物	物体打击	中等	（1）高处作业一律使用工具袋； （2）大件需用绳子系牢后上下吊送
	汽吊	吊带、钢丝绳损坏或选择不当	起重伤害	中等	（1）确保吊索、钢丝绳绑扎牢固； （2）吊运过程中需要专人指挥； （3）在起重作业区周围设置明显的起吊警戒和围栏； （4）无关人员不准在起重工作区域内行走或者停留
	装载车	发生交通安全事故	起重伤害	中等	（1）作业时注意周边人员； （2）启动时对视线盲区进行检查

续表

作业步骤	危害辨识	危害描述	产生后果	风险等级	防 范 措 施
10．其他部件检修	锉刀、手锯、螺丝刀	手柄等缺损	刺伤	较小	锉刀、手锯、螺丝刀等手柄应安装牢固，没有手柄的不准使用
	手动扳手	使用扳手不当致人员受伤	碰伤扭伤	较小	严禁使用破损的梅花扳手；严禁使用不合格的活动扳手
	角磨机	角磨机砂轮片破损	机械伤害	较小	使用角磨机需戴好防护面罩或防护眼镜
	高处作业	高处作业人员未使用防护用品	物体打击	中等	高处作业人员必须正确戴好安全帽，系好合格的安全带、必要时需使用安全绳
		发生高空落物	物体打击	中等	（1）高处作业一律使用工具袋； （2）大件需用绳子系牢后上下吊送
11．检修工作结束	施工废料	施工废料未清理	环境污染	较小	废料及时清理，做到工完、料尽、场地清

14.15 斗轮机斗轮机构检修

作业步骤	危害辨识	危害描述	产生后果	风险等级	防 范 措 施
1．环境评估	噪声	进入噪声区域时，未正确使用防护用品	噪声聋	较小	进入噪声区域时正确佩戴耳塞
	煤粉	（1）相关皮带机运行有煤尘飞扬； （2）储煤场堆放存煤有煤尘扬起	尘肺病	较小	（1）作业人员佩戴防护口罩； （2）对作业现场进行水冲洗
	坑洞	盖板缺失或安全栏杆不全	跌落	较小	做好现场检查及防护隔离措施
2．措施确认	转动的减速机	工作前未核实设备运转状态	机械伤害	中等	与运行人员共同确认现场安全措施、停电措施正确完备
		未采取防止其他转动设备措施	机械伤害	中等	做好与其他转动设备的隔离措施并保持安全距离
	转动的皮带	工作前未核实设备运转状态	机械伤害	中等	与运行人员共同确认现场安全措施、停电措施正确完备
		未采取防止其他转动设备措施	机械伤害	中等	做好与其他转动设备的隔离措施并保持安全距离
3．准备工作及现场布置	电焊机	电焊机未经检验合格	触电	较小	（1）电焊机必须贴有检验合格标志； （2）检查合格证在有效期内
		电焊机电源线、电源插头、电焊钳破损	触电	较小	检查电焊机电源线、电源插头、电焊钳完好无损
	氧气、乙炔	氧气乙炔表失效，橡胶软管损坏	爆炸	较小	（1）氧气乙炔表需检验合格，并在有效期内； （2）氧气、乙炔表使用前应进行检查，确保其完好、有效； （3）橡胶管使用前需检查无老化开裂、鼓包漏气现象
		使用没有回火阀的乙炔瓶	爆炸	中等	严禁使用没有回火阀的乙炔瓶
		（1）氧气瓶与乙炔气瓶的安全距离不足； （2）氧气、乙炔气瓶与明火的安全距离不足	爆炸	较小	（1）使用中氧气瓶和乙炔气瓶的距离不得小于8m； （2）使用中的氧气、乙炔气瓶与明火的距离必须大于10m
		氧气、乙炔瓶在使用发生倾倒	爆炸	较小	使用前需将气瓶绑扎牢固

续表

作业步骤	危害辨识	危害描述	产生后果	风险等级	防范措施
3. 准备工作及现场布置	电动工具	（1）电动工具未经检验合格； （2）电动工具电源线、电源插头破损，防护罩破损缺失	机械伤害	较小	（1）检查各电动工具必须张贴检验合格标志； （2）检查电动工具的电源线、电源插头完好无缺损，防护罩完好无缺损； （3）检查合格证在有效期内
	临时电源及电源线	电源线悬挂高度不够	触电	较小	临时电源线架设高度室内不低于2.5m
		电源线、插头、插座破损	触电	较小	（1）检查电源线外绝缘良好，无破损； （2）检查电源盘合格证在有效期内； （3）检查电源插头插座，确保完好
		未安装漏电保护器	触电	较小	分级配置漏电保护器，工作前试漏电保护器，确保正确动作
	吊具	吊索具损坏或选择不当	起重伤害	中等	（1）作业前，应对吊索具及其配件进行检查，确认完好，方可使用； （2）所选用的吊索具应与被吊工件的外形特点及具体要求相适应，在不具备使用条件的情况下，不准使用； （3）作业中应防止损坏吊索具及配件，必要时在棱角处应加护角防护； （4）吊具及配件不能超过其额定起重量，起重吊具、吊索不得超过其相应吊挂状态下的最大工作载荷
	汽吊	吊带、钢丝绳损坏或选择不当	起重伤害	中等	（1）作业前，应对吊索具及其配件进行检查，确认完好，方可使用； （2）所选用的吊索具应与被吊工件的外形特点及具体要求相适应，在不具备使用条件的情况下，不准使用； （3）作业中应防止损坏吊索具及配件，必要时在棱角处应加护角防护； （4）吊具及配件不能超过其额定起重量，起重吊具、吊索不得超过其相应吊挂状态下的最大工作载荷； （5）起重作业时需要专业起重工持证上岗现场指挥； （6）汽车吊司机持证上岗
	高处作业人员	作业时未正确使用高处作业防护用品	高处坠落	重大	（1）高处作业人员必须戴好安全帽，穿好防滑鞋，正确佩戴安全带、防坠器； （2）所有从事高处作业的人员必须通过培训并取得高处作业证件并持证上岗
		人员不适于高处作业	高处坠落	重大	（1）从事高处作业的人员必须身体健康； （2）患有精神病、癫痫病以及经医师鉴定患有高血压、心脏病等不宜从事高处作业病症的人员，不准参加高处作业，凡发现工作人员精神不振时，禁止登高作业
	脚手架	脚手架搭建完成未验收	高处坠落	重大	脚手架搭建完成后需分级验收签字，验收合格后需在脚手架上悬挂使用合格证
	撬棍	撬棍强度不够	物体打击	较小	选用合适的撬棍，使用前检查，确认完好
	大锤	手柄断裂，锤头松脱	物体打击	较小	使用前检查，确认完好方可使用
	千斤顶，拉码	不能顶升或顶升后不保压，油缸泄漏	物体打击	中等	使用前检查千斤顶油位及管道完好，有无漏油现象

续表

作业步骤	危害辨识	危害描述	产生后果	风险等级	防 范 措 施
4．液力偶合器检修	液压拉码	油压过高，接口松动	物体打击	较小	使用时确保油管接头牢固、到位。使用过程中关注油压变化
	手拉葫芦	滑链	起重伤害	中等	使用手拉葫芦时工作负荷不准超过铭牌规定
		手拉链卡死、断裂	起重伤害	中等	使用手拉葫芦不准将钩子挂扣在起重链上，使用人员时刻注意链条有无卡顿情况
	吊具和起吊物	吊点位置不正确	起重伤害	中等	不准利用管道及电缆槽架起吊重物
		斜拉	起重伤害	中等	不准使吊钩斜着拖吊重物
	手动扳手	使用扳手不当致人员受伤	碰伤扭伤	较小	严禁使用破损的梅花扳手，严禁使用不合格的活动扳手
	润滑油	油污导致地滑	跌倒	较小	使用专用容器加油，作业区域油污及时清理
	清洗剂、松锈剂	不准确喷射致人员受伤	受蚀受伤	较小	使用清洗剂、松锈剂时需使用引喷导管及提醒其他人员注意
5．轮体、圆弧挡板检修	电焊机	多台焊机共用一闸	触电	较小	每台焊机需有独立的电源开关和漏电保护器
		电焊机外壳不接地	触电	较小	电焊机金属外壳需有可靠的接地，一机一接地
	氧气、乙炔	氧气乙炔表失效，橡胶软管损坏	爆炸	较小	（1）氧气乙炔表需检验合格，并在有效期内； （2）氧气、乙炔表使用前应进行检查，确保其完好、有效； （3）橡胶管使用前需检查无老化开裂、鼓包漏气现象
		使用没有回火阀的乙炔瓶	爆炸	中等	严禁使用没有回火阀的乙炔瓶
		（1）氧气瓶与乙炔气瓶的安全距离不足； （2）氧气、乙炔气瓶与明火的安全距离不足	爆炸	较小	（1）使用中氧气瓶和乙炔气瓶的距离不得小于8m； （2）使用中的氧气、乙炔气瓶与明火的距离必须大于10m
		氧气、乙炔瓶在使用发生倾倒	爆炸	较小	使用前需将气瓶绑扎牢固
	角磨机	角磨机砂轮片破损	机械伤害	较小	使用角磨机需戴好防护面罩或防护眼镜
	吊具和起吊物	吊点位置不正确	起重伤害	中等	不准利用管道及电缆槽架起吊重物
	汽吊	吊带、钢丝绳损坏或选择不当	起重伤害	中等	（1）确保吊索，钢丝绳绑扎牢固； （2）吊运过程中需要专人指挥； （3）在起重作业区周围设置明显的起吊警戒和围栏； （4）无关人员不准在起重工作区域内行走或者停留
	高处作业	高处作业人员未使用防护用品	物体打击	中等	高处作业人员必须正确戴好安全帽；系好合格的安全带、必要时需使用安全绳
		发生高空落物	物体打击	中等	（1）高处作业一律使用工具袋； （2）大件需用绳子系牢后上下吊送
	大锤	戴手套抡大锤	砸伤	较小	打锤人不得戴手套
		单手抡大锤	砸伤	较小	抡大锤时周围不得有人，不得单手抡大锤

续表

作业步骤	危害辨识	危害描述	产生后果	风险等级	防范措施
5. 轮体、圆弧挡板检修	不合格脚手架	脚手架使用前未检验	高处坠落	重大	脚手架使用前需先检查正常，并签字确认
	撬棍	选用撬棍不合适	机械伤害	较小	选用合适的撬棍，使用中需有牢固可靠的支点
	手动扳手	使用扳手不当致人员受伤	碰伤扭伤	较小	严禁使用破损的梅花扳手，严禁使用不合格的活动扳手
6. 斗轮轴、轴承座检修	电焊机	多台焊机共用一闸	触电	较小	每台焊机需有独立的电源开关和漏电保护器
		电焊机外壳不接地	触电	较小	电焊机金属外壳需有可靠的接地，一机一接地
	氧气、乙炔	氧气乙炔表失效，橡胶软管损坏	爆炸	较小	（1）氧气乙炔表需检验合格，并在有效期内；（2）氧气、乙炔表使用前应进行检查，确保其完好、有效；（3）橡胶管使用前需检查无老化开裂、鼓包漏气现象
		使用没有回火阀的乙炔瓶	爆炸	中等	严禁使用没有回火阀的乙炔瓶
		（1）氧气瓶与乙炔气瓶的安全距离不足；（2）氧气、乙炔气瓶与明火的安全距离不足	爆炸	较小	（1）使用中氧气瓶和乙炔气瓶的距离不得小于8m；（2）使用中的氧气、乙炔气瓶与明火的距离必须大于10m
		氧气、乙炔瓶在使用发生倾倒	爆炸	较小	使用前需将气瓶绑扎牢固
	角磨机	角磨机砂轮片破损	机械伤害	较小	使用角磨机需戴好防护面罩或防护眼镜
	吊具和起吊物	吊点位置不正确	起重伤害	中等	不准利用管道及电缆槽架起吊重物
	汽吊	吊带、钢丝绳损坏或选择不当	起重伤害	中等	（1）确保吊索，钢丝绳绑扎牢固；（2）吊运过程中需要专人指挥；（3）在起重作业区周围设置明显的起吊警戒和围栏；（4）无关人员不准在起重工作区域内行走或者停留
	高处作业	高处作业人员未使用防护用品	物体打击	中等	高处作业人员必须正确戴好安全帽，系好合格的安全带，必要时需使用安全绳
		发生高空落物	物体打击	中等	（1）高处作业一律使用工具袋；（2）大件需用绳子系牢后上下吊送
	不合格脚手架	脚手架使用前未检验	高处坠落	重大	脚手架使用前需先检查正常，并签字确认
	手拉葫芦	滑链	起重伤害	中等	使用手拉葫芦时工作负荷不准超过铭牌规定
		手拉链卡死、断裂	起重伤害	中等	使用手拉葫芦不准将钩子挂扣在起重链上，使用人员时刻注意链条有无卡顿情况
	大锤	戴手套抡大锤	砸伤	较小	打锤人不得戴手套
		单手抡大锤	砸伤	较小	抡大锤时周围不得有人，不得单手抡大锤
	撬棍	选用撬棍不合适	机械伤害	较小	选用合适的撬棍，使用中需有牢固可靠的支点
	手动扳手	使用扳手不当致人员受伤	碰伤扭伤	较小	严禁使用破损的梅花扳手，严禁使用不合格的活动扳手
	润滑油	油污导致地滑	跌倒	较小	使用专用容器加油，作业区域油污及时清理

续表

作业步骤	危害辨识	危害描述	产生后果	风险等级	防 范 措 施
7. 其他部件检修	锉刀、手锯、螺丝刀	手柄等缺损	刺伤	较小	锉刀、手锯、螺丝刀等手柄应安装牢固，没有手柄的不准使用
	手动扳手	使用扳手不当致人员受伤	碰伤扭伤	较小	严禁使用破损的梅花扳手，严禁使用不合格的活动扳手
	角磨机	角磨机砂轮片破损	机械伤害	较小	使用角磨机需戴好防护面罩或防护眼镜
	高处作业	高处作业人员未使用防护用品	物体打击	中等	高处作业人员必须正确戴好安全帽，系好合格的安全带，必要时需使用安全绳
		发生高处落物	物体打击	中等	（1）高处作业一律使用工具袋； （2）大件需用绳子系牢后上下吊送
	不合格脚手架	脚手架使用前未检验	高处坠落	重大	脚手架使用前需先检查正常，并签字确认
8. 检修工作结束	施工废料	施工废料未清理	环境污染	较小	废料及时清理，做到工完、料尽、场地清

14.16 斗轮机回转机构检修

作业步骤	危害辨识	危害描述	产生后果	风险等级	防 范 措 施
1. 环境评估	噪声	进入噪声区域时，未正确使用防护用品	噪声聋	较小	进入噪声区域时正确佩戴耳塞
	煤粉	（1）相关皮带机运行有煤尘飞扬； （2）储煤场堆放存煤有煤尘扬起	尘肺病	较小	（1）作业人员佩戴防护口罩； （2）对作业现场进行水冲洗
	坑洞	盖板缺失或安全栏杆不全	跌落	较小	做好现场检查及防护隔离措施
2. 措施确认	转动的减速机	工作前未核实设备运转状态	机械伤害	中等	与运行人员共同确认现场安全措施、停电措施正确完备
		未采取防止其他转动设备措施	机械伤害	中等	做好与其他转动设备的隔离措施并保持安全距离
	转动的电动机	工作前未核实设备运转状态	机械伤害	中等	与运行人员共同确认现场安全措施、停电措施正确完备
		未采取防止其他转动设备措施	机械伤害	中等	做好与其他转动设备的隔离措施并保持安全距离
3. 准备工作及现场布置	电焊机	电焊机未经检验合格	触电	较小	（1）电焊机必须贴有检验合格标志； （2）检查合格证在有效期内
		电焊机电源线、电源插头、电焊钳破损	触电	较小	检查电焊机电源线、电源插头、电焊钳完好无损
	电动工具	（1）电动工具未经检验合格； （2）电动工具电源线、电源插头破损，防护罩破损缺失	机械伤害	较小	（1）检查各电动工具，必须张贴检验合格标志； （2）检查电动工具的电源线、电源插头完好无缺损，防护罩完好无缺损； （3）检查合格证在有效期内
	临时电源及电源线	电源线悬挂高度不够	触电	较小	临时电源线架设高度室内不低于2.5m
		电源线、插头、插座破损	触电	较小	（1）检查电源线外绝缘良好，无破损； （2）检查电源盘合格证在有效期内； （3）检查电源插头插座，确保完好
		未安装漏电保护器	触电	较小	分级配置漏电保护器，工作前试漏电保护器，确保正确动作

续表

作业步骤	危害辨识	危害描述	产生后果	风险等级	防范措施
3. 准备工作及现场布置	吊具	吊索具损坏或选择不当	起重伤害	中等	(1) 作业前，应对吊索具及其配件进行检查，确认完好，方可使用； (2) 所选用的吊索具应与被吊工件的外形特点及具体要求相适应，在不具备使用条件的情况下，不准使用； (3) 作业中应防止损坏吊索具及配件，必要时在棱角处应加护角防护； (4) 吊具及配件不能超过其额定起重量，起重吊具、吊索不得超过其相应吊挂状态下的最大工作载荷
	汽吊	吊带、钢丝绳损坏或选择不当	起重伤害	中等	(1) 作业前，应对吊索具及其配件进行检查，确认完好，方可使用； (2) 所选用的吊索具应与被吊工件的外形特点及具体要求相适应，在不具备使用条件的情况下，不准使用； (3) 作业中应防止损坏吊索具及配件，必要时在棱角处应加护角防护； (4) 吊具及配件不能超过其额定起重量，起重吊具、吊索不得超过其相应吊挂状态下的最大工作载荷； (5) 起重作业时需要专业起重工持证上岗现场指挥； (6) 汽车吊司机持证上岗
	高处作业人员	作业时未正确使用高处作业防护用品	高处坠落	重大	(1) 高处作业人员必须戴好安全帽，穿好防滑鞋，正确佩戴安全带、防坠器； (2) 所有从事高处作业的人员必须通过培训并取得高处作业证件并持证上岗
		人员不适于高处作业	高处坠落	重大	(1) 从事高处作业的人员必须身体健康； (2) 患有精神病、癫痫病以及经医师鉴定患有高血压、心脏病等不宜从事高处作业病症的人员，不准参加高处作业，凡发现工作人员精神不振时，禁止登高作业
	脚手架	脚手架搭建完成未验收	高处坠落	重大	脚手架搭建完成后需分级验收签字，验收合格后需在脚手架上悬挂使用合格证
	撬棍	撬棍强度不够	物体打击	较小	选用合适的撬棍，使用前检查，确认完好
	大锤	手柄断裂，锤头松脱	物体打击	较小	使用前检查，确认完好方可使用
	千斤顶，拉码	不能顶升或顶升后不保压，油缸泄漏	物体打击	中等	使用前检查千斤顶油位及管道完好，有无漏油现象
4. 摩擦安全联轴器检修	撬棍	选用撬棍不合适	机械伤害	较小	选用合适的撬棍，使用中需有牢固可靠的支点
	手动扳手	使用扳手不当致人员受伤	碰伤扭伤	较小	严禁使用破损的梅花扳手，严禁使用不合格的活动扳手
	角磨机	角磨机砂轮片破损	机械伤害	较小	使用角磨机需戴好防护面罩或防护眼镜
	锉刀、手锯、螺丝刀	手柄等缺损	刺伤	较小	锉刀、手锯、螺丝刀等手柄应安装牢固，没有手柄的不准使用
5. 制动器检修	手拉葫芦	手拉链卡死、断裂	起重伤害	中等	使用手拉葫芦不准将钩子挂扣在起重链上，使用人员时刻注意链条有无卡顿情况
	润滑油	油污导致地滑	跌倒	较小	使用专用容器加油，作业区域油污及时清理

续表

作业步骤	危害辨识	危害描述	产生后果	风险等级	防　范　措　施
5．制动器检修	撬棍	选用撬棍不合适	机械伤害	较小	选用合适的撬棍，使用中需有牢固可靠的支点
	手动扳手	使用扳手不当致人员受伤	碰伤扭伤	较小	严禁使用破损的梅花扳手，严禁使用不合格的活动扳手
	清洗剂、松锈剂	不准确喷射致人员受伤	受蚀受伤	较小	使用清洗剂、松锈剂时需使用引喷导管及提醒其他人员注意
6．减速机检修	千斤顶	油压过高，接口松动	物体打击	较小	使用时确保油管接头牢固、到位，使用过程中关注油压变化
	手拉葫芦	滑链	起重伤害	中等	使用手拉葫芦时工作负荷不准超过铭牌规定
		手拉链卡死、断裂	起重伤害	中等	使用手拉葫芦不准将钩子挂扣在起重链上，使用人员时刻注意链条有无卡顿情况
	吊具和起吊物	吊点位置不正确	起重伤害	中等	不准利用管道及电缆槽架起吊重物
		斜拉	起重伤害	中等	不准使吊钩斜着拖吊重物
	电焊机	电焊机电源线、电源插头、电焊钳破损	触电	较小	检查电焊机电源线、电源插头、电焊钳完好无损
		电焊机外壳不接地	触电	较小	电焊机金属外壳需有可靠的接地，一机一接地
	撬棍	选用撬棍不合适	物体打击	较小	选用合适的撬棍，使用中需有牢固可靠的支点
	大锤	戴手套抡大锤	砸伤	较小	打锤人不得戴手套
		单手抡大锤	砸伤	较小	抡大锤时周围不得有人，不得单手抡大锤
	清洗剂、松锈剂	不准确喷射	眼镜受伤	较小	使用清洗剂、松锈剂时需使用引喷点导管及提醒其他人员注意
	润滑油	油污导致地滑	跌倒	较小	使用专用容器加油，作业区域油污及时清理
7．回转外齿式轴承，小齿轮检修	锉刀、手锯、螺丝刀	手柄等缺损	刺伤	较小	锉刀、手锯、螺丝刀等手柄应安装牢固，没有手柄的不准使用
	撬棍	撬棍强度不够	物体打击	较小	选用合适的撬棍，使用前检查，确认完好
	润滑油	油污导致地滑	跌倒	较小	使用专用容器加油，作业区域油污及时清理
	不合格脚手架	脚手架使用前未检验	高处坠落	中等	脚手架使用前需先检查正常，并签字确认
	手拉葫芦	滑链	起重伤害	中等	使用手拉葫芦时工作负荷不准超过铭牌规定
		手拉链卡死、断裂	起重伤害	中等	使用手拉葫芦不准将钩子挂扣在起重链上，使用人员时刻注意链条有无卡顿情况
	吊具和起吊物	点位置不正确	起重伤害	中等	不准利用管道及电缆槽架起吊重物
		斜拉	起重伤害	中等	不准使吊钩斜着拖吊重物
	千斤顶	油压过高，接口松动	物体打击	较小	使用时确保油管接头牢固、到位，使用过程中关注油压变化
	手动扳手	使用扳手不当致人员受伤	碰伤扭伤	较小	严禁使用破损的梅花扳手，严禁使用不合格的活动扳手
	高处作业	高处作业人员未使用防护用品	物体打击	中等	高处作业人员必须正确戴好安全帽，系好合格的安全带，必要时需使用安全绳
	电焊机	多台焊机共用一闸	触电	较小	每台焊机需有独立的电源开关和漏电保护器
		电焊机外壳不接地	触电	较小	电焊机金属外壳需有可靠的接地，一机一接地

续表

作业步骤	危害辨识	危害描述	产生后果	风险等级	防范措施
8．回转润滑系统检修	锉刀、手锯、螺丝刀	手柄等缺损	刺伤	较小	锉刀、手锯、螺丝刀等手柄应安装牢固，没有手柄的不准使用
	手动扳手	使用扳手不当致人员受伤	碰伤扭伤	较小	严禁使用破损的梅花扳手，严禁使用不合格的活动扳手
	润滑油	油污导致地滑	跌倒	较小	使用专用容器加油，作业区域油污及时清理
9．其他部件检修	锉刀、手锯、螺丝刀	手柄等缺损	刺伤	较小	锉刀、手锯、螺丝刀等手柄应安装牢固，没有手柄的不准使用
	手动扳手	使用扳手不当致人员受伤	碰伤扭伤	较小	严禁使用破损的梅花扳手，严禁使用不合格的活动扳手
	角磨机	角磨机砂轮片破损	机械伤害	较小	使用角磨机需戴好防护面罩或防护眼镜
10．检修工作结束	施工废料	施工废料未清理	环境污染	较小	废料及时清理，做到工完、料尽、场地清

14.17 斗轮机尾车机构检修

作业步骤	危害辨识	危害描述	产生后果	风险等级	防范措施
1．环境评估	噪声	进入噪声区域时，未正确使用防护用品	噪声聋	较小	进入噪声区域时正确佩戴耳塞
	煤粉	（1）相关皮带机运行有煤尘飞扬； （2）储煤场堆放存煤有煤尘扬起	尘肺病	较小	（1）作业人员佩戴防护口罩； （2）对作业现场进行水冲洗
	坑洞	盖板缺失或安全栏杆不全	跌落	较小	做好现场检查及防护隔离措施
2．措施确认	转动的减速机	工作前未核实设备运转状态	机械伤害	中等	与运行人员共同确认现场安全措施、停电措施正确完备
		未采取防止其他转动设备措施	机械伤害	中等	做好与其他转动设备的隔离措施并保持安全距离
	转动的皮带	工作前未核实设备运转状态	机械伤害	中等	与运行人员共同确认现场安全措施、停电措施正确完备
		未采取防止其他转动设备措施	机械伤害	中等	做好与其他转动设备的隔离措施并保持安全距离
3．准备工作及现场布置	电焊机	电焊机未经检验合格	触电	较小	（1）电焊机必须贴有检验合格标志； （2）检查合格证在有效期内
		电焊机电源线、电源插头、电焊钳破损	触电	较小	检查电焊机电源线、电源插头、电焊钳完好无损
	氧气、乙炔	氧气乙炔表失效，橡胶软管损坏	爆炸	较小	（1）氧气乙炔表需检验合格，并在有效期内； （2）氧气、乙炔表使用前应进行检查，确保其完好、有效； （3）橡胶管使用前需检查无老化开裂、鼓包漏气现象

续表

作业步骤	危害辨识	危害描述	产生后果	风险等级	防 范 措 施
3. 准备工作及现场布置	氧气、乙炔	使用没有回火阀的乙炔瓶	爆炸	中等	严禁使用没有回火阀的乙炔瓶
		(1) 氧气瓶与乙炔气瓶的安全距离不足; (2) 氧气、乙炔气瓶与明火的安全距离不足	爆炸	较小	(1) 使用中氧气瓶和乙炔气瓶的距离不得小于8m; (2) 使用中的氧气、乙炔气瓶与明火的距离必须大于10m
		氧气、乙炔瓶在使用发生倾倒	爆炸	较小	使用前需将气瓶绑扎牢固
	电动工具	(1) 电动工具未经检验合格; (2) 电动工具电源线、电源插头破损，防护罩破损缺失	机械伤害	较小	(1) 检查各电动工具必须张贴检验合格标志; (2) 检查电动工具的电源线、电源插头完好无缺损，防护罩完好无缺损; (3) 检查合格证在有效期内
	临时电源及电源线	电源线悬挂高度不够	触电	较小	临时电源线架设高度室内不低于2.5m
		电源线、插头、插座破损	触电	较小	(1) 检查电源线外绝缘良好，无破损; (2) 检查电源盘合格证在有效期内; (3) 检查电源插头插座，确保完好
		未安装漏电保护器	触电	较小	分级配置漏电保护器，工作前试漏电保护器，确保正确动作
	吊具	吊索具损坏或选择不当	起重伤害	中等	(1) 作业前，应对吊索具及其配件进行检查，确认完好，方可使用; (2) 所选用的吊索具应与被吊工件的外形特点及具体要求相适应，在不具备使用条件的情况下，不准使用; (3) 作业中应防止损坏吊索具及配件，必要时在棱角处应加护角防护; (4) 吊具及配件不能超过其额定起重量，起重吊具、吊索不得超过其相应吊挂状态下的最大工作载荷
	汽吊	吊带、钢丝绳损坏或选择不当。	起重伤害	中等	(1) 作业前，应对吊索具及其配件进行检查，确认完好，方可使用; (2) 所选用的吊索具应与被吊工件的外形特点及具体要求相适应，在不具备使用条件的情况下，不准使用; (3) 作业中应防止损坏吊索具及配件，必要时在棱角处应加护角防护; (4) 吊具及配件不能超过其额定起重量，起重吊具、吊索不得超过其相应吊挂状态下的最大工作载荷; (5) 起重作业时需要专业起重工持证上岗现场指挥; (6) 汽车吊司机持证上岗
	高处作业人员	作业时未正确使用高处作业防护用品	高处坠落	重大	(1) 高处作业人员必须戴好安全帽，穿好防滑鞋，正确佩戴安全带、防坠器; (2) 所有从事高处作业的人员必须通过培训并取得高处作业证件并持证上岗
		人员不适于高处作业	高处坠落	重大	(1) 从事高处作业的人员必须身体健康; (2) 患有精神病、癫痫病以及经医师鉴定患有高血压、心脏病等不宜从事高处作业病症的人员，不准参加高处作业，凡发现工作人员精神不振时，禁止登高作业

续表

作业步骤	危害辨识	危害描述	产生后果	风险等级	防范措施
3. 准备工作及现场布置	脚手架	脚手架搭建完成未验收	高处坠落	重大	脚手架搭建完成后需分级验收签字，验收合格后需在脚手架上悬挂使用合格证
	撬棍	撬棍强度不够	物体打击	较小	选用合适的撬棍，使用前检查，确认完好
	大锤	手柄断裂，锤头松脱	物体打击	较小	使用前检查，确认完好方可使用
	千斤顶，拉码	不能顶升或顶升后不保压，油缸泄漏	物体打击	中等	使用前检查千斤顶油位及管道完好，有无漏油现象
4. 液压泵站检修	撬棍	选用撬棍不合适	机械伤害	较小	选用合适的撬棍，使用中需有牢固可靠的支点
	手动扳手	使用扳手不当致人员受伤	碰伤扭伤	较小	严禁使用破损的梅花扳手，严禁使用不合格的活动扳手
	润滑油	油污导致地滑	跌倒	较小	使用专用容器加油，作业区域油污及时清理
	锉刀、手锯、螺丝刀	手柄等缺损	刺伤	较小	锉刀、手锯、螺丝刀等手柄应安装牢固，没有手柄的不准使用
5. 液压油缸检修	撬棍	选用撬棍不合适	机械伤害	较小	选用合适的撬棍，使用中需有牢固可靠的支点
	手动扳手	使用扳手不当致人员受伤	碰伤扭伤	较小	严禁使用破损的梅花扳手，严禁使用不合格的活动扳手
	润滑油	油污导致地滑	跌倒	较小	使用专用容器加油，作业区域油污及时清理
	锉刀、手锯、螺丝刀	手柄等缺损	刺伤	较小	锉刀、手锯、螺丝刀等手柄应安装牢固，没有手柄的不准使用
	清洗剂、松锈剂	不准确喷射致人员受伤	受蚀受伤	较小	使用清洗剂、松锈剂时需使用引喷导管及提醒其他人员注意
6. 分流挡板检修	高处作业	高处作业人员未使用防护用品	物体打击	中等	高处作业人员必须正确戴好安全帽，系好合格的安全带、必要时需使用安全绳
		发生高空落物	物体打击	中等	（1）高处作业一律使用工具袋； （2）大件需用绳子系牢后上下吊送
	电焊机	电焊机电源线、电源插头、电焊钳破损	触电	较小	检查电焊机电源线、电源插头、电焊钳完好无损
		电焊机外壳不接地	触电	较小	电焊机金属外壳需有可靠的接地，一机一接地
	氧气、乙炔	氧气乙炔表失效，橡胶软管损坏	爆炸	较小	（1）氧气乙炔表需检验合格，并在有效期内； （2）氧气、乙炔表使用前应进行检查，确保其完好、有效； （3）橡胶管使用前需检查无老化开裂、鼓包漏气现象
		使用没有回火阀的乙炔瓶	爆炸	中等	严禁使用没有回火阀的乙炔瓶
		（1）氧气瓶与乙炔气瓶的安全距离不足； （2）氧气、乙炔气瓶与明火的安全距离不足	爆炸	较小	（1）使用中氧气瓶和乙炔气瓶的距离不得小于8m； （2）使用中的氧气、乙炔气瓶与明火的距离必须大于10m
		氧气、乙炔瓶在使用发生倾倒	爆炸	较小	使用前需将气瓶绑扎牢固
	撬棍	选用撬棍不合适	物体打击	较小	选用合适的撬棍，使用中需有牢固可靠的支点

续表

作业步骤	危害辨识	危害描述	产生后果	风险等级	防　范　措　施
6．分流挡板检修	大锤	戴手套抡大锤	砸伤	较小	打锤人不得戴手套
		单手抡大锤	砸伤	较小	抡大锤时周围不得有人，不得单手抡大锤
	清洗剂、松锈剂	不准确喷射	眼镜受伤	较小	使用清洗剂、松锈剂时需使用引喷点导管及提醒其他人员注意
	润滑油	油污导致地滑	跌倒	较小	使用专用容器加油，作业区域油污及时清理
7．滚筒检修	手拉葫芦	滑链	起重伤害	中等	使用手拉葫芦时工作负荷不准超过铭牌规定
		手拉链卡死、断裂	起重伤害	中等	使用手拉葫芦不准将钩子挂扣在起重链上，使用人员时刻注意链条有无卡顿情况
	吊具和起吊物	点位置不正确	起重伤害	中等	不准利用管道及电缆槽架起吊重物
		斜拉	起重伤害	中等	不准使吊钩斜着拖吊重物
	汽吊	吊带、钢丝绳损坏或选择不当	起重伤害	中等	（1）确保吊索，钢丝绳绑扎牢固； （2）吊运过程中需要专人指挥； （3）在起重作业区周围设置明显的起吊警戒和围栏； （4）无关人员不准在起重工作区域内行走或者停留
	千斤顶	油压过高，接口松动	物体打击	较小	使用时确保油管接头牢固、到位，使用过程中关注油压变化
	大锤	戴手套抡大锤	砸伤	较小	打锤人不得戴手套
		单手抡大锤	砸伤	较小	抡大锤时周围不得有人，不得单手抡大锤
	撬棍	选用撬棍不合适	机械伤害	较小	选用合适的撬棍，使用中需有牢固可靠的支点
	手动扳手	使用扳手不当致人员受伤	碰伤扭伤	较小	严禁使用破损的梅花扳手，严禁使用不合格的活动扳手
	不合格脚手架	脚手架使用前未检验	高处坠落	中等	脚手架使用前需先检查正常，并签字确认
	清洗剂、松锈剂	不准确喷射致人员受伤	受蚀受伤	较小	使用清洗剂、松锈剂时需使用引喷导管及提醒其他人员注意
8．其他部件检修	锉刀、手锯、螺丝刀	手柄等缺损	刺伤	较小	锉刀、手锯、螺丝刀等手柄应安装牢固，没有手柄的不准使用
	手动扳手	使用扳手不当致人员受伤	碰伤扭伤	较小	严禁使用破损的梅花扳手，严禁使用不合格的活动扳手
	角磨机	使用时未正确使用防护用品	机械伤害	较小	操作人员需正确佩戴防护面罩或防护眼镜
	电焊机	电焊机电源线、电源插头、电焊钳破损	触电	较小	检查电焊机电源线、电源插头、电焊钳完好无损
		电焊机外壳不接地	触电	较小	电焊机金属外壳需有可靠的接地，一机一接地
9．检修工作结束	施工废料	施工废料未清理	环境污染	较小	废料及时清理，做到工完、料尽、场地清

14.18 斗轮机行走机构检修

作业步骤	危害辨识	危害描述	产生后果	风险等级	防范措施
1. 环境评估	噪声	进入噪声区域时，未正确使用防护用品	噪声聋	较小	进入噪声区域时正确佩戴耳塞
	煤粉	（1）相关皮带机运行有煤尘飞扬； （2）储煤场堆放存煤有煤尘扬起	尘肺病	较小	（1）作业人员佩戴防护口罩； （2）对作业现场进行水冲洗
	坑洞	盖板缺失或安全栏杆不全	跌落	较小	做好现场检查及防护隔离措施
2. 措施确认	转动的减速机	工作前未核实设备运转状态	机械伤害	中等	与运行人员共同确认现场安全措施、停电措施正确完备
		未采取防止其他转动设备措施	机械伤害	中等	做好与其他转动设备的隔离措施并保持安全距离
3. 准备工作及现场布置	电焊机	电焊机未经检验合格	触电	较小	（1）电焊机必须贴有检验合格标证； （2）检查合格证在有效期内
		电焊机电源线、电源插头、电焊钳破损	触电	较小	检查电焊机电源线、电源插头、电焊钳完好无损
	氧气、乙炔	氧气乙炔表失效，橡胶软管损坏	爆炸	较小	（1）氧气乙炔表需检验合格，并在有效期内； （2）氧气、乙炔表使用前应进行检查，确保其完好、有效； （3）橡胶管使用前需检查无老化开裂、鼓包漏气现象
		使用没有回火阀的乙炔瓶	爆炸	中等	严禁使用没有回火阀的乙炔瓶
		（1）氧气瓶与乙炔气瓶的安全距离不足； （2）氧气、乙炔气瓶与明火的安全距离不足	爆炸	较小	（1）使用中氧气瓶和乙炔气瓶的距离不得小于8m； （2）使用中的氧气、乙炔气瓶与明火的距离必须大于10m
		氧气、乙炔瓶在使用发生倾倒	爆炸	较小	使用前需将气瓶绑扎牢固
	电动工具	（1）电动工具未经检验合格； （2）电动工具电源线、电源插头破损，防护罩破损缺失	机械伤害	较小	（1）检查各电动工具必须张贴检验合格标志； （2）检查电动工具的电源线、电源插头完好无缺损，防护罩完好无缺损； （3）检查合格证在有效期内
	千斤顶	液压油管破损，千斤顶缸体泄漏，不保压	物体打击	较小	检查千斤顶油液、顶升正常；油管完好，保压完好
	临时电源及电源线	电源线悬挂高度不够	触电	较小	临时电源线架设高度室内不低于2.5m
		电源线、插头、插座破损	触电	较小	（1）检查电源线外绝缘良好，无破损； （2）检查电源盘合格证在有效期内； （3）检查电源插头插座，确保完好
		未安装漏电保护器	触电	较小	分级配置漏电保护器，工作前试漏电保护器，确保正确动作

续表

作业步骤	危害辨识	危害描述	产生后果	风险等级	防 范 措 施
3．准备工作及现场布置	吊具	吊索具损坏或选择不当	起重伤害	中等	（1）作业前，应对吊索具及其配件进行检查，确认完好，方可使用； （2）所选用的吊索具应与被吊工件的外形特点及具体要求相适应，在不具备使用条件的情况下，不准使用； （3）作业中应防止损坏吊索具及配件，必要时在棱角处应加护角防护； （4）吊具及配件不能超过其额定起重量，起重吊具、吊索不得超过其相应吊挂状态下的最大工作载荷
	锉刀、手锯、螺丝刀	手柄等缺损	刺伤	较小	锉刀、手锯、螺丝刀等手柄应安装牢固，没有手柄的不准使用
	撬棍	撬棍强度不够	物体打击	较小	选用合适的撬棍，使用前检查，确认完好
	大锤	手柄断裂，锤头松脱	物体打击	较小	使用前检查，确认完好方可使用
4．减速机检修	千斤顶	不能顶升或顶升后不保压	物体打击	较小	使用前检查千斤顶油位及管道完好
	手拉葫芦	滑链	起重伤害	中等	使用手拉葫芦时需核对铭牌，禁止超范围起吊物件
		手拉链卡死、断裂	起重伤害	中等	使用手拉葫芦不准将钩子挂扣在起重链上，使用人员时刻注意链条有无卡顿情况
	吊具和起吊物	吊点位置不正确	起重伤害	中等	吊钩要挂在物品的重心上
		斜拉	起重伤害	中等	不准使吊钩斜着拖吊重物
	电焊机	多台电焊机共用一闸	触电	较小	每台焊机需有独立的电源开关和漏电保护器
		电焊机外壳不接地	触电	较小	电焊机金属外壳需有可靠的接地，一机一接地
	撬棍	撬棍形式不对，强度不够	物体打击	较小	选用合适的撬棍，使用前检查，确认完好
	大锤	单手抡大锤、戴手套抡大锤；锤击点滑脱	砸伤	较小	打锤人不得戴手套，不得单手抡大锤；锤头无油污方可使用
	清洗剂、松锈剂	不准确喷射	受蚀受伤	较小	使用清洗剂、松锈剂时需使用引喷点导管及提醒其他人员注意
	油污	油污导致地滑	跌倒	较小	作业区域油污及时清理
5．制动器检修	手拉葫芦	手拉链卡死、断裂	起重伤害	中等	使用手拉葫芦不准将钩子挂扣在起重链上，使用人员时刻注意链条有无卡顿情况
	角磨机	使用时未正确使用防护用品	机械伤害	较小	操作人员需正确佩戴防护面罩或防护眼镜
	撬棍	撬棍形式不对，强度不够	机械伤害	较小	选用合适的撬棍，使用前检查，确认完好
	手动扳手	使用扳手不当致人员受伤	碰伤扭伤	较小	严禁使用破损的梅花扳手，严禁使用不合格的活动扳手
	清洗剂、松锈剂	不准确喷射致人员受伤	受蚀受伤	较小	使用清洗剂、松锈剂时需使用引喷导管及提醒其他人员注意

续表

作业步骤	危害辨识	危害描述	产生后果	风险等级	防范措施
6．开式齿轮检修	大锤、手锤	戴手套抡大锤，单手抡大锤	砸伤	较小	打锤人不得戴手套；抡大锤时周围不得有人，不得单手抡大锤
		锤击点易滑脱	砸伤	较小	锤头无油污方可使用
	手拉葫芦	滑链	起重伤害	中等	使用手拉葫芦时需核对铭牌，禁止超负荷起吊物件
		手拉链卡死、断裂	起重伤害	中等	使用手拉葫芦不准将钩子挂扣在起重链上，使用人员时刻注意链条有无卡顿情况
	吊具和起吊物	吊点位置不正确	起重伤害	中等	吊钩要挂在物品的重心上
		斜拉	起重伤害	中等	不准使吊钩斜着拖吊重物
	手动扳手	使用扳手不当致人员受伤	碰伤扭伤	较小	严禁使用破损的梅花扳手，严禁使用不合格的活动扳手
	清洗剂、松锈剂	不准确喷射致人员受伤	受蚀受伤	较小	使用清洗剂、松锈剂时需使用引喷导管及提醒其他人员注意
7．行走轮检修	手拉葫芦	滑链	起重伤害	中等	使用手拉葫芦时需核对铭牌，禁止超负荷起吊物件
		手拉链卡死、断裂	起重伤害	中等	使用手拉葫芦不准将钩子挂扣在起重链上，使用人员时刻注意链条有无卡顿情况
	吊具和起吊物	点位置不正确	起重伤害	中等	吊钩要挂在物品的重心上
		斜拉	起重伤害	中等	不准使吊钩斜着拖吊重物
	千斤顶	不能顶升或顶升后不保压	物体打击	较小	使用前检查千斤顶油位及管道完好
	撬棍	撬棍形式不对，强度不够	物体打击	较小	选用合适的撬棍，使用前检查，确认完好
	大锤	手柄断裂，锤头松脱	砸伤	较小	使用前检查，确认大锤完好，锤头无油污方可使用
	手动扳手	使用扳手不当致人员受伤	碰伤扭伤	较小	严禁使用破损的梅花扳手，严禁使用不合格的活动扳手
8．防爬器检修	清洗剂、松锈剂	不准确喷射致人员受伤	受蚀受伤	较小	使用清洗剂、松锈剂时需使用引喷导管及提醒其他人员注意
	手动扳手	使用扳手不当致人员受伤	碰伤扭伤	较小	严禁使用破损的梅花扳手，严禁使用不合格的活动扳手
	润滑油	油污导致地滑	跌倒	较小	使用专用容器加油，作业区域油污及时清理
9．轨道检修	氧气、乙炔	气焊气割火焰高温	烧伤烫伤	较小	动火人员穿帆布工作服，戴工作帽，上衣不准扎在裤子里，裤脚不得挽起，穿工作鞋
		切割时火焰产生强光	其他伤害	中等	操作工需佩戴合格的护目镜，保护眼睛免受切割的火焰放出的强光伤害
		氧气、乙炔瓶在使用发生倾倒	爆炸	较小	使用前需将气瓶绑扎牢固
		气割进行中致人受伤	烧伤烫伤	较小	气割火炬不准对着周围工作人员
		氧气瓶与乙炔气瓶的安全距离不足	爆炸	较小	使用中氧气瓶和乙炔气瓶的距离不得小于8m
	电焊机	电焊机电源线、电源插头、电焊钳破损	触电	较小	检查电焊机电源线、电源插头、电焊钳完好无损
		电焊机外壳不接地	触电	较小	电焊机金属外壳需有可靠的接地，一机一接地

续表

作业步骤	危害辨识	危害描述	产生后果	风险等级	防范措施
9．轨道检修	大锤	手柄断裂，锤头松脱	砸伤	较小	使用前检查，确认大锤完好，锤头无油污方可使用
	手动扳手	使用扳手不当致人员受伤	碰伤扭伤	较小	严禁使用破损的梅花扳手，严禁使用不合格的活动扳手
10．其他部件检修	锉刀、手锯、螺丝刀	手柄等缺损	刺伤	较小	锉刀、手锯、螺丝刀等手柄应安装牢固，没有手柄的不准使用
	手动扳手	使用扳手不当致人员受伤	碰伤扭伤	较小	严禁使用破损的梅花扳手，严禁使用不合格的活动扳手
	角磨机	使用时未正确使用防护用品	机械伤害	较小	操作人员需正确佩戴防护面罩或防护眼镜
11．检修工作结束	施工废料	施工废料未清理	环境污染	较小	废料及时清理，做到工完、料尽、场地清

14.19　斗轮机变幅机构检修

作业步骤	危害辨识	危害描述	产生后果	风险等级	防范措施
1．环境评估	噪声	进入噪声区域时，未正确使用防护用品	噪声聋	较小	进入噪声区域时正确佩戴耳塞
	煤粉	（1）相关皮带机运行有煤尘飞扬； （2）储煤场堆放存煤有煤尘扬起	尘肺病	较小	（1）作业人员佩戴防护口罩； （2）对作业现场进行水冲洗
	坑洞	盖板缺失或安全栏杆不全	跌落	较小	做好现场检查及防护隔离措施
2．措施确认	转动的减速机	工作前未核实设备运转状态	机械伤害	中等	与运行人员共同确认现场安全措施、停电措施正确完备
		未采取防止其他转动设备措施	机械伤害	中等	做好与其他转动设备的隔离措施并保持安全距离
	转动的电动机	工作前未核实设备运转状态	机械伤害	中等	与运行人员共同确认现场安全措施、停电措施正确完备
		未采取防止其他转动设备措施	机械伤害	中等	做好与其他转动设备的隔离措施并保持安全距离
3．准备工作及现场布置	电动工具	（1）电动工具未经检验合格； （2）电动工具电源线、电源插头破损，防护罩破损缺失	机械伤害	较小	（1）检查各电动工具必须张贴检验合格标志； （2）检查电动工具的电源线、电源插头完好无缺损，防护罩完好无缺损； （3）检查合格证在有效期内
	临时电源及电源线	电源线悬挂高度不够	触电	较小	临时电源线架设高度室内不低于 2.5m
		电源线、插头、插座破损	触电	较小	（1）检查电源线外绝缘良好，无破损； （2）检查电源盘合格证在有效期内； （3）检查电源插头插座，确保完好
		未安装漏电保护器	触电	较小	分级配置漏电保护器，工作前试漏电保护器，确保正确动作

续表

作业步骤	危害辨识	危害描述	产生后果	风险等级	防范措施
3. 准备工作及现场布置	吊具	吊索具损坏或选择不当	起重伤害	中等	（1）作业前，应对吊索具及其配件进行检查，确认完好，方可使用； （2）所选用的吊索具应与被吊工件的外形特点及具体要求相适应，在不具备使用条件的情况下，不准使用； （3）作业中应防止损坏吊索具及配件，必要时在棱角处应加护角防护； （4）吊具及配件不能超过其额定起重量，起重吊具、吊索不得超过其相应吊挂状态下的最大工作载荷
	汽吊	吊带、钢丝绳损坏或选择不当	起重伤害	中等	（1）作业前，应对吊索具及其配件进行检查，确认完好，方可使用； （2）所选用的吊索具应与被吊工件的外形特点及具体要求相适应，在不具备使用条件的情况下，不准使用； （3）作业中应防止损坏吊索具及配件，必要时在棱角处应加护角防护； （4）吊具及配件不能超过其额定起重量，起重吊具、吊索不得超过其相应吊挂状态下的最大工作载荷； （5）起重作业时需要专业起重工持证上岗现场指挥； （6）汽车吊司机持证上岗
	高处作业人员	作业时未正确使用高处作业防护用品	高处坠落	重大	（1）高处作业人员必须戴好安全帽，穿好防滑鞋，正确佩戴安全带、防坠器； （2）所有从事高处作业的人员必须通过培训并取得高处作业证件并持证上岗
		人员不适于高处作业	高处坠落	重大	（1）从事高处作业的人员必须身体健康； （2）患有精神病、癫痫病以及经医师鉴定患有高血压、心脏病等不宜从事高处作业病症的人员，不准参加高处作业，凡发现工作人员精神不振时，禁止登高作业
	撬棍	撬棍强度不够	物体打击	较小	选用合适的撬棍，使用前检查，确认完好
4. 液压泵站检修	手动扳手	使用扳手不当致人员受伤	碰伤扭伤	较小	严禁使用破损的梅花扳手，严禁使用不合格的活动扳手
	撬棍	撬棍形式不对，强度不够	物体打击	较小	选用合适的撬棍，使用前检查，确认完好
	润滑油	油污导致地滑	跌倒	较小	使用专用容器加油，作业区域油污及时清理
	锉刀、手锯、螺丝刀	手柄等缺损	刺伤	较小	锉刀、手锯、螺丝刀等手柄应安装牢固，没有手柄的不准使用
	吊具和起吊物	点位置不正确	起重伤害	中等	不准利用管道及电缆槽架起吊重物
		斜拉	起重伤害	中等	不准使吊钩斜着拖吊重物
	汽吊	吊带、钢丝绳损坏或选择不当	起重伤害	中等	（1）确保吊索，钢丝绳绑扎牢固； （2）吊运过程中需要专人指挥； （3）在起重作业区周围设置明显的起吊警戒和围栏； （4）无关人员不准在起重工作区域内行走或者停留

续表

作业步骤	危害辨识	危害描述	产生后果	风险等级	防 范 措 施
5．液压油缸检修	撬棍	选用撬棍不合适	机械伤害	较小	选用合适的撬棍，使用中需有牢固可靠的支点
	手动扳手	使用扳手不当致人员受伤	碰伤扭伤	较小	严禁使用破损的梅花扳手，严禁使用不合格的活动扳手
	润滑油	油污导致地滑	跌倒	较小	使用专用容器加油，作业区域油污及时清理
	锉刀、手锯、螺丝刀	手柄等缺损	刺伤	较小	锉刀、手锯、螺丝刀等手柄应安装牢固，没有手柄的不准使用
	吊具和起吊物	点位置不正确	起重伤害	中等	不准利用管道及电缆槽架起吊重物
		斜拉	起重伤害	中等	不准使吊钩斜着拖吊重物
	汽吊	吊带、钢丝绳损坏或选择不当	起重伤害	中等	（1）确保吊索，钢丝绳绑扎牢固； （2）吊运过程中需要专人指挥； （3）在起重作业区周围设置明显的起吊警戒和围栏； （4）无关人员不准在起重工作区域内行走或者停留
	高处作业	高处作业人员未使用防护用品	物体打击	中等	高处作业人员必须正确戴好安全帽，系好合格的安全带、必要时需使用安全绳
		发生高处落物	物体打击	中等	（1）高处作业一律使用工具袋； （2）大件需用绳子系牢后上下吊送
	清洗剂、松锈剂	不准确喷射致人员受伤	受蚀受伤	较小	使用清洗剂、松锈剂时需使用引喷导管及提醒其他人员注意
6．其他部件检修	锉刀、手锯、螺丝刀	手柄等缺损	刺伤	较小	锉刀、手锯、螺丝刀等手柄应安装牢固，没有手柄的不准使用
	手动扳手	使用扳手不当致人员受伤	碰伤扭伤	较小	严禁使用破损的梅花扳手，严禁使用不合格的活动扳手
	角磨机	使用时未正确使用防护用品	机械伤害	较小	操作人员需正确佩戴防护面罩或防护眼镜
7．检修工作结束	施工废料	施工废料未清理	环境污染	较小	废料及时清理，做到工完、料尽、场地清

14.20 输煤皮带机检修

作业步骤	危害辨识	危害描述	产生后果	风险等级	防 范 措 施
1．环境评估	煤粉	现场有煤尘飞扬	尘肺病	较小	作业时正确佩戴合格的防尘口罩
	孔洞	盖板缺失或安全栏杆不全	跌落	较小	做好现场检查及防护隔离措施
	吊具起吊物	在大于 6 级及以上的大风以及暴雨、打雷、大雾等恶劣的天气露天作业	高处坠落	重大	（1）遇有 6 级以上大风时，不准露天进行起重工作； （2）遇有大雾、照明不足、指挥人员看不清各工作地点或起重驾驶人员看不见指挥人员时，不准进行起重工作
2．措施确认	转动的减速机	工作前未核实设备运转状态	机械伤害	中等	与运行人员共同确认现场安全措施、停电措施正确完备
		未采取防止其他转动设备措施	机械伤害	中等	做好与其他转动设备的隔离措施并保持安全距离

续表

作业步骤	危害辨识	危害描述	产生后果	风险等级	防范措施
3. 准备工作及现场布置	电焊机	电焊机未经检验合格	触电	较小	（1）电焊机必须贴有检验合格标志； （2）检查合格证在有效期内
		电焊机电源线、电源插头、电焊钳破损	触电	较小	检查电焊机电源线、电源插头、电焊钳完好无损
	氧气、乙炔	氧气乙炔表失效，橡胶软管损坏	爆炸	较小	（1）氧气乙炔表需检验合格，并在有效期内； （2）氧气、乙炔表使用前应进行检查，确保其完好、有效； （3）橡胶管使用前需检查无老化开裂、鼓包漏气现象
		使用没有回火阀的乙炔瓶	爆炸	中等	严禁使用没有回火阀的乙炔瓶
		（1）氧气瓶与乙炔气瓶的安全距离不足； （2）氧气、乙炔气瓶与明火的安全距离不足	爆炸	较小	（1）使用中氧气瓶和乙炔气瓶的距离不得小于8m； （2）使用中的氧气、乙炔气瓶与明火的距离必须大于10m
		氧气、乙炔瓶在使用发生倾倒	爆炸	较小	使用前需将气瓶绑扎牢固
	易燃易爆物质	未准备移动消防器材或消防水未投备用	火灾	中等	动火作业时，现场须准备合格的灭火器等移动消防器材
		作业前未进行清理易燃易爆物质	火灾	中等	动火作业前清理作业区域内及周围的易燃易爆物质
	电动工具	（1）电动工具未经检验合格； （2）电动工具电源线、电源插头破损，防护罩破损缺失	机械伤害、触电	较小	（1）检查各电动工具必须张贴检验合格标志； （2）检查电动工具的电源线、电源插头完好无缺损，防护罩完好无缺损； （3）检查合格证在有效期内
	临时电源及电源线	电源线悬挂高度不够	触电	较小	临时电源线架设高度室内不低于2.5m，室外不低于4m
		电源线、插头、插座破损	触电	较小	（1）检查电源线外绝缘良好，无破损； （2）检查电源盘合格证在有效期内； （3）检查电源插头插座，确保完好
		未安装漏电保护器	触电	较小	分级配置漏电保护器，工作前试漏电保护器，确保正确动作
	吊具	吊索具损坏或选择不当	起重伤害	中等	（1）作业前，应对吊索具及其配件进行检查，确认完好，方可使用； （2）所选用的吊索具应与被吊工件的外形特点及具体要求相适应，在不具备使用条件的情况下，不准使用； （3）作业中应防止损坏吊索具及配件，必要时在棱角处应加护角防护； （4）吊具及配件不能超过其额定起重量，起重吊具、吊索不得超过其相应吊挂状态下的最大工作载荷
	手拉葫芦	链条有裂纹、链轮转动卡涩、吊钩无防脱保险装置	起重伤害	较小	（1）检查链条葫芦检验合格证在有效期内； （2）使用前应做无负荷起落试验一次，检查链条是否有裂纹、链轮转动是否卡涩、吊钩是否无防脱保险装置，以确保完好

续表

作业步骤	危害辨识	危害描述	产生后果	风险等级	防　范　措　施
3．准备工作及现场布置	汽吊	吊带、钢丝绳损坏或选择不当	起重伤害	中等	（1）作业前，应对吊索具及其配件进行检查，确认完好，方可使用； （2）所选用的吊索具应与被吊工件的外形特点及具体要求相适应，在不具备使用条件的情况下，不准使用； （3）作业中应防止损坏吊索具及配件，必要时在棱角处应加护角防护； （4）吊具及配件不能超过其额定起重量，起重吊具、吊索不得超过其相应吊挂状态下的最大工作载荷； （5）起重作业时需要专业起重工持证上岗现场指挥； （6）汽车吊司机持证上岗
	高处作业人员	作业时未正确使用高处作业防护用品	高处坠落	重大	（1）高处作业人员必须戴好安全帽，穿好防滑鞋，正确佩戴安全带、防坠器； （2）所有从事高处作业的人员必须通过培训并取得高处作业证件并持证上岗
		人员不适于高处作业	高处坠落	重大	（1）从事高处作业的人员必须身体健康； （2）患有精神病、癫痫病以及经医师鉴定患有高血压、心脏病等不宜从事高处作业病症的人员，不准参加高处作业，凡发现工作人员精神不振时，禁止登高作业
	脚手架	脚手架搭建完成未验收	高处坠落	重大	脚手架搭建完成后需分级验收签字，验收合格后需在脚手架上悬挂使用合格证
	撬棍	撬棍强度不够	物体打击	较小	选用合适的撬棍，使用前检查，确认完好
	大锤	手柄断裂，锤头松脱	物体打击	较小	使用前检查，确认完好方可使用
	千斤顶，拉码	不能顶升或顶升后不保压，油缸泄漏	物体打击	中等	使用前检查千斤顶油位及管道完好，有无漏油现象
4．减速机检查检修	千斤顶	工作人员站在液压千斤顶安全栓或高压软管前面	起重伤害	较小	使用液压千斤顶时，除操作人员外，其他人员尽量远离，工作人员不准站在千斤顶安全栓或高压软管前面
	角磨机、切割机	未正确使用防护罩、防护眼镜	物体打击	较小	正确佩戴防护罩、防护眼镜
		更换磨片未切断电源	机械伤害	较小	更换磨片前必须切断电源
	手拉葫芦	滑链	起重伤害	中等	使用手拉葫芦时需核对铭牌，禁止超范围起吊物件
		手拉链卡死、断裂	起重伤害	中等	使用手拉葫芦不准将钩子挂扣在起重链上，使用人员时刻注意链条有无卡顿情况
	电动葫芦	钢丝绳磨损严重、吊钩无防脱保险装置、制动器失灵、限位器失效、控制手柄破损	起重伤害	中等	（1）使用前应做无负荷起落试验一次，检查刹车及传动装置应良好无缺陷； （2）起吊重物稍一离地（或支持物），应再次检查悬吊及捆绑情况，可靠后方可继续起吊
	吊具和起吊物	吊点位置不正确	起重伤害	中等	吊钩要挂在物品的重心上
		斜拉	起重伤害	中等	不准使吊钩斜着拖吊重物
		起重区域未隔离、作业区域无专人监护	起重伤害	中等	（1）确保吊索，钢丝绳绑扎牢固； （2）作业过程中需要专人指挥； （3）在作业区周围设置明显的起吊警戒和围栏； （4）无关人员不准在起重工作区域内行走或者停留

续表

作业步骤	危害辨识	危害描述	产生后果	风险等级	防范措施
4. 减速机检查检修	电焊机	多台电焊机共用一闸	触电	较小	每台焊机需有独立的电源开关和漏电保护器
	电焊机	电焊机外壳不接地	触电	较小	电焊机金属外壳需有可靠的接地，一机一接地
	热辐射	电焊气割高温	烧伤、烫伤	较小	(1) 工作人员必须穿好工作服、戴好手套、穿好带盖劳保鞋等; (2) 气割火炬不准对着周围工作人员
	强光	电焊气割产生强光	其他伤害	中等	操作工需佩戴合格的护目镜，保护眼睛免受切割的火焰放出的强光伤害
	火种	焊接工作结束后，现场有遗留火种	火灾	中等	焊接作业结束后全面清理工作区域，做到不留任何火种
	撬棍	撬棍形式不对，强度不够	物体打击	较小	选用合适的撬棍，使用前检查，确认完好
	大锤	单手抡大锤，戴手套抡大锤，锤击点滑脱	砸伤	较小	打锤人不得戴手套，不得单手抡大锤；锤头无油污方可使用
	锉刀、手锯、螺丝刀	手柄等缺损	刺伤	较小	锉刀、手锯、螺丝刀等手柄应安装牢固，没有手柄的不准使用
	手动扳手	使用扳手不当致人员受伤	碰伤扭伤	较小	严禁使用破损的梅花扳手，严禁使用不合格的活动扳手
	清洗剂、松锈剂	不准确喷射	受蚀受伤	较小	使用清洗剂、松锈剂时需使用引喷点导管及提醒其他人员注意
	润滑油	加油及操作中发生的跑、冒、滴、漏及溢油导致地滑	滑跌	较小	在加油及操作中发生跑、冒、滴、漏及溢油时，要及时清除处理
5. 液力偶合器、柱销联轴器检修	千斤顶	工作人员站在液压千斤顶安全栓或高压软管前面	起重伤害	较小	使用液压千斤顶时，除操作人员外，其他人员尽量远离，工作人员不准站在千斤顶安全栓或高压软管前面
	角磨机、切割机	未正确使用防护罩、防护眼镜	物体打击	较小	正确佩戴防护罩、防护眼镜
		更换磨片未切断电源	机械伤害	较小	更换磨片前必须切断电源
	手拉葫芦	滑链	起重伤害	中等	使用手拉葫芦时需核对铭牌，禁止超范围起吊物件
		手拉链卡死、断裂	起重伤害	中等	使用手拉葫芦不准将钩子挂扣在起重链上，使用人员时刻注意链条有无卡顿情况
	电动葫芦	钢丝绳磨损严重、吊钩无防脱保险装置、制动器失灵、限位器失效、控制手柄破损	起重伤害	中等	(1) 使用前应做无负荷起落试验一次，检查刹车及传动装置应良好无缺陷; (2) 起吊重物稍一离地（或支持物），应再次检查悬吊及捆绑情况，可靠后方可继续起吊
	吊具和起吊物	吊点位置不正确	起重伤害	中等	吊钩要挂在物品的重心上
		斜拉	起重伤害	中等	不准使吊钩斜着拖吊重物
		起重区域未隔离、作业区域无专人监护	起重伤害	中等	(1) 确保吊索，钢丝绳绑扎牢固; (2) 作业过程中需要专人指挥; (3) 在作业区周围设置明显的起吊警戒和围栏; (4) 无关人员不准在起重工作区域内行走或者停留
	撬棍	撬棍形式不对，强度不够	物体打击	较小	选用合适的撬棍，使用前检查，确认完好

续表

作业步骤	危害辨识	危害描述	产生后果	风险等级	防 范 措 施
5．液力偶合器、柱销联轴器检修	大锤	单手抡大锤、戴手套抡大锤，锤击点滑脱	砸伤	较小	打锤人不得戴手套，不得单手抡大锤；锤头无油污方可使用
	锉刀、手锯、螺丝刀	手柄等缺损	刺伤	较小	锉刀、手锯、螺丝刀等手柄应安装牢固，没有手柄的不准使用
	手动扳手	使用扳手不当致人员受伤	碰伤扭伤	较小	严禁使用破损的梅花扳手，严禁使用不合格的活动扳手
	清洗剂、松锈剂	不准确喷射	受蚀受伤	较小	使用清洗剂、松锈剂时需使用引喷点导管及提醒其他人员注意
	润滑油	加油及操作中发生的跑、冒、滴、漏及溢油导致地滑	滑跌	较小	在加油及操作中发生跑、冒、滴、漏及溢油时，要及时清除处理
6．制动器检修	角磨机、切割机	未正确使用防护罩、防护眼镜	物体打击	较小	正确佩戴防护罩、防护眼镜
		更换磨片未切断电源	机械伤害	较小	更换磨片前必须切断电源
	手拉葫芦	滑链	起重伤害	中等	使用手拉葫芦时需核对铭牌，禁止超范围起吊物件
		手拉链卡死、断裂	起重伤害	中等	使用手拉葫芦不准将钩子挂扣在起重链上，使用人员时刻注意链条有无卡顿情况
	电动葫芦	钢丝绳磨损严重、吊钩无防脱保险装置、制动器失灵、限位器失效、控制手柄破损	起重伤害	中等	（1）使用前应做无负荷起落试验一次，检查刹车及传动装置应良好无缺陷； （2）起吊重物稍一离地（或支持物），应再次检查悬吊及捆绑情况，可靠后方可继续起吊
	吊具和起吊物	吊点位置不正确	起重伤害	中等	吊钩要挂在物品的重心上
		斜拉	起重伤害	中等	不准使吊钩斜着拖吊重物
		起重区域未隔离、作业区域无专人监护	起重伤害	中等	（1）确保吊索，钢丝绳绑扎牢固； （2）作业过程中需要专人指挥； （3）在作业区周围设置明显的起吊警戒和围栏； （4）无关人员不准在起重工作区域内行走或者停留
	电焊机	多台电焊机共用一闸	触电	较小	每台焊机需有独立的电源开关和漏电保护器
		电焊机外壳不接地	触电	较小	电焊机金属外壳需有可靠的接地，一机一接地
	热辐射	电焊气割	烧伤、烫伤	较小	（1）工作人员必须穿好工作服、戴好手套、穿好带盖劳保鞋等； （2）气割火炬不准对着周围工作人员
	强光	电焊气割产生强光	其他伤害	中等	操作工需佩戴合格的护目镜，保护眼睛免受切割的火焰放出的强光伤害
	火种	焊接工作结束后，现场有遗留火种	火灾	中等	焊接作业结束后全面清理工作区域，做到不留任何火种
	撬棍	撬棍形式不对，强度不够	物体打击	较小	选用合适的撬棍，使用前检查，确认完好
	大锤	单手抡大锤、戴手套抡大锤，锤击点滑脱	砸伤	较小	打锤人不得戴手套，不得单手抡大锤；锤头无油污方可使用
	锉刀、手锯、螺丝刀	手柄等缺损	刺伤	较小	锉刀、手锯、螺丝刀等手柄应安装牢固，没有手柄的不准使用

续表

作业步骤	危害辨识	危害描述	产生后果	风险等级	防范措施
6．制动器检修	手动扳手	使用扳手不当致人员受伤	碰伤扭伤	较小	严禁使用破损的梅花扳手，严禁使用不合格的活动扳手
	清洗剂、松锈剂	不准确喷射	受蚀受伤	较小	使用清洗剂、松锈剂时需使用引喷点导管及提醒其他人员注意
	润滑油	加油及操作中发生的跑、冒、滴、漏及溢油导致地滑	滑跌	较小	在加油及操作中发生跑、冒、滴、漏及溢油时，要及时清除处理
7．滚筒检修	千斤顶	工作人员站在液压千斤顶安全栓或高压软管前面	起重伤害	较小	使用液压千斤顶时，除操作人员外，其他人员尽量远离，工作人员不准站在千斤顶安全栓或高压软管前面
	千斤顶	未采取防止重物下沉的措施	起重伤害	较小	安装千斤顶的位置要坚硬平整，或用钢板和垫木垫牢，防止因地面下陷而产生歪斜
	角磨机、切割机	未正确使用防护罩、防护眼镜	物体打击	较小	正确佩戴防护罩、防护眼镜
		更换磨片未切断电源	机械伤害	较小	更换磨片前必须切断电源
	手拉葫芦	滑链	起重伤害	中等	使用手拉葫芦时需核对铭牌，禁止超范围起吊物件
		手拉链卡死、断裂	起重伤害	中等	使用手拉葫芦不准将钩子挂扣在起重链上，使用人员时刻注意链条有无卡顿情况
	吊具和起吊物	吊点位置不正确	起重伤害	中等	吊钩要挂在物品的重心上
		斜拉	起重伤害	中等	不准使吊钩斜着拖吊重物
		起重区域未隔离、作业区域无专人监护	起重伤害	中等	（1）确保吊索，钢丝绳绑扎牢固； （2）作业过程中需要专人指挥； （3）在作业区周围设置明显的起吊警戒和围栏； （4）无关人员不准在起重工作区域内行走或者停留
	电焊机	多台电焊机共用一闸	触电	较小	每台焊机需有独立的电源开关和漏电保护器
		电焊机外壳不接地	触电	较小	电焊机金属外壳需有可靠的接地，一机一接地
	热辐射	电焊气割高温	烧伤、烫伤	较小	（1）工作人员必须穿好工作服、戴好手套、穿好带盖劳保鞋等； （2）气割火炬不准对着周围工作人员
	强光	电焊气割产生强光	其他伤害	中等	操作工需佩戴合格的护目镜，保护眼睛免受切割的火焰放出的强光伤害
	火种	焊接工作结束后，现场有遗留火种	火灾	中等	焊接作业结束后全面清理工作区域，做到不留任何火种
	高处作业	工器具掉落	物体打击	中等	（1）高处作业一律使用工具袋； （2）较大的工具应用绳拴在牢固的构件上，不准随便乱放，以防止从高处坠落发生事故
		工器具上下投掷	物体打击	中等	不准将工具及材料上下投掷，要用绳系牢后往下或往上吊送
	高处作业人员	高处作业未正确使用防护用品	高处坠落	重大	（1）高处作业人员必须戴好安全帽，穿好防滑鞋，正确佩戴安全带，必要时应使用防坠器； （2）安全带的挂钩应挂在结实、牢固的构件上，或专挂安全带的钢丝绳上，不准低挂高用
	脚手架	脚手架使用前未检验	高处坠落	重大	脚手架使用前需先检查正常，并签字确认

续表

作业步骤	危害辨识	危害描述	产生后果	风险等级	防 范 措 施
7. 滚筒检修	撬棍	撬棍形式不对，强度不够	物体打击	较小	选用合适的撬棍，使用前检查，确认完好
	大锤	单手抡大锤、戴手套抡大锤，锤击点滑脱	砸伤	较小	打锤人不得戴手套，不得单手抡大锤；锤头无油污方可使用
	锉刀、手锯、螺丝刀	手柄等缺损	刺伤	较小	锉刀、手锯、螺丝刀等手柄应安装牢固，没有手柄的不准使用
	手动扳手	使用扳手不当致人员受伤	碰伤扭伤	较小	严禁使用破损的梅花扳手，严禁使用不合格的活动扳手
	清洗剂、松锈剂	不准确喷射	受蚀受伤	较小	使用清洗剂、松锈剂时需使用引喷点导管及提醒其他人员注意
	润滑油	加油及操作中发生的跑、冒、滴、漏及溢油导致地滑	滑跌	较小	在加油及操作中发生跑、冒、滴、漏及溢油时，要及时清除处理
8. 液压拉紧装置检修	角磨机、切割机	未正确使用防护罩、防护眼镜	物体打击	较小	正确佩戴防护罩、防护眼镜
		更换磨片未切断电源	机械伤害	较小	更换磨片前必须切断电源
	手拉葫芦	滑链	起重伤害	中等	使用手拉葫芦时需核对铭牌，禁止超范围起吊物件
		手拉链卡死、断裂	起重伤害	中等	使用手拉葫芦不准将钩子挂扣在起重链上，使用人员时刻注意链条有无卡顿情况
	撬棍	撬棍形式不对，强度不够	物体打击	较小	选用合适的撬棍，使用前检查，确认完好
	大锤	单手抡大锤、戴手套抡大锤，锤击点滑脱	砸伤	较小	打锤人不得戴手套，不得单手抡大锤；锤头无油污方可使用
	锉刀、手锯、螺丝刀	手柄等缺损	刺伤	较小	锉刀、手锯、螺丝刀等手柄应安装牢固，没有手柄的不准使用
	手动扳手	使用扳手不当致人员受伤	碰伤扭伤	较小	严禁使用破损的梅花扳手，严禁使用不合格的活动扳手
	清洗剂、松锈剂	不准确喷射	受蚀受伤	较小	使用清洗剂、松锈剂时需使用引喷点导管及提醒其他人员注意
	润滑油	加油及操作中发生的跑、冒、滴、漏及溢油导致地滑	滑跌	较小	在加油及操作中发生跑、冒、滴、漏及溢油时，要及时清除处理
9. 皮带检查检修	角磨机、切割机	未正确使用防护罩、防护眼镜	物体打击	较小	正确佩戴防护罩、防护眼镜
		更换磨片未切断电源	机械伤害	较小	更换磨片前必须切断电源
	手拉葫芦	滑链	起重伤害	中等	使用手拉葫芦时需核对铭牌，禁止超范围起吊物件
		手拉链卡死、断裂	起重伤害	中等	使用手拉葫芦不准将钩子挂扣在起重链上，使用人员时刻注意链条有无卡顿情况

续表

作业步骤	危害辨识	危害描述	产生后果	风险等级	防范措施
9．皮带检查检修	吊具和起吊物	吊点位置不正确	起重伤害	中等	吊钩要挂在物品的重心上
		斜拉	起重伤害	中等	不准使吊钩斜着拖吊重物
		起重区域未隔离、作业区域无专人监护	起重伤害	中等	（1）确保吊索，钢丝绳绑扎牢固； （2）作业过程中需要专人指挥； （3）在作业区周围设置明显的起吊警戒和围栏； （4）无关人员不准在起重工作区域内行走或者停留
	皮带刀	刀口正对工作人员	刺伤	较小	（1）皮带刀口不要正对工作人员； （2）皮带刀使用后要及时入鞘
	重物	超荷搬运	扭伤	较小	（1）肩扛物件重量不超过本人体重为宜； （2）手搬物件时应量力而行，不得搬运超过自己能力的物件
		搬运无统一协调	扭伤	较小	（1）多人共同搬运、抬运或装卸较大的重物时，必须统一指挥、相互配合、同起同落、同时行进； （2）前后扛应同肩，必要时还应有专人在旁监护
10．其他部件检修	角磨机、切割机	未正确使用防护罩、防护眼镜	物体打击	较小	正确佩戴防护罩、防护眼镜
		更换磨片未切断电源	机械伤害	较小	更换磨片前必须切断电源
	手拉葫芦	滑链	起重伤害	中等	使用手拉葫芦时需核对铭牌，禁止超范围起吊物件
		手拉链卡死、断裂	起重伤害	中等	使用手拉葫芦不准将钩子挂扣在起重链上，使用人员时刻注意链条有无卡顿情况
	电动葫芦	钢丝绳磨损严重、吊钩无防脱保险装置、制动器失灵、限位器失效、控制手柄破损	起重伤害	中等	（1）使用前应做无负荷起落试验一次，检查刹车及传动装置应良好无缺陷； （2）起吊重物稍一离地（或支持物），应再次检查悬吊及捆绑情况，可靠后方可继续起吊
	吊具和起吊物	吊点位置不正确	起重伤害	中等	吊钩要挂在物品的重心上
		斜拉	起重伤害	中等	不准使吊钩斜着拖吊重物
		起重区域未隔离、作业区域无专人监护	起重伤害	中等	（1）确保吊索，钢丝绳绑扎牢固； （2）作业过程中需要专人指挥； （3）在作业区周围设置明显的起吊警戒和围栏； （4）无关人员不准在起重工作区域内行走或者停留
	电焊机	多台电焊机共用一闸	触电	较小	每台焊机需有独立的电源开关和漏电保护器
		电焊机外壳不接地	触电	较小	电焊机金属外壳需有可靠的接地，一机一接地
	热辐射	电焊气割	烧伤、烫伤	较小	（1）工作人员必须穿好工作服、戴好手套、穿好带盖劳保鞋等； （2）气割火炬不准对着周围工作人员
	强光	电焊气割产生强光	其他伤害	中等	操作工需佩戴合格的护目镜，保护眼睛免受切割的火焰放出的强光伤害
	火种	焊接工作结束后，现场有遗留火种	火灾	中等	焊接作业结束后全面清理工作区域，做到不留任何火种
	高处作业	工器具掉落	物体打击	中等	（1）高处作业一律使用工具袋； （2）较大的工具应用绳拴在牢固的构件上，不准随便乱放，以防止从高处坠落发生事故
		工器具上下投掷	物体打击	中等	不准将工具及材料上下投掷，要用绳系牢后往下或往上吊送

续表

作业步骤	危害辨识	危害描述	产生后果	风险等级	防 范 措 施
10．其他部件检修	高处作业人员	高处作业未正确使用防护用品	高处坠落	重大	（1）高处作业人员必须戴好安全帽，穿好防滑鞋，正确佩戴安全带，必要时应使用防坠器； （2）安全带的挂钩应挂在结实、牢固的构件上，或专挂安全带的钢丝绳上，不准低挂高用
	脚手架	脚手架使用前未检验	高处坠落	重大	脚手架使用前需先检查正常，并签字确认
	撬棍	撬棍形式不对，强度不够	物体打击	较小	选用合适的撬棍，使用前检查，确认完好
	大锤	单手抡大锤、戴手套抡大锤，锤击点滑脱	砸伤	较小	打锤人不得戴手套，不得单手抡大锤；锤头无油污方可使用
	锉刀、手锯、螺丝刀	手柄等缺损	刺伤	较小	锉刀、手锯、螺丝刀等手柄应安装牢固，没有手柄的不准使用
	手动扳手	使用扳手不当致人员受伤	碰伤扭伤	较小	严禁使用破损的梅花扳手，严禁使用不合格的活动扳手
	清洗剂、松锈剂	不准确喷射	受蚀受伤	较小	使用清洗剂、松锈剂时需使用引喷点导管及提醒其他人员注意
	润滑油	加油及操作中发生的跑、冒、滴、漏及溢油导致地滑	滑跌	较小	在加油及操作中发生跑、冒、滴、漏及溢油时，要及时清除处理
	皮带刀	刀口正对工作人员	刺伤	较小	（1）皮带刀口不要正对工作人员； （2）皮带刀使用后要及时入鞘
	重物	超荷搬运	扭伤	较小	（1）肩扛物件重量不超过本人体重为宜； （2）手搬物件时应量力而行，不得搬运超过自己能力的物件
		搬运无统一协调	扭伤	较小	（1）多人共同搬运、抬运或装卸较大的重物时，必须统一指挥、相互配合、同起同落、同时行进； （2）前后扛应同肩，必要时还应有专人在旁监护
11．检修工作结束	施工废料	施工废料未清理	环境污染	较小	废料及时清理，做到工完、料尽、场地清
		工作结束后，废品乱扔	火灾、环境污染	较小	不准将油污、油泥、废油等（包括沾油棉纱、布、手套、纸等）倒入下水道排放或随地倾倒，应收集放于指定的废油箱，妥善处理，以防污染环境

14.21 碎煤机检修

作业步骤	危害辨识	危害描述	产生后果	风险等级	防 范 措 施
1．环境评估	噪声	进入噪声区域时，未正确使用防护用品	噪声聋	较小	进入噪声区域时正确佩戴耳塞
	煤粉	（1）相关皮带机运行有煤尘飞扬； （2）储煤场堆放存煤有煤尘扬起	尘肺病	较小	（1）作业人员佩戴防护口罩； （2）对作业现场进行水冲洗
	孔、洞	盖板缺失或安全栏杆不全	跌落扭伤	较小	做好现场检查及防护隔离措施
2．措施确认	转动的减速机	工作前未核实设备运转状态	机械伤害	中等	与运行人员共同确认现场安全措施、停电措施正确完备
		未采取防止其他转动设备措施	机械伤害	中等	做好与其他转动设备的隔离措施并保持安全距离

续表

作业步骤	危害辨识	危害描述	产生后果	风险等级	防范措施
3. 准备工作及现场布置	电焊机	电焊机未经检验合格	触电	较小	（1）电焊机必须贴有检验合格标证； （2）检查合格证在有效期内
		电焊机电源线、电源插头、电焊钳破损	触电	较小	检查电焊机电源线、电源插头、电焊钳完好无损
	氧气、乙炔	氧气乙炔表失效，橡胶软管损坏	爆炸	较小	（1）氧气乙炔表需检验合格，并在有效期内； （2）氧气、乙炔表使用前应进行检查，确保其完好、有效； （3）橡胶管使用前需检查无老化开裂、鼓包漏气现象
		使用没有回火阀的乙炔瓶	爆炸	中等	严禁使用没有回火阀的乙炔瓶
		（1）氧气瓶与乙炔气瓶的安全距离不足； （2）氧气、乙炔气瓶与明火的安全距离不足	爆炸	较小	（1）使用中氧气瓶和乙炔气瓶的距离不得小于8m； （2）使用中的氧气、乙炔气瓶与明火的距离必须大于10m
		氧气、乙炔瓶在使用发生倾倒	爆炸	较小	使用前需将气瓶绑扎牢固
	电动工具	（1）电动工具未经检验合格； （2）电动工具电源线、电源插头破损，防护罩破损缺失	机械伤害	较小	（1）检查各电动工具必须张贴检验合格标志； （2）检查电动工具的电源线、电源插头完好无缺损，防护罩完好无缺损； （3）检查合格证在有效期内
	千斤顶	液压油管破损，千斤顶缸体泄漏，不保压	物体打击	较小	检查千斤顶油液、顶升正常；油管完好，保压完好
	临时电源及电源线	电源线悬挂高度不够	触电	较小	临时电源线架设高度室内不低于2.5m
		电源线、插头、插座破损	触电	较小	（1）检查电源线外绝缘良好，无破损； （2）检查电源盘合格证在有效期内； （3）检查电源插头插座，确保完好
		未安装漏电保护器	触电	较小	分级配置漏电保护器，工作前试漏电保护器，确保正确动作
	吊具	吊索具损坏或选择不当	起重伤害	中等	（1）作业前，应对吊索具及其配件进行检查，确认完好，方可使用； （2）所选用的吊索具应与被吊工件的外形特点及具体要求相适应，在不具备使用条件的情况下，不准使用； （3）作业中应防止损坏吊索具及配件，必要时在棱角处应加护角防护； （4）吊具及配件不能超过其额定起重量，起重吊具、吊索不得超过其相应吊挂状态下的最大工作载荷
	锉刀、手锯、螺丝刀	手柄等缺损	刺伤	较小	锉刀、手锯、螺丝刀等手柄应安装牢固，没有手柄的不准使用
	撬棍	撬棍强度不够	物体打击	较小	选用合适的撬棍，使用前检查，确认完好
	脚手架	脚手架搭设后未验收	高处坠落	重大	（1）搭设结束后，必须履行脚手架验收手续，填写脚手架验收单，并在脚手架验收单上分级签字； （2）验收合格后应在脚手架上悬挂合格证，方可使用
	大锤	手柄断裂，锤头松脱	物体打击	较小	使用前检查，确认完好方可使用

续表

作业步骤	危害辨识	危害描述	产生后果	风险等级	防 范 措 施
4．环锤式碎煤机解体检查检修	手动扳手	使用不当致人员受伤	碰伤、扭伤	较小	严禁使用破损的梅花扳手、管子钳，严禁使用不合格的活动扳手
	手拉葫芦	滑链	起重伤害	中等	使用手拉葫芦时需核对铭牌，禁止超范围起吊物件
		手拉链卡死、断裂	起重伤害	中等	使用手拉葫芦不准将钩子挂扣在起重链上，使用人员时刻注意链条有无卡顿情况
	吊具和起吊物	吊点位置不正确	起重伤害	中等	吊钩要挂在物品的重心上
		斜拉	起重伤害	中等	不准使吊钩斜着拖吊重物
	电焊机	多台焊机共用一闸	触电	较小	每台焊机需有独立的电源开关和漏电保护器
		电焊机外壳不接地	触电	较小	电焊机金属外壳需有可靠的接地，一机一接地
	撬棍	撬棍形式不对，强度不够	物体打击	较小	选用合适的撬棍，使用中需有牢固可靠的支点
	大锤	单手抡大锤、戴手套抡大锤，锤击点滑脱	砸伤	较小	打锤人不得戴手套，不得单手抡大锤；锤头无油污方可使用
	清洗剂、松锈剂	不准确喷射	眼镜受伤	较小	使用清洗剂、松锈剂时需使用引喷点导管及提醒其他人员注意
	电动行车	行车司机注意力不集中	起重伤害	中等	行车司机在工作中应时刻注意指挥人员信号，不准同时进行与行车操作无关的其他工作
		起吊重物下方站人	起重伤害	中等	起吊重物下方严禁站人
	氧气、乙炔	气焊气割火焰高温	烧伤、烫伤	中等	动火人员穿帆布工作服，戴工作帽，上衣不准扎在裤子里，裤脚不得挽起，穿工作鞋
		气割进行中致人受伤	烧伤、烫伤	中等	气割火炬不准对着周围工作人员
5．碎煤机转子、大、小孔筛板，拨料器、破碎板、耐磨衬板、落煤筒检查检修	手拉葫芦	手拉链卡死、断裂	起重伤害	中等	使用手拉葫芦不准将钩子挂扣在起重链上，使用人员时刻注意链条有无卡顿情况
	手动扳手	使用扳手不当或用力过猛致伤	磕碰、扭伤	较小	（1）在使用梅花扳手时，左手推住梅花扳手与螺栓连接处，保持梅花扳手与螺栓完全配合，防止滑脱，右手握住梅花扳手另一端并加力； （2）禁止使用带有裂纹和内孔已严重磨损的梅花扳手
	角磨机	使用时未正确使用防护用品	机械伤害	较小	操作人员需正确佩戴防护面罩或防护眼镜
	撬棍	撬棍形式不对，强度不够	物体打击	较小	选用合适的撬棍，使用中需有牢固可靠的支点
	高处作业	高处作业人员未使用防护用品	高处坠落	重大	高处作业人员必须正确戴好安全帽，系好合格的安全带、必要时需使用安全绳
		发生高空落物	物体打击	较小	（1）高处作业一律使用工具袋； （2）大件需用绳子系牢后上下吊送
	电动行车	行车司机注意力不集中	起重伤害	中等	行车司机在工作中应时刻注意指挥人员信号，不准同时进行与行车操作无关的其他工作
		起吊重物下方站人	起重伤害	中等	起吊重物下方严禁站人
	氧气、乙炔	气焊气割火焰高温	烧伤、烫伤	中等	动火人员穿帆布工作服，戴工作帽，上衣不准扎在裤子里，裤脚不得挽起，穿工作鞋
		气割进行中致人受伤	烧伤、烫伤	中等	气割火炬不准对着周围工作人员

续表

作业步骤	危害辨识	危害描述	产生后果	风险等级	防 范 措 施
6．碎煤机大、小孔筛板以及拨料器、破碎板、耐磨衬板的更换检修	氧气、乙炔	气焊气割火焰高温	烧伤、烫伤	中等	动火人员穿帆布工作服，戴工作帽，上衣不准扎在裤子里，裤脚不得挽起，穿工作鞋
		气割进行中致人受伤	烧伤、烫伤	中等	气割火炬不准对着周围工作人员
	手拉葫芦	手拉链卡死、断裂	起重伤害	中等	使用手拉葫芦不准将钩子挂扣在起重链上，使用人员时刻注意链条有无卡顿情况
		手拉葫芦超载荷使用	起重伤害	中等	使用手拉葫芦时工作负荷不准超过铭牌规定
	吊具和起吊物	吊点位置不正确	起重伤害	中等	吊钩要挂在物品的重心上
		斜拉	碰伤扭伤	中等	不准使吊钩斜着拖吊重物
	手动扳手	使用扳手不当致人员受伤	磕伤、扭伤	较小	严禁使用破损的梅花扳手，严禁使用不合格的活动扳手
	撬棒	撬棍形式不对，强度不够	物体打击	较小	选用合适的撬棍，使用中需有牢固可靠的支点
	电动行车	行车司机注意力不集中	起重伤害	中等	行车司机在工作中应时刻注意指挥人员信号，不准同时进行与行车操作无关的其他工作
		起吊重物下方站人	起重伤害	中等	起吊重物下方严禁站人
7．碎煤机转子检查检修	手拉葫芦	滑链	起重伤害	中等	使用手拉葫芦不准将钩子挂扣在起重链上，使用人员时刻注意链条有无卡顿情况
		手拉葫芦超载荷使用	起重伤害	中等	使用手拉葫芦时工作负荷不准超过铭牌规定
	吊具和起吊物	点位置不正确	起重伤害	中等	吊钩要挂在物品的重心上
		斜拉	物体打击	中等	不准使吊钩斜着拖吊重物
	撬棍	撬棍形式不对，强度不够	砸伤	较小	选用合适的撬棍，使用中需有牢固可靠的支点
	大锤	手柄断裂，锤头松脱	碰伤扭伤	较小	打锤人不得戴手套，不得单手抡大锤；锤头无油污方可使用
	手动扳手	使用扳手不当致人员受伤	磕碰扭伤	较小	（1）在使用梅花扳手时，左手推住梅花扳手与螺栓连接处，保持梅花扳手与螺栓完全配合，防止滑脱，右手握住梅花扳手另一端并加力； （2）禁止使用带有裂纹和内孔已严重磨损的梅花扳手
	电焊机	多台焊机共用一闸	触电	较小	每台焊机需有独立的电源开关和漏电保护器
		电焊机外壳不接地	触电	较小	电焊机金属外壳需有可靠的接地，一机一接地
	氧气、乙炔	焊气割火焰高温	烧伤、烫伤	中等	动火人员穿帆布工作服，戴工作帽，上衣不准扎在裤子里，裤脚不得挽起，穿工作鞋
		气割进行中致人受伤	烧伤、烫伤	中等	气割火炬不准对着周围工作人员
8．碎煤机转子轴承的检查检修	手动扳手	使用扳手不当致人员受伤	磕伤、扭伤	较小	（1）在使用梅花扳手时，左手推住梅花扳手与螺栓连接处，保持梅花扳手与螺栓完全配合，防止滑脱，右手握住梅花扳手另一端并加力； （2）禁止使用带有裂纹和内孔已严重磨损的梅花扳手
	润滑脂	加油及操作中发生的跑、冒、滴、漏及溢油	滑跌	较小	在加油及操作中发生跑、冒、滴、漏及溢油时，要及时清除处理
	清洗剂、松锈剂	不准确喷射	受蚀受伤	较小	使用清洗剂、松锈剂时需使用引喷点导管及提醒其他人员注意

续表

作业步骤	危害辨识	危害描述	产生后果	风险等级	防 范 措 施
9．环锤式碎煤机回装和调试检修	电动行车	行车司机注意力不集中	起重伤害	中等	行车司机在工作中应时刻注意指挥人员信号，不准同时进行与行车操作无关的其他工作
		起吊重物下方站人	起重伤害	中等	起吊重物下方严禁站人
	手动扳手	使用扳手不当致人员受伤	磕伤、扭伤	较小	（1）在使用梅花扳手时，左手推住梅花扳手与螺栓连接处，保持梅花扳手与螺栓完全配合，防止滑脱，右手握住梅花扳手另一端并加力； （2）禁止使用带有裂纹和内孔已严重磨损的梅花扳手
	撬棒	撬棍形式不对，强度不够	物体打击	较小	选用合适的撬棍，使用中需有牢固可靠的支点
	大锤	手柄断裂，锤头松脱	碰伤、扭伤	较小	打锤人不得戴手套，不得单手抡大锤；锤头无油污方可使用
10．检修工作结束	施工废料	施工废料未清理	环境污染	较小	废料及时清理，做到工完、料尽、场地清

14.22 滚轴筛检修

作业步骤	危害辨识	危害描述	产生后果	风险等级	防 范 措 施
1．环境评估	噪声	进入噪声区域时，未正确使用防护用品	噪声聋	较小	进入噪声区域时正确佩戴耳塞
	煤粉	（1）相关皮带机运行有煤尘飞扬； （2）储煤场堆放存煤有煤尘扬起	尘肺病	较小	（1）作业人员佩戴防护口罩； （2）对作业现场进行水冲洗
	孔、洞	盖板缺失或安全栏杆不全	跌落扭伤	较小	做好现场检查及防护隔离措施
2．措施确认	转动的减速机	盖板缺失或安全栏杆不全	机械伤害	中等	检修工作开工前工作负责人与工作票许可人共同检查确认所检修设备的安全措施正确完备，且已全部执行到位
		未采取防止其他转动设备措施	机械伤害	中等	做好与其他转动设备的隔离措施并保持安全距离
3．准备工作及现场布置	电焊机	电焊机未经检验合格	触电	较小	（1）电焊机必须贴有检验合格标志； （2）检查合格证在有效期内
		电焊机电源线、电源插头、电焊钳破损	触电	较小	检查电焊机电源线、电源插头、电焊钳完好无损
	氧气、乙炔	氧气乙炔表失效，橡胶软管损坏	爆炸	较小	（1）氧气乙炔表需检验合格，并在有效期内； （2）氧气、乙炔表使用前应进行检查，确保其完好、有效； （3）橡胶管使用前需检查无老化开裂、鼓包漏气现象
		使用没有回火阀的乙炔瓶	爆炸	中等	严禁使用没有回火阀的乙炔瓶
		（1）氧气瓶与乙炔气瓶的安全距离不足； （2）氧气、乙炔气瓶与明火的安全距离不足	爆炸	较小	（1）使用中氧气瓶和乙炔气瓶的距离不得小于8m； （2）使用中的氧气、乙炔气瓶与明火的距离必须大于10m
		氧气、乙炔瓶在使用发生倾倒	爆炸	较小	使用前需将气瓶绑扎牢固

续表

作业步骤	危害辨识	危害描述	产生后果	风险等级	防范措施
3. 准备工作及现场布置	行灯	行灯电源线、电源插头破损	触电	较小	（1）检查行灯电源线、电源插头完好无破损； （2）行灯的电源线应采用橡胶护套铜芯软电缆
	千斤顶	液压油管破损，千斤顶缸体泄漏，不保压	物体打击	较小	检查千斤顶油液、顶升正常；油管完好，保压完好
	临时电源及电源线	电源线悬挂高度不够	触电	较小	临时电源线架设高度室内不低于2.5m
		电源线、插头、插座破损	触电	较小	（1）检查电源线外绝缘良好，无破损； （2）检查电源盘合格证在有效期内； （3）检查电源插头插座，确保完好
		未安装漏电保护器	触电	较小	分级配置漏电保护器，工作前试漏电保护器，确保正确动作
	吊具	吊索具损坏或选择不当	起重伤害	中等	（1）作业前，应对吊索具及其配件进行检查，确认完好，方可使用； （2）所选用的吊索具应与被吊工件的外形特点及具体要求相适应，在不具备使用条件的情况下，不准使用； （3）作业中应防止损坏吊索具及配件，必要时在棱角处应加护角防护； （4）吊具及配件不能超过其额定起重量，起重吊具、吊索不得超过其相应吊挂状态下的最大工作载荷
	锉刀、手锯、螺丝刀	手柄等缺损	刺伤		锉刀、手锯、螺丝刀等手柄应安装牢固，没有手柄的不准使用
	撬棍	撬棍强度不够	物体打击	较小	选用合适的撬棍，使用前检查，确认完好
	大锤	手柄断裂，锤头松脱	物体打击	较小	使用前检查，确认完好方可使用
	脚手架	脚手架搭设后未验收	高处坠落	重大	（1）搭设结束后，必须履行脚手架验收手续，填写脚手架验收单，并在脚手架验收单上分级签字； （2）验收合格后应在脚手架上悬挂合格证，方可使用
4. 减速机检修	手动扳手	使用扳手不当或用力过猛致伤	磕伤、扭伤	较小	（1）在使用梅花扳手时，左手推住梅花扳手与螺栓连接处，保持梅花扳手与螺栓完全配合，防止滑脱，右手握住梅花扳手另一端并加力； （2）禁止使用带有裂纹和内孔已严重磨损的梅花扳手
	手拉葫芦	滑链	起重伤害	中等	使用手拉葫芦时需核对铭牌，禁止超范围起吊物件
		手拉链卡死、断裂	起重伤害	中等	使用手拉葫芦不准将钩子挂扣在起重链上，使用人员时刻注意链条有无卡顿情况
	吊具和起吊物	吊点位置不正确	起重伤害	中等	吊钩要挂在物品的重心上
		斜拉	起重伤害	中等	不准使吊钩斜着拖吊重物
	撬棍	选用撬棍不合适	物体打击	较小	选用合适的撬棍，使用中需有牢固可靠的支点
	大锤	单手抡大锤、戴手套抡大锤，锤击点滑脱	砸伤	较小	打锤人不得戴手套，不得单手抡大锤；锤头无油污方可使用
	清洗剂、松锈剂	不准确喷射	眼睛受伤	较小	使用清洗剂、松锈剂时需使用引喷点导管及提醒其他人员注意
	三爪拉马	使用不当	机械伤害	较小	使用时确保三爪受力均匀

续表

作业步骤	危害辨识	危害描述	产生后果	风险等级	防 范 措 施
5. 筛轴检修	手拉葫芦	手拉链卡死、断裂	起重伤害	中等	使用手拉葫芦不准将钩子挂扣在起重链上，使用人员时刻注意链条有无卡顿情况
	手动扳手	使用扳手不当或用力过猛致伤	磕碰、扭伤	较小	（1）在使用梅花扳手时，左手推住梅花扳手与螺栓连接处，保持梅花扳手与螺栓完全配合，防止滑脱，右手握住梅花扳手另一端并加力； （2）禁止使用带有裂纹和内孔已严重磨损的梅花扳手
	角磨机	使用时未正确使用防护用品	机械伤害	较小	操作人员需正确佩戴防护面罩或防护眼镜
	三爪拉马	使用不当	机械伤害	较小	使用时确保三爪受力均匀
	润滑脂	加油及操作中发生的跑、冒、滴、漏及溢油	滑跌	中等	在加油及操作中发生跑、冒、滴、漏及溢油时，要及时清除处理
	电动行车	制动装置失灵	起重伤害	中等	（1）使用前应做无负荷起落试验一次，检查刹车及传动装置应良好无缺陷； （2）起吊重物稍一离地（或支持物），应再次检查行车悬吊及捆绑情况，可靠后方可继续起吊
	氧气乙炔	焊气割火焰高温	烧伤、烫伤	中等	动火人员穿帆布工作服，戴工作帽，上衣不准扎在裤子里，裤脚不得挽起，穿工作鞋
		气割进行中致人受伤	烧伤、烫伤	中等	气割火炬不准对着周围工作人员
6. 其他部件检修	高处作业	防护装备不齐全	高处坠落	重大	高处作业人员必须正确戴好安全帽，系好合格的安全带、必要时需使用安全绳
		发生高空落物	物体打击	中等	（1）高处作业一律使用工具袋； （2）大件需用绳子系牢后上下吊送
	手拉葫芦	滑链	起重伤害	中等	使用手拉葫芦不准将钩子挂扣在起重链上，使用人员时刻注意链条有无卡顿情况
		手拉葫芦超载荷使用	起重伤害	中等	使用手拉葫芦时工作负荷不准超过铭牌规定
	吊具和起吊物	吊点位置不正确	起重伤害	中等	吊钩要挂在物品的重心上
		斜拉	碰伤扭伤	中等	不准使吊钩斜着拖吊重物
	手动扳手	使用扳手不当致人员受伤	受蚀受伤	较小	严禁使用破损的梅花扳手，严禁使用不合格的活动扳手
	氧气、乙炔	焊气割火焰高温	烧伤、烫伤	中等	动火人员穿帆布工作服，戴工作帽，上衣不准扎在裤子里，裤脚不得挽起，穿工作鞋
		气割进行中致人受伤	烧伤、烫伤	中等	气割火炬不准对着周围工作人员
	撬棍	选用撬棍不合适	物体打击	较小	选用合适的撬棍，使用中需有牢固可靠的支点
7. 检修工作结束	检修废料	检修后，检修废料没有及时清除干净	环境污染	较小	废料及时清理，做到工完、料尽、场地清

14.23　湿式除尘器检修

作业步骤	危害辨识	危害描述	产生后果	风险等级	防 范 措 施
1. 环境评估	噪声	进入噪声区域时，未正确使用防护用品	噪声聋	较小	进入噪声区域时正确佩戴耳塞
	煤粉	相关皮带机运行有煤尘飞扬	尘肺病	较小	（1）作业人员佩戴防护口罩； （2）对作业现场进行水冲洗

续表

作业步骤	危害辨识	危害描述	产生后果	风险等级	防 范 措 施
1. 环境评估	照明	现场照明不足	其他伤害	较小	增加临时照明
	有害气体	未进行通风、检测	中毒窒息	较小	打开相关通风口及观察门进行通风，然后进行检测
	孔、洞	盖板缺失或安全栏杆不全	跌落	较小	做好现场检查及防护隔离措施
2. 措施确认	转动的电机、阀门	工作前所采取隔离措施不完善	其他伤害	中等	与运行人员共同确认现场安全措施、隔离措施正确完备
		未采取防转动措施	机械伤害	中等	转动设备检修时应采取防转动措施
	电极板带电	电极板未停电、未放电	触电伤害	中等	与运行人员确认极板已停电、已有可靠接地
3. 准备工作及现场布置	临时电源及电源线	电源线悬挂高度不够	触电	较小	临时电源线架设高度室内不低于 2.5m
		电源线、插头、插座破损	触电	较小	（1）检查电源线外绝缘良好，无破损； （2）检查电源盘合格证在有效期内； （3）检查电源插头插座，确保完好
		未安装漏电保护器	触电	较小	分级配置漏电保护器，工作前试漏电保护器，确保正确动作
	吊具	吊索具损坏或选择不当	起重伤害	中等	（1）作业前，应对吊索具及其配件进行检查，确认完好，方可使用； （2）所选用的吊索具应与被吊工件的外形特点及具体要求相适应，在不具备使用条件的情况下，不准使用； （3）作业中应防止损坏吊索具及配件，必要时在棱角处应加护角防护； （4）吊具及配件不能超过其额定起重量，起重吊具、吊索不得超过其相应吊挂状态下的最大工作载荷
	电焊机	电焊机未经检验合格	触电	较小	（1）电焊机必须贴有检验合格标志； （2）检查合格证在有效期内
		电焊机电源线、电源插头、电焊钳破损；	触电	较小	检查电焊机电源线、电源插头、电焊钳完好无损
	氧气、乙炔	使用没有回火阀的乙炔瓶	爆炸	中等	严禁使用没有回火阀的乙炔瓶
		（1）氧气瓶与乙炔气瓶的安全距离不足； （2）氧气、乙炔气瓶与明火的安全距离不足	爆炸	较小	（1）使用中氧气瓶和乙炔气瓶的距离不得小于 8m； （2）使用中的氧气、乙炔气瓶与明火的距离必须大于 10m
		氧气、乙炔瓶在使用发生倾倒	爆炸	较小	使用前需将气瓶绑扎牢固
		氧气乙炔表失效，橡胶软管损坏	爆炸	较小	（1）氧气乙炔表需检验合格，并在有效期内； （2）氧气、乙炔表使用前应进行检查，确保其完好、有效； （3）橡胶管使用前需检查无老化开裂、鼓包漏气现象
	角磨机	（1）角磨机未经检验合格； （2）角磨机电源线、电源插头破损，防护罩破损缺失	机械伤害	较小	（1）检查各角磨机必须张贴有检验合格标志； （2）检查角磨机的电源线、电源插头完好无缺损，防护罩完好无缺损； （3）检查合格证在有效期内

续表

作业步骤	危害辨识	危害描述	产生后果	风险等级	防 范 措 施
3. 准备工作及现场布置	三爪拉马	连接螺栓损坏、脱落	机械伤害	较小	检查拉马无破损，各连接件间螺栓紧固良好
	脚手架	脚手架搭建完成未验收	高处坠落	重大	脚手架搭建完成后需分级验收签字，验收合格后需在脚手架上悬挂使用合格证
	锉刀、手锯、螺丝刀	手柄等缺损	刺伤	较小	锉刀、手锯、螺丝刀等手柄应安装牢固，没有手柄的不准使用
	撬棍	撬棍强度不够	物体打击	较小	选用合适的撬棍，使用前检查，确认完好
	大锤	手柄断裂，锤头松脱	物体打击	较小	使用前检查，确认完好方可使用
4. 除尘器本体检修及清理	手动扳手	使用不当致人员受伤	碰伤扭伤	较小	严禁使用破损的梅花扳手，严禁使用不合格的活动扳手
	手拉葫芦	滑链	起重伤害	中等	使用手拉葫芦时工作负荷不准超过铭牌规定
		手拉链卡死、断裂	起重伤害	中等	使用手拉葫芦不准将钩子挂扣在起重链上，使用人员时刻注意链条有无卡顿情况
	临时电源及电源线	人员离开未断电	触电	较小	人员离开工作现场需切断临时临时电源
		未安装漏电保护器	触电	较小	分级配置漏电保护器，工作前试漏电保护器，确保正确动作
		电源线悬挂高度不够	触电	较小	临时电源线架设高度室内不低于2.5m
	电焊机	多台焊机共用一闸	触电	较小	每台焊机需有独立的电源开关和漏电保护器
		电焊机外壳不接地	触电	较小	电焊机金属外壳需有可靠的接地，一机一接地
	撬棍	选用撬棍不合适	物体打击	较小	选用合适的撬棍，使用中需有牢固可靠的支点
	验电笔	阴阳电极板带电	电机伤	中等	检修工作开始前需做好合格的接地线措施，并用验电笔检测确认无电
	清洗剂、松锈剂	不准确喷射	受蚀受伤	较小	使用清洗剂、松锈剂时需使用引喷点导管及提醒其他人员注意
5. 风管道系统检修	氧气氧气乙炔	气焊气割火焰高温	烧伤烫伤	较小	动火人员穿帆布工作服，戴工作帽，上衣不准扎在裤子里，裤脚不得挽起，穿工作鞋
		气割进行中致人受伤	烧伤烫伤	中等	气割火炬不准对着周围工作人员
	不合格脚手架	脚手架使用前未检验	高处坠落	重大	脚手架搭建完成后需分级验收签字，验收合格后需在脚手架上悬挂使用合格证
	电焊机	多台焊机共用一闸	触电	较小	每台焊机需有独立的电源开关和漏电保护器
		电焊机外壳不接地	触电	较小	电焊机金属外壳需有可靠的接地，一机一接地
	手拉葫芦	手拉链卡死、断裂	起重伤害	中等	使用手拉葫芦不准将钩子挂扣在起重链上，使用人员时刻注意链条有无卡顿情况
		滑链	起重伤害	中等	使用手拉葫芦时工作负荷不准超过铭牌规定
	吊点和起吊物	吊点位置不正确	起重伤害	中等	不准利用管道及电缆槽架起吊重物
		斜拉	起重伤害	中等	不准使吊钩斜着拖吊重物
	高处作业	高处作业人员未使用防护用品	高处坠落	重大	高处作业人员必须正确戴好安全帽，系好合格的安全带、必要时需使用安全绳
		发生高空落物	物体打击	中等	（1）高处作业一律使用工具袋； （2）大件需用绳子系牢后上下吊送
	角磨机	角磨机砂轮片破损	机械伤害	较小	使用角磨机需戴好防护面罩或防护眼镜

续表

作业步骤	危害辨识	危害描述	产生后果	风险等级	防范措施
5．风管道系统检修	手动扳手、管子钳	使用不当致人员受伤	碰伤扭伤	较小	严禁使用破损的梅花扳手、管子钳，严禁使用不合格的活动扳手
	撬棍	选用撬棍不合适	物体打击	较小	选用合适的撬棍，使用中需有牢固可靠的支点
6．水系统检修	大锤	戴手套抡大锤	物体打击	较小	打锤人不得戴手套
		单手抡大锤	物体打击	较小	抡大锤时周围不得有人，不得单手抡大锤
	手拉葫芦	手拉链卡死、断裂	起重伤害	较小	使用手拉葫芦不准将钩子挂扣在起重链上，使用人员时刻注意链条有无卡顿情况
		滑链	起重伤害	较小	使用手拉葫芦时工作负荷不准超过铭牌规定
	吊点和起吊物	吊点位置不正确	起重伤害	中等	不准利用管道及电缆槽架起吊重物
		斜拉	起重伤害	中等	不准使吊钩斜着拖吊重物
	氧气乙炔	焊气割火焰高温	烧伤烫伤	较小	动火人员穿帆布工作服，戴工作帽，上衣不准扎在裤子里，裤脚不得挽起，穿工作鞋。
		气割进行中致人受伤	烧伤烫伤	中等	气割火炬不准对着周围工作人员
	电焊机	多台焊机共用一闸	触电	较小	每台焊机需有独立的电源开关和漏电保护器
		电焊机外壳不接地	触电	较小	电焊机金属外壳需有可靠的接地，一机一接地
	高处作业	高处作业人员未使用防护用品	高处坠落	重大	高处作业人员必须正确戴好安全帽，系好合格的安全带，必要时需使用安全绳
		发生高空落物	物体打击	中等	（1）高处作业一律使用工具袋； （2）大件需用绳子系牢后上下吊送
	角磨机	角磨机砂轮片破损	机械伤害	较小	使用角磨机需戴好防护面罩或防护眼镜
	不合格脚手架	脚手架使用前未检验	高处坠落	重大	脚手架搭建完成后需分级验收签字，验收合格后需在脚手架上悬挂使用合格证
	手动扳手、管子钳	使用不当致人员受伤	碰伤扭伤	较小	严禁使用破损的梅花扳手、管子钳，严禁使用不合格的活动扳手
	撬棍	选用撬棍不合适	物体打击	较小	选用合适的撬棍，使用中需有牢固可靠的支点
7．风机检修	不合格脚手架	脚手架使用前未检验	高处坠落	重大	脚手架使用前需先检查正常，并签字确认
	高处作业	高处作业人员未使用防护用品	高处坠落	重大	高处作业人员必须正确戴好安全帽，系好合格的安全带、必要时需使用安全绳
		发生高处落物	物体打击	中等	（1）高处作业一律使用工具袋； （2）大件需用绳子系牢后上下吊送
	手拉葫芦	手拉链卡死、断裂	起重伤害	较小	使用手拉葫芦不准将钩子挂扣在起重链上，使用人员时刻注意链条有无卡顿情况
		滑链	起重伤害	较小	使用手拉葫芦时工作负荷不准超过铭牌规定
	吊点和起吊物	吊点位置不正确	起重伤害	中等	不准利用管道及电缆槽架起吊重物
		斜拉	起重伤害	中等	不准使吊钩斜着拖吊重物
	手动扳手、管子钳	使用不当致人员受伤	碰伤扭伤	较小	严禁使用破损的梅花扳手、管子钳，严禁使用不合格的活动扳手
	撬棍	选用撬棍不合适	物体打击	较小	选用合适的撬棍，使用中需有牢固可靠的支点
	三爪拉码	使用不当致人员受伤	物体打击	较小	使用时需确保三爪受力均匀

续表

作业步骤	危害辨识	危害描述	产生后果	风险等级	防范措施
7. 风机检修	大锤	戴手套抡大锤	物体打击	较小	打锤人不得戴手套
		单手抡大锤	物体打击	较小	抡大锤时周围不得有人，不得单手抡大锤
	角磨机	角磨机砂轮片破损	机械伤害	较小	使用角磨机需戴好防护面罩或防护眼镜
	清洗剂、松锈剂	不准确喷射致人员受伤	受蚀受伤	较小	使用清洗剂、松锈剂时需使用引喷导管及提醒其他人员注意
	润滑油	油污导致地滑	跌倒	较小	使用专用容器加油，作业区域油污及时清理
8. 其他部件检修	除尘器钢结构及安全罩、安全栏杆等	标识不全	机械伤害	较小	（1）工作前核对设备名称及编号； （2）完善补齐缺损的设备标识和警告牌
		安全罩缺损	机械伤害	较小	补全加固安全罩
		安全栏杆缺损或不牢	机械伤害	较小	补全加固安全栏杆
9. 检修工作结束	施工废料	施工废料未清理	环境污染	较小	废料及时清理，做到工完、料尽、场地清

14.24　犁煤器及接煤口

作业步骤	危害辨识	危害描述	产生后果	风险等级	防范措施
1. 环境评估	噪声	进入噪声区域时，未正确使用防护用品	噪声聋	较小	进入噪声区域时正确佩戴耳塞
	煤粉	相关皮带机运行有煤尘飞扬	尘肺病	较小	（1）作业人员佩戴防护口罩； （2）对作业现场进行水冲洗
	照明	现场照明不足	其他伤害	较小	增加临时照明
	孔洞	盖板缺失或安全栏杆不全	跌落	较小	做好现场检查及防护隔离措施
2. 措施确认	转动的电机	工作前所采取隔离措施不完善	其他伤害	中等	与运行人员共同确认现场安全措施、隔离措施正确完备
		未采取防转动措施	机械伤害	中等	转动设备检修时应采取防转动措施
3. 准备工作及现场布置	临时电源及电源线	电源线悬挂高度不够	触电	较小	临时电源线架设高度室内不低于2.5m
		电源线、插头、插座破损	触电	较小	（1）检查电源线外绝缘良好，无破损； （2）检查电源盘合格证在有效期内； （3）检查电源插头插座，确保完好
		未安装漏电保护器	触电	较小	分级配置漏电保护器，工作前试漏电保护器，确保正确动作
	吊具	吊索具损坏或选择不当	起重伤害	中等	（1）作业前，应对吊索具及其配件进行检查，确认完好，方可使用； （2）所选用的吊索具应与被吊工件的外形特点及具体要求相适应，在不具备使用条件的情况下，不准使用； （3）作业中应防止损坏吊索具及配件，必要时在棱角处应加护角防护； （4）吊具及配件不能超过其额定起重量，起重吊具、吊索不得超过其相应吊挂状态下的最大工作载荷

续表

作业步骤	危害辨识	危害描述	产生后果	风险等级	防 范 措 施
3．准备工作及现场布置	仓口盖板	盖板锈蚀破损	人员坠落	中等	检查仓口盖板无锈蚀变形、破损，盖板能完全盖住仓口，盖板牢固可靠无人员掉入煤仓内的危险
	角磨机	（1）角磨机未经检验合格； （2）角磨机电源线、电源插头破损，防护罩破损缺失	机械伤害	较小	（1）检查各角磨机必须张贴有检验合格标志； （2）检查角磨机的电源线、电源插头完好无缺损，防护罩完好无缺损； （3）检查合格证在有效期内
	电焊机	电焊机电源线、电源插头、电焊钳破损	触电	较小	检查电焊机电源线、电源插头、电焊钳完好无损
		电焊机未经检验合格	触电	较小	（1）电焊机必须贴有检验合格标证； （2）检查合格证在有效期内
	锉刀、手锯、螺丝刀	手柄等缺损	物体打击	较小	锉刀、手锯、螺丝刀等手柄应安装牢固，没有手柄的不准使用
	撬棍	撬棍强度不够	物体打击	较小	选用合适的撬棍，使用前检查，确认完好
4．电动推杆检修	手动扳手	使用不当致人员受伤	碰伤扭伤	较小	严禁使用破损的梅花扳手、管子钳，严禁使用不合格的活动扳手
	角磨机	角磨机砂轮片破损	机械伤害	较小	使用角磨机需戴好防护面罩或防护眼镜
	仓口盖板	没有使用仓口盖板或使用破损的盖板	人员掉落	中等	工作开始前必须用合格的仓口盖板将相关仓口盖好
	撬棍	选用撬棍不合适	物体打击	较小	选用合适的撬棍，使用中需有牢固可靠的支点
	清洗剂、松锈剂	不准确喷射	受蚀受伤	较小	使用清洗剂、松锈剂时需使用引喷点导管及提醒其他人员注意
5．缓冲床及机架检修	电焊机	多台焊机共用一闸	触电	较小	每台焊机需有独立的电源开关和漏电保护器
		电焊机外壳不接地	触电	较小	电焊机金属外壳需有可靠的接地，一机一接地
	仓口盖板	没有使用仓口盖板或使用破损的盖板导致人员或杂物掉入煤仓内	人员掉落	中等	工作开始前必须用合格的仓口盖板将相关仓口盖好
	手拉葫芦	手拉链卡死、断裂	起重伤害	中等	使用手拉葫芦不准将钩子挂扣在起重链上，使用人员时刻注意链条有无卡顿情况
		滑链	起重伤害	中等	使用手拉葫芦时工作负荷不准超过铭牌规定
	手动扳手	使用不当致人员受伤	碰伤扭伤	较小	严禁使用破损的梅花扳手、管子钳，严禁使用不合格的活动扳手
	撬棍	选用撬棍不合适	物体打击	较小	选用合适的撬棍，使用中需有牢固可靠的支点
6．犁头及犁刀检修	电焊机	多台焊机共用一闸	触电	较小	每台焊机需有独立的电源开关和漏电保护器
		电焊机外壳不接地	触电	较小	电焊机金属外壳需有可靠的接地，一机一接地
	手拉葫芦	滑链	起重伤害	中等	使用手拉葫芦时工作负荷不准超过铭牌规定
		手拉链卡死、断裂	起重伤害	中等	使用手拉葫芦不准将钩子挂扣在起重链上，使用人员时刻注意链条有无卡顿情况
	仓口盖板	没有使用仓口盖板或使用破损的盖板导致人员或杂物掉入煤仓内	人员掉落	中等	工作开始前必须用合格的仓口盖板将相关仓口盖好
	吊具和起吊物	吊点位置不正确	起重伤害	中等	不准利用管道及电缆槽架起吊重物
		斜拉	起重伤害	中等	不准使吊钩斜着拖吊重物

续表

作业步骤	危害辨识	危害描述	产生后果	风险等级	防范措施
6. 犁头及犁刀检修	角磨机	角磨机砂轮片破损	机械伤害	较小	使用角磨机需戴好防护面罩或防护眼镜
	手动扳手	使用不当致人员受伤	碰伤扭伤	较小	严禁使用破损的梅花扳手、管子钳，严禁使用不合格的活动扳手
	撬棍	选用撬棍不合适	物体打击	较小	选用合适的撬棍，使用中需有牢固可靠的支点
	清洗剂、松锈剂	不准确喷射	受蚀受伤	较小	使用清洗剂、松锈剂时需使用引喷点导管及提醒其他人员注意
7. 检修工作结束	施工废料	施工废料未清理	环境污染	较小	废料及时清理，做到工完、料尽、场地清

14.25 带式除铁器检修

作业步骤	危害辨识	危害描述	产生后果	风险等级	防范措施
1. 环境评估	煤粉	现场有煤尘飞扬	尘肺病	较小	作业时正确佩戴合格的防尘口罩
	孔洞	盖板缺失或安全栏杆不全	跌落	较小	做好现场检查及防护隔离措施
	吊具起吊物	在大于6级及以上的大风以及暴雨、打雷、大雾等恶劣的天气露天作业	高处坠落	重大	(1) 遇有 6 级以上大风时，不准露天进行起重工作； (2) 遇有大雾、照明不足、指挥人员看不清各工作地点或起重驾驶人员看不见指挥人员时，不准进行起重工作
2. 措施确认	转动的减速机	工作前未核实设备运转状态	机械伤害	中等	与运行人员共同确认现场安全措施、停电措施正确完备
		未采取防止其他转动设备措施	机械伤害	中等	做好与其他转动设备的隔离措施并保持安全距离
3. 准备工作及现场布置	电焊机	电焊机未经检验合格	触电	较小	(1) 电焊机必须贴有检验合格标志； (2) 检查合格证在有效期内
		电焊机电源线、电源插头、电焊钳破损	触电	较小	检查电焊机电源线、电源插头、电焊钳完好无损
	氧气、乙炔	氧气乙炔表失效，橡胶软管损坏	爆炸	较小	(1) 氧气乙炔表需检验合格，并在有效期内； (2) 氧气、乙炔表使用前应进行检查，确保其完好、有效； (3) 橡胶管使用前需检查无老化开裂、鼓包漏气现象
		使用没有回火阀的乙炔瓶	爆炸	中等	严禁使用没有回火阀的乙炔瓶
		(1) 氧气瓶与乙炔气瓶的安全距离不足； (2) 氧气、乙炔气瓶与明火的安全距离不足	爆炸	较小	(1) 使用中氧气瓶和乙炔气瓶的距离不得小于8m； (2) 使用中的氧气、乙炔气瓶与明火的距离必须大于10m
		氧气、乙炔瓶在使用发生倾倒	爆炸	较小	使用前需将气瓶绑扎牢固
	易燃易爆物质	未准备移动消防器材或消防水未投备用	火灾	中等	动火作业时，现场须准备合格的灭火器等移动消防器材
		作业前未进行清理易燃易爆物质	火灾	中等	动火作业前清理作业区域内及周围的易燃易爆物质

续表

作业步骤	危害辨识	危害描述	产生后果	风险等级	防范措施
3．准备工作及现场布置	电动工具	（1）电动工具未经检验合格； （2）电动工具电源线、电源插头破损，防护罩破损缺失	机械伤害、触电	较小	（1）检查各电动工具，必须张贴检验合格标志； （2）检查电动工具的电源线、电源插头完好无缺损，防护罩完好无缺损； （3）检查合格证在有效期内
	临时电源及电源线	电源线悬挂高度不够	触电	较小	临时电源线架设高度室内不低于 2.5m，室外不低于 4m
		电源线、插头、插座破损	触电	较小	（1）检查电源线外绝缘良好，无破损； （2）检查电源盘合格证在有效期内； （3）检查电源插头插座，确保完好
		未安装漏电保护器	触电	较小	分级配置漏电保护器，工作前试漏电保护器，确保正确动作
	吊具	吊索具损坏或选择不当	起重伤害	中等	（1）作业前，应对吊索具及其配件进行检查，确认完好，方可使用； （2）所选用的吊索具应与被吊工件的外形特点及具体要求相适应，在不具备使用条件的情况下，不准使用； （3）作业中应防止损坏吊索具及配件，必要时在棱角处应加护角防护； （4）吊具及配件不能超过其额定起重量，起重吊具、吊索不得超过其相应吊挂状态下的最大工作载荷
	手拉葫芦	链条有裂纹、链轮转动卡涩、吊钩无防脱保险装置	起重伤害	较小	（1）检查链条葫芦检验合格证在有效期内； （2）使用前应做无负荷起落试验一次，检查链条是否有裂纹、链轮转动是否卡涩、吊钩是否无防脱保险装置，以确保完好
	汽吊	吊带、钢丝绳损坏或选择不当	起重伤害	中等	（1）作业前，应对吊索具及其配件进行检查，确认完好，方可使用； （2）所选用的吊索具应与被吊工件的外形特点及具体要求相适应，在不具备使用条件的情况下，不准使用； （3）作业中应防止损坏吊索具及配件，必要时在棱角处应加护角防护； （4）吊具及配件不能超过其额定起重量，起重吊具、吊索不得超过其相应吊挂状态下的最大工作载荷； （5）起重作业时需要专业起重工持证上岗现场指挥； （6）汽车吊司机持证上岗
	高处作业人员	作业时未正确使用高处作业防护用品	高处坠落	重大	（1）高处作业人员必须戴好安全帽，穿好防滑鞋，正确佩戴安全带、防坠器； （2）所有从事高处作业的人员必须通过培训并取得高处作业证件并持证上岗
		人员不适于高处作业	高处坠落	重大	（1）从事高处作业的人员必须身体健康； （2）患有精神病、癫痫病以及经医师鉴定患有高血压、心脏病等不宜从事高处作业病症的人员，不准参加高处作业，凡发现工作人员精神不振时，禁止登高作业
	脚手架	脚手架搭建完成未验收	高处坠落	重大	脚手架搭建完成后需分级验收签字，验收合格后需在脚手架上悬挂使用合格证
	撬棍	撬棍强度不够	物体打击	较小	选用合适的撬棍，使用前检查，确认完好
	大锤	手柄断裂，锤头松脱	物体打击	较小	使用前检查，确认完好方可使用
	千斤顶，拉码	不能顶升或顶升后不保压，油缸泄漏	物体打击	中等	使用前检查千斤顶油位及管道完好，有无漏油现象

续表

作业步骤	危害辨识	危害描述	产生后果	风险等级	防范措施
4．减速机的检修	角磨机、切割机	未正确使用防护罩、防护眼镜	物体打击	较小	正确佩戴防护罩、防护眼镜
		更换磨片未切断电源	机械伤害	较小	更换磨片前必须切断电源
	手拉葫芦	滑链	起重伤害	中等	使用手拉葫芦时需核对铭牌，禁止超范围起吊物件
		手拉链卡死、断裂	起重伤害	中等	使用手拉葫芦不准将钩子挂扣在起重链上，使用人员时刻注意链条有无卡顿情况
	吊具和起吊物	吊点位置不正确	起重伤害	中等	吊钩要挂在物品的重心上
		斜拉	起重伤害	中等	不准使吊钩斜着拖吊重物
		起重区域未隔离、作业区域无专人监护	起重伤害	中等	（1）确保吊索，钢丝绳绑扎牢固； （2）作业过程中需要专人指挥； （3）在作业区周围设置明显的起吊警戒和围栏； （4）无关人员不准在起重工作区域内行走或者停留
	电焊机	多台电焊机共用一闸	触电	较小	每台焊机需有独立的电源开关和漏电保护器
		电焊机外壳不接地	触电	较小	电焊机金属外壳需有可靠的接地，一机一接地
	热辐射	电焊气割高温	烧伤、烫伤	较小	（1）工作人员必须穿好工作服、戴好手套、穿好带盖劳保鞋等； （2）气割火炬不准对着周围工作人员
	强光	电焊气割产生强光	其他伤害	中等	操作工需佩戴合格的护目镜，保护眼睛免受切割的火焰放出的强光伤害
	火种	焊接工作结束后，现场有遗留火种	火灾	中等	焊接作业结束后全面清理工作区域，做到不留任何火种
	高处作业	工器具掉落	物体打击	中等	（1）高处作业一律使用工具袋； （2）较大的工具应用绳拴在牢固的构件上，不准随便乱放，以防止从高处坠落发生事故
		工器具上下投掷	物体打击	中等	不准将工具及材料上下投掷，要用绳系牢后往下或往上吊送
	高处作业人员	高处作业未正确使用防护用品	高处坠落	重大	（1）高处作业人员必须戴好安全帽，穿好防滑鞋，正确佩戴安全带，必要时应使用防坠器； （2）安全带的挂钩应挂在结实、牢固的构件上，或专挂安全带的钢丝绳上，不准低挂高用
	撬棍	撬棍形式不对，强度不够	物体打击	较小	选用合适的撬棍，使用前检查，确认完好
	大锤	单手抡大锤、戴手套抡大锤，锤击点滑脱	砸伤	较小	打锤人不得戴手套，不得单手抡大锤；锤头无油污方可使用
	锉刀、手锯、螺丝刀	手柄等缺损	刺伤	较小	锉刀、手锯、螺丝刀等手柄应安装牢固，没有手柄的不准使用
	手动扳手	使用扳手不当致人员受伤	碰伤扭伤	较小	严禁使用破损的梅花扳手，严禁使用不合格的活动扳手
	清洗剂、松锈剂	不准确喷射	受蚀受伤	较小	使用清洗剂、松锈剂时需使用引喷点导管及提醒其他人员注意
	润滑油	加油及操作中发生的跑、冒、滴、漏及溢油导致地滑	滑跌	较小	在加油及操作中发生跑、冒、滴、漏及溢油时，要及时清除处理

续表

作业步骤	危害辨识	危害描述	产生后果	风险等级	防范措施
5. 弃铁皮带的检查检修	角磨机、切割机	未正确使用防护罩、防护眼镜	物体打击	较小	正确佩戴防护罩、防护眼镜
		更换磨片未切断电源	机械伤害	较小	更换磨片前必须切断电源
	手拉葫芦	滑链	起重伤害	中等	使用手拉葫芦时需核对铭牌，禁止超范围起吊物件
		手拉链卡死、断裂	起重伤害	中等	使用手拉葫芦不准将钩子挂扣在起重链上，使用人员时刻注意链条有无卡顿情况
	吊具和起吊物	吊点位置不正确	起重伤害	中等	吊钩要挂在物品的重心上
		斜拉	起重伤害	中等	不准使吊钩斜着拖吊重物
		起重区域未隔离、作业区域无专人监护	起重伤害	中等	（1）确保吊索，钢丝绳绑扎牢固； （2）作业过程中需要专人指挥； （3）在作业区周围设置明显的起吊警戒和围栏； （4）无关人员不准在起重工作区域内行走或者停留
	高处作业	工器具掉落	物体打击	中等	（1）高处作业一律使用工具袋； （2）较大的工具应用绳拴在牢固的构件上，不准随便乱放，以防止从高处坠落发生事故
		工器具上下投掷	物体打击	中等	不准将工具及材料上下投掷，要用绳系牢后往下或往上吊送
	高处作业人员	高处作业未正确使用防护用品	高处坠落	重大	（1）高处作业人员必须戴好安全帽，穿好防滑鞋，正确佩戴安全带，必要时应使用防坠器； （2）安全带的挂钩应挂在结实、牢固的构件上，或专挂安全带的钢丝绳上，不准低挂高用
	撬棍	撬棍形式不对，强度不够	物体打击	较小	选用合适的撬棍，使用前检查，确认完好
	大锤	单手抡大锤、戴手套抡大锤，锤击点滑脱	砸伤	较小	打锤人不得戴手套，不得单手抡大锤，锤头无油污方可使用
	锉刀、手锯、螺丝刀	手柄等缺损	刺伤	较小	锉刀、手锯、螺丝刀等手柄应安装牢固，没有手柄的不准使用
	手动扳手	使用扳手不当致人员受伤	碰伤扭伤	较小	严禁使用破损的梅花扳手，严禁使用不合格的活动扳手
	清洗剂、松锈剂	不准确喷射	受蚀受伤	较小	使用清洗剂、松锈剂时需使用引喷点导管及提醒其他人员注意
	润滑油	加油及操作中发生的跑、冒、滴、漏及溢油导致地滑	滑跌	较小	在加油及操作中发生跑、冒、滴、漏及溢油时，要及时清除处理
	皮带刀	刀口正对工作人员	刺伤	较小	（1）皮带刀口不要正对工作人员； （2）皮带刀使用后要及时入鞘
6. 滚筒和托辊的检查检修	千斤顶	工作人员站在液压千斤顶安全栓或高压软管前面	起重伤害	较小	使用液压千斤顶时，除操作人员外，其他人员尽量远离，工作人员不准站在千斤顶安全栓或高压软管前面
	角磨机、切割机	未正确使用防护罩、防护眼镜	物体打击	较小	正确佩戴防护罩、防护眼镜
		更换磨片未切断电源	机械伤害	较小	更换磨片前必须切断电源

续表

作业步骤	危害辨识	危害描述	产生后果	风险等级	防范措施
6. 滚筒和托辊的检查检修	手拉葫芦	滑链	起重伤害	中等	使用手拉葫芦时需核对铭牌，禁止超范围起吊物件
		手拉链卡死、断裂	起重伤害	中等	使用手拉葫芦不准将钩子挂扣在起重链上，使用人员时刻注意链条有无卡顿情况
	吊具和起吊物	吊点位置不正确	起重伤害	中等	吊钩要挂在物品的重心上
		斜拉	起重伤害	中等	不准使吊钩斜着拖吊重物
		起重区域未隔离、作业区域无专人监护	起重伤害	中等	（1）确保吊索，钢丝绳绑扎牢固； （2）作业过程中需要专人指挥； （3）在作业区周围设置明显的起吊警戒和围栏； （4）无关人员不准在起重工作区域内行走或者停留
	电焊机	多台电焊机共用一闸	触电	较小	每台焊机需有独立的电源开关和漏电保护器
		电焊机外壳不接地	触电	较小	电焊机金属外壳需有可靠的接地，一机一接地
	热辐射	电焊气割高温	烧伤、烫伤	较小	（1）工作人员必须穿好工作服、戴好手套、穿好带盖劳保鞋等； （2）气割火炬不准对着周围工作人员
	强光	电焊气割产生强光	其他伤害	中等	操作工需佩戴合格的护目镜，保护眼睛免受切割的火焰放出的强光伤害
	火种	焊接工作结束后，现场有遗留火种	火灾	中等	焊接作业结束后全面清理工作区域，做到不留任何火种
	高处作业	工器具掉落	物体打击	中等	（1）高处作业一律使用工具袋； （2）较大的工具应用绳拴在牢固的构件上，不准随便乱放，以防止从高处坠落发生事故
		工器具上下投掷	物体打击	中等	不准将工具及材料上下投掷，要用绳系牢后往下或往上吊送
	高处作业人员	高处作业未正确使用防护用品	高处坠落	重大	（1）高处作业人员必须戴好安全帽，穿好防滑鞋，正确佩戴安全带，必要时应使用防坠器； （2）安全带的挂钩应挂在结实、牢固的构件上，或专挂安全带的钢丝绳上，不准低挂高用
	脚手架	脚手架使用前未检验	高处坠落	重大	脚手架使用前需先检查正常，并签字确认
	撬棍	撬棍形式不对，强度不够	物体打击	较小	选用合适的撬棍，使用前检查，确认完好
	大锤	单手抡大锤、戴手套抡大锤，锤击点滑脱	砸伤	较小	打锤人不得戴手套，不得单手抡大锤，锤头无油污方可使用
	锉刀、手锯、螺丝刀	手柄等缺损	刺伤	较小	锉刀、手锯、螺丝刀等手柄应安装牢固，没有手柄的不准使用
	手动扳手	使用扳手不当致人员受伤	碰伤扭伤	较小	严禁使用破损的梅花扳手，严禁使用不合格的活动扳手
	清洗剂、松锈剂	不准确喷射	受蚀受伤	较小	使用清洗剂、松锈剂时需使用引喷点导管及提醒其他人员注意
	润滑油	加油及操作中发生的跑、冒、滴、漏及溢油导致地滑	滑跌	较小	在加油及操作中发生跑、冒、滴、漏及溢油时，要及时清除处理

续表

作业步骤	危害辨识	危害描述	产生后果	风险等级	防 范 措 施
6．滚筒和托辊的检查检修	重物	超荷搬运	扭伤	较小	（1）肩扛物件重量不超过本人体重为宜； （2）手搬物件时应量力而行，不得搬运超过自己能力的物件
		搬运无统一协调	扭伤	较小	（1）多人共同搬运、抬运或装卸较大的重物时，必须统一指挥、相互配合、同起同落、同时行进； （2）前后扛应同肩，必要时还应有专人在旁监护
7．调整螺杆的检修	角磨机、切割机	未正确使用防护罩、防护眼镜	物体打击	较小	正确佩戴防护罩、防护眼镜
		更换磨片未切断电源	机械伤害	较小	更换磨片前必须切断电源
	手拉葫芦	滑链	起重伤害	中等	使用手拉葫芦时需核对铭牌，禁止超范围起吊物件
		手拉链卡死、断裂	起重伤害	中等	使用手拉葫芦不准将钩子挂扣在起重链上，使用人员时刻注意链条有无卡顿情况
	电焊机	多台电焊机共用一闸	触电	较小	每台焊机需有独立的电源开关和漏电保护器
	电焊机	电焊机外壳不接地	触电	较小	电焊机金属外壳需有可靠的接地，一机一接地
	热辐射	电焊气割高温	烧伤、烫伤	较小	（1）工作人员必须穿好工作服、戴好手套、穿好带盖劳保鞋等； （2）气割火炬不准对着周围工作人员
	强光	电焊气割产生强光	其他伤害	中等	操作工需佩戴合格的护目镜，保护眼睛免受切割的火焰放出的强光伤害
	火种	焊接工作结束后，现场有遗留火种	火灾	中等	焊接作业结束后全面清理工作区域，做到不留任何火种
	高处作业	工器具掉落	物体打击	中等	（1）高处作业一律使用工具袋； （2）较大的工具应用绳拴在牢固的构件上，不准随便乱放，以防止从高处坠落发生事故
		工器具上下投掷	物体打击	中等	不准将工具及材料上下投掷，要用绳系牢后往下或往上吊送
	高处作业人员	高处作业未正确使用防护用品	高处坠落	重大	（1）高处作业人员必须戴好安全帽，穿好防滑鞋，正确佩戴安全带，必要时应使用防坠器； （2）安全带的挂钩应挂在结实、牢固的构件上，或专挂安全带的钢丝绳上，不准低挂高用
	撬棍	撬棍形式不对，强度不够	物体打击	较小	选用合适的撬棍，使用前检查，确认完好
	大锤	单手抡大锤、戴手套抡大锤，锤击点滑脱	砸伤	较小	打锤人不得戴手套，不得单手抡大锤，锤头无油污方可使用
	锉刀、手锯、螺丝刀	手柄等缺损	刺伤	较小	锉刀、手锯、螺丝刀等手柄应安装牢固，没有手柄的不准使用
	手动扳手	使用扳手不当致人员受伤	碰伤扭伤	较小	严禁使用破损的梅花扳手，严禁使用不合格的活动扳手
	清洗剂、松锈剂	不准确喷射	受蚀受伤	较小	使用清洗剂、松锈剂时需使用引喷点导管及提醒其他人员注意
	润滑油	加油及操作中发生的跑、冒、滴、漏及溢油导致地滑	滑跌	较小	在加油及操作中发生跑、冒、滴、漏及溢油时，要及时清除处理

续表

作业步骤	危害辨识	危害描述	产生后果	风险等级	防　范　措　施
8．活动小车的检查检修	角磨机、切割机	未正确使用防护罩、防护眼镜	物体打击	较小	正确佩戴防护罩、防护眼镜
		更换磨片未切断电源	机械伤害	较小	更换磨片前必须切断电源
	手拉葫芦	滑链	起重伤害	中等	使用手拉葫芦时需核对铭牌，禁止超范围起吊物件
		手拉链卡死、断裂	起重伤害	中等	使用手拉葫芦不准将钩子挂扣在起重链上，使用人员时刻注意链条有无卡顿情况
	吊具和起吊物	吊点位置不正确	起重伤害	中等	吊钩要挂在物品的重心上
		斜拉	起重伤害	中等	不准使吊钩斜着拖吊重物
		起重区域未隔离、作业区域无专人监护	起重伤害	中等	（1）确保吊索，钢丝绳绑扎牢固； （2）作业过程中需要专人指挥； （3）在作业区周围设置明显的起吊警戒和围栏； （4）无关人员不准在起重工作区域内行走或者停留
	电焊机	多台电焊机共用一闸	触电	较小	每台焊机需有独立的电源开关和漏电保护器
		电焊机外壳不接地	触电	较小	电焊机金属外壳需有可靠的接地，一机一接地
	热辐射	电焊气割高温	烧伤、烫伤	较小	（1）工作人员必须穿好工作服、戴好手套、穿好带盖劳保鞋等； （2）气割火炬不准对着周围工作人员
	强光	电焊气割产生强光	其他伤害	中等	操作工需佩戴合格的护目镜，保护眼睛免受切割的火焰放出的强光伤害
	火种	焊接工作结束后，现场有遗留火种	火灾	中等	焊接作业结束后全面清理工作区域，做到不留任何火种
	高处作业	工器具掉落	物体打击	中等	（1）高处作业一律使用工具袋； （2）较大的工具应用绳拴在牢固的构件上，不准随便乱放，以防止从高处坠落发生事故
		工器具上下投掷	物体打击	中等	不准将工具及材料上下投掷，要用绳系牢后往下或往上吊送
	高处作业人员	高处作业未正确使用防护用品	高处坠落	重大	（1）高处作业人员必须戴好安全帽，穿好防滑鞋，正确佩戴安全带，必要时应使用防坠器； （2）安全带的挂钩应挂在结实、牢固的构件上，或专挂安全带的钢丝绳上，不准低挂高用
	脚手架	脚手架使用前未检验	高处坠落	重大	脚手架使用前需先检查正常，并签字确认
	撬棍	撬棍形式不对，强度不够	物体打击	较小	选用合适的撬棍，使用前检查，确认完好
	大锤	单手抡大锤、戴手套抡大锤，锤击点滑脱	砸伤	较小	打锤人不得戴手套，不得单手抡大锤，锤头无油污方可使用
	锉刀、手锯、螺丝刀	手柄等缺损	刺伤	较小	锉刀、手锯、螺丝刀等手柄应安装牢固，没有手柄的不准使用
	手动扳手	使用扳手不当致人员受伤	碰伤扭伤	较小	严禁使用破损的梅花扳手，严禁使用不合格的活动扳手
	清洗剂、松锈剂	不准确喷射	受蚀受伤	较小	使用清洗剂、松锈剂时需使用引喷点导管及提醒其他人员注意
	润滑油	加油及操作中发生的跑、冒、滴、漏及溢油导致地滑	滑跌	较小	在加油及操作中发生跑、冒、滴、漏及溢油时，要及时清除处理

续表

作业步骤	危害辨识	危害描述	产生后果	风险等级	防范措施
9．机架的检修及调整	角磨机、切割机	未正确使用防护罩、防护眼镜	物体打击	较小	正确佩戴防护罩、防护眼镜
		更换磨片未切断电源	机械伤害	较小	更换磨片前必须切断电源
	手拉葫芦	滑链	起重伤害	中等	使用手拉葫芦时需核对铭牌，禁止超范围起吊物件
		手拉链卡死、断裂	起重伤害	中等	使用手拉葫芦不准将钩子挂扣在起重链上，使用人员时刻注意链条有无卡顿情况
	吊具和起吊物	吊点位置不正确	起重伤害	中等	吊钩要挂在物品的重心上
		斜拉	起重伤害	中等	不准使吊钩斜着拖吊重物
		起重区域未隔离、作业区域无专人监护	起重伤害	中等	（1）确保吊索，钢丝绳绑扎牢固； （2）作业过程中需要专人指挥； （3）在作业区周围设置明显的起吊警戒和围栏； （4）无关人员不准在起重工作区域内行走或者停留
	电焊机	多台电焊机共用一闸	触电	较小	每台焊机需有独立的电源开关和漏电保护器
		电焊机外壳不接地	触电	较小	电焊机金属外壳需有可靠的接地，一机一接地
	热辐射	电焊气割高温	烧伤、烫伤	较小	（1）工作人员必须穿好工作服、戴好手套、穿好带盖劳保鞋等； （2）气割火炬不准对着周围工作人员
	强光	电焊气割产生强光	其他伤害	中等	操作工需佩戴合格的护目镜，保护眼睛免受切割的火焰放出的强光伤害
	火种	焊接工作结束后，现场有遗留火种	火灾	中等	焊接作业结束后全面清理工作区域，做到不留任何火种
	高处作业	工器具掉落	物体打击	中等	（1）高处作业一律使用工具袋； （2）较大的工具应用绳拴在牢固的构件上，不准随便乱放，以防止从高处坠落发生事故
		工器具上下投掷	物体打击	中等	不准将工具及材料上下投掷，要用绳系牢后往下或往上吊送
	高处作业人员	高处作业未正确使用防护用品	高处坠落	重大	（1）高处作业人员必须戴好安全帽，穿好防滑鞋，正确佩戴安全带，必要时应使用防坠器； （2）安全带的挂钩应挂在结实、牢固的构件上，或专挂安全带的钢丝绳上，不准低挂高用
	脚手架	脚手架使用前未检验	高处坠落	重大	脚手架使用前需先检查正常，并签字确认
	撬棍	撬棍形式不对，强度不够	物体打击	较小	选用合适的撬棍，使用前检查，确认完好
	大锤	单手抡大锤、戴手套抡大锤，锤击点滑脱	砸伤	较小	打锤人不得戴手套，不得单手抡大锤，锤头无油污方可使用
	锉刀、手锯、螺丝刀	手柄等缺损	刺伤	较小	锉刀、手锯、螺丝刀等手柄应安装牢固，没有手柄的不准使用
	手动扳手	使用扳手不当致人员受伤	碰伤扭伤	较小	严禁使用破损的梅花扳手，严禁使用不合格的活动扳手
10．检修工作结束	施工废料	施工废料未清理	环境污染	较小	废料及时清理，做到工完、料尽、场地清
		工作结束后，废品乱扔	火灾、环境污染	较小	不准将油污、油泥、废油等（包括沾油棉纱、布、手套、纸等）倒入下水道排放或随地倾倒，应收集放于指定的废油箱，妥善处理，以防污染环境

14.26 入场煤采样装置检修

作业步骤	危害辨识	危害描述	产生后果	风险等级	防 范 措 施
1. 环境评估	噪声	进入噪声区域时，未正确使用防护用品	噪声聋	较小	进入噪声区域时正确佩戴耳塞
	煤粉	（1）相关皮带机运行有煤尘飞扬； （2）储煤场堆放存煤有煤尘扬起	尘肺病	较小	（1）作业人员佩戴防护口罩； （2）对作业现场进行水冲洗
	照明	现场照明不足	其他伤害	较小	增加临时照明
	孔洞	盖板缺失或安全栏杆不全	跌落扭伤	较小	做好现场检查及防护隔离措施
2. 措施确认	转动的电机	工作前所采取隔离措施不完善	其他伤害	中等	与运行人员共同确认现场安全措施、隔离措施正确完备
		未采取防转动措施	机械伤害	中等	转动设备检修时应采取防转动措施
3. 准备工作及现场布置	临时电源及电源线	电源线悬挂高度不够	触电	较小	临时电源线架设高度室内不低于 2.5m，室外不低于 4m
		电源线、插头、插座破损	触电	较小	（1）检查电源线外绝缘良好，无破损； （2）检查电源盘合格证在有效期内； （3）检查电源插头插座，确保完好
		未安装漏电保护器	触电	较小	分级配置漏电保护器，工作前试漏电保护器，确保正确动作
	吊具	吊索具损坏或选择不当	起重伤害	中等	（1）作业前，应对吊索具及其配件进行检查，确认完好，方可使用； （2）所选用的吊索具应与被吊工件的外形特点及具体要求相适应，在不具备使用条件的情况下，不准使用； （3）作业中应防止损坏吊索具及配件，必要时在棱角处应加护角防护； （4）吊具及配件不能超过其额定起重量，起重吊具、吊索不得超过其相应吊挂状态下的最大工作载荷
	电焊机	电焊机未经检验合格	触电	较小	（1）电焊机必须贴有检验合格标志； （2）检查合格证在有效期内
		电焊机电源线、电源插头、电焊钳破损	触电	较小	检查电焊机电源线、电源插头、电焊钳完好无损
	氧气、乙炔	（1）氧气瓶与乙炔气瓶的安全距离不足； （2）氧气、乙炔气瓶与明火的安全距离不足	爆炸	较小	（1）使用中氧气瓶和乙炔气瓶的距离不得小于 8m； （2）使用中的氧气、乙炔气瓶与明火的距离必须大于 10m
		氧气、乙炔瓶在使用发生倾倒	爆炸	较小	使用前需将气瓶绑扎牢固
		氧气乙炔表失效，橡胶软管损坏	爆炸	较小	（1）氧气乙炔表需检验合格，并在有效期内； （2）氧气、乙炔表使用前应进行检查，确保其完好、有效； （3）橡胶管使用前需检查无老化开裂、鼓包漏气现象
		使用没有回火阀的乙炔瓶	爆炸	较小	严禁使用没有回火阀的乙炔瓶

续表

作业步骤	危害辨识	危害描述	产生后果	风险等级	防范措施
3．准备工作及现场布置	角磨机	（1）角磨机未经检验合格；（2）角磨机电源线、电源插头破损，防护罩破损缺失	机械伤害	较小	（1）检查各角磨机必须张贴有检验合格标志；（2）检查角磨机的电源线、电源插头完好无缺损，防护罩完好无缺损；（3）检查合格证在有效期内
	三爪拉码	连接螺栓损坏、脱落	机械伤害	较小	检查拉玛无破损，各连接件间螺栓紧固良好
	脚手架	脚手架搭建完成未验收	高处坠落	重大	脚手架搭建完成后需分级验收签字，验收合格后需在脚手架上悬挂使用合格证
	撬棍	撬棍强度不够	物体打击	较小	选用合适的撬棍，使用前检查，确认完好
	大锤	手柄断裂，锤头松脱	物体打击	较小	使用前检查，确认完好方可使用
4．一级采样器解体检修	三爪拉码	使用不当致人员受伤	物体打击	较小	使用时需确保三爪受力均匀
	手拉葫芦	滑链	起重伤害	中等	使用手拉葫芦时工作负荷不准超过铭牌规定
		手拉链卡死、断裂	起重伤害	中等	使用手拉葫芦不准将钩子挂扣在起重链上，使用人员时刻注意链条有无卡顿情况
	吊具和起吊物	吊点位置不正确	起重伤害	中等	不准利用管道及电缆槽架起吊重物
		斜拉	起重伤害	中等	不准使吊钩斜着拖吊重物
	电焊机	多台焊机共用一闸	触电	较小	每台焊机需有独立的电源开关和漏电保护器
		电焊机外壳不接地	触电	较小	电焊机金属外壳需有可靠的接地，一机一接地
	撬棍	选用撬棍不合适	物体打击	较小	选用合适的撬棍，使用中需有牢固可靠的支点
	清洗剂、松锈剂	不准确喷射	受蚀受伤	较小	使用清洗剂、松锈剂时需使用引喷点导管及提醒其他人员注意
	手动扳手、管子钳	使用不当致人员受伤	碰伤扭伤	较小	严禁使用破损的梅花扳手、管子钳，严禁使用不合格的活动扳手
	油污	油污导致地滑	跌倒	较小	作业区域油污及时清理
5．采样皮带机检修	氧气、乙炔	气焊气割火焰高温	烧伤烫伤	较小	动火人员穿帆布工作服，戴工作帽，上衣不准扎在裤子里，裤脚不得挽起，穿工作鞋
		气割进行中致人受伤	烧伤烫伤	较小	气割火炬不准对着周围工作人员
	轴承碎片	轴承碎片飞出	机械伤害	较小	禁止直接锤击轴承，必须使用紫铜棒
	电焊机	多台焊机共用一闸	触电	较小	每台焊机需有独立的电源开关和漏电保护器
		电焊机外壳不接地	触电	较小	电焊机金属外壳需有可靠的接地，一机一接地
	手拉葫芦	手拉链卡死、断裂	起重伤害	中等	使用手拉葫芦不准将钩子挂扣在起重链上，使用人员时刻注意链条有无卡顿情况
	手动扳手、管子钳	使用不当致人员受伤	碰伤扭伤	中等	严禁使用破损的梅花扳手、管子钳，严禁使用不合格的活动扳手
	清洗剂、松锈剂	不准确喷射	受蚀受伤	较小	使用清洗剂、松锈剂时需使用引喷点导管及提醒其他人员注意
6．破碎机检修	大锤、手锤	戴手套抡大锤	物体打击	较小	打锤人不得戴手套
		单手抡大锤	物体打击	较小	抡大锤时周围不得有人，不得单手抡大锤
	手拉葫芦	滑链	起重伤害	较小	使用手拉葫芦时工作负荷不准超过铭牌规定
		手拉链卡死、断裂	起重伤害	较小	使用手拉葫芦不准将钩子挂扣在起重链上，使用人员时刻注意链条有无卡顿情况

续表

作业步骤	危害辨识	危害描述	产生后果	风险等级	防范措施
6．破碎机检修	吊具和起吊物	吊点位置不正确	起重伤害	中等	不准利用管道及电缆槽架起吊重物
		斜拉	起重伤害	中等	不准使吊钩斜着拖吊重物
	电焊机	多台焊机共用一闸	触电	较小	每台焊机需有独立的电源开关和漏电保护器
		电焊机外壳不接地	触电	较小	电焊机金属外壳需有可靠的接地，一机一接地
	角磨机	角磨机砂轮片破损	机械伤害	较小	使用角磨机需戴好防护面罩或防护眼镜
	手动扳手、管子钳	使用不当致人员受伤	碰伤扭伤	较小	严禁使用破损的梅花扳手、管子钳，严禁使用不合格的活动扳手
	撬棍	选用撬棍不合适	物体打击	较小	选用合适的撬棍，使用中需有牢固可靠的支点
7．缩分器检修	手动扳手、管子钳	使用不当致人员受伤	碰伤扭伤	较小	严禁使用破损的梅花扳手、管子钳，严禁使用不合格的活动扳手
	手拉葫芦	手拉链卡死、断裂	起重伤害	中等	使用手拉葫芦不准将钩子挂扣在起重链上，使用人员时刻注意链条有无卡顿情况
	角磨机	角磨机砂轮片破损	机械伤害	较小	使用角磨机需戴好防护面罩或防护眼镜
	清洗剂、松锈剂	不准确喷射	受蚀受伤	较小	使用清洗剂、松锈剂时需使用引喷点导管及提醒其他人员注意
	撬棍	选用撬棍不合适	物体打击	较小	选用合适的撬棍，使用中需有牢固可靠的支点
8．集样器检修	电焊机	多台焊机共用一闸	触电	较小	每台焊机需有独立的电源开关和漏电保护器
		电焊机外壳不接地	触电	较小	电焊机金属外壳需有可靠的接地，一机一接地
	角磨机	角磨机砂轮片破损	机械伤害	较小	使用角磨机需戴好防护面罩或防护眼镜
	手动扳手、管子钳	使用不当致人员受伤	碰伤扭伤	较小	严禁使用破损的梅花扳手、管子钳，严禁使用不合格的活动扳手
	撬棍	选用撬棍不合适	物体打击	较小	选用合适的撬棍，使用中需有牢固可靠的支点
9．斗式提升机检修	电焊机	多台焊机共用一闸	触电	较小	每台焊机需有独立的电源开关和漏电保护器
		电焊机外壳不接地	触电	较小	电焊机金属外壳需有可靠的接地，一机一接地
	角磨机	角磨机砂轮片破损	机械伤害	较小	使用角磨机需戴好防护面罩或防护眼镜
	三爪拉码	使用不当致人员受伤	物体打击	较小	使用时需确保三爪受力均匀
	大锤	戴手套抡大锤	物体打击	较小	打锤人不得戴手套
		单手抡大锤	物体打击	较小	抡大锤时周围不得有人，不得单手抡大锤
	手动扳手	使用不当致人员受伤	碰伤扭伤	较小	严禁使用破损的梅花扳手，严禁使用不合格的活动扳手
	撬棍	选用撬棍不合适	物体打击	较小	选用合适的撬棍，使用中需有牢固可靠的支点
10．其他部件检修	电焊机	多台焊机共用一闸	触电	较小	每台焊机需有独立的电源开关和漏电保护器
		电焊机外壳不接地	触电	较小	电焊机金属外壳需有可靠的接地，一机一接地
	角磨机	角磨机砂轮片破损	机械伤害	较小	使用角磨机需戴好防护面罩或防护眼镜
	手动扳手	使用不当致人员受伤	碰伤扭伤	较小	严禁使用破损的梅花扳手，严禁使用不合格的活动扳手
11．检修工作结束	施工废料	施工废料未清理	环境污染	较小	废料及时清理，做到工完、料尽、场地清
		工作结束后，废品乱扔	火灾、环境污染	较小	不准将油污、油泥、废油等（包括沾油棉纱、布、手套、纸等）倒入下水道排放或随地倾倒，应收集放于指定的废油箱，妥善处理，以防污染环境

14.27 入炉煤采样装置检修

作业步骤	危害辨识	危害描述	产生后果	风险等级	防范措施
1. 环境评估	噪声	进入噪声区域时，未正确使用防护用品	噪声聋	较小	进入噪声区域时正确佩戴耳塞
	煤粉	(1) 相关皮带机运行有煤尘飞扬； (2) 储煤场堆放存煤有煤尘扬起	尘肺病	较小	(1) 作业人员佩戴防护口罩； (2) 对作业现场进行水冲洗
	照明	现场照明不足	其他伤害	较小	增加临时照明
	孔、洞	盖板缺失或安全栏杆不全	跌落扭伤	较小	做好现场检查及防护隔离措施
2. 措施确认	转动的电机	工作前所采取隔离措施不完善	其他伤害	中等	与运行人员共同确认现场安全措施、隔离措施正确完备
		未采取防转动措施	机械伤害	中等	转动设备检修时应采取防转动措施
3. 准备工作及现场布置	临时电源及电源线	电源线悬挂高度不够	触电	较小	临时电源线架设高度室内不低于2.5m
		电源线、插头、插座破损	触电	较小	(1) 检查电源线外绝缘良好，无破损； (2) 检查电源盘合格证在有效期内； (3) 检查电源插头插座，确保完好
		未安装漏电保护器	触电	较小	分级配置漏电保护器，工作前试漏电保护器，确保正确动作
	吊具	吊索具损坏或选择不当	起重伤害	中等	(1) 作业前，应对吊索具及其配件进行检查，确认完好，方可使用； (2) 所选用的吊索具应与被吊工件的外形特点及具体要求相适应，在不具备使用条件的情况下，不准使用； (3) 作业中应防止损坏吊索具及配件，必要时在棱角处应加护角防护； (4) 吊具及配件不能超过其额定起重量，起重吊具、吊索不得超过其相应吊挂状态下的最大工作载荷
	电焊机	电焊机未经检验合格	触电	较小	(1) 电焊机必须贴有检验合格标志； (2) 检查合格证在有效期内
		电焊机电源线、电源插头、电焊钳破损	触电	较小	检查电焊机电源线、电源插头、电焊钳完好无损
	氧气、乙炔	(1) 氧气瓶与乙炔气瓶的安全距离不足； (2) 氧气、乙炔气瓶与明火的安全距离不足	爆炸	较小	(1) 使用中氧气瓶和乙炔气瓶的距离不得小于8m； (2) 使用中的氧气、乙炔气瓶与明火的距离必须大于10m
		氧气、乙炔瓶在使用发生倾倒	爆炸	较小	使用前需将气瓶绑扎牢固
		氧气乙炔表失效，橡胶软管损坏	爆炸	较小	(1) 氧气乙炔表需检验合格，并在有效期内； (2) 氧气、乙炔表使用前应进行检查，确保其完好、有效； (3) 橡胶管使用前需检查无老化开裂、鼓包漏气现象
		使用没有回火阀的乙炔瓶	爆炸	较小	严禁使用没有回火阀的乙炔瓶

续表

作业步骤	危害辨识	危害描述	产生后果	风险等级	防 范 措 施
3. 准备工作及现场布置	角磨机	（1）角磨机未经检验合格； （2）角磨机电源线、电源插头破损,防护罩破损缺失	机械伤害	较小	（1）检查各角磨机必须张贴有检验合格标志； （2）检查角磨机的电源线、电源插头完好无缺损，防护罩完好无缺损； （3）检查合格证在有效期内
	三爪拉马	连接螺栓损坏、脱落	机械伤害	较小	检查拉马无破损，各连接件间螺栓紧固良好
	脚手架	脚手架搭建完成未验收	高处坠落	重大	脚手架搭建完成后需分级验收签字，验收合格后需在脚手架上悬挂使用合格证
	撬棍	撬棍强度不够	物体打击	较小	选用合适的撬棍，使用前检查，确认完好
	大锤	手柄断裂，锤头松脱	物体打击	较小	使用前检查，确认完好方可使用
4. 一级采样器解体检修	三爪拉码	使用不当致人员受伤	物体打击	较小	使用时需确保三爪受力均匀
	手拉葫芦	滑链	起重伤害	中等	使用手拉葫芦时工作负荷不准超过铭牌规定
		手拉链卡死、断裂	起重伤害	中等	使用手拉葫芦不准将钩子挂扣在起重链上，使用人员时刻注意链条有无卡顿情况
	吊具和起吊物	吊点位置不正确	起重伤害	中等	不准利用管道及电缆槽架起吊重物
		斜拉	起重伤害	中等	不准使吊钩斜着拖吊重物
	电焊机	多台焊机共用一闸	触电	较小	每台焊机需有独立的电源开关和漏电保护器
		电焊机外壳不接地	触电	较小	电焊机金属外壳需有可靠的接地，一机一接地
	撬棍	选用撬棍不合适	物体打击	较小	选用合适的撬棍，使用中需有牢固可靠的支点
	清洗剂、松锈剂	不准确喷射	受蚀受伤	较小	使用清洗剂、松锈剂时需使用引喷点导管及提醒其他人员注意
	手动扳手、管子钳	使用不当致人员受伤	碰伤扭伤	较小	严禁使用破损的梅花扳手、管子钳，严禁使用不合格的活动扳手
	油污	油污导致地滑	跌倒	较小	作业区域油污及时清理
5. 采样皮带机检修	氧气、乙炔	气焊气割火焰高温	烧伤烫伤	较小	动火人员穿帆布工作服，戴工作帽，上衣不准扎在裤子里，裤脚不得挽起，穿工作鞋
		气割进行中致人受伤	烧伤烫伤	较小	气割火炬不准对着周围工作人员
	轴承碎片	轴承碎片飞出	机械伤害	较小	禁止直接锤击轴承，必须使用紫铜棒
	电焊机	多台焊机共用一闸	触电	较小	每台焊机需有独立的电源开关和漏电保护器
		电焊机外壳不接地	触电	较小	电焊机金属外壳需有可靠的接地，一机一接地
	手拉葫芦	手拉链卡死、断裂	起重伤害	中等	使用手拉葫芦不准将钩子挂扣在起重链上，使用人员时刻注意链条有无卡顿情况
	手动扳手、管子钳	使用不当致人员受伤	碰伤扭伤	中等	严禁使用破损的梅花扳手、管子钳，严禁使用不合格的活动扳手
	清洗剂、松锈剂	不准确喷射	受蚀受伤	较小	使用清洗剂、松锈剂时需使用引喷点导管及提醒其他人员注意
6. 破碎机检修	大锤、手锤	戴手套抡大锤	物体打击	较小	打锤人不得戴手套
		单手抡大锤	物体打击	较小	抡大锤时周围不得有人，不得单手抡大锤
	手拉葫芦	滑链	起重伤害	较小	使用手拉葫芦时工作负荷不准超过铭牌规定
		手拉链卡死、断裂	起重伤害	较小	使用手拉葫芦不准将钩子挂扣在起重链上，使用人员时刻注意链条有无卡顿情况

续表

作业步骤	危害辨识	危害描述	产生后果	风险等级	防范措施
6. 破碎机检修	吊具和起吊物	吊点位置不正确	起重伤害	中等	不准利用管道及电缆槽架起吊重物
		斜拉	起重伤害	中等	不准使吊钩斜着拖吊重物
	电焊机	多台焊机共用一闸	触电	较小	每台焊机需有独立的电源开关和漏电保护器
		电焊机外壳不接地	触电	较小	电焊机金属外壳需有可靠的接地，一机一接地
	角磨机	角磨机砂轮片破损	机械伤害	较小	使用角磨机需戴好防护面罩或防护眼镜
	手动扳手、管子钳	使用不当致人员受伤	碰伤扭伤	较小	严禁使用破损的梅花扳手、管子钳，严禁使用不合格的活动扳手
	撬棍	选用撬棍不合适	物体打击	较小	选用合适的撬棍，使用中需有牢固可靠的支点
7. 缩分器检修	手动扳手、管子钳	使用不当致人员受伤	碰伤扭伤	较小	严禁使用破损的梅花扳手、管子钳，严禁使用不合格的活动扳手
	手拉葫芦	手拉链卡死、断裂	起重伤害	中等	使用手拉葫芦不准将钩子挂扣在起重链上，使用人员时刻注意链条有无卡顿情况
	角磨机	角磨机砂轮片破损	机械伤害	较小	使用角磨机需戴好防护面罩或防护眼镜
	清洗剂、松锈剂	不准确喷射	受蚀受伤	较小	使用清洗剂、松锈剂时需使用引喷点导管及提醒其他人员注意
	撬棍	选用撬棍不合适	物体打击	较小	选用合适的撬棍，使用中需有牢固可靠的支点
8. 集样器检修	电焊机	多台焊机共用一闸	触电	较小	每台焊机需有独立的电源开关和漏电保护器
		电焊机外壳不接地	触电	较小	电焊机金属外壳需有可靠的接地，一机一接地
	角磨机	角磨机砂轮片破损	机械伤害	较小	使用角磨机需戴好防护面罩或防护眼镜
	手动扳手、管子钳	使用不当致人员受伤	碰伤扭伤	较小	严禁使用破损的梅花扳手、管子钳，严禁使用不合格的活动扳手
	撬棍	选用撬棍不合适	物体打击	较小	选用合适的撬棍，使用中需有牢固可靠的支点
9. 斗式提升机检修	电焊机	多台焊机共用一闸	触电	较小	每台焊机需有独立的电源开关和漏电保护器
		电焊机外壳不接地	触电	较小	电焊机金属外壳需有可靠的接地，一机一接地
	角磨机	角磨机砂轮片破损	机械伤害	较小	使用角磨机需戴好防护面罩或防护眼镜
	三爪拉码	使用不当致人员受伤	物体打击	较小	使用时需确保三爪受力均匀
	大锤	戴手套抡大锤	物体打击	较小	打锤人不得戴手套
		单手抡大锤	物体打击	较小	抡大锤时周围不得有人，不得单手抡大锤
	手动扳手	使用不当致人员受伤	碰伤扭伤	较小	严禁使用破损的梅花扳手，严禁使用不合格的活动扳手
	撬棍	选用撬棍不合适	物体打击	较小	选用合适的撬棍，使用中需有牢固可靠的支点
10. 其他部件检修	电焊机	多台焊机共用一闸	触电	较小	每台焊机需有独立的电源开关和漏电保护器
		电焊机外壳不接地	触电	较小	电焊机金属外壳需有可靠的接地，一机一接地
	角磨机	角磨机砂轮片破损	机械伤害	较小	使用角磨机需戴好防护面罩或防护眼镜
	手动扳手	使用不当致人员受伤	碰伤扭伤	较小	严禁使用破损的梅花扳手，严禁使用不合格的活动扳手
11. 检修工作结束	施工废料	施工废料未清理	环境污染	较小	废料及时清理，做到工完、料尽、场地清

14.28 实物校验装置检修

作业步骤	危害辨识	危害描述	产生后果	风险等级	防 范 措 施
1．环境评估	煤粉	现场有煤尘飞扬	尘肺病	较小	作业时正确佩戴合格的防尘口罩
	孔、洞	盖板缺失或安全栏杆不全	跌落	较小	做好现场检查及防护隔离措施
2．措施确认	转动的减速机	工作前未核实设备运转状态	机械伤害	中等	与运行人员共同确认现场安全措施、停电措施正确完备
		未采取防止其他转动设备措施	机械伤害	中等	做好与其他转动设备的隔离措施并保持安全距离
3．准备工作及现场布置	电焊机	电焊机未经检验合格	触电	较小	（1）电焊机必须贴有检验合格标志； （2）检查合格证在有效期内
		电焊机电源线、电源插头、电焊钳破损	触电	较小	检查电焊机电源线、电源插头、电焊钳完好无损
	氧气、乙炔	氧气乙炔表失效，橡胶软管损坏	爆炸	较小	（1）氧气乙炔表需检验合格，并在有效期内； （2）氧气、乙炔表使用前应进行检查，确保其完好、有效； （3）橡胶管使用前需检查无老化开裂、鼓包漏气现象
		使用没有回火阀的乙炔瓶	爆炸	中等	严禁使用没有回火阀的乙炔瓶
		（1）氧气瓶与乙炔气瓶的安全距离不足； （2）氧气、乙炔气瓶与明火的安全距离不足	爆炸	较小	（1）使用中氧气瓶和乙炔气瓶的距离不得小于8m； （2）使用中的氧气、乙炔气瓶与明火的距离必须大于10m
		氧气、乙炔瓶在使用发生倾倒	爆炸	较小	使用前需将气瓶绑扎牢固
	易燃易爆物质	未准备移动消防器材或消防水未投备用	火灾	中等	动火作业时，现场须准备合格的灭火器等移动消防器材
		作业前未进行清理易燃易爆物质	火灾	中等	动火作业前清理作业区域内及周围的易燃易爆物质
	电动工具	（1）电动工具未经检验合格； （2）电动工具电源线、电源插头破损，防护罩破损缺失	机械伤害、触电	较小	（1）检查各电动工具，必须张贴检验合格标志； （2）检查电动工具的电源线、电源插头完好无缺损，防护罩完好无缺损； （3）检查合格证在有效期内
	临时电源及电源线	电源线悬挂高度不够	触电	较小	临时电源线架设高度室内不低于2.5m，室外不低于4m
		电源线、插头、插座破损	触电	较小	（1）检查电源线外绝缘良好，无破损； （2）检查电源盘合格证在有效期内； （3）检查电源插头插座，确保完好
		未安装漏电保护器	触电	较小	分级配置漏电保护器，工作前试漏电保护器，确保正确动作
	吊具	吊索具损坏或选择不当	起重伤害	中等	（1）作业前，应对吊索具及其配件进行检查，确认完好，方可使用； （2）所选用的吊索具应与被吊工件的外形特点及具体要求相适应，在不具备使用条件的情况下，不准使用； （3）作业中应防止损坏吊索具及配件，必要时在棱角处应加护角防护； （4）吊具及配件不能超过其额定起重量，起重吊具、吊索不得超过其相应吊挂状态下的最大工作载荷

续表

作业步骤	危害辨识	危害描述	产生后果	风险等级	防范措施
3. 准备工作及现场布置	手拉葫芦	链条有裂纹、链轮转动卡涩、吊钩无防脱保险装置	起重伤害	较小	(1) 检查链条葫芦检验合格证在有效期内； (2) 使用前应做无负荷起落试验一次，检查链条是否有裂纹、链轮转动是否卡涩、吊钩是否无防脱保险装置，以确保完好
	汽吊	吊带、钢丝绳损坏或选择不当	起重伤害	中等	(1) 作业前，应对吊索具及其配件进行检查，确认完好，方可使用； (2) 所选用的吊索具应与被吊工件的外形特点及具体要求相适应，在不具备使用条件的情况下，不准使用； (3) 作业中应防止损坏吊索具及配件，必要时在棱角处应加护角防护； (4) 吊具及配件不能超过其额定起重量，起重吊具、吊索不得超过其相应吊挂状态下的最大工作载荷； (5) 起重作业时需要专业起重工持证上岗现场指挥； (6) 汽车吊司机持证上岗
	高处作业人员	作业时未正确使用高处作业防护用品	高处坠落	重大	(1) 高处作业人员必须戴好安全帽，穿好防滑鞋，正确佩戴安全带、防坠器； (2) 所有从事高处作业的人员必须通过培训并取得高处作业证件并持证上岗
		人员不适于高处作业	高处坠落	重大	(1) 从事高处作业的人员必须身体健康； (2) 患有精神病、癫痫病以及经医师鉴定患有高血压、心脏病等不宜从事高处作业病症的人员，不准参加高处作业，凡发现工作人员精神不振时，禁止登高作业
	脚手架	脚手架搭建完成未验收	高处坠落	重大	脚手架搭建完成后需分级验收签字，验收合格后需在脚手架上悬挂使用合格证
	撬棍	撬棍强度不够	物体打击	较小	选用合适的撬棍，使用前检查，确认完好
	大锤	手柄断裂，锤头松脱	物体打击	较小	使用前检查，确认完好方可使用
	千斤顶，拉码	不能顶升或顶升后不保压，油缸泄漏	物体打击	中等	使用前检查千斤顶油位及管道完好，无漏油现象
4. 料斗及落煤管相关部件检修	角磨机、切割机	未正确使用防护罩、防护眼镜	物体打击	较小	正确佩戴防护罩、防护眼镜
		更换磨片未切断电源	机械伤害	较小	更换磨片前必须切断电源
	手拉葫芦	滑链	起重伤害	中等	使用手拉葫芦时需核对铭牌，禁止超范围起吊物件
		手拉链卡死、断裂	起重伤害	中等	使用手拉葫芦不准将钩子挂扣在起重链上，使用人员时刻注意链条有无卡顿情况
	电动葫芦	钢丝绳磨损严重、吊钩无防脱保险装置、制动器失灵、限位器失效、控制手柄破损	起重伤害	中等	(1) 使用前应做无负荷起落试验一次，检查刹车及传动装置应良好无缺陷； (2) 起吊重物稍一离地（或支持物），应再次检查悬吊及捆绑情况，可靠后方可继续起吊
	吊具和起吊物	吊点位置不正确	起重伤害	中等	吊钩要挂在物品的重心上
		斜拉	起重伤害	中等	不准使吊钩斜着拖吊重物
		起重区域未隔离、作业区域无专人监护	起重伤害	中等	(1) 确保吊索，钢丝绳绑扎牢固； (2) 作业过程中需要专人指挥； (3) 在作业区周围设置明显的起吊警戒和围栏； (4) 无关人员不准在起重工作区域内行走或者停留

续表

作业步骤	危害辨识	危害描述	产生后果	风险等级	防范措施
4．料斗及落煤管相关部件检修	电焊机	多台电焊机共用一闸	触电	较小	每台焊机需有独立的电源开关和漏电保护器
		电焊机外壳不接地	触电	较小	电焊机金属外壳需有可靠的接地，一机一接地
	热辐射	电焊气割高温	烧伤、烫伤	较小	（1）工作人员必须穿好工作服、戴好手套、穿好带盖劳保鞋等； （2）气割火炬不准对着周围工作人员
	强光	电焊气割产生强光	其他伤害	中等	操作工需佩戴合格的护目镜，保护眼睛免受切割的火焰放出的强光伤害
	火种	焊接工作结束后，现场有遗留火种	火灾	中等	焊接作业结束后全面清理工作区域，做到不留任何火种
	高处作业	工器具掉落	物体打击	中等	（1）高处作业一律使用工具袋； （2）较大的工具应用绳拴在牢固的构件上，不准随便乱放，以防止从高处坠落发生事故
		工器具上下投掷	物体打击	中等	不准将工具及材料上下投掷，要用绳系牢后往下或往上吊送
	高处作业人员	高处作业未正确使用防护用品	高处坠落	重大	（1）高处作业人员必须戴好安全帽，穿好防滑鞋，正确佩戴安全带，必要时应使用防坠器； （2）安全带的挂钩应挂在结实、牢固的构件上，或专挂安全带的钢丝绳上，不准低挂高用
	脚手架	脚手架使用前未检验	高处坠落	重大	脚手架使用前需先检查正常，并签字确认
	撬棍	撬棍形式不对，强度不够	物体打击	较小	选用合适的撬棍，使用前检查，确认完好
	大锤	单手抡大锤、戴手套抡大锤，锤击点滑脱	砸伤	较小	打锤人不得戴手套，不得单手抡大锤，锤头无油污方可使用
	锉刀、手锯、螺丝刀	手柄等缺损	刺伤	较小	锉刀、手锯、螺丝刀等手柄应安装牢固，没有手柄的不准使用
	手动扳手	使用扳手不当致人员受伤	碰伤扭伤	较小	严禁使用破损的梅花扳手，严禁使用不合格的活动扳手
5．料斗闸板门检修	千斤顶	工作人员站在液压千斤顶安全栓或高压软管前面	起重伤害	较小	使用液压千斤顶时，除操作人员外，其他人员尽量远离，工作人员不准站在千斤顶安全栓或高压软管前面
	角磨机、切割机	未正确使用防护罩、防护眼镜	物体打击	较小	正确佩戴防护罩、防护眼镜
		更换磨片未切断电源	机械伤害	较小	更换磨片前必须切断电源
	手拉葫芦	滑链	起重伤害	中等	使用手拉葫芦时需核对铭牌，禁止超范围起吊物件
		手拉链卡死、断裂	起重伤害	中等	使用手拉葫芦不准将钩子挂扣在起重链上，使用人员时刻注意链条有无卡顿情况
	电动葫芦	钢丝绳磨损严重、吊钩无防脱保险装置、制动器失灵、限位器失效、控制手柄破损	起重伤害	中等	（1）使用前应做无负荷起落试验一次，检查刹车及传动装置应良好无缺陷； （2）起吊重物稍一离地（或支持物），应再次检查悬吊及捆绑情况，可靠后方可继续起吊

续表

作业步骤	危害辨识	危害描述	产生后果	风险等级	防范措施
5．料斗闸板门检修	吊具和起吊物	吊点位置不正确	起重伤害	中等	吊钩要挂在物品的重心上
		斜拉	起重伤害	中等	不准使吊钩斜着拖吊重物
		起重区域未隔离、作业区域无专人监护	起重伤害	中等	（1）确保吊索，钢丝绳绑扎牢固； （2）作业过程中需要专人指挥； （3）在作业区周围设置明显的起吊警戒和围栏； （4）无关人员不准在起重工作区域内行走或者停留
	电焊机	多台电焊机共用一闸	触电	较小	每台焊机需有独立的电源开关和漏电保护器
		电焊机外壳不接地	触电	较小	电焊机金属外壳需有可靠的接地，一机一接地
	热辐射	电焊气割高温	烧伤、烫伤	较小	（1）工作人员必须穿好工作服、戴好手套、穿好带盖劳保鞋等； （2）气割火炬不准对着周围工作人员
	强光	电焊气割产生强光	其他伤害	中等	操作工需佩戴合格的护目镜，保护眼睛免受切割的火焰放出的强光伤害
	火种	焊接工作结束后，现场有遗留火种	火灾	中等	焊接作业结束后全面清理工作区域，做到不留任何火种
	撬棍	撬棍形式不对，强度不够	物体打击	较小	选用合适的撬棍，使用前检查，确认完好
	大锤	单手抡大锤、戴手套抡大锤，锤击点滑脱	砸伤	较小	打锤人不得戴手套，不得单手抡大锤，锤头无油污方可使用
	锉刀、手锯、螺丝刀	手柄等缺损	刺伤	较小	锉刀、手锯、螺丝刀等手柄应安装牢固，没有手柄的不准使用
	手动扳手	使用扳手不当致人员受伤	碰伤扭伤	较小	严禁使用破损的梅花扳手，严禁使用不合格的活动扳手
	清洗剂、松锈剂	不准确喷射	受蚀受伤	较小	使用清洗剂、松锈剂时需使用引喷点导管及提醒其他人员注意
	润滑油	加油及操作中发生的跑、冒、滴、漏及溢油导致地滑	滑跌	较小	在加油及操作中发生跑、冒、滴、漏及溢油时，要及时清除处理
6．其他部件检修	角磨机、切割机	未正确使用防护罩、防护眼镜	物体打击	较小	正确佩戴防护罩、防护眼镜
		更换磨片未切断电源	机械伤害	较小	更换磨片前必须切断电源
	手拉葫芦	滑链	起重伤害	中等	使用手拉葫芦时需核对铭牌，禁止超范围起吊物件
		手拉链卡死、断裂	起重伤害	中等	使用手拉葫芦不准将钩子挂扣在起重链上，使用人员时刻注意链条有无卡顿情况
	电动葫芦	钢丝绳磨损严重、吊钩无防脱保险装置、制动器失灵、限位器失效、控制手柄破损	起重伤害	中等	（1）使用前应做无负荷起落试验一次，检查刹车及传动装置应良好无缺陷； （2）起吊重物稍一离地（或支持物），应再次检查悬吊及捆绑情况，可靠后方可继续起吊

续表

作业步骤	危害辨识	危害描述	产生后果	风险等级	防 范 措 施
6．其他部件检修	吊具和起吊物	吊点位置不正确	起重伤害	中等	吊钩要挂在物品的重心上
		斜拉	起重伤害	中等	不准使吊钩斜着拖吊重物
		起重区域未隔离、作业区域无专人监护	起重伤害	中等	（1）确保吊索，钢丝绳绑扎牢固； （2）作业过程中需要专人指挥； （3）在作业区周围设置明显的起吊警戒和围栏； （4）无关人员不准在起重工作区域内行走或者停留
	电焊机	多台电焊机共用一闸	触电	较小	每台焊机需有独立的电源开关和漏电保护器
		电焊机外壳不接地	触电	较小	电焊机金属外壳需有可靠的接地，一机一接地
	热辐射	电焊气割高温	烧伤、烫伤	较小	（1）工作人员必须穿好工作服、戴好手套、穿好带盖劳保鞋等； （2）气割火炬不准对着周围工作人员
	强光	电焊气割产生强光	其他伤害	中等	操作工需佩戴合格的护目镜，保护眼睛免受切割的火焰放出的强光伤害
	火种	焊接工作结束后，现场有遗留火种	火灾	中等	焊接作业结束后全面清理工作区域，做到不留任何火种
	高处作业	工器具掉落	物体打击	中等	（1）高处作业一律使用工具袋； （2）较大的工具应用绳拴在牢固的构件上，不准随便乱放，以防止从高处坠落发生事故
		工器具上下投掷	物体打击	中等	不准将工具及材料上下投掷，要用绳系牢后往下或往上吊送
	高处作业人员	高处作业未正确使用防护用品	高处坠落	重大	（1）高处作业人员必须戴好安全帽，穿好防滑鞋，正确佩戴安全带，必要时应使用防坠器； （2）安全带的挂钩应挂在结实、牢固的构件上，或专挂安全带的钢丝绳上，不准低挂高用
	脚手架	脚手架使用前未检验	高处坠落	重大	脚手架使用前需先检查正常，并签字确认
	撬棍	撬棍形式不对，强度不够	物体打击	较小	选用合适的撬棍，使用前检查，确认完好
	大锤	单手抡大锤、戴手套抡大锤，锤击点滑脱	砸伤	较小	打锤人不得戴手套，不得单手抡大锤，锤头无油污方可使用
	锉刀、手锯、螺丝刀	手柄等缺损	刺伤	较小	锉刀、手锯、螺丝刀等手柄应安装牢固，没有手柄的不准使用
	手动扳手	使用扳手不当致人员受伤	碰伤扭伤	较小	严禁使用破损的梅花扳手，严禁使用不合格的活动扳手
7．检修工作结束	施工废料	施工废料未清理	环境污染	较小	废料及时清理，做到工完、料尽、场地清
		工作结束后，废品乱扔	火灾、环境污染	较小	不准将油污、油泥、废油等（包括沾油棉纱、布、手套、纸等）倒入下水道排放或随地倾倒，应收集放于指定的废油箱，妥善处理，以防污染环境

14.29 电动行车检修

作业步骤	危害辨识	危害描述	产生后果	风险等级	防 范 措 施
1．环境评估	噪声	进入噪声区域时，未正确使用防护用品	噪声聋	较小	进入噪声区域时正确佩戴耳塞

续表

作业步骤	危害辨识	危害描述	产生后果	风险等级	防范措施
1. 环境评估	煤粉	（1）相关皮带机运行有煤尘飞扬； （2）储煤场堆放存煤有煤尘扬起	尘肺病	较小	（1）作业人员佩戴防护口罩； （2）对作业现场进行水冲洗
	孔、洞	盖板缺失或安全栏杆不全	跌落	较小	做好现场检查及防护隔离措施
2. 措施确认	转动的减速机	工作前未核实设备运转状态	机械伤害	中等	与运行人员共同确认现场安全措施、停电措施正确完备
		未采取防止其他转动设备措施	机械伤害	中等	做好与其他转动设备的隔离措施并保持安全距离
3. 准备工作及现场布置	电焊机	电焊机未经检验合格	触电	较小	（1）电焊机必须贴有检验合格标证； （2）检查合格证在有效期内
		电焊机电源线、电源插头、电焊钳破损	触电	较小	检查电焊机电源线、电源插头、电焊钳完好无损
	氧气、乙炔	氧气乙炔表失效，橡胶软管损坏	爆炸	较小	（1）氧气乙炔表需检验合格，并在有效期内； （2）氧气、乙炔表使用前应进行检查，确保其完好、有效； （3）橡胶管使用前需检查无老化开裂、鼓包漏气现象
		使用没有回火阀的乙炔瓶	爆炸	中等	严禁使用没有回火阀的乙炔瓶
		（1）氧气瓶与乙炔气瓶的安全距离不足； （2）氧气、乙炔气瓶与明火的安全距离不足	爆炸	较小	（1）使用中氧气瓶和乙炔气瓶的距离不得小于8m； （2）使用中的氧气、乙炔气瓶与明火的距离必须大于10m
		氧气、乙炔瓶在使用发生倾倒	爆炸	较小	使用前需将气瓶绑扎牢固
	电动工具	（1）电动工具未经检验合格； （2）电动工具电源线、电源插头破损，防护罩破损缺失	机械伤害	较小	（1）检查各电动工具必须张贴检验合格标志； （2）检查电动工具的电源线、电源插头完好无缺损，防护罩完好无缺损； （3）检查合格证在有效期内
	千斤顶	液压油管破损，千斤顶缸体泄漏，不保压	物体打击	较小	检查千斤顶油液、顶升正常，油管完好，保压完好
	临时电源及电源线	电源线悬挂高度不够	触电	较小	临时电源线架设高度室内不低于2.5m
		电源线、插头、插座破损	触电	较小	（1）检查电源线外绝缘良好，无破损； （2）检查电源盘合格证在有效期内； （3）检查电源插头插座，确保完好
		未安装漏电保护器	触电	较小	分级配置漏电保护器，工作前试漏电保护器，确保正确动作
	吊具	吊索具损坏或选择不当	起重伤害	中等	（1）作业前，应对吊索具及其配件进行检查，确认完好，方可使用； （2）所选用的吊索具应与被吊工件的外形特点及具体要求相适应，在不具备使用条件的情况下，不准使用； （3）作业中应防止损坏吊索具及配件，必要时在棱角处应加护角防护； （4）吊具及配件不能超过其额定起重量，起重吊具、吊索不得超过其相应吊挂状态下的最大工作载荷

续表

作业步骤	危害辨识	危害描述	产生后果	风险等级	防范措施
3．准备工作及现场布置	锉刀、手锯、螺丝刀	手柄等缺损	刺伤	较小	锉刀、手锯、螺丝刀等手柄应安装牢固，没有手柄的不准使用
	撬棍	撬棍强度不够	物体打击	较小	选用合适的撬棍，使用前检查，确认完好
	脚手架	脚手架搭设后未验收	高处坠落	重大	（1）搭设结束后，必须履行脚手架验收手续，填写脚手架验收单，并在脚手架验收单上分级签字； （2）验收合格后应在脚手架上悬挂合格证，方可使用
	大锤	手柄断裂，锤头松脱	物体打击	较小	使用前检查，确认完好方可使用
4．大车驱动减速机清理、检查、换油	手动扳手	使用不当致人员受伤	碰伤、扭伤	较小	严禁使用破损的梅花扳手、管子钳，严禁使用不合格的活动扳手
	撬棍	撬棍形式不对，强度不够	物体打击	较小	选用合适的撬棍，使用中需有牢固可靠的支点
	大锤	单手抡大锤、戴手套抡大锤，锤击点滑脱	砸伤	较小	打锤人不得戴手套，不得单手抡大锤，锤头无油污方可使用
	清洗剂、松锈剂	不准确喷射	眼镜受伤	较小	使用清洗剂、松锈剂时需使用引喷点导管及提醒其他人员注意
	高处作业	高处作业人员未使用防护用品	高处坠落	重大	高处作业人员必须正确戴好安全帽，系好合格的安全带、必要时需使用安全绳
		发生高处落物	物体打击	中等	（1）高处作业一律使用工具袋； （2）大件需用绳子系牢后上下吊送
	润滑油	加油及操作中发生的跑、冒、滴、漏及溢油	滑跌	较小	在加油及操作中发生跑、冒、滴、漏及溢油时，要及时清除处理
5．电动葫芦制动器检查调整	手动扳手	使用扳手不当或用力过猛致伤	磕碰、扭伤	较小	（1）在使用梅花扳手时，左手推住梅花扳手与螺栓连接处，保持梅花扳手与螺栓完全配合，防止滑脱，右手握住梅花扳手另一端并加力； （2）禁止使用带有裂纹和内孔已严重磨损的梅花扳手
	撬棍	撬棍形式不对，强度不够	物体打击	较小	选用合适的撬棍，使用中需有牢固可靠的支点
	高处作业	高处作业人员未使用防护用品	高处坠落	重大	高处作业人员必须正确戴好安全帽，系好合格的安全带、必要时需使用安全绳
		发生高处落物	物体打击	较小	（1）高处作业一律使用工具袋； （2）大件需用绳子系牢后上下吊送
6．电动葫芦制动盘更换	高处作业	高处作业人员未使用防护用品	高处坠落	重大	高处作业人员必须正确戴好安全帽，系好合格的安全带、必要时需使用安全绳
		发生高处落物	物体打击	重大	（1）高处作业一律使用工具袋； （2）大件需用绳子系牢后上下吊送
	手拉葫芦	手拉链卡死、断裂	起重伤害	中等	使用手拉葫芦不准将钩子挂扣在起重链上，使用人员时刻注意链条有无卡顿情况
		手拉葫芦超载荷使用	起重伤害	中等	使用手拉葫芦时工作负荷不准超过铭牌规定
	手动扳手	使用扳手不当致人员受伤	磕伤、扭伤	较小	严禁使用破损的梅花扳手，严禁使用不合格的活动扳手
	撬棒	撬棍形式不对，强度不够	物体打击	较小	选用合适的撬棍，使用中需有牢固可靠的支点

续表

作业步骤	危害辨识	危害描述	产生后果	风险等级	防范措施
7．导绳器更换	手动扳手	使用扳手不当致人员受伤	磕伤、扭伤	较小	（1）在使用梅花扳手时，左手推住梅花扳手与螺栓连接处，保持梅花扳手与螺栓完全配合，防止滑脱，右手握住梅花扳手另一端并加力； （2）禁止使用带有裂纹和内孔已严重磨损的梅花扳手
	角磨机	角磨机砂轮片破损	机械伤害	较小	使用角磨机需戴好防护面罩或防护眼镜
	大锤	手柄断裂，锤头松脱	碰伤扭伤	较小	打锤人不得戴手套，不得单手抡大锤，锤头无油污方可使用
	电焊机	多台焊机共用一闸	触电	较小	每台焊机需有独立的电源开关和漏电保护器
		电焊机外壳不接地	触电	较小	电焊机金属外壳需有可靠的接地，一机一接地
	高处作业	高处作业人员未使用防护用品	高处坠落	重大	高处作业人员必须正确戴好安全帽，系好合格的安全带、必要时需使用安全绳
		发生高处落物	物体打击	较小	（1）高处作业一律使用工具袋； （2）大件需用绳子系牢后上下吊送
8．钢丝绳检查、润滑、更换	手动扳手	使用扳手不当致人员受伤	磕伤、扭伤	较小	（1）在使用梅花扳手时，左手推住梅花扳手与螺栓连接处，保持梅花扳手与螺栓完全配合，防止滑脱，右手握住梅花扳手另一端并加力； （2）禁止使用带有裂纹和内孔已严重磨损的梅花扳手
	润滑脂	加油及操作中发生的跑、冒、滴、漏及溢油	滑跌	较小	在加油及操作中发生跑、冒、滴、漏及溢油时，要及时清除处理
	清洗剂、松锈剂	不准确喷射	受蚀受伤	较小	使用清洗剂、松锈剂时需使用引喷点导管及提醒其他人员注意
	高处作业	高处作业人员未使用防护用品	高处坠落	重大	高处作业人员必须正确戴好安全帽，系好合格的安全带、必要时需使用安全绳
		发生高处落物	物体打击	较小	（1）高处作业一律使用工具袋； （2）大件需用绳子系牢后上下吊送
9．车轮检查、轴承加油	高处作业	高处作业人员未使用防护用品	高处坠落	重大	高处作业人员必须正确戴好安全帽，系好合格的安全带、必要时需使用安全绳
		发生高处落物	物体打击	较小	（1）高处作业一律使用工具袋； （2）大件需用绳子系牢后上下吊送
	手动扳手	使用扳手不当致人员受伤	磕伤、扭伤	较小	（1）在使用梅花扳手时，左手推住梅花扳手与螺栓连接处，保持梅花扳手与螺栓完全配合，防止滑脱，右手握住梅花扳手另一端并加力； （2）禁止使用带有裂纹和内孔已严重磨损的梅花扳手
	润滑脂	油污导致地滑	滑跌	较小	使用专用容器加油，作业区域油污及时清理
	大锤	手柄断裂，锤头松脱	碰伤、扭伤	较小	打锤人不得戴手套，不得单手抡大锤，锤头无油污方可使用
	清洗剂、松锈剂	不准确喷射	受蚀受伤	较小	使用清洗剂、松锈剂时需使用引喷点导管及提醒其他人员注意
10．检修工作结束	施工废料	施工废料未清理	环境污染	较小	废料及时清理，做到工完、料尽、场地清

14.30 卸船机登机电梯检修

作业步骤	危害辨识	危害描述	产生后果	风险等级	防 范 措 施
1. 环境评估	煤粉	现场有煤尘飞扬	尘肺病	较小	作业时正确佩戴合格的防尘口罩
	孔洞	盖板缺失或安全栏杆不全	跌落	较小	做好现场检查及防护隔离措施
	吊具起吊物	在大于6级及以上的大风以及暴雨、打雷、大雾等恶劣的天气露天作业	高处坠落	重大	(1) 遇有6级以上大风时，不准露天进行起重工作； (2) 遇有大雾、照明不足、指挥人员看不清各工作地点或起重驾驶人员看不见指挥人员时，不准进行起重工作
2. 措施确认	转动的减速机	工作前未核实设备运转状态	机械伤害	中等	与运行人员共同确认现场安全措施、停电措施正确完备
		未采取防止其他转动设备措施	机械伤害	中等	做好与其他转动设备的隔离措施并保持安全距离
3. 准备工作及现场布置	电焊机	电焊机未经检验合格	触电	较小	(1) 电焊机必须贴有检验合格标志； (2) 检查合格证在有效期内
		电焊机电源线、电源插头、电焊钳破损	触电	较小	检查电焊机电源线、电源插头、电焊钳完好无损
	氧气、乙炔	氧气乙炔表失效，橡胶软管损坏	爆炸	较小	(1) 氧气乙炔表需检验合格，并在有效期内； (2) 氧气、乙炔表使用前应进行检查，确保其完好、有效； (3) 橡胶管使用前需检查无老化开裂、鼓包漏气现象
		使用没有回火阀的乙炔瓶	爆炸	中等	严禁使用没有回火阀的乙炔瓶
		(1) 氧气瓶与乙炔气瓶的安全距离不足； (2) 氧气、乙炔气瓶与明火的安全距离不足	爆炸	较小	(1) 使用中氧气瓶和乙炔气瓶的距离不得小于8m； (2) 使用中的氧气、乙炔气瓶与明火的距离必须大于10m
		氧气、乙炔瓶在使用发生倾倒	爆炸	较小	使用前需将气瓶绑扎牢固
	易燃易爆物质	未准备移动消防器材或消防水未投备用	火灾	中等	动火作业时，现场须准备合格的灭火器等移动消防器材
		作业前未进行清理易燃易爆物质	火灾	中等	动火作业前清理作业区域内及周围的易燃易爆物质
	电动工具	(1) 电动工具未经检验合格； (2) 电动工具电源线、电源插头破损，防护罩破损缺失	机械伤害、触电	较小	(1) 检查各电动工具必须张贴检验合格标志； (2) 检查电动工具的电源线、电源插头完好无缺损，防护罩完好无缺损； (3) 检查合格证在有效期内
	临时电源及电源线	电源线悬挂高度不够	触电	较小	临时电源线架设高度室内不低于2.5m，室外不低于4m
		电源线、插头、插座破损	触电	较小	(1) 检查电源线外绝缘良好，无破损； (2) 检查电源盘合格证在有效期内； (3) 检查电源插头插座，确保完好
		未安装漏电保护器	触电	较小	分级配置漏电保护器，工作前试漏电保护器，确保正确动作

续表

作业步骤	危害辨识	危害描述	产生后果	风险等级	防 范 措 施
3. 准备工作及现场布置	吊具	吊索具损坏或选择不当	起重伤害	中等	（1）作业前，应对吊索具及其配件进行检查，确认完好，方可使用； （2）所选用的吊索具应与被吊工件的外形特点及具体要求相适应，在不具备使用条件的情况下，不准使用； （3）作业中应防止损坏吊索具及配件，必要时在棱角处应加护角防护； （4）吊具及配件不能超过其额定起重量，起重吊具、吊索不得超过其相应吊挂状态下的最大工作载荷
	手拉葫芦	链条有裂纹、链轮转动卡涩、吊钩无防脱保险装置	起重伤害	较小	（1）检查链条葫芦检验合格证在有效期内； （2）使用前应做无负荷起落试验一次，检查链条是否有裂纹、链轮转动是否卡涩、吊钩是否无防脱保险装置，以确保完好
	汽吊	吊带、钢丝绳损坏或选择不当	起重伤害	中等	（1）作业前，应对吊索具及其配件进行检查，确认完好，方可使用； （2）所选用的吊索具应与被吊工件的外形特点及具体要求相适应，在不具备使用条件的情况下，不准使用； （3）作业中应防止损坏吊索具及配件，必要时在棱角处应加护角防护； （4）吊具及配件不能超过其额定起重量，起重吊具、吊索不得超过其相应吊挂状态下的最大工作载荷； （5）起重作业时需要专业起重工持证上岗现场指挥； （6）汽车吊司机持证上岗
	高处作业人员	作业时未正确使用高处作业防护用品	高处坠落	重大	（1）高处作业人员必须戴好安全帽，穿好防滑鞋，正确佩戴安全带、防坠器； （2）所有从事高处作业的人员必须通过培训并取得高处作业证件并持证上岗
		人员不适于高处作业	高处坠落	重大	（1）从事高处作业的人员必须身体健康； （2）患有精神病、癫痫病以及经医师鉴定患有高血压、心脏病等不宜从事高处作业病症的人员，不准参加高处作业，凡发现工作人员精神不振时，禁止登高作业
	脚手架	脚手架搭建完成未验收	高处坠落	重大	脚手架搭建完成后需分级验收签字，验收合格后需在脚手架上悬挂使用合格证
	撬棍	撬棍强度不够	物体打击	较小	选用合适的撬棍，使用前检查，确认完好
	大锤	手柄断裂，锤头松脱	物体打击	较小	使用前检查，确认完好方可使用
	千斤顶，拉码	不能顶升或顶升后不保压，油缸泄漏	物体打击	中等	使用前检查千斤顶油位及管道完好，有无漏油现象
4. 曳引机组检查、检修	角磨机、切割机	未正确使用防护罩、防护眼镜	物体打击	较小	正确佩戴防护罩、防护眼镜
		更换磨片未切断电源	机械伤害	较小	更换磨片前必须切断电源
	手拉葫芦	滑链	起重伤害	中等	使用手拉葫芦时需核对铭牌，禁止超范围起吊物件
		手拉链卡死、断裂	起重伤害	中等	使用手拉葫芦不准将钩子挂扣在起重链上，使用人员时刻注意链条有无卡顿情况

续表

作业步骤	危害辨识	危害描述	产生后果	风险等级	防 范 措 施
4．曳引机组检查、检修	吊具和起吊物	吊点位置不正确	起重伤害	中等	吊钩要挂在物品的重心上
		斜拉	起重伤害	中等	不准使吊钩斜着拖吊重物
		起重区域未隔离、作业区域无专人监护	起重伤害	中等	（1）确保吊索，钢丝绳绑扎牢固； （2）作业过程中需要专人指挥； （3）在作业区周围设置明显的起吊警戒和围栏； （4）无关人员不准在起重工作区域内行走或者停留
	电焊机	多台电焊机共用一闸	触电	较小	每台焊机需有独立的电源开关和漏电保护器
		电焊机外壳不接地	触电	较小	电焊机金属外壳需有可靠的接地，一机一接地
	热辐射	电焊气割高温	烧伤、烫伤	较小	（1）工作人员必须穿好工作服、戴好手套、穿好带盖劳保鞋等； （2）气割火炬不准对着周围工作人员
	强光	电焊气割产生强光	其他伤害	中等	操作工需佩戴合格的护目镜，保护眼睛免受切割的火焰放出的强光伤害
	火种	焊接工作结束后，现场有遗留火种	火灾	中等	焊接作业结束后全面清理工作区域，做到不留任何火种
	高处作业	工器具掉落	物体打击	中等	（1）高处作业一律使用工具袋； （2）较大的工具应用绳拴在牢固的构件上，不准随便乱放，以防止从高处坠落发生事故
		工器具上下投掷	物体打击	中等	不准将工具及材料上下投掷，要用绳系牢后往下或往上吊送
	高处作业人员	高处作业未正确使用防护用品	高处坠落	重大	（1）高处作业人员必须戴好安全帽，穿好防滑鞋，正确佩戴安全带，必要时应使用防坠器； （2）安全带的挂钩应挂在结实、牢固的构件上，或专挂安全带的钢丝绳上，不准低挂高用
	脚手架	脚手架使用前未检验	高处坠落	重大	脚手架使用前需先检查正常，并签字确认
	撬棍	撬棍形式不对，强度不够	物体打击	较小	选用合适的撬棍，使用前检查，确认完好
	大锤	单手抡大锤、戴手套抡大锤，锤击点滑脱	砸伤	较小	打锤人不得戴手套，不得单手抡大锤，锤头无油污方可使用
	锉刀、手锯、螺丝刀	手柄等缺损	刺伤	较小	锉刀、手锯、螺丝刀等手柄应安装牢固，没有手柄的不准使用
	手动扳手	使用扳手不当致人员受伤	碰伤扭伤	较小	严禁使用破损的梅花扳手，严禁使用不合格的活动扳手
	清洗剂、松锈剂	不准确喷射	受蚀受伤	较小	使用清洗剂、松锈剂时需使用引喷点导管及提醒其他人员注意
	润滑油	加油及操作中发生的跑、冒、滴、漏及溢油导致地滑	滑跌	较小	在加油及操作中发生跑、冒、滴、漏及溢油时，要及时清除处理
5．制动器、限速器、安全钳检查、修理	千斤顶	工作人员站在液压千斤顶安全栓或高压软管前面	起重伤害	较小	使用液压千斤顶时，除操作人员外，其他人员尽量远离，工作人员不准站在千斤顶安全栓或高压软管前面
	角磨机、切割机	未正确使用防护罩、防护眼镜	物体打击	较小	正确佩戴防护罩、防护眼镜
		更换磨片未切断电源	机械伤害	较小	更换磨片前必须切断电源

续表

作业步骤	危害辨识	危害描述	产生后果	风险等级	防范措施
5．制动器、限速器、安全钳检查、修理	手拉葫芦	滑链	起重伤害	中等	使用手拉葫芦时需核对铭牌，禁止超范围起吊物件
		手拉链卡死、断裂	起重伤害	中等	使用手拉葫芦不准将钩子挂扣在起重链上，使用人员时刻注意链条有无卡顿情况
	吊具和起吊物	吊点位置不正确	起重伤害	中等	吊钩要挂在物品的重心上
		斜拉	起重伤害	中等	不准使吊钩斜着拖吊重物
		起重区域未隔离、作业区域无专人监护	起重伤害	中等	（1）确保吊索，钢丝绳绑扎牢固； （2）作业过程中需要专人指挥； （3）在作业区周围设置明显的起吊警戒和围栏； （4）无关人员不准在起重工作区域内行走或者停留
	电焊机	多台电焊机共用一闸	触电	较小	每台焊机需有独立的电源开关和漏电保护器
		电焊机外壳不接地	触电	较小	电焊机金属外壳需有可靠的接地，一机一接地
	热辐射	电焊气割高温	烧伤、烫伤	较小	（1）工作人员必须穿好工作服、戴好手套、穿好带盖劳保鞋等； （2）气割火炬不准对着周围工作人员
	强光	电焊气割产生强光	其他伤害	中等	操作工需佩戴合格的护目镜，保护眼睛免受切割的火焰放出的强光伤害
	火种	焊接工作结束后，现场有遗留火种	火灾	中等	焊接作业结束后全面清理工作区域，做到不留任何火种
	高处作业	工器具掉落	物体打击	中等	（1）高处作业一律使用工具袋； （2）较大的工具应用绳拴在牢固的构件上，不准随便乱放，以防止从高处坠落发生事故
		工器具上下投掷	物体打击	中等	不准将工具及材料上下投掷，要用绳系牢后往下或往上吊送
	高处作业人员	高处作业未正确使用防护用品	高处坠落	重大	（1）高处作业人员必须戴好安全帽，穿好防滑鞋，正确佩戴安全带，必要时应使用防坠器； （2）安全带的挂钩应挂在结实、牢固的构件上，或专挂安全带的钢丝绳上，不准低挂高用
	脚手架	脚手架使用前未检验	高处坠落	重大	脚手架使用前需先检查正常，并签字确认
	撬棍	撬棍形式不对，强度不够	物体打击	较小	选用合适的撬棍，使用前检查，确认完好
	大锤	单手抡大锤、戴手套抡大锤，锤击点滑脱	砸伤	较小	打锤人不得戴手套，不得单手抡大锤，锤头无油污方可使用
	锉刀、手锯、螺丝刀	手柄等缺损	刺伤	较小	锉刀、手锯、螺丝刀等手柄应安装牢固，没有手柄的不准使用
	手动扳手	使用扳手不当致人员受伤	碰伤扭伤	较小	严禁使用破损的梅花扳手，严禁使用不合格的活动扳手
	清洗剂、松锈剂	不准确喷射	受蚀受伤	较小	使用清洗剂、松锈剂时需使用引喷点导管及提醒其他人员注意
	润滑油	加油及操作中发生的跑、冒、滴、漏及溢油导致地滑	滑跌	较小	在加油及操作中发生跑、冒、滴、漏及溢油时，要及时清除处理

续表

作业步骤	危害辨识	危害描述	产生后果	风险等级	防范措施
6．轿顶、轿厢、导轨检查、调整	千斤顶	工作人员站在液压千斤顶安全栓或高压软管前面	起重伤害	较小	使用液压千斤顶时，除操作人员外，其他人员尽量远离，工作人员不准站在千斤顶安全栓或高压软管前面
	角磨机、切割机	未正确使用防护罩、防护眼镜	物体打击	较小	正确佩戴防护罩、防护眼镜
		更换磨片未切断电源	机械伤害	较小	更换磨片前必须切断电源
	手拉葫芦	滑链	起重伤害	中等	使用手拉葫芦时需核对铭牌，禁止超范围起吊物件
		手拉链卡死、断裂	起重伤害	中等	使用手拉葫芦不准将钩子挂扣在起重链上，使用人员时刻注意链条有无卡顿情况
	吊具和起吊物	吊点位置不正确	起重伤害	中等	吊钩要挂在物品的重心上
		斜拉	起重伤害	中等	不准使吊钩斜着拖吊重物
		起重区域未隔离、作业区域无专人监护	起重伤害	中等	（1）确保吊索，钢丝绳绑扎牢固； （2）作业过程中需要专人指挥； （3）在作业区周围设置明显的起吊警戒和围栏； （4）无关人员不准在起重工作区域内行走或者停留
	电焊机	多台电焊机共用一闸	触电	较小	每台焊机需有独立的电源开关和漏电保护器
		电焊机外壳不接地	触电	较小	电焊机金属外壳需有可靠的接地，一机一接地
	热辐射	电焊气割高温	烧伤、烫伤	较小	（1）工作人员必须穿好工作服、戴好手套、穿好带盖劳保鞋等； （2）气割火炬不准对着周围工作人员
	强光	电焊气割产生强光	其他伤害	中等	操作工需佩戴合格的护目镜，保护眼睛免受切割的火焰放出的强光伤害
	火种	焊接工作结束后，现场有遗留火种	火灾	中等	焊接作业结束后全面清理工作区域，做到不留任何火种
	高处作业	工器具掉落	物体打击	中等	（1）高处作业一律使用工具袋； （2）较大的工具应用绳拴在牢固的构件上，不准随便乱放，以防止从高处坠落发生事故
		工器具上下投掷	物体打击	中等	不准将工具及材料上下投掷，要用绳系牢后往下或往上吊送
	高处作业人员	高处作业未正确使用防护用品	高处坠落	重大	（1）高处作业人员必须戴好安全帽，穿好防滑鞋，正确佩戴安全带，必要时应使用防坠器； （2）安全带的挂钩应挂在结实、牢固的构件上，或专挂安全带的钢丝绳上，不准低挂高用
	脚手架	脚手架使用前未检验	高处坠落	重大	脚手架使用前需先检查正常，并签字确认
	撬棍	撬棍形式不对，强度不够	物体打击	较小	选用合适的撬棍，使用前检查，确认完好
	大锤	单手抡大锤、戴手套抡大锤，锤击点滑脱	砸伤	较小	打锤人不得戴手套，不得单手抡大锤，锤头无油污方可使用
	锉刀、手锯、螺丝刀	手柄等缺损	刺伤	较小	锉刀、手锯、螺丝刀等手柄应安装牢固，没有手柄的不准使用
	手动扳手	使用扳手不当致人员受伤	碰伤扭伤	较小	严禁使用破损的梅花扳手，严禁使用不合格的活动扳手

续表

作业步骤	危害辨识	危害描述	产生后果	风险等级	防范措施
6. 轿顶、轿厢、导轨检查、调整	清洗剂、松锈剂	不准确喷射	受蚀受伤	较小	使用清洗剂、松锈剂时需使用引喷点导管及提醒其他人员注意
	润滑油	加油及操作中发生的跑、冒、滴、漏及溢油导致地滑	滑跌	较小	在加油及操作中发生跑、冒、滴、漏及溢油时，要及时清除处理
7. 传动钢丝绳及限速器钢丝绳的检修	角磨机、切割机	未正确使用防护罩、防护眼镜	物体打击	较小	正确佩戴防护罩、防护眼镜
		更换磨片未切断电源	机械伤害	较小	更换磨片前必须切断电源
	手拉葫芦	滑链	起重伤害	中等	使用手拉葫芦时需核对铭牌，禁止超范围起吊物件
		手拉链卡死、断裂	起重伤害	中等	使用手拉葫芦不准将钩子挂扣在起重链上，使用人员时刻注意链条有无卡顿情况
	吊具和起吊物	吊点位置不正确	起重伤害	中等	吊钩要挂在物品的重心上
		斜拉	起重伤害	中等	不准使吊钩斜着拖吊重物
		起重区域未隔离、作业区域无专人监护	起重伤害	中等	（1）确保吊索，钢丝绳绑扎牢固； （2）作业过程中需要专人指挥； （3）在作业区周围设置明显的起吊警戒和围栏； （4）无关人员不准在起重工作区域内行走或者停留
	电焊机	多台电焊机共用一闸	触电	较小	每台焊机需有独立的电源开关和漏电保护器
		电焊机外壳不接地	触电	较小	电焊机金属外壳需有可靠的接地，一机一接地
	热辐射	电焊气割高温	烧伤、烫伤	较小	（1）工作人员必须穿好工作服、戴好手套、穿好带盖劳保鞋等； （2）气割火炬不准对着周围工作人员
	强光	电焊气割产生强光	其他伤害	中等	操作工需佩戴合格的护目镜，保护眼睛免受切割的火焰放出的强光伤害
	火种	焊接工作结束后，现场有遗留火种	火灾	中等	焊接作业结束后全面清理工作区域，做到不留任何火种
	高处作业	工器具掉落	物体打击	中等	（1）高处作业一律使用工具袋； （2）较大的工具应用绳拴在牢固的构件上，不准随便乱放，以防止从高处坠落发生事故
		工器具上下投掷	物体打击	中等	不准将工具及材料上下投掷，要用绳系牢后往下或往上吊送
	高处作业人员	高处作业未正确使用防护用品	高处坠落	重大	（1）高处作业人员必须戴好安全帽，穿好防滑鞋，正确佩戴安全带，必要时应使用防坠器； （2）安全带的挂钩应挂在结实、牢固的构件上，或专挂安全带的钢丝绳上，不准低挂高用
	脚手架	脚手架使用前未检验	高处坠落	重大	脚手架使用前需先检查正常，并签字确认
	撬棍	撬棍形式不对，强度不够	物体打击	较小	选用合适的撬棍，使用前检查，确认完好
	大锤	单手抡大锤、戴手套抡大锤，锤击点滑脱	砸伤	较小	打锤人不得戴手套，不得单手抡大锤，锤头无油污方可使用
	锉刀、手锯、螺丝刀	手柄等缺损	刺伤	较小	锉刀、手锯、螺丝刀等手柄应安装牢固，没有手柄的不准使用

续表

作业步骤	危害辨识	危害描述	产生后果	风险等级	防 范 措 施
7. 传动钢丝绳及限速器钢丝绳的检修	手动扳手	使用扳手不当致人员受伤	碰伤扭伤	较小	严禁使用破损的梅花扳手，严禁使用不合格的活动扳手
	清洗剂、松锈剂	不准确喷射	受蚀受伤	较小	使用清洗剂、松锈剂时需使用引喷点导管及提醒其他人员注意
	润滑油	加油及操作中发生的跑、冒、滴、漏及溢油导致地滑	滑跌	较小	在加油及操作中发生跑、冒、滴、漏及溢油时，要及时清除处理
8. 检修工作结束	施工废料	施工废料未清理	环境污染	较小	废料及时清理，做到工完、料尽、场地清
		工作结束后，废品乱扔	火灾、环境污染	较小	不准将油污、油泥、废油等（包括沾油棉纱、布、手套、纸等）倒入下水道排放或随地倾倒，应收集放于指定的废油箱，妥善处理，以防污染环境

14.31 渣仓检修

作业步骤	危害辨识	危害描述	产生后果	风险等级	防 范 措 施
1. 作业环境评估	粉尘	未正确使用防护用品	尘肺病	较小	作业时正确佩戴合格防尘口罩
	孔、洞	盖板缺损及平台防护栏杆不全	高处坠落	较小	及时检查及补全缺失防护栏
2. 确认安全措施正确执行	转动的挡板	工作前所采取隔离措施不完善	其他伤害	中等	与运行人员共同确认现场安全措施、隔离措施正确完备
		未采取防转动措施	机械伤害	中等	转动设备检修时应采取防转动措施
3. 准备工作及现场布置	电焊机	电焊机电源线、电源插头、电焊钳破损	触电	较小	检查电焊机电源线、电源插头、电焊钳完好无损
		焊机外壳不接地	触电	较小	电焊机金属外壳应有明显的可靠接地
		焊机、焊钳与电缆线连接不牢固	触电	较小	焊机、焊钳与电缆线连接牢固，接地端头不外露
	乙炔	乙炔表失效	爆炸	较小	（1）乙炔表应经检验合格，并在有效期内； （2）使用前应进行检查，确保其完好、有效
		橡胶软管破损	火灾爆炸	较小	（1）乙炔橡胶软管发生脱落、破裂时，停止供气，需更换合格的橡胶软管后再用。 （2）使用的橡胶软管不准有鼓包、裂缝或漏气辨现象。如发现有漏气现象，不准用贴补或包缠的方法修理，应将其损坏部分切掉，用双面接头管将软管连接起来并用夹子或金属绑线扎紧
		使用没有回火阀的溶解乙炔瓶	爆炸	中等	严禁使用没有回火阀的溶解乙炔瓶
		使用没有防震胶圈和保险帽的气瓶	爆炸	较小	禁止使用没有防震胶圈和保险帽的气瓶
		（1）使用中氧气瓶与乙炔气瓶的安全距离不足； （2）使用中的气瓶与明火的安全距离不足	爆炸	较小	（1）使用中氧气瓶和乙炔气瓶的距离不得小于8m； （2）使用中的气瓶与明火的距离必须大于10m

续表

作业步骤	危害辨识	危害描述	产生后果	风险等级	防范措施
3. 准备工作及现场布置	临时电源及电源线	电源线悬挂高度不够	触电	较小	临时电源线架设高度室内不低于 2.5m
		电源线、插头、插座破损	触电	较小	（1）检查电源线外绝缘良好，无破损； （2）检查电源盘合格证在有效期； （3）检查电源插头插座，确保完好； （4）不准将电源线缠绕在护栏、管道和脚手架上
		未安装漏电保护器	触电	较小	（1）检查电源盘合格证在有效期； （2）分级配置漏电保护器，工作前试漏电保护器，确保正确动作；
		检修电源箱外壳未接地	触电	较小	（1）检查电源盘合格证在有效期； （2）检查电源箱外壳接地良好
	角磨机	角磨机电源线、电源插头破损，防护罩破损缺失，磨片破损	触电、机械伤害	较小	（1）检查角磨机的电源线、电源插头完好无缺损，防护罩、角磨片完好无缺损； （2）检查合格证在有效期内
	手拉葫芦	滑链	起重伤害	较小	使用前检查，确认完好，检验合格标记清晰、未超期
		手拉葫芦超载荷使用	起重伤害	较小	使用手拉葫芦时工作负荷不准超过铭牌规定
4. 对渣仓磨损及支撑等焊接	热辐射	气焊气割火焰高温	烧伤、烫伤	较小	（1）动火人员穿帆布工作服，戴工作帽，上衣不准扎在裤子里，裤脚不得挽起，脚面有鞋罩； （2）气割火炬不准对着周围工作人员
	强光	切割时火焰产生强光	视力受损	中等	操作工需佩戴合格的护目镜，保护眼睛免受切割的火焰放出的强光伤害
	电焊机	焊接时未正确使用防护用品	灼烫伤	较小	（1）正确使用面罩； （2）戴电焊手套； （3）戴白光眼镜； （4）穿电焊服
		未准备移动消防器材或消防水未投备用	火灾	较小	电焊作业时，须准备灭火器等移动消防器材
	电	停止、间断焊接作业未停电源	触电	较小	停止、间断焊接作业时必须及时切断焊机电源
	高温焊渣	焊渣掉落	火灾	较小	（1）动火工作区域周围设置防护屏，防止其他人员被飞溅的焊渣烫伤，地面铺设防火布； （2）火焊人员必须穿戴好工作服、手套和带鞋盖劳保鞋等； （3）通气的橡胶软管上方禁止进行动火作业，以防火灾
	焊接尘	通风不良	尘肺病	较小	焊接工作场所应有良好的通风
		未正确使用防尘口罩	尘肺病	较小	作业时正确佩戴合格防尘口罩
5. 析水系统检修	高处作业人员	高处作业未正确使用防护用品	高处坠落	重大	（1）高处作业人员必须戴好安全帽、防滑鞋，正确佩戴安全带，必要时应使用防坠器； （2）安全带的挂钩应挂在结实、牢固的构件上，或专挂安全带的钢丝绳上，不准低挂高用
6. 振动器检修	高处作业人员	高处作业未正确使用防护用品	高处坠落	重大	（1）高处作业人员必须戴好安全帽、防滑鞋，正确佩戴安全带，必要时应使用防坠器； （2）安全带的挂钩应挂在结实、牢固的构件上，或专挂安全带的钢丝绳上，不准低挂高用

续表

作业步骤	危害辨识	危害描述	产生后果	风险等级	防范措施
6. 振动器检修	起吊物	吊物坠落	物体打击	较小	(1) 起重物必须绑牢，吊钩应挂在物品的重心上，手拉葫芦的链条应垂直悬挂重物； (2) 吊索与吊物棱角或光滑的接触处，必须加以包垫，防止吊索受伤或打滑； (3) 捆扎后吊挂绳之间的夹角不大于 90℃，避免挂绳受力过大
	手拉葫芦	滑链	起重伤害	较小	使用前检查，确认完好，检验合格标记清晰、未超期
		手拉葫芦超载荷使用	起重伤害	较小	使用手拉葫芦时工作负荷不准超过铭牌规定
7. 渣仓排渣门检修	手拉葫芦	滑链	起重伤害	较小	使用前检查，确认完好，检验合格标记清晰、未超期
		手拉葫芦超载荷使用	起重伤害	较小	使用手拉葫芦时工作负荷不准超过铭牌规定
	高处作业人员	高处作业未正确使用防护用品	高处坠落	重大	(1) 高处作业人员必须戴好安全帽、防滑鞋，正确佩戴安全带，必要时应使用防坠器； (2) 安全带的挂钩应挂在结实、牢固的构件上，或专挂安全带的钢丝绳上，不准低挂高用
	起吊物	吊物坠落	物体打击	较小	(1) 起重物必须绑牢，吊钩应挂在物品的重心上，手拉葫芦的链条应垂直悬挂重物； (2) 吊索与吊物棱角或光滑的接触处，必须加以包垫，防止吊索受伤或打滑； (3) 捆扎后吊挂绳之间的夹角不大于 90℃，避免挂绳受力过大
8. 设备试运行	渣仓	标识不全	机械伤害	较小	(1) 工作前核对设备名称及编号； (2) 完善补齐缺损的设备标识和警告牌
		检修人员单独进行试运行操作	机械伤害	较小	转动机械试运行操作应由运行值班人员根据检修工作负责人的要求进行，检修人员不准自己进行试运行的操作
9. 工作结束	检修废料	检修后，检修废料没有及时清除干净	环境污染	较小	工作结束后，及时清理工作现场

14.32　渣仓皮带输送机检修

作业步骤	危害辨识	危害描述	产生后果	风险等级	防范措施
1. 作业环境评估	粉尘	未正确使用防护用品	尘肺病	较小	作业时正确佩戴合格防尘口罩
	孔、洞	盖板缺损及平台防护栏杆不全	高处坠落	较小	及时检查及补全缺失防护栏
2. 确认安全措施正确执行	转动的皮带	工作前所采取隔离措施不完善	其他伤害	中等	与运行人员共同确认现场安全措施、隔离措施正确完备
		未采取防转动措施	机械伤害	中等	转动设备检修时应采取防转动措施
3. 准备工作及现场布置	电焊机	电焊机电源线、电源插头、电焊钳破损	触电	较小	检查电焊机电源线、电源插头、电焊钳完好无损
		焊机外壳不接地	触电	较小	电焊机金属外壳应有明显的可靠接地
		焊机、焊钳与电缆线连接不牢固	触电	较小	焊机、焊钳与电缆线连接牢固，接地端头不外露
	乙炔	乙炔表失效	爆炸	较小	(1) 乙炔表应经检验合格，并在有效期内； (2) 使用前应进行检查，确保其完好、有效

续表

作业步骤	危害辨识	危害描述	产生后果	风险等级	防范措施
3．准备工作及现场布置	乙炔	橡胶软管破损	火灾爆炸	较小	（1）乙炔橡胶软管发生脱落、破裂时，停止供气，需更换合格的橡胶软管后再用。 （2）使用的橡胶软管不准有鼓包、裂缝或漏气辨现象。如发现有漏气现象，不准用贴补或包缠的方法修理，应将其损坏部分切掉，用双面接头管将软管连接起来并用夹子或金属绑线扎紧
		使用没有回火阀的溶解乙炔瓶	爆炸	中等	严禁使用没有回火阀的溶解乙炔瓶
		使用没有防震胶圈和保险帽的气瓶	爆炸	较小	禁止使用没有防震胶圈和保险帽的气瓶
		（1）使用中氧气瓶与乙炔气瓶的安全距离不足； （2）使用中的气瓶与明火的安全距离不足	爆炸	较小	（1）使用中氧气瓶和乙炔气瓶的距离不得小于8m； （2）使用中的气瓶与明火的距离必须大于10m
	临时电源及电源线	电源线悬挂高度不够	触电	较小	临时电源线架设高度室内不低于2.5m
		电源线、插头、插座破损	触电	较小	（1）检查电源线外绝缘良好，无破损； （2）检查电源盘合格证在有效期； （3）检查电源插头插座，确保完好； （4）不准将电源线缠绕在护栏、管道和脚手架上
		未安装漏电保护器	触电	较小	（1）检查电源盘合格证在有效期； （2）分级配置漏电保护器，工作前试漏电保护器，确保正确动作
		检修电源箱外壳未接地	触电	较小	（1）检查电源盘合格证在有效期； （2）检查电源箱外壳接地良好
	角磨机	角磨机电源线、电源插头破损，防护罩破损缺失，磨片破损	触电、机械伤害	较小	（1）检查角磨机的电源线、电源插头完好无缺损，防护罩、角磨片完好无缺损； （2）检查合格证在有效期内
	手拉葫芦	滑链	起重伤害	较小	使用前检查，确认完好，检验合格标记清晰、未超期
		手拉葫芦超载荷使用	起重伤害	较小	使用手拉葫芦时工作负荷不准超过铭牌规定
4．对渣仓皮带机托辊更换	热辐射	气焊气割火焰高温	烧伤、烫伤	较小	（1）动火人员穿帆布工作服，戴工作帽，上衣不准扎在裤子里，裤脚不得挽起，脚面有鞋罩； （2）气割火炬不准对着周围工作人员
	强光	切割时火焰产生强光	视力受损	中等	操作工需佩戴合格的护目镜，保护眼睛免受切割的火焰放出的强光伤害
	电焊机	焊接时未正确使用防护用品	灼烫伤	较小	正确使用面罩、电焊手套、白光眼镜、电焊服
		未准备移动消防器材或消防水未投备用	火灾	较小	电焊作业时，须准备灭火器等移动消防器材
	电	停止、间断焊接作业未停电源	触电	较小	停止、间断焊接作业时必须及时切断焊机电源
	高温焊渣	焊渣掉落	火灾	较小	（1）动火工作区域周围设置防护屏，防止其他人员被飞溅的焊渣烫伤，地面铺设防火布； （2）火焊人员必须穿戴好工作服、手套和带鞋盖劳保鞋等； （3）通气的橡胶软管上方禁止进行动火作业，以防火灾

续表

作业步骤	危害辨识	危害描述	产生后果	风险等级	防范措施
4．对渣仓皮带机托辊更换	焊接尘	通风不良	尘肺病	较小	焊接工作场所应有良好的通风
		未正确使用防尘口罩	尘肺病	较小	作业时正确佩戴合格防尘口罩
5．渣仓皮带机电动滚筒、改向滚筒检修	手拉葫芦	滑链	起重伤害	较小	使用前检查，确认完好，检验合格标记清晰、未超期
		手拉葫芦超载荷使用	起重伤害	较小	使用手拉葫芦时工作负荷不准超过铭牌规定
	起吊物	吊物坠落	物体打击	较小	（1）起重物必须绑牢，吊钩应挂在物品的重心上，手拉葫芦的链条应垂直悬挂重物； （2）吊索与吊物棱角或光滑的接触处，必须加以包垫，防止吊索受伤或打滑； （3）捆扎后吊挂绳之间的夹角不大于90℃，避免挂绳受力过大
6．轴承检修	热辐射	气焊气割火焰高温	烧伤烫伤	较小	（1）动火人员穿帆布工作服，戴工作帽，上衣不准扎在裤子里，裤脚不得挽起，穿工作鞋； （2）气割火炬不准对着周围工作人员
	强光	切割时火焰产生强光	其他伤害	中等	操作工需佩戴合格的护目镜，保护眼睛免受切割的火焰放出的强光伤害
	轴承碎片	轴承碎片飞出	机械伤害	较小	禁止直接锤击轴承，必须使用紫铜棒
	大锤、手锤	戴手套抡大锤	物体打击	较小	打锤人不得戴手套
		单手抡大锤	物体打击	较小	抡大锤时周围不得有人，不得单手抡大锤
7．设备试运行	渣仓皮带输送机	标识不全	机械伤害	较小	（1）工作前核对设备名称及编号； （2）完善补齐缺损的设备标识和警告牌
		试运行起动时人员站在转机径向位置	机械伤害	较小	转动设备试运行时所有人员应先远离，站在转动机械的轴向位置，并有一人站在事故按钮位置
		检修人员单独进行试运行操作	机械伤害	较小	转动机械试运行操作应由运行值班人员根据检修工作负责人的要求进行，检修人员不准自己进行试运行的操作
8．工作结束	检修废料	检修后，检修废料没有及时清除干净	环境污染	较小	工作结束后，及时清理工作现场

14.33 高效浓缩机检修

作业步骤	危害辨识	危害描述	产生后果	风险等级	防范措施
1．环境评估	噪声	进入噪声区域时，未正确使用防护用品	噪声聋	较小	进入噪声区域时正确佩戴耳塞
	高温	气温超过40℃	中暑	较小	（1）在高温场所工作时，应为工作人员提供足够的饮水、清凉饮料及防暑药品； （2）对温度较高的作业场所必须增加通风设备
2．措施确认	转动的电机、阀门	工作前所采取隔离措施不完善	其他伤害	中等	与运行人员共同确认现场安全措施、隔离措施正确完备
		未采取防转动措施	机械伤害	中等	转动设备检修时应采取防转动措施
3．准备工作及现场布置	临时电源及电源线	电源线悬挂高度不够	触电	较小	临时电源线架设高度室内不低于2.5m
		电源线、插头、插座破损	触电	较小	（1）检查电源线外绝缘良好，无破损； （2）检查电源盘合格证在有效期内； （3）检查电源插头插座，确保完好
		未安装漏电保护器	触电	较小	分级配置漏电保护器，工作前试漏电保护器，确保正确动作

续表

作业步骤	危害辨识	危害描述	产生后果	风险等级	防范措施
3．准备工作及现场布置	吊具	吊索具损坏或选择不当	起重伤害	中等	（1）作业前，应对吊索具及其配件进行检查，确认完好，方可使用； （2）所选用的吊索具应与被吊工件的外形特点及具体要求相适应，在不具备使用条件的情况下，不准使用； （3）作业中应防止损坏吊索具及配件，必要时在棱角处应加护角防护； （4）吊具及配件不能超过其额定起重量，起重吊具、吊索不得超过其相应吊挂状态下的最大工作载荷
	高处的零部件、工器具	交叉作业	物体打击	中等	（1）在同一垂直高度区域避免进行交叉作业； （2）必须进行交叉作业时，高处作业人员必须将使用的工器具用绳索拴牢； （3）上下不得抛扔物品、工器具，传递物品必须装在工具包内传递
	撬棍	撬棍强度不够	物体打击	较小	选用合适的撬棍，使用前检查，确认完好
	大锤	手柄断裂，锤头松脱	物体打击	较小	使用前检查，确认完好方可使用
4．池体冲洗及金属构件清理检查	高压冲洗水	冲洗水阀门开启过大	物体打击	较小	冲洗水阀门应缓慢开启，负责冲洗的人员应抓牢，防止水枪脱落甩出伤人
5．提耙装置解体	电动葫芦	制动装置失灵	起重伤害	中等	使用前应作无负荷起落试验一次，检查刹车及传动装置应良好无缺陷
	手拉葫芦	滑链	起重伤害	中等	使用前检查，确认完好，检验合格标记清晰、未超期
		手拉葫芦超载荷使用	起重伤害	中等	使用手拉葫芦时工作负荷不准超过铭牌规定
	吊具和起吊物	吊点位置不正确	起重伤害	中等	吊钩要挂在物品的重心上，当被吊物件起吊后有可能摆动或转动时，应采用绳牵引方法，防止物件摆动伤人或碰坏设备
		斜拉	起重伤害	中等	不准使吊钩斜着拖吊重物
		泵体部件放置不牢固	起重伤害	中等	放置、垫置泵体应事先选好地点，放好方木等衬垫物品，确保平稳牢固
	重物	捆绑不牢	物体打击	较小	（1）起重前必须先将物件很牢固和稳妥地绑住； （2）滚动物件必须加设垫块并捆绑牢固
		物品混放	物体打击	较小	（1）零散物件应放入箱中摆放； （2）圆形、不规则物件分类摆放，并做好防滚动滑落措施
		阻塞通道	物体打击	较小	不准在门口、人行通道、消防通道、楼梯等处放置杂物
	油污	油污导致地滑	跌倒	较小	作业区域油污及时清理
6．轴承检修	热辐射	气焊气割火焰高温	烧伤烫伤	较小	（1）动火人员穿帆布工作服，戴工作帽，上衣不准扎在裤子里，裤脚不得挽起，穿工作鞋； （2）气割火炬不准对着周围工作人员
	强光	切割时火焰产生强光	其他伤害	中等	操作工需佩戴合格的护目镜，保护眼睛免受切割的火焰放出的强光伤害
	轴承碎片	轴承碎片飞出	机械伤害	较小	禁止直接锤击轴承，必须使用紫铜棒
	大锤、手锤	戴手套抡大锤	物体打击	较小	打锤人不得戴手套
		单手抡大锤	物体打击	较小	抡大锤时周围不得有人，不得单手抡大锤

续表

作业步骤	危害辨识	危害描述	产生后果	风险等级	防 范 措 施
7. 提粑装置回装	大锤、手锤	戴手套抡大锤	物体打击	较小	打锤人不得戴手套
		单手抡大锤	物体打击	较小	抡大锤时周围不得有人，不得单手抡大锤
	手拉葫芦	滑链	起重伤害	较小	使用前检查，确认完好，检验合格标记清晰、未超期
		手拉葫芦超载荷使用	起重伤害	较小	使用手拉葫芦时工作负荷不准超过铭牌规定
	吊具和起吊物	吊点位置不正确	起重伤害	中等	吊钩要挂在物品的重心上，当被吊物件起吊后有可能摆动或转动时，应采用绳牵引方法，防止物件摆动伤人或碰坏设备
		斜拉	起重伤害	中等	不准使吊钩斜着拖吊重物
8. 联轴器中心找正	传动联轴器	用手指直接检查校正联轴器销孔	机械伤害	较小	不准用手指直接检查校正联轴器销孔
9. 设备试运行	浓缩机	标识不全	机械伤害	较小	（1）工作前核对设备名称及编号； （2）完善补齐缺损的设备标识和警告牌
		试运行起动时人员站在转机径向位置	机械伤害	较小	转动设备试运行时所有人员应先远离，站在转动机械的轴向位置，并有一人站在事故按钮位置
		检修人员单独进行试运行操作	机械伤害	较小	转动机械试运行操作应由运行值班人员根据检修工作负责人的要求进行，检修人员不准自己进行试运行的操作
10. 检修工作结束	施工废料	施工废料未清理	环境污染	较小	废料及时清理，做到工完、料尽、场地清

14.34 缓冲水池检修

作业步骤	危害辨识	危害描述	产生后果	风险等级	防 范 措 施
1. 作业环境评估	粉尘	未正确使用防护用品	尘肺病	较小	作业时正确佩戴合格防尘口罩
	孔、洞	盖板缺损及平台防护栏杆不全	高处坠落	较小	及时检查及补全缺失防护栏
2. 确认安全措施正确执行	阀门	工作前所采取隔离措施不完善	其他伤害	较小	与运行人员共同确认现场安全措施、隔离措施正确完备
3. 准备工作及现场布置	电焊机	电焊机电源线、电源插头、电焊钳破损	触电	较小	检查电焊机电源线、电源插头、电焊钳完好无损
		焊机外壳不接地	触电	较小	电焊机金属外壳应有明显的可靠接地
		焊机、焊钳与电缆线连接不牢固	触电	较小	焊机、焊钳与电缆线连接牢固，接地端头不外露
	乙炔	乙炔表失效	爆炸	较小	（1）乙炔表应经检验合格，并在有效期内； （2）使用前应进行检查，确保其完好、有效
		橡胶软管破损	火灾爆炸	较小	（1）乙炔橡胶软管发生脱落、破裂时，停止供气，需更换合格的橡胶软管后再用。 （2）使用的橡胶软管不准有鼓包、裂缝或漏气辨现象。如发现有漏气现象，不准用贴补或包缠的方法修理，应将其损坏部分切掉，用双面接头管将软管连接起来并用夹子或金属绑线扎紧
		使用没有回火阀的溶解乙炔瓶	爆炸	中等	严禁使用没有回火阀的溶解乙炔瓶

续表

作业步骤	危害辨识	危害描述	产生后果	风险等级	防 范 措 施
3．准备工作及现场布置	乙炔	使用没有防震胶圈和保险帽的气瓶	爆炸	较小	禁止使用没有防震胶圈和保险帽的气瓶
		（1）使用中氧气瓶与乙炔气瓶的安全距离不足； （2）使用中的气瓶与明火的安全距离不足	爆炸	较小	（1）使用中氧气瓶和乙炔气瓶的距离不得小于8m； （2）使用中的气瓶与明火的距离必须大于10m
	临时电源及电源线	电源线悬挂高度不够	触电	较小	临时电源线架设高度室内不低于2.5m
		电源线、插头、插座破损	触电	较小	（1）检查电源线外绝缘良好，无破损； （2）检查电源盘合格证在有效期； （3）检查电源插头插座，确保完好； （4）不准将电源线缠绕在护栏、管道和脚手架上
		未安装漏电保护器	触电	较小	（1）检查电源盘合格证在有效期； （2）分级配置漏电保护器，工作前试漏电保护器，确保正确动作
		检修电源箱外壳未接地	触电	较小	（1）检查电源盘合格证在有效期； （2）检查电源箱外壳接地良好
4．池体冲洗及金属构件清理检查	高压冲洗水	冲洗水阀门开启过大	物体打击	较小	冲洗水阀门应缓慢开启，负责冲洗的人员应抓牢，防止水枪脱落甩出伤人
5．对缓冲水池磨损及支撑等焊接	角磨机	角磨机电源线、电源插头破损，防护罩破损缺失，磨片破损	触电、机械伤害	较小	（1）检查角磨机的电源线、电源插头完好无缺损，防护罩、角磨片完好无缺损； （2）检查合格证在有效期内
	手拉葫芦	滑链	起重伤害	较小	使用前检查，确认完好，检验合格标记清晰、未超期
		手拉葫芦超载荷使用	起重伤害	较小	使用手拉葫芦时工作负荷不准超过铭牌规定
	热辐射	气焊气割火焰高温	烧伤、烫伤	较小	（1）动火人员穿帆布工作服，戴工作帽，上衣不准扎在裤子里，裤脚不得挽起，脚面有鞋罩； （2）气割火炬不准对着周围工作人员
	强光	切割时火焰产生强光	视力受损	中等	操作工需佩戴合格的护目镜，保护眼睛免受切割的火焰放出的强光伤害
	电焊机	焊接时未正确使用防护用品	灼烫伤	较小	正确使用面罩、电焊手套、白光眼镜、电焊服
		未准备移动消防器材或消防水未投备用	火灾	较小	电焊作业时，须准备灭火器等移动消防器材
	电	停止、间断焊接作业未停电源	触电	较小	停止、间断焊接作业时必须及时切断焊机电源
	高温焊渣	焊渣掉落	火灾	较小	（1）动火工作区域周围设置防护屏，防止其他人员被飞溅的焊渣烫伤，地面铺设防火布； （2）火焊人员必须穿戴好工作服、手套和带鞋盖劳保鞋等； （3）通气的橡胶软管上方禁止进行动火作业，以防火灾
	焊接尘	通风不良	尘肺病	较小	焊接工作场所应有良好的通风
		未正确使用防尘口罩	尘肺病	较小	作业时正确佩戴合格防尘口罩

续表

作业步骤	危害辨识	危害描述	产生后果	风险等级	防 范 措 施
6. 设备试运行	缓冲水池	标识不全	机械伤害	较小	(1) 工作前核对设备名称及编号; (2) 完善补齐缺损的设备标识和警告牌
		检修人员单独进行试运行操作	机械伤害	较小	设备试运行操作应由运行值班人员根据检修工作负责人的要求进行，检修人员不准自己进行试运行的操作
7. 工作结束	检修废料	检修后，检修废料没有及时清除干净	环境污染	较小	工作结束后，及时清理工作现场

14.35 溢流水泵检修

作业步骤	危害辨识	危害描述	产生后果	风险等级	防 范 措 施
1. 环境评估	噪声	进入噪声区域时，未正确使用防护用品	噪声聋	较小	进入噪声区域时正确佩戴耳塞
	高温	气温超过 40℃	中暑	较小	(1) 在高温场所工作时，应为工作人员提供足够的饮水、清凉饮料及防暑药品; (2) 对温度较高的作业场所必须增加通风设备
2. 措施确认	转动的电机、阀门	工作前所采取隔离措施不完善	其他伤害	中等	与运行人员共同确认现场安全措施、隔离措施正确完备
		未采取防转动措施	机械伤害	中等	转动设备检修时应采取防转动措施
3. 准备工作及现场布置	临时电源及电源线	电源线悬挂高度不够	触电	较小	临时电源线架设高度室内不低于 2.5m
		电源线、插头、插座破损	触电	较小	(1) 检查电源线外绝缘良好，无破损; (2) 检查电源盘合格证在有效期内; (3) 检查电源插头插座，确保完好
		未安装漏电保护器	触电	较小	分级配置漏电保护器，工作前试漏电保护器，确保正确动作
	吊具	吊索具损坏或选择不当	起重伤害	中等	(1) 作业前，应对吊索具及其配件进行检查，确认完好，方可使用; (2) 所选用的吊索具应与被吊工件的外形特点及具体要求相适应，在不具备使用条件的情况下，不准使用; (3) 作业中应防止损坏吊索具及配件，必要时在棱角处应加护角防护; (4) 吊具及配件不能超过其额定起重量，起重吊具、吊索不得超过其相应吊挂状态下的最大工作载荷
	撬棍	撬棍强度不够	物体打击	较小	选用合适的撬棍，使用前检查，确认完好
	大锤	手柄断裂，锤头松脱	物体打击	较小	使用前检查，确认完好方可使用
4. 泵解体	手拉葫芦	滑链	起重伤害	中等	使用前检查，确认完好，检验合格标记清晰、未超期
		手拉葫芦超载荷使用	起重伤害	中等	使用手拉葫芦时工作负荷不准超过铭牌规定
	吊具和起吊物	吊点位置不正确	起重伤害	中等	吊钩要挂在物品的重心上，当被吊物件起吊后有可能摆动或转动时，应采用绳牵引方法，防止物件摆动伤人或碰坏设备
		斜拉	起重伤害	中等	不准使吊钩斜着拖吊重物
		泵体部件放置不牢固	起重伤害	中等	放置、垫置泵体应事先选好地点，放好方木等衬垫物品，确保平稳牢固

续表

作业步骤	危害辨识	危害描述	产生后果	风险等级	防范措施
4. 泵解体	重物	捆绑不牢	物体打击	较小	（1）起重前必须先将物件很牢固和稳妥地绑住； （2）滚动物件必须加设垫块并捆绑牢固
		物品混放	物体打击	较小	（1）零散物件应放入箱中摆放； （2）圆形、不规则物件分类摆放，并做好防滚动滑落措施
		阻塞通道	物体打击	较小	不准在门口、人行通道、消防通道、楼梯等处放置杂物
	油污	油污导致地滑	跌倒	较小	作业区域油污及时清理
5. 轴承检修	热辐射	气焊气割火焰高温	烧伤烫伤	较小	（1）动火人员穿帆布工作服，戴工作帽，上衣不准扎在裤子里，裤脚不得挽起，穿工作鞋； （2）气割火炬不准对着周围工作人员
	强光	切割时火焰产生强光	其他伤害	中等	操作工需佩戴合格的护目镜，保护眼睛免受切割的火焰放出的强光伤害
	轴承碎片	轴承碎片飞出	机械伤害	较小	禁止直接锤击轴承，必须使用紫铜棒
	大锤、手锤	戴手套抡大锤	物体打击	较小	打锤人不得戴手套
		单手抡大锤	物体打击	较小	抡大锤时周围不得有人，不得单手抡大锤
6. 泵体回装	大锤、手锤	戴手套抡大锤	物体打击	较小	打锤人不得戴手套
		单手抡大锤	物体打击	较小	抡大锤时周围不得有人，不得单手抡大锤
	手拉葫芦	滑链	起重伤害	较小	使用前检查，确认完好，检验合格标记清晰、未超期
		手拉葫芦超载荷使用	起重伤害	较小	使用手拉葫芦时工作负荷不准超过铭牌规定
	吊具和起吊物	吊点位置不正确	起重伤害	中等	吊钩要挂在物品的重心上，当被吊物件起吊后有可能摆动或转动时，应采用绳牵引方法，防止物件摆动伤人或碰坏设备
		斜拉	起重伤害	中等	不准使吊钩斜着拖吊重物
7. 联轴器中心找正	泵联轴器	用手指直接检查校正联轴器销孔	机械伤害	较小	不准用手指直接检查校正联轴器销孔
8. 设备试运行	溢流水泵	标识不全	机械伤害	较小	（1）工作前核对设备名称及编号； （2）完善补齐缺损的设备标识和警告牌
		试运行起动时人员站在转机径向位置	机械伤害	较小	转动设备试运行时所有人员应先远离，站在转动机械的轴向位置，并有一人站在事故按钮位置
		检修人员单独进行试运行操作	机械伤害	较小	转动机械试运行操作应由运行值班人员根据检修工作负责人的要求进行，检修人员不准自己进行试运行的操作
9. 检修工作结束	施工废料	施工废料未清理	环境污染	较小	废料及时清理，做到工完、料尽、场地清

14.36 冷渣水泵检修

作业步骤	危害辨识	危害描述	产生后果	风险等级	防范措施
1. 环境评估	噪声	进入噪声区域时，未正确使用防护用品	噪声聋	较小	进入噪声区域时正确佩戴耳塞
	高温	气温超过40℃	中暑	较小	（1）在高温场所工作时，应为工作人员提供足够的饮水、清凉饮料及防暑药品； （2）对温度较高的作业场所必须增加通风设备

续表

作业步骤	危害辨识	危害描述	产生后果	风险等级	防 范 措 施
2. 措施确认	转动的电机、阀门	工作前所采取隔离措施不完善	其他伤害	中等	与运行人员共同确认现场安全措施、隔离措施正确完备
		未采取防转动措施	机械伤害	中等	转动设备检修时应采取防转动措施
3. 准备工作及现场布置	临时电源及电源线	电源线悬挂高度不够	触电	较小	临时电源线架设高度室内不低于 2.5m
		电源线、插头、插座破损	触电	较小	（1）检查电源线外绝缘良好，无破损； （2）检查电源盘合格证在有效期内； （3）检查电源插头插座，确保完好
		未安装漏电保护器	触电	较小	分级配置漏电保护器，工作前试漏电保护器，确保正确动作
	吊具	吊索具损坏或选择不当	起重伤害	中等	（1）作业前，应对吊索具及其配件进行检查，确认完好，方可使用； （2）所选用的吊索具应与被吊工件的外形特点及具体要求相适应，在不具备使用条件的情况下，不准使用； （3）作业中应防止损坏吊索具及配件，必要时在棱角处应加护角防护； （4）吊具及配件不能超过其额定起重量，起重吊具、吊索不得超过其相应吊挂状态下的最大工作载荷
	撬棍	撬棍强度不够	物体打击	较小	选用合适的撬棍，使用前检查，确认完好
	大锤	手柄断裂，锤头松脱	物体打击	较小	使用前检查，确认完好方可使用
4. 泵解体	手拉葫芦	滑链	起重伤害	中等	使用前检查，确认完好，检验合格标记清晰、未超期
		手拉葫芦超载荷使用	起重伤害	中等	使用手拉葫芦时工作负荷不准超过铭牌规定
	吊具和起吊物	吊点位置不正确	起重伤害	中等	吊钩要挂在物品的重心上，当被吊物件起吊后有可能摆动或转动时，应采用绳牵引方法，防止物件摆动伤人或碰坏设备
		斜拉	起重伤害	中等	不准使吊钩斜着拖吊重物
	重物	泵体部件放置不牢固	起重伤害	中等	放置、垫置泵体应事先选好地点，放好方木等衬垫物品，确保平稳牢固
		捆绑不牢	物体打击	较小	（1）起重前必须先将物件很牢固和稳妥地绑住； （2）滚动物件必须加设垫块并捆绑牢固
		物品混放	物体打击	较小	（1）零散物件应放入箱中摆放； （2）圆形、不规则物件分类摆放，并做好防滚动滑落措施
		阻塞通道	物体打击	较小	不准在门口、人行通道、消防通道、楼梯等处放置杂物
	油污	油污导致地滑	跌倒	较小	作业区域油污及时清理
5. 轴承检修	热辐射	气焊气割火焰高温	烧伤烫伤	较小	（1）动火人员穿帆布工作服，戴工作帽，上衣不准扎在裤子里，裤脚不得挽起，穿工作鞋； （2）气割火炬不准对着周围工作人员
	强光	切割时火焰产生强光	其他伤害	中等	操作工需佩戴合格的护目镜，保护眼睛免受切割的火焰放出的强光伤害
	轴承碎片	轴承碎片飞出	机械伤害	较小	禁止直接锤击轴承，必须使用紫铜棒
	大锤、手锤	戴手套抡大锤	物体打击	较小	打锤人不得戴手套
		单手抡大锤	物体打击	较小	抡大锤时周围不得有人，不得单手抡大锤

续表

作业步骤	危害辨识	危害描述	产生后果	风险等级	防范措施
6. 泵体回装	大锤、手锤	戴手套抡大锤	物体打击	较小	打锤人不得戴手套
		单手抡大锤	物体打击	较小	抡大锤时周围不得有人，不得单手抡大锤
	手拉葫芦	滑链	起重伤害	较小	使用前检查，确认完好，检验合格标记清晰、未超期
		手拉葫芦超载荷使用	起重伤害	较小	使用手拉葫芦时工作负荷不准超过铭牌规定
	吊具和起吊物	吊点位置不正确	起重伤害	中等	吊钩要挂在物品的重心上，当被吊物件起吊后有可能摆动或转动时，应采用绳牵引方法，防止物件摆动伤人或碰坏设备
		斜拉	起重伤害	中等	不准使吊钩斜着拖吊重物
7. 联轴器中心找正	泵联轴器	用手指直接检查校正联轴器销孔	机械伤害	较小	不准用手指直接检查校正联轴器销孔
8. 设备试运行	冷渣水泵	标识不全	机械伤害	较小	(1) 工作前核对设备名称及编号； (2) 完善补齐缺损的设备标识和警告牌
		试运行起动时人员站在转机径向位置	机械伤害	较小	转动设备试运行时所有人员应先远离，站在转动机械的轴向位置，并有一人站在事故按钮位置
		检修人员单独进行试运行操作	机械伤害	较小	转动机械试运行操作应由运行值班人员根据检修工作负责人的要求进行，检修人员不准自己进行试运行的操作
9. 检修工作结束	施工废料	施工废料未清理	环境污染	较小	废料及时清理，做到工完、料尽、场地清

14.37 渣水冲洗水泵检修

作业步骤	危害辨识	危害描述	产生后果	风险等级	防范措施
1. 环境评估	噪声	进入噪声区域时，未正确使用防护用品	噪声聋	较小	进入噪声区域时正确佩戴耳塞
	高温	气温超过 40℃	中暑	较小	(1) 在高温场所工作时，应为工作人员提供足够的饮水、清凉饮料及防暑药品； (2) 对温度较高的作业场所必须增加通风设备
2. 措施确认	转动的电机、阀门	工作前所采取隔离措施不完善	其他伤害	中等	与运行人员共同确认现场安全措施、隔离措施正确完备
		未采取防转动措施	机械伤害	中等	转动设备检修时应采取防转动措施
3. 准备工作及现场布置	临时电源及电源线	电源线悬挂高度不够	触电	较小	临时电源线架设高度室内不低于 2.5m
		电源线、插头、插座破损	触电	较小	(1) 检查电源线外绝缘良好，无破损； (2) 检查电源盘合格证在有效期内； (3) 检查电源插头插座，确保完好
		未安装漏电保护器	触电	较小	分级配置漏电保护器，工作前试漏电保护器，确保正确动作
	吊具	吊索具损坏或选择不当	起重伤害	中等	(1) 作业前，应对吊索具及其配件进行检查，确认完好，方可使用； (2) 所选用的吊索具应与被吊工件的外形特点及具体要求相适应，在不具备使用条件的情况下，不准使用； (3) 作业中应防止损坏吊索具及配件，必要时在棱角处应加护角防护； (4) 吊具及配件不能超过其额定起重量，起重吊具、吊索不得超过其相应吊挂状态下的最大工作载荷

续表

作业步骤	危害辨识	危害描述	产生后果	风险等级	防　范　措　施
3．准备工作及现场布置	撬棍	撬棍强度不够	物体打击	较小	选用合适的撬棍，使用前检查，确认完好
	大锤	手柄断裂，锤头松脱	物体打击	较小	使用前检查，确认完好方可使用
4．泵解体	手拉葫芦	滑链	起重伤害	中等	使用前检查，确认完好，检验合格标记清晰、未超期
		手拉葫芦超载荷使用	起重伤害	中等	使用手拉葫芦时工作负荷不准超过铭牌规定
	吊具和起吊物	吊点位置不正确	起重伤害	中等	吊钩要挂在物品的重心上，当被吊物件起吊后有可能摆动或转动时，应采用绳牵引方法，防止物件摆动伤人或碰坏设备
		斜拉	起重伤害	中等	不准使吊钩斜着拖吊重物
		泵体部件放置不牢固	起重伤害	中等	放置、垫置泵体应事先选好地点，放好方木等衬垫物品，确保平稳牢固
	重物	捆绑不牢	物体打击	较小	（1）起重前必须先将物件很牢固和稳妥地绑住； （2）滚动物件必须加设垫块并捆绑牢固
		物品混放	物体打击	较小	（1）零散物件应放入箱中摆放； （2）圆形、不规则物件分类摆放，并做好防滚动滑落措施
		阻塞通道	物体打击	较小	不准在门口、人行通道、消防通道、楼梯等处放置杂物
	油污	油污导致地滑	跌倒	较小	作业区域油污及时清理
5．轴承检修	热辐射	气焊气割火焰高温	烧伤烫伤	较小	（1）动火人员穿帆布工作服，戴工作帽，上衣不准扎在裤子里，裤脚不得挽起，穿工作鞋； （2）气割火炬不准对着周围工作人员
	强光	切割时火焰产生强光	其他伤害	中等	操作工需佩戴合格的护目镜，保护眼睛免受切割的火焰放出的强光伤害
	轴承碎片	轴承碎片飞出	机械伤害	较小	禁止直接锤击轴承，必须使用紫铜棒
	大锤、手锤	戴手套抡大锤	物体打击	较小	打锤人不得戴手套
		单手抡大锤	物体打击	较小	抡大锤时周围不得有人，不得单手抡大锤
6．泵体回装	大锤、手锤	戴手套抡大锤	物体打击	较小	打锤人不得戴手套
		单手抡大锤	物体打击	较小	抡大锤时周围不得有人，不得单手抡大锤
	手拉葫芦	滑链	起重伤害	较小	使用前检查，确认完好，检验合格标记清晰、未超期
		手拉葫芦超载荷使用	起重伤害	较小	使用手拉葫芦时工作负荷不准超过铭牌规定
	吊具和起吊物	吊点位置不正确	起重伤害	中等	吊钩要挂在物品的重心上，当被吊物件起吊后有可能摆动或转动时，应采用绳牵引方法，防止物件摆动伤人或碰坏设备
		斜拉	起重伤害	中等	不准使吊钩斜着拖吊重物
7．联轴器中心找正	泵联轴器	用手指直接检查校正联轴器销孔	机械伤害	较小	不准用手指直接检查校正联轴器销孔
8．设备试运行	渣水冲洗泵	标识不全	机械伤害	较小	（1）工作前核对设备名称及编号； （2）完善补齐缺损的设备标识和警告牌
		试运行起动时人员站在转机径向位置	机械伤害	较小	转动设备试运行时所有人员应先远离，站在转动机械的轴向位置，并有一人站在事故按钮位置

续表

作业步骤	危害辨识	危害描述	产生后果	风险等级	防范措施
8. 设备试运行	渣水冲洗泵	检修人员单独进行试运行操作	机械伤害	较小	转动机械试运行操作应由运行值班人员根据检修工作负责人的要求进行，检修人员不准自己进行试运行的操作
9. 检修工作结束	施工废料	施工废料未清理	环境污染	较小	废料及时清理，做到工完、料尽、场地清

14.38 排污泵检修

作业步骤	危害辨识	危害描述	产生后果	风险等级	防范措施
1. 环境评估	噪声	进入噪声区域时，未正确使用防护用品	噪声聋	较小	进入噪声区域时正确佩戴耳塞
	高温	气温超过40℃	中暑	较小	（1）在高温场所工作时，应为工作人员提供足够的饮水、清凉饮料及防暑药品； （2）对温度较高的作业场所必须增加通风设备
2. 措施确认	转动的电机、阀门	工作前所采取隔离措施不完善	其他伤害	中等	与运行人员共同确认现场安全措施、隔离措施正确完备
		未采取防转动措施	机械伤害	中等	转动设备检修时应采取防转动措施
3. 准备工作及现场布置	临时电源及电源线	电源线悬挂高度不够	触电	较小	临时电源线架设高度室内不低于2.5m
		电源线、插头、插座破损	触电	较小	（1）检查电源线外绝缘良好，无破损； （2）检查电源盘合格证在有效期内； （3）检查电源插头插座，确保完好
		未安装漏电保护器	触电	较小	分级配置漏电保护器，工作前试漏电保护器，确保正确动作
	吊具	吊索具损坏或选择不当	起重伤害	中等	（1）作业前，应对吊索具及其配件进行检查，确认完好，方可使用； （2）所选用的吊索具应与被吊工件的外形特点及具体要求相适应，在不具备使用条件的情况下，不准使用； （3）作业中应防止损坏吊索具及配件，必要时在棱角处应加护角防护； （4）吊具及配件不能超过其额定起重量，起重吊具、吊索不得超过其相应吊挂状态下的最大工作载荷
	撬棍	撬棍强度不够	物体打击	较小	选用合适的撬棍，使用前检查，确认完好
	大锤	手柄断裂，锤头松脱	物体打击	较小	使用前检查，确认完好方可使用
4. 泵解体	手拉葫芦	滑链	起重伤害	中等	使用前检查，确认完好，检验合格标记清晰、未超期
		手拉葫芦超载荷使用	起重伤害	中等	使用手拉葫芦时工作负荷不准超过铭牌规定
	吊具和起吊物	吊点位置不正确	起重伤害	中等	吊钩要挂在物品的重心上，当被吊物件起吊后有可能摆动或转动时，应采用绳牵引方法，防止物件摆动伤人或碰坏设备
		斜拉	起重伤害	中等	不准使吊钩斜着拖吊重物
		泵体部件放置不牢固	起重伤害	中等	放置、垫置泵体应事先选好地点，放好方木等衬垫物品，确保平稳牢固

续表

作业步骤	危害辨识	危害描述	产生后果	风险等级	防 范 措 施
4. 泵解体	重物	捆绑不牢	物体打击	较小	（1）起重前必须先将物件很牢固和稳妥地绑住；（2）滚动物件必须加设垫块并捆绑牢固
		物品混放	物体打击	较小	（1）零散物件应放入箱中摆放；（2）圆形、不规则物件分类摆放，并做好防滚动滑落措施
		阻塞通道	物体打击	较小	不准在门口、人行通道、消防通道、楼梯等处放置杂物
	油污	油污导致地滑	跌倒	较小	作业区域油污及时清理
5. 轴承检修	热辐射	气焊气割火焰高温	烧伤烫伤	较小	（1）动火人员穿帆布工作服，戴工作帽，上衣不准扎在裤子里，裤脚不得挽起，穿工作鞋；（2）气割火炬不准对着周围工作人员
	强光	切割时火焰产生强光	其他伤害	中等	操作工需佩戴合格的护目镜，保护眼睛免受切割的火焰放出的强光伤害
	轴承碎片	轴承碎片飞出	机械伤害	较小	禁止直接锤击轴承，必须使用紫铜棒
	大锤、手锤	戴手套抡大锤	物体打击	较小	打锤人不得戴手套
		单手抡大锤	物体打击	较小	抡大锤时周围不得有人，不得单手抡大锤
6. 泵体回装	大锤、手锤	戴手套抡大锤	物体打击	较小	打锤人不得戴手套
		单手抡大锤	物体打击	较小	抡大锤时周围不得有人，不得单手抡大锤
	手拉葫芦	滑链	起重伤害	较小	使用前检查，确认完好，检验合格标记清晰、未超期
		手拉葫芦超载荷使用	起重伤害	较小	使用手拉葫芦时工作负荷不准超过铭牌规定
	吊具和起吊物	吊点位置不正确	起重伤害	中等	吊钩要挂在物品的重心上，当被吊物件起吊后有可能摆动或转动时，应采用绳牵引方法，防止物件摆动伤人或碰坏设备
		斜拉	起重伤害	中等	不准使吊钩斜着拖吊重物
7. 联轴器中心找正	泵联轴器	用手指直接检查校正联轴器销孔	机械伤害	较小	不准用手指直接检查校正联轴器销孔
8. 设备试运行	排污泵	标识不全	机械伤害	较小	（1）工作前核对设备名称及编号；（2）完善补齐缺损的设备标识和警告牌
		试运行起动时人员站在转机径向位置	机械伤害	较小	转动设备试运行时所有人员应先远离，站在转动机械的轴向位置，并有一人站在事故按钮位置
		检修人员单独进行试运行操作	机械伤害	较小	转动机械试运行操作应由运行值班人员根据检修工作负责人的要求进行，检修人员不准自己进行试运行的操作
9. 检修工作结束	施工废料	施工废料未清理	环境污染	较小	废料及时清理，做到工完、料尽、场地清

14.39 污水泵检修

作业步骤	危害辨识	危害描述	产生后果	风险等级	防 范 措 施
1. 环境评估	噪声	进入噪声区域时，未正确使用防护用品	噪声聋	较小	进入噪声区域时正确佩戴耳塞
	高温	气温超过40℃	中暑	较小	（1）在高温场所工作时，应为工作人员提供足够的饮水、清凉饮料及防暑药品；（2）对温度较高的作业场所必须增加通风设备

续表

作业步骤	危害辨识	危害描述	产生后果	风险等级	防范措施
2. 措施确认	转动的电机、阀门	工作前所采取隔离措施不完善	其他伤害	中等	与运行人员共同确认现场安全措施、隔离措施正确完备
		未采取防转动措施	机械伤害	中等	转动设备检修时应采取防转动措施
3. 准备工作及现场布置	临时电源及电源线	电源线悬挂高度不够	触电	较小	临时电源线架设高度室内不低于2.5m
		电源线、插头、插座破损	触电	较小	（1）检查电源线外绝缘良好，无破损； （2）检查电源盘合格证在有效期内； （3）检查电源插头插座，确保完好
		未安装漏电保护器	触电	较小	分级配置漏电保护器，工作前试漏电保护器，确保正确动作
	吊具	吊索具损坏或选择不当	起重伤害	中等	（1）作业前，应对吊索具及其配件进行检查，确认完好，方可使用； （2）所选用的吊索具应与被吊工件的外形特点及具体要求相适应，在不具备使用条件的情况下，不准使用； （3）作业中应防止损坏吊索具及配件，必要时在棱角处应加护角防护； （4）吊具及配件不能超过其额定起重量，起重吊具、吊索不得超过其相应吊挂状态下的最大工作载荷
	撬棍	撬棍强度不够	物体打击	较小	选用合适的撬棍，使用前检查，确认完好
	大锤	手柄断裂，锤头松脱	物体打击	较小	使用前检查，确认完好方可使用
4. 泵解体	手拉葫芦	滑链	起重伤害	中等	使用前检查，确认完好，检验合格标记清晰、未超期
		手拉葫芦超载荷使用	起重伤害	中等	使用手拉葫芦时工作负荷不准超过铭牌规定
	吊具和起吊物	吊点位置不正确	起重伤害	中等	吊钩要挂在物品的重心上，当被吊物件起吊后有可能摆动或转动时，应采用绳牵引方法，防止物件摆动伤人或碰坏设备
		斜拉	起重伤害	中等	不准使吊钩斜着拖吊重物
		泵体部件放置不牢固	起重伤害	中等	放置、垫置泵体应事先选好地点，放好方木等衬垫物品，确保平稳牢固
	重物	捆绑不牢	物体打击	较小	（1）起重前必须先将物件很牢固和稳妥地绑住； （2）滚动物件必须加设垫块并捆绑牢固
		物品混放	物体打击	较小	（1）零散物件应放入箱中摆放； （2）圆形、不规则物件分类摆放，并做好防滚动滑落措施
		阻塞通道	物体打击	较小	不准在门口、人行通道、消防通道、楼梯等处放置杂物
	油污	油污导致地滑	跌倒	较小	作业区域油污及时清理
5. 轴承检修	热辐射	气焊气割火焰高温	烧伤烫伤	较小	（1）动火人员穿帆布工作服，戴工作帽，上衣不准扎在裤子里，裤脚不得挽起，穿工作鞋； （2）气割火炬不准对着周围工作人员
	强光	切割时火焰产生强光	其他伤害	中等	操作工需佩戴合格的护目镜，保护眼睛免受切割的火焰放出的强光伤害
	轴承碎片	轴承碎片飞出	机械伤害	较小	禁止直接锤击轴承，必须使用紫铜棒
	大锤、手锤	戴手套抡大锤	物体打击	较小	打锤人不得戴手套
		单手抡大锤	物体打击	较小	抡大锤时周围不得有人，不得单手抡大锤

续表

作业步骤	危害辨识	危害描述	产生后果	风险等级	防范措施
6. 泵体回装	大锤、手锤	戴手套抡大锤	物体打击	较小	打锤人不得戴手套
		单手抡大锤	物体打击	较小	抡大锤时周围不得有人，不得单手抡大锤
	手拉葫芦	滑链	起重伤害	较小	使用前检查，确认完好，检验合格标记清晰、未超期
		手拉葫芦超载荷使用	起重伤害	较小	使用手拉葫芦时工作负荷不准超过铭牌规定
	吊具和起吊物	吊点位置不正确	起重伤害	中等	吊钩要挂在物品的重心上，当被吊物件起吊后有可能摆动或转动时，应采用绳牵引方法，防止物件摆动伤人或碰坏设备
		斜拉	起重伤害	中等	不准使吊钩斜着拖吊重物
7. 联轴器中心找正	泵联轴器	用手指直接检查校正联轴器销孔	机械伤害	较小	不准用手指直接检查校正联轴器销孔
8. 设备试运行	污水泵	标识不全	机械伤害	较小	（1）工作前核对设备名称及编号； （2）完善补齐缺损的设备标识和警告牌
		试运行起动时人员站在转机径向位置	机械伤害	较小	转动设备试运行时所有人员应先远离，站在转动机械的轴向位置，并有一人站在事故按钮位置
		检修人员单独进行试运行操作	机械伤害	较小	转动机械试运行操作应由运行值班人员根据检修工作负责人的要求进行，检修人员不准自己进行试运行的操作
9. 检修工作结束	施工废料	施工废料未清理	环境污染	较小	废料及时清理，做到工完、料尽、场地清

14.40　辅控空气压缩机检修

作业步骤	危害辨识	危害描述	产生后果	风险等级	防范措施
1. 作业环境评估	噪声	噪声控制设备、设施缺损及噪声超标	噪声聋	较小	人员进入噪声区域工作必须戴好耳塞
	转动电机	防护罩缺损	机械伤害	中等	做好临时防护措施
	高压气体	高压设备及附属系统内动、静密封点密封失效，或者系统内设备、管道破损	其他伤害	较小	在高压漏点处设立围栏并有危险标识警示
2. 确认安全措施正确执行	转动的电机	工作前所采取隔离措施不完善	触电	中等	与运行人员共同确认现场安全措施、隔离措施正确完备
		未采取防转动措施	机械伤害	中等	转动设备检修时应采取防转动措施
3. 准备工作及现场布置	角磨机	角磨机电源线、电源插头破损，防护罩破损缺失，磨片破损	触电	较小	（1）检查角磨机的电源线、电源插头完好无缺损，防护罩、角磨片完好无缺损； （2）检查合格证在有效期内
	撬棍	撬棍支垫物不可靠、加力杆强度不够	其他伤害	较小	使用撬棍作业时，支垫物应可靠，并采取措施防止被撬物倾倒或滚落。使用加力杆时，必须保证其强度和嵌套深度满足要求，以防折断或滑脱
	电动葫芦	制动装置失灵	起重伤害	中等	使用前应作无负荷起落试验一次，检查刹车及传动装置应良好无缺陷

续表

作业步骤	危害辨识	危害描述	产生后果	风险等级	防范措施
3. 准备工作及现场布置	手拉葫芦	手拉葫芦刹车以及传动装置有缺陷、链条有裂纹、链轮转动卡涩、吊钩无防脱保险装置	起重伤害	中等	（1）检查手拉葫芦检验合格证在有效期内； （2）由专业人员修理手拉葫芦或更换合格的手拉葫芦； （3）使用前应作无负荷起落试验一次，检查链条是否有裂纹、链轮转动是否卡涩、吊钩是否无防脱保险装置，以确保完好
		超过铭牌规定使用手拉葫芦	起重伤害	中等	使用手拉葫芦时工作负荷不准超过铭牌规定
	临时电源及电源线	电源线悬挂高度不够	触电	较小	临时电源线架设高度室内不低于2.5m
		电源线、插头、插座破损	触电	较小	（1）检查电源线外绝缘良好，无破损； （2）检查电源盘合格证在有效期； （3）检查电源插头插座，确保完好； （4）不准将电源线缠绕在护栏、管道和脚手架上
		未安装漏电保护器	触电	较小	（1）检查电源盘合格证在有效期； （2）分级配置漏电保护器，工作前试漏电保护器，确保正确动作
		检修电源箱外壳未接地	触电	较小	（1）检查电源盘合格证在有效期； （2）检查电源箱外壳接地良好
	大锤	锤头与木柄的连接不牢固、锤头破损、木柄未使用整根硬质木料	砸伤	较小	检查大锤和手锤的锤头应完整，其表面应光滑微凸，不应有歪斜、缺口、凹入及裂纹等缺陷。大锤及手锤的柄应用整根的硬木制成，且头部用楔栓固定。楔栓宜采用金属楔，楔子长度不应大于安装孔的三分之二。锤把上不应有油污
4. 电动机或空压机机头拆离	起吊物	吊物坠落	物体打击	较小	（1）起重物必须绑牢，吊钩应挂在物品的重心上，手拉葫芦的链条应垂直悬挂重物； （2）吊索与吊物棱角或光滑的接触处，必须加以包垫，防止吊索受伤或打滑； （3）捆扎后吊挂绳之间的夹角不大于90℃，避免挂绳受力过大
	电动葫芦	制动装置失灵	起重伤害	中等	使用前应作无负荷起落试验一次，检查刹车及传动装置应良好无缺陷
	手拉葫芦	手拉葫芦刹车以及传动装置有缺陷、链条有裂纹、链轮转动卡涩、吊钩无防脱保险装置	起重伤害	中等	（1）检查手拉葫芦检验合格证在有效期内； （2）由专业人员修理手拉葫芦或更换合格的手拉葫芦； （3）使用前应作无负荷起落试验一次，检查链条是否有裂纹、链轮转动是否卡涩、吊钩是否无防脱保险装置，以确保完好
		超过铭牌规定使用手拉葫芦	起重伤害	中等	使用手拉葫芦时工作负荷不准超过铭牌规定
5. 储气罐安全门校验	高压气体	需检修的设备、系统内高压介质排放不净	机械伤害	中等	（1）检修工作开始前检查设备或系统内高压介质确已排放干净，检修中应保证设备或系统与大气可靠连通，以防止介质积存突出； （2）松开可能积存压力介质的法兰、锁母、螺丝时应避免正对介质释放点
		安全门（阀）失效	其他爆炸	中等	（1）设置安全隔离围栏并设置警告标志。 （2）确定逃生路线，工作人员佩戴防护面罩穿好防烫服。 （3）每年对安全门进行检修校验，检修校验人员或单位必须具有省级或国家级检修校验资格证明及证书；检验合格后挂检验合格证并贴铅封

续表

作业步骤	危害辨识	危害描述	产生后果	风险等级	防 范 措 施
6．空滤、油滤、油分离器、冷却器检修	重物	作业时未正确使用防护用品	物体打击	中等	作业人员应根据搬运物件的需要，正确穿戴防护用品
		超荷搬运	物体打击	中等	（1）肩扛物件重量不超过本人体重为宜； （2）手搬物件时应量力而行，不得搬运超过自己能力的物件
		搬运无统一协调	物体打击	中等	（1）多人共同搬运、抬运或装卸较大的重物时，必须统一指挥、相互配合、同起同落、同时行进； （2）前后扛应同肩，必要时还应有专人在旁监护
		捆绑不牢	物体打击	中等	（1）起重前必须先将物件很牢固和稳妥地绑住； （2）滚动物件必须加设垫块并捆绑牢固
	起吊物	吊物坠落	物体打击	较小	（1）起重物必须绑牢，吊钩应挂在物品的重心上，手拉葫芦的链条应垂直悬挂重物； （2）吊索与吊物棱角或光滑的接触处，必须加以包垫，防止吊索受伤或打滑； （3）捆扎后吊挂绳之间的夹角不大于90℃，避免挂绳受力过大
	电动葫芦	制动装置失灵	起重伤害	中等	使用前应作无负荷起落试验一次，检查刹车及传动装置应良好无缺陷
	油污	油污导致地滑	跌倒	较小	作业区域油污及时清理
7．电动机或空压机机头回装	起吊物	吊物坠落	物体打击	较小	（1）起重物必须绑牢，吊钩应挂在物品的重心上，手拉葫芦的链条应垂直悬挂重物； （2）吊索与吊物棱角或光滑的接触处，必须加以包垫，防止吊索受伤或打滑； （3）捆扎后吊挂绳之间的夹角不大于90℃，避免挂绳受力过大
	电动葫芦	制动装置失灵	起重伤害	中等	使用前应作无负荷起落试验一次，检查刹车及传动装置应良好无缺陷
	手拉葫芦	手拉葫芦刹车以及传动装置有缺陷、链条有裂纹、链轮转动卡涩、吊钩无防脱保险装置	起重伤害	中等	（1）检查手拉葫芦检验合格证在有效期内； （2）由专业人员修理手拉葫芦或更换合格的手拉葫芦； （3）使用前应作无负荷起落试验一次，检查链条是否有裂纹、链轮转动是否卡涩、吊钩是否无防脱保险装置，以确保完好
		超过铭牌规定使用手拉葫芦	起重伤害	中等	使用手拉葫芦时工作负荷不准超过铭牌规定
8．设备试运	转动的电机	防护罩缺损	机械伤害	中等	（1）设备的转动部分必须装设防护罩，并标明旋转方向，露出的轴端必须装设护盖； （2）对转动设备缺损的防护罩应及时装复或修复，装复或修复前在转动设备区域内设置“禁止靠近”安全警示标示； （3）衣服和袖口因扣好、不得戴围巾领带、必须将长发盘到安全帽内； （4）不准擅自拆除设备上的安全防护设施； （5）对大型转动设备除装设防护罩之外，还必须装设防护栏杆
		断裂、超速、零部件脱落	物体打击	中等	检查设备的运行状态，保持设备的振动、温度、运行电流等参数符合标准，如发现参数超标及时处理

续表

作业步骤	危害辨识	危害描述	产生后果	风险等级	防范措施
8．设备试运	转动的电机	标识不全	机械伤害	较小	（1）工作前核对设备名称及编号； （2）完善补齐缺损的设备标识和警告牌
		肢体部位或饰品衣物、用具（包括防护用品）、工具接触转动部位	机械伤害	中等	（1）衣服和袖口应扣好、不得戴围巾领带、长发必须盘在安全帽内； （2）不准将用具、工器具接触设备的转动部位； （3）不准在转动设备附近长时间停留； （4）不准在靠背轮上、安全罩上或运行中设备的轴承上行走和坐立
		试运行起动时人员站在转机径向位置	机械伤害	中等	试运行起动时不准站在试转设备的径向位置
9．工作结束	检修废料	检修后，检修废料没有及时清除干净	环境污染	较小	工作结束后，及时清理工作现场

14.41 仓泵检修

作业步骤	危害辨识	危害描述	产生后果	风险等级	防范措施
1．作业环境评估	粉尘	未正确使用防护用品	尘肺病	较小	作业时正确佩戴合格防尘口罩
	噪声	进入噪声区域时，未正确使用防护用品	噪声聋	较小	进入噪声区域时正确佩戴耳塞
	孔、洞	盖板缺损及平台防护栏杆不全	高处坠落	重大	及时检查及补全缺失防护栏。
2．确认安全措施正确执行	高压气体	工作前所采取隔离措施不完善	其他伤害	中等	与运行人员共同确认现场安全措施、隔离措施正确完备
3．准备工作及现场布置	电焊机	电焊机电源线、电源插头、电焊钳破损	触电	较小	检查电焊机电源线、电源插头、电焊钳完好无损
		焊机外壳不接地	触电	较小	电焊机金属外壳应有明显的可靠接地
		焊机、焊钳与电缆线连接不牢固	触电	较小	焊机、焊钳与电缆线连接牢固，接地端头不外露
	乙炔	乙炔表失效	爆炸	较小	（1）乙炔表应经检验合格，并在有效期内； （2）使用前应进行检查，确保其完好、有效
		橡胶软管破损	火灾爆炸	较小	（1）乙炔橡胶软管发生脱落、破裂时，停止供气，需更换合格的橡胶软管后再用。 （2）使用的橡胶软管不准有鼓包、裂缝或漏气辨现象。如发现有漏气现象，不准用贴补或包缠的方法修理，应将其损坏部分切掉，用双面接头管将软管连接起来并用夹子或金属绑线扎紧
		使用没有回火阀的溶解乙炔瓶	爆炸	中等	严禁使用没有回火阀的溶解乙炔瓶
		使用没有防震胶圈和保险帽的气瓶	爆炸	较小	禁止使用没有防震胶圈和保险帽的气瓶
		橡胶软管破损	火灾爆炸	较小	（1）乙炔橡胶软管发生脱落、破裂时，停止供气，需更换合格的橡胶软管后再用。 （2）使用的橡胶软管不准有鼓包、裂缝或漏气辨现象。如发现有漏气现象，不准用贴补或包缠的方法修理，应将其损坏部分切掉，用双面接头管将软管连接起来并用夹子或金属绑线扎紧

续表

作业步骤	危害辨识	危害描述	产生后果	风险等级	防　范　措　施
3. 准备工作及现场布置	乙炔	使用没有回火阀的溶解乙炔瓶	爆炸	中等	严禁使用没有回火阀的溶解乙炔瓶
		使用没有防震胶圈和保险帽的气瓶	爆炸	较小	禁止使用没有防震胶圈和保险帽的气瓶
		（1）使用中氧气瓶与乙炔气瓶的安全距离不足； （2）使用中的气瓶与明火的安全距离不足	爆炸	较小	（1）使用中氧气瓶和乙炔气瓶的距离不得小于8m； （2）使用中的气瓶与明火的距离必须大于10m
	临时电源及电源线	电源线悬挂高度不够	触电	较小	临时电源线架设高度室内不低于2.5m
		电源线、插头、插座破损	触电	较小	（1）检查电源线外绝缘良好，无破损； （2）检查电源盘合格证在有效期； （3）检查电源插头插座，确保完好； （4）不准将电源线缠绕在护栏、管道和脚手架上
		未安装漏电保护器	触电	较小	（1）检查电源盘合格证在有效期； （2）分级配置漏电保护器，工作前试漏电保护器，确保正确动作
		检修电源箱外壳未接地	触电	较小	（1）检查电源盘合格证在有效期； （2）检查电源箱外壳接地良好
	角磨机	角磨机电源线、电源插头破损，防护罩破损缺失，磨片破损	触电、机械伤害	较小	（1）检查角磨机的电源线、电源插头完好无缺损，防护罩、角磨片完好无缺损； （2）检查合格证在有效期内
	手拉葫芦	滑链	起重伤害	较小	使用前检查，确认完好，检验合格标记清晰、未超期
		手拉葫芦超载荷使用	起重伤害	较小	使用手拉葫芦时工作负荷不准超过铭牌规定
4. 对仓泵磨损及支撑等焊接	热辐射	气焊气割火焰高温	烧伤、烫伤	较小	（1）动火人员穿帆布工作服，戴工作帽，上衣不准扎在裤子里，裤脚不得挽起，脚面有鞋罩； （2）气割火炬不准对着周围工作人员
	强光	切割时火焰产生强光	视力受损	中等	操作工需佩戴合格的护目镜，保护眼睛免受切割的火焰放出的强光伤害
	电焊机	焊接时未正确使用防护用品	灼烫伤	较小	正确使用面罩、电焊手套、白光眼镜、电焊服
		未准备移动消防器材或消防水未投备用	火灾	较小	电焊作业时，须准备灭火器等移动消防器材
	电	停止、间断焊接作业未停电源	触电	较小	停止、间断焊接作业时必须及时切断焊机电源
	高温焊渣	焊渣掉落	火灾	较小	（1）动火工作区域周围设置防护屏，防止其他人员被飞溅的焊渣烫伤，地面铺设防火布； （2）火焊人员必须穿戴好工作服、手套和带鞋盖劳保鞋等； （3）通气的橡胶软管上方禁止进行动火作业，以防火灾
	焊接尘	通风不良	尘肺病	较小	焊接工作场所应有良好的通风
		未正确使用防尘口罩	尘肺病	较小	作业时正确佩戴合格防尘口罩

续表

作业步骤	危害辨识	危害描述	产生后果	风险等级	防范措施
5. 仓泵进料阀检修	手拉葫芦	滑链	起重伤害	较小	使用前检查，确认完好，检验合格标记清晰、未超期
		手拉葫芦超载荷使用	起重伤害	较小	使用手拉葫芦时工作负荷不准超过铭牌规定
	起吊物	吊物坠落	物体打击	较小	（1）起重物必须绑牢，吊钩应挂在物品的重心上，手拉葫芦的链条应垂直悬挂重物； （2）吊索与吊物棱角或光滑的接触处，必须加以包垫，防止吊索受伤或打滑； （3）捆扎后吊挂绳之间的夹角不大于90℃，避免挂绳受力过大
6. 设备试运行	仓泵	标识不全	机械伤害	较小	（1）工作前核对设备名称及编号； （2）完善补齐缺损的设备标识和警告牌
		检修人员单独进行试运行操作	机械伤害	较小	设备试运行操作应由运行值班人员根据检修工作负责人的要求进行，检修人员不准自己进行试运行的操作
7. 工作结束	检修废料	检修后，检修废料没有及时清除干净	环境污染	较小	工作结束后，及时清理工作现场

14.42 灰斗气化风机检修

作业步骤	危害辨识	危害描述	产生后果	风险等级	防范措施
1. 作业环境评估	噪声	噪声控制设备、设施缺损及噪声超标	噪声聋	较小	人员进入噪声区域工作必须戴好耳塞
	转动电机	防护罩缺损	机械伤害	中等	做好临时防护措施
	高压气体	高压设备及附属系统内动、静密封点密封失效，或者系统内设备、管道破损	其他伤害	较小	在高压漏点处设立围栏并有危险标识警示
2. 确认安全措施正确执行	转动的电机	工作前所采取隔离措施不完善	触电	中等	与运行人员共同确认现场安全措施、隔离措施正确完备
		未采取防转动措施	机械伤害	中等	转动设备检修时应采取防转动措施
3. 准备工作及现场布置	角磨机	角磨机电源线、电源插头破损，防护罩破损缺失，磨片破损	触电	较小	（1）检查角磨机的电源线、电源插头完好无缺损，防护罩、角磨片完好无缺损； （2）检查合格证在有效期内
	撬棍	撬棍支垫物不可靠、加力杆强度不够	其他伤害	较小	使用撬棍作业时，支垫物应可靠，并采取措施防止被撬物倾倒或滚落。使用加力杆时，必须保证其强度和嵌套深度满足要求，以防折断或滑脱
	电动葫芦	制动装置失灵	起重伤害	中等	使用前应作无负荷起落试验一次，检查刹车及传动装置应良好无缺陷
	手拉葫芦	手拉葫芦刹车以及传动装置有缺陷、链条有裂纹、链轮转动卡涩、吊钩无防脱保险装置	起重伤害	中等	（1）检查手拉葫芦检验合格证在有效期内； （2）由专业人员修理手拉葫芦或更换合格的手拉葫芦； （3）使用前应作无负荷起落试验一次，检查链条是否有裂纹、链轮转动是否卡涩、吊钩是否无防脱保险装置，以确保完好
		超过铭牌规定使用手拉葫芦	起重伤害	中等	使用手拉葫芦时工作负荷不准超过铭牌规定

续表

作业步骤	危害辨识	危害描述	产生后果	风险等级	防 范 措 施
3. 准备工作及现场布置	临时电源及电源线	电源线悬挂高度不够	触电	较小	临时电源线架设高度室内不低于2.5m
		电源线、插头、插座破损	触电	较小	（1）检查电源线外绝缘良好，无破损； （2）检查电源盘合格证在有效期； （3）检查电源插头插座，确保完好； （4）不准将电源线缠绕在护栏、管道和脚手架上
		未安装漏电保护器	触电	较小	（1）检查电源盘合格证在有效期； （2）分级配置漏电保护器，工作前试漏电保护器，确保正确动作
		检修电源箱外壳未接地	触电	较小	（1）检查电源盘合格证在有效期； （2）检查电源箱外壳接地良好
	大锤	锤头与木柄的连接不牢固、锤头破损、木柄未使用整根硬质木料	砸伤	较小	检查大锤和手锤的锤头应完整，其表面应光滑微凸，不应有歪斜、缺口、凹入及裂纹等缺陷。大锤及手锤的柄应用整根的硬木制成，且头部用楔栓固定。楔栓宜采用金属楔，楔子长度不应大于安装孔的三分之二。锤把上不应有油污
		锤头与木柄的连接不牢固、锤头破损、木柄未使用整根硬质木料	砸伤	较小	检验大锤的锤头与木柄连接牢固、木柄整根无损坏、锤头无破损
4. 拆除传动皮带与皮带轮	手锤	使用不当或用过猛致伤	砸伤	较小	锤头与木柄连接牢固、木柄整根无损坏、锤头无破损
	扳手	使用扳手不当或用力过猛致伤	磕碰扭伤	较小	（1）用合适扳手，平稳用力； （2）安全防护装置齐全有效，佩戴手套
	转动的皮带轮	未采取防转动措施	机械伤害	较小	转动设备检修时应采取防转动措施
5. 气化风机机头检修	起吊物	吊物坠落	物体打击	较小	（1）起重物必须绑牢，吊钩应挂在物品的重心上，手拉葫芦的链条应垂直悬挂重物； （2）吊索与吊物棱角或光滑的接触处，必须加以包垫，防止吊索受伤或打滑； （3）捆扎后吊挂绳之间的夹角不大于90℃，避免挂绳受力过大
	电动葫芦	制动装置失灵	起重伤害	中等	使用前应作无负荷起落试验一次，检查刹车及传动装置应良好无缺陷
	手拉葫芦	手拉葫芦刹车以及传动装置有缺陷、链条有裂纹、链轮转动卡涩、吊钩无防脱保险装置	起重伤害	中等	（1）检查手拉葫芦检验合格证在有效期内； （2）由专业人员修理手拉葫芦或更换合格的手拉葫芦； （3）使用前应作无负荷起落试验一次，检查链条是否有裂纹、链轮转动是否卡涩、吊钩是否无防脱保险装置，以确保完好
		超过铭牌规定使用手拉葫芦	起重伤害	中等	使用手拉葫芦时工作负荷不准超过铭牌规定
		超荷搬运	物体打击	中等	（1）肩扛物件重量不超过本人体重为宜； （2）手搬物件时应量力而行，不得搬运超过自己能力的物件
		搬运无统一协调	物体打击	中等	（1）多人共同搬运、抬运或装卸较大的重物时，必须统一指挥、相互配合、同起同落、同时行进； （2）前后扛应同肩，必要时还应有专人在旁监护
		捆绑不牢	物体打击	中等	（1）起重前必须先将物件很牢固和稳妥地绑住； （2）滚动物件必须加设垫块并捆绑牢固

续表

作业步骤	危害辨识	危害描述	产生后果	风险等级	防范措施
6. 回装传动皮带与皮带轮	手锤	使用不当或用力过猛致伤	砸伤	较小	锤头与木柄连接牢固、木柄整根无损坏、锤头无破损
	扳手	使用扳手不当或用力过猛致伤	磕碰扭伤	较小	(1) 用合适扳手，平稳用力； (2) 安全防护装置齐全有效，佩戴手套
	转动的皮带轮	盘动转子时指挥混乱	机械伤害	较小	盘动转子工作必须由一个负责人指挥，盘动转子前通知附近人员
7. 设备试运	转动的电机	防护罩缺损	机械伤害	中等	(1) 设备的转动部分必须装设防护罩，并标明旋转方向，露出的轴端必须装设护盖； (2) 对转动设备缺损的防护罩应及时装复或修复，装复或修复前在转动设备区域内设置“禁止靠近”安全警示标示； (3) 衣服和袖口因扣好、不得戴围巾领带、必须将长发盘到安全帽内； (4) 不准擅自拆除设备上的安全防护设施； (5) 对大型转动设备除装设防护罩之外，还必须装设防护栏杆
		断裂、超速、零部件脱落	物体打击	中等	检查设备的运行状态，保持设备的振动、温度、运行电流等参数符合标准，如发现参数超标及时处理
		标识不全	机械伤害	较小	(1) 工作前核对设备名称及编号； (2) 完善补齐缺损的设备标识和警告牌
		肢体部位或饰品衣物、用具（包括防护用品）、工具接触转动部位	机械伤害	中等	(1) 衣服和袖口应扣好、不得戴围巾领带、长发必须盘在安全帽内； (2) 不准将用具、工器具接触设备的转动部位； (3) 不准在转动设备附近长时间停留； (4) 不准在靠背轮上、安全罩上或运行中设备的轴承上行走和坐立
		试运行起动时人员站在转机径向位置	机械伤害	中等	试运行起动时不准站在试转设备的径向位置
8. 工作结束	检修废料	检修后，检修废料没有及时清除干净	环境污染	较小	工作结束后，及时清理工作现场

14.43 灰库气化风机检修

作业步骤	危害辨识	危害描述	产生后果	风险等级	防范措施
1. 作业环境评估	噪声	噪声控制设备、设施缺损及噪声超标	噪声聋	较小	人员进入噪声区域工作必须戴好耳塞
	转动电机	防护罩缺损	机械伤害	中等	做好临时防护措施
	高压气体	高压设备及附属系统内动、静密封点密封失效，或者系统内设备、管道破损	其他伤害	较小	在高压漏点处设立围栏并有危险标识警示
2. 确认安全措施正确执行	转动的电机	工作前所采取隔离措施不完善	触电	中等	与运行人员共同确认现场安全措施、隔离措施正确完备
		未采取防转动措施	机械伤害	中等	转动设备检修时应采取防转动措施
3. 准备工作及现场布置	角磨机	角磨机电源线、电源插头破损，防护罩破损缺失，磨片破损	触电	较小	(1) 检查角磨机的电源线、电源插头完好无缺损，防护罩、角磨片完好无缺损； (2) 检查合格证在有效期内

续表

作业步骤	危害辨识	危害描述	产生后果	风险等级	防　范　措　施
3．准备工作及现场布置	撬棍	撬棍支垫物不可靠、加力杆强度不够	其他伤害	较小	使用撬棍作业时，支垫物应可靠，并采取措施防止被撬物倾倒或滚落。使用加力杆时，必须保证其强度和嵌套深度满足要求，以防折断或滑脱
	电动葫芦	制动装置失灵	起重伤害	中等	使用前应作无负荷起落试验一次，检查刹车及传动装置应良好无缺陷
	手拉葫芦	手拉葫芦刹车以及传动装置有缺陷、链条有裂纹、链轮转动卡涩、吊钩无防脱保险装置	起重伤害	中等	（1）检查手拉葫芦检验合格证在有效期内； （2）由专业人员修理手拉葫芦或更换合格的手拉葫芦； （3）使用前应作无负荷起落试验一次，检查链条是否有裂纹、链轮转动是否卡涩、吊钩是否无防脱保险装置，以确保完好
		超过铭牌规定使用手拉葫芦	起重伤害	中等	使用手拉葫芦时工作负荷不准超过铭牌规定
	临时电源及电源线	电源线悬挂高度不够	触电	较小	临时电源线架设高度室内不低于2.5m
		电源线、插头、插座破损	触电	较小	（1）检查电源线外绝缘良好，无破损； （2）检查电源盘合格证在有效期； （3）检查电源插头插座，确保完好； （4）不准将电源线缠绕在护栏、管道和脚手架上
		未安装漏电保护器	触电	较小	（1）检查电源盘合格证在有效期； （2）分级配置漏电保护器，工作前试漏电保护器，确保正确动作
		检修电源箱外壳未接地	触电	较小	（1）检查电源盘合格证在有效期； （2）检查电源箱外壳接地良好
	大锤	锤头与木柄的连接不牢固、锤头破损、木柄未使用整根硬质木料	砸伤	较小	检查大锤和手锤的锤头应完整，其表面应光滑微凸，不应有歪斜、缺口、凹入及裂纹等缺陷。大锤及手锤的柄应用整根的硬木制成，且头部用楔栓固定。楔栓宜采用金属楔，楔子长度不应大于安装孔的三分之二。锤把上不应有油污
		锤头与木柄的连接不牢固、锤头破损、木柄未使用整根硬质木料	砸伤	较小	检验大锤的锤头与木柄连接牢固、木柄整根无损坏、锤头无破损
4．拆除传动皮带与皮带轮	手锤	使用不当或用过猛致伤	砸伤	较小	锤头与木柄连接牢固、木柄整根无损坏、锤头无破损
	扳手	使用扳手不当或用力过猛致伤	磕碰扭伤	较小	（1）用合适扳手，平稳用力； （2）安全防护装置齐全有效，佩戴手套
	转动的皮带轮	未采取防转动措施	机械伤害	较小	转动设备检修时应采取防转动措施
5．气化风机机头检修	起吊物	吊物坠落	物体打击	较小	（1）起重物必须绑牢，吊钩应挂在物品的重心上，手拉葫芦的链条应垂直悬挂重物； （2）吊索与吊物棱角或光滑的接触处，必须加以包垫，防止吊索受伤或打滑； （3）捆扎后吊挂绳之间的夹角不大于90℃，避免挂绳受力过大
	电动葫芦	制动装置失灵	起重伤害	中等	使用前应作无负荷起落试验一次，检查刹车及传动装置应良好无缺陷

续表

作业步骤	危害辨识	危害描述	产生后果	风险等级	防范措施
5. 气化风机机头检修	手拉葫芦	手拉葫芦刹车以及传动装置有缺陷、链条有裂纹、链轮转动卡涩、吊钩无防脱保险装置	起重伤害	中等	(1) 检查手拉葫芦检验合格证在有效期内； (2) 由专业人员修理手拉葫芦或更换合格的手拉葫芦； (3) 使用前应作无负荷起落试验一次，检查链条是否有裂纹、链轮转动是否卡涩、吊钩是否无防脱保险装置，以确保完好
		超过铭牌规定使用手拉葫芦	起重伤害	中等	使用手拉葫芦时工作负荷不准超过铭牌规定
		超荷搬运	物体打击	中等	(1) 肩扛物件重量不超过本人体重为宜； (2) 手搬物件时应量力而行，不得搬运超过自己能力的物件
		搬运无统一协调	物体打击	中等	(1) 多人共同搬运、抬运或装卸较大的重物时，必须统一指挥、相互配合、同起同落、同时行进； (2) 前后扛应同肩，必要时还应有专人在旁监护
		捆绑不牢	物体打击	中等	(1) 起重前必须先将物件很牢固和稳妥地绑住； (2) 滚动物件必须加设垫块并捆绑牢固
6. 回装传动皮带与皮带轮	手锤	使用不当或用力过猛致伤	砸伤	较小	锤头与木柄连接牢固、木柄整根无损坏、锤头无破损
	扳手	使用扳手不当或用力过猛致伤	磕碰扭伤	较小	(1) 用合适扳手，平稳用力； (2) 安全防护装置齐全有效，佩戴手套
	转动的皮带轮	盘动转子时指挥混乱	机械伤害	较小	盘动转子工作必须由一个负责人指挥，盘动转子前通知附近人员
7. 设备试运	转动的电机	防护罩缺损	机械伤害	中等	(1) 设备的转动部分必须装设防护罩，并标明旋转方向，露出的轴端必须装设护盖； (2) 对转动设备缺损的防护罩应及时装复或修复，装复或修复前在转动设备区域内设置“禁止靠近”安全警示标示； (3) 衣服和袖口因扣好，不得戴围巾领带，必须将长发盘到安全帽内； (4) 不准擅自拆除设备上的安全防护设施； (5) 对大型转动设备除装设防护罩之外，还必须装设防护栏杆
		断裂、超速、零部件脱落	物体打击	中等	检查设备的运行状态，保持设备的振动、温度、运行电流等参数符合标准，如发现参数超标及时处理
		标识不全	机械伤害	较小	(1) 工作前核对设备名称及编号； (2) 完善补齐缺损的设备标识和警告牌
		肢体部位或饰品衣物、用具（包括防护用品）、工具接触转动部位	机械伤害	中等	(1) 衣服和袖口应扣好、不得戴围巾领带、长发必须盘在安全帽内； (2) 不准将用具、工器具接触设备的转动部位； (3) 不准在转动设备附近长时间停留； (4) 不准在靠背轮上、安全罩上或运行中设备的轴承上行走和坐立
		试运行起动时人员站在转机径向位置	机械伤害	中等	试运行起动时不准站在试转设备的径向位置
8. 工作结束	检修废料	检修后，检修废料没有及时清除干净	环境污染	较小	工作结束后，及时清理工作现场

14.44 灰库布袋除尘器检修

作业步骤	危害辨识	危害描述	产生后果	风险等级	防 范 措 施
1. 作业环境评估	粉尘	粉煤灰系统设备动、静密封点密封失效或设备、管道破损及除尘器本体密封不严	环境污染	较小	(1) 发现漏灰及时消除; (2) 消除积灰，采取控制扬尘的措施; (3) 定期巡视检查粉煤灰系统设备，发现异常及时处理，根据设备运行情况制定并实施状态检修计划
		未佩戴防尘口罩	尘肺病	较小	作业人员佩戴防护口罩
	噪声	噪声控制设备、设施缺损及噪声超标	噪声聋	较小	人员进入噪声区域工作必须戴好耳塞
	孔、洞	盖板缺损及平台防护栏杆不全	高处坠落	重大	及时检查及补全缺失防护栏
	转动电机	防护罩缺损	机械伤害	中等	做好临时防护措施
2. 确认安全措施正确执行	转动的风机、挡板	工作前所采取隔离措施不完善	其他伤害	中等	与运行人员共同确认现场安全措施、隔离措施正确完备
		未采取防转动措施	机械伤害	中等	转动设备检修时应采取防转动措施
3. 准备工作及现场布置	临时电源及电源线	电源线、插头、插座破损	触电	较小	(1) 检查电源线外绝缘良好，无破损; (2) 检查电源盘合格证在有效期; (3) 检查电源插头插座，确保完好; (4) 不准将电源线缠绕在护栏、管道和脚手架上
		未安装漏电保护器	触电	较小	(1) 检查电源盘合格证在有效期; (2) 分级配置漏电保护器，工作前试漏电保护器，确保正确动作
		检修电源箱外壳未接地	触电	较小	(1) 检查电源盘合格证在有效期; (2) 检查电源箱外壳接地良好
	撬棍	撬棍支垫物不可靠、加力杆强度不够	其他伤害	较小	使用撬棍作业时，支垫物应可靠，并采取措施防止被撬物倾倒或滚落。使用加力杆时，必须保证其强度和嵌套深度满足要求，以防折断或滑脱
	大锤、手锤	锤头与木柄的连接不牢固、锤头破损、木柄未使用整根硬质木料	砸伤	较小	检查大锤和手锤的锤头应完整，其表面应光滑微凸，不应有歪斜、缺口、凹入及裂纹等缺陷。大锤及手锤的柄应用整根的硬木制成，且头部用楔栓固定。楔栓宜采用金属楔，楔子长度不应大于安装孔的三分之二。锤把上不应有油污
		戴手套抡大锤	物体打击	较小	(1) 禁止戴手套抡大锤; (2) 抡大锤时周围不准有人靠近，防止误伤
		单手抡大锤	物体打击	较小	严禁戴手套或用单手抡大锤，使用大锤时，周围不准有人靠近
4. 拆除布袋	高处的工器具	高处作业未使用工具袋	物体打击	中等	(1) 高处作业应一律使用工具袋; (2) 较大的工具应用绳拴在牢固的构件上
		工器具上下投掷		中等	工器具和零部件不准上下抛掷，应使用绳系牢后往下或往上吊

续表

作业步骤	危害辨识	危害描述	产生后果	风险等级	防范措施
4．拆除布袋	高处作业人员	高处作业未正确使用防护用品	高处坠落	重大	（1）高处作业人员必须戴好安全帽、防滑鞋、正确佩戴安全带，必要时应使用防坠器； （2）安全带的挂钩应挂在结实、牢固的构件上，或专挂安全带的钢丝绳上，不准低挂高用
	灰尘	未正确使用防护用品	尘肺病	较小	作业时正确佩戴合格防尘口罩
5．拆风机联轴器	重物	搬运无统一协调	物体打击	较小	多人共同搬运、抬运或装卸较大的重物时，必须统一指挥、相互配合、同起同落、同时行进
		作业时未正确使用防护用品	物体打击	较小	作业人员应根据搬运物件的需要，穿戴披肩、垫肩、手套、口罩、眼镜等防护用品
6．叶片清理检查	角磨机	角磨机、砂轮机、切割机电源线、电源插头破损，金属外壳无接地线，防护罩、砂轮片破损	机械伤害	中等	（1）检查角磨机、砂轮机、切割机电源线、电源插头完好无缺损，接地线完好，防护罩、砂轮片完好无缺损； （2）检查合格证在有效期内
		更换砂轮片未切断电源	机械伤害	中等	更换砂轮片前必须切断电源
		作业时未正确使用防护用品	机械伤害	中等	操作人员必须正确佩戴防护面罩、防护眼镜
7．风机回装	重物	斜拉	起重伤害	较小	不准使吊钩斜着拖吊重物
	起吊物	吊物坠落	物体打击	较小	（1）起重物必须绑牢，吊钩应挂在物品的重心上，手拉葫芦的链条应垂直悬挂重物； （2）吊索与吊物棱角或光滑的接触处，必须加以包垫，防止吊索受伤或打滑； （3）捆扎后吊挂绳之间的夹角不大于90℃，避免挂绳受力过大
8．联轴器中心找正	泵联轴器	用手指直接检查校正联轴器销孔	机械伤害	较小	不准用手指直接检查校正联轴器销孔
9．清理回装布袋	高处作业人员	高处作业未正确使用防护用品	高处坠落	重大	（1）高处作业人员必须戴好安全帽、防滑鞋，正确佩戴安全带，必要时应使用防坠器； （2）安全带的挂钩应挂在结实、牢固的构件上，或专挂安全带的钢丝绳上，不准低挂高用
	灰尘	未正确使用防护用品	尘肺病	较小	作业时正确佩戴合格防尘口罩
10．设备试运	转动的风机	防护罩缺损	机械伤害	中等	（1）设备的转动部分必须装设防护罩，并标明旋转方向，露出的轴端必须装设护盖； （2）对转动设备缺损的防护罩应及时装复或修复，装复或修复前在转动设备区域内设置“禁止靠近”安全警示标示； （3）衣服和袖口因扣好、不得戴围巾领带、必须将长发盘到安全帽内； （4）不准擅自拆除设备上的安全防护设施； （5）对大型转动设备除装设防护罩之外，还必须装设防护栏杆
		断裂、超速、零部件脱落	物体打击	中等	检查设备的运行状态，保持设备的振动、温度、运行电流等参数符合标准，如发现参数超标及时处理
		标识不全	机械伤害	较小	（1）工作前核对设备名称及编号； （2）完善补齐缺损的设备标识和警告牌

续表

作业步骤	危害辨识	危害描述	产生后果	风险等级	防范措施
10．设备试运	转动的风机	肢体部位或饰品衣物、用具（包括防护用品）、工具接触转动部位	机械伤害	中等	（1）衣服和袖口应扣好、不得戴围巾领带、长发必须盘在安全帽内； （2）不准将用具、工器具接触设备的转动部位； （3）不准在转动设备附近长时间停留； （4）不准在靠背轮上、安全罩上或运行中设备的轴承上行走和坐立
		试运行起动时人员站在转机径向位置	机械伤害	中等	试运行起动时不准站在试转设备的径向位置
11．工作结束	检修废料	检修后，检修废料没有及时清除干净	环境污染	较小	工作结束后，及时清理工作现场